U0192707

一步万里阔

Victorian Popularizers of Science

维多利亚时代的科学传播

DESIGNING NATURE *for* NEW AUDIENCES

为新观众“设计”自然

Bernard Lightman

[加] 伯纳德·莱特曼 —— 著

姜虹 —— 译

中国工人出版社

中文版序

在本书中文版出版之际，和大家分享一下我近几年对该研究的进一步思考，可能有助于中国读者对本书的理解。我从 20 世纪 90 年代初开始这项研究时就明白，这是个充满风险、吃力不讨好的课题，原因有二。首先，很少有学者会关注科学普及者，精英科学家更能引起科学史家的兴趣。其次，我最终意识到自己必须采取跨学科的方法去研究这个主题。尽管我已经拥有很强的跨学科背景，但对于一部关于维多利亚时代科学传播专著所需的研究和思考，我还是没做好准备，备感沮丧。这段经历想来有些惭愧，但这项研究成为我学术生涯里最有意义的课题之一，它为我开辟了探索 19 世纪科学的新途径。

最开始做这项研究的时候，我本以为写的是一部关于维多利亚时代天文学的书。我从阿格尼丝·克拉克（Agnes Clerke）和理查德·普罗克特（Richard Proctor）入手，觉得可以通过他们去了解那个时代科学的主要发展历程。但读完他们的书后，我更希望知道的是其他学科里是否也有他们这样的科学普及者。读了更多的材料后，我发现果然存在不少这样的人，并开始意识到他们中大多数人几乎没有被研究过，尽管他们在大众阅读市场具有重要影响。于是，我下定决心将研究方向从维多利亚时代的天文学转向当时的科学普及者，跳出只关注某一特定学科的狭隘视野，转而关注所有学科里的科学传播。

本书的主要观点深受耶鲁大学已故思想史家弗兰克·特纳（Frank Turner）启发。他认为，在 19 世纪下半叶，英国圣公会牧师和他所谓的科学自然主义者在争夺文化权威的地位，后者主要包括托马斯·赫胥黎（Thomas Henry Huxley）、约翰·丁达尔（John Tyndall）和赫伯特·斯宾塞（Herbert Spencer）等人，他们希望重新定义科学，使科学拥有自主权，走向职业化和世俗化。我尝试着扩展特纳的观点，表明科学自然主义者与科学普及者在竞争科学和文化上的权威地位，后者并不认同科学的世俗化愿景。本书的一个基本观念是，在 19 世纪下半叶，谁能为科学代言并非不言自明。因此，维多利亚读者未必就会接受赫胥黎或丁达尔这样的科学权威，这意味着在更广泛的文化意义上，科学自然主义者的话语权遭到了科学普及者的挑战，尽管后者没有受过正规科学训练，而且希望新的自然神学能够一直延续下去。

这项研究雄心勃勃，远比我当初想象的更具挑战。首先，我发掘了远比预计更多的科学普及者，每当我觉得已经找得差不多了，又会冒出新人物。最后我选择了 30 多位人物，其中一些是我在研究之初闻所未闻的。其次，我不得不思考精英文化与大众文化的关系，我并不能因为研究的是科学普及者就不用考虑科学精英，如果去关注两者的对话，也可以更好地理解科学精英。然而，这项研究之所以持续了 15 年之久，还有个原因是，这完全是一项跨学科研究。我不仅需要穿梭在这个时期不同的学科之间，也需要深入思考在一般意义上科学与维多利亚文化的关系。我不得不去了解更广泛的维多利亚文化研究领域，如性别、出版、视觉文化、博物馆和戏剧等，我对这些主题所知甚少，而且需要将这些主题与我有所了解的维多利亚科学、宗教和文学结合起来。

要兼顾所有这些领域并整合起来，对我来说极其困难。我的指导原则是：跟随这些历史参与者的步伐。他们在读什么，在做什么？错综复杂的历史语境塑造了他们的生活，也反过来被他们影响，但所有的社会文化因素交叠在一起，看似独立的某个因素不过是不可分离的一小部分。21 世纪的学者有时候为了方便，只单独探讨其中一种因素，但维多利亚人自己都会觉得这种分离方式太人为了。这就是为何跨学科方法如此重要，也只有通过跨学科视角，我们才能理解维多利亚时期的生活经验。毕竟，即便是那时的科学家，也无法摆脱维多利亚文化和社会的多重语境，他们同样会阅读小说和诗歌、参观博物馆和展览、去剧院看戏、参与帝国扩张，有些科学家在英国海军舰队上从事科学活动。

于是，我试图去探索当时科学传播的一些关键背景，搭建本书的跨学科框架。在研究的早期阶段，我的主要障碍是太过纠结宗教问题，这的确是我在之前的不可知论起源研究中探讨最多的主题，但就维多利亚科学传播而言，我不该沉迷于此。我在第二章讨论了后达尔文时代圣公会与自然神学，关注《物种起源》出版后诸多圣公会牧师投身于科学普及这个事实，他们采取各种策略宣扬基督教。到 19 世纪下半叶竟然有这么多颇具影响力的牧师博物学家在延续自然神学传统，确实不可思议，但我不打算因为这个话题有意思就一直停留于此。

在我偶然发现曾经闻所未闻的普及者时，开始注意到一个有趣的现象，他们中差不多有一半是女性，这完全出乎我的意料。在我的印象中，20 世纪七八十年代有关科学与性别的研究基本都在强调女性在科学中如何受排挤，在 19 世纪下半叶尤其如此，男性科学家利用职业化将女性拦在科学学会之外。那么，为何有这么多女性会投身于各门科学的普及？我从关于科学与性别研究的大量学术成果中了解到，女性在科学事业中扮演普及者、绘图员、演讲者、默默的助手、探险家和动物保护者等角色。而 19 世纪下半叶的女性普及者不但利用了之前女性在科学写作中采用的策略，也建立了强有力的科学写作新模式。她们在科学职业化和男性化的重重障碍中披荆斩棘，保留了前辈女作家们树立的宗教和道德教化角色，这为她们走出家庭、进入公共的文学世界展示自我创造了条件。于是，我有了第二类科学普及者作为研究对象，她们与圣公会牧师一样，延续了自然神学的传统，这两类普及者形成了强大的力量，其共同的旨趣足以挫败科学自然主义者们的目标。我也因此可以厘清性别与宗教这两种语境的交织。

在研究女性科学普及者的过程中，我也开始意识到科普写作中文学维度的重要性。从事维多利亚科学与文学研究的学者让我深受启发，我开始留意各种不同的叙事手法，并进一步将我的研究与詹姆斯 · 西科德（James Secord）在《维多利亚时代的轰动》（*Victorian Sensation*）中的进化论史诗联系起来。西科德认为，罗伯特 · 钱伯斯（Robert Chambers）在《创世自然史的遗迹》（*Vestiges of the Natural History of Creation*）里提供了进化论史诗的样板，在一个关于进步的综合叙事中将所有的科学都囊括进去。我在科普作家的作品中发现了进化论史诗的宗教版本和世俗版本，也因此在性别和宗教的基础上进一步将文学纳入这项跨学科研究中。

西科德的著作还强调了与科学传播直接相关的另一重语境：印刷文化。他指出，要理解钱伯斯著作的轰动效应就必须了解 19 世纪上半叶发生的通信革命，他所谓的这场革命代表了文艺复兴以来人类交流的最大变革，为剧烈增长的阅读人群打开了闸门，使出版商在19世纪下半叶赢得了巨大的大众阅读市场，连日渐壮大的工人阶级也加入其中。出版商可以通过科学书籍和期刊盈利，从而催生了大批职业科学作家，他们专为大众读者写科普读物。西科德的著作指引我思考出版商、编辑、作者和读者在大众科学读物出版中所扮演的不同角色，让我敏感地关注到这些出版物如何为了吸引读者采用不同的叙事手法。

这项研究中进一步的跨学科思考是，科学不是也通过视觉文化、博物馆、展览、演讲，甚至戏剧在传播吗？出版物内外的科学传播不是相互联系的吗？例如，维多利亚读者对进化论史诗的痴迷与当时科学奇观的流行之间有什么联系？我必须承认，直到研究后期我才领悟到其中的关联，但决定对这个话题的探讨适可而止，因为它足以展开成一部长篇大论。在本书中，我只关注了大众科学读物中的插图，以及约翰·伍德（John George Wood）和约翰·佩珀（John Henry Pepper）两位科学表演者，并涉及博物馆、讲座和展览。对这个话题更全面而深入的探索则以简单快捷的方式完成：我组织了一场关于大众科学场所和受众的工作坊，并将参会论文集结成《市场中的科学》（*Science in the Marketplace*，2007）一书出版。

至此，这项研究已经涵盖了众多学术领域，将维多利亚时代的宗教、性别、文学、印刷文化和视觉文化等多重语境整合到本书的框架体系中。每章探讨了不同的主题，需要对相关的学术体系有所了解，有些是我非常陌生的领域。尽管这项研究困难重重，但它带来的诸多挑战也让我在学术之路上走得更远。

多年来，我与诸多中国学者成为朋友，与其中一些学者有过密切的合作。本书能够翻译成为中文版，对我来说意义重大，我也非常高兴自己的专著能够迎来新读者。杨海燕博士在 2010 年邀请我参加北京大学举办的“传播中的达尔文”研讨会，那是我第一次访问中国，唤醒了我内心深处对中国历史和文化的热爱。在那次会议上，我也遇到了王筱娜和柯遵科，筱娜当时还是硕士生，后来在爱丁堡大学获得博士学位，我们一直保持联系；遵科到约克大学访问，与我合作了一年，还邀请我到中国进行了为期一周的学术访问，我们最近正在一起筹备“17—19 世纪西方科学史新进展”国际学术研讨会。复旦大学的钱奕冰在读博期间访问了约克大学，我通过她的博士论文了解了皇家亚洲文会华北支会。我在 2019 年科学史学会年会上遇见了陆伊骊博士，从那以后我们经常分享和探讨英国和中国科学史的诸多研究主题。值得一提的是，海燕和遵科分别曾在我主编的论文集中贡献了文章，我非常感谢这些与我联系或合作紧密的中国学者，以及未能一一提及的学者们。最后，我由衷感谢本书的译者姜虹博士，她曾在读博期间访问约克大学一年，我和安·希黛儿（Ann Shteir）教授共同指导了她的博士研究课题，见证了这些年来她在学术上的成长。这本书体量很大，她耗费了大量时间和精力，感谢她的付出和友谊。

原版序

1875 年，《星期六评论》(*Saturday Review*) 期刊上一篇文章尖锐地谴责了经常参加皇家学院（Royal Institution）科学讲座的“浮躁观众”。这位匿名作者将这些观众分为两类：一类是“任性或盲从潮流”凑热闹的人，满足于在科学上浅尝辄止；另一类人“怀着最美好和坚定的愿望”参加讲座，但因为“通识教育的缺乏，难以深入任何领域”。这位作者对科学讲座的观众评价很低，而观众对讲座内容的评价也没好到哪里去。《星期六评论》的这位评论者宣称，“就是为了迎合这些一无所知的科学追捧者，才发明了‘大众科学’(popular science)”。尽管他承认“赶时髦和大众化会给真正的科学”带来一些好处，但就别指望科学中的硬知识能“得到大众的青睐”。于是，“真正的科学”会带上“假面孔”“出现在公共场所”，以赢得“老百姓的惠顾”。科普演讲者在面对观众时常常用一些“修辞手法”去“美化知识”，强调独特、耸人听闻和离奇的现象，而不是具有更本质意义的内容。他们有着“强烈的矛盾倾向”，想方设法“让观众感到震惊”。演讲者为了讲清楚晦涩难懂的知识点，常常借用“熟悉的物体和环境”，以期能深入浅出、便于理解，但结果反而让人不知所云。[1]

在这位作者看来，要“让这些没有受过专业训练的人完全理解任何精深的科学主题”无疑是“徒劳的”，“除非他们接受了全面的通识教育”。向懵懂无知的公众传播科学知识注定会失败，这只不过会造就两类讨厌的人：浅薄的跟风者和无能的演讲者。关于第一类，《星期六评论》并不认为“耸人听闻的科学”能推动时代的文化进步，附庸风雅的文学爱好者尚能容忍，但“科学上一知半解的跟风者则只会在闲聊中得意地卖弄赫胥黎和丁达尔讲座里的知识，为自己的断章取义而扬扬自得……不过是社会的害虫”。无能的演讲者则更糟糕，他们只会东施效颦，模仿托马斯·赫胥黎（1825—1895）和约翰·丁达尔（1820—1893）戏剧化的演讲风格，却不具备他们的专业知识。“真正称职的老师在向轻浮、无知的受众讲授知识时，难免也造就了附庸风雅的”无能演讲者。在当前的形势下，“任何人，只要有足够的社会地位、能吸引到听众，就自以为有资格可以在便士读书会、[2]技工学社（Mechanics' Institutes）等机构滔滔不绝地发表科学演讲。关于科学的末学陋识泛滥成灾，充斥这些公共场所”。这位评论者坚持道，引导“社会各阶层培养健康的科学兴趣”唯一“正确的方式”是，让科学“呈现自己原本的模样，摒弃所有华而不实的鬼把戏，也不要制造‘轰动效应’去诱惑观众”，要让公众明白“追求科学真理是严肃的事业，而非儿戏”。[3]如果真像这位评论者说的这样，那就只有科学家[4]才能向普通大众传播科学知识，他们应该不会向大众粗浅的理解水平妥协。那么，究竟是谁在向大众传播“耸人听闻的科学”？这位评论者并没有明说。这样的传播者众多，还是只有那么一小撮人？他们是否诚如这位评论者所言，对追求科学真理的事业有百害而无一利？

本书探讨的是19世纪下半叶向英国公众传播“耸人听闻的科学”

的普及者们。需要强调的是，本书研究对象大部分不是科学实践者或科学家，而是职业作家或记者。这个群体相当庞大，我在书中讨论了30多位这样的人物。诚然，我可以轻而易举囊括更多的人，但我决定将自己的注意力集中到最高产、最有影响力和最有意思的一些人身上。在这个时期，他们为日益增长的大众读者群体承担起科学阐释者的角色。我并不试图费太多笔墨去分析科学的受众，而是更关注科学普及者们如何构想他们的受众，这种构想又如何影响其写作和演讲。在他们自己看来，他们的作品寓教于乐，并清楚地意识到自己在打造一种读者市场，要想取得商业上的成功，就有必要使用一些“小把戏”。特别成功的普及者写出了最畅销的作品，这些书就像《物种起源》和当时其他重要的科学文本一样，有着极其广泛的读者群。这些科普作家大多认为，自然有着丰富的内涵，并饱含宗教的奥义。他们重返自然神学传统，其作品将他们在大自然中感受到的神圣设计生动地展示给新的读者受众。他们之所以不可忽视，一是因为他们巨大的影响力，二是因为他们在更广泛意义上诠释了科学思想，却往往与精英科学家的目标背道而驰。因此，要想研究19世纪下半叶英国人如何理解科学，就不可能绕开他们。英国是最早经历通信革命[5]的国家之一，我将重点关注该国的情况，研究在这个国家针对广泛受众群体的科学写作和演讲的发展变化。

本书共有8章。我在第一章交代了背景，探讨了出版业的转变，以及它与科学世界的变化如何相互影响。我思考的是，在19世纪下半叶，为什么科学被看得尤为重要，而且振奋人心——为何这个时期有时甚至被当成科学崇拜的时期？我讨论了18世纪晚期到19世纪上半叶科普传统的重要性，也分析了学界在研究维多利亚科学普及者时所采用的多种方法。

在接下来的两章我探讨了19世纪下半叶两类很活跃却又截然不同的普及者。第二章关注的是为大众读者撰写科普读物的众多英国圣公会神职人员，包括埃比尼泽·布鲁尔（Ebenezer Brewer）、查尔斯·约翰斯（Charles Alexander Johns）、查尔斯·金斯利（Charles Kingsley）、托马斯·韦伯（Thomas William Webb）、弗朗西斯·莫里斯（Francis Orpen Morris）、乔治·亨斯洛（George Henslow）、威廉·霍顿（William Houghton）等人，他们是科学职业化倡导者们（如托马斯·赫胥黎）竭力排斥的群体之一。圣公会在教士们的努力下积极活跃在英国的科学界，他们不断向公众灌输宗教议题与当代科学的关联性，甚至在查尔斯·达尔文的《物种起源》出版后亦是如此。第三章则转向了女性在科学写作中扮演的角色。这也是被赫胥黎及其盟友排斥的群体，女性没有像科学家或牧师那样的地位，要将自己打造为权威的科学作家甚为艰难。我谈论了她们对女性科学写作老传统的继承及其在新时代的革新，也研究了每一位女作家走上科普写作之路的原因、读者定位、在文学上的尝试，及其作品中美学、道德和宗教主题的倾向性，还有她们对科学家表现出来的恭敬态度。

再接下来两章探讨的是科学普及者如何使用视觉和文学手法吸引受众。第四章关注两位活跃在19世纪中叶到80年代的科普作家，约翰·伍德和约翰·佩珀。在他们所处的维多利亚时期，科学受众已经被各种眼花缭乱的展览宠坏，例如水晶宫、巨型的全景装置、壮观的剧院演出等，因此两位作家都明白科普需要兼备娱乐性和知识性，在演讲和写作中都要吸引观众的眼球。第五章讨论是的进化论史诗，重点关注戴维·佩奇（David Page）、阿拉贝拉·巴克利（Arabella

Buckley）、爱德华·克劳德（Edward Clodd）和格兰特·艾伦（Grant Allen，1848—1899）等作家，他们将进化论作为向公众传达科学思想的载体。罗伯特·钱伯斯所著的《创世自然史的遗迹》提供了一个样板，这些科普作家在此基础上结合达尔文和赫伯特·斯宾塞的理论，形成了至今仍在使用的一种文学形式。

第六章关注的是期刊对于科学普及者的重要意义，以理查德·普罗克特主编的《知识》（*Knowledge*，创办于1881年）杂志为主要案例。普罗克特原本是希望这个期刊能与《自然》（*Nature*）杂志匹敌，控制面向大众读者的科学期刊市场，并质疑推崇职业化的科学家角色和支配地位。普罗克特的《知识》杂志倡导"共和主义"的科学，而非"科学精英"，后者被当成科学共同体的形象。第七章讨论的是以赫胥黎和罗伯特·鲍尔（Robert Ball）为代表的科学家，他们活跃在19世纪70年代后的科普领域。对赫胥黎和鲍尔的研究可以比较科学家与非科学家为大众读者撰写科普作品之间的差异。同时可以看出，两人受益于前辈科普作家。赫胥黎常常被当成那个时代最著名的"科学普及者"，但他最初对科普的态度却非常矛盾。本章分享了赫胥黎在19世纪60年代的态度转变，聚焦于他在70年代参与的三项出版计划。鲍尔在博物学家的出版事业上虽然远不及赫胥黎有抱负，但却是更成功的科普作家。比起赫胥黎，鲍尔情愿将更多的时间和精力投入科学写作和演讲的活动中，他也因此发了一笔小财。在最后一章中，我将注意力转向了19世纪最后10年里重要的几位科普作家，如阿格尼丝·吉本（Agnes Giberne）、伊丽莎·布莱特温（Eliza Brightwen）、亨利·哈钦森（Henry Hutchinson）、艾丽斯·博丁顿（Alice Bodington）、阿格尼丝·克拉克等，前三位代表着早期的科普传统，后两位则是在专业化时代为科学写作提供了新的辩护。

探讨 19 世纪下半叶科学普及的演变和影响可以通往丰富的研究领域，它将带我们走进维多利亚时期作家、出版商和读者的世界，让我们领略维多利亚时期迷人的视觉文化和博物学、展览中所展示的大自然，让我们转向科学的文学维度。我们发现在相关领域的探索中，致力于恢复科学中女性角色的学者走在了最前面，科学与宗教关系研究的成果也不容忽视，如何勾勒科学职业化进程和文化权威的角逐也是值得探讨的有趣议题。总而言之，在维多利亚科学版图中，科学普及处于各种最振奋人心的领域交会处。对重要科学普及者的研究表明，这个群体转变了这些领域，也破坏了推崇职业化的那些科学家的野心。

致 谢

历时15余年，这本书总算付梓。其中一些章节已在我之前的期刊论文或图书章节中发表过，在此对准许我将这些著述重新用于本书的出版社表示感谢。第一章中关于托马斯·韦伯的部分曾收录于《哈德威克的占卜师：托马斯·韦伯的生活和著作》(*The Stargazer of Hardwicke: The Life and Work of Thomas William Webb*, 2006)，由珍妮特和马克·罗宾逊(Janet and Mark Robinson)主编。第四章中关于约翰·佩珀的讨论部分取自我和艾琳·法伊夫(Aileen Fyfe)主编的《市场中的科学》(*Science in the Marketplace*, 2007)。第四、六、八章中的一些段落来自我2000年在《伊希斯》(*Isis*)发表的论文《维多利亚科普作家的视觉神学》(The Visual Theology of Victorian Popularizers of Science)。第六章中有一部分内容来自《19世纪媒体中的科学和文化》(*Culture and Science in the Nineteenth-Century Media*, 2004)，由路易斯·亨森(Louise Henson)和杰弗里·坎托(Geoffrey Cantor)等人主编。最后，第八章中有些内容和片段来自《建构维多利亚的天空：阿格尼丝·克拉克与"新天文学"》(Constructing Victorian Heavens: Agnes Clerke and the "New Astronomy")一文，收录于《自然的修辞：女性重写科学》(*Natural*

Eloquence: Women Reinscribe Science，1997），由安·希黛儿和芭芭拉·盖茨（Barbara Gates）主编。

众多的档案馆和图书馆为我提供了馆藏材料，并允许我引用了这些材料。本书中引用的档案材料来源包括大英图书馆、剑桥郡档案室、剑桥大学图书馆（准许引用达尔文通信集）、粒子物理学和天文学研究理事会、剑桥大学图书馆的皇家格林威治天文台档案室、皇家文学基金会档案、凯斯西储大学（Case Western Reserve University）迪特里克（Dittrick）医学史中心、位于马萨诸塞州剑桥市的哈佛-史密森尼（Harvard-Smithsonian）天体物理学中心的约翰·沃尔巴克（John G. Wolbach）图书馆和信息资源中心、伦敦帝国学院档案室（赫胥黎通信集）、苏格兰国家图书馆理事会、兰贝斯宫（Lambeth Palace）图书馆、利兹大学图书馆的布拉泽顿（Brotherton）特藏室和克劳德通信集、加州大学圣克鲁斯（Santa Cruz）分校利克（Lick）天文台的玛丽·利·谢恩（Mary Lea Shane）档案馆、伦敦自然博物馆理事会、宾夕法尼亚州立大学图书馆[莫特莱克（Mortlake）分馆、珍本和手稿、特藏图书馆]、雷丁大学图书馆档案室、皇家天文学会、大不列颠皇家学院、谢菲尔德市议会文化部部长和谢菲尔德档案馆、圣约翰学院（剑桥）院长和研究员、伦敦大学学院特藏图书馆、曼彻斯特大学的约翰·赖兰兹（John Rylands）大学图书馆的馆员和主任、埃克塞特（Exeter）大学、伦敦大学图书馆特藏室、泰恩河（Tyne）畔的纽卡斯尔（Newcastle）大学罗宾逊（Robinson）图书馆特藏室和特里维廉（Trevelyan）家族文件理事会、威斯康星大学麦迪逊分校档案馆、温哥华公共图书馆特藏室等。也非常感谢邓德福府（Dunford House）的长官、苏赛克斯郡（Sussex）档案室及其档案员提供的帮助。

在这本书的写作过程中，我有幸得到了资助机构、约克大学教职工、研究助理、同事和家人的支持。我获得了加拿大社会科学与人文研究委员会的几项资助，约克大学人文学院研究基金资助了英国考察的旅行经费，人文学院提供的2001—2002学年研究员职位让我在这期间完成了本课题的大量研究工作。斯科特图书馆馆际互借办公室的职员，尤其是格拉迪斯·冯（Gladys Fung），欣然为我从或远或近的地方获取了难以计数的图书资料。在麦克麦斯特大学图书馆馆际互借与文件服务办公室的塔菲拉·戈登-史密斯（Tafila Gordon-Smith）协助下，我使用了图书馆内英国出版商档案室的大量缩微胶卷。在这么多年的研究过程中，不计其数的档案员帮我找到了难以查找的书信和文件，尤其感谢帝国学院的安妮·巴雷特（Anne Barrett）、雷丁大学的迈克尔·博特（Michael Bott）、贾罗尔德父子出版公司（Jarrold and Sons Ltd.）的彼得·索尔特（Peter Salt）和威斯敏斯特大学的布伦达·威登（Brenda Weeden）这几位。我也受惠于众多不辞辛劳的研究助理，包括伊琳·麦克劳克林-詹金斯（Erin McLaughlin-Jenkins）、莉莎·派珀（Liza Piper）、卡特里娜·萨尔克（Katrina Sark）、莎罗娜·珀尔（Sharrona Pearl）、艾琳·法伊夫、韦斯利·菲利斯（Wesley Ferris）、安德烈·科里特科（Andrea Koritko）、杰西卡·普尔（Jessica Poole）、卡迪·希尔（Kady Shear），他们为我查找了大量资料。斯蒂夫·邦恩（Steve Bunn）帮我处理了繁重的插图和授权许可工作。

学术同人给了我莫大的鼓励，也为我提供了重要的资料和信息。与詹姆斯·埃尔威克（James Elwick）、高恩·道森（Gowan Dawson）、保罗·布林克曼（Paul Brinkman）等同人的讨论让我受益匪浅；马丁·费奇曼（Martin Fichman）帮我厘清了阿拉贝拉·巴克利和阿尔弗雷德·华莱士（Alfred Russel Wallace）之间的关系；艾伦·劳赫（Alan Rauch）、迈克尔·科利（Michael Collie）、莱斯利·蒙萨姆（Leslie Howsam）在核实若干重要著作的印量时提供了必不可少的帮助。在与马克·巴特沃斯（Mark Butterworth）长期的电子邮件往来中，我对罗伯特·鲍尔有了深入了解。很感激理查德·贝隆（Richard Bellon）、迈克尔·科利、安德里安·德斯蒙德（Adrian Desmond）、理查德·英格兰（Richard England）、保罗·菲特（Paul Fayter）、爱丽丝·弗莱（Iris Frye）、吉姆·帕拉迪（Jim Paradi）、安妮·西科德（Anne Secord）、安·希黛儿、詹妮弗·塔克（Jennifer Tucker）和保罗·怀特（Paul White）阅读了各章节草稿。詹姆斯·西科德和艾琳·法伊夫欣然同意通读全稿，提出了极好的建议，让我对本书结构做了重要的改进。我也非常感谢芝加哥大学出版社邀请的两位匿名评阅人对书稿做了评估。因为这部专著耗费时间非常漫长，我总共与该社 4 名编辑合作过；已故的苏珊·艾布拉姆斯（Susan Abrams）在本研究的早期阶段启发了我；凯瑟琳·赖斯（Catherine Rice）负责处理书稿评估报告，在我修改书稿以回应评阅人报告时，她提供了很有价值的建议；而艾伦·托马斯（Alan Thomas）和凯伦·达林（Karen Darling）细致地督促了出版的最后阶段。我几乎和约克大学 STS 中心的所有同事讨论过我对科学普及者研究的某些方面，能和这样一群学者一同工作，我备感荣幸。在我早期的事业生涯中，雪莉·艾森（Sydney Eisen）、威廉·约翰逊（William Johnson）和弗兰克·特纳 3 位导师在学术上引导了我，没有他们的鼓励，我可能永远不会耗费 8 年的时间在学术圈苦苦寻求一个长期的职位。我的家庭一如既往地为我提供了充满爱和安宁的环境，让我可以全身心投入科研中。我的父亲和岳父母在一旁为我加油打气，我与爱子马修（Matthew）都非常热爱科学，他取得了非凡的学术成就，一直让我深受启发。爱女伊拉娜（Ilana）日益成熟的艺术才华让我惊叹，我十分珍惜我们在一起聆听和演奏摇滚、民乐和蓝调音乐的时光。最后，我一生的至爱——爱妻梅尔（Merle）与我厮守 30 余年，总让我保持一颗年轻的心，也让我充满勇气去迎接学术路上一个又一个新挑战。

目　录

第一章　历史学家、科学普及者与维多利亚科学

在19世纪中叶的英国，种种迹象表明人们对科学的态度发生 1
了巨大改变，当时不少评论员显然都注意到了这些变化，因为他们只要想想1851年伦敦万国工业产品博览会（Great Exhibition of the Works of Industry of All Nations）所受到的欢迎程度自然就明白了。这次的展厅是一座巨大的铁骨架和玻璃建筑，设计独特，赢得了“水晶宫”（Crystal Palace）的名号，这次工业展览也吸引了前所未有的参观人数。意气风发的年轻生物学家托马斯·赫胥黎1851年在给未婚妻的信中写道，游客满怀虔诚敬畏之心前来水晶宫参观，就仿佛是到神殿的朝圣之旅。赫胥黎告诉她：“而今，英国伟大的神殿就是水晶宫——每天有5.8万人前来朝拜，其壮观程度快赶上禧年（Jubilee）时犹太人朝拜耶路撒冷的景象了。”[1]当时的评论员还注意到，1850年代兴起的博物学热潮也表明科学兴趣的高涨。在博览会开放仅两年后，博物学家和科普作家菲利普·戈斯（Philip Henry Gosse，1810—1888）就在其《博物学家的德文郡海边漫步》（*Naturalist's Rambles on the Devonshire Coast*，1853）中预测，海洋水族馆很快就会在大量维多利亚家庭的会客厅中时兴起来。如他所言，水族馆几乎在一夜之间成为全国性的潮流，英国中产阶级纷纷跑到海边去搜寻标

本。与此同时，蕨类植物采集也风靡全国。[2]

2 在维多利亚时期，人们先是迷恋水族馆和蕨类植物，紧随其后是对恐龙充满强烈的好奇心。水晶宫公司将博览会迁移至伦敦南部的西德纳姆作为永久展馆时，灭绝的爬行动物和哺乳动物新展览成为最受欢迎的展览之一。鱼龙、蛇颈龙、翼手龙、斑龙和禽龙等已经灭绝的恐龙首次按照实际大小被复原，展现在公众面前。博物画家本杰明·霍金斯（Benjamin Waterhouse Hawkins，1807—1894）和解剖学家理查德·欧文（Richard Owen，1804—1892）合作，举办了这个展览。该展自 1854 年 6 月 10 日开放后的 50 年里，每年参观人数超过 100 万。恐龙也构成了公众想象力的一部分，它们定期出现在《笨拙》（*Punch*）周刊上，也在儒勒·凡尔纳（Jules Verne，1828—1905）1864 年的科幻小说《地心游记》（*Journey to the Centre of the Earth*）里搏斗。[3]除了对水族馆、蕨类植物和恐龙的迷恋，1860 年代早期英国人还开始对大猩猩感兴趣，部分原因是在达尔文进化论的影响下，公众对人类和类人猿的相似性充满好奇，也因为探险家保罗·杜·沙伊鲁（Paul du Chaillu，1831—1903）的探险活动，他在同年出版的《赤道非洲的探险之旅》（*Explorations and Adventures in Equatorial Africa*）非常受欢迎。书中充满骇人听闻的传奇故事，包括作者猎杀有攻击性的大猩猩。理查德·欧文赞助了杜·沙伊鲁的探险，他也因此被卷入欧文和赫胥黎关于人类和类人猿大脑解剖结构的著名争端中。《笨拙》周刊发文讽刺了这场争端，金斯利的《水孩子》（*Water Babies*，1862）也让这场争论永载史册，[4]由此激发了公众对类人猿和进化论的好奇心。为何公众对所有科学事物的兴趣突然高涨？诚如历史学家戴维·艾伦（David Allen）所言，原因之一是新一代中产阶级消费者构成了科学公众的主体。与 1840 年代英国经济大萧条形成对比的是，接下来的 10 年是一个繁荣期，19 世纪五六十年代，英国成为世界上商业、工业和帝国力量的领头羊。更多的人有更多的闲钱花在娱乐活动上，科学在更广大的老百姓中时兴起来，备受尊崇，而不局限于有钱人的小圈子。[5]

一直到 19 世纪末，科学都让维多利亚人着迷。他们目睹了眼花 3
缭乱的新技术的传播，接触到异域的动植物，经历了关于新理论有效性的激烈争辩，这些都让他们接触到科学。科学带来了技术不断进步的希望，激发了人们对未来乌托邦式的憧憬，似乎还提供了实现大英帝国目标的手段。例如，令人振奋的新技术有线电报，其发明就是基于威廉·汤姆森（William Thomson，1824—1907）等科学家的电学研究。1851 年，英吉利海峡成功搭建了第一条海底电缆，到 1870 年代，海底电缆已经遍布全球，改变了通信模式。从一开始，英国资本家和工程技术主导了全球的电缆行业，英国通过全球电缆系统直接掌控着庞大的帝国势力。[6]英国也是全球动植物标本贸易的中心，动植物通过帝国扩张网络被带到伦敦，有些成为科学家的研究对象，另一些则进入伦敦动物园、大英博物馆或邱园向公众展示。新的科学发现也让维多利亚人兴奋，例如达尔文的自然选择理论，其正确性成为热议话题，赫胥黎、约翰·丁达尔、汤姆森等科学家被卷入这些纷争，他们都成了传奇的公众人物。新的科学仪器似乎也打开了迄今为止还未探索的自然世界。例如，威廉·哈金斯（William Huggins，1824—1910）利用天文分光仪探测遥远的天体构成，并结合更复杂精细的摄影技术，极大地改变了天文学。据当时一位评论员称，分光仪和照相机的使用拓展了天文学研究的边界，“让它（天文学）接受新的挑战，赋予它曾经无法想象的力量。在人类力量难以企及的知识领域，仿佛在魔术师的魔棒指挥下一下打开了”。[7]科学知识似乎提供了一种神秘的密码，就好像“芝麻开门”的咒语，在19世纪下半叶敲开了令人振奋的新世界之门。

然而，科学的魅力体现在更深的层次。科学与改良的基督教观念
4 相结合或者完全基于科学本身，为一些人提供了认识自己及其在宇宙中位置的基础。在19世纪初，基督教的思考模式（尽管并非被普遍接受）占据着主导地位，与旧秩序捆绑在一起，反映了田园牧歌、农业经济与贵族气息的自然观。到了19世纪末，英国社会已经发生了深刻的转变，旧秩序下的世界观对知识精英、中产阶级和工人阶级来说不再有意义。对不满传统信仰的人来说，科学的思考模式就像一种黏合剂，提供了一种对城市化和工业化进程中的中产阶级生活更有意义的新世界观。[8]

赫胥黎在《论改进自然知识的必要性》（On the Advisableness of Improving Natural Knowledge，1866）中认为，科学知识的进步推动了大轮船、铁路、电报、工厂和印刷厂的发明和革新，“没有这些，现代英国社会就会整个崩溃，造成大量的停滞、饥饿和贫穷”。但赫胥黎指出，科学远不只是“一种安慰性的碾磨机”。他坚持认为，只有科学“思想”方能“满足精神上的渴求”，相信科学进步提供了“新道德的基础”。[9]格兰特·艾伦在评论1836—1886年这半个世纪的科学进步时指出，进化论渗透到“涉及人类生活方方面面的所有研究中”，颠覆了“整个关于人类及其本性的观念”。艾伦和赫胥黎一样，相信科学向着越来越世俗化的趋势发展。他宣称科学综合了“我们对整个自然连续体系的所有概念，在我们眼前呈现了全面而辉

煌的宇宙观念，适用于太阳和星星、世界与原子、光和热、生命与机械、草本与树木、人类与动物、身体、灵魂、精神、思想与物质一切事物”。[10]因此，科学在19世纪下半叶被赋予了极其重要的意义，因为每种理论、每个新发现似乎对人类生活方方面面都有着巨大影响。解释和探讨科学思想的社会、政治和宗教意义成为智性生活的关注焦点。

对不少维多利亚人来说，科学的重要性还远不止这些。除了为 5
新的世界观提供黏合剂，科学也被其捍卫者当成确定所有真相的最好方法。赫伯特·斯宾塞的门徒碧翠斯·韦伯（Beatrice Webb）嫁给了一位费边社会主义[11]领袖，她在自传中回忆说，“科学崇拜”曾鼓舞了维多利亚中期的许多人，其中一条关键信条是“当前对科学方法的信念……仅仅靠它就能解决所有世俗问题”。[12]要想观念和理论得到知识界的认可，必须通过科学方法确立。在19世纪下半叶，基于神学经典、宗教权威、内在良知（上帝赋予人类的）或任何直觉的真理的认可度越来越低。因此，那些自称的科学代言者获得了巨大的文化和知识权威，可以声称自己所言完全属实，并懂得科学思想的更广泛意义。既然科学思想支撑着现代的世界观，他们必然就自认为在所有议题上都有权威性，甚至在面向公众时把自己当成真正的真理代言人。然而，在19世纪下半叶，职业化的现代科学家群体依然处于形成阶段，这就留下了一堆关键性的问题亟待回答。究竟什么才是正确的科学方法？就此而言，什么是科学？哪类人可以参与这些问题的争论？知识分子要争当公认的科学代言人自然得承担很高的风险。

历史学家与英国科学图景

在科学的发展进程中，历史学家如何应对这个复杂的时期？事实证明，勾勒 19 世纪英国科学图景充满了挑战。在过去 45 年里，这幅图景已经被重绘了几次，但依然是一项未竟的事业。从 20 世纪 60 年代到 80 年代的“外史与内史”之争使单纯的思想史方法遭到拒斥，到了 20 世纪 80 年代末越来越多的语境主义著述开始涌现，倾向于关注英国在演变成现代化工业国家进程中科学精英的转变问题。[13] 在著名学者如弗兰克·特纳和罗伯特·杨（Robert Young）勾勒的图景中，以受过牛津、剑桥教育的圣公会成员为主的科学绅士控制了 19 世纪上半叶的科学场所，为英国社会呈现了基于自然神学的文化和社会秩序的愿景。特纳和杨认为，19 世纪下半叶，科学自然主义（scientific naturalism）达到了顶峰，在英国科学图景中处于主导地位。[14] 中产阶级科学少壮派，如托马斯·赫胥黎和约翰·丁达尔两人，都没有在牛津、剑桥接受教育，他们在世纪中叶开始与科学绅士们争夺英国科学世界的主导者地位。同时，他们还深陷与圣公会神职人员的纷争中，争论谁能成为现代英国社会最好的领导者。

被学者们奉为“科学自然主义者”（scientific naturalists）或“进化论自然主义者”（evolutionary naturalists）的这些人，从实证科学的理论、方法和范畴出发，对自然、社会和人类提出了新解释。科学自然主义者排除了在自然界中经验观察不到的原因，在这个意义上他们是自然主义的；同时，他们根据 19 世纪中叶的三大主要理论去解释自然，即物质的原子理论、能量守恒定律和进化论，在这个意义上他们又是科学的。[15] 这群精英科学家达成了共识，其中的最活跃分子创办了 X 俱乐部。从 1864 年开始，乔治 · 巴斯克（George Busk，1807—1886）、爱德华 · 弗兰克兰（Edward Frankland，1825—1899）、托马斯 · 赫斯特（Thomas Hirst，1830—1892）、约瑟夫 · 胡克（Joseph Dalton Hooker，1817—1911）、托马斯 · 赫胥黎、约翰 · 卢伯克（John Lubbock，1834—1913）、赫伯特 · 斯宾塞（1820—1903）、威廉 · 斯波蒂斯伍德（William Spottiswoode，1825—1883）和约
翰 · 丁达尔等人每月举行一次晚餐会，制定实现目标的战略。[16] 在历 7
史学家绘制科学图景时，进化论自然主义者（包括查尔斯 · 达尔文）的行为和观点成为关注焦点，如达尔文革命、科学的世俗化和职业化等主题。即使是希望探索新领域的学者，如科学与文学或者科学与性别的议题，也会倾向于把注意力放在科学精英身上。[17]

20 世纪 80 年代末，关于非科学精英的研究大量涌现，重绘了 19 世纪英国科学图景，改变了以科学自然主义为主导的状况。安德里安 · 德斯蒙德所著的《进化论的政治》（*Politics of Evolution*，1989）是一部“来自底层”的科学史，不再关注科学绅士阶层和牛津、剑桥神职人员以及挑战这两种权威的中产阶级科学自然主义者，成为打破这种研究传统的先驱之一。德斯蒙德探讨了 19 世纪 30 年代伦敦世俗的解剖学校和非国教大学里激进的底层进化论者，展示了另一种欣欣向荣的科学文化，存在于精英圈子之外且与之截然不同。自德斯蒙德开创性的研究之后，学者对 19 世纪英国科学的历史研究逐渐转移关注点，他们煞费苦心，修正那个时代的科学图景，将新的群体纳入其中，同时减少此前被夸大的科学自然主义。

因为克罗斯比 · 史密斯（Crosbie Smith）的《能量的科学》（*Science of Energy*，1998），学界已经重新审视了科学精英的科学自

然主义的主导地位。对科学自然主义的有力反驳来自19世纪50年代到70年代研究能量科学的一群科学家，他们同科学自然主义者一样，为整个物理科学甚至生命科学制定了一套改革方案。由格拉斯哥大学自然哲学教授威廉·汤姆森、苏格兰自然哲学家詹姆斯·麦克斯韦（James Clerk Maxwell，1831—1879）和彼得·泰特（Peter Guthrie Tait，1831—1901）以及工程师弗莱明·詹金（Fleeming Jenkin，1833—1885）和麦夸恩·兰金（Macquorn Rankine，1820—1872）等人组成的“北英”（North British）小组创建了能量物理学，这群人充满了苏格兰长老派作风，体现了辉格党和进步主义的价值观，并且与英国北部的实业家们牵扯在一起。他们对大都市里科学自然主义者的反基督教唯物观非常反感，准备与剑桥圣公会联合起来，以削弱赫胥
8 黎及其盟友的权威。他们提倡与基督教信仰相融的自然哲学，当然并不屈从于前者。[18]

不只是科学精英，其他知识精英也开始质疑科学自然主义的主导地位。托马斯·格林（Thomas Hill Green，1836—1882）、弗朗西斯·布兰德利（Francis Herbert Bradley，1846—1924）、爱德华·凯尔德（Edward Caird，1835—1908）、亨利·琼斯（Henry Jones，1852—1922）、约翰·沃森（John Watson）、威廉·华莱士（William Wallace）、约翰·麦肯齐（John Stuart Mackenzie，1860—1935）、戴维·里奇（David George Ritchie，1853—1903）和伯纳德·鲍桑奎（Bernard Bosanquet，1848—1923）在19世纪最后30年形成了唯心主义学派，在英国哲学中占据了主导地位。尽管如此，英国唯心主义者们借鉴进化论建构了一种独特的社会哲学，将其融入准基督教（quasi-Christian）[19]的形而上学体系中。[20]同时，也有学者提醒我们不要低估了与老派的圣公会贵族

圈子联系紧密的知识精英的力量，他们的影响力不会因为赫胥黎及其盟友控制了多个重要的科学机构就消失。即使在19世纪最后的10年里，当时最重要的政治人物之一、后来的首相托利党贵族亚瑟·鲍尔弗（Arthur Balfour，1848—1930）还写了《信仰的根基》（*The Foundations of Belief*，1895），他在书中否认了赫胥黎及其同道的科学自然主义者的科学权威。[21]

我们重绘的19世纪英国科学图景也让知识精英圈子外的群体浮出水面，科学自然主义曾经位居高山之巅，遮挡了这些人。还有些学者不是将我们的注意力引向男科学家性别化的理论，而是证明了女性如何积极地参与到科学活动当中，尽管赫胥黎等人努力将她们排除在科学共同体之外。[22]德斯蒙德提出，19世纪30年代，英国工人阶级活跃在与科学精英圈子截然不同的另一种科学文化之中，这种现象同样发生在19世纪下半叶。工人阶级知识分子及其读者重新诠释了达尔文主义，反映了他们自身的社会愿景。[23]最近，还有学者提醒我们，尽管科学自然主义不断发起抵制唯心论以及相关的思想运动，神秘主义（occultism）在世纪末依然吸引了受过教育的中产
阶级。[24]总之，老一辈学界似乎高估了科学自然主义在知识界内外的 9
影响力。科学自然主义者和圣公会神职人员并非这场文化权威中唯二的竞争选手，北英物理学家、新黑格尔主义者、社会主义者、世俗主义者、女性、唯灵论者、术士都在借用科学思想的公信力加入角逐，所有这些人现在都和科学自然主义者一样，出现在我们绘制的科学图景中。我写作这本书的目的，是在维多利亚科学图景中为科学普及者找到一席之地，从而让历史学家绘制这幅图景的任务更为复杂。

指称意味着什么

然而，要在历史学家绘制的科学图景中为科学普及者找到位置并非易事，我甚至觉得难以用一个恰当的术语去指称这群重要的作家和演说家，我最后选择了“普及者”（popularizers）。[25] 用这个指称也有问题，在现代意义上，“科学普及者 / 科普作家”（popularizer of science）或者“大众科学”（popular science）的含义很负面，使用它们来讨论 19 世纪的人物会歪曲历史，显得这个群体无关紧要，被学界所忽视也变得理所当然。20 世纪最杰出的科普作家之一、已故的斯蒂芬·古尔德（Stephen Jay Gould，1941—2002）反对美国人把“科普写作等同于胡言乱语的夸夸其谈”或者“哗众取宠”的倾向。他指出，在法国，这类写作被称为“通俗化写作”，其含义完全是正面的。[26] 对研究 19 世纪的历史学家来说，似乎应该避免使用负载了过多衍生含义的术语，因为很多含义是进入 20 世纪后才有的。

有些科学史家曾在研究面向非专业人士的科学书籍和讲座时，尝试使用不同的术语去避免偏见。凯瑟琳·潘朵拉（Katharine Pandora）认为“白话（vernacular）相比‘大众文化’（popular culture）和‘普及’（popularization）”更有助于“扩展‘日常科学知识’的历史”。她讨论了比专业讲座更容易理解的通俗演讲何以形成“一种‘老百姓
10 知识’，让社会评论和理论评述无须遵从科学规范便可传播”。[27] 潘朵拉使用“白话”这个词，可能更适合她研究的 20 世纪早期美国的情景，预设了两种截然不同的演讲（专业的和普及的），但这种区分在 19 世纪下半叶的英国并不存在。詹姆斯·西科德在研究罗伯特·钱伯斯及其读者时使用了“商业的科学”（commercial science），[28] 他拒绝使

用“大众科学”，因为这个词当时的含义在某些程度上来自他在《维多利亚时代的轰动》中研究的那场争论。但西科德的这个术语也不够包容，无法将本书中的一些人物囊括进去，这些人因为某种宗教的召唤而成为普及者，成员庞杂，包括靠器械制造、博物馆展出和表演等方式赚钱的人。当然，西科德这个词的价值还在于提醒我们，科学普及者所参与的活动涉及付费的问题。

因为这些可选的术语都差强人意，我决定保留“科学普及者”这个叫法，尽管它也不尽如人意，我将把作者、权威和受众等问题摆在前面和中心的位置。在维多利亚时期成为科学普及者意味着什么？是什么驱使一个人成为科学普及者？谁拥有权威从事科学写作并向大众读者传播其中更广泛的哲学和形而上学意义？普及者是否向来尊崇科学家的权威？他们如何向受众发表演讲？他们发展了什么样的文学写作新类型，以赢取更有文化、更见多识广的受众？既然讲座和普及读物这类媒体这么流行，我将其称为“大众的 / 流行的”，这意味着非常成功，或者说它们面向的是大众受众，但我会尽可能少使用“大众科学”这个词。[29]

历史学家并不能完全回避这些术语及其同源词汇，他们研究的历 11
史人物常常会使用这些词汇和短语，在援引其作品和演讲的引文中，都可能包含这些术语。有学者追溯了这些词汇在一般意义上和使用在科学中的发端和历史，如“大众的 / 流行的”（popular）、“普及者”（popularizer）和“普及”（动词：popularize；名词：popularization），以期能弄清它们在特定时空中的含义。《牛津英语词典》展示了这些术语最早的用法，“popularize”最早出现于 1593 年，而“popularization”出现于 1797 年。这些术语及其同源词汇直到 19 世纪才被用在科学里，大概始于30年代。[30]“大众科学”在19世纪中叶已经广泛使用，可以在公共演讲、书名、杂志标题和讲座宣传中看到这个术语。[31]莫拉格·夏亚奇（Morag Shiach）认为，“大众的/流行的”一词的含义不断更新和被推翻，承载着意识形态的变化。她指出，到了19世纪中叶，这个术语被越来越多地用在文化领域的方方面面，人们普遍喜欢或倾向于用这个词。但她发现主流文化在使用个词的时候，已经包含了负面的一些意思，如粗糙、愚昧和专横。[32]然而，威廉·雷蒙德（William Raymond）认为这个词的负面意思是后来才被赋予的，指出“普及”直到19世纪才成了具有政治意味的词语，意思是属于大众老百姓的，后来才有把知识以大众能理解的方式展示出来的意思。他提出，19世纪这个词的用法依然“主要是正面的”，直到接下来的20世纪，才有强烈的“简化”之意，而且这种意思占据了主导地位。[33]

我们在理解19世纪人物每次使用“大众科学”这个短语时，必须保持谨慎，因为那个时期对它的含义和目的有众多不同的解释。对皇家学院的管理者来说，它意味着吸引广泛的观众和财政上的成功。
12 对丁达尔而言，大众讲座可以让他谋生，为他提供伦敦精英圈子的入场券，打造自己作为文化权威的根基，当然也给科学研究造成了阻碍。而物理学家彼得·泰特在一篇批判丁达尔活动的文章中指出，大众讲座这项事业有着潜在风险，只有交给值得信赖的人来做。[34]即使是最拥护科学职业化的赫胥黎，也抗议中伤科学家作为杰出传播者能力的行为。他指出，“科学普及”，“不管是通过讲座还是文章，都有缺点，即使取得成功的人也会面临风险”。那些失败的人会“忽视一个人其他方面的所有成就，总是故技重演，给人家贴上‘不过是科普者’的标签”。赫胥黎拒斥当时一些人在使用“普及者”一词时暗含轻蔑的敌意。[35] 对不同的历史人物来说，“科学普及者”意味着不同的东西，取决于他们是以一种正面还是负面的态度去看待这个术语。

在 19 世纪，“大众的”和“普及”等词汇的含义处于不断变化中，对“什么是科学”的理解同样变化不定，这些变化也将我们引到了棘手的科学职业化问题上。对赫胥黎这样的人来讲，职业化意味着重新界定科学的含义。赫胥黎希望科学与专业知识、实验室研究和自然主义联系在一起，打破它与圣公会神职人员、业余性和自然神学的联系。如果我们把赫胥黎的欲求信以为真，或者将 19 世纪“职业化”这个词的意思完全等同于 20 世纪的定义，这个术语就会令人误解。[36] 斯蒂凡·科里尼（Stefan Collini）讨论了 19 世纪晚期智识生活在职业化进程中的多样性和局限性。他警告说，使用“职业化”这个词去描述 1930 年和 1850 年智识生活的差异，就是假定了一个统一而复杂的变化过程，但实际上这个过程并不存在。“职业的”意味着什么，在 19 世纪下半叶这个问题并没有定论。[37] 德斯蒙德对职业化的研究更为 13
具体，专注于科学的职业化，也指出职业化不再被当成“辉格式的必然”胜利，[38] 赫胥黎并不符合 20 世纪职业科学家的模式。就形成联盟而言，X 俱乐部的成员更关心个人是否恪守对自然主义科学的承诺，而不是他们的“专业”素养。[39] 因此，我尽力避免使用“职业科学家”这个词，它包含了让人误解的含义，暗指 19 世纪下半叶职业化已经完成。我倾向于用“推崇职业化的科学家”（would-be professionalizer of science），[40] 指的是 19 世纪人物所渴望但还未实现的现代科学的某些特征。我也会使用“科学家 / 科学实践者”（practitioner of science）以区别从事实验研究或探索自然世界的人和普及者，后者主要从事自然主题的写作。

我之所以在此对这些指称喋喋不休，旨在强调 20 世纪对专业科学和大众科学所谓的区分在 19 世纪下半叶还不存在。那个时期的前辈们还处于模糊不定的状态中，彼此之间的相互关系还未定型，切不可过于僵化地看待科学普及者和科学家之间的区别。毕竟有些科学家也同时扮演着普及者的角色，为大众读者写作和办讲座。本书提出的首要问题既关涉科学家也关涉普及者，通信革命影响深远，转变了理解科学的方式，关于科学普及的观念随之发生什么变化？大众出版的新媒体极大地改变了作者与读者之间的关系，从而改变了争论中的各种可能以及学科权威的决定因素。

科学普及的编史学方法

在研究 19 世纪大众科学的发展时，至少可以采用四种研究方
14 法。首先是直至 20 世纪 90 年代早期最普遍的视角，即关注科学精英如赫胥黎和丁达尔，并探索其作品和讲座对受众的有益影响。[41] 赫胥黎和丁达尔被塑造成伟大的科学英雄和教育家，他们为心怀感激的公众点亮了知识之光。老一派学者采用这种方法是基于"实证主义扩散模型"（positivist diffusion model），在这个模型中，科学精英享有特权，生产真正的知识。"普及者"的作用是把这些知识的简化版传递给被动接受的读者，而最好的"普及者"是科学精英圈子的成员。自 20 世纪 80 年代以来，学者们已经有力地批判了实证主义扩散模型，因为这种模型假定只有科学家才拥有真正的科学知识，并拥护他们在认识论上的权威性。大众文化也可以主动产生自己固有的科学，在挪

用精英文化的产物时对其进行改造，或者在消费精英科学的知识时在很大程度上对其产生实质性影响。[42]

自 20 世纪 90 年代早期以来，关于 19 世纪英国精英科学家的研究更趋成熟，将“科学普及”的扩散主义概念仅仅作为一种历史研究对象，反对将其作为历史研究的方法原则。[43] 关于精英科学家参与大众科学写作和讲座亟待更好的研究，学界迫切需要深入研究《自然》杂志、“国际科学丛书”、英国科学促进会（British Association for the Advancement of Science，BAAS）讲座等历史议题。我研究科学精英是因为这有助于为科学普及者在科学共同体中找到一席之地，我将在第七章中专门讨论赫胥黎和罗伯特·鲍尔。

另外还有三种方法让我们的关注点不再停留在精英科学。这些研 15
究大多来自 20 世纪 90 年代早期之后，其共同目标是恢复英国 19 世纪为大众读者打造科学的那个群体的历史地位。第二种方法是将我们的注意力转向边缘化的人群和科学，有学者关注了一些非主流的科学如催眠术和颅相学，以及形形色色的受众如何参与其中。[44] 20 世纪 80 年代，女性主义学者在批判科学时，对被忽略的女性产生了兴趣，其研究的主要特点是，每位学者都致力于研究一个个具体的女性科普作家，如玛丽·萨默维尔（Mary Somerville，1780—1872）、阿格尼丝·克拉克（1842—1907）、阿拉贝拉·巴克利（1840—1929）、玛格丽特·加蒂（Margaret Gatty，1809—1873）等。[45] 我在本书中讨论的人物差不多有一半是女性，表明在这个时期她们在科学普及中扮演了重要的角色。学者们也更加关注工人阶级在大众科学中的参与，除了对 19 世纪激进的进化论思想和工匠文化的开创性研究之外，我们现在有更多的研究关注 19 世纪下半叶世俗论者、社会主义者和工人阶级的科学。[46]然而，本书中我关注的大部分人都是中产阶级科学普及者。

第三种研究大众科学的编史学方法是关注维多利亚时期的出版业，包括作者、读者、出版社和期刊社。尽管科学史家最近已经发现科普者的重要性，但研究写作的史学家却很少关注到将大量时间、精力投入科学写作的作家。[47]科学家的职业化和科学写作的职业化也同
16 时得到了关注，不少科普作家站在写作和科学两个领域的交叉口。学界最近对维多利亚时期读者群体的研究尤为有价值，为研究科学如何被普及提供了切入点。[48]我将会探讨科普作家如何界定他们的读者，以及他们为了满足读者需求采用的写作策略，也会讨论科普作家同时作为读者的那一面，他们阅读的是精英科学家的科学著述。作为精英科学家和发展中的大众读者的媒介，本书中讨论的这些人物既是知识的消费者也是生产者。在研究大众科学发展中出版商角色时，其中一个方法就是密切关注读者。19 世纪三四十年代印刷技术的新发展推动了通信革命的发生，[49]从而导致科学阅读和出版业的变化，对科学的性质产生了深远影响。[50]出版商（而非作者）通常是面向大众的科学读物的幕后推手。[51]商业关系网塑造了科普作家的写作实践，使他们不可避免地深陷其中。[52]科普作家在出版实践中的地位是本书的重要主题，出版机构而非科学组织决定了他们的权力和权威。

在这种方法中，期刊文学中科学扮演的角色代表了另一个研究面向。[53]站在期刊读者的立场，科学主题“随处可见”，多到一些学者
17 认为大众期刊在公众理解新科学发现、理论和实践上比图书发挥了更大的作用。[54]本书中讨论的很多科普作家为种类繁多的大众期刊撰稿，有一章将会讨论一个特殊的大众科学期刊的创办过程。然而，我并不

试图对期刊中的科学写作进行全面综合的研究，毕竟这是一项大工程，值得单独去研究。

前面三种方法在很大程度上都与印刷文化相关，第四种也是最后一种方法则强调大众科学发生的多种场所，将我们带入崭新和广阔的领域中。通过比较知识得以产生和传播的精英圈子的公共场所，我们可以更加清晰地了解科学场所的范围。科学在图书馆、报告厅、沙龙、托儿所、动物园、天文台、教堂、工作坊、艺术家工作室、技工学校、畜牧场、造船厂、狩猎保护区和不计其数的其他场所里以不同的方式传播。[55]对场所的强调带我们来到印刷文化之外，开启了令人振奋的整个研究系列。[56]有些科普作家成为活跃的演讲者，还有一些参与到科学博物馆中，我会偶尔徜徉在口传文化和展示文化的领地。在这本书中，我将兼容并蓄，也会投机取巧，在任何必要之时我都会借鉴大众科学研究所采用的各种方法。它们并不相互排斥，但我强调的是科学作家及其与科学家、日益增长的大众读者和出版商之间的关系，他们为读者提供了科学思想的更多解释，出版社为他们的成功提供了必不可少的机会。

布景：1840 年以前

学者们近些年采用的以上编史学研究方法已经更加清晰地勾勒出
科学普及者、科学家、读者和出版社之间的复杂关系在整个 19 世纪 18
的演变。他们竭力将“大众科学”出版的历史置于一般性出版发展的大背景之中，“大众科学”的起源与 19 世纪早期整个出版业和阅读的转变有着密不可分的联系。威廉·圣克莱尔（William St. Clair）的研究显示，到了19世纪20年代，人们很清楚阅读的快速发展并非“昙花一现，转瞬即逝”。他有力地论证道，浪漫主义时期“标志着这个国家的阅读开始腾飞，持续扩大，并实现自我维持”，让英国在19世纪末成为一个“阅读民族”。[57]在19世纪最后60年里，英国的识字率急剧增长，阅读人口的规模也随之壮大。在19世纪30年代末，英国的文盲人数差不多占了一半，到世纪末已经下降到1%。[58]随着新阶层的加入，阅读人口的规模和组成都发生了巨大变化，到19世纪30年代，出版社开始迎合新的读者市场，包括中产阶级和较富有的工人阶级读者。

以“大众科学”为名的出版物最早出现在19世纪二三十年代，也就是圣克莱尔宣称的英国阅读腾飞之时。这些出版物的目标读者由工业时代新的社会阶层和智识生活所界定，与十七八世纪众多出版物不同，后者旨在向不懂数学的读者介绍新哲学的研究成果。在这些比较便宜的图书开始出现前，大部分读者很少能接触科学主题。随着19世纪20年代图书贸易的转变，教育图书率先开始了低廉出版物的尝试，19世纪二三十年代“大众科学”的出版就是受此影响。这些尝试对一般意义上的“大众”出版的发展和界定发挥了重要作用，对“大众科学”更是如此。紧随朗文（Longman）和理查德·菲利普斯（Richard Phillips）出版的低廉儿童读物，以及威廉·匹诺克（William Pinnock）的教学问答手册之后，新的周刊开始出现。相对便宜的文学期刊《文学公报》（*Literary Gazette*，1817）和《文学纪年》（*Literary*
19 *Chronicle*，1819）创刊，两三便士的周刊也随之出现，如《文学之镜》（*Mirror of Literature*，1822）、《技工杂志》（*Mechanic's Magazine*，1823）、《柳叶刀》（*Lancet*，1823）和《化学家》（*Chemist*，1824）等。[59]

19世纪最初那十几年里，儿童读物和周报已经证明廉价出版物是一个有利可图的新市场，导致二三十年代实用知识传播协会（Society for the Diffusion of Useful Knowledge，SDUK）、约翰·默里（John Murray）和朗文以“大众科学”之名出版了一些图书。出版商发现了新的商机促进了“大众科学”的发展，而激进出版社的廉价出版物对宗教和社会秩序构成威胁并带来担忧，也起了推波助澜的作用。这种担忧存在于动荡的1830年代，时值政治改革争端激化，并持续到人民宪章主义形成一股强大力量的1840年代。实用知识传播协会由亨利·布鲁厄姆（Henry Brougham）领导的一群自由主义者创立，其目标是出版一些工人阶级买得起的廉价读物，尤其是工匠们，他们可以利用新成立的技工学社。实用知识传播协会出版了几套便宜的非虚构系列图书，包括有用知识文库（Library of Useful Knowledge）和娱乐知识文库（Library of Entertaining Knowledge），其中有不少科学读物。托利党《季刊》（*Quarterly*）的出版商约翰·默里在1829—1834年出版了“家庭文库”（Family Library）的非虚构丛书，包括戴维·布鲁斯特（David Brewster，1781—1868）的《艾萨克·牛顿的一生》（*Life of Isaac Newton*，1833）和《自然魔法通信集》（*Letters on Natural Magic*，1832），默里的目标是为分化加剧的阶级之间搭建桥梁。朗文推出了“珍藏版百科全书”（Cabinet Cyclopaedia）系列，共133卷，由狄奥尼修斯·拉德纳（Dionysius Lardner，1793—1859）主编，有很大一部分内容是介绍科学，包括约翰·赫歇尔（John Herschel，1792—1871）的《自然哲学研究初论》（*Preliminary Discourse on the Study of Natural Philosophy*，1832）。这个系列的书单册售价仅6先令，即使工人阶级和一些稍微富裕点的工匠都买得起。其他出版商也试图加入这个市场，以类似的方式出版价格相对便宜的非虚构系列图书。[60] 1830 年代早期便士周刊的成功也向图书市场表明，如果价格能够降到 1 先令以下，只需要几便士的话，就会有一个庞大的读者群，如《钱伯斯爱丁堡期刊》(*Chambers's Edinburgh Journal*) 和实用知识传播协会的《便士杂志》(*Penny Magazine*) 就是这样的杂志。[61]

20 19 世纪二三十年代发行便宜的科学系列图书不过是几个重要变化之一，影响力较大的儿童科学读物开始在市场上涌现，女作家开始赢得威望，成为非虚构类图书的可靠作者。儿童科学读物早在 18 世纪晚期就成为既定的写作类别，但直到 19 世纪二三十年代人们才意识到也需要满足教育程度有限的成年人，为他们提供浅显易懂的入门读物。出版商约翰·纽贝里 (John Newberry)，也可能是汤姆·特里斯科普 (Tom Telescope)[62]——《牛顿哲学体系》(*Newtonian System of Philosophy*, 1761) 的作者，在 18 世纪 40 年代创立了儿童科学读物这种写作类别。这类图书的主要特点是，借由自然进行道德和宗教教育，从日常生活中列举浅显易懂的例子，以及常用对话的模式写作。写这类作品的作家包括萨拉·特里默 (Sarah Trimmer, 1741—1810)、约翰·艾金 (John Aikin, 1747—1822)、安娜·巴鲍德 (Anna Barbauld, 1743—1825)、简·马塞特 (Jane Marcet, 1769—1858) 和杰里迈克·乔伊斯 (Jeremiah Joyce, 1763—1816) 等。到了 1830 年代，一些作家开始尝试使用第三人称的叙述方式，试图用奇观逸事去吸引读者，例如塞缪尔·克拉克 (Samuel Clark, 1810—1875) 的《彼特·帕里的地球、海洋和天空奇观》(*Peter Parley's Wonders of Earth, Sea and Sky*, 1837)，这本书是广受欢迎的一套系列图书中的一本，这系列都是以"彼特·帕里"为笔名。[63]"彼特·帕里"原本是美国教育作家塞缪尔·古德里奇（Samuel Goodrich，1793—1860）的笔名，他的帕里系列图书在美国相当畅销，以至于英国出版商不仅盗用了这个笔名，还剽窃了这套书的创意，也是为小孩子提供可靠的科学入门知识。英国照葫芦画瓢的这套书卖得很好，寓教于乐，将自然知识与上帝知识联系起来。克拉克的《奇观》在英美都很受欢迎，在首版之后的 30 年里总共印刷了“17 版”。[64] 在 19 世纪早期，童书写作的地位并不高，作者通常是女性和从事教育或出版的男性。[65] 彼特·帕里系列的成功很可能让 19 世纪中叶更多的科普作家转向了童书写作。

除了童书写作，19 世纪上半叶的女性科普作家也以有着求知欲却难以获取知识的女性为读者对象。有大批重要的女性科普作家活跃在这个时期，包括玛丽亚·埃奇沃思（Maria Edgeworth，1768—1849）、萨拉·特里默、普丽西拉·韦克菲尔德（Priscilla Wakefield，1751—1832）、简·马塞特和玛格丽特·布莱恩（Margaret Bryan）等。尽管马塞特的《化学对话》（*Conservations on Chemistry*，1806）因为激发了迈克尔·法拉第的科学兴趣而广为人知，但她的初衷却是为了让科学知识更容易被女性理解。[66] 为了满足她们的目标读者——女性和儿童，马塞特和 18 世纪 80 年代到 19 世纪 40 年代的其他女性科普作家，采用了“亲切的文体”写作，即用虚构的书信、对话或多人会话等方式，通常设置在家庭的情景模式中。[67] 母亲或类似母亲的角色如家庭教师或老师，通常在这种亲切的写作中扮演核心角色，这种方式可以称为科学写作的“亲子”传统。

马塞特回忆说，“亲切的对话”曾是“最有效的知识辅助工具”，帮她理解汉弗莱·戴维（Humphry Davy，1778—1829）在皇家学院的讲座。因此，她将最初“从对话中习得”的化学知识以“对话的

21

形式”传达给读者再合适不过，在虚构的对话中布莱恩夫人教艾米丽和卡罗琳化学。[68] 在韦克菲尔德的《植物学入门》（*Introduction to Botany*）中，读者则会读到一系列虚拟的书信，费利西亚写信给妹妹康斯坦丝，描述自己从家庭教师的植物学课里学到的知识。书信、对话和多人会话在鼓励达成共识的同时也激发了戏剧和争论，[69]“亲切的文体”将科学知识渊博的女性塑造成权威的角色，尽管这种权威只是在家中，她们的角色也仅限于儿童的宗教和道德教育者。马塞特和其他女作家以及她们塑造的女性角色，通过自然知识对读者进行道德和宗教教育，这种方式得到了自然神学上的支持，而自然神学劝诫人们要安于社会现状。英国神学家威廉·佩利（William Paley，1743—1805）在《自然神学》（*Natural Theology*，1802）中论证了神圣设计存在于自然界中。就如同手表的机械原理表明，有一个充满智慧的人类代理人创造了它，生命体对自然世界的适应则表明有一个无所不知、无所不能、仁慈的神灵创造了宇宙。在19世纪上半叶，佩利的这类主题对女作家来说如此重要，以至于这种“亲切的文体”常常被学者纳入“自然神学的叙事”范畴中。[70]

玛丽·萨默维尔是19世纪上半叶最著名的女性科普作家，但她
22 并没有延续这种亲子写作传统，她在很多方面都不属于这类典型的女性科普作家。马塞特和其他女性将目标读者想象为渴望学习知识但又没有接受过多少教育的女性和儿童，而萨默维尔却是为知识丰富的成人写作，包括男性。因为她面向的是不同的读者群，便没有采用“亲切的文体”写作。到了1830年代中期，她已经成为辉格史下的进步人物，是自学成才、自由主义和女性权力的象征，她的大部分作品如《天空的原理》（*Mechanism of the Heavens*，1831）、《论物理

科学之间的联系》（*The Connexion of the Physical Sciences*，1834）[71]和《自然地理学》（*Physical Geography*，1848）等，都是在世纪中叶前出版的。[72]她早期的作品让她成为公认的才气科学作家，《天空的原理》奠定了她在英国科学精英圈子中的地位，赢得了约翰·赫歇尔和威廉·休厄尔（William Whewell，1794—1866）等权威专家的支持。在这本书中，她将法国天文学家皮埃尔－西蒙·拉普拉斯（Pierre-Simon Laplace，1749—1827）的作品进行翻译、情景化、阐发和解释，并清除了里面包含的法国启蒙运动中不虔诚的暗示。萨默维尔的目的是要证明，对这位法国人进行更高尚的诠释可以更好地理解神圣上帝的仁慈和力量。尽管布鲁厄姆最开始是邀请她为实用知识传播协会写《天空的原理》，但默里公司出版了这本书。实际上，这本书对实用知识传播协会的读者来说太难，萨默维尔是希望写给数学基础良好的读者，而不是初学者。[73]

萨默维尔的《论物理科学之间的联系》的目标读者比《天空的原理》更广，默里出版了一个很便宜的版本，放在家庭文库系列里。[74]她在这本书和后面的作品中都没有诉诸“亲切的文体”，而是综述了科学领域里的迅速发展。[75]在《天空的原理》所采用的解释框架里，萨默维尔站在“宇宙的讲台”观察自然界错综复杂的运作体系。她在更浅显易懂的《论物理科学之间的联系》中也采用了类似的手法，并建立了一种新的文学形式，即延展的综述写作。本书纵览了所有的物理学领域，强调各子领域之间的联系。她的这种方式让她赢得了剑桥大学博学多才的权威人物威廉·休厄尔的赏识，休厄尔很担心各类科学会丧失其统一性，就好像“一个伟大帝国的瓦解”，他称赞萨默维尔 23
这本书“展示了在科学的历程中单独的各分支如何因为一般性原理的

发现而统一起来”。[76]但为萨默维尔出版其他作品的默里父子有几次却表示担忧，认为她的作品对阅读水平要求这么高，恐怕会失去一些大众读者。[77]她显然建立了一种不同于亲子传统的科学写作模式。

在19世纪最初的40年里，宗教主题常常出现在儿童科普图书中，亲子写作传统下的女作家作品亦是如此，自然神学传统的基本内容出现在这个时期不少“大众科学”作品中。虽然颇具影响力的“布里奇沃特丛书”（Bridgewater Treatises）最初并非以便宜的读本发行，但这个系列包括了非专业性的科学知识，对时下的科学进行简编。乔纳森·托珀姆（Jonathan Topham）宣称，在这点上，“可以说这套丛书代表了一种新兴的出版形式，即后来所谓的‘大众科学’——出版商很快发现这类图书的回报很高”。这些书籍从一开始就打算论述“上帝的力量、智慧和仁慈，正如创世中所展现的那样”，布里奇沃特第八伯爵8000英镑的遗赠就是为了资助一人或多人撰写自然神学的作品。皇家学会委员会将这笔钱平均分配给了8位作者，威廉·皮克林（William Pickering）出版公司在1833—1836年出版了他们的书。虽然这些作者代表了各种不同的宗教观念，包括福音派、高教会派（High Church）和自由主义的圣公会，也没有共同的目的，但这个系列被当成保守和在宗教上安全的科学论述。没有一个作者像佩利在《自然神学》中那样，在自己的书中对上帝的设计进行哲学阐述。[78]

“布里奇沃特丛书”的成功激励了科普作家将“自然神学”主题
24 纳入自己的作品中。他们像丛书的作者们一样，并没有采用佩利那样的“自然神学”阐述方式，而是提出了“关于自然的神学”。最先对“自然神学”（natural theology）和“关于自然的神学”（theology of nature）[79]进行区分的是约翰·布鲁克（John Brooke）。他认为，“自然神学”基于自然理性，不需要启示就可以证明上帝的存在，而“关于自然的神学”关心的“仅仅是自然世界的地位和意义”。[80]最近，乔纳森·托珀姆和艾琳·法伊夫都发现，在探讨19世纪上半叶科学读物中神学观念的表述时，这种区分很有用。托珀姆认为，19世纪早期的宗教杂志在论述关于上帝设计的证据时，不再试图进行任何形式的归纳推理或严谨的哲学阐述。他提出这些论述应该被描述为“设计论”，因为它们表达的是一种“关于自然的神学”，建立在基督教启示录的先验真理基础之上，其普遍性不应该被误以为等同于“自然神学”的普遍性。[81]法伊夫指出，鉴于福音派的信仰以“启示录”为基础，赞同一种“关于自然的神学”，他们拒绝使用“自然神学”，认为基督教并非建立在上帝存在的理性证据上。[82]“关于自然的神学”这个术语对于将自然世界纳入信仰的神学很有用，这些信仰与威廉·佩利所展示的“自然神学”证据关系不大。19世纪早期，不少科普作家都在书中展示了“关于自然的神学”，在他们看来，自然充满神的旨意，尽管他们常常列举伟大设计的例子，但他们并不试图用哲学论据去证明上帝的存在。

世纪中叶的情景

在19世纪40年代，颇具影响力的科普作家在写作时展现出各种关于自然的神学，例如休·米勒（Hugh Miller，1802—1856）。米勒是苏格兰自由教会牧师，也是《见证者》（*The Witness*）报纸的编辑，被学者们誉为四五十年代最杰出的地质学普及者，[83]他第一部普及作品《老红砂岩》（*The Old Red Sandstone*，1841）[84]重印了至少25次。[85]

25 米勒将科学构想为揭示造物主崇高作品的工具，关注的是自然世界的美学维度。[86] 19 世纪 40 年代的宗教出版商也在其出版物中阐释关于自然的神学，福音派的权威出版社圣书公会（Religious Tract Society）尤为典型。圣书公会成立于 1799 年，有多个教派，在 19 世纪 40 年代面向非宗教人士的廉价出版物快速增长，引起了圣书公会的担忧，于是开始突破宗教出版的藩篱，转向大众的非虚构出版物，包括科学。据艾琳·法伊夫的研究，圣书公会在世纪中叶英国廉价的宗教出版中扮演了最重要的角色。圣书公会旨在出版价格实惠的图书，以证明所有的知识都在基督教体系中占有一席之地，尤其是科学。在 1845—1855 年，圣书公会“每月系列”总共出版了 100 本 6 便士图书，包括托马斯·迪克（Thomas Dick，1774—1857）、托马斯·米尔纳（Thomas Milner）和安妮·普拉特（Anne Pratt）等作家。“每月系列”在 19 世纪四五十年代是最便宜和发行最广的科学入门书，它将基督教传统下的自然知识传播给读者，这是其他系列出版物难以匹敌的。[87]

同时，圣书公会在 1840 年代也转向了之前被世俗出版社主导的出版领域，例如苏格兰的钱伯斯（W. and R. Chambers）出版公司，早先就朝着发行规模大、价格低廉的出版方向去发展。那些跟随圣书公会的出版社也朝着这个方向转变，他们清楚地意识到自己是在跟钱伯斯公司竞争，都是采用相似的策略，迎合相似的读者群。[88] 钱伯斯出版公司有丰富的期刊发行经验，他们在新的方向上也得心应手。这个公司因为《钱伯斯爱丁堡期刊》已经赢得了“人民的出版商”美誉，他们将新“消费群体”定位为中产阶级和工人阶级读者。[89] 罗伯特·钱伯斯匿名出版《创世自然史的遗迹》（以下简称《遗迹》）时就利用了他作为出版商和记者的经验，赢得了这个读者群的青睐。他发表了进化理论，该理论与工人阶级激进主义相契合，得到了读者的赞许。结果这本书引起了轰动，极其受欢迎，到1847年时重版了6次，这本书引发了关于科学权威的争论。科学家们指摘《遗迹》缺乏科学 26
性，无情地批判其进化理论不过是草率的概括，钱伯斯便直接向公众又写了一本《说明：续集》（*Explanations: A Sequel*，1845），以此拒绝科学家的权威，也拒绝他们对自己作品科学价值的裁定。科学家们已经越来越专业化，领域越来越窄，难以赏识钱伯斯对最新思想的综合和提炼。钱伯斯向非科学圈子的公众寻求对《遗迹》的评判，是挑战科学家对科学猜想范围进行限制的权力，支持圈外人士参与到科学中来。科学家们认为只有经过特有的训练、具备专门的知识才可以为大众写科普读物。[90]在《遗迹》引发争论后，这个问题在19世纪余下的几十年里不断被重提。

尽管《遗迹》引发了一些科学家和知识分子的质疑，认为科普作家的书可信度不够，但这类作品的价值在19世纪下半叶之初却得到新的体现。在19世纪第二个25年间，针对大众读者的科学图书可以缓解圣公会贵族圈子受到的攻击。但到了19世纪五六十年代，社会的繁荣稳定缓解了激进主义带来的恐惧，这类作品更加受到重视，因为它们有提升公众文化的潜力，激发英国公众的科学兴趣，并提供精确的科学知识。惠特韦尔·埃尔温（Whitwell Elwin）在1853—1860年担任《评论季刊》（*Quarterly Review*）编辑，他在1849年更早的时候，为该杂志写了一篇文章，为优秀“科普作品”的价值辩护，为这种科学写作类型建立了一套著名的谱系。艾萨克·牛顿（Isaac Newton）的《自然哲学的数学原理》（*Principia*）的出版成为英国“大众科学的推动力”，从那以后这本书与“数学哲学如影随形，就如同骑士时代骑士们谦卑的侍从”，但埃尔温也批评了当时向大众普及科学的一些做法。尽管技工学社“可能带动了”公众的一点科学兴趣，但“没有为劳动阶级建立足够的学校，他们不是给支持者带来希望，而是让反对者觉得畏惧（因为他们的科普做得太平庸）”。埃尔温也不怎么认可实用知识传播协会的出版物，“能脱颖而出”的作品寥寥无几，但他很欣赏赫歇尔的《自然哲学研究初论》和《天文学专论》（*Treatise on Astronomy*），以及狄奥尼修斯·拉德纳主编的丛书、玛
27 丽·萨默维尔的《论物理科学之间的联系》和“布里奇沃特丛书”。[91]

17 年后，一位匿名评论者在《大众科学评论》（*Popular Science Review*）问道，科普图书的“供求关系”是否会“损害真正的科学兴趣？难不成我们要想当然觉得，既然大众不能像哲学家那样参与抽象问题的讨论，他们也不应该学习科学里有趣的知识和一般性原理，从而得到进步”？这位评论者回答说，“我们认为不是这样”，并宣称“学点知识不是什么危险的事”，“科普图书”有助于激发“科学探索的兴趣”，有时候甚至可以激励个人进入“哲学家之列”。尽管这类作品也会造成一些误解，但“也是获得真理的好途径，谁会反对它带来的益处”？这位评论者强烈谴责科学家以拥有完美知识这样的“借口”，“将大众排除在探讨自然界最伟大难题之外”，这种托词还诡辩称，除非一个人可以达到同样的认知水平，否则就该在无知中毁灭。[92]

尽管人们公认面向大众科学写作应该会产生良好的影响，但一直存在的争议是由谁来写。谁才是最合适的科普作家？谁才具备书写自然世界的权威，并将当今科学理论的意义传达给大众读者？正如 1860 年《大西洋月刊》（*Atlantic Monthly*）上的一篇评论指出，这类

作品的写作要求极高。这位评论者指出该杂志7月那一期“气象学”文章中的错误，并宣称任何“普及科学”的尝试要想不“误导或糊弄大众读者，都是个艰巨的任务，需要渊博而精确的知识，最清楚的表达和论述，至少行文流畅，措辞准确。真正出色地完成这项任务的人少之又少，虽然表面上看起来挺多”。[93] 还有一些评论员，如《星期六评论》的一位评论员就谴责“耸人听闻的科学”，认为只有赫胥黎和丁达尔这样的科学家才有资格给大众读者做讲座，写出优秀的科普作品。

有的人则认为非科学家也可以启发公众的科学兴趣。1867年， 28
天文学家和皇家天文学会秘书沃伦·德拉鲁（Warren De la Rue，1815—1889）写信给科普作家玛丽·沃德（Mary Ward），讨论她在《爱尔兰时报》（*Irish Times*）上的一篇天文学文章。他写道，“我得承认，这样的文章在很大程度上鼓励了业余爱好者的科学兴趣——英国（当然我的意思是也包括爱尔兰）有大量令人骄傲的工作都是由非专业的科学教育人士完成”。[94] 尽管德拉鲁本意应该是想称赞沃德的工作，但他用“非专业的科学教育人士”的说法无疑在提醒对方，她与“专业的”相比，处于次要地位，而她的角色也仅限于业余爱好者的支持。不管是德拉鲁还是《星期六评论》的评论员，其实都认为只有科学家才是真正的科学代言人，他们的专业知识赋予了他们生产知识的权威，并成为科学文化内涵的最终仲裁者。毕竟，在19世纪下半叶，拥有文化权威对科学家来说尤为重要，他们非常急切地想把牧师和女性排挤在科学之外，因为两者都是教会的积极拥护者，也阻碍了专家们建立自我界定的共同体。赫胥黎及其盟友并不打算与一群作家和记者共享权威，因为这些人中有不少人认同的是基督教教义。他们之所以参与科普活动，其目的是获得公众的支持，以达到自己的世俗目的，例如获得政府的科学资助，增加科学在教育机构中的比重，或者在求知过程中将宗教因素剔除。

还有人则拿不准科学家是否一定是向公众传播科学的最佳人选。高产的作家和演讲者约翰·伍德认为，必须谨慎选择演讲者。首要的考虑因素是，他们是否知道如何将自己置于“听众的精神状态中”，这意味着“最有学问的人未必就是最好的老师”，因为他们容易犯一个错误，“想当然认为听众对相关主题已经多少有些了解，结果最希望明白的东西却听得稀里糊涂”。[95] 编辑和“新新闻主义”（new journalism）的拥护者威廉·斯特德（William T. Stead）也同意伍德的观点，他建议报纸编辑“绝不要让专家写自己专业领域里的科普文
29 章”，并坚持认为，更好的办法是，“让完全不懂这个主题的人去琢磨专家的脑子写科普文章，再让专家校对”。专家通常会忘了“自己是写给大众读者而不是其他专家，就会想当然觉得不用把自己熟悉的东西再解释给读者，殊不知对他来说犹如 ABC 一样简单的知识，大众读者可能一无所知”。[96]

像斯特德这样的编辑和维多利亚时期有影响力的出版社，他们的观点在很多时候比科学家自己的想法显得更重要，他们才是决定谁来写，以及哪些书和文章可以出版的幕后推手。钱伯斯、查尔斯·奈特（Charles Knight）和乔治·劳特利奇（George Routledge）等出版社希望能赢得大众读者的青睐，他们认为便宜的价格和非专业的语言至关重要，而知名科学家未必就是最好的科普作家。[97] 站在出版社的立场，最好的科普作家是那些文笔好并能严格遵守交稿时间的人，虽然他们未必具备专业的科学知识。牧师和教师很有经验，可以让几乎没有科

学知识的观众听明白他们讲解的内容，他们的长处在于吸收专家知识并转化为浅显易懂的语言，这是钱伯斯和圣书公会等出版社很看重的能力。[98]

出版业和新市场的革命

出版商在 19 世纪中叶科普读物的爆发式增长中扮演了重要角色。出版商约翰·丘吉尔（John Churchill）对《创世自然史的遗迹》的成功来说至关重要，尽管罗伯特·钱伯斯自己也是成功的出版商，但他依然需要丘吉尔对伦敦形势的掌握以及他在医学和科学出版方面的专业经验。丘吉尔亲自参与了决策性的事务，包括对本书的定位，并对本书及其传达的信息采取了必要的措施，也保障了其声誉。[99] 出版商通过科学主题系列丛书的出版对出版市场和维多利亚人的阅读习惯产生了巨大影响。1857 年，乔治·劳特利奇开始出版一系列博物学主题的先令手册（shilling handbooks），约翰·伍德至少写了其中一本，他 30
的《海边常见事物》（*Common Objects of the Seashore*）在那年晚些时候出版。这是丛书中的第一本，一出版就大获成功。劳特利奇几乎跟不上热心读者的需求，这让整个“常见事物”系列作品大卖，劳特利奇因此和伍德开始策划了一系列的出版计划。[100] 不少出版商也相继开始出版自己的科普系列丛书。

19 世纪下半叶最重要的科学丛书分为面向中等文化层次读者、文化水平较低的大众读者和工人阶级的书籍，以及博物学类。“国际科学丛书”[金（H. S. King）出版商从 1872 年开始发行]、“自然丛书”[麦克米伦（Macmillan）始于 1873 年]、“现代科学丛书”[基根·保罗（Kegan Paul）始于 1891 年]、“浪漫科学丛书”（基督教知识促进会始于 1889 年）和“当代科学丛书”[沃尔特·斯科特（Walter Scott）出版公司始于 1889 年]属于第一类。面向工人阶级的廉价图书系列包括麦克米伦的“科学启蒙丛书”（1872）、“科学入门手册”（基督教知识促进会始于 1873 年）、“钱伯斯科学入门手册”（钱伯斯公司始于 1875 年）、“家用简易课程”[爱德华·斯坦福（Edward Stanford）始于 1877 年]等。“博物学丛书”也非常受欢迎，包括劳特利奇的“常见事物丛书”“入门者的博物学丛书”[里夫（L. Reeve）公司始于 1866 年]、“博物学漫步丛书”（基督教知识促进会始于 1879 年）、朗文的“毛皮、羽毛和鱼翅丛书”（1893）、艾伦公司的“博物学家文库”（1894）等。[101] 19 世纪下半叶有大量英国出版商都在发行面向大众读者的普及读物，麦克米伦、H. S. 金、朗文、约翰·默里、爱德华·斯坦福、卡斯尔公司（Cassell and Company）和乔治·劳特利奇这几家出版商是行业中的领头羊。[102] 这些出版商的经营者在科学出版业是主要的权力掮客，由他们及其编辑助手而非科学家在决定谁为公众写科普书。

在这个时期图书生产和销售发生的工业革命中，出版商成为受益者，在 19 世纪下半叶总算赢得了大众读者市场，包括越来越多的工人阶级读者。第一阶段发生在 1830—1850 年，被西蒙·艾
31 略特（Simon Eliot）称为“发行革命”，其主要特征是夹网造纸机（Foudrinier machine）[103] 的引入和发展、蒸汽压力机、书籍精装，以及“知识税”的降低和铁路系统的发展等。[104] 詹姆斯·西科德将同一进程称为“通信革命”，宣称这代表了“自文艺复兴以来人类交流的最巨大转变”，并“打开了阅读的闸门，大众读者急剧增长”。[105] 19 世

纪40年代是这场出版革命第一阶段的关键10年。大量蒸汽印刷技术在19世纪早期发展起来，报纸和便士期刊的出版商认识到快速生产的优势，率先使用了这些技术，但图书出版商还依然靠手工印刷技术。进入1840年代，一些图书出版商打算赢得便士期刊的读者群，开始采用蒸汽印刷技术。第二阶段，即西蒙·艾略特所称“大批量生产革命”阶段，始于1870年代，但其主要影响产生于19世纪尾声，主要特征是滚筒印花、铸字排版、平版印刷和摄影技术的应用，以及电力对蒸汽的取代。这阶段的特征还包括大众文学、6便士的简装本、职业文稿代理人和行业协会的兴起，以及版税制度的发展和日报的大批量发行等。[106]

对19世纪图书出版革命采用两阶段模型，而不是连续发展过程，可以让人更一目了然，为何在1830—1855年和1875—1914年这两段时期里出版物会爆发式增长。在19世纪40年代和50年代早期，每年出版物都急剧增加，在1858—1872年达到平稳期，然后在1870年代晚期至1913年再次快速增加，平稳期源自出版产业革命两个阶段之间的间隔。随着图书出版在这个世纪的增长，图书的平均定价也随之降低。西蒙·艾略特在讨论图书定价的总体状况时曾提出了三种价位：低价类（1便士到三先令六便士）、中等价位（三先令七便士到
10先令）和高价类（十先令一便士及更高）。在1850年代早期，图 32
书的平均定价急剧下降，到1855年时，19世纪早期的图书价格分配格局已经完全被颠覆，低价图书占据了最大的比例，中等价位次之，高价图书的比例一下降到了最少的份额。[107]

尽管这种格局在1860年代稍微有所调整，但到了1875—1905年又重新回到这样的状态。艾略特宣称，高价图书的持续走低是这时期

持续性的特征。[108] 即使是中等价位的图书，也旨在面向更大的读者群体，而不仅仅是中上阶级。发行量的增加和价格的降低，导致商业出版成为维多利亚时期市场巨大的一项产业。[109] 即便如此，加上人口的增长和文化水平的提高（成年人的识字率在世纪中叶增加至差不多60%），加大了图书的市场潜力，直到1880年代出版发行量才能满足市场需求。[110] 在1880年代，当时的一位实证主义者弗雷德里克·哈里森（Frederic Harrison）感叹道，自己就好像在观看一场“每日无休无止的图书洪流”，多到难以选择阅读对象。哈里森好奇的是，这些看起来“无害、有趣，甚至还有点指导意义的”图书有多少值得去读，取代世界上那些伟大的书籍，这样的想法让他“几乎将印刷技术视为人类的祸害之一”。[111]

出版革命对科学图书的出版也产生了影响。在19世纪四五十年代，科学类图书每年的发行量是世纪之初的4倍。[112] 在1850年以前，只有很少的科学畅销书。理查德·奥尔蒂克（Richard Altick）列举的19世纪英国科学畅销书名单里，乔治·库姆（George Combe，1788—1858）的《人类的构造》（*The Constitution of Man*，1828）和钱伯斯的《创世自然史的遗迹》都名列其中，前者在8年里卖了1.1万
33 册，后者在16年里卖了2.4万册。[113] 威廉·阿斯托（William Astore）推荐托马斯·迪克的《基督教哲学家》（*Christian Philosopher*，1823）和圣书公会出版的《太阳系》（*Solar System*，1846）应该列为畅销书，他的推荐不无道理，前者在30年里卖了2.2万册，后者分为两部分，分别卖了30510册和26890册。[114] 在1850年后，畅销书的名单显著增加，更大的印量和更低廉的价格无疑意味着更大的销量。

我将密切关注英国科普作家作品的印量和销量，因为这是衡量

他们对维多利亚读者影响的强有力指标。如果无法从出版商的档案中获取这些数据，我也可以从再版次数（如果可知的话）大致推测一下。[115] 在1856—1896年，再版的平均印量为1000册。[116] 就销量来讲，为了评估19世纪下半叶英国科普图书是否成功，很重要的一点是区分稳定销售的书籍和畅销书，前者在首版之后的几年甚至几十年里一直都在销售，尽管可能每年销量一般，而畅销书则是出版后很短的时间里大卖。[117] 为了评估科普作家的作品，我会提供稳定销售和畅销的两类图书的数据。钱伯斯《创世自然史的遗迹》到1890年时卖了3.9万册，就是非常成功的科学类稳定销售的书籍。[118] 达尔文的《物种起源》也是如此，到1899年时销量达到了5.6万册。[119] 然而， 34
让我们将一本书界定为畅销书的数据更为重要，可以更好地反映一本书产生的即时影响。因此，只要可能的话，我会提供一本书10年内的销量。[120] 还有些标准可能也意义。例如，如果一次印量1万册，我会认为此书还算成功；如果一次印量为1万到2万册，可以说很成功；超过2万册则可以认为极其成功了。在达尔文《物种起源》的销量接近1万册的时候，只能说处于非常成功那一类的底线，而钱伯斯《创世自然史的遗迹》在10年里就卖到了2.125万册，当然可以说达到了极为成功的畅销书那一类，虽然在这一类中算销量较低的图书。[121] 除了《遗迹》，当时还有至少半打科普读物的销量都超过了《物种起源》。当然，它的影响不容低估，但从印量来看，1859年之后并非就完全属于影响持久的达尔文进化论时代。

科普作家：他们的事业和叙事手法

出版革命除了让更多科普畅销书的出版成为可能，也让更多文学作品得以出版，对作家的需求增加。到 19 世纪 60 年代时，文学新闻作家成为一项稳妥的职业，持续不断地从大学吸引人才进入这个行业。[122] 在 1871 年，大概有 2500 人在人口普查中将自己归为作家，是
35 世纪之初的 5 倍。出版革命增加了从业机会，使作家这个职业更有吸引力和生命力，甚至在科学写作领域也是如此。[123] 在世纪中叶时，靠科学写作维持生计已经变得可能，威廉·马丁（William Martin）和托马斯·米尔纳年均收入可以达到 150—250 英镑，这足够维持基本生活，虽然不能有太多结余。因此，如果有意外发生，例如疾病、出版商破产或图书贸易低迷等，就可能导致严重的经济困难。这同时意味着，靠写作为生可能有退休的那天。在那时候，马丁和米尔纳都可以看作职业的科学作家。[124]

成功的科普作家必须牢记于心的是，他们的读者既希望能从书中学到知识，也能得到快乐。聪明的科普作家会留心其他书籍的成功之处，主题统计数据显示整个 19 世纪的趋势是，宗教材料转向更世俗化的主题，尤其是文学，在文学里又以散文化小说为重。在 19 世纪上半叶这种变化非常缓慢，甚至难以察觉，到了五六十年代这种变化加速。[125] 散文化小说的盛行让科普作家们在写作中强调娱乐性的故事讲述。格雷格·迈尔斯（Greg Myers）、芭芭拉·盖茨和安·希黛儿研究了科普作家在为大众写作时采用的叙事结构。迈尔斯的《书写生物学》（*Writing Biology*）研究了文学形式和科学知识的社会建构，他建立了一种完全符合 20 世纪的类型学，宣称所有 20 世纪的科学写作不

外乎两种类型，不是“自然叙事”就是“科学叙事”。后者指的是任何符合学科标准的科学写作，旨在建立科学家在科学共同体的信誉，突出的是作品本身或作者，强调研究结果对同领域其他科学家的重要性。科学著作包括实验，可能还会结合模型的创建，其中的论点采用现在时态，描述一系列同时发生的平行事件，都支持作者宣称的结论。

迈尔斯提出，“科学叙事”是职业科学家为自身利益写给彼此看的，与之形成对比的是“自然叙事”，以大众化方式描述自然，强调趣味性，充斥着奇闻逸事，却没有理论探讨。“自然叙事”需要科普 36
作家将科学变得让大众读者容易理解，动植物和自然的魅力成为焦点，而不是关注科学家们的活动。在这种写作中，可以直接详细地了解自然界发生的事情，而不是某位观察者的专业知识。这里的观察者标新立异，而不是关注典型普遍的现象，那些非凡或奇特事物更能引起他们的兴趣，值得关注。动物被视为个体，甚至拟人化，按时间顺序用过去时态叙述，可以带着读者跟随动植物的活动，讲述令他们兴奋的故事。故事的目的是要让读者感觉他们好像在跟随博物学家，踏上知识探索的险途。科普作家并没有压制或否定科学写作的叙事方式，而是在这种叙事结构中公开承认他们在讲故事，将其融入“自然叙事”中。[126]

盖茨和希黛儿在《自然的修辞：女性重塑科学》（*Natural Eloquence: Women Reinscribe Science*）文集的导论部分认为迈尔斯的这种划分不仅适用于20世纪，也适用于19世纪。盖茨随后还成功地将这种区分应用到她对女性科普作家的研究著作《亲切的自然：维多利亚和爱德华时期女性拥抱生命世界》（*Kindred Nature: Victorian and Edwardian*

Women Embrace the Living World）中。盖茨和希黛儿声称，19 世纪中叶和晚期，女性采用的是“博物学叙事”，而科学家采用的是“科学叙事”。[127] 她们的这种提法与迈尔斯的“自然叙事”其实很难区分，尽管后者从 20 世纪科普作家的作品中提出了这个词。我在其他地方曾指出，19 世纪下半叶，有相当一部分人写小说和科学主题的人，借用虚构的博物学主题去创造这种“博物学叙事”。[128]

除了文学，科普作家也会寻求其他大众娱乐方式中去寻找灵感，以取悦他们的读者。例如，他们发现伦敦民众喜欢全景图和奇观，也发现有大量插图的杂志很受欢迎。流行文化中的图像特征很难被忽视，全景图在 19 世纪上半叶是一种流行的娱乐形式，可以展现城市、历史事件或军事战争的大场景，为观者提供一种鸟瞰全局
37 的视角。[129] 新的印刷媒介如木版画、石板印刷和摄影等，不断得到发展和改进，可以反复使用，使得丰富多彩的图像大量出版，而且价格低廉。从 19 世纪 30 年代到 60 年代，带插图的周刊杂志大幅增加，如《便士杂志》(*Penny Magazine*)、《伦敦新闻画报》(*Illustrated London News*）和《伦敦周刊》(*London Journal*）等，插图书籍也是如此。[130] 在 19 世纪 30 年代，路易 – 雅克 – 曼德·达盖尔（Louis-Jacques-Mandé Daguerre，1787—1851）和威廉·塔尔博特（William Henry Fox Talbot，1800—1877）发明了摄影技术，照片也变得越来越普遍，在 1850 年代后尤为常见。[131] 一股蔚为壮观的视觉新潮流冲击着维多利亚时代的观众。

一些人认为，可以靠视觉和奇观的吸引力来促进科学教育。1854 年开放的水晶宫系列展品，按实际大小复原了恐龙，既提供了视觉享受，也提升了公众的品位。[132] 19 世纪三四十年代，渴望以科

学家身份出现在公众面前的仪器制作技工，在伦敦的阿德莱德艺术馆（Adelaide Gallery）等场所壮观地展示电学知识。[133]一般说来，19世纪下半叶的科学家们并不在讲座和著作中使用图像，尽管达尔文似乎是个重要的例外。[134]科普作家积极回应了维多利亚文化中的图像转向，在他们的书中使用了更多的图像，塑造栩栩如生的文学形象，而活跃的演讲者们还在讲座时采用壮观的演示。[135]他们也会在解释科学原理的时候借助19世纪新发明的一些光学小仪器，例如照相机、明箱、[136]立体镜、费纳奇镜（phenakistoscope）[137]和分光镜等。 38

詹姆斯·西科德的《维多利亚时代的轰动》已经展示出钱伯斯《创世自然史的遗迹》在科学文化和第一个工业社会的发展中是多么重要。钱伯斯在出版业的经验让他懂得通信革命如何改变了“知识、市场和读者之间的关系”，而不是赫胥黎或其他任何的“科学自然主义者”做到了这件事。[138]19世纪下半叶有大量科普作家跟随他的脚步，充分利用他打开的这片天地。钱伯斯及其继承者，还有出版商和读者共同决定了科学在现代性中的意义。

第二章　后达尔文时代圣公会关于自然的神学

39 查尔斯·金斯利牧师在1846年做了一场讲座，题为“如何学习博物学”。他发现，从自己小时候至今，博物学书籍的出版发生了惊人的变化。如今可以“用非常便宜的价格买到这类书籍，每个人都买得起，而且这些书的品质在20年前是不可能达到的。这个城镇的任何工人，尤其是在某个讲习班里，都可以查询科学书籍，想想20年前我还是小伙子的时候，只能为此扼腕叹息”。金斯利强调，事实上，20年前即使是最富有的贵族也不可能买到这些书，因为“根本就买不到”。[1] 在差不多50年后，另一位圣公会牧师也发现了类似的现象。亨利·哈钦森在《灭绝的怪兽》（*Extinct Monsters*，1892）序言中提到，19世纪下半叶，博物学普及读物的出版急剧增长。他宣称“从来没有过如此丰富的书籍，描述了分布在地球上不同国家、河流、湖泊和海洋各种不同的生命形式，它们让各地景观变得丰富多彩。科普作家出色的工作为那些渴望了解动物结构、习性和历史的人铺平了道路”。[2] 在19世纪中下叶，有大量公众买得起的科学书籍，它们的作者有相当一部分是金斯利和哈钦森这样的圣公会牧师。

40 自17世纪起，牧师博物学家和牧师学者就在英国科学中扮演了重要的角色，约翰·雷（John Ray）、约瑟夫·普利斯特利（Joseph

Priestly)、约翰·亨斯洛（John Stevens Henslow）、亚当·塞奇威克（Adam Sedgwick）、威廉·巴克兰（William Buckland）和威廉·休厄尔都是其中著名的代表人物。在19世纪前，这些人通常都是皇家学会会员，他们的工作让他们备受尊重。在19世纪30年代，神职人员在英国科学促进会的成立中扮演了关键角色。对他们来讲，自然科学与基督教神学互补，契合了他们在神学和科学上的双重使命。[3]

似乎令人有些惊讶的是，19世纪下半叶，英国教会的牧师在科普写作中也表现突出。这时期地质学、生物学和生理心理学的理论都在朝着自然主义的方向发展，这使得调和科学与启示和神学的关系变得更困难。关于19世纪英国科学职业化的研究显示，在科学协会和机构身居要职的牧师博物学家人数减少。弗兰克·特纳在他那篇经典的文章《维多利亚时期科学与宗教的冲突：职业化维度的研究》中指出，自19世纪40年代以来，维多利亚科学界的规模、特征、结构、意识形态和领导层都在发生剧烈转变，最终具备了现代科学共同体的大部分特征。物理和化学机构扩大，在主要科学协会组织的成员增多。然而，越来越多的教授和科学组织成员扮演了科学家的角色，富有的业余爱好者和贵族从事科学研究的人减少。1850年代，科学的"年轻卫士"如赫胥黎和丁达尔公开拥护科学的职业化。到1870年代时，他们在主要科学组织中占据了编辑、教席和办公室等都主导职位。"年轻卫士"致力于科学的自然主义方法，坚信科学探索不需要顾及宗教教条、自然神学或宗教权威的观点。因此，赫胥黎和主张职业化的科学家们努力从他们的队伍中将牧师科学家排挤出去，后者将自然探究视为自然神学的婢女，或者从属于神学和宗教权威。在19世纪下半叶，圣公会牧师在科学组织中的参与人数迅速减少，例如英国科学促进会。[4]

赫胥黎及其盟友原本打算将圣公会牧师排挤出他们主导的机构和协会组织，但他们的权力并没有触及期刊出版社和大出版商。[5] 渴望学习博物学的大众读者的增加为圣公会牧师创造了机会，让他们能够以科普作家的身份追求科学兴趣。他们还可以选择与宗教出版商合作，如基督教知识促进会（SPCK）或基于不同派系的圣书公会，前者与英国教会联系紧密，在 19 世纪中叶，这两家出版商都在出版科学书籍。但除了查尔斯·约翰斯和乔治·亨斯洛，他们很少跟宗教出版商合作。即便如此，他们还是可以依靠牧师的权威，向公众传达自己的科学主张。尽管他们没有像青年科学卫士的 X 俱乐部一样紧密合作，也没有在教会支持下领导一场诋毁科学自然主义的运动，但在英国圣公会的宗教思想指导下，他们向英国大众读者传达了当代科学更广泛的意义。金斯利、弗朗西斯·莫里斯、托马斯·韦伯、乔治·亨斯洛和威廉·霍顿都是高产的作家，但他们都有一份神职工作。查尔斯·约翰斯是一位被任命的牧师，但他一生中有大部分时间都在担任学校校长的职务，只有埃比尼泽·布鲁尔一心想以作家为事业，没有在教会担任任何官方职务。

赫胥黎和他的博物学家朋友们不仅没能铲除牧师博物学家的势力，也没能诋毁关于自然的神学为博物学主题所增添的吸引力。尽
42 管他们利用达尔文的自然选择理论去诋毁上帝造物的观点——该观点认为在生物中为了适应功能的各种复杂结构无不彰显着上帝造物的智慧，而且这种设计论直到 19 世纪下半叶依然存在。虽然对有不可知论倾向的达尔文主义者来说，自然神学和自然选择的不兼容性不言自明，但其他人却抓住达尔文理论所体现的设计痕迹不放。理查德·英

格兰曾指出，“在《物种起源》出版后的几十年里，英国科学家、牧师和哲学家将注意力转向了如何调整进化论，从而满足证明上帝存在的目的论需求”，于是这些作家便根据进化论修正自然神学。[6]即使在1859年《物种起源》发表后，布鲁尔、约翰斯、金斯利、韦伯、莫里斯、亨斯洛和霍顿等人依然决心为科学提供一套宗教的解释框架。在这个意义上讲，他们都呈现了一以贯之的基督教议程，与崇尚职业化的科学家们截然不同。他们在非国教普及者中还有同盟，如亨利·戈斯和休·麦克米伦（Hugh Macmillan），尽管两人声称自己的自然神学与他们完全不同，[7]但两人在公众的视野里采取了多种策略，目的也是为科学维持一套基督教的解释框架。虽然他们并非站在牧师博物学家的立场，但他们对基督教框架做了调整，以新的写作形式对自然进行宗教解释，吸引了形形色色的读者。

本章将要探讨圣公会牧师的科普作品，将他们视为维多利亚时期科普作家中一个重要群体。圣公会牧师在多个科学领域为自己树立了 43
权威，如天文学、植物学、昆虫学、地质学和鸟类学等。不管他们作品的科学主题是什么，这些作家都有一个共同的目标，就是为科学提供一种宗教的解释框架，与科学自然主义者的世俗化解释框架相反。然而，他们对《物种起源》的不同回应反映出，他们在面向大众的科学写作中采用了大量的策略去解释设计论。我探讨的第一个人物是弗朗西斯·莫里斯，他直言不讳地反对进化论；接着讨论的是查尔斯·约翰斯，其策略是完全忽视达尔文；然后是托马斯·韦伯和埃比尼泽·布鲁尔，他们间接地讨论了达尔文。接下来是查尔斯·金斯利，他试图将达尔文的理论收编到新的自然哲学观中，最后我会探讨更晚一代的威廉·霍顿和乔治·亨斯洛，其作品集中在19世纪70至

90 年代。我使用“后达尔文时代”并非想暗示 1859 年发生了一场革命并导致了自然神学的终结。我用这个术语是想表明，这本书的轰动效应改变了知识界的格局，以至于圣公会科普作家不得不仔细思考在自己的作品中如何处理宗教主题。但其中一些人，如约翰斯，甚至韦伯和布鲁尔，在某种程度上并没有认识到达尔文的影响如此巨大，以至于需要他们直接回应《物种起源》带来的挑战。

反对达尔文：莫里斯与“创世的作品”

弗朗西斯·奥彭·莫里斯（1810—1893）是一位特别高产的作家，有 20 多部博物学作品，尽管他一开始并非以写作为职业（图 2.1）。他还是牛津伍斯特学院的学生时，阿什莫林博物馆馆员约翰·邓肯激发了他的博物学兴趣。然而，在 1833 年毕业后，他一直在教会工作。[8] 直到 1845 年他来到纳费顿教区担任牧师，才开始正式跟文字打交道。他在这里开始写作《英国鸟类志》（*History of British Birds*，1851—1857），这本书让他成为声名远扬的科学作家，同时激发了他对鸟类学的兴趣。莫里斯与本杰明·福西特（Benjamin Fawcett）合作出版了这本书，福西特是附近德里菲尔德镇上的书商
44 和印刷商，以出版儿童绘本闻名。他们各司其职，福西特负责插图，莫里斯写文稿。这套书按月发行，每个月会出版 4 种鸟的插图和描述，价格 1 先令。福西特负责处理出版发行的相关事宜，他将售价定得很低。1850 年 6 月 1 日，这套书的第一部分由格隆布里奇父子（Groombridge and Sons）的公司出版，谨慎起见只印了 1000 册，结果供不应求。随着销量增加，福西特在德里菲尔德重印了各期。低

图 2.1　弗朗西斯·奥彭·莫里斯肖像。出自《弗朗西斯·奥彭·莫里斯回忆录》(1897)。

廉的价格和栩栩如生的彩色插图，加上通俗易懂的写作风格，都促成了这部作品的成功，最后花了 7 年的时间才完成整部书的出版。福西特最终放弃了他的零售业，集中精力投入图书出版，还发明了一套彩色印刷的新方法。[9]

在纳费顿期间，莫里斯还完成了《英国蝶类志》(*History of* 45
British Butterflies，1853)，这本书图文并茂，制作精美，描述的每种蝴蝶都配有彩色的插图，总共有 71 幅。这也是莫里斯再次与福西特

合作的书，后者负责插图雕版，出版商依然是格隆布里奇。这套书还算成功，10 年里印了 3 次，到 1895 年时总共印了 8 版。[10]《英国蝶类志》也是分成几部分发行，第一部分出版于 1852 年年初。莫里斯向读者描述了每种蝴蝶在英国和世界其他地方的分布及其大小、颜色和食性。他采用第一人称生动有趣地讲述了其他博物学家的奇闻逸事，告诉读者他们如何抓住每种蝴蝶。比起前面那本书，这本书中的宗教和博物学知识都丰富了很多。莫里斯在导言中断言，上帝在每个人的心灵都植入了“对自然与生俱来的热爱”或“对上帝作品的爱”。看到“造物主的杰作”，无论是“绚烂的日落、暴风雨、大海，还是一棵树、一座山、一条河、一道彩虹、一朵花”，敬佩之情便油然而生，老少咸宜。莫里斯通过直观的图像和丰富的语言描述，试图向读者传达对自然之美的感受，从而引起读者共鸣。橙尖粉蝶的色彩让人联想到自然事物无穷无尽的变化，人类即使用最丰富的想象力也想象不到。“只有一个人，能让我们毫不怀疑地说，‘他的作品是完美的’。”莫里斯如此断言道。在“乡间隐蔽的宁静角落”看着优红蛱蝶时，莫里斯感恩有机会“在宁静中享受这‘千姿百态’的美丽景象，仁慈的造物主显示出他全能的技艺和无穷的智慧”。[11] 莫里斯在政治上是坚定的保守党，但他反对教会中的党派之争，也不喜欢自己被划到某个特定的党派中。他曾经宣称：“对我自己来说，单纯就名字而言，我既不是一个低教会派牧师，也不是一个高教会派牧师，过去从不是，将来也不会是，或者说我同属于两者。”[12]

在《物种起源》发表后，莫里斯成为积极的进化论反对者。在他与赫胥黎尖酸刻薄的通信往来中，他对进化论的敌意可见一斑。1869 年 9 月 16 日，莫里斯询问赫胥黎关于英国科学促进会在埃克塞

特会议上的声明："我对达尔文先生的理论所持有的反对意见都已经
得到回应，如果您能告诉我在哪里可以找到这些回应，我将不胜感
激。"赫胥黎的回信在 9 月 30 日寄出，他的态度至少可以说有些居高 46
临下。赫胥黎在给莫里斯的信中写道，自己对达尔文理论反对意见的所有回应可以在"五六年"严谨的物理学和生物学实际研究中找到，还可以在"归纳逻辑的原理和实践"指导下"回归'物种起源'"来寻找答案。赫胥黎最后还挖苦说，强烈推荐莫里斯好好研读下《物种起源》，"以同样的热忱去领悟它的真正含义，我倒是怀疑，你读《圣经》时是否有同样的动力"。赫胥黎认为莫里斯并没有经过必备的训练或具有专业知识去理解达尔文的研究，而且他还暗示莫里斯追求科学真理的决心值得怀疑。

莫里斯在 10 月 8 日的回信中以嘲讽的口吻感谢赫胥黎提出的学习建议，并反过来建议赫胥黎"尽快"进入某所"古老的大学，或者，最好是牛津大学里新建的小学院"，"我倒是毫不怀疑您在五六年的研究中，在您通过'牛津初试'[13]时（比如我，倒是早就经历过了），已经掌握了足够的逻辑学，您将……能够理解和解释'循环论证'（Petitio principii）、'诡辩论'（ignoratio elenchi）和'中项不周延'（undistributed middle）之类的术语——缺乏这些知识正是'达尔文的门徒及他们的先知（达尔文）本人的弱点'"。在暗示达尔文和赫胥黎的逻辑学连牛津大学本科生的水平都达不到后，莫里斯宣称自己对《物种起源》非常熟悉。"我早已从达尔文先生关于'物种起源'的著作中提取出任何有意义的内容，"他说道，"并在其他场合认可了它的价值，它收集了大量有趣的事实，这还是值得肯定的。"[14]

莫里斯说的"其他场合"应该是指英国知识促进会在诺威奇

（1868）和埃克塞特（1869）两次会议上他宣读的论文，内容都来自他在朗文出版的那本《达尔文主义的困境》（*Difficulties of Darwinism*，1869）。莫里斯在书中将达尔文主义形容为“花拳绣腿”，并将他和赫胥黎的通信附在了书的末尾。他对赫胥黎被任命为英国科学促进会1870年度主席表示有一种“不祥的预感”，他宣称自己作为1844年以来的终身会员，有权代表众多会员发言，“D部门[15]不应该再被一小
47 撮爱搬弄是非的人控制，他们拉帮结派，大肆抨击任何让公众不去相信（达尔文）学说里的那些有害原理的努力，要知道他的学说必然值得怀疑”。在达尔文主义遭到攻击时，达尔文拥护者宣称，只有他们才真正懂得《物种起源》的含义，莫里斯坚持认为，“每个能力一般的普通人也完全可以参与讨论”。达尔文主义者试图用“故弄玄虚的一些词”混淆视听，“让普通读者在大多数情况下无法参与讨论”，而莫里斯则宣称他的书就是为普通读者写的。他坚持物种从古至今基本保持不变，外界力量让生命发生的任何改变都不会遗传给下一代。莫里斯问道，如果最强大的生物也服从大自然法则，为什么大型的恐龙会从地球上消失，而兔子和老鼠却至今保持旺盛的生命力？莫里斯接着摆出了一系列关于自然选择的具体问题，追问他的对手们为何不能就其中任一问题给出“确切而机智的回答”。他问道：“驼峰[16]的形成是依照自然选择的哪条法则？”“电鳗[17]又如何用自然选择来选择？”他还将问题延伸到道德层面，例如，他问道，达尔文的理论如何解释人类道德责任感的来源？莫里斯接着又转向了人类驯化的问题，争辩说达尔文从未能证明他提出的这些问题，因为人类通过饲养造成的变化是人工的，而不是永久性的变化。[18]如詹姆斯·摩尔指出的那样，莫里斯的《达尔文主义的困境》，加上《达尔文信念的所有

条款》(*All the Articles of the Darwin Faith*，1875，W. Poole）以及《差强人意的达尔文主义》(*The Demands of Darwinism on Credulity*，1890，Partridge)，都是他“从英国智识生活消除达尔文主义”攻势的一部分。[19]

在 1859 年后，莫里斯的作品即使并不那么热衷于论战，也会去贬低进化论的可信度。《记动物智慧和性格》(*Records of Animal Sagacity and Character*，1861，Longman）讲述了一些奇闻逸事，旨在提供“大量的证据”表明“动物行为所体现出来的心智水平”。在博物学文本传统中，这些奇闻逸事通常从书籍和杂志上摘抄，从朋友那里间接获得或从自己的经验中直接获取。莫里斯一开始就从各权威人士的书中引用了关于狗的逸事，包括沃尔特·斯科特爵士和希腊历史学家普鲁塔克（Plutarch），断言狗具备思考能力，非常聪明，也 48
很忠诚。他用了差不多三分之一的篇幅讨论了狗，接下来的章节讨论了大象、马、猫、鹳、鹅和其他动物。莫里斯在序言中指出，认为有可能“动物以后也会复活”并非什么不合理的想法。为了支撑他的论断，他引用了通常被认为有强大“精神力量”的那些人的话，如巴特勒主教（Bishop Butler)、德尔图良（Tertullian）和神学家约翰·卫斯理（John Wesley）等。最后，他坚持认为《圣经》里没有章节与动物永生的观点相矛盾，有的地方甚至还支持了这种观点。通过赋予动物以灵魂，莫里斯也理所当然地认为人类有灵魂，以此反驳达尔文理论及其暗含的唯物主义思想。莫里斯后来成为坚定的反对活体解剖者，1866 年参与了一个鸟类保护组织的成立。《记动物智慧和性格》售价 5 先令，就销量而言并不算取得太大成功。1861 年，这本书印了近 1000 册，一年之内只卖出去了大概 350 册，直到 1876 年还有将近300册没有卖出去。[20]尽管如此，莫里斯在1870年时又写了一本类似的书——《狗及其行为》(*Dogs and Their Doings*，S. W. Partridge)，集中讨论狗。《记动物智慧和性格》没有插图，这次他加了超过25幅全页的插图，书的售价为7先令。他再一次从书、杂志和通信者那里引用了一些奇闻逸事，作为“事实”依据证明狗与人类具有相似品格，如勇敢、忠诚和智慧。有一个例子是，莫里斯宣称狗可以觉察出哪天是安息日。[21]莫里斯是那个时期小部分公开反对达尔文主义的科普作家之一，但他是其中唯一的圣公会牧师。菲利浦·戈斯和他一样反对达尔文主义，戈斯写了多部关于海洋生物的科普作品，是毛里求斯教友会成员；还有一位作家是弗兰克·巴克兰(Frank Buckland)，牛津地质学家威廉·巴克兰的儿子，写了广受欢迎的《博物学奇趣》(*Curiosities of Natural History*，1857)。

无视达尔文：查尔斯·亚历山大·约翰斯

与莫里斯和达尔文进行正面交锋不同，查尔斯·约翰斯(1811—1874)几乎无视达尔文的存在。约翰斯也是一位高产的作家，在30余年里写了15本科学读物。大部分作品写于19世纪40年代
49 早期到70年代早期，与基督教知识促进会进行合作。其中一些写给业余爱好者的田野手册，配有精美的插图，直到20世纪中叶还在出版。《田野花卉》(*Flowers of the Field*，1853，SPCK)在1860年印了4版，到1878年时印了13版，第35版也是最后一版在1949年发行。《英国本土鸟类》(*British Birds in Their Haunts*，1862，SPCK)总共发行了25版次，最后一版发行于1948年。约翰斯的一些作品

属于基督教知识促进会的廉价图书系列，每一版印量很可能不止1000册。[22] 基督教知识促进会与英国教会联系非常紧密，专注于教会成员作品的出版。[23] 约翰斯的目标读者可能是圣公会教徒，1841年，他从伦敦三一学院拿到学士学位后先后被任命为执事（1841）和牧师（1848），但人生中的大部分时间他都在教书、写作和探究博物学。在1843—1847年，他担任了赫尔斯顿文法学校的校长，1863年在温彻斯特建了私立的温顿男校，1870年又建了温彻斯特文学与科学协会，并担任主席。[24]

在19世纪40年代，约翰斯的早期作品常常在植物学中探讨宗教主题。《神圣植物志：有益于理解自然之神的自然知识》（*Flora Sacra: or, The Knowledge of the Works of Nature Conducive to the Knowledge of the God of Nature,* 1840，J. Parker）售价6先令，约翰斯集中讨论了多种植物，在每一章节中，他经常引用《圣经》、诗歌和散文中的各种名句，并结合使用了插图，引导读者思考植物的宗教意义。约翰斯引用了威廉・考珀、华兹华斯、柯勒律治、约翰・基布尔等著名诗人的诗句，也引用了散文作家杰里米・泰勒和林奈的作品。《神圣植物志》高度文学化的写作方式让它看起来不像是面向大众读者，但他的《植物学漫步》（*Botanical Rambles*，1846，SPCK）就是专门针对有好奇心的植物学入门者写的。他采用了第一人称的叙述方式，通过这本书直接跟读者交流对话。约翰斯充分利用自己的文学技能，用亲切的口吻重述知识，旨在让读者能有种与大自然亲密接触的参与感。他在开篇时就把读者假想成自己刚从植物学漫步回来时碰到的熟人。“您几
天前问我，”他写道，“我将植物干燥并仔细地用纸张压得紧紧实实 50
有什么用途？”

但讲述者并没有回答这个问题，而是向读者承诺会带他们参加下一次远足，读者就这样跟着约翰斯开始了一系列植物学漫步。这本书分为 8 个部分，概括了读者熟悉的各种自然环境：牧场、田地、树堤、树林、荒野、山地、沼泽和海岸。约翰斯还给本书配了大量插图，除了所涉及植物的木刻画，还有整页的插图，有助于带着读者进入每个新环境中（图 2.2）。[25]

在启程去牧场前，约翰斯警告读者说，学好植物学需要下苦功，不仅要培养良好的观察技巧，也需要欣赏在大自然发现的神圣设计。在田地漫步时，他批评有些人学习植物学仅仅是“通过它去了解某些
51 本草植物的新用途”。当被告知观察一片叶子可以“目睹上帝的创造力和守护众生的智慧”时，功利的植物学家就会把“这门科学留给其他人去学习”。而那些追求科学知识的人只要“能在自己（知识）的

图 2.2　一幅荒野插图，出自《植物学漫步》。这样的田园牧歌景象让读者可以想象下一次植物学漫步的场景。

粮仓里再堆起更多的粮食”，则采取一种“漠不关心、自私自利”的态度。[26] 相反，约翰斯认为即使“最普通和最微不足道的设计也值得仔细探究，因为都是上帝的杰作；上帝让大地长满青草为人类服务，当我们钦慕他这至高无上的智慧和仁慈时，我们不该完全或首先被自私的动机所影响，而要感恩我们的所得，一起感恩上帝无处不在的仁慈”。每一次植物学漫步都是为了从某些方面展示自然中所体现的上帝智慧和仁慈。在树堤闲游时，约翰斯描述了荨麻及其刺，尽管“面目可憎”，但它“配备了一个可以说是妙不可言的器官。如此细微，却又如此精巧的设计。如此简单，却又如此完美。一定是明智的造物主做了如此设计”。到荒野的旅途揭示了苔藓地衣这些“卑微的植物”如何也“成为上帝手中的工具，将满是岩石的地方变成了肥沃的牧场和树林”。在荒野旅途中，约翰斯向同伴解释了为何植物学家每发现一种新植物就会兴高采烈。“然而，”约翰斯宣称，“那一定是新植物为他提供了‘上帝创世智慧’的新证据，它身上一定有某些其他已知的任何植物不具备的不同特征。他可能发现了迄今为止从未被注意到的器官，证明了上帝精妙的设计让这些器官成为现实。”[27]

在1850年代，约翰斯写了多部面向初学者的作品，但定价分为不同的层次，以满足不同的读者群。《田野花卉》的定价就比其他作品高，是针对经济条件比较好的中产阶级，基督教知识促进会对1860年第4版的定价为六先令八便士。这本书差不多就是一本英国本土开花植物田间手册，约翰斯根据裕苏和德堪多的自然体系对里面的植物进行了纲和目的划分，没有谈及宗教主题。他对每种植物进行了简短的描述，包括叶子和花，植物常见的分布区域，以及各种用途，通常也会有插图。这个定价源自大量的插图和丰富的内容，但约翰斯

52 对这本书的定位依然是入门手册。这本书开篇描述了植物的器官及其相关术语，约翰斯解释说："在初学者开始学习任何科学前，他必须让自己先熟悉作者所使用的相关科学名词。"尽管如此，他认为在一本描述某个国家本土野生植物的科普书中，没必要用过多的科学术语去增加读者的负担。他写道："因此，本书作者尽量不使用专业术语。"他也告知读者不必在一本书中讨论植物的内部结构或各种器官的功能，因为本书"自称只是为了让不懂科学的人可以了解他们在乡间漫步时碰巧遇到的植物的名字"。他承认，这本书讲述的关于植物的知识还"谈不上是植物学，只是为了让读者向植物学的方向迈出一步"。[28]

1853 年，约翰斯在出版《田野花卉》的同时还写了另一本书，也是为了带领读者跨进真正的植物学门槛。这本书就是《植物学的第一步》（*First Step to Botany*），针对的是较低阶层的读者，他选择了全国促进贫困人口教育协会（National Society for Promoting the Education of the Poor）作为出版社，书的定价便宜到只需一先令四便士就可以买一打。约翰斯在这本书中介绍了植物学的基础知识，包括种子、茎、叶、花、花序结构和果实，里面没有插图。这本书只有 32 页，但里面经常会提到宗教话题。在叶子那部分，约翰斯忍不住评论道，"上帝的智慧"创造了能吸收动物呼出的二氧化碳并产生氧气的植物。谈论果实时，他承认"我们不得不钦佩上帝的仁慈，这么清楚地标记了如此大的植物部落（因为它包含多种植物），人类可以用作商品或药物"。[29]

在《田野花卉》和《植物学的第一步》出版的后一年，约翰斯还写了一本书《鸟之巢》（*Birds' Nests*），这本书由基督教知识促进会出版，售价四先令八便士，价格介于前两本书之间，从中可以看出出版商针对不同的读者群体设计了不同的产品。这本书有两个显著特点：一是精美的插图，包括全彩页的鸟蛋插图和鸟巢的黑白木版画；二是约翰斯尝试了介于虚构和写实的小说风格，并设定了父亲作为导 53
师的角色，这种导师角色在早期采用亲切文体的科学写作中很常见。这本书的目标读者是小男孩，第一章就讲述了一个叫亨利·米勒的男孩的故事，他遇到 3 个年轻的莽撞男孩想掏一棵树上的鸟窝。亨利的父亲看到他们的所作所为后，厉声呵斥了他们，告诫说，《圣经》明文禁止让上帝创造的生物遭受痛苦。亨利很想知道男孩们在找什么，就在父亲的允许下爬到树上，发现上面有一个五子雀的鸟巢，里面有几枚鸟蛋。父亲便在亚雷尔所著的《英国鸟类》（*British Birds*）上查找关于五子雀的介绍，并向亨利和读者转述了其鸟巢和鸟蛋的知识。在戏剧化的开场白之后的一章是非虚构的内容，约翰斯将第三人称转变为第一人称的直接讲述，暗示研究“鸟类筑巢”是一项文雅有趣的活动，但如果“仅仅是偷鸟巢”则学不到任何知识，“体贴高尚的采集者”会在不惊扰鸟巢的情况下观察鸟蛋和鸟儿的习性，并做好笔记。约翰斯接着提供了一个鸟蛋的分类方法，依据是大小、形状和颜色，尽管他知道有人可能觉得这种方法不够哲学。他宣称，“虽然可能会遭到科学家的非难（如果有哪位科学家会屈尊读我写的东西），我还是打算在不同章节分别描述最相似的鸟蛋，根据颜色和形态分类”。在第三章，他又回到了亨利身上，小男孩成为约翰斯笔下高尚采集者的化身。再接下来的一章他开始描述“无斑点的白色鸟蛋”，这是根据之前制定的分类方法划分出来的第一类鸟蛋。除了讨论鸟蛋的数量、颜色、大小、形状和雏鸟，约翰斯还介绍了鸟巢搭建的位置及其构造。[30]

约翰斯在这本书其余部分的写作交相辉映，不同章节中的观点相互印证，彼此强化。在其中一章的描述中，约翰斯讨论了杜鹃如何将自己的鸟蛋产在其他鸟类的巢中，尽管如此，雏鸟之后依然会回到自己的鸟群中。对约翰斯来说，这也证明了神圣智慧，宣告说，“这至少让异教徒得承认看不见的上帝的教诲”。在下一章中，讲述者将
54 米勒先生描述为通晓英国植物、昆虫和鸟类名字和特征的博学之士，“习惯去寻找‘上帝造物智慧’的新证据”。现在，这位讲述者满意地称亨利“以他为榜样”，尽管他还太小，不理解“科学书籍中那些很难懂但无法回避的术语”。就如同书中亨利的父亲不靠书本去“培养他的博物学兴趣”一样，约翰斯鼓励小读者通过他这本非常规、双重模式的书来探究自然。约翰斯以一个虚构的故事结尾，以增加趣味性和教育意义，亨利和父亲发现最开始遇到的试图偷鸟蛋的男孩之一因为猎杀了一只雉鸡被抓进了监狱。[31]

在《物种起源》出版后，约翰斯从未在作品中公开批判过达尔文，实际上他只是对进化论视而不见。在1859年及之后不久，约翰斯在基督教知识促进会出版了两部作品，和他之前的作品风格一样。《儿童绘本：动物》(*Picture Books for Children*: *Animals*，1859)中，约翰斯再次采用了亲切文体写作的改良版，讲述者在观察动物过程中直接向读者讲解，例如知更鸟、北极熊、狐狸、鼹鼠、鼬、蜥蜴、雉、燕子、老虎等。每章都写成小读者容易阅读的形式，平均只有4页，还包括一幅整页的黑白插图。在知更鸟那章里，讲述者的朋友玛丽·米勒饲养的知更鸟提供了探讨的主题。在另一章里，讲述者与一只袋鼠对话，解释它为何被设计得这么有趣。但在大多数章节中都

是通过讲述者讲解动物知识，有时候会引用一件奇闻逸事。和袋鼠那章一样，宗教话题出现了一次。燕子怎么知道何时迁徙，并能飞越大海找到路返回夏天的家？讲述者宣称，“它能做到这样，完全是因为上帝赋予了它们生命，教会了它们感知季节变化，引导它们找到迁徙的路。”飞鱼的命运似乎很不幸，它们会被海里更大的鱼和天上的鸟捕食，但讲述者告诉小读者们说，“伟大而仁慈的上帝让它们奇妙地以两种方式活着，无疑让它们的生活快乐如云中翱翔的百灵鸟或者小河中的鲦鱼。”[32]

《海草》（*Sea-Weeds*，1860，SPCK）是另一本小书，写给年纪稍
微大一点的读者，开篇讲的是一趟想象中的海边旅程，约翰斯让读者 55
想象自己刚从离海岸几英里的一个火车站下车。和在《植物学漫步》里一样，作者善用一贯的文学技巧，将读者带入书中，就好像他们和书中人物一起探索自然。当他们慢慢走近水边时，发现植物长得并不好，不禁让人怀疑是否可以找到有趣的生命，但一来到海边，他们就惊讶地发现了不少奇特而陌生的植物。这是约翰斯为读者提供的知识线索，将海草分为三类，也讲解了如何采集、保存和观察它们。他并没有提及上帝的存在，而是强调海草之美，不只是诗人，就算最没想象力的植物学家也“坚持认为海草和花一样美”。书中有 12 幅全彩页插图生动展示了研究海草在审美上的吸引力。[33]

在 19 世纪 60 年代晚些时候，基督教知识促进会又出版了他的《英国本土鸟类》和《英国森林树木》（*The Forest Trees of Britain*，1869），这两本书广泛涉及宗教话题。约翰斯在绪论中明确指出《英国本土鸟类》并非要取代亚雷尔更综合性的《英国鸟类》，而是希望“为自然爱好者在乡间漫步时提供一本快乐的指南书，也为小小鸟类

学家提供一本手册，满足他目前的需求，并为他学习更重要的鸟类学著作做好准备”。在这本鸟类名录里，每种鸟都有 1 到 5 页长短不等的简短描述，包括斜体文字的基本信息，然后是地理分布、产卵个数、食性、参考文献、其他博物学家的逸事，以及约翰斯自己的观察。像他的其他书一样，这本书的插图也很精美，有将近 190 幅黑白木刻版画，这也让书的售价高达 12 先令。

有两个关于自然的神学主题贯穿着《英国本土鸟类》。第一，约翰斯经常会提到鸟类扮演清道夫这样的有用角色，他在讨论秃鹫时立刻引入了这个主题。在气候温暖的国家，腐肉会迅速分解，“上帝旨意”为它们准备了“秃鹫这样非常贪婪的肉食性动物”，随时准备着履行“有益于健康的”清道夫工作。再如茶隼，虽然“被猎场看守人冠以恶名”，但它是农民最难得的益友，因为它可以吃掉具有毁灭性
56 的甲虫和毛毛虫，而“孤芳自赏”的仓鸮则猎食鼠类帮助农民。还有些鸟类，如白喉林莺，虽然会吃掉一部分树上的果实，它们也会在春天以昆虫为食，“可以看作上帝旨意下的一种策略，在昆虫食物稀少、不足够提供鸟类食物时，树木为保护自己免受伤害的鸟类供给食物”。第二，约翰斯经常举例说明目的性的适应性策略。在红交嘴雀那部分，约翰斯拒斥布封的观点，后者认为这种鸟喙只不过是一种畸形，毫无用处。亚雷尔没有那么武断，是更值得信赖的权威专家，断言红交嘴雀的喙、舌头和肌肉是目的性适应策略的完美例子。约翰斯同意亚雷尔的观点，详细描述了交嘴雀的喙以及它如何“精巧地适应各项任务”，如打开松果的硬壳以获得所需食物。[34]

《英国森林树木》以类似的方式探讨了宗教主题，比起发行了 25 版的《英国本土鸟类》，这本书没那么畅销，到世纪末总共印了

8版。约翰斯在导言中就设定了全书的宗教议题。他表明本书的目的是为“自然爱好者”提供“大不列颠本土树种或已经驯化成功的树木的知识，为漫游这个国家时增添额外的乐趣”。约翰斯警告读者不要指望这本书里会有任何新的植物学发现或种植的新方法。但如果读者有兴趣“在祖国更壮观的植物世界探索自然的奇迹”，他倒是希望自己能激励读者去做下“新研究”。约翰斯还向读者保证：“即使以自己浅薄的科学知识也能在篱笆和路边发现无数的奇迹，而这些奇迹对未经训练的双眼来说是难以发现的。”他认为自己的任务就是训练读者的感知力，让他们能够在自然界感知神圣奇迹的痕迹。虽然他发誓要尽量避免科学术语，但依然坚持认为读者有必要学习一下与树木解剖相关的术语。在讨论了细胞、木质纤维、木髓、树皮后，约翰斯转
向了植物学的宗教意义。植物吸收二氧化碳、产生动物所需氧气的过 57
程，完全是“宇宙万物之主的安排”。[35]

这本书有两卷，包括60种树木，各章的内容按照博物学常见的写作方式编排。每章包括树木的外形、花、果和叶子等描述，树木是本土种还是外来种，在英国的分布，在历史上的地位以及用途。奇闻逸事、大量黑白木刻插图以及著名诗人作品的引用为这本书锦上添花，约翰斯引用了乔叟、莎士比亚、华兹华斯、戈德史密斯和弥尔顿等人的诗句。达尔文和推崇植物学职业化的约翰·林德利（John Lindley）被列在致谢的科学权威专家名单里，但约翰斯不过是借用他们的发现来为自己的观点服务，在他的观念里，自然界是一个被设计的世界，有一个全能的上帝看管着。假挪威槭的翅果向约翰斯暗示，“如悦耳的回响，充满启发，反映了上帝的全能和至高无上的智慧”。在大段描述夏季山毛榉树林的清凉后，他意识到这种描述在读

者看来可能是“无用的长篇赘述，偏离主题”。然而，他“不愿意放过任何能引起读者注意力的机会，因为这些都是天父设计的伟大作品，尽管它们会产生一些其他影响，但还是会对人类带来极大的抚慰和愉悦”。[36] 如果读过《英国森林树木》和约翰斯 1859 年之后其他作品的读者认为，约翰斯不是没有费心去读达尔文的《物种起源》，就是读完之后就把其当作无关紧要的东西搁置一边，他们的想法也情有可原。

间接回应达尔文（1）：托马斯·韦伯基督教式的谦逊

托马斯·韦伯牧师（图 2.3）并不是一个喜欢论战的人。1883 年，他向朋友、天文学家亚瑟·兰亚德（Arthur Ranyard，1845—1894）坦言，自己并不希望在《自然》杂志上发表署名评论，“我更喜欢安静一些，我可不想花任何时间在我的确不喜欢的事上，如笔战”。[37] 尽管
58 如此，韦伯对天文学家相对无知和神圣天空的强调，其实非常具有煽动性，也是对进化论自然主义的间接回应。

他在《普通望远镜可见的天体》（*Celestial Objects for Common Telescopes*，1859，Longman，以下简称《天体》）序言中告知读者说，“亲自探索”天空中的奇迹“最能让人发现人类的渺小，也最能感知造物主无与伦比的伟大和荣耀”。[38] 韦伯写书的目的就是为上帝的智慧和仁慈提供证据，在《天体》这本书中，他精巧地展现了一种关于自然的神学，契合了圣公会牧师博物学家的一贯传统。

托马斯·威廉·韦伯（1806—1885）分别于 1829 年和 1832 年在牛津大学取得了学士和硕士学位，从 1829 年受戒开始就担任各种神

图 2.3　托马斯·韦伯，业余天文学之父。出自《普通望远镜可见的天体》。

职工作。1856 年，他接管了哈德威克教区，位于威尔士的黑山区，赫 59 
里福德郡西部边界，他就是在那里开始研究天空，写了《天体》一书。他也向各种期刊投稿，针对不同的读者群写了大量文章。例如，他给《英国机械师》(*English Mechanic*) 写的文章是面向工人阶级读者，而给《知识分子观察者》(*Intellectual Observer*) 和《大众科学评论》写的文章则是面向中产阶级读者。韦伯在 1870 年代早期开始也经常向《自然》杂志投稿，该周刊于 1869 年创刊，为推崇职业化的科学家与普通公众提供交流的平台。韦伯还加入了几个科学协会，他在 1852 年被选为皇家天文学会会员，任职于英国科学促进会月球委员会，并活跃在月面学协会（Selenographical Society）。[39]

历史学家认为韦伯在业余天文学的发展中有着重要地位。艾伦·查普曼（Allan Chapman）曾断言，“现代业余天文学作为一项严肃的科学追求，天文观测者们的主要动机是快乐、迷恋或上帝的荣耀，而不是基础性研究，这种传统始于 1850 年代赫里福德郡一位郊区牧师的宅邸。”[40] 对理查德·鲍姆（Richard Baum）来说，韦伯的《天体》“比其他人任何一部作品都培养了更多的天文观测者，在天文学普及上做出了更大的贡献”。[41]《天体》的销售还算成功，朗文在 1859 年首版时印了 1000 册，价格 7 先令，第一年卖出了一半多，其余的直到 1865 年还可以买到。1868 年第 2 版也印了 1000 册，也就是说在首版后的 10 年里，总共只印了 2000 册。到世纪末，朗文总共卖了大概 5500 册。[42]《天体》并没有产生广泛的吸引力，但正如《天文台》（*Observatory*）杂志的一位评论员所言，既然它是“面向特定的阶级，即工人阶级天文学家”，在天文学圈子里已经算很成功的一本书了。[43]

韦伯在《天体》导言里宣称，本书目的之一是“为只有普通望远镜的读者提供清楚明白的使用指南，以及在有效利用他们的工具时能
60 看到的天体清单”。韦伯向认真的业余爱好者解释如何搜寻天体以及能找到什么天体，填补了当时天文学参考书的一个空白。尽管当时有一些指导业余爱好者的参考书，但“它们有的太难理解”，韦伯解释说，“有些解释起来很费劲，还有的写得支离破碎”。对高阶的天文观测者，他推荐阿德米拉尔·史密斯（Admiral W. H. Smyth）的《天体的运行》（*Cycle of Celestial Objects*，1844）。韦伯其实模仿了史密

斯《天体的运行》的写作结构，从望远镜开始，然后是观察实践、实用小技巧，之后才细致描述了业余爱好者在买得起的低功率望远镜里观察到的行星和恒星天体。[44] 在第一部分“仪器与天文观测者”中，韦伯对他所谓的“普通望远镜”进行了定义，“普通望远镜指的是个人拥有的那些最常见的消色差望远镜，有各种长度，可达 5 英尺或 5.5 英尺，孔径 3 英寸或 4 英寸，反射镜的直径更大点，但因为反射过程中的光损失，亮度不高”。他接着给出了如何区分望远镜优劣的建议，如何安装、操作和保养望远镜，以及如何记录观察结果。在第二部分“太阳系”中，韦伯讨论了太阳、水星、金星、月球、火星、木星、土星、天王星和海王星，以及彗星和流星。在介绍每种天体时，他都突出它们的显著特征，并解释观测历史，以及历史上著名天文学家的理论。第三部分“群星璀璨的天空”的主题是双子星、星系群和星云，对每一种天文现象都做了详细描述。[45]

对韦伯来说，研究天空的首要目的是带领天文学家更理解上帝。科普作家的身份对他来说是牧师职责的延伸，他在《天体》导言中表明，让天文学“这门高贵的科学具有合法性”意味着要鉴别直接观察到的“宏伟证据，这些证据运行可以感知上帝永恒的力量和神性”，是他创造了天空中这些奇迹。但非常明显的是，韦伯在《天体》宣扬关于自然的神学却比较微妙，有关天文学宗教意义的评论只在本书的概括性介绍才有所涉及，如导论或主要章节的导言，并没有贯穿全书。例如，在第三部分“群星璀璨的天空”开场，韦伯宣称太阳系中的秩序和美丽足以让天文学家切身感受到神圣的存在。“如果太阳系本身就是整个物质创造，”韦伯阐述道，“单单是它就足以宣扬上帝的 61
荣耀，在我们对太阳系的伟大之处和奇迹进行短暂回顾时，我们已经能够充分感知到上帝的力量和智慧。”但我们的太阳系“不过是沧海一粟”，韦伯承诺将在本书的第三部分讨论成千上万的系统，包括“更令人惊叹的范围和焕然一新的景象，将为我们开启难以形容、无与伦比的壮丽”。然而，所有这一切都“受到同样的宇宙法则制约，这条法则让鹅卵石停留在地球表面，指引水滴在阵雨中掉落，或者像瀑布一样倾泻”。通过双子星、星系群和星云都可以见证“造物主荣耀的伟大展示”。[46]

在他之后的作品中，韦伯也避免直接批判达尔文主义，但依然像在《天体》中那样继续讨论宗教问题。在 53 年的牧师生涯中，韦伯一直都是忠实的基督教徒，影响英国教会内部某些团体的争端或改革运动都没能影响到他，也难怪他一直坚持以同样的方式，在天文学知识中穿插宗教议题。[47] 在《没有数学的光学》（*Optics without Mathematics*，1883，SPCK）开篇，韦伯提醒读者说，光是“上帝最好、最重要的礼物之一，他希望以启示之光的名义描述自己”。韦伯在全书中都在强调光的奇妙之处，并得出结论说，这些都是上帝“神奇的杰作”。他宣称，《光学》的目的是给读者讲授足够的关于光的知识，唤醒“比我们曾经更大的兴趣，去感知隐藏在我们身边的奇迹，那些奇迹常常因为我们每天都见到反而被忽视”。[48] 在《太阳》（*The Sun*，1885，Longman）一书中，韦伯的目的是向读者灌输天空的博大恢宏。太阳与地球的距离实在太远，即使一个人搭乘时速 60 英里的快速列车，也会在长达 175 年的旅途结束前死去。太阳自身是如此巨大，“109 个我们的地球挨个围起来，几乎也难绕太阳一圈”，快速列车绕太阳跑一圈需要 7 年多的时间。韦伯在这本书的结论中宣称，“壮丽的太阳”是“创世力量和智慧最强有力的展示，但它不过是天空中无数星球中的一个——其他星球亦是如此”。[49]

韦伯在思考造物主的伟大时，常常也会谈到谦卑的必要性，这可 62
以解读为对傲慢的科学自然主义者的一种回应。从 1859 年的《天体》到去世前不久在《自然》杂志上发表的最后一篇文章，所有这些作品都贯穿着谦卑这个主题。在《天体》的导言中，韦伯指出天文学作为一项娱乐爱好的同时，也“最能让人发现人类的渺小，也最能感知造物主无与伦比的伟大和荣耀”。[50] 在《物种起源》出版后，韦伯更加重视谦卑这个主题。韦伯在《地球》（*The Earth a Globe*，1865，Thomas Hailing）一书中强调，在浩瀚的宇宙面前人类是多么无知。他宣称，“芸芸众星默默见证着造物主的力量，拒绝回答人类的问询”。[51] 在 1860 年代晚期，韦伯在《知识分子观察者》上发表了大量文章，常常会谈及这个话题。天文学家对土星和土星环相互投射形成的阴影之间产生了分歧，这让韦伯发现，“在更深入、更有力和更广泛的研究下，这个问题反而变得更神秘了”，多么讽刺！韦伯提醒那些对天文学研究进展感到失望的人说，对天空的研究自然会带来回报，至少感知了上帝的伟大作品。[52] 无法确定月球上是否存在空气，对韦伯来说是呼吁进一步研究的依据，“那些热衷于在万物中追寻造物主脚步、通过多种方式验证上帝创造力的人值得称赞”。[53]

由于他与《自然》杂志主编诺曼·洛克耶（Norman Lockyer）的友谊，韦伯在 1870 年代和 1880 年代早期得以在这个重要的杂志上发表大量天文学的小文章，并在这些文章中探讨了人类在面对宇宙中神圣奇观时体现出的无知。[54] 在韦伯的时代，望远镜的放大倍数达到了前所未有的程度，意味着木星从未“像现在这样得到如此广泛的探索”，但他向读者强调的是观测者们出现的分歧。因为采用不同仪器观测到的结果不同，在观测者们敏锐的双眼和经验里，他们难以对木星的外观达成一致。[55]天文学家们对其他行星的研究也并没有更深入，
63 最杰出的观测者们也无法就火星的特点达成一致。[56]尽管光学手段进步了，但近年来对土星奥秘的探究却没有取得多少进展。对此，韦伯问道：“我们还有什么物质文明值得吹嘘？同样的仪器或更强大的仪器，能为土星环的细分或异常而令人费解的阴影轮廓提供什么样的进一步解释？”土星是如此独特，天文学家们根本无法从人类经验去找到类似之处，他们不得不承认自己“对研究对象的真实面目一无所知”。[57]

很多其他天体也同样令人难以捉摸。在“太阳黑子理论”中，韦伯再次强调天文学家的无知，他们根本无法就太阳黑子的本质特征达成一致。日面观测者“显然对自己在观察的东西一无所知”，韦伯如此断言，最好的天文学家也帮不上忙。韦伯追问道：“我们应该听谁的？威尔逊（Wilson）、赫歇尔、基尔霍夫（Kirchhoff）、内史密斯（Nasmyth）、塞基（Secchi）、法耶（Faye）、祖尔纳（Zöllner），还是兰利（Langley）？他们或多或少都无法达成一致。”鉴于对这一个问题的讨论旷日持久，观测者们“很难在望远镜观察中做到不偏不倚、做出公正的判断”，关于太阳的各种现象让他们“得出迥异甚至截然相反的解释”。韦伯宣称，如果望远镜让人失望，分光镜可能会解决这个问题，但他只发现一些模棱两可的证据，有时候非常令人费解。[58]不出所料，韦伯发现天文学家对太阳系外的天体的性质更不了解。在“壮观的仙女座星云”一文中，这种神秘的天体成为人类无知的一个象征。韦伯思忖着，尽管仙女座星云那么“壮观”，天文学家还是忽视了它，因为它“迄今为止一直拒绝被探索”。在概括了星云的历史

后，韦伯接着讨论了观测者们在使用最大功率望远镜时得到的不一致结果，差异“说明了这类观察存在不确定性”，他得出结论说“相比较而言，望远镜已经失败了”，即使分光镜也不能对星云的物理组成提供确切的证据。作为宇宙中最大的天体，韦伯将它描述为“最大限度地展示了难以理解的造物主的伟大之处”。在文章结尾时，韦伯彻底地承认了天文学的局限性。“所有这些探索也无济于事，人类永远难以揭示这个奥秘，”他总结道，“我们还是不要妄加评论了。”[59] 64

尽管韦伯可能尽力在避免争端，但他强调天文学家的无知和神圣天空的荣耀，其实已经很有挑拨性，尤其是还发表在《自然》这样的杂志上。像赫胥黎这样处于职业化进程中的科学家们希望《自然》杂志成为他们的主要阵地，用来向大众读者传播大自然世俗的一面。[60]韦伯坚持认为天文学家是无知的，相应地，承认神圣创造的威严，这有悖于进化论自然主义者的实证主义倾向。赫胥黎及其盟友热衷于强调知识可以无限增长，并让普通读者相信科学家已经掌握了足够的知识，使其有资格取代圣公会牧师成为现代工业化时代名正言顺的文化权威。

间接回应达尔文（2）：修正自然神学

1874 年，埃比尼泽·布鲁尔（1810—1897）牧师在《常见事物的科学知识指南》（*A Guide to the Scientific Knowledge of Things Familiar*，以下简称《指南》）第 32 版序言中扬言，这本书几乎取得了“无与伦比的成功”，宣称自首版以来这本书印量惊人，高达 11.3 万册。他由此断言，这本书巨大的销量证明了科学读者“对它的接受毋庸置疑”。他煞费苦心地确保这本书的知识精确性。“我请教了最受认可的现代作家，”他宣称，“每项补充的内容都通过了科学界享有盛名的绅士们审定。”这本书的目的是回答关于自然现象的2000个最常见问题，“语言浅显易懂，小孩子都可以理解，但又不至于冒犯懂得科学知识的人”。第22个问题如此写道：“感到恐惧的人在风暴中应该怎么做才最安全？”据布鲁尔的说法，下面给出的答案不会冒犯科学
65 读者，“将他的床架拖到房间中间，虔诚地祈求上帝的庇护，然后睡觉；记住，主曾说过，‘你的每根头发都是有编号的’”。[61] 布鲁尔深信不疑的是，既然这本书销量如此巨大，说明读者对科学问题的宗教解释是接受的，《指南》上很多问题的回答都借鉴了设计论的观点。在《物种起源》出版不久，布鲁尔写了一本书，名为《科学里的神学》(*Theology in Science*，1860)。尽管他在里面从未提及达尔文的名字，布鲁尔写本书的目的是向读者证明，进化论并没有推翻自然

图2.4 布鲁尔82岁时还在伏案工作。出自《贾罗尔德百年简史：1823—1923》(*The House of Jarrolds,1823-1923: A Brief History of One Hundred Years*, Norwich: Jarrold Publishing, 1924, p.41)。

神学传统。

埃比尼泽·布鲁尔在剑桥三一学院出色地完成了本科学业后，开始投身于写作事业（图 2.4）。他在 1835 年获得了民法学位（一级），又于 1839 年和 1844 年分别取得了法学学士和博士学位，不过他最终还是决定放弃将法律作为事业。布鲁尔在 1834 年和 1836 年先后被授命为教会执事和牧师，但他似乎从未在教会中担任过要职。在《指南》首版发行后不久，布鲁尔担任了诺威奇国王学院学校的校长，但他却投身于更多写作计划中，广涉各种主题，包括欧洲的文学、社会和政治历史，簿记，习语和寓言词典，学校教科书，以及面向大众读 66
者的科学读物。在 1860 年代，布鲁尔写了一系列天文学、化学和一般性的科学普及读物，由卡斯尔公司出版。他也和诺威奇的贾罗尔德出版公司合作密切，在诺威奇家族中的一个孩子成为他所在学校的学生时，他与这个家族成了好朋友。[62]

《指南》是布鲁尔最受欢迎的作品之一，1847 年的首版印了 2000 册，售价三先令六便士，贾罗尔德父子在接下来几年不得不增加每版的印量以满足市场需求。1848 年的第 2 版印了 3000 册，1849 年 1 月的第 3 版印了 5000 册，同年 7 月的第 4 版印了 7000 册，1850 年的第 5 版印了 8000 册，之后一直到 1858 年的第 12 版每版都保持在 8000 册，1859 年的第 13 版到 1874 年的第 32 版减少到每版 4000 册的印量。布鲁尔宣称，到 1874 年时，这本书总共卖出了 11.3 万册，他其实低估了实际销量，贾罗尔德父子的出版记录显示，那时候总共印了 16 万册。[63] 布鲁尔这本书的印量在 19 世纪下半叶的任何科学读物中都算很高了，在出版后的第一个 10 年里，这本书印量是 7.5 万册。[64] 到 1892 年时，这本书发行了第 44 版，总印量上升至 19.5 万册。[65] 布鲁尔也依靠这本书发了一笔小财。1847 年 5 月他签订的合同规定，首版稿费为 20 英镑，之后每卖出去 1000 册，他会再得到 12 英镑多一点的收入。[66] 前 4 版贾罗尔德总共付给了他 207 英镑，之后印量增加到 8000 册时，他可以从每版中得到 100 英镑的收入。[67]

67 《出版社通告》(*Publishers' Circular*）上《指南》的宣传广告写道，“可以在壁炉边和教室阅读的书”。这本书卖得好部分原因是作者的关注对象是“常见事物的知识”。[68] 布鲁尔在第 32 版的序言中宣称：“没有什么科学能比解释生活中的常见现象更有意思了。我们知道盐和雪都是白色的，玫瑰是红色的，叶子是绿色的，紫罗兰是深紫色的，但很少有人会问其中的原因是什么。”[69] 1850 年代兴起了一场影响力巨大的运动，倡导通过常见事物去进行科学教育，布鲁尔这本书恰好契合了这种趋势，受到这种教育方式推崇者的青睐。英国大众教育的主要倡导者詹姆斯·凯 – 沙特尔沃斯（James Phillips Kay-Shuttleworth）极力强调教材中关于常见事物知识的重要性，这种科学教育方法尤其适合工人阶级的小孩。[70]

布鲁尔的《指南》也受到了维多利亚读者的欢迎，可能是因为它在结构和内容上都纳入了宗教主题。这本书分为两部分，第一部分是关于“热”，包括了各种热源，如太阳、电、化学反应、机械作用，以及关于热效应和传导的相关问题。第二部分是关于“空气”，讨论了二氧化碳、水蒸气、磷化氢气体、风、气压计、雪、冰雹、雨、冰、光和声音等。格式则非常简单，首先是向读者提出一个问题，例如，“问：热是什么？”紧接着是一个简短的回答，常常只有一句话，“答：能让人感觉暖和的东西。”[71] 读者非常熟悉这种问答方式，因为大部分宗教读物就是用这种问答法。布鲁尔不是第一个写科学问答法的人，在19世纪20年代，出版家和教育作家威廉·匹诺克就写了包括83部教育书籍的系列读物，名字就叫“问答教学法”（Catechisms），被收入《青少年百科全书》（*Juvenile Encyclopedia*，约1828）中。问答法是最早的一类廉价教育书籍，它可能对这种写作类型的确立发挥了关键作用。[72]艾伦·劳赫认为，科学问答法代表了一种“从宗教读物到世俗作品的转变得到了认可”。尽管《指南》在内容上看起来很世俗化，但还是可以从中看出它与神学传统的联系，[73]布鲁尔采用问答的形式让他在宗教的框架下探讨了科学知识。

布鲁尔还花了点小心思，在书的三分之一处，才加入了更多宗 68
教视野下的问答题。例如，布鲁尔在提出空气是一种糟糕的导体后，质问道：“请指出上帝将空气设计为糟糕导体时所体现的智慧。”相应的回答是：“如果空气是优良的导体（如铁和石头），我们人体的热量就会被快速带走，我们估计就要被冻死。”布鲁尔还提出了一系列类似的问题，引导读者将既定的科学事实与神圣的智慧或仁慈联系起来：

问：请指出上帝的仁慈如何得以彰显，即使是在鸟兽穿衣这样的问题上。

问：请指出上帝将泥土设计成糟糕导体时显示的智慧。

问：请指出上帝将青草、树叶和所有植物设计成良好的散热器所显示的智慧。

问：请指出上帝在不断维持空气趋于平衡时所显示出来的仁慈和智慧。

在本书其余三分之二的内容中，布鲁尔提出了更多这类问题，引导读者去发现散落在自然界中的上帝设计的无数痕迹。他从未在《指南》中对设计论进行一步步详细的论证，他列举的众多例子就是要让读者应接不暇，被设计论所折服。[74]

与约翰斯或韦伯不同的是，布鲁尔在《物种起源》出版后完成了《科学中的神学》，系统地重申了自然神学。这本书标题页的一句话表明了其目标读者："一本尤其适合学校和家庭礼拜日读的书。"布鲁尔为这个读者群采用了"最通俗的语言"，写成很短的段落，这样读者可以像阅读问答题一样"将其记住"。这本书售价三先令六便士，贾罗尔德父子在前 10 年里卖出了 4100 册，到 1892 年时印了 7 版，总共超过 7000 册。[75] 布鲁尔在序言中指明了本书的目的是"指出科学所揭示的现象中所展示的上帝智慧和仁慈"，他宣称这本书"与众不同"，主要是因为它涉及的范围很广。这本书分为五部分，涵盖了地质学、
69 自然地理学、人种学、语言学和天文学（主要关注地球外生命）。布鲁尔声称，讨论这些主题能够让他捕捉到当今最重要的问题："地质学有悖于《圣经》吗？人类不服从上帝旨意而遭受的惩罚是否也会延伸到不会说话的动物身上？洪水是否让化石沉积下来？全人类都是同一种血统吗？世界上的语言如此多样，是因为在建造巴别塔时被弄混了吗？"然而，布鲁尔小心翼翼地将自己的自然神学方法与佩利相区别，他的目标是"展示科学是宗教的侍女，证实《圣经》所揭示的东西"，而佩利的"杰作，冠以'自然神学'之名，则是另辟蹊径"。佩利的关注点是"器官与功能相互适应，以满足它们必须完成的工作之需"。尽管布鲁尔从未明确提到进化论，但他似乎已经意识到自然神学如果只建立在适应性基础之上的话，达尔文的理论则削弱了这种自然神学

的科学公信力。布鲁尔的策略是建构一个更包罗万象的自然神学框架，从而挫败达尔文主义（图 2.5）。他的第二个措施是，强调科学是“宗教的侍女”，在宗教的框架之外，科学毫无效用。[76]

在本书第一部分“人类之前的世界”，布鲁尔回顾了近期的地质学发现，接受在人类最初被创造出来之前就有动植物存在（现在已经灭绝）的事实。他承认很难调和《圣经》中创世纪的经文与地质学中新的时间尺度。尽管如此，他还是提供了多种不同的解释，虽然还存在一些问题，但总比“拒斥地质学的伟大事实要好，也比认为科学与启示录相对立要好”。紧接着，布鲁尔指出启示录和地质学在不少关键问题上都是一致的，例如宇宙有一个起始点，并由神圣力量所创造；自宇宙被创造以来，地球就借助火和水的力量在不断发生改变；创世的杰作是不断进步的；地球是圆的；人类是最后被创造的动物；在人类被创造之后，地球表面曾有一场大洪水肆虐。他又列举了一系列的证据，证明地质学所揭示出来的上帝的智慧和仁慈。岩石分解形成土壤是在让这个世界变成花园，地质活动带来了煤、岩盐、大理石、粉笔和其他分布在地球表面的宝贵矿物，以造福人类，这也是上帝仁
慈的另一个证据。火山作为“地球的安全阀”同样证明了神圣智慧与 70
善，没有它们，大陆将被撕裂为碎片。

第二部分“现在的世界”，讨论的是地球的形状、重量和大小。布鲁尔再次发现富饶的土地也是神圣智慧和善的体现，这些神圣痕迹来自地球的形状和密度，以及新旧世界的自然差异中，更多的迹象来自对海洋和大气的思考。他常常邀请读者一起想象，如果自然以不同的方式被组织起来，世界将会是什么样子呢？如果有更多的水，大海将淹没我们的海岸、毁坏我们的港口和田地。如果水少一些，“我们

图 2.5 布鲁尔书中的插图，曾经蛮荒的地球，展示了残酷的生存斗争。他将这幅图放在了扉页，作为表明上帝智慧和仁慈的科学证据，也暗示了达尔文理论只有被纳入修正过的自然神学的更大框架之中才具有说服力。

的海岸线将会改变，港湾和海口将会干涸，我们的港口将会毫无用武
71 之地，很多人的劳动和技能也将遭受挫败”。对大气的科学研究表明，空气中的氧气所占比例“恰恰符合我们的需求”。一方面，如果氮气增加，氧气消失，火会丧失它们的力量，植物将会枯萎，生物会非常艰难也会很痛苦地才能实现它们的各种功能。另一方面，如果氮气消失，氧气增加，也会产生灾难性的结果。一点点火花就会让可燃物燃起来，在转眼间化为灰烬。[77]

第三部分“世界上的人”讨论的是人类种族的身体多样性所体现出来的上帝智慧和仁慈。如果经常生活在烈日炎炎的地区，人会“有高凸的颧骨和深陷的眼睛”，以此保护他们的眼睛不会被太阳晒伤。接下来的部分“分散在世界各地的人”讲的是《圣经》里“人类种族

的同一性”说法，而不是自然神学主题。布鲁尔认为，语言学家都深知所有语言都具有亲和性，这为单源论提供了“不容辩驳的证据”。最后，非常简短的第五部分是关于“世界的多元性”，他就地球外生命是否存在这一棘手的问题提出了两种立场。尽管他拒绝在论辩中偏袒任何一方，但他展示了多元论者及反对者何以能够与自然神学保持一致。引人注目的是，在整本书中，布鲁尔有效避免了对达尔文理论相关问题的探讨，同时修正了自然神学框架，用来解释科学。[78]

笼络达尔文：金斯利与自然神学的未来

基督教社会主义者、小说家和自由的圣公会牧师查尔斯·金斯利（1819—1875）在《海神：海岸的奇迹》（*Glaucus; or, The Wonders of the Shore*，1855，Macmillan）里向读者推荐了一系列博物学书籍（图 2.6）。在他看来，“约翰斯先生所有的作品都很好，他知识渊博而且准确，能写出这些好书自然不在话下，尤其是那本《田野花卉》，是迄今为止系统介绍植物学的最好入门读物，而且价格低廉”。金斯利认为，约翰斯“虽然在偏远而狭小的地方自学成才，从事研究”，但他“已经将自己培养成最敏锐和执着的植物学家之一，从这些岛屿上的植被中发掘了许多新的财富”。金斯利接下来表示，“至少人们 72
都应该好好感激他，他在科学上的精确性和耐心上给大家上了第一课——这些课不是在书本或课桌上学到的那些枯燥乏味的东西，而是以亲切、生动的方式，在大西洋海岸苍凉的悬崖峭壁和茂密的森林里探险时学到的”。[79] 当然，金斯利也是在说自己，他还是赫尔斯顿文法学校的学生时就认识了约翰斯，并与其成为好朋友，尽管他们相差

图 2.6　查尔斯·金斯利肖像。出自《查尔斯·金斯利：信件及其回忆录》(*Charles Kingsley: His Letters and Memories of His Life*, London: Paul Trench, 1885)。

8 岁。约翰斯带着金斯利在普利茅斯地区采集植物，培养了他的博物学兴趣。[80]

尽管早在金斯利还是赫尔斯顿学校的学生时，约翰斯就激发了他的博物学兴趣，但他直到 1840 年代中期才开始从事科学写作或做讲座。金斯利在一生中创作了大量面向大众读者的作品，如《海神》《水孩

73 子》《“如何”夫人和“为何”女士》(*Madame How and Lady Why*，1870，Bell and Daldy)、《科学演讲与随笔》(*Scientific Lectures and Essays*，1880，Macmillan)。科学写作只是金斯利众多的文学活动之一，甚至还不是他最出色的方面。他在 1838 年进入剑桥玛格达莱尼学院学习，1842 年受戒并成为汉普顿郡艾弗斯利教堂的助理牧师。为教区贫困居民工作的经历让他对穷人充满同情，也让他积极拥护基督教社会主义。他在自由派圣公会中成为领导人物，与弗雷德里克·莫里斯（Frederick Maurice）、斯坦利（A. P. Stanley）和托马斯·休斯（Thomas Hughes）等人关系密切。1860 年，金斯利被任命为剑桥大学瑞吉斯现代史讲席教授（Reguis professor of Modern History），[81] 1869 年和 1873 年分别担任切斯特和威斯敏斯特教士。[82]

金斯利初次涉足科普是在 1846 年，他在雷丁大学做了一场题为

“如何学习博物学”的讲座。金斯利和约翰斯一样，采用充满想象的方法去探究博物学，他向听众展示了在前来演讲途中捡到的一块鹅卵石，仿佛是在强调大自然的奇迹就发生在每个人脚底下。金斯利告诉听众，“这是我今晚唯一的目标”，强调只要我们耐心倾听鹅卵石，它就会讲述“一个故事，比我自己梦见的任何故事都要狂野和宏大，它将以上帝令人敬畏的壮丽事实，让我们的想象力相形见绌”，这块鹅卵石紧接着便开始借助金斯利之口讲述它的故事。很久以前，这块鹅卵石生活在白垩纪的大洋深处，最终变成了一块石头，在漫长的岁月里埋藏在白垩纪的泥土中；后来，它从远方的白垩纪悬崖掉下来，被水冲走，变成了海滩上的一块鹅卵石，刚好雷丁就位于浅海的岸边。金斯利强调说，鹅卵石这个离奇的故事只能从学习了博物学的人那里才能听到，然后他开始从理性和想象力方面列举学习博物学的各种好处。就想象力而言，他指出人类不仅可以靠想象力从一块鹅卵石里发现“无穷无尽的奇迹，并畅游仙境”，还可以从“最细微的霉菌、腐烂的水果或者最细小的微生物”中发现这些。金斯利还认为，学习博物学有着宗教上的益处，“我已经发现科学家整体上比其邻居更加虔诚和正直”。最后，他把注意力转移到了博物学的实际用途，从博物学中得到的知识让英国人“要生养众多、遍满地面、治理这地”。[83] 74

直到1850年代中期，具体来讲是1853—1854年的冬天，金斯利在托基照顾生病的妻子时，对博物学的兴趣才促使他将其写成了书。他常常在海边花几个小时采集标本，每天写日记，将海洋动物、贝壳和海草寄给伦敦的菲利浦·戈斯，当时两人已经开始通信。他的《海神》以“海岸的奇迹”这篇文章结尾，此文曾发表于《北英评论》(*North British Review*)。[84] 金斯利在《海神》中向维多利亚时代避暑的父亲们呼吁，即使闲暇时间也应该用来做一些有益的事情。与其读一本无厘头的小说或者“徒劳地去抓一条马鲛鱼”，何不“尽力去发现一些海边的自然奇迹？它们就在你行走的每一步路上，比鸦片吸食者的任何幻觉还奇特”。博物学不仅是一个令人着迷的领域，“在时下还成为备受尊敬的领域”，连公爵和王子们都在探究博物学。“不但如此，”金斯利宣称，“博物学现在受人尊敬，甚至很流行，这也是更值得推荐给众多读者的原因所在。”博物学书籍“在画室和教室里显得越来越重要”，这门学科的知识“被看作肤浅无用的知识”。他认为博物学可以带来快乐，因为对自然的理解可以让个人对外部世界的认知提升到一个更高的层次，“他可以从每个地方看到意义和价值”，如“和谐、定律、无穷无尽的内在因果关系，让他从利己主义和自娱自乐的狭隘思维中摆脱出来，进入纯洁而有益身心的世界，庄严却充满喜悦和惊奇”。[85]

在金斯利的观点里，父亲有责任向孩子讲授博物学知识。在“这个年龄段，没有什么比博物学能为他们提供更健全的知识和道德教育，这门学科可以让年轻人在小小年纪就在户外学习自然科学”。博物学所提供的训练对“中产阶级年轻人”来说尤为重要，其中“相当大一部分人”长大后都很柔弱，除了知道赚钱的本领，对其他知识一无所知。有人认为博物学“只适合柔弱或卖弄学问的人”，为了消除
75 这种观念，金斯利辩解说，完美的博物学家需要具备类似“中世纪侠客”那样的素养。博物学家必须有强健的身体，可以应对野外工作中随时可能遇到的恶劣天气；他必须温文尔雅、彬彬有礼，友善对待穷人、无知者、野蛮人，这样才能收集到最有价值的本土信息；他必须很勇敢，有进取心，不计回报，全身心投入知识追求中。金斯利眼里

完美的博物学家似乎与强健的基督徒形象是一致的。在他的布道和故事中，金斯利强调行动力和强健的体魄，即使在描述博物学家时他也不忘将基督徒拿来对比。最重要的是，博物学家还需要很虔诚，“对最普通的事物也充满好奇心，对奇特的事物也不会大惊小怪……从最细微的事物中窥见宏大，从最丑陋的事物中发现美丽”，能够“透过事物所反映出来的神性”从而站在精神角度去评判事物。他必须相信“每颗鹅卵石里都藏着宝藏，每次萌芽都透着启示之光”。[86]《海神》这本书在首版时得到了出版社、大众和科学界的广泛好评。[87]它最开始卖得很好，4 年内印了 4 版，之后因为越来越多的科普作家开始写海岸主题，就卖得比较慢了，直到 1873 年时才印了第 5 版，到 1900 年时总共发行了 10 版。

在《物种起源》出版后，金斯利也尝试像布鲁尔那样修正自然神学，但他在这个过程中与进化论发生了正面交锋，他所采取的策略与昔日老师约翰斯截然不同。金斯利是较早皈依达尔文主义的人之一，他在《物种起源》一个非正式版本出来时已经热情洋溢地做出了回应。[88]在《物种起源》第 2 版中，为了尽量抹去了对宗教不友好的内容，达尔文还提到了金斯利对这本书的积极回应，并称他为“著名的作家和神学家”。[89]在 1860 年代早期，金斯利还与达尔文的几位主要支持者们成为朋友。他在 1860 年认识了查尔斯·赖尔（Charles Lyell）和约瑟夫·胡克，前者在 1863 年支持他入选地质学会的会员。[90] 1860 年赫胥黎的儿子诺埃尔去世时，他安慰了赫胥黎，从此两人开始了密切的通信往来。金斯利也经常写信给达尔文，向对方汇报自己在圣公会理论中取得的进展。1862 年 1 月 31 日，他写信给达尔文谈到自己对艾斯伯顿勋爵的拜访，当时威尔伯福斯主教和阿盖尔公爵也在 76

场。他描述说，有 6 个人在那里，只有一个人（好像是威尔伯福斯主教）认为达尔文的理论很荒唐，从中可以看出“您的观点如何稳步在传播”。1867 年 12 月 5 日，他再次写信给达尔文，汇报说在过去一年，剑桥大学有越来越多的达尔文主义皈依者。[91] 金斯利不仅向达尔文汇报进化论越来越成功，自己还写了一本迷人的书——《水孩子》，礼貌客气地介绍进化论。他写信给莫里斯说，他在一本书中尽力“让孩子和成年人明白万事万物中总蕴藏着奇迹和神明”。[92] 然而，金斯利在 1860 年代早期依然在思考达尔文主义中的自然神学暗示，《水孩子》并没打算对这个问题进行精细的分析。在《水孩子》出版的同一年，金斯利写信给莫里斯说：“我正忙着从赫胥黎、达尔文和赖尔奇特的观点中寻找自然神学，我想在我完成这个任务之前，我应该会找到一些有价值的东西。”在这点上，他认为达尔文已经破坏了“爱管闲事的上帝”这个概念，让人们在“偶然的绝对帝国与鲜活的、内在的且一直忙碌的上帝”之间做选择，赞扬阿萨 · 格雷在重新形成自然神学方面迈出了最好的一步。[93]

金斯利的自然神学与进化论掺杂在一起，直到 1860 年代末才有些成果。他为了有更多的时间投入科研中，在 1869 年辞去了剑桥大学的职位。在接下来的几年里，他写了三部主要作品，宣扬一种改造过的自然神学。1869 年 5 月 19 日，他写信给威廉 · 卡彭特（William B. Carpenter）道，自己“打算从此以后致力于最热爱的自然科学，只要它与我的神职不冲突就行”，而且他在寻求卡彭特等人的帮助，因为他们“终其一生都在从事研究，而我已经中断了多年”。[94] 在那年，他的《“如何”夫人和“为何”女士》开始以系列文章的形式发表在《少年良言》（*Good Words for the Young*）上，最终在 1870 年由贝尔和达蒂（Bell and Daldy）公司出版成书。在 1878 年时印刷了第 3 版，首版发行后的 10 年内共出版了 5 次，在 19 世纪末时又出版了 4 次。尽管这本书是写给儿童的，但它包含了金斯利修订后的自然神学的核心内容，将“如何”和“为何”分离开来。金斯利这本书的结构让人 77
想起约翰斯的《植物学漫步》，它也将自然环境概括成几类，包括峡谷、珊瑚礁、田地和荒野，尽管还包括一些地质景观如地震、火山和冰川。匪夷所思的是，金斯利采用了对话的写作模式，要知道那个时候大多数科普作家已经遗弃了这种写作形式。在书中，成年讲述者通过一系列的假象漫步活动教导小男孩。格雷格·迈尔斯认为，金斯利是在试图复兴一种对话形式的说教，作为抵制那个时期自然主义科学的一种策略。他通过对话可以“将达尔文主义作为一种自然神学传播，避而不谈令人不安的方面”，迈尔斯如此说道。[95]

在第一章“峡谷”中，金斯利开始教导读者如何观察自然中的神圣设计。峡谷看起来枯燥沉闷，但如果你的双眼经过有效的训练，就会发现它“美丽而奇妙——如此美丽、如此奇妙、如此精巧的设计，以至于需要数千年的时间才能造就现在的模样 ”。讲述者之所以知道这个，是因为一位叫“如何夫人”的精灵告诉了他。我们可以看到“如何夫人”的工作，但另一位“为何女士”的精灵“我们却几乎看不到”，要看到“为何女士”必须先和“如何夫人”聊聊。因此，金斯利这本书开始的章节都是谈论“如何夫人”是如何工作的，结果发现这些过程很像地质学家赖尔在其《地质学原理》(*Principles of Geology*，1830—1833）中所强调的动因。赖尔认为地壳的形成在很大程度上是因为一些缓慢的可见动因在持续发挥作用。金斯利在描述“如何夫人”的工作时也以这样的方式突出了同样的地质学原因，在峡谷的案例中“如何夫人”以水为工具，缓慢而耐心地打造了它。这位讲述者后来宣称，“如何夫人”的方式从未改变过的，她的定律也从未被打破。“正如伟大的哲学家查尔斯·赖尔爵士将会告诉你的那样，”这位讲述者称道，“当你读他的书时，‘如何夫人’正在形成或改造此时的地球表面，与她很久以前所采用的方式毫无分别。”讲述者将水的作用比作“如何夫人”的雨锹，接着讨论了她的蒸汽泵（地震）和冰犁（冰川），都是她用来打造地壳的主要工具。[96]

在探讨了“如何夫人”在珊瑚礁和生物多样性中的工作后，直到本书结尾部分才瞥见了“为何女士”。在最后一章“归航”中，金斯
78 利让读者仿佛一直置身于远航途中，他认为，读者至少可以在想象中学习“如何夫人”的定律，只需观察细微事物即可。如果你开始询问关于“针头或鹅卵石”的问题，你会发现一个问题的答案将把你带到另一个问题，“要回答这个问题你就必须回答第三个、第四个问题，无穷无尽地回答下去”，没有任何方式可以停止无限的追问。一旦意识到这点，就可能匆匆一瞥“为何女士”的身影。金斯利宣称：“我们将发现，万物都是按照神圣而奇妙的规则组合在一起，将每件事物与其他所有事物都联系起来；以至于我们如果不理解万物就无法完全认清任何个体：除了创造万物的上帝，谁能做到呢？”只要明白“如何夫人”完全就是自然的一部分，自然的目的就可以显露出来。金斯利是在暗示，科学生产了自然如何运作的知识，而不是它为何存在的知识。[97]

《城镇地质学》（*Town Geology*，1872，Strahan and Company）源自金斯利 1871 年在切斯特发表的一系列演讲，阐述了他根据自然神学所得出的均变论地质学思想。《城镇地质学》在发行当年就印了两

次，在 19 世纪末时至少还重印了一次。他在开篇解释了这本书的目的是向读者介绍“地质学方法”而不是具体知识，“为学生配备一把开启所有地质学领域的钥匙，虽然的确是比较粗略的基本方法，但我相信，这足以帮助他解开在全球任何一个地方可能遇到的大部分地质学问题”。金斯利希望通过地质学培养读者的科学方法和思维习惯，他相信地质学在所有的物理科学中是“最简单和最容易”学习的一门学科，因为它所涉及的大部分内容“仅仅是常识”，很少需要复杂的实验和昂贵的仪器，也不需要有多少其他科学知识的储备，而且几乎没有什么令人费解的专业术语。地质学是“穷人的科学”，金斯利认为学习这门科学具有几个优势：可以让闲暇时间充满乐趣，让初学者紧跟当前重要的知识潮流，获得资格加入“不分等级、信仰和国籍”的同行组织。金斯利在最后这点上作了进一步说明，举了迈克尔·法拉第和休·米勒的例子，他们都出身卑微，但“成为最高贵和博学的研究者的朋友和同事，不仅得到平等对待，还得到师长般的尊重”。 79
金斯利指出，实现人人政治平等的真正途径在于科学思维的培养，他回忆自己年轻时，认为可以通过“社会部署和立法”的改变达到完美的自由和社会改革，但他后来意识到，只有当人们变得理性而博学时，政治变革才奏效。从那以后，他便决心训练自己的科学思维，并致力于“培养每一个我可以影响到的英国人，让他们具备同样的科学思维习惯”。金斯利是在暗示，他早先在基督教社会主义的工作未将科学原则纳入进去，使其无法成为推动真正社会变革的有效力量。[98]

金斯利接着提出了一个问题：“作为一位牧师，我为何对自然科学的传播格外感兴趣？我不是越界去干涉世俗事务了吗？事实上，我不是进入了一个我最好不要涉足的领域，去影响可能会被我影响到的所有人吗？”他承认，在当时的形势下，科学被看作“与宗教敌对”的事物，身为牧师，其职责是“告诫年轻人要反对它，而不是让他们对科学着迷”，但他否认自己为公众做科学讲座或从事科学写作是僭越牧师的本职、闯入世俗的禁区。金斯利认为没有什么是世俗的，尤其是“就上帝创造的万物而言，即使是最微小的昆虫和最微不足道的尘埃颗粒”。既然自然规律的确就是“上帝制定的规则”，对自然的探究就是为了理解“上帝的作品和意志”。论证了自然可以揭示其创造者的思想和品格之后，金斯利宣称自己作为牧师的职责就是要介入所谓的世俗之地。他反问道：“以各种方式向所有人传道——号召人们思考那个像精神世界一样由上帝创造和支撑的自然世界，其存在和运动以及一切的一切都在他的掌控之中，这难道不是最符合牧师职责、最有价值的工作吗？”尤其是作为圣公会牧师，金斯利坚信自己有责任去传授自然科学。他提到了圣公会教堂仪式上的一首赞美诗，名为“三个孩子的歌谣”，唱的是对上帝作品的祝福。“这首赞美诗让我坚定了立场，”金斯利宣称，“只要是在英国教会里唱到的，我就有权大胆地探索自然，决不吝啬，永不停息，并呼吁全体有志
80 之士，也同样勇于探索。”金斯利用这种方式热情洋溢地为自己的权利进行辩护，认为自己作为圣公会牧师可以介入达尔文进化论的讨论中。他随后讨论了水和冰等因素造成的缓慢地质变化，计划采用“查尔斯·赖尔爵士的方法”去证明“伟大的自然之书”是用“事实体现的上帝旨意”。[99]

金斯利的演讲“未来的自然神学”（1871）是他根据进化论对自然神学进行修订的最系统阐述。[100] 金斯利在这场演讲中开篇就扩展了《城镇地质学》中的一个核心主题：圣公会在探索自然神学潜力方

面扮演的角色。他对教会与自然神学之间不断变化的关系进行了历史分析：从17世纪皇家学会成立以来，圣公会牧师致力于发展"与教义或教会神学一致"的自然神学，在这方面比任何其他教派的神职人员都做得更好。在金斯利看来，三位最伟大的自然神学家贝克莱、巴特勒和佩利都是圣公会信徒。遗憾的是，近百年来的正统思想家并没有追随他们的脚步，比如，卫斯理已经将圣公会转向了个人宗教的问题。因此，英国最近两三代人的宗教倾向并不利于发展一种科学的自然神学，导致目前科学与基督教分道扬镳。不过，金斯利认为，在英国教会，依然可能存在一种可行的自然神学，因为英国教会的神学一向"突出理性并遵从《圣经》"。如果教会以"愉快和敬畏之心走进自然，将自然作为高贵、健康而值得信赖之物"，而不是一个堕落的世界，就可以有望形成"兼容《圣经》与科学"的自然神学。正如科学需要相信自然规律的永恒一样，《圣经》也一向被认为"理所当然"，科学和《圣经》共同证实了自然规律的存在，就确保存在某种形式的自然神学，可以维持两者的密切联系。[101]

在向牧师同行们发表了这样的见解后，这篇演讲的下一节内容是面向科学家的，他借鉴了《"如何"夫人和"为何"女士》中提出的"如何"和"为何"问题的区别。对于那些认为科学研究并没有揭 81
示出神圣设计痕迹的人，金斯利重申了自然神学的基本前提，"我们只能重申，我们在任何地方都可以发现设计的痕迹，而且每个时代的绝大多数人"也都看到了这些痕迹。对金斯利来讲，"凡有安排的地方，必有安排者；凡有为达到目的适应方式，必有适应者"，这是不言自明的。他毫不掩饰地断言终极原因的存在，尽管现代科学家"非常紧张，害怕"提到这些终极原因。"你们的职责就是找出事物何以如此的答案，”他宣称，“而我们的职责，则是找出为何如此的答案。”他将自己界定为自然神学家中的一员，他们关心终极原因是合情合理的。金斯利将科学和自然神学划分为两个权威领域的做法，旨在结束科学与宗教的冲突，并确立后达尔文时代自然神学家的具体角色。[102]

在文章的最后，金斯利直接探讨了进化论对自然神学的影响。他否定了进化论与创世理论和终极原因无关的观点。“我们可以接受渊博而敏锐的达尔文先生和赫胥黎教授所写的所有自然科学文章，但同时保留我们的自然神学，与巴特勒和佩利的基本观点毫不冲突，”他如此声明，“我毫不否认，我们应该朝这个方向发展。”新理论与设计者、创世和适应这些核心理念并不冲突。“如果有进化论，”金斯利宣称，“就必然有个进化推动者。”金斯利推荐那些不认同此观点的人阅读达尔文《兰科植物的受精》(*Fertilisation of Orchids*)，这是一本“最有价值的书，可以对自然神学进行补充”。在他看来，进化论只不过是上帝工作时采用的神圣手段，关于“如何”的细节问题可以留给科学家去讨论。自然神学家的任务就是同时考虑自然界中生存斗争的存在，以及爱和自我牺牲的精神。[103]

更晚期的牧师科普作家：霍顿和亨斯洛

霍顿和亨斯洛都在达尔文《物种起源》出版多年后才开始从事科
82 普写作，他们在 19 世纪七八十年代最为活跃，比布鲁尔、韦伯、莫里斯、金斯利和约翰斯等科普作家更晚一些。他们为科学提供宗教解释框架时采用的不同方法，反映了牧师群体内部的张力，同样的张力在更早时就存在，也表明那些处理进化论的策略在 19 世纪晚期依然在使用。霍顿避免讨论进化论，而亨斯洛则直面达尔文主义的影响。威廉·霍顿（1828—1895）多才多艺而且高产，总共写了 9 本博物学主题的普及读物，涵盖了昆虫、鱼类和显微镜等主题。他在牛津大学布雷奇诺斯学院取得了学士学位（1850）和硕士学位（1853），1852 年和 1853 年分别任执事和牧师，1858—1860 年还担任了索利哈尔文法学校的校长。他对博物学很感兴趣，1859 年成为林奈学会会员，1860 年开始在什罗浦郡威灵顿附近旷野沼泽地的普勒斯顿担任教区牧师，直至去世。[104]

霍顿最初的两本书是写给 9 岁以上儿童的。出版商格隆布里奇给《博物学家与孩子们的乡间漫步》（*Country Walks of a Naturalist with His Children*，1869，以下简称《乡间漫步》）定价三先令六便士，霍顿希望这本书可以让“9 岁以上的男孩女孩在父母或老师稍作讲解的情况下就能理解”。这本书按月份分为 10 次散步，并非每个月都有，5 月到 7 月则超过一次。书中有 8 幅彩图和大量黑白版画，其中一些插图取自约翰·古尔德（John Gould）的《大不列颠鸟类》（*Birds of Great Britain*）。为了吸引小读者，霍顿用了亲切的口吻写作，读者就好像书中的孩子之一，不自觉地在跟着博物学家父亲一起在乡间散步。第一次散步在 4 月的某一日，孩子们快乐地“在田间漫步”，碰见了一只燕子。父亲以此展开，讲解不同的燕子和它们的迁徙习性，不时被孩子们的问题打断。他刚讲完时，他们看到附近的河里水花飞溅，于是又开始谈论水田鼠。在第一次漫步中，霍顿先后讲解了鼹鼠、苍鹭、翠鸟和其他在乡村能见到的动物。他对传统的对话模式进行了调整，让叙述变得更为流畅。然而，在其他漫步中，父亲被问到了很多他并不了解的动物知识，只好长篇大段引用其他博物学家的著 83

作。这是在提醒小读者，即使是知识渊博的大人，经验也是有限的，必须靠阅读博物学书籍补充知识。宗教话题只在本书末尾处才被明确提出来。[105] 这本书还算成功，首版发行后前 10 年总共印了 5 版，在世纪末至少出版了 6 次。

霍顿打算将《博物学家与孩子们的海边漫步》（*Sea-Side Walks of a Naturalist with His Children*，1870）作为“《乡间漫步》的姊妹篇，希望它可以启发其中一些小读者前往海边，培养海洋博物学的兴趣”。这本书依然由格隆布里奇出版，售价也是三先令六便士，销量也与《乡间漫步》差不多，在 1880 年时出了第 4 版。与上一本书类似，这本书也有彩色插图 8 幅和大量黑白版画，其中一些也出自从古尔德的《大不列颠鸟类》插图。而且，这本书也包含一系列的散步，总共有 12 次，同样的家庭成员，只不过地点变成了海边。孩子们不断发现有趣的新事物，恳求父亲讲解，例如贝壳、海洋植物、鸟类、鱼类和其他海洋生物。在最后一次散步结束时，宗教主题再次凸显出来。父亲希望孩子们可以继续“用你们的双眼去观察我们身边无数的动植物，不管是在乡间还是海边”。因为他认为，在自然中寻找乐趣可以学到更严肃的东西。本书以一首诗结尾，歌颂大海的美丽和崇高，提醒我们“如果被您淹没 / 我们怎能无动于衷 / 一定是谁创造了您”。这两本书的核心观点，都承认所有漫步中所遇到的自然之美和奇迹，背后都有神圣的存在。[106]

霍顿后来的作品更多面向成年读者，他努力在这些书中寻找策略，好让自己在后达尔文主义时代具有权威性，同时展现了一种关于自然的神学。对霍顿来讲，自然观察是一种虔诚的活动，提供了一种
84 途径，去更了解《圣经》所描述的上帝，而不是为了证明上帝存在或

上帝的智慧、仁慈和全能。霍顿后来的作品很少会明确提到上帝，也避免任何关于进化论的探讨。霍顿将《显微镜及其揭示的一些奇迹》（*The Microscope and Some of the Wonders It Reveals*，1871，以下简称《显微镜》）这本书定位为“初级手册”，强调显微镜下美丽而神奇的世界。这本书由卡斯尔、彼得和盖尔平公司（Cassell，Petter，and Galpin）出版，定价二先令六便士，这本书在第二年就快速发行了第3版。在这本书中，霍顿展示了一些昆虫翅膀上“漂亮缤纷的色彩”和虫卵的“非凡之美”。动物的毛皮由“奇妙的结构”组成，而观察昆虫的腿会让读者“乐在其中”。显微镜为观察者的双眼展示了不可思议的现象。“显微镜下最有趣的奇观之一就是血液循环”，小蝌蚪体内的血液循环是“最令人惊叹的现象”。[107]

《英国昆虫概览》（*Sketches of British Insects*，1875）也是给初学者的手册，售价三先令六便士，由格隆布里奇出版，靠奇特而美丽的现象吸引读者。昆虫的蜕变非同寻常、令人惊叹，但其他动物“甚至还会发生更奇妙的现象”与之媲美，甚至更为奇妙。霍顿写道：“难以想象，还有什么比草蛉更美丽和精致的动物，它有一双金光闪闪的眼睛，绿色的宽大翅膀轻薄如纱，会根据光线的角度反射出不同的粉色。”[108]所有这些奇妙现象的描述语言都会让人联想到自然神学，但霍顿并没有试图阐释自然里的设计证明了上帝的存在。为了从审美情趣上更加吸引读者，他在两本书中都放了大量插图。《显微镜》有全页插图和一些小插图，但都是黑白的；《英国昆虫概览》黑白和彩色插图都有（图2.7）。《英国淡水鱼类》（*British Fresh-Water Fishes*，1879，William Mackenzie）的插图甚至更多，每个物种都有全彩插图，还有一幅鱼类生境的黑白风景画（图2.8）。这本书每节都探讨了特定鱼类

图 2.7　生动彩色扉页插图表明霍顿希望通过审美情趣吸引读者。出自《英国昆虫概览》。

在英国的分布、大小、颜色，是否能食用，如果能食用，味道如何。 85
霍顿认为，文字描述与彩色插图的结合，可以帮助“所有人识别碰到的任何鱼类”。霍顿的书直到19世纪末依然有人感兴趣，《英国淡水鱼类》在1895年发行了第2版，1900年发行了第3版。[109]

在微妙而谨慎的权衡中，霍顿在后来的作品中避免谈及“上帝之 86
说”和任何关于进化论的讨论，他也听从职业科学家的意见，以此增加自己的权威性。《英国淡水鱼类》是献给“最杰出的博物学家和最慷慨的人之一”乔治·巴斯克，而《古代博物学拾遗》（*Gleanings from the Natural History of the Ancients*，1897）则是献给约翰·拉巴克爵士，巴斯克和拉巴克两人都是X俱乐部的特许成员。在《显微镜》中，霍顿不仅长篇引用了亨利·戈斯这类博物学家的作品，也引用了职业科学家如赫胥黎和莱昂内尔·比尔（Lionel Beale）的作品。他

图2.8 梅花鲈（*Acerina cernua*）和鮈杜父鱼（*Cottus gobio*）彩色插图。出自《英国淡水鱼类》。

在《英国淡水鱼类》中还向大英博物馆动物藏品管理员艾伯特·金特（Albert Günther）致谢，因为在书中有一个地方他采用了金特的分类体系。他也向同行博物学家弗兰克·巴克兰致谢，因为后者给他寄了标本。[110] 霍顿急切地想让读者相信《英国昆虫概览》的精确性，他在序言中宣称自己采用的分类体系得到了“在各自领域非常杰出的昆虫学家的认可”，并列举超过 15 位权威人士的名字，他们的作品“一直
87 摆在我面前，并免费供我使用”。在书的主体部分，他采用了早期的博物学传统，引用了古代文学和当代诗歌。[111]

和霍顿一样，乔治·亨斯洛（1835—1925）牧师也需要在微妙而谨慎的权衡中去适当显示出对科学家们的尊崇，同时又要恪守自然的宗教意义（图 2.9）。乔治·亨斯洛是达尔文的老师约翰·亨斯洛之子，他尽力与达尔文保持友好的关系，但他越来越不喜欢达尔文的自然选择理论，不再强调其重要性。亨斯洛与霍顿不同的是，他跟随金斯利的步伐，对进化论毫不回避。亨斯洛也是一位高产的作家，写了六七本植物普及读物，以及差不多数量的为宗教辩护的书，旨在调和科学与宗教的

图 2.9　乔治·亨斯洛在伯里学校，1847—1854 年。出自萨福克郡档案室。

关系。他就读于剑桥基督学院，参加了自然科学荣誉学位考试，也学 88
了神学。1858 年，他获得学士学位，同年授命为苏赛克斯郡的斯泰宁（Steyning）教区的助理牧师；1861 年获得硕士学位，1861—1865 年担任沃里克（Warwick）汉普顿 · 路西（Hampton Lucy）文法学校的校长，之后又在伦敦斯托街（Store Street）文法学校担任校长，在那里一直待到 1872 年。亨斯洛身兼校长和牧师的职位，他在 1868 年开始担任圣约翰 · 伍德礼拜堂（St. Johns Wood Chapel）助理牧师，1870 年又成为马里波恩区（Marylebone）圣詹姆斯教堂（St. James）助理牧师。此外，他还涉足科学，分别在 1867 年和 1874 年担任剑桥自然科学荣誉学位考试的考官和师范学院的植物学考官。从 1866 年开始，他在圣巴塞罗缪医学院（St. Bartholomew' s Medical School）讲授植物学，在 1870 年代为维多利亚大众读者写书，1880 年代决定投入更多时间到科学工作中，担任了三个新职务。1880 年，他被任命为皇家园艺学会的植物学教授，并一直在这个职位干到 1915 年退休。身为教授，他为园丁学徒授课，并在花展上发表公共的植物学演讲。他还在伦敦伯克贝克机械学院（Birkbeck College）和皇后女子学院这两所高等学院担任植物学讲师，在担任这三个职务后不久，他就卸任了所有的神学职务。[112]

亨斯洛认为自己是在跟随父亲的脚步，尤其是他的教育活动。他在《给孩子们写的植物学》(*Botany for Children*，1880，E. Stanford）序言中宣称，他的父亲是第一个使植物学“能以非常简单的方式教给孩子们，而且十分讲求科学性”的作者，他呼吁乡村牧师“以其为榜样”。《给孩子们写的植物学》第一章讲的是植物器官，接下来几章是主要的纲、亚纲和科，探讨的主要是常见的英国植物。他强调观察的重要性，认为仅仅是阅读关于植物的书籍是不够的。在每一章他都指导读者根据讲解去寻找植物，然后在他的指导下去练习解剖。每章都包括植物叶、花、果的描述，开花时间和生长地点，花朵排列方式以及人类如何利用它们。在书的末尾，他简短地介绍了植物多样化和
89 分类的原理。这本书售价 4 先令，在 1881 年时发行了第 3 版，还算成功。《给孩子们写的植物学》作为描述性的初级读物，没有讨论进化论，也没涉及宗教主题。从这个意义上说，这本书与其父约翰·亨斯洛的态度是一致的，他在 1861 年去世时，对昔日学生引发的激烈争论避而不谈。尽管老亨斯洛为达尔文辩护过一次，但他对《物种起源》还是保持警惕。然而，小亨斯洛在他的其他作品中探讨了进化论和自然神学的关系，为了调和进化论与基督教的关系，他成为弱化自然选择理论的人之一。[113]

1865 年，在父亲去世后，小亨斯洛在姐夫、植物学家约瑟夫·胡克的建议下，开始与达尔文通信。达尔文一度成为亨斯洛的导师，正如父亲曾是达尔文的老师一样。亨斯洛问达尔文，是否可以向他咨询下“一两件植物学上的小事”，包括紫花苜蓿（*Medicago sativa*）雄蕊的感震性。[114] 在 12 月，他写信给达尔文，感谢他的回复，并告知对方，《大众科学评论》委托自己为达尔文攀缘植物那篇论文写一个概要。[115] 1866 年，达尔文应亨斯洛的恳求借了一本关于杂交的书给他，因为亨斯洛准备为《大众科学评论》写一篇这方面的文章。同年 6 月 12 日，达尔文阅读了这篇文章的样稿，并做了一些评论。尽管达尔文很乐意帮忙，但不希望亨斯洛让人知道自己看过样稿，他不确定自己是否认同亨斯洛的所有结论。6 月 13 日或 14 日的时候，亨斯洛对达尔文的“宝贵评论”表示感谢，过了几天告诉对方，已经根据他

的评论修改了文章。[116] 1868 年 3 月 20 日，亨斯洛写了一封短信，讨论自然神学和进化论的关系，恳请他对自己为《教育报》（*Educational Journal*）写的那篇“自然神学”文章提出“坦率的批评”。他在考虑扩展这篇文章，但想先看看达尔文的评论。亨斯洛强调自己是相信进化论的，但也希望证明“自然神学在解释进化论假说时即使没有比创世学说更有效，也是管用的”。8 天后，他对达尔文的坦率评论表示感谢，因为这些评论让他明白“我不仅表达含混不清，论证也很失败”。[117] 90

亨斯洛对达尔文的自然选择理论是有疑虑的，从他的科学写作和神学作品都能看出来。在《生物的进化理论》（*The Theory of Evolution of Living Things*，1873，Cambridge）中，亨斯洛努力想展示一种修正过的自然神学，可以与进化论兼容。在第一部分，亨斯洛展示了进化论的证据，宣称该理论“还没有被完全接受，尽管毫无疑问它应该被接受”，很多神学家依然固执地支持“创世学说”，对此他深表遗憾。进化论遭受抵制的原因有两个：第一，神学家对创世的方式持有错误的观念，这种错误来自《创世纪》的误导；第二，他们缺乏科学训练，所以不能领会“科学家的论证”。亨斯洛接着大胆批评了那些顽固抵制进化论真理的牧师同行，他们使得自然神学的恢复徒劳无功。“因此，为了不让人觉得在进化过程中上帝智慧和仁慈的证据不是建立在错误的前提之上，”他认为，“最好的办法是，指出当前的神学立场站不住脚，并展示进化论所依据的理由。”[118]

尽管亨斯洛抨击基督教神学家，他依然坚持自己是一位忠实的信仰者。他假定“上帝是创世主，相信他会选择将进化作为手段，实现生命持续不断的存在，直到人类出现在生命的舞台”，他认为进化论实际上强化了设计论。佩利本人也曾暗指机械论可以作为创造者智慧的证据，并补充说，如果手表能够生产像自己一样的后代，无疑会强化对伟大智慧的认知。如果钟表匠能够在手表上展示“后代会发生细微变化的规律，随着连续几代的积累，最终将可以生产所有类型的手表，也可以生产世界上任一类型的钟表。这就和进化过程中动植物有机体的繁衍类似”，那将更能凸显创造者的智慧。在某种结构中设
91 计直指一种神圣的智慧，“不管这种结构经历了怎样的过程才得以产生”。亨斯洛明确表示，他是在为进化论辩护，而不是达尔文的自然选择理论。达尔文在《物种起源》中指出了地质学证据的不完整性，难以解释过渡物种的缺失，而亨斯洛却认为地质学证据已经有足够的过渡形态和生命形式存在，可以支持进化论学说。[119]

在第二部分，亨斯洛的关注重点是人类的进化，他对达尔文的不认同也越来越明显。他站在华莱士一边，否认人类完全按照其他生物进化的过程而发生进化。人与动物的差异让他相信“人类不可能单纯按照自然规律发生进化，至少不是我们熟悉的动植物进化方式”。然而，亨斯洛承认进化论，因为这个理论承认罪恶也是自然界必不可少的一部分，需要重新调整自然神学。他批判佩利和其他自然神学家，因为他们的观点通常建立在人类与神圣设计相类比的基础之上，暗示着创造物只为人类的利益而存在。对一种生物有力的设计可能会彻底毁坏另一种生物，就像在毛毛虫体内产卵的姬蜂一样。亨斯洛相信世界是“不理想的”，或者只能说相对完美。如果一切都完全满足人类的需求和欲望，世界就不会进步。事物的“不理想”状态是进化的结果，而且将会持续到世界末日。上帝将生存斗争作为自然法则，是让人类为上天堂做准备。与之前的自然神学不同，亨斯洛宣称他的新神学强调“承认世界上自然罪恶的存在，这是创世计划的一部分，而

且是非常重要的一部分，因为在创世计划里，人类正接受考验”。[120]

亨斯洛与达尔文主义分道扬镳后，他在为大众读者写的科学读物中自由地讨论植物学的宗教意义。他的《圣经植物》（*Plants of the Bible*，1896）是为圣书公会写的，售价 1 先令，属于将当代科学知识与《圣经》联系起来的一类博物学写作，约翰斯的《神圣植物志》也属于这一类。亨斯洛这本书按照纺织材料、本草、芳香树胶、松香脂 92
和香料、水果和木材、沙漠树木和植物等类型分成不同的章节。亨斯洛借助博物学家和圣经学者的研究，确定了《圣经》提到的 120 种植物，并列举了它们在古代的用途、如何来到巴勒斯坦、在哪里种植，以及如何成为一种宗教象征符号。在谷物部分，亨斯洛甚至将宗教寓意与科学理论进行了类比。“我们的主（在《圣经》中）描述了各种适宜谷物生长的环境，这些谷物落入播种者手中，”亨斯洛写道，“它们于是努力发芽和长大，是所谓的‘自然选择”最好的说明。”《圣经植物》旨在唤起信仰宗教的读者对植物学的兴趣，并吸引热爱科学的读者去钻研《圣经》。[121]

亨斯洛的另一本书《如何观察野花》（*How to Study Wild Flowers*，1896）准备作为教材使用，相比《给孩子们写的植物学》，讨论了植物学中更多的宗教主题。这本书由圣书公会出版，售价二先令六便士，在 1908 年时发行了 6 版。亨斯洛在序言中宣称，这本书的目标是“让初学者熟悉我们最常见的大部分野生植物”，但他也希望这本书能引导年轻学生进一步探索植物世界的奥秘，“当他努力去追溯原因和发现事物的起源时，他便会发现在某处必定有一个伟大的思想以某种方式指挥着自然中的各种力量，与人类的能力进行类比就可以做出此判断”。亨斯洛然后直接引用了佩利《自然神学》中的手表比喻，

“因此，佩利著名的手表论所表述的真理还远不能推翻，今天的科学知识其实极大地扩展了这一论断”。如果手表的机制已表明存在一位睿智的制造者，要是发现它具有“出错时的自我修复能力，就好像所有动物一样，是不是进一步证明这位制造者有着远比人类更强大的力量和技能”？亨斯洛在序言中提供了本书的自然神学框架后，便不再讨论宗教话题，虽然他强调了适应的力量以及《圣经》中这些植物的典故。在导论部分，他概括了开花植物的器官、单子叶和双子叶植物
93 的划分以及分类方法等内容。在其余部分，他系统讨论了常见的英国野花及其用途和分布，这本书还包括 12 张折页彩色插图。[122]

亨斯洛所著的《植物结构的起源》（*The Origin of Floral Structure*，1888，Kegan Paul）是著名的“国际科学丛书”中的一本，更详细地批判了达尔文主义。[123] 他在序言中断言：“我们必须注意到，主要是环境因素导致了植物做出多样化的响应，从而使适应性的形态结构（包括解剖学结构）得以存在，这种观念似乎正在复苏。”亨斯洛接着回顾了自己的观点转变过程：“我在很早的时候就对佩利的《自然神学》和（钱伯斯的）《创世自然史的遗迹》充满了极大的兴趣。达尔文先生的书出版时，我很难接受自然选择学说作为任何物种的真正‘起源’，首先是因为自然似乎不可能一起选择了这么多器官的细微组织结构去满足适应性；其次，在佩利看来，所有这些奇妙而‘有目的’的结构只能是‘设计出来的’，如此一来，最终结果不过是当初显然‘并无目的’、数量随机的偶然变化所造成的。”自《物种起源》出版以来，亨斯洛像华莱士、斯宾塞甚至达尔文那样，开始更加强调环境的影响，并没有完全拒绝自然选择学说。对他来而言，真正的达尔文主义者采用的是拉马克（Jean-Baptiste Lamarck）的理论去解

释结构的改变，而自然选择可以用来解释灭绝现象。亨斯洛警告说，自然选择理论常常被用来“掩盖我们对（进化）具体表现的无知，也就是说，我们并不清楚导致变化的真正原因”。他希望在《植物结构的起源》中“将植物每部分的结构都与一个或多个具体的原因联系起来，这些原因在最广泛意义上都是环境所产生的”，例如他强调昆虫在花部结构变化的原因所在。亨斯洛与达尔文的分歧在《植物自适应环境结构的起源》（*The Origin of Plants Structures by Self-Adaption to the Environment*，1895，Kegan Paul）一书中更为明显。这本书被纳入 94
“国际科学丛书”，售价 5 先令，他在本书中进一步显示出自己进化论中的拉马克主义倾向。[124] 他宣称，生物体结构改变的唯一原因在于环境的直接影响和原生质的响应能力。亨斯洛后来对唯灵论产生了兴趣，这让他更加远离进化论自然主义。[125]

这一时期为大众读者写作的圣公会牧师并不愿意将科学的主导权让给科学自然主义者，圣公会信众和非正统教派的科普作家也站在他们一边，试图让宗教在科学中占有一席之地。这类科普作家的目标是要挫败科学自然主义者将自然世俗化的计划，他们填补了 19 世纪上半叶自然神学家与其他几个群体之间的缺失环节，这几个群体包括彼特·鲍勒（Peter Bowler）的理性保守主义科学家团体、自由主义宗教思想家，以及 20 世纪初期试图调和科学与宗教关系的科普作家。鲍勒认为“一种新的、非唯物主义科学家已经出现，可以作为适合现代的自然神学的基础”，这种科学的基础在于将进化作为一种道德力量，由上帝代言人的思想所操控。[126] 布鲁尔和他的圣公会牧师同事们不仅保持了宗教主题在后达尔文时代维多利亚公众中的活力，还创造性地以新的方向和方式扩展了这些主题。

第三章　重新定义亲子写作传统

95 在19世纪50年代，《英国女性家庭杂志》（*Englishwoman's Domestic Magazine*）一位匿名撰稿人骄傲地宣称，由于最近几年新印刷技术的引入，文学女性取得了"巨大的进步"。蒸汽印刷机"和印刷术本身的发明一样，对文字产生了几近革命性的影响"，随之而来的还有嗷嗷待哺的"活怪兽"，需要供给大量"新鲜健康的食物"。为了满足这种需求，"许多新的鹅毛笔蘸上了墨水，其中不乏女性的纤纤玉手拿起这些笔"。这篇文章的作者断言，出版商现在乐于考虑女作家的文学作品，就像对待男作家一样。为了证明这一点，这名作者对当时主要的一些女作家展开了讨论，包括媒体人士、译者、小说家、历史学家、旅行者和科学作家等，其中博物学作家包括简·马塞特、简·劳登（Jane Loudon）和罗西娜·左林（Rosina Zornlin）等人。玛丽·萨默维尔则被单列出来，被誉为"最杰出的天才"，她写的"书鲜有人能写出来，任何人都不必（因为写不出来她那样的作品）而感到惭愧"。毫无疑问，在这位作家看来，文学女性近年来的作品"不过是丰收时节的最初果实，粗耕文学这块土地已经有了如此成果，如若精心耕耘、灌溉和养护，我们还有什么不可期待的呢"？[1]

事实证明，女性的文学果实"大丰收"这个预言确实不无道理。

女性不仅是出色的小说家，19 世纪后半叶甚至成为女性科普写作的 96
黄金时代。[2] 她们的科学写作尽管以博物学为主，但其实涉及了自然科学的方方面面。莉迪娅·贝克尔（Lydia Becker，1827—1890）、费布·兰克斯特（Phebe Lankester）、安妮·普拉特、伊丽莎白·特文宁（Elizabeth Twining）和简·劳登写的都是植物学，阿拉贝拉·巴克利和艾丽斯·博丁顿主要是探讨进化论和生物学，玛格丽特·加蒂对海洋生物学更感兴趣。其他的女性，如玛丽·罗伯茨（Mary Roberts）、安妮·赖特、鲍迪奇·李（Sarah Bowdich Lee）、安妮·凯里（Annie Carey）、伊丽莎·布莱特温、伊丽莎白和玛丽·科比（Elizabeth and Mary Kirby），则广泛涉足博物学的各方面，从地质学到贝壳学、鸟类学再到昆虫学等。有较少的几位女性探讨了自然哲学，阿格尼丝·克拉克和阿格尼丝·吉本则关注天文学。还有些女性思维敏捷，学识渊博，足以跨越物理学和生命科学两个领域。玛丽·沃德写了一本天文学的书，又写了一本如何使用显微镜观察生物的书；罗西娜·左林则涉足电学、地质学、地理学、天文学和水文学等多个领域；玛丽·萨默维尔从天文学入行，但其后来的作品涵盖了其他物理科学以及生命科学。尽管在19世纪下半叶女性并不会抛头露面做讲座，[3]但从事科学写作的女作家非常之多，其中有几位被布鲁尔、金斯利和其他圣公会牧师作家在其作品中被列为具有影响力的作者。

我有充足的理由认为，有必要单独讨论该时期的女性科普作家，至少在现阶段是这样。上一章谈到了男性普及者利用自己作为神职人员的权威从事科学写作，女性却没有这样的想法，她们作为科普作家
自然会具备一些不同的历史特征。19 世纪早期的亲子写作传统赋予了 97
女性作家为女性和儿童读者写作的权威，到了 19 世纪中叶，女性科

普作家不得不重新思考和调整这种写作方式，以适应新的读者对象。到了19世纪下半叶，女作家们不再塑造母亲这个叙述者的角色，因为她们可以利用其他一些策略。此外，与男性同行不同的是，她们必须以玛丽·萨默维尔这样最杰出的女性为标杆，[4]还得遭遇男性同行制造的人为障碍，这些障碍直接源自她们身为女性的社会境遇。在本章中，我将探讨女性科学写作的一般模式，塑造其写作模式的是社会历史背景而非她们的生理特征。当然，并非每一位女性科普作家都完全遵从这种模式。我将讨论她们如何界定读者，如何尝试不同的写作风格去迎合读者口味，以及她们对自然的美学、道德和神学意义的强调。最后，我也会考虑自然科学主义者如何看待进化论对维多利亚社会中基督教和女性角色的影响，女性又会做出怎样的回应。尽管她们在公开场合服从著名科学家的权威，但她们的想法更接近圣公会牧师作家。

女性的科学写作：19世纪的传统

1864年，阿拉贝拉·巴克利开始担任查尔斯·赖尔的秘书，帮他处理大量的信件。这个职位让她得以身居伦敦的科学中心，有机会接触当时最杰出的科学家，并得以与出版界建立联系，因为她也需要协助赖尔处理各种出版事宜。1875年，赖尔去世，巴克利发现自己失业了，便决定尝试出版自己的作品。她联系了赖尔的出版商约翰·默里，想看看对方能否提供一些工作机会。1875年3月19日，她写信给对方："希望您能原谅我冒昧来信，您应该听说我曾为赖尔先生处理文字工作，我已经失去了这份工作，如果能有类似的工作机会，将不胜荣幸。"[5]默里后来问她是否有兴趣编辑玛丽·萨默维尔的《论物理科学之间的联系》第 10 版，这本书首版发行于 1834 年。

1875 年 11 月 8 日，巴克利写信给默里，告知她“已经仔细通读 98
了萨默维尔夫人出色的作品”，怀疑自己是否有能力对其进行润色修改。“若真有必要像萨默维尔夫人在世时那样打磨作品，”巴克利宣称，“并将其打造成一部哲学作品，在各方面紧跟现代理论的水平，我还没有掌握足够的必需知识或科学经验去做这件事，恐怕只会降低这部作品的价值。”然而，巴克利答应担任这本书的责任编辑，但对自己的角色提出了更多的条件。如果这部作品能“基本保持萨默维尔夫人留下来的样子，我的工作似乎应该包括将它与现代作品进行比较、更正明显的错误、删减陈旧过时的内容，这样就可以留出空间，添加权威人士提供的新知识。如果您为我提供足够的时间，按这样的方式彻底地整理一遍，我相信会有价值的”。[6] 默里接受了巴克利的条件，她在 1876 年 12 月完成了《论物理科学之间的联系》这本书的编辑工作，虽然她承认“这部作品如此复杂”[7]，但她编辑的版本最终在 1877 年就出版了。

萨默维尔精通专业知识，写作主题广泛，令 19 世纪下半叶的女性科普作家难以望其项背，无法效仿，她的作品涉足天文学、声学、折射、光、热、电和磁等领域。活跃在 19 世纪中叶的所有女性科普作家中，可能要数左林最接近萨默维尔这种综合性的写作风格。但左林所涉足的领域还是要少得多，她只是概括性介绍了当前的科学领域，如地质学、水文学或自然地理学。随着 19 世纪下半叶科学日渐专业化，要想全面掌握物理科学各领域里所需的专业知识变得越来越困难。这个时期的女性科普作家虽然非常敬佩萨默维尔，但却没法效仿。

萨默维尔是难以模仿的榜样，18 世纪晚期和 19 世纪早期的女作家也不再被模仿，她们曾创造了一种亲子科学写作传统，专门面向女性和儿童读者。在这种亲子教育传统下，19 世纪后半叶的女性科普作家可以在一定程度上获得科学、道德和宗教教育的权威。然而，到了 19 世纪中叶，“亲切的写作模式”用得越来越少，威廉·佩利自然神
99 学受到的质疑越来越多。[8] 亲子模式下的科普作家们一直以来将目标读者限制为女性和儿童，对那些希望拓展新读者对象的作家来说，这种限制自然不合适。而且，到了 19 世纪中叶，女作家还继续采用这种写作模式就显得过时了。加蒂曾在一封信里写道：“我完全拒斥马塞特夫人的作品，我觉得自己很厌恶马塞特夫人。”[9] 到了 19 世纪中叶，通信革命和大众读者的增长提供了新的写作机会，不管是萨默维尔还是亲子写作模式都不再适应女性的科学写作。

19 世纪下半叶，男性科学家的态度为女性科普作家造成了另一个挑战，因为他们一心想将自己的领域职业化。在他们看来，女性更加没有资格完全参与到科学中，连当科普作家也不行。因为她们不仅容易被基督教迷惑，也不具备真正从事科学研究所需的智力，在本质上她们就是宗教的、情感的、主观的，即使最自由的科学思想里也弥漫着这种本质主义观念。达尔文的《人类的由来》(*The Descent of Man*, 1871）从进化论角度为所谓的“女性智力低下”提供了佐证，[10] 赫胥黎在给地质学家查尔斯·赖尔写信时宣称：“六分之五的女性将止步于进化进程中的玩偶阶段，成为基督教会的主力军。” [11] 赫胥黎赋予自己的特殊使命是将女性从倡导职业化的科学组织和机构的重要职位中排挤出去，其中一个策略是合并人种学协会和人类学协会，以便将人类学也置于达尔文主义的控制之下，具体的办法包括将人种学协会改组

为“绅士学会”。他不准女性参加讨论严肃科学问题的学会“例会”，以此提升学会的专业性，消除了两个学会合并的主要障碍。

其他男科学家，如 1829—1860 年担任伦敦大学植物学教授的约翰·林德利，重新界定了自己领域（植物学）的核心思想，以此排斥 100
女性。在 19 世纪中叶前，女性在植物学领域比其他任何科学都得到了更多的文化认可，参与度也最高。[12] 植物学与女性之间产生了广泛的联系，被贴上了女性气质的“性别标签”。林德利拒斥林奈植物学，支持功利主义的植物学，否定了以前与女性联系在一起的文雅植物学。他试图设想一类新的植物学家，也就是新的科学家身份，以此创造一种男性化的“专家文化”。[13] 直到 19 世纪末，女性都不能上大学，也不能加入众多的科学协会，而且随着日渐强化的职业化趋势，知识界重新界定的科学对女性充满敌意，加上达尔文塑造了进化过程中女性在智力上的劣势，这些原因导致英国女性试图参与科学时遭遇了种种障碍。

然而，在 19 世纪下半叶，有大量女性并没有因为这些障碍而退缩，她们以绘图员、演讲者、默默无闻的助手、夫妻合作者、探险者和动物保护主义者等身份参与到科学事业中。[14] 但她们最重要的角色是科普作家，可能是因为科普写作对女性来说是相对容易的参与科学的方式。她们巧妙地利用了以往女性科学写作模式中的一些元素，创造了更强大的写作新传统。从萨默维尔开始，她们的目标读者已经延伸到成年男性，当然也没排除女性和儿童。在 19 世纪晚期，她们发掘了概括性综述的潜力，在绕开科学职业化和男性化造成的障碍时，保留了前辈们在亲子写作模式中的宗教和道德指引者角色。通过宗教或道德教育，女性科普作家或其他任何文学类型的女作家都找到了合适的理由走出家庭的私人空间，进入文学的公共领域，展示自我。[15]

以科学写作为职业

女性的生活被限制在家庭，对于心怀抱负、渴望谋生的中产阶级
女性来说，写作是 19 世纪中叶时为数不多受到尊敬的出路之一。不
101 断扩大的出版市场为她们创造了新的机会，1830—1880 年，女性在
文学中影响最大的是散文小说，其次是诗歌，非虚构散文也有一些
影响。[16] 女性之所以选择成为科普作家通常是因为家境、疾病、失去
至亲等，有时不止一种原因，受经济所迫也是常见的因素，还有一
些女性从事科学写作至少部分是出于宗教的使命感。费布·兰克斯特
（1825—1900）最初涉足科学写作是作为爱德华·兰克斯特（Edward
Lankester）的妻子和助手，两人于 1845 年成婚。爱德华·兰克斯特
在伦敦大学学习科学和医药专业，并成为活跃的医疗改革者和科学
作家，费布协助他做研究以及向两个杂志投稿：《便士百科》（*Penny
Cyclopaedia*，1846—1847）和《英国百科》（*English Cyclopaedia*，
1854—1855）的博物学专栏。1859 年，最小的孩子出生后，她开始
将科学写作作为自己独立的事业，署名“兰克斯特夫人”。费布·兰
102 克斯特抓住英国蕨类狂热的时机，写了一本《英国蕨类简易手册》（*A
Plain and Easy Account of the British Ferns*，1860，Hardwicke），这本
书在很大程度上是改写了爱德华·博赞基特（Edward Bosanquet）早
期的植物学手册《英国蕨类》（*British Ferns*），该手册直到 1890 年代
还在出版。第二年她又写了《值得关注的野花》（*Wild Flowers Worth
Notice*，1861，Hardwicke），并在 1861—1862 年向《大众科学评

论》投了3篇稿件。在1860年代，费布·兰克斯特开始给博斯韦尔·西梅（J. T. Boswell Syme）的《英国植物学》（*English Botany*, 1863—1866）写普及知识的内容，她最终在9年的时间里总共为这本书写了400个词条。这就是她在伦敦科普写作事业的开始，从1860年代一直持续到1880年代。在她49岁守寡时，迫于糟糕的经济状况，写作更加成为必要的经济来源。[17]

和兰克斯特一样，萨拉·鲍迪奇·李（1791— 1859）最初涉足科学写作也是因为丈夫托马斯·鲍迪奇（Thomas Edward Bowdich），一位供职于英国非洲公司的作家。托马斯·鲍迪奇将目光放在了探险上，他为了跟乔治·居维叶和洪堡学习博物学，甚至在1819年举家搬到了巴黎。为了凑钱实现探险计划，夫妻俩翻译法语博物学书籍，包括居维叶的一些作品。然而，他们的探险却成了一场灾难，1823年他们抵达冈比亚不久，托马斯就去世了，留下没有抚恤金的萨拉和3个幼儿。返航后，萨拉就着手整理丈夫的马德拉群岛和冈比亚旅途记录，其中包括一些她自己画的插图。1826年，她与罗伯特·李（Robert Lee）秘密结婚，但她依然把旅行故事投稿给大众杂志，因为她需要一些额外的收入。1828—1838年，她出品了奢华的绘本《大不列颠淡水鱼类》（*The Fresh-Water Fishes of Great Britain*），分成12次发行，订阅者包括赫歇尔、汉弗莱·戴维爵士和罗德里克·默奇森。当她发现从母亲那里继承的遗产比期望中少时，她转向了新的写作形式，包括给儿童写的小故事和博物学、给青少年写的小说和博物学的奇闻逸事等。在19世纪四五十年代，她写了6本博物学图书，其中《鸟类、爬行动物和鱼类习性和本能趣闻》（*Anecdotes of the Habits and Instincts of Birds, Reptiles, and Fishes*，1853，Grant and Griffith）是最受欢迎的一本，1861 年发行了第 2 版，1891 年发行了第 3 版也是最后一版。[18] 朗文出版的《博物学初阶》(*Elements of Natural History*,
103 1844）在 1849 年卖完了首版的 1000 册，1855 年卖完了第 2 版的 1000 册，朗文也因此加印了 500 册。[19]

与兰克斯特和鲍迪奇·李一样，玛丽·沃德（1827—1869）也极大地受到了家庭的影响（图 3.1）。与本章中其他女性的中产阶级背景
104 不同，沃德出生于一个贵族家庭。她的大表哥是天文学家、第三任罗斯伯爵威廉·帕森斯（Third Earl of Rosse，William Parsons），他修建了反射望远镜“比尔的利维坦”（Leviathan of Birr），一直到 1919 年都是世界上最大的反射望远镜。沃德住的地方离比尔城堡只有 15 英里，她从 13 岁便开始记录这座望远镜的修建过程，持续了 5 年，一直到 1845 年 2 月完工，她也成为最早的天文观察者。沃德的科学兴趣也得益于其他家庭成员，父亲亨利·金（Henry King）牧师是富有的地主，母亲哈丽雅特·劳埃德（Harriette Lloyd，与威廉·帕森斯的母亲是姐妹）鼓励孩子们学习博物学。1854 年，她与亨利·沃德（Henry Ward）结婚后，开始写了一系列作品，面向广泛的读者群，同时她在 15 年的时间里忍受了 11 次怀孕的煎熬。除了《显微镜下的奇观》(*A World of Wonders Revealed by the Microscope*,1858, Groombridge)、《望远镜讲义》(*Telescope Teachings*, 1859, Groombridge）和《好玩的昆虫学》(*Entomology in Sport*, with Lady Jane Mahon, 1859, Paul Jerrard and Son)，她也向《知识分子观察者》投稿，写了关于彗星、望远镜和蟾蜍等主题的文章。1864 年，格隆布里奇出版了《显微镜下的奇观》的扩展版，更名为《显微镜讲义》(*Microscope Teachings*)，后又更名为《显微镜》(*The Microscope*),

图3.1　玛丽·沃德坐在一架立体镜旁边。出自 David H. Davison, *Impressions of an Irish Countess: The Photographs of Mary, Countess of Rosse, 1813-1885* [Birr, Ireland: Birr Scientific Heritage Foundation, 1989] , 21。

这也是 10 年里发行的第 3 版，这本书在 1880 年时发行了第 5 版。《望远镜讲义》再版时也更名为《望远镜》（*The Telescope*），在 1876 年发行了第 4 版。沃德一生都生活在爱尔兰，在家里写作，但好景不长，1869 年她坐着蒸汽车前往比尔城堡时不幸发生意外，从座位上被抛出车外，大好的科普作家事业也因此戛然而止。[20]

还有些女性不是为了支持家庭，她们从事科学写作的主要原因是疾病，安妮·普拉特（1806—1893）接触科学就是因为从小身体太柔弱（图 3.2）。普拉特出生在肯特郡一个批发商家庭，从小身体欠佳，膝盖也不好，行动不便。因为根本不可能积极参加户外活动，她便如饥似渴地读书。家里的一位朋友教她学植物学，她对这门学科充满热情，姐姐帮她采集植物。30 岁出头时，普拉特私下将自己写的第一本书寄给了查尔斯·奈特，后者将其出版，书名为《田野、花园和树林》（*The Field, the Garden, and the Woodland*，1838）。1847 年，这本书发行了第 3 版，也是最后一版。在普拉特的写作生涯中，她写了十几本书，主要是关于植物学的，基本上由福音派圣书公会和基督教知识促进会出版。她在 40 岁前生活在肯特郡的查塔姆和罗切斯特，又在布里克斯顿居住了几年，1849 年，她搬到多佛尔，在那里写
105 了《大不列颠开花植物和蕨类》（*Flowering Plants and Ferns of Great Britain*，1855，SPCK）。这本书最初总共有 5 卷，一直到 20 世纪初都深受田野植物学家重视。写作一直是她主要的收入来源，直到 1866 年 60 岁时，她与约翰·皮尔斯（John Pearless）结婚后，她才不再写书了。[21]

106 对于安妮·赖特（卒于 1861 年）来说，疾病是她从事写作的主要原因。她在晚年时才开始写作，写了几本关于地质学、鸟类学和

图 3.2　安妮·普拉特。出自伦敦林奈学会图书馆。

动物学的书（图 3.3）。1816 年，她与诺福克郡巴克斯顿的约翰·赖特（John Wright）结婚。她有着虔诚的宗教信仰，参与了慈善事业，还写了一本关于《圣经》的书——《逾越节：旧约祭祀》（*Passover Feasts, or Old Testament Sacrifices*，1849）。但她经常饱受病痛折磨，难得有一次病愈后好一阵没生病，她才在这期间开始学习博物学。在病痛缠身的日子里，她以书信的形式写了大量关于低等生命的科普文章，这些文章面向的是儿童读者。朋友催促她将这些文章发表出来，

图 3.3　安妮·赖特夫人。出自 E. H., *A Brief Memorial of Mrs. Wright, Late of Buxton, Norfolk*, London: Jarrold and Sons, 1861。

最终她在1850年将其分成三部分匿名出版，书名为《观察的眼睛》 107
（*The Observing Eye*，Jarrold）。到1859年时，这本书共发行了5版，总印量达1.76万册，到19世纪末，这本书总印量高达2.01万册。[22]接着，她又写了《人类的地球：地质学手册》（*The Globe Prepared for Man; A Guide to Geology*，1853，W. J. Adams）。1853年，赖特的丈夫参加了一所改造少年犯学校的创建，她便在这所学校教书，她将鸟类的课堂讲义汇集成一本册子《鸟儿是什么？》（*What Is a Bird?* 1857，Jarrold）。出版商贾罗尔德劝她给较低阶层的青少年写一本地质学讲义，她便从1859年开始写《我们的世界：岩石和化石》（*Our World: Its Rocks and Fossils*），分若干部分按月发行。第1版在前三周里就卖了1500册，到1868年总共印了8000册。[23]

和赖特一样，玛格丽特·加蒂也是因为生病，有大把空闲的时间，便开始从事科普写作（图3.4）。1839年，她和约克郡牧师阿尔弗雷德结婚后，生了10个小孩。1848年，她生完第7个小孩后恢复得很慢，还饱受支气管炎折磨，便搬到黑斯廷斯海边休养。加蒂在无聊时采纳了当地医生的建议，开始采集海草、阅读威

图3.4 《伦敦新闻画报》（1873年10月18日）讣告上的加蒂夫人画像，讣告将她描述为“最杰出的作家之一，为年轻读者创作有益于身心健康的作品”。

廉·哈维的《英国藻类学》(*Phycologia Britannica*)来打发时间。结果，海洋生物学成为她毕生的爱好，也让她与哈维成为朋友，后者在 1857 年成为都柏林三一学院的植物学教授，加蒂也因此写了大量广受欢迎的藻类学和动物学主题的作品。[24] 她写的入门书《英国海草》(*British Sea-Weeds*，1863，Bell and Daldy）为她树立了知识渊博的采集者形象，而她的《自然的寓言》(*Parables from Nature*，1855—1871，Bell and Daldy）系列，讲述了大量充满教育意义和科学知识的小故事，成为国际畅销书，让她的名字在英国家喻户晓。1858 年第一系列发行了第 6 版，1882 年达到了 18 版，而且不同的出版商多次重印了此书，并一直持续到 1950 年。《自然的寓言》综合了科学、道德、宗教等内容，被当成非常适合维多利亚家庭礼拜日阅读的书目。[25] 尽管加蒂住在埃克尔斯菲尔德（Ecclesfield）偏远的教区牧师住所，远离谢菲尔德，她依然成为相当成功的科普作家。

108 罗西娜·左林（1795—1859）在一生中大部分时间也疾病缠身，她从写作中寻找慰藉。左林在 19 世纪 30 年代到 50 年代这 20 余年的写作生涯里，写了至少 9 本科学图书，深受维多利亚早期读者欢迎。左林在家中排行老二，父亲约翰·左林（John Jacob Zornlin）是伦敦一位成功的投资经纪人，母亲伊丽莎白·奥萨格（Elizabeth Alsager）的哥哥托马斯（Thomas）是《泰晤士报》股东和财经类主要撰稿人，在这份报纸的运作中扮演着主要角色。她的家境优渥，写作收入不大可能是她的主要收入来源。她像萨默维尔和马塞特一样，写作主题集中在自然科学，包括地质学、自然地理学、天文学、电学和水文学。作为非教条主义的福音派国教教徒，宗教在左林的作品中扮演着重要的角色。她的早期作品，如《爸爸，什么是彗星？》(*What Is*

a Comet, Papa? 1835，James Ridgway and Sons）、《日食》（*The Solar Eclipse*，1836，James Ridgway and Sons）、《什么是伏打电池？》（*What Is a Voltaic Battery?* 1842，John Parker），都是写给儿童读者的。她的其他作品则面向知识层次更高的读者，针对成人读者或供学校使用，其中有几本都卖得很好，再版了几次，如《地质学的乐趣》（*Recreations* 109
in Geology，1839，John Parker）和《水的世界》（*The World of Waters*，1843，John Parker）分别在 1852 年和 1855 年发行了第 3 版。《自然地理学的乐趣》（*Recreations in Physical Geography*，1840，John Parker）在出版的前 10 年里发行了 3 版，1851 年出了第 4 版，也是最后一版。[26]

对普拉特、赖特、加蒂和左林来说，疾病成为她们从事科学写作的主要原因，还有一些人主要是因为失去亲人，尤其是丈夫或父亲。玛丽·科比（1817—1893）在 1848 年父亲约翰·科比突然离世之后开始从事科普写作。约翰·科比是虔诚的新教徒、莱斯特郡商人，在 1840 年代晚期经历了严重的经济损失，无法如愿给女儿们留下丰厚的财产，玛丽和未婚的妹妹们不得不找工作赚钱。在玛丽·科比的自传中，她回忆起自己和妹妹伊丽莎白"很快就将写书提上日程"。她们的第一次尝试是《莱斯特郡植物志》（*A Flora of Leicestershire*，1850，Hamilton, Adams, and Company），这本书源自玛丽的植物学兴趣。这本植物志罗列了 900 种莱斯特郡的开花植物和蕨类，根据自然体系进行分类，并提供了生境和位置等信息。封面上的署名是玛丽，她也是这本书的主导者，伊丽莎白负责描述性的注解。她们接下来的作品更多的是面向青少年读者，而不是专业的手册。她们从古典文学中改编故事、写小说，并快速出品了大量博物学作品，成为默契的搭档，一心在家写作。1855 年，她们搬到诺威奇，与出版商贾罗尔德建立起合作关系，后者邀请她们写了《陆地和水里的植物》(*Plants of Lands and Water*，1857)，纳入“观察之眼丛书”。她们除了跟贾罗尔德合作了一些书，还将一些博物学书在纳尔逊父子（T. Nelson and Sons）的公司和圣书公会出版。1860 年，玛丽与亨利·格雷格（Henry Gregg）牧师结婚，伊丽莎白和他们一起住在莱斯特郡的布鲁克斯比村庄，那是一个乡村教区的小村庄。两姐妹继续合作写书，直至 1873 年伊丽莎白去世。在两人的写作生涯里，她们总共写了不下 10 本博物学书，大多销量不错，进行了再版。她们一起写的最后一本书——《陆地和水中的鸟类》(*Stories about Birds of Land and Water*，1873，Cassell)，销量高达 1.8 万册。[27]

110 玛丽·罗伯茨（1788—1864）在 1811 年父亲去世后发现自己与玛丽·科比处于相同的境地。父亲丹尼尔·罗伯茨在玛丽小时候就培养了她的科学兴趣，在他去世后，玛丽开始从事写作。从 19 世纪 20 年代早期到 50 年代早期这几十年里，她写了十几部博物学作品，包括贝壳学、动物学和植物学。有几部作品都重印了多版，包括《家养动物》(*Domesticated Animals*，1833，John Parker)，这本书在 1837 年时发行了第 4 版，1854 年发行了第 7 版。罗伯茨有着虔诚的宗教信仰，为了追随千禧年教[28]传教士爱德华·欧文（Edward Irving），她在 1826 年退出了贵格会。她的很多作品被看成基督教对博物学的思考。[29]

简·劳登（1807—1858）在 1824 年开始将写作作为一项事业，原因与玛丽·科比和玛丽·罗伯茨一样，那年她的父亲、伯明翰商人托马斯·韦伯去世，迫使她不得不在 17 岁就要想办法谋生（图 3.5）。她早期的重要作品《木乃伊：22 世纪的故事》(*The Mummy: A Tale of the Twenty-Second Century*，1827）是一部科幻小说，含有哥

111

特式传统的一些元素，同时畅想了未来的技术，反思了当时政治的不稳定性。著名的景观园艺师、城市规划师和作家约翰·劳登（John Claudius Loudon）被这本书深深打动，就安排了与本书匿名作者的会面。尽管两人年龄相差了 24 岁，他们还是在 1830 年 9 月 14 日成婚，离第一次会面仅隔了几个月。简搬进了丈夫在贝斯沃特（Bayswater）切斯特梯田的别墅，位于伦敦郊外的半乡村地区，约翰在那里建了一座绮丽的花园。那时候约翰·劳登的右手已经截肢，简便成为他的抄写员，帮他打理花园，处理写作上的事宜。羞于自己对园艺或植物学所知甚少，简私下里开始学习相关内容，参加约翰·林德利的讲座。直到 1840 年代她才开始从事科普写作，那时候她丈夫的《英国乔灌木》（*Arboretum et Fruticetum Britannicum*，1838）的插图成本让他们深陷 1 万英镑的债务。因此，约翰 1843 年去世时，简陷入了严重的经济困难中，写作成了简的谋生手段。1840 年后，简·劳登在贝斯沃特迅速出版了 8 本植物学和园艺学的书，其中最畅销的是《女士花园手册》（*The Ladies' Companion to the Flower Garden*，1841，W. Smith），在出版的前 10 年里就发行了 5 版，1879 年时出版了第 9 版，总共卖出

图 3.5　简·劳登肖像。出自《绿手指夫人：简·劳登传》（*Lady with Green Fingers: The life of Jane Loudon*, London: Country Life Limited, 1961）。

了 2 万册。[30] 劳登的科普作家之路一方面是失去丈夫的无奈，另一方面也得益于她作为丈夫助手的经历。[31]

伊丽莎白·特文宁（1805—1889）从事科普写作是出于宗教的责任感（图 3.6）。她出生在一个富裕的家庭，父亲理查德·特文宁是一位茶商，她不需要靠写作赚钱。特文宁的写作生涯始于 1849 年，持续了将近 30 年，她总共写了 5 本植物学书，第一本书是雄心勃勃的《植物自然目图解》（*Illustrations of the Natural Order of Plants*，1849—1855，Cundall），最受欢迎的一本书是《植物世界》（*The Plant World*，1866，Nelson），1873 年再版过一次，也是最后一版。特文宁
112 是伦敦植物学协会（Botanical Society of London）会员，参加过英国科学促进会的会议，1847 年还提交了一篇关于英国和欧洲大陆植物志的论文。

她广泛参与了各种慈善活动，如位于伦敦贝德福德广场女子学院的建立，这个学院最后发展成为贝德福德女子学院，是女性高等教育的开创性机构。她也参与了济贫院和其他社会福利事业，尤其是致力于基督教戒酒协会的工作，因为她相信“身体虚弱、缺衣少食、在寻求心灵指引后的愚钝和艰难，造成穷人这些烦恼的主要原因就是酗酒”。《伊丽莎白·特文宁笔记》（*Leaves from the Note-Book of Elizabeth Twining*，1877，W. Tweedie）中按时间顺序记录了 65 次拜访病危者，其中大多数都是被酗酒拖垮的。[32] 此外，特文宁还是英国教会的工作人员。

113 女性科普作家发现，要在写作这条路上获得成功并非易事。女性并没有写出像埃比尼泽·布鲁尔的《常见事物的科学知识指南》那样格外成功的畅销书，仅有玛格丽特·加蒂的《自然的寓言》可能

是个例外。她们中有不少人意识到，不能光靠科学写作，所以她们也写小说、儿童文学、回忆录和从事翻译等。有一些女性，如莉迪娅·贝克尔，以英国妇女选举权运动的领导者之一著称，她只是在投入这一运动前短暂从事过科普写作。贝克尔去世后不久，《植物学杂志》（*Journal of Botany*）刊登的一则讣告上，匿名作者评论道，有的读者可能会惊讶地发现贝克尔“怎么会出现在这里，但在她的生命里确有一段时间很关注植物学，她也一直对植物学充满兴趣”。[33]《植物学新手指南》（*Botany for Novices*，1864，Whittaker）并没有取得商业上的成功，其姐妹篇《新手观星指南》（*Stargazing for Novices*）就没有出版。在1864—1870年，贝克尔处于科普生涯中最活跃的时期，但她在1860年代晚期就开始越来越多地投入妇女选举权运动中。1867年，她被任命为新成立的曼彻斯特协会秘书，1870年又被选为《妇女选举权杂志》（*Women's Suffrage Journal*）的主编，这份工作她一直做到去世前。1887年，她当选为全国妇女选举权协会主席。

图3.6　伊丽莎白·特文宁肖像。出自《里士满区艺术品收藏》（*Highlights of the Richmond Borough Art Collection* [Riverside, Twickenham, England: Orleans House Gallery, 2002]，承蒙伦敦泰晤士河畔里士满区奥尔良庄园画廊（Orleans House Gallery）准许，复印了此图。

即使在 1870 年后，她也继续在参与科学活动。她和达尔文的植物学通信开始于 1863 年，一直持续到 1877 年。1871 年、1872 年和 1874 年，她在英国科学促进会的经济学和统计学部门做过关于政治经济学、女性就业和教育等主题的演讲。贝克尔从 1864 年开始参加英国科学促进会的年会，一直坚持到去世，尽管她认为这个协会并不鼓励女性学习科学。[34] 她还是一名忠实的圣公会教徒，坚决反对解散教会。[35]

和贝克尔不同的是，有些女性难以靠科学写作维持生计，但她们依然坚持。皇家文学基金的记录里随处可见女作家经济困难的记
114 载。苏珊·穆姆（Susan Mumm）研究了文学基金会女性申请者，得出结论说，这些女性的收入不足以“维持她们成长过程中的生活水平”。在文学基金的申请者中，13% 写的是非虚构作品，包括科学和旅行、历史、教材和传记等。[36] 简·劳登是其中一位从事非虚构写作的作家，她遭受了严重的经济困难，而且向文学基金会提出过两次申请。在 1829 年，她打报告说“严重的疾病”彻底耗光了她的家底，因此获得了 25 英镑的资助。在丈夫去世不久，劳登不得不再次申请资助。她在 1844 年 5 月 1 日的申请中解释说，约翰·劳登在去世前未能还清债务，尽管她拥有 13 本书的版权，每年有 500 英镑左
115 右的收入，但这笔钱被朗文公司托管，直到约翰 3207 英镑的出版债务还清为止。[37] 劳登的这次申请得到了 50 英镑的资助，[38] 但这远远不够。她为了给 13 岁的女儿阿格尼丝争取膳宿费，在 1846 年 3 月 6 日写信给罗伯特·皮尔爵士的夫人，在信中回顾了约翰如何自己垫资出版《英国乔灌木》而毁掉自己，自己如何靠写作维持母女的生活。她担心“心脏病”会“突然带走我，让我来不及为抚养女儿做好准备”。3 月 24 日，罗伯特·皮尔写信给劳登，提议说，“考虑到您的已故

丈夫劳登先生的贡献和美德”，[39] 给予她 100 英镑的生活补贴。仅过了 3 年，劳登便再次陷入经济困境中。1849 年 10 月 20 日，她写信给加斯科尔夫人，报告说约翰·劳登的出版债务在上个圣诞节前还清了，她一直希望可以“有一两年闲适的生活，但可惜不能！形势太糟糕，在过去一年里劳登先生的书并没有赚到足以维持我们生活的钱”。因此，她准备接手《女士专属指南》（*Ladies Own Companion*）的编辑工作，“尽管我明知道这是一项最劳神费力的工作”。[40] 从事这项工作仅仅两年，她就突然莫名其妙被解聘了，让她“备感沮丧”。[41] 之后到 1855 年时，她都依靠慷慨的朋友们，如特里维廉夫妇。[42] 尽管劳登是一位高产的科普作家，但她的一生中大部分时间都在为经济苦苦挣扎。[43]

相比劳登，同为科普作家的玛丽·科比面临更小的压力，丰厚 116
的稿酬让她和妹妹免遭经济困境。科比没有债务缠身，也不需要抚养年幼的女儿。对劳登而言，写作是一件苦差，尤其是在她晚年身体不好时，但写作对科比来说并不是特别的负担。科比姐妹成了写作搭档，她们的分工合作是成功的关键。在和贾罗尔德商讨“观察之眼丛书”之一《陆地和水里的植物》后不久，姐妹俩很快就写了几章出来。“这对我们来说很容易，”玛丽回忆说，“我精通植物学知识，可以信手拈来；而伊丽莎白写作非常流畅，那些句子仿佛从她的笔下源源不断流出来，就像童话故事里仙女吐出珍珠和宝石一般容易。”两年后，姐妹俩又开始竭尽全力为纳尔逊父子公司写《林中生物》（*Things in the Forest*，1861）。到这个时候，她们的写作事业已经稳定下来，玛丽回忆说：“赚钱总是最快乐和美好的事，很开心我们的稿子已经卖出去，赚到了钱。”到了 1860 年代，玛丽宣称“我们和出版社的合作正在增加，我们不得不在每天早上至少花两个小时去写作，晚上也要花几个小时在写作上”。和其他女性科普作家一样，科比姐妹与不同的出版商都建立起合作关系，如贾罗尔德、纳尔逊、卡斯尔和圣书公会等，并保障总有作品可以提供。她们并没有把写作限制在博物学主题，而是像其他女作家那样采取了多样化的写作策略。在写作生涯的晚期，她们专注于小说的写作，为《箭囊》（*The Quiver: An Illustrated Magazine for Sunday and General Reading*）和《卡斯尔杂志》（*Cassell's Magazine*）写了一系列的故事。然而，姐妹的分工合作是如此重要，在 1873 年伊丽莎白去世时，这种重要性更加凸显出来。在玛丽的自传里，她承认“我再也不能和以前一样了”，她记得丈夫“曾发现伊丽莎白去世后，我仿佛就‘只剩下半个自己’”，因为妹妹去世后她再也没有写出新的作品来。[44]

与出版商共事

伊丽莎白和玛丽·科比在 1855 年搬到诺福克郡的诺威奇市不久，出版商托马斯·贾罗尔德就邀请她们到家中，聊了一晚上。贾罗尔德
117 出生在一个非国教家庭，参与了传教活动和禁酒运动。他对科学也很感兴趣，在科比姐妹住在诺威奇的时候，他已经与埃比尼泽·布鲁尔以及其他科普作家如罗伯特·曼恩（Robert James Mann）和安妮·赖特建立了密切的合作关系。[45]那天晚上，贾罗尔德开门见山指出了博物学图书的价值所在。玛丽·科比回忆道：“贾罗尔德先生开始谈论博物学图书，细数这类书籍带来的益处。斯坦利主教的两卷本鸟类学就非常有意思，引导了大量读者开始学习鸟类学。”[46]像贾罗尔德这样

的出版商看到了维多利亚大众读者市场中普及读物带来的商机，对此产生了兴趣并提供了支持，如若不然，科比姐妹绝不会走上科普作家的道路。

对希望成为科普作家的女性来说，与出版商取得联系并建立良好的合作关系至关重要，有些女性在出版第一本书之前就事先与出版商建立了联系。例如，查尔斯·赖尔的秘书阿拉贝拉·巴克利在1875年将自己的手稿《自然科学简史》（A *Short History of Natural Science*，1876）交给约翰·默里前，就已经和他广泛接触过。出版商乔治·贝尔（George Bell）和玛格丽特·加蒂两家在他们更年轻的时候就是邻居，[47] 1854—1872年，加蒂与贝尔和达蒂有密切的合作，出版了《英国海草》和多个版本的《自然的寓言》。加蒂和巴克利都受益于她们与出版商的早先联系，而科比姐妹非常幸运的是，出版商贾罗尔德主动找上门来，向姐妹俩提议为“观察之眼丛书”写一部作品。[48] 然而，许多女性并不像这几位这么幸运，尤其在她们最初踏入写作行业、试图与出版商建立联系时，非常艰难。她们不得不主动采取措施，去寻找有意向的出版公司。玛丽·沃德不得不机智地策划一番，去吸引出版商对自己作品的关注。1857年，她自己印了《显微镜下的写生》（*Sketches with the Microscope*），在巴利林地区通过订阅的方式出售，每本3先令。当这本书的订阅量超额后，她的姐夫乔治·马洪（George Mahon）带了一本去伦敦，说服了格隆布里奇购买了此书的版权。一年之后，这本书重印，只纠正了几个错误，书名改为《显微镜下的奇观》，后又更名为《显微镜讲义》。[49]

出版商在出版一本书时通常希望参与全部过程，有些作者喜欢接 118
受这种安排。科比姐妹就很乐意得到贾罗尔德的建议，《陆地和水里的植物》这个书名就是采纳了他的建议。“我们很喜欢这个书名，”玛丽·科比回忆，“并称赞了他的奇思妙想。”[50]当出版社建议巴克利将《自然科学简史》中关于折射的那一章简化一下时，她答复说，自己“特别希望把每个问题都解释得透彻，在这方面得到任何提示都会很开心”。[51]简·劳登也非常感激默里对自己的书提出可改进建议，她写道：“我非常喜欢页眉标题‘劳登的英国乔灌木’，因为很多人会被拉丁语标题误导。”[52]当然，出版社的决策和行为有时候也会导致他们和作者之间的摩擦。比如，简·劳登就曾反对默里打算给她的作品署上约翰·劳登的名字，因为默里想利用后者的名望，但简·劳登希望这本书“能够实事求是”，“绝不会让公众失望”，而且作品也“完全是原创的”。[53]默里父子还曾激怒了萨默维尔，因为他们建议她写作时降低对读者的门槛要求，从而适合更广泛的大众读者。[54]

作者与出版社对读者定位未必一致，两者自然就会发生矛盾，玛格丽特·加蒂有时候与贝尔和达蒂关系紧张就是例子。加蒂将自己归为亲子写作传统的那类女作家，主要的读者对象是女性，贝尔和达蒂则希望她面向更广泛的读者公众。1862 年，加蒂和出版商就《英国海草》一书产生了激烈的争执，矛盾集中在作者控制权和读者等关键性问题。1862 年 11 月 5 日，加蒂写信给哈维说，贝尔对她的书很感兴趣，但不希望它“主要是面向女士”。[55]两者的另一个争论也随之爆发，是关于概要性作品的属性问题。加蒂写信给贝尔说，以往植物学
119 家试图编撰容易理解的概要，“对业余爱好者（我主要为他们写作）而言，这显然是一种失败”。达蒂想要一个更简短的概要，但根本不可能，加蒂恳请说：“你和达蒂先生最好还是让我自己决定此事。”[56]她私下里跟哈维写信说：“我厌烦了对概要的讨论，也厌烦贝尔。”[57]

加蒂收到一封贝尔寄来的信，里面有一份达蒂写的概要，她读后终于发怒了。她直接回信给达蒂抗议说，如果早知道他们最终会决定如何写概要，她绝不会把手稿寄过去，让他们出版，“你已经都说过概要是由我来写，现在却按自己的计划重新做了安排，丝毫没有考虑到我的想法”。加蒂觉得自己“有权掌控这件事”，她也反对把概要部分写得太复杂，不适合业余爱好者。她希望扩大海草图书的读者范围，目前看来，“贵族和牧师似乎很支持我，但我希望能够有多一点读者”，尤其是曼彻斯特、利物浦和利兹的制造商和商人，因为她觉得自己在这些地方还不为人知，但达蒂的概要就限定了她的“读者群”。她以撤稿威胁对方，但提出了一个让步条件：让哈维评判这两篇概要，然后决定哪篇最合适。[58]

在同一天，加蒂也写信给哈维，抱怨贝尔和达蒂的固执己见。考虑到本书的内部框架，她认为他们写的概要并不适合去引导读者。达蒂提议，将大写的植物科名放在一边，属名放在另一边，这样会比较有吸引力。然而，“首字母为 A、B 的科、次级分类以 a、b、c 为首字母的属、顺序的颠倒混乱等，足以让人疯掉，甚至会误导圣盖伊 · 福克斯（Guy Faux）本人”。[59] 贝尔和达蒂“用过时的语言编造了一个边沁 [60] 式的概要”，宣称是达蒂写的，还表态可以采纳加蒂更出众的计划。尽管她在给达蒂的信中表示希望扩展读者群，但跟哈维却表示自己写的概要是一份“女士的概要”，“女士写给女士的，‘更温和’的她们能以多种方式去理解”。哈维站在了加蒂这边，她写信表示感谢，并希望这场纷争到此为止。然而，加蒂在信的最后依然情不自禁地数
落了达蒂写的概要，“科和属被排得乱七八糟，”她宣称，“为了弄清 120
他的编排方式，我被搞得晕头转向。”她描述自己的概要说，“大不相

同，只不过是写给业余爱好者的”，用了不同的颜色和叶形作为区分。加蒂认为，自己对于概要的立场也代表了读者对出版商的期望。“我是为女士写作的，”她坚持道，“如果贝尔和达蒂之前不了解，他们现在该知道了。”[61]

加蒂也因为其他事跟出版商谈崩过，如书名、销售策略等。贝尔对那部关于海草的作品提出了书名建议，她回复说，自己“不想听到这些押头韵的书名”。为了讽刺跟风押头韵书名的行为，她自己还提供了两个，“海草使人感觉非常不错”（Sound Sense made Sensible in Seaweeds），或者“海草科学浅显易懂，男女老少、圣贤傻瓜皆宜”（Seaweed Science Sensibly Simplified Suited to both Sexes and Sages as well as Simpletons）。[62]贝尔请求加蒂为她的一本书写序言，她也拒绝了，理由是注释中的信息都挪到序言里了，她还半开玩笑地回复说“‘无序言’则‘无教义’”。[63]在讨论新版《自然的寓言》时，加蒂反对既定的设计。“这个设计漂亮而雅致，”她在信里说，“加蒂先生和我都觉得这本书的厚度有些问题。”对一本七英镑六便士的书来说太薄了，加蒂觉得应该设计得更厚点，这样可以让“《自然的寓言》有些《圣经》的风格”。[64]在出版过程中，加蒂很沮丧，她在校对时发现了错误，贝尔也未能遵守原定的截止日期出版。她跟哈维抱怨说，贝尔寄送校对稿拖拖拉拉的，还不忘补了一句，她才收到最后一部分，现在贝尔“总算睡醒了吧”。有一本送给哈维的书迟迟未到，加蒂告诉哈维说，贝尔“非常粗心大意”。1862 年 11 月，她担心贝尔拖拖拉拉的作风会让海草那本书错失圣诞节销售季，后来她还在给哈维的信中轻蔑地将达蒂和贝尔戏称为“迪德鲁姆和达德鲁姆（Dildrum and Doldrum）”。[65]

出版商总是尽力让成功的作者满意，并希望他们提供更多的作 121
品。贾罗尔德对科比姐妹为“观察之眼丛书”写的第一本书很满意，很快就鼓励她们为这一套丛书再写一本关于昆虫的书，这就是《毛毛虫、蝴蝶和蛾》（*Caterpillars, Butterflies, and Moths*，1857）一书的由来。[66]一些出版商还乐意借书给作者，甚至买书给他们，以帮助他们完成自己的书稿。简·劳登在1838年写信给默里时就感谢他将威廉·布兰克的“布里奇沃特丛书”借给自己。[67]玛丽·科比回忆说，纳尔逊有几次就送书给自己和妹妹，英语和法语的书都有，都是“他觉得可能会对我们写作有所帮助的书”。[68]还有些作者在经济状况极其糟糕的情况下，恳求出版商能够伸出援助之手，有人会请求出版商购买版权或者提前预付还未完成的手稿。1856年6月，鲍迪奇·李将自己手里《博物学初阶》的库存和版权以35英镑的价格卖给了朗文。[69]经常处于窘迫的劳登恳求默里以150英镑购买一本关于花园鸟类学和昆虫学的书。[70]贝尔经常为经济困难的加蒂伸出援助之手，她不得不答应贝尔去写书偿还一次次债务。[71]

出版商总是努力为受欢迎的作者提供服务，有些女作家会和其中一家出版商建立长期的合作关系，而不是像科比姐妹那样跟多家出版商合作。默里惊讶地发现萨默维尔的《天空的原理》畅销时，他主动放弃了利润提成。萨默维尔这本书三分之二的利润和版税都进入了她的腰包，默里靠这次慷慨的协议说服萨默维尔把后来所有的作品都交给自己出版。[72]加蒂也是如此，虽然她与贝尔和达蒂经常争论不断，但还是和他们建立了持久的合作。1862年，加蒂已在贝尔的出版社发行了几部作品，她戏谑地称道：“我倒是希望成为你们公司的合伙人，我讨厌跟多家公司合作。”[73]在加蒂对文稿错误进行一连串抱怨后，贝 122

尔写信道歉，并希望加蒂能答应继续与他们合作。“现在我向你保证，”加蒂回复说，“即使我发现你们在 18 页的稿子中就犯了 11 次错误，我也从未想过对甚合我意的贝尔和达蒂公司失去信心。”她强调说，自己的信心来自公司“良好的信誉和长期以来我与公司负责人的私人友谊——其中包括你们给予我的各种善意”。[74]

和科比姐妹一样，有些女性科普作家认为她们最好是和多家出版商合作。简·劳登在和默里交涉过程中，不止一次威胁对方说把作品交给另一个出版商发行。据劳登称，有一次她和默里达成共识，“如果我只为你们出版社写书的话”，他将会“为我出版一系列的作品”。他们达成协议后，劳登拒绝了其他几家出版社提出的出书计划。如果默里不按协议优先出版她的作品，她就威胁对方会找其他出版社。[75] 1840 年，劳登向默里的儿子提议写一本书，名为“为女士写的现代植物学指南，根据德堪多教授的分类方法”，如果他不感兴趣的话，劳登就会另寻出版社。[76] 最后默里出版了这本书，名为《为女士写的植物学》(*Botany for Ladies*，1842)。但 1842 年默里拒绝了她的另一本书《植物生理学》，[77] 最后劳登只好跟不同的出版社合作，包括朗文、奥尔（W. S. Orr）、亨利·博恩（Henry Bohn）、威廉·史密斯（William Smith），甚至贝尔。

女作家们从科学写作中赚取的收入因人而异，取决于她们之前的作品是否畅销。皇家文学基金资助申请情况显示，19 世纪中叶女作家从一本书中挣的钱远少于 100 英镑，在当时算最低的一档了。出版商通常只付 50 英镑的版税，而中值只有 30 英镑。文学基金会的记录显示，对绝大多数女性来说，写作事业并不稳定，不是赚大钱的职业。[78] 主要来自出版社的档案显示，从事科学写作的女作家的收入，也差

不多是这种状况。沃德将《显微镜下的写生》的版权以 15 英镑卖给
了格隆布里奇，但她身为贵族，根本不需要靠赚这点钱维持生计。[79] 123
1863 年，安妮 · 普拉特《野花胜地》（*Haunts of the Wild Flowers*, 1863）从劳特利奇公司那里获得的版税和利润总共才 45 英镑。[80] 加蒂算是女作家中最成功的例子了，因为她的《自然的寓言》很畅销。她撰文介绍《英国海草》这本书时，贝尔和达蒂只付了 25 英镑给她，但插图版《自然的寓言》却带来了可观的收入。她兴奋地写信给哈维说："您可知道！贝尔为《自然的寓言》丛书第 3、第 4 辑插图版竟然要付我 150 英镑，另外还会分两次为第 1、第 2 辑插图版的第 2 版支付 150 英镑。"[81] 但加蒂的情况不过是例外。

读者定位

1851 年，简 · 劳登的《为女士写的植物学》由默里再版，书名重拟为《现代植物学》。安 · 希黛儿将其解释为，到了 19 世纪中叶，女作家的科学写作不再刻意以女性为读者对象或带有浓厚的性别意识。[82] 加蒂曾写信给贝尔说："我就是给女士写的，如果男士们乐意的话，也可以从中受益。"[83] 到 19 世纪下半叶，加蒂的这种想法在女性科普作家中并不多见。[84] 不仅男科学家，女性改革者、教育家和女权主义者也反对专门针对女性的科学写作，不少女性科普作家也并不想将读者限定为女性。劳登的《现代植物学》"为女性开启了更广阔的智识
生活，同时也邀请男性成为这本入门书的读者"。[85] 她抛弃了带有性 124
别标签的书名就是为了扩大读者对象，这意味着早期女作家亲子写作模式发生了根本性的转变，不再只是将女性和儿童作为读者对象。大

部分女作家开始认为自己在为19世纪中叶发展起来的新读者群写作，成年男性也是不可或缺的一部分。

这并非意味着该时期的女性科普作家就忽略了较年轻的读者。赖特的《观察的眼睛》和她的不少作品一样，都是专门为“青少年”写的。[86]科比姐妹在《陆地和水中的鸟类》的序言中宣称：“亲爱的孩子们，这本书是为你们写的小书。”[87]科比姐妹和众多女性科普作家一样，除了为不同年龄段的儿童写作，也为成年人写作。加蒂的《英国海草》以成年人为读者对象，而《自然的寓言》则明显是为儿童写的小故事，但她并没有将后者的目标读者限定为儿童。加蒂认为，她靠童书写作获得跨越几代人的不同读者。艾伦·劳奇评论道：“通过阅读行为，成年人吸收并传递了加蒂的宗教和科学观点，而儿童自己会在《自然的寓言》中得到乐趣，学到东西。”劳奇扩大了考查对象，将大多数儿童作品囊括进来，因为那些作品除了传统的成人和儿童之外，还包括其他一些类别的读者，例如需要大人为其阅读的孩子，以及为自己阅读和重温童年读物的成年人。[88]《常见事物中的奇观》（*The Wonders of Common Things*，1873，Cassell，Petter，and Galpin）的作者安妮·凯里告诉年轻的读者说，不要贪图好玩只是让大人读给自己听，自己却不翻阅这本书。“如果与一位充满智慧的老师一同阅读，”她写道，“那就可能不只是增加实际的知识，也能激发最强烈的求知欲。”[89]

在传播科学的女性看来，充满好奇心但又缺乏知识的读者在各阶层和各年龄段都有。例如，玛丽·沃德在《望远镜讲义》中就对读者做了一些猜想，“我们认为读者已经对繁星闪耀的天空充满兴趣，可
125 能还会了解其中一两个星座，渴望知道如何学到更多，需要什么样的

仪器才能进行必要的天文观察”。沃德引导读者，给他们推荐了一套星座图，附有行星位置和其他天文信息的历书，以及小巧、便宜的望远镜，都是工匠和中产阶级买得起的东西。她建议读者使用望远镜学习、观察土星和其他星星，解释每个夜晚星座是如何升起降落，她假定读者充满兴趣，只不过缺乏相关的知识，当然未必只针对小孩。她带着玩笑的口吻评论说，她“冒昧地认为（我们的读者）除了知道日出日落，对天体的运动并不了解”。[90] 尽管沃德写的主题是天文学而非植物学，但她在界定目标读者时与简·劳登一样有很强的自我意识。安·希黛儿发现劳登“像安妮·普拉特和其他植物学及博物学职业科普作家一样……把自己定位为知识的守门人，希望帮助读者跨过门槛，进入科学学习中”。[91] 希黛儿对劳登、普拉特和其他博物学普及作家的洞见也适用于19世纪50到70年代大多数女性科普作家。[92] 凯里在《常见事物中的奇观》的序言中列举了她将要为读者讲解的知识概要，用到了“门槛”这个词，用以形容读者所掌握的科学知识状况。她宣称：“初阶知识——这个短语的意思是进入科学与艺术每个分支门槛的那些知识——尤其需要准确而细致地灌输给年少的读者。”[93]

女性科普作家通常会在作品的序言或导论部分一再强调，她们的目标读者是希望跨过“入门知识”的那些人，阶级或性别倒不重要。 126
费布·兰克斯特宣称自己的《英国蕨类简易手册》是“打算作为自然爱好者的手册，虽然他们未必了解植物学的科学知识，但他们满怀着对自然的渴望，在条件允许的情况下，享受乡间静谧的林荫道和美丽的风景，想想就觉得多么心旷神怡”。[94] 安妮·普拉特认为《大不列颠开花植物、禾本、莎草和蕨类》（*Flowering Plants, Grasses, Sedges, and Ferns of Great Britain*）的“主要目标之一是帮助那些还未正式学过植物学的人”。[95] 玛丽·沃德在《好玩的昆虫学》里重复着兰克斯特和普拉特的观点，宣称“接下来的内容主要不是写给有科学基础的读者，而是写给青少年或没受过多少科学训练的读者”。[96] 贝克尔的《植物学新手指南》“适用于没学过植物学的读者，但写这本书的目的也是希望它能引导读者可以更深入广泛地学习植物学”。[97]

男性科学家的专著往往让人望而却步，对初学者来说难以理解，女性科普作家常常认为自己的作品旨在帮助读者搭建起通向这些专著的桥梁。加蒂投身于海草入门书的写作是因为她发现市面上没有适合初学者的这类书，她在 1857 年 12 月 21 日给哈维的信中称道，戴维·兰兹伯勒（David Landsborough）的《通俗的英国海草志》（*Popular History of British Sea-Weeds*）并没有让学习变得简单，买了这本书和哈维的《英国藻类》的读者依然会写信请她解疑。她在信中告诉哈维，自己是希望向读者讲解关于海草学习的最基本知识，“靠一本最初级的书为读者理解您的大作铺平道路”。[98] 有意思的是，普拉特在更早时候写《海边常见生物》（*Chapters on the Common Things of the Sea-side*，1850，SPCK）时也有同样的目标。她强调说：“这本小册子的主要目标，是让不了解博物学的读者识别在海边经常碰到的不同生物。”普拉特也希望她的书能引导读者进一步去钻研“我们伟大博物学家们”的著作，包括哈维、约翰斯顿、爱德华·福布斯（Edward Forbes）和赖默·琼斯（Rymer Jones）等。[99] 科比姐妹也认为，科学家的著作对普通读者来说要求太高，但她们会告诉读者自己
127 写的普及读物是基于这些著作，“以下知识就是从这些科学著作中收集而来的，希望通过这种方式将这些著作转交给年轻读者们”。她们在《毛毛虫、蝴蝶和蛾》的序言中写道：“希望读者能理解这些作品，

就好像将一部希腊语《圣经》转译给一个庄稼汉，并希望他最后能读懂。”[100] 从晦涩深奥的著作中提取知识并为更广泛的读者写一本同样主题的书，这个过程很复杂，不亚于翻译一部外文写的古书。

女作家和许多普及科学的圣公会牧师一样，总是尽量让读者能够理解她们的作品。成功的转译常常面临两个主要的障碍：一是读者对科学分类体系缺乏了解，二是对科学术语的含义甚为陌生。许多女性科普作家解决分类问题的方法是简化分类体系或者根本就不提及分类体系。[101] 对科比姐妹来说，教读者如何分类并非优先考虑的问题，她们在《大海和海里的奇观》(*The Sea and Its Wonders*，1871，Nelson) 中宣称：“本书的目标是让他（读者）对探究伟大的自然之书产生兴趣，而不是用严谨的科学分类吓到他。”[102] 普拉特在《海边常见生物》中告诉读者，她并没打算介绍一个详细的海草分类体系，而是选择“将海草简单地分成植物学家们划分的三大类，包括橄榄绿、红色和绿色海藻”。[103] 简·劳登最重要的植物学作品《为女士写的植物学》准备向读者介绍自然分类体系，她认为林奈分类体系不适合女性学习，但即使如此，她在考虑读者需求时，也没有完全遵守分类规则。[104] 劳登在《有趣的博物学家》(*Entertaining Naturalist*，1843，Bohn) 这本改编自旧作的书中，她决定不按“很科学的方式排序；因为我既不能说服自己将狮子从它长久以来所占据的开篇位置挪走，也不能把鲸和其他鲸类从挨着鱼类的地方挪走”。[105] 要成为一名有趣的博物学家，意味着要对普通读者做出让步。 128

女性科普作家会尽量避免使用科学术语，尤其是在植物学普及读物里。特文宁认为，直到最近，植物学“一直被包裹在专业性术语之中，使得年轻人望而生畏，几乎完全不敢去学”。因此，她“尽可能避免”使用晦涩的专业词汇和科学术语。[106]普拉特在不少作品中也采取了类似的策略，她在《田野森林里疑似有毒、有害的植物》（*The Poisonous, Noxious, and Suspected Plants of Our Fields and Woods*，1857，SPCK）里声明：“这本书并非写给植物学家看的，因此特意避免难懂的术语。”[107]鲍迪奇·李也表示认同：“植物命名法的不确定和难度，以及英语化的拉丁文行话，普通读者在浅浅一瞥中根本无法理解。”[108]劳登回忆说，自己初学植物学时也陷入绝望，“因为我觉得根本不可能记得住所有难记的名词，它们似乎在这门学科的门槛站岗，好像要阻拦任何初学者进去”。[109]在《第一本植物学书》（*First Book of Botany*，1841，Bell）中，劳登指出所有的植物学书都有不少专业术语，“只会把年轻的学生难住”，她打算只选一些“最必要”的术语纳入这本书里。这些术语“可以说是这门学科的字母表”，年轻学生们一旦掌握这些基本术语，无论学习“林奈植物学还是自然分类体系”都不在话下。[110]贝克尔则走得更远，对那些被“烦冗单词吓坏”的读者，以及担心自己“不辛苦记住大量复杂而冗长的植物名字”就无法学好植物学的读者，她承诺说，他们无须学习任何新的命名法就可以取得很大进步。“请这些读者放心吧，”她宣称，“他们只需记住打小就知道的一些熟悉而愉快的名词，不用劳烦自己去记其他的。他们可以学习这门科学的原理，会讲到植物的结构而不是堆砌的名字，也可以借助简单的几条分类规则去细致地观察植物。”[111]

129 叙事手法中的文学尝试

女性科普作家与读者建立联系的方式还包括在科学写作中修改旧

的叙事手法，以及创造新的叙事方式。有学者指出，研究男性科学家科学写作类型的产生和演变具有重要意义，如期刊论文、实验报告、推测性文章和文献综述等。[112] 科普作家和男性科学家们一样，也会有意识地去尝试各种不同的写作类型，其中包括不少女性科普作家亦是如此。前文提到的亲子写作模式，强调在家庭氛围中传授知识的母亲形象，到了 19 世纪早期，无法继续与大众读者进行有效沟通，因为新兴的读者对象涵盖了不同年龄段的男性和女性。在二三十岁就从事科普写作的女性，如罗西娜・左林、简・劳登和玛丽・罗伯茨，刚开始还采用亲子写作模式，到 1850 年代就抛弃了这种模式。劳登打破了上一代女性植物学普及作家的窠臼，拒斥亲子写作模式，采用了第一人称的叙述方式，但并没有写成家庭中姐妹间的对话。[113] 就像约翰斯和金斯利一样，不少女性科普作家在 1850 年代后就开始尝试不同的叙事手法。

有些女作家在写作时着眼于普通事物，以常见物品作为讨论博物学的跳板，设身处地站在读者的知识水平，同时展示出即使司空见惯的事物也有令人惊奇的一面。普拉特的《海边常见生物》就按照“我们在海边经常见到的事物”编排，包括海滨植物、海草、软体动物和植虫类。[114] 凯里的《常见事物中的奇观》讨论的是日常所见物品，如一块煤炭、一粒盐或一张纸，恰如其分地用科学知识来解释每样东西的自然来源和用途。还有不少这类书继续跟随早先的亲子写作传统，例如在凯里的《常见食物中的奇观》里，4 个孩子围坐在冬日下午的 130
炉火边，讨论着每样日常物品。科比姐妹的《玛莎姨妈的壁角柜：写给小朋友的故事》(*Aunt Martha's Corner Cupboard: A Story for Little Boys and Girls*，1875，Nelson）里，两个懒散的小男孩拜访姨妈，后者就给他们讲述她橱柜里瓷器、茶叶、咖啡、糖和针等各种物品的有趣故事。在第一个故事“茶杯”中，她讲述了中国人的瓷器制造，以及茶杯和茶壶在英国是如何生产的。玛莎姨妈就是19世纪上半叶最典型的母亲教育者角色，不仅教育她懒惰的侄子们，也是在激发他们的兴趣，日后成为勤勉的学者。

另一种借鉴早先的叙事方式是，以奇闻逸事作为博物学的主要内容。许多女性科普作家都采用了其他博物学作品中的一些逸事来点缀自己的写作，但鲍迪奇·李的《动物习性和本能趣闻》(*Anecdotes of the Habits and Instincts of Animals*)和《鸟类、爬行动物和鱼类习性和本能趣闻》两本书则几乎全部用的这些奇闻趣事。在写第一本书的时候，她需要在寻找新材料方面得到帮助，加上不确定当时关于奇闻逸事的陈规，她还写信给理查德·欧文。她表示自己希望“替代当前这些陈腐的故事”，咨询对方是否能借一些书给她以参考里面丰富有趣的故事。她询问欧文：“如果不是事关个人隐私，您觉得我可以从哪里借鉴这些故事？”最后，她还咨询他的建议说：“如果我老是将自己的故事写进去，会不会损坏我作为一名作家的名声？”[115] 鲍迪奇·李决定将自己与动物互动的故事、熟人讲的和书刊上看到的奇闻逸事一并写进书里。在《鸟类、爬行动物和鱼类习性和本能趣闻》中，她还借用了博物学期刊和普通杂志里的故事，如《博物学家》(*Naturalist*)、《博物学家杂志》(*Naturalists' Magazine*)、《北安普顿水星报》(*Northampton Mercury*)、《星期六杂志》(*Saturday Magazine*)、《钱伯斯爱丁堡期刊》和《爱丁堡文学公报》(*Edinburgh Literary Gazette*)等，并引用了菲利浦·戈斯、达尔文和查尔斯·沃特顿(Charles Waterton)等博物学家的作品。其中一个故事讲的是她

如何用大铁链和钩子并挂上一块咸猪肉为诱饵，钓到了一条12英尺
长的鲨鱼。这本书按标题中的鸟类、爬行动物和鱼类分成三大部分，
每部分根据具体的动物作了进一步细分。鲍迪奇·李在篇幅不长的每
部分内容中，将奇闻逸事串联起来，通常还包括了动物的简短描述、
地理位置、食性和行为特征等。这些奇闻逸事经常可以为博物学家关 131
于动物习性或本能的理论提供证据，在鸟类那部分就有两则故事印证
了金翅雀的“睿智”和“社交能力”，爬行动物部分则有一个故事展
示了短吻鳄的“凶残”。鲍迪奇·李像莫里斯和约翰斯以及其他科普
作家一样，读者对象比较广，她将奇闻逸事视为博物学里重要的证据
来源。[116]

女性科普作家也会借鉴男性科学家采用的写作结构，虽然她们面向的读者更广。例如介绍特定研究区域分类体系的博物学手册，长度和范围各异，从最基础的入门知识到分类体系中每一科的详细讲解都有，其中植物学的例子最为典型。在《植物学新手指南》这本60页的小书里，贝克尔只简单介绍了自然分类体系的原理，并没有提供具体植物的详细描述和名字。而兰克斯特的《值得关注的野花》则更为复杂和详细，讲解了一些特殊科的代表性植物，它们的典型特征是非常漂亮或有特别用途。她承认，自己的书不可能像“渊博的植物学家”所写的大部头著作一样，详尽地描述英国植被。[117]普拉特的5卷本《英国开花植物》和劳登的《英国野花》(*British Wild Flowers*，1844)更全面地讲授了植物学知识，两部作品都采用自然分类体系，展示了每一科的植物。

她们还采用了一种手法是依照时间顺序叙述，例如按照四季变换、生活史为编排方式。科比姐妹的《毛毛虫、蝴蝶和蛾》就是从虫

卵开始写起，依次写了蝶蛹和化蛹成蝶的过程。按季节变换组织结构更为常见，如劳登的《园艺爱好者月历》（*The Amateur Gardener's Calendar*，1847，Longman）从 1 月开始，依次提供了每个月的天气、需要做的工作、每年特定时间里的花园捣乱者，可能是鸟儿、昆虫或软体动物。劳登宣称，这本书与其他园丁日历相比，对何时种植及其他园艺操作做出了更明确而清楚的指导。[118] 普拉特的《一年里的野花》（*Wild Flowers of the Year*，1846，Religious Tract Society）也是从
132 1 月开始，介绍了在这个月首次开花的植物，描述了每种植物在英国和国外的用途，以及生长地点。这些作品借鉴了历书和早期作品，又如玛丽·罗伯茨《我的村庄纪事》（*The Annals of My Village*，1831，J. Hatchard and Son）。[119]

还有一种叙述方式是借鉴旅行文学或自然漫步的想法，类似约翰斯描述自己的探险旅行。游记成为对话模式的一种替代方式，简·劳登在《少年博物学家的旅行》（*Young Naturalist's Journey*，1840，William Smith）中就是采用了这种写作方式，这本书再版时更名为《少年博物学家：阿格尼丝·默顿和母亲的旅行》（*The Young Naturalist; or, The Travels of Agnes Merton and Her Mama*，1863，William Smith）。[120] 据劳登称，这本书的灵感来自《博物学杂志》（*Magazine of Natural History*）。如果"去掉专业性的内容"，杂志中不少文章"对孩子们来说都会觉得新奇又好玩"，[121] 劳登便决定在虚构的旅程中融入奇闻逸事和旅行记录。《少年博物学家的旅行》讲述了默顿夫人和 7 岁的女儿阿格尼丝经历的一些小故事，她们是去拜访爱好博物学的亲朋好友。很显然，她这本书延续了亲子教育的传统，尽管默顿夫人并非唯一给女儿传授知识的人。她们上火车时，遇到了一

位带着狨猴的妇女，阿格尼丝借机了解了狨猴的祖国。她们在伯明翰拜访了默顿夫人的表哥，他养了一对从美洲来的弗吉尼亚松鸡。阿格尼丝和它们玩了一会儿，就跑到妈妈那里去询问它们的来历和习性。 133
然后她们又在萨默塞特郡拜访了爱德华·博雷克林爵士（Sir Edward Peregrine），他的猎鹰成了这趟拜访的讨论主题。后来，默顿夫人和女儿又拜访了达特河边的一位朋友，位于达特茅斯港口附近，劳登就讨论起了鱼类的主题。这趟旅程并非一次没有目的的全国漫游，而是一趟铁路之旅，让读者可以探索英国的不同地区，了解世界各地的异域风情。[122] 其他女性科普作家以游记写作的作品还包括：玛格丽特·普鲁斯（Margaret Plues）的《蕨类和苔藓搜寻之旅》（*Rambles in Search of Ferns and Mosses*，1861，Houlston），以第一人称的口吻讲述了虚构的多次旅行，到英国各地去观察本地的蕨类。赖特的《为人类存在的地球》（*The Globe Prepared for Man*）也是通过虚构的家庭旅行讲解地质学，这家人在英格兰和威尔士各地旅行，土地的不同颜色和“地势从平原到丘陵再到山谷的变化”激发了他们的好奇心。[123]

科学写作的其他叙事手法则在虚构的维度上走得更远。在有些书中，作者会想象自然如果被赋予了说话的能力，它会说什么？科比姐妹的《树篇》（*Chapters on Trees*，1873，Cassell）里，她们描绘的“加州巨杉”，其高度和年龄给读者留下了深刻的印象。“如果它们能够开口说话的话，这些古老的巨人会讲述怎样的历史？”她们如此问道。[124] 科比姐妹在奇思妙想中徜徉，她们至少有两本书都采用了拟人化的手法。凯里的《常见事物里的奇观》中，所有日常物品都诉说着它们的故事，就好像金斯利的鹅卵石。在第一章中，一块煤答应孩子们，会给他们讲关于自己的历史故事，会像“童话故事般奇妙”。这块煤讲了它的家庭和起源，回忆了在它脚下玩耍的巨大生物。它还告诉想要知道更多的孩子，可以向查尔斯·赖尔爵士咨询“我们家族的年表”。然后，这块煤又开始讨论煤的各种用途，如让屋子暖和、让铁路运行、为蒸汽船和其他伟大的发明提供动能等。[125] 尽管玛丽·罗伯茨比科比姐妹更像老一代的科普作家，而且她在早期的几部作品中也采用早先的亲子写作模式，如《树林之声：林木、蕨类、苔藓和地衣的描述》（*Voices from the Woodlands, Descriptive of Forest Trees, Ferns, Mosses, and Lichens*，1850，Reeve，Benham，and Reeve），成书于她科学写作事业的尾声，书中的树木就被赋予了说话的能力。在
134 本书序言中，她预料了读者对这种想象会表示反对，“据我所知，我听到有人说，为什么没有生命的事物会被假想成可以说话？为何不谈谈它们的特征和用途、生长的地方，而不依赖于想象？”罗伯茨恳请读者不要被“激怒”，提醒他们说，“每个时代的诗人都喜欢用同样的方式来指导人类”。第三人称的讲述者时不时冒出来，将读者的注意力从一种植物引到另一种植物，地衣、苔藓、蕨类和 80 多种不同的树木就算主要的讲述者，描述了它们在造物计划中的特殊位置、历史故事和独特用途。[126]

加蒂在《自然的寓言》里，虚实结合，并将动植物拟人化，呈现了一篇篇有趣的短故事。故事的主角常常不过是一条毛毛虫（“一堂信仰课”）、一只工蜂（“权威和服从的法则”）、鸟儿一家（“未知的土地”）、一只植形动物、一株水草、一只蠹虫（“信仰不会受限于知识”）、各种植物（“教养与克制”）、一群蟋蟀和一只鼹鼠（“等待”）、云杉（“木材的法则”）、一只蜻蜓（“不是迷失，而是早已离开”），或者白嘴鸦（“低等动物”）等。加蒂尽可能让这些儿童故事在科学问题

上是精确的，在《自然的寓言》后来的版本中，她还加上了长段的注释，详述了与每个故事相关的科学理论。虽然加蒂的故事里，动植物都会说话，但都是基于观察和经验写成的。她向朋友哈维咨询了相关的专业知识，在1859年11月21日的信中，她问对方雪地衣藻在高山上长出来后可以有多长的生长期。“我在试着写一篇关于它的寓言故事，”她解释道，“担心在统计数据上犯错误。”[127] 她还写信给其他权威专家寻求建议，包括著名的昆虫学家亨利·斯坦顿（Henry Stainton）。1860年9月12日，她恳请斯坦顿帮忙描述一个注释中的蝴蝶鳞片形状，并咨询他其中一个故事中对蝴蝶死亡的描述是否正确。“您再次看到校对稿时定会吃惊的，”她写道，“但我很想知道‘垂下它的翅膀’（然后死去）这种说法是否合适——好像这么写要比‘跌落’或者‘翅膀断裂’看起来更优雅一些，但无论如何我都认为它们的确垂下了翅膀。”[128] 对加蒂来说，即使是最细微之处的精确性也 135
很重要，因为她对自己的定位是一位科学作家，在传授重要的知识，而不是一位讲故事的人。

“地球上的奇观和美景”

女性科普作家创立了一系列与新读者群交流的叙事手法，令人印象深刻。无论她们采用何种写作模式，美学、道德和宗教主题都是作品的核心所在。她们同19世纪早期亲子写作传统下的女作家一样，将自己塑造成引路人，引导读者去理解科学理论更重要的意义所在，尽管她们很少再设定母亲这样的女性角色。在《植物及其故事》（*Flowers and Their Associations*，1840，Knight）里，普拉特欣喜地沉浸在自然之美中，也希望所有人都能感受到这种欣喜，无论是小孩“珍视雏菊和鹿蹄草”还是“匠人照看他的报春花”，都是不错的信号。“这是对美的感知——对自然的热爱被激发出来，”普拉特断言，“这种热爱不会止步于眼前的事物，他们会去探索地球上的奇观和美景，也意味着享有知识带来的快乐和进步。”野花带来的乐趣“即使对最年幼的人和最贫穷的人也敞开大门”，如果说鸟儿的歌唱是“穷人的音乐”，花儿的美丽就是“穷人的诗歌”。女性科普作家巧妙地运用语言和图像激发读者的审美情趣和新鲜感，以此吸引他们。从微观世界到浩瀚的天空，这些女作家将大自然描绘成奇迹，也是一场感官盛宴。

女性科普作家和先前的博物学家一样，将诗歌和文学融入作品中。对普拉特来讲，歌唱的鸟儿不过是“大自然音乐盛宴”的一个小音符，“柔风穿过夏日的树叶沙沙作响”，秋天的狂风奏响“更响亮而狂野的旋律”，“跌宕奔腾的瀑布和淅淅沥沥的雨滴”，都是大自然的音乐。在普拉特看来，“从地面到天空整个没有生命的自然世界仿佛也在唱着赞歌”。为了吸引读者的耳朵，她在《英格兰鸣鸟》（*Our Native Songsters*，1852，SPCK）的每一章都以一首诗开头，营造田园牧歌的氛围，引用了柯勒律治、基布尔和华兹华斯等诗人的作品。诗歌和生动文学经典散见于她的其他作品，也出现在其他女性科普作
136 家的书中。简·劳登在《有趣的博物学家》里引用了弥尔顿、莎士比亚、蒲伯、拜伦和华兹华斯等人的作品；科比姐妹在《树篇》中讨论了描写书中树木的诗歌；玛丽·沃德在《望远镜讲义》里也提到了洪堡的《宇宙》（*Cosmos*）中讨论阳光之美的描写，讨论了英国诗歌如何极具表现力地呈现了这一主题，并以“阳光”一诗结尾。[129] 在罗伯

茨的《树林之声》中，会说话的植物不仅用诗句描述了自己的美丽和在自然界中的重要地位，作者还引用了柯勒律治和骚塞的诗歌。[130]

在咏叹自然之美时，除了吸引读者的耳朵，女性科普作家更常用的方式是吸引读者的眼球。兰克斯特强调训练双眼正确观察自然的重要性，既要将自然看成奇妙的美丽世界，又将其作为科学研究的对象。“博物学家在这个美丽的世界里，于美妙神奇的万物中思考和工作，”她宣称，“他练就了敏锐的双眼去观察这个世界；日积月累的经验让他可以在匆匆一瞥中就知道一朵花各部分的排列结构，从而识别出它所在的纲和目。”[131] 普拉特用她的语言栩栩如生地描绘了自然的景象，在《大不列颠蕨类》(*Ferns of Great Britain*，1855，SPCK)中，她不断以蕨类植物的精致之美吸引读者。她将叶形漂亮的红毛裸蕨属植物描述为“可爱柔弱的小巧蕨类”；高山珠蕨是“优雅的小型蕨类”，“轮廓非常漂亮”；毛蕨也是一种“漂亮的植物，夏日的风吹过，它就会优雅摇曳着”；蹄盖蕨宛如“风姿绰约”的女子。[132] 在《大海和海里的奇观》里，科比姐妹认为海洋“本身就是一个世界”，它有“受到自身规律的支配”，“不断出现奇迹”。科比姐妹惊叹于海藻的美丽以及生活在其中的神奇生物，她们对这个“仙境般”世界的描述穷尽了华丽的辞藻。她们将海藻比作植物学作家们深情描述的美丽尤物，是“海洋之花，可以与百合和玫瑰争奇斗艳”。[133]

女性科普作家在努力提高对自然之美的认知时，常常会认为自然界里藏着一个读者没有注意到的精致世界。科比姐妹在谈到海洋时就觉得一直生活在陆地上的读者应该“对海洋中隐藏的美丽几乎
一无所知”。[134] 对此，女作家们常常采用几种方式让读者感受自然界 137
中隐秘的美丽。科比姐妹和约翰斯一样，营造了身临其境的氛围，以

这种文学技巧鼓励英国读者想象自己置身于大自然的情景。她们在《林中生物》中将读者带到遥远的异国他乡去观察各种鸟类的绚丽羽毛。在描述完一片柏树林后，她们仿佛在树林里偷看一只蛇鹈鸟一样，直接询问读者："你看到那边的池塘了吗？周围都是树，那些树好像是从池塘里长出来似的。如果你再看看，就会发现它正栖息在
138 一根树枝上。"[135] 在《遥远国度的美丽鸟儿》(*Beautiful Birds in Far-Off Lands*，1872，Nelson）中，科比姐妹带着读者在新几内亚搜寻天堂鸟，那里的森林"生机勃勃，住着聪明伶俐的精灵们"。在搜寻过程中，她们时不时停下来，给读者看一些奇异的植物，"注意到那边的树了吗？"她们问道，"在主干顶端，巨大的树冠向四面延伸开来，就好像长满叶子的大平台。"[136]另一个揭秘自然奥秘的文学手段则是借助可以提高感知能力的仪器，从而提供细致的描述。普拉特在《海边常见生物》中向读者展示了珊瑚礁和水母的美丽，也不得不靠显微镜解开细微生物的神秘面纱。在显微镜下观察普通的植形动物会发现，它们"非常奇妙"，"漂亮的杯形或铃铛形细胞"让她觉得"即使是普通的事物，也隐藏着多少难以察觉的美啊"！英国海草也是

图 3.7　蹄盖蕨，普拉特把称它为"大型蕨类中最漂亮的一种"。出自《大不列颠蕨类》第 66 页，对页。

如此，需要“借助显微镜才能发现它们精致的结构”。[137]

女作家们不仅通过文学技巧向读者传达自然之美，还会借助生动的插图，尤其是彩色插图，19 世纪 50 年代后的女性远比亲子写作传统下的前辈们在作品中纳入了更丰富多彩的插图。[138] 从 19 世纪 30 年代开始，印刷技术的革新首次让丰富的图像得以广泛使用，价格也更亲民，图像因此在女性科普写作中扮演了重要的角色。为了让作品更受读者青睐，从事科学写作的女性意识到，她们必须利用大众视觉文化发展的优势。比起前辈们，她们更加娴熟地利用图像，有意识地巧妙处理文本中的插图。还有一个对比是，同时代的男性科学家们在给大众读者写作时却并不总是依赖图像。19 世纪上半叶，中产阶级对插图小说和周刊的兴趣越来越浓，让科学家们担心图像会对读者心智产生不利影响。不少男科学家都不愿意使用图像，因为他们认为图像只是从情感或感官上吸引读者，却对理性思维无益。在 1838 年关于博物学书籍中图像使用的争论中，核心问题在于是否让读者仅仅欣赏流于表面的自然之美。[139] 19 世纪更晚期时，出于类似的担忧，推崇职 139
业化的科学家们很少使用插图，主要依靠的是图表、地图和横截面等特殊图像。

然而，女作家却在作品中大量使用插图，大部分都是描绘自然中的动植物或特殊景观。她们未必都在书中插入大量彩色插图，劳登、赖特和左林等人在作品中用了不少黑白木刻画。劳登的《园艺爱好者月历》有 122 幅，而《为女士写的植物学》有 151 幅，《有趣的博物学家》里更多，将近 500 幅黑白插图。[140] 赖特的《观察的眼睛》和《我们的世界》穿插着大量小插图，除此之外，她的《为人类存在的地球》扉页是一幅火山喷发的彩图，还有一张“地表 8 到 10 英里

图 3.8　左林作品提供的世界上壮观的大瀑布之一——威尔伯福斯瀑布。这是“双瀑布的绝佳例子”，“自然界中最壮丽的景象之一”。出自《水世界》，第 248 页。

深度的岩层”折页大图。左林在其中一些作品中使用了木刻插图，如《供家庭和学校使用的自然地理学概要》（*Outlines of Physical Geography, for Families and Schools*，1851，Parker）只有 9 幅插图（不少还是地图和图表），相比之下《水世界》和《自然地理学的乐趣》分别有 35 幅和 50 幅插图（图 3.8）。加蒂、兰克斯特、普拉特、特文宁、罗伯茨、鲍迪奇·李、科比姐妹和沃德等人则用了彩色的自然图像，加蒂就在《英国海草》中借用了哈维《不列颠藻类学》中的彩色插图。不管是在讨论蕨类、树木、有花植物、一般性的植物、鸟类还是软体动物时，女作家都喜欢用彩色图像。[141] 相比之下，只有几位男性科普作家会给读者提供这类奢华的彩色绘本，如伍德、约翰斯、霍顿和戈斯等。

玛丽·沃德的作品是一个典型的例子，反映了女性科普作家如何通过彩色图像激发读者对自然之美的兴趣。沃德和加蒂、劳登、普拉特、特文宁一样，自己就是艺术家，她不仅自己绘制了作品中的所有
140 插图，还为男性科学家的著作画插图。戴维·布鲁斯特的《牛顿的一

生》(*Life of Newton*，1855)里牛顿和戈斯的望远镜插图就出自她手。[142] 布鲁斯特的女儿还声称，沃德为戈斯的论文《古代已分解玻璃的结构和光学特性》绘制了插图，称她有着“妙笔生花的绘画天赋”。[143] 沃德的彩色插图非常精美，其中有两幅作品入选1862年水晶宫国际展览图书分展。[144]《望远镜讲义》中有15幅插图，有一些是彩图，都是根据沃德自己绘制的作品设计的。“流星”一图描绘了繁星满天的美丽夜

图3.9 “流星”，沃德自己画的一幅插图，展示了美丽的夜空，充满浪漫主义的气息。出自《望远镜讲义》，第166页，对页。

141 晚，相关的文字描述则探讨了关于流星的普遍传说（图 3.9）。[145]

《显微镜讲义》有 27 幅彩色插图，包括昆虫翅膀、鳞片和眼睛；动物毛发；花瓣、种子和花粉；鱼类、青蛙、蝾螈和蝙蝠等体内的血液循环。显微镜让通常被当成恶心之物的东西展现出光彩夺目的一
142 面，昆虫翅膀“在显微镜下成了最可爱的尤物”。[146] 尽管沃德的插图已经画得很漂亮了，但她还是强调说，就昆虫的鳞片而言，“最好的绘画技能也难以展现它真实的美丽”，[147] 她对天文学现象也做出了类似的评价。第一次见到土星令人振奋，“真实的行星之美令观看者震撼，这种震撼是任何图像也难以做到的”。[148] 在《显微镜讲义》中，沃德将指导手册和现象描述融为一体，强调显微镜所展示的美丽景象。在全景图的传统下，沃德展现了一系列自然奇观。[149] 她在提到全景图作为伦敦娱乐消遣的项目时，承认自己契合当时的大众视觉文化，试图以同样的审美情趣来吸引读者。

道德和社会导师

从 19 世纪 50 年代到下半叶中期，女性科普作家为了满足新的读者群，形成了新颖的写作模式，展示了更多视觉图像，但她们依然保留了自己作为道德和社会导师的角色。如此一来，她们就可以像早先亲子写作传统下的前辈们那样，宣称自己拥有女性被赋予的教育权威。[150] 大自然是人类行为的典范，也为行之有效的社会组织结构提供了线索。女作家们探讨了家庭价值、勤劳的意义、服从权威的必要性、酒精的危险、奴隶制的正当性和帝国主义的益处等议题。当然，这些女作家从自然中引申出来的道理也反映了她们的中产阶级背景和

对英国的国家认同感。男性科学家将维多利亚中产阶级社会投射到自然界，并为中产阶级价值观寻求科学依据，女性科普作家也做了类似的尝试。

对普拉特来说，自然为家庭价值代言。由基督教知识促进会出 143
版的《英国禾本和莎草植物》（*British Grasses and Sedges*，1859）中，普拉特探讨了禾本目和莎草目的植物，描述了它们的茎秆、果实、花、用途和分布等。普拉特开篇就谈到了禾本植物在植物王国中的角色，描述了早春的草地，强调了它们的美丽。她如此写道："此时，我们在哪里都能见到成片的玉米摇曳着美丽的身姿，无论是在东部还是西部的气候中，抑或是祖国的丘陵和山谷间宁静的家园，它们都在诉说着和平、文明与家庭的幸福，是家的代言者。"她接着解释了人类定居后种植玉米的历史，"野蛮的流浪者"不会种玉米。人类耕耘了土地，形成了"更温和的生活方式，在文明生活中取得了技艺和科学的进步。房屋被搭建起来，孩子们在屋檐的庇护下成长，学会了爱亲人、友邻和祖国。农业是个人和国家繁荣的源泉"。[151] 对家庭的歌颂旨在让读者准确理解，禾本和莎草植物在自然的社会经济中扮演着重要角色。

有的女作家提醒读者勤劳的重要性。在《观察的眼睛》的结论部分，赖特认为可以学习昆虫的优良品质。尽管昆虫小巧玲珑，但它们的集体劳动为人类提供了非常有用的东西，如提供蜂蜜和蜂蜡，以及充当清道夫，清理有害垃圾。孜孜不倦的它们教导我们要"要愉快而积极投身于我们手里从事的一切劳作"。[152] 在科比姐妹笔下，所有的动物都是勤劳的。如果读者"对动物世界发生的故事明察秋毫，在晴朗的夏日清晨环顾四周时，就会发现眼皮子底下有多么繁忙的景象！

每种生物都在工作”，黄蜂在为搭建巢穴收集材料，蚂蚁在家门进进出出，毛毛虫也在努力工作。[153]在科比姐妹看来，博物学兴趣本身就会教育读者变得勤奋。在《玛莎姨妈的壁角柜》里，她们塑造了两个懒惰男孩，“曾经又懒又无知，长大后勤奋又博学”，因为他们受到了姨妈壁柜里那些物品的故事启发。[154]

除了教育读者家庭价值和勤奋的重要性，探究自然还能警示读
144 者酗酒的危害。鲍迪奇·李的《树木、植物和花卉》希望读者能明白“上帝的慷慨”，但同时指出了滥用上帝礼物的恶习。在文明的国度，“蔬菜的栽培技术已经非常完美，为我们供应了生活必需品或奢侈物；为此整个世界被洗劫一空，为贪婪的人们供给他们需要的珍宝”。将自然转变成人类的商品会提供成千上万工作岗位，通过征税可以增加社会财富，生产珍贵的药物和燃料，并使“我们的餐桌摆满美味佳肴”。鲍迪奇·李接着采用了林德利的自然分类体系，对每个类群的植物作了一一介绍。她描述了每种类群的形态特征，还提供了一些历史、全球分布地区和用途等知识。在谈到“禾本植物”时，她强调说这是上帝的慷慨馈赠，严厉警告对这些礼物的滥用。鲍迪奇·李认为，禾本植物对所有人来说都是必需品，上帝因此睿智地让它们广布地球表面。“它们的种子能产生最有营养价值的食物，”她宣称，“很多种子还可以提取有益的酒液，适量而谨慎饮用可以让人满血复活；但如果毫无节制地盲目饮用则会毁坏生命，从道德和智力上都是对上帝最崇高的礼物极大的亵渎。”例如，啤酒就是滋养身心、有益健康的酒类，可以恢复人的体力，但如果“饮用过量，醉酒对精神的伤害比其他酒都要大”。上帝赐予了我们一份伟大的礼物，但因为“人类自己的过错”，却把祝福变成了诅咒。[155]

令人惊讶的是，不少女性科普作家认为还能从自然学到服从权威的必要性。就这方面来讲，加蒂的《自然的寓言》可能是最典型的例子，当然她在其他作品中也会劝诫读者服从世俗中的权威。[156]《自然的寓言》告诉读者如何通过科学地探究自然从而明白自己的道德义务和责任。[157]例如，在“权威与服从法则”中，一只工蜂发现自己出生时其实与蜂后的身体是一样的，只因为不同的食物和所居住的房子形状导致了后来的差异，这让它变得桀骜不驯。它说服了一些年轻蜜蜂，让它们相信这是不公平的，然后打算建一个平等的蜂巢，但缺少领导者，它们根本无从决定在哪里筑新巢。尽管它们开始意识到社会 145
等级制度背后的智慧，也明白大自然自由选择统治者的方式，赋予它超凡的能力让其能够胜任统治者的角色，但为时已晚，它们最初叛乱的后果是灾难性的。在它们寻找新蜂巢的时候，一只年轻的蜂后过早从巢室中逃出来，被老蜂后杀死。作者在结论部分阐明了故事的寓意，“因此，自然的本能证实了人类推断出来的结论”。[158]在加蒂的故事中，科学揭示了蜂巢中等级制度的生物学本能特征，证实了政治和社会体制中存在统治者和被统治者的现象。在“等待”这个故事中，蟋蟀对自己的生活有诸多不满，渴望更美好的生活。一只鼹鼠奉劝它们要耐心，因为如果它们再等等，“一切都会适应，最后会变得完美”。经过几代蟋蟀的努力，它们实现了自己的目的，在人类房屋的炉灶边欢快地唱起歌了。[159]急躁的工蜂破坏了普遍存在的自然和社会秩序，蟋蟀却不同，对事物的本质充满耐心，最终得到了幸福和满足。

在家庭价值、勤劳、禁酒和服从等道理之后，自然世界也为英国的帝国主义辩护。特文宁在《植物世界》中认为，植物生长在不同的国度，“目的就是让人类凭借自己的能力广泛游历，并运输当地的物产，将其分配给同胞们”，不同国家之间的植物产品交换是互利互惠的。例如，在西印度群岛，当地人都无法从大量的棉花作物中生产出什么有用之物，欧洲船只在那里的海港收购了当地人采摘的棉花，大量运输到英国的制造业城镇，将这些棉花做成了衣服。“有一些优雅的款式适合英国人的品位，”特文宁说道，“但生产商也知道贫穷的黑人妇女喜欢艳丽的服饰，总会设计一部分明亮而俗艳的款式。”如果没有英国制造商的帮助，“获释的奴隶”就不能将自己采摘的棉铃“变成她们喜欢的艳丽裙子”。特文宁认为这种方式是公平的，得到了自然及其创造者的认可，“因此，我们可以看到，植物（即使是卑微
146 和低贱的植物）也遵从一条伟大而神圣的法则。这个世界必定按照此法则让人生来就为自己和同胞的利益和幸福而劳作。每个人都在上天的安排下完成大量工作，每个人都在这样的劳作中为自己和同胞谋福利”。尽管特文宁为英国的帝国主义辩护，但她抗议奴隶制，认为它极其残酷。[160]对特文宁来说，支持帝国主义与谴责奴隶制这个帝国主义副产物之间的张力并不存在。

鲍迪奇·李与特文宁差不多，也同样借助自然为英国帝国主义辩护。她和特文宁一样，认可文明国家的“植物文化”，因为这可以为英国持续供给生活必需品或奢侈品，为此“遍寻整个世界”。确保“最远的国家成为我们的殖民地”也是“植物文化”的一部分，她特别指出，杜仲树的发现对有线电报的发展至关重要，是殖民化进程带来巨大利益的典型例子。“时间和空间被这种植物产品征服了，”她写道，“海底电报如此强大，就好像一个神秘而离奇的梦，就目前看来，要是全部实现它的功能，其影响不可估量。”但在讨论蔗糖时，鲍迪奇·李也批判了奴隶制，她指出，甘蔗的栽培“是多年来非洲国家

人肉出口（奴隶贸易）这项邪恶而可耻商业行为主要的借口”。鲍迪奇·李似乎并没有意识到殖民化与奴隶制之间的密切联系，她觉得自然界认可了前者，否认了后者。[161]

宗教导师：没有昆虫学家是无神论者

这个时期大多数女性科普作家都视自己为宗教导师和道德导师，兰克斯特和艾丽斯·博丁顿属于少数例外。[162] 自然界的蛛丝马迹提示了人类的正确行为，因为是上帝创造了自然。如莉迪娅·贝克尔所
言：“在大自然中，没有微不足道或无关紧要之物，最微小和短暂的 147
生命也源自同样的造物法则，受制于同样的上帝之力，地球上最伟大和最强大的生命皆受造于此。”[163] 在女作家的作品中，她们将科学知识对宗教的影响视为合法的研究对象，探讨了《圣经》与科学的关系，以及自然现象对基督教重要教义的影响。最重要的是，她们借助设计论，突出地展现了关于自然的神学。很多女作家与圣公会牧师一样，虔诚地信仰基督教。其中有不少人是圣公会教徒，包括贝克尔、劳登、特文宁，还有一些是福音派圣公会教徒，如加蒂和左林。玛丽·沃德是爱尔兰教会的成员，这个教会就像是爱尔兰的英格兰教会。还有几位属于非正统宗教，例如鲍迪奇·李、科比姐妹和罗伯茨等。[164] 虽然到 19 世纪中叶时，女作家已经远离“自然神学叙事”，转而拥抱“博物学叙事”，但宗教主题依然在她们的作品中占有重要地位，即使她们中只有少数人是和基督教出版商合作，如圣书公会或基督教知识促进会。[165]

对一些女性科普作家来讲，重要的是要证明《圣经》中传达的宗

教真理与当前的科学理论不存在任何冲突。赖特在《为人类存在的地球》封面上引用了两句诗篇中的话，讲的是上帝如何打下地球的根基，旁边还有一句当时著名的地质学家亨利·德·拉·贝施（Henry De La Beche）的名言，她试图用这种方式调和启示录与当时地质学发现的关系。赖特在序言里谈道，“几年前，博物学领域里的地质学发现在公众心里引起很大的恐慌”，因为这些发现似乎“有悖于创世纪的启示学说”。她认为，“这种恐慌已经消退”，因为深入的调查研究已经揭示了《圣经》与上帝作品之间是和谐一致的。据赖特讲，必然
148 会如此，因为地质学研究发现了无数的神圣秩序和设计的例子，以此“让我们可以确信存在一位至高无上的创造者”。然而，为了让这种调和能长久，赖特向读者反复强调，要理解《圣经》的目的是协调人类“与其造物主之间的道德和精神关系”，“而不是传授博物学知识”。《圣经》断言地球表面肯定就是按上帝意图所形成的样子，却“没有揭示上帝旨意中地壳岩石形成的模式”，要“了解这个过程”，我们就必须探究自然。[166]

有的女作家在谈论某种特殊的动植物时，会告诉读者它在《圣经》中出现的位置，以此凸显作品的宗教意义。在劳登的《有趣的博物学家》这本动物学手册中，每种动物都有一小节描述，每小节平均一页的篇幅，包括动物的地理分布、形态特征、习性和人们如何利用它。劳登讨论了《圣经》对这些动物的描述，例如，她宣称“河马是《圣经》里的巨兽，可参看《约伯记》第四十章”。[167]劳登觉得这样的信息不仅与主题相关，也会引起读者的兴趣，还会帮助读者领会博物学与《圣经》的联系。赖特探讨了《圣经》中某些动物的象征意义，她在《观察的眼睛》中谈到蠕虫时告诉读者，“《圣经》经常提到

蠕虫”，它们“有时候象征着人的弱点、世俗心态、危险性和腐败倾向”。[168] 特文宁也喜欢用博物学去阐释《圣经》。“在《圣经》中，叶子被作为更高意义的象征物”，但如果“我们不先了解叶子的本性、功能和特征”，就不可能理解《圣经》中叶子的意象。她认为，学习
植物学不仅可以为“《圣经》真理提供大量证据”，也让读者“在探 149
寻自然和植物用途时，更加理解《圣经》所谈论的各种情形的全部含义”。[169]

基督教教义也可以通过探究自然而得到启示，复活和永生是女性科普作家最喜欢的主题。在《毛毛虫、蝴蝶和蛾》里，科比姐妹将复活与化茧成蝶的“神奇”转变作了类比。人类在地球上被创造出来、死亡再到“最后的变化”过程，就如同蝴蝶一生的三个阶段：匍匐的蠕虫、蝶茧和完美的昆虫。[170] 科比姐妹在《昆虫生活概览》（*Sketches of Insect Life*，1874，RTS）中讨论道，蝴蝶变态过程“预示了伟大而神圣的真理”，并反问说，“观察自然界的生物难道不是比最初的想象更深刻地教会了我们”？[171] 赖特在《观察的眼睛》中得出类似的结论，指出从探究昆虫让人明白上帝可以战胜死后长眠。正如蝴蝶绽放了更高的生命之美，如果上帝“改变我们的心”、洗净我们的罪，我们也可以。[172] 加蒂的《信仰的寓言》（*Parables of Faith*）里有两则故事对昆虫蜕变和复活进行了类比。在“一节信仰课”里，一只毛毛虫最初不相信自己有一天会变成蝴蝶，在经历了神奇的转变过程之后，它发现只要心存信仰，一切皆有可能，包括死后复活。[173] 后面一个故事“不是迷失，而是早已离开”里，一只青蛙告诉一只幼虫，说它以后会变成蜻蜓，离开水里的生活进入一个新世界。这只昆虫告诉它的朋友们在变成蜻蜓后回来看它们，但它变成蜻蜓后再也不能到水里去，

也不能把蜕变的希望传达给它们。加蒂在“科学”注释中谈道，水和空气的分隔对这只昆虫来讲就如同地上和天空。“读者必须自己琢磨这些事，”她写道，“自然世界与精神世界之间的比喻和类比经不起太细致的推敲，但尽管如此，自然界似乎处处都在向我们展示神圣真理的奇妙预兆，蜻蜓的两重生命就是显著的例子。”[174]

150 对大自然的探讨也可以用来向读者传达关于天意的神学概念。科比姐妹认为，在大海中可以找到证明神的旨意的例子。尽管水螅虫除了嘴、囊和触须之外什么都没有，但上帝为它配置了足够的生存条件。她们断言：“仁慈的上帝呵护着它们，在他浩瀚的领地内即使小小的水螅虫也不会被忽视。”[175]科比姐妹并非唯一的例子，其他人也会借用大自然运作中的实例去展示神圣天意。在帽贝的例子中，罗伯茨问读者道：“难道你们没看到，全能的宇宙造物主只需用简单的颜色就可以防止它们因海鸟和贪婪的鱼类猎食而灭绝吗？没有上帝的允许，连我们头上的一根头发都不会随便掉下来，一只孤单的麻雀也不会掉到地上，海岸上的波浪也不会卷起一个贝壳或鹅卵石。”[176]劳登称赞“上帝的智慧”说，他将巨大的大象造成了食草动物而不是食肉动物。[177]

然而，在这些女作家的众多作品中最普遍的宗教主题，无疑是自然教给我们的神圣设计，有些女作家明确表示她们的灵感来自威廉·佩利。1887 年，玛丽·科比在自传中回忆道，父亲给她和家里其他孩子读的书，其中最喜欢的就是佩利的《自然神学》。她写道：“我从未忘记过佩利博士关于手表的观点。一块有着发条、表带和精致齿轮的手表都必定有一个制造者，那么，有着精巧设计和机制的宇宙不是更应该有个造物主吗？”[178]罗伯茨在描述昆虫的频繁活动时指出，它们的快乐和欣喜“正如佩利细致观察到的那样”。[179]沃德在提到“佩利‘自然神学’中专门讨论昆虫的那一章，证明了创世中的神圣设计”时，大概也有相似的想法。[180]

女性科普作家在遍及最细微的生物、最大的天体以及介于两者间
的一切事物中，都发现了上帝的智慧、力量和仁慈等。她们并不打算 151
通过哲学论证来说服读者，使其相信存在一个全知全能的上帝，尽管她们有时候的确会依赖设计论来展示这点。她们的目的主要不是证明上帝的存在，而是展示自然中的神圣设计。在《望远镜讲义》中，沃德强调了望远镜中所看到的浩瀚宇宙，好奇地向读者问道：“在那些遥远的世界里会有什么样的创世奇迹呢？多么令人惊叹，多么荣耀，无穷力量的伟大胜利，无穷慈爱的丰碑！”然而，她提醒读者说，即使最伟大的望远镜也只能让我们看到“无限空间的一隅”或者“上帝作品的小部分”。[181] 沃德强调的是浩瀚空间展现的上帝力量，而赖特则从漫长的时间中去寻找证据。她说，地质学可以激发“人们对伟大造物主的敬畏”。研究地壳的形成“可以让我们的思维无限扩展，可以知晓自然已经运转了漫长的时间，并且见证了全能上帝的伟大智慧和仁慈，他在永恒中创造了万物，用创世的意志力维护着整个宇宙”。赖特的两部地质学作品《我们的世界》和《为人类存在的地球》传达的主要信息就是，造物主在数万年的时间里通过各种自然过程，让地球做好准备，滋养生命万物。[182] 左林则坚持认为，地质学让“我们心怀敬意和喜悦”，无论我们将其视为寻找自然宝藏的钥匙，还是“作为更高明的手段，去思考上帝创造万物时的智慧、力量和仁慈”。[183]

不管是探讨植物还是动物，博物学都是为了教导读者以自然神学家的眼光去看待当前科学蕴藏着的更大潜力。正如特文宁在《植物世

界》里谈到的，探究植物为“造物主的力量和智慧”提供了“令人惊叹的证明”。[184] 劳登也认同此观点，她在《第一本植物学书》里讨论了地衣和海草对环境的适应性，这促使她发现“植物王国里最细微的生命也产生于奇妙的设计，如同最高贵的森林树木，清楚地展示着神圣智慧。它们被巧妙地安排到一起，去适应它们所处的环境。我们揭
152 示的自然奥秘越多，就越对那个创造了所有这些奇迹的仁慈上帝心存敬畏和崇拜”。[185] 普拉特在《一年里的野花》中宣称，植物世界中的设计一目了然，只有傻瓜才会看不见，“各种被创造的作品常常会反映出，一个设计作品必然意味着有一位设计者，此道理不言自明，连小孩都懂”。[186] 植物的特定器官也为设计论提供了沃土，劳登就认为植物花部展示了“神圣的关怀，其构造中充满了智慧”，而罗伯茨则认为种子的复杂构造展示了“造物主的智慧和仁慈”。[187]

动物世界也同样如此，展示了关于自然设计论的宗教主题。不同寻常的身体构造展示大量神圣设计的具体例证，从而表明神的智慧是无穷无尽的。据劳登的说法，鹈鹕的“口袋是上帝给鸟儿配备的，这样它就可以给鸟巢带回足够维持几天的食物”。[188] 普拉特着迷于鸬鹚是如何“被万能的上帝赋予了特殊的技能，可以捕食的鱼比大多数鸟类能吞咽的都大。它的喙和胃之间有一个非常大的咽喉或食道，据说它甚至可以吞下整条比目鱼”。[189] 即便是很多生物的普通器官也展示了神圣设计，例如沃德就称脊椎动物的眼睛“与照相机的暗箱构造极其相似”，她因此将眼睛形容为“最漂亮的机械装置”。[190] 当然，佩利曾特别指出眼睛是极其完美的器官，成为神圣设计的一个主要例证，只能借助伟大的设计者才能解释这种完美。因此，达尔文在《物种起源》中不得不解释，自然选择如何能为眼睛的演变提供了自然主义解

释。直到 1864 年，沃德仍然把眼睛当作大自然中神圣设计的强有力证据。

海洋生物和昆虫也提供了不计其数的设计例证，一些女性科普作家邀请她们的读者去海岸观察。加蒂在《英国海草》中认为，探寻海岸就好像“探寻上帝其他奇妙的作品一样”。[191] 罗伯茨的《通俗软体动物志》(*Popular History of the Mollusca*，1851）围绕自然的经济体系中低等软体动物的重要角色。“它们被精心设计，它们所处的环境 153
和位置也是精心打造的，就像更高等的生物一样”。[192] 女性科普作家都关注到了昆虫研究中的神学主题，尤其是沃德、赖特和科比姐妹等人。对沃德来说，神圣设计的痕迹是如此明显，“任何昆虫学家都不可能是无神论者：就算可能是，他也比任何其他自然探究者更理解创造和指导自然的幕后主宰”。[193] 赖特认为，因为“我们仁慈的上帝一如既往的明智部署”，昆虫总体来讲是带来福音而不是祸害。它们是“地球上最能干的清道夫”，让空气清新，大地干净。它们也为人类提供了蜂蜜、蜂蜡和丝绸，研究昆虫的身体（尤其是翅膀和眼睛）可以发现造物主把它们设计得多么奇妙。甚至连螨虫发毛末端的钩刺，也是“伟大的神迹”。她在《观察的眼睛》中以一首狂想诗结尾，称赞昆虫是多么“奇妙的小生命”，它们完美“轻盈的身体”就是“神圣智慧和力量的印章”。[194] 科比姐妹写了两本关于昆虫的书，她们也热情洋溢地赞颂了昆虫中的神迹。她们指出，毛毛虫的虫卵格外漂亮，“我们也不知道这些细小的‘原子’为何如此精致漂亮，我们只能仰慕全能的上帝创造这些奇妙的作品”（图 3.10）。[195] 科比姐妹和赖特一样，讨论了昆虫身体中的神圣设计。昆虫头、胸和腹部的连接环让它们能轻松自如地应付运动，“在每个细节上，我们都能发现我们能力

图 3.10 毛毛虫精致的虫卵印证了神圣设计。出自《毛毛虫、蝴蝶和蛾》，第 12 页。

之外的设计和技能”。[196]

甚至小到显微镜下才能看到的生物，也能证明自然界里的神圣设计。对科比姐妹来讲，显微镜下的海洋是“一个充满奇迹的世界，我们可以在这里看到造物主仁慈和高超技艺的痕迹”。[197] 普拉特把显微镜转向了珊瑚状的高氏红藻，发现一丛丛紫黑色的藻类就好像“一串串小小的梨，极其漂亮而对称地排列着，每个小梨上面有一个白色的十字架，其周围是鲜艳的红色”。
154 她得出结论：“整个自然都深藏着奇迹，邀请我们更深入地研究神的作品。”[198]

沃德的整本书都在讨论显微镜，观察者可以通过这种仪器“与上帝作品的细微结构面对面接触”。她将这样的经历比喻为“参观了一个迄今为止未被发现的丰饶之地”，为观察者提供了“崭新的感觉，感受伟大造物主无穷的力量和智慧”。沃德邀请读者跟随她踏上了奇妙的显微镜之旅，他们将惊叹于昆虫的翅膀，昆虫和鱼类的鳞片、毛发和羽毛，植物、微生物和血液展示出来的奇特现象。她宣称：“这难道不是真的意味着，对上帝作品的细致观察传达着一种远比人类力量强大的存在吗？这种感觉令人敬畏，难以抵抗，即使是最微小的生命也展现着这种力量，丝毫不亚于上帝最伟大的作品。”[199]

对权威的尊崇

自 18 世纪以来，女性一直充当着道德和宗教导师的角色，从事科学写作。从 19 世纪 50 年代到下半叶中期，女性科普作家延续着这 155 种传统，以此打造自己为自然代言的权威地位。然而，她们在更大的宗教框架下讨论科学，与科学自然主义者的世俗议题背道而驰。她们与牧师科普作家一样，挑战着赫胥黎、丁达尔及其盟友所建立起来的新权威。因此，对于维多利亚时期的读者来讲，她们的作品引发了一个问题：谁能为自然代言？女性科普作家与男性科学家一样为无声的自然发声，诠释着科学理论更重要的意义。[200] 芭芭拉·盖茨将以自然之名的言说比作口技表演，那些从事科学写作的作家创造了一个“哑巴”自然，并通过这个自然传递自己的声音。然而，本质主义者认为女性更亲近自然，这着实让女性科普作家难以扮演成功的口技演员，难以像男科学家一样维持这样的角色期待。因此，女性为了维护自己的权威，便尽量避免引起争议。[201] 她们不仅尽量避免公然与男科学家发生争端，还积极参考他们的作品。在科学家努力推进职业化进程的时代，女作家越难与权威抗衡，只好让自己看起来非常尊崇男科学家。

这种尊崇态度体现在积极、正面地引用男科学家著作，这种做法与牧师科普作家类似。如我们所见，女性将自己的作品定位为预备读物，可以为读者进一步阅读更复杂的专著打下基础。她们表示尊崇的另一种方式是，将杰出的男性名字放在作品献词里。沃德的《望远镜讲义》是献给表哥罗斯伯爵的，她还告诉读者，伯爵评论她的书说，“就有限的能力来讲，这本书非常好”。[202] 还有女作家表示她们的作品基本架构来自某位男科学家的启发，例如兰克斯特在《英国蕨类》中称，她将威廉·胡克的《英国蕨类》作为自己的范本，而劳登在《英国野花》导言中称她采用的植物分类系统是效仿林德利的著作。[203]

女作家常常在作品开篇提及她们所参考的主要著作的作者名字。赖特在《为人类存在的地球》序言里，提到了赖尔、吉迪恩·曼特尔（Gideon Mantell）、威廉·巴克兰、休·米勒和德·拉·贝施等人。有
156 些女作家在作品中掺杂着男科学家著作中所罗列的具体事实依据。例如，沃德的《望远镜讲义》据说参考了约翰·尼克尔（John Pringle Nichol）、洪堡、约翰·赫歇尔、罗伯特·格兰特（Robert Grant）和乔治·艾里（George Airy）等人的著作。特文宁也证实，她在撰写《植物自然目图解》时受益于林德利和约翰·罗伊尔（John Forbes Royle）的专著。[204] 由此可见，对男科学家表示尊崇是非常普遍的做法。

在长期寻求自然的道德和宗教意义的传统中，有些女作家虽然尊崇男科学家，但似乎对赫胥黎及其盟友毫不在意。而另一些女作家则公然抵制科学自然主义，在进化论的地位、科学的性别政治以及非精英群体在科学生产中扮演的角色等议题上，从表面的恭敬态度中却可以瞥见各种迹象，表明她们其实并不认同。加蒂和莫里斯一样，强烈反对进化论，她经常在寓言故事中以动植物和儿童的视角质疑傲慢的男性怀疑主义者。[205] 作为圣公会低派教会的一员，加蒂告诉出版商贝尔，她拒绝购买圣公会自由派的宣传册《文章和评论》（*Essays and Reviews*，1860），因为它是“不洁之物”。[206] 她在私人信件中对达尔文表示愤慨，给贝尔写信询问《物种起源》的新闻时评价说：“自然主义世界已经疯了！”她惊讶地发现，和《圣经》公然唱反调的“一本书居然卖到14先令这么贵，也没阻碍它的销量”。1860年3月19日，她再次写信给贝尔，预言《物种起源》“不过是一个伟人所犯

下的错误，这终将会被发现和揭露出来，届时胡克博士、赖尔爵士和赫胥黎都会反对，这并非言过其实——但我没法再有其他观点”。[207]金斯利试图为进化过程赋予道德和神学意义，使达尔文理论能与基督教相容，但加蒂却不愿意这么做。

加蒂在给威廉·哈维的信中也表达了对达尔文的愤怒，[208]她被进化论的宗教和道德暗示激怒了，但她也告诉哈维说太缺乏科学依据， 157
并讽刺地质疑达尔文的心智有问题。谈到达尔文在《物种起源》中对时间长河中新物种形成的描述时，加蒂问哈维：“那张点线图什么都不能证明，这个博学的脑袋里必定有某个地方发晕了吧。”[209]加蒂对进化论的抵制甚至影响到她与哈维的友谊，她在通信中原本一直小心翼翼、毕恭毕敬，却因为此事不时表现出不满。哈维拒绝公开就达尔文理论表态，在加蒂看来更糟糕的是，他似乎在有些问题上还站在达尔文那一边，这让加蒂有些恼怒。“在达尔文这个问题上，我现在几乎不能忍受您的观点或者写信给您，”她在1860年8月18日如此写道，“您上一封信让我如此烦躁不安甚至难过。”她表示，希望“更权威”的人士能站出来反对达尔文，试图鼓动哈维充当这样的角色。[210]哈维对达尔文的反对有丝毫减弱的迹象都让加蒂变得警觉，在同一个月她还邀请哈维去埃克尔斯菲尔德促膝长谈，断言“约瑟夫·胡克博士应该没改变您的想法”，[211]但加蒂至少有一次还是表现过激了。1863年，哈维寄了一本达尔文的《兰科植物依靠昆虫传粉的种种方式》(*On the Various Contrivances by Which British and Foreign Orchids are Fertilised by Insects*，1862）作为礼物送给她。加蒂最初拒绝阅读此书，还批判达尔文缺乏哲学洞见。很显然，哈维回应了这些批判，还责怪了她。加蒂这下打了退堂鼓，恭敬地回应道，“您这次语气够重的，不过都是我自找的，到此为止吧。”[212]

既然哈维拒绝谈论达尔文，加蒂决定亲自公然反对达尔文，尽管她明白自己在这场争论中的影响非常微小。1862 年 3 月 13 日，她写信给一个朋友说，达尔文可能有一些“稀里糊涂的奇怪想法，竟然相信这世上同时有一位伟大的造物主和一个伟大而有创造性的‘自然选择’（当然是大写字母）理论”。她向朋友讲述了“低等动物”（1862）的故事，在里面“我以微弱的方式与达尔文的假说抗争，尽管我没什么资格与他抗争什么”。[213] 在这个故事中，加蒂讲述了一群秃鼻乌
158 鸦[214]聚在一起讨论人类的起源。一只乌鸦宣称人类并不高一等，相反，他们“和我们同胞相比，既没有更退化也没有更高等”。这只乌鸦讽刺了进化论的推理逻辑，辩论说对于这个命题，如果你可以解释原本无法解释的东西，那你只能接受这个命题。在故事结尾，这位讲述者意识到，这一切不过是因为读了书桌上一本没有名字的书后做的一场梦，从而将其称为“第一次诱惑”，是一种妄想“如上帝般知识渊博”的罪。[215] 虽然加蒂的“低等动物”是唯一直接批判达尔文的故事，但她在整部《自然的寓言》中都在抵制科学中愈演愈烈的唯物主义。她通过虚构的小故事，以自己的方式参与到科学自然主义有效性的争端中，却不用让自己及其目的引起关注。[216]

对加蒂这类女作家，她们对科学自然主义的抵制主要是基于宗教立场的考虑，还有的人可能是出于科学自然主义者对待女性的态度。除了少数的例外，女性科普作家并不都是妇女运动的积极拥护者，她们早在 19 世纪 60 年代末妇女权利成为突出的政治问题之前，已积极投身于科普写作中，而兰克斯特和贝克尔就是其中的例外。兰克斯特是 1866 年妇女选举权请愿书的签名者之一，她还就女性健康和就业

问题发表了一些期刊文章。[217] 贝克尔是选举权运动的领导者之一，与维多利亚时期著名的女权主义者艾米丽·戴维斯、伊丽莎白·沃斯滕霍姆和约瑟芬·巴特勒等人一起投身其中。[218] 然而，其他女性作家至少从表面上看对女性在社会中扮演的角色持有较为保守的态度。例如，据马克斯维尔称，加蒂认为女性在公共场合演讲是不得体的行为，也不适合就当时的一些议题对男性指手画脚。[219]1861 年，加蒂去爱尔兰旅行，刚好碰到弗朗西斯·科布和社会科学大会。她意识到，“在济贫院和其他一些地方确实存在怨愤和虐待”，她同意科布的观点，认为应该有人站出来“发声”，但不应该是“女士们”站出来。她给哈维的信中写道：“可能是因为我已经老态龙钟，接受不了女士
们对男人指手画脚这种新做法了。”[220] 然而，虽然女性科普作家将自己 159
的科学活动当成社会认可的“女性”职责的延伸，但有些人的生活其实与传统性别观念相悖。[221]

有些女性科普作家虽然对性别现状提出了质疑，但即使是最激进的女作家也没有在这个问题上直接挑战著名的科学自然主义者。贝克尔的《植物学新手指南》并没有明确探讨女性议题，但她采用了男作家常用的标准化写法，去除个人色彩，以此拒绝女性科学教育应该采用“特别写作方式”的刻板印象，例如非常亲切的文风，或者面向特定性别的植物学书籍。[222] 贝克尔在 1864 年出版了这本书后，发表了一系列期刊文章，开始更直接地探讨“妇女问题”与科学之间的关系。作为第一次女性主义浪潮中的一员，贝克尔的整体策略是贬斥本质主义以及在此基础上的两分领域观念，她认为这样可以让女性进入科学世界和其他传统的男性领域，例如政治。在《妇女选举权》（1867）一文中，她争论道，“妇女无涉政治”的陈词滥调不过是

“感情用事”，并无“科学依据”。[223] 在《男女智力存在明显区别吗？》（1868）一文中，贝克尔系统地谴责了以下观点——“妇女在身体上比男人柔弱就意味着在思想上也同样如此”。那些认为男女存在智力差异的人也认为，“应该以不同的方式培养和指导男女，存在一种分
160 属于各自的‘领域’或‘职责’”。因此，贝克尔认为两分领域的整个性别化体制都是建立在智力差异之上，对此她提出了三点主张：第一，男女之间身体构造的差异并不决定或导致两者之间的智力差异。关于这点，她依靠自己的科学知识做出解释，在整个自然界里，男性具有更强壮的身体并非普遍现象。第二，当前男女体现出来的智力差异是教育和其他社会原因导致的结果，与他们天生的内在差异无关。第三，尽管外部因素导致了男女之间的智力差异，“男女差异并不比同一性别里不同人之间的差异更大”。[224]

如果说贝克尔 1868 年的这篇文章是用科学知识去反驳本质主义，她的另一篇文章《论女性的科学研究》（1869）则认为，本质主义的推理逻辑导致女性不得不“被排除在科学组织之外”。如果没有科学探究这样的智力活动，女性就会沦落为“追求病态的宗教刺激”的受害者，或陷入“一种疲惫不堪、听天由命的麻木中”。但是，贝克尔断言，女性几乎无法加入任何科学机构和学会，如果能改革教育体制，让女性享有和男性同等的教育机会，将会有更多的人投身科研，促进科学爆发式的进步。“科学的进步将远不止翻倍，”她宣称，“因为有一半的人类得不到教育、止步不前，成为别人的拖累。”[225] 贝克尔的文章还反驳了达尔文《人类的由来》中女性智力低劣的观点，抗议赫胥黎在同一年拒绝女性加入人类学学会，[226] 但她从未公开发表演说去抵制他们。

可能是因为贝克尔之前与达尔文有往来，使得她在1870年代收敛了自己的言论和笔头。1863年5月，她第一次写信给达尔文，并寄了一份形态特别的朝鲜剪秋罗，后来证明这株植物只是生病了。之后，他们在那一年多次通信，探讨寄生植物和植物学中的雌雄同体问题。后来，贝克尔还写了一篇相关的文章，并于1869年英国科学促进会在埃克塞特召开的会议上宣读了这篇文章。她在文章中指出，她观察到一种寄生真菌如何使花朵呈现出两性形态，可以作为达尔文泛生论的一个证据。[227]1864年，她将《植物学新手指南》寄了一本给达 161
尔文，希望这位“在科学研究上最德高望重的人”可以“感到欣慰，因为其他人也享受到探究自然带来的快乐，不管他们相隔多远，同样可以分享这份快乐”。[228]

两年后，贝克尔再次写信给达尔文，她不确定对方是否依然记得自己，并感激他之前的善意。这次，她恳求达尔文能否向新成立的曼彻斯特女子文学社伸出“援助之手”，寄一篇论文过来以便在第一次会议上宣读。达尔文依她的意思，寄了一篇关于攀缘植物的论文。1867年2月6日，贝克尔回信感谢达尔文，因为他的支持新学会才取得了成功。[229]多年来，贝克尔一直都对达尔文心怀感激，1869年1月13日，她再次写信给达尔文，称赞《动植物在驯化中的变异》（*Variation of Animals and Plants under Domestication*，1868）一书，并汇报了她对鹦鹉的观察。当年晚些时候，她将自己在英国科学促进会上宣读的寄生真菌论文与雌雄同株论文寄给了达尔文，并征询他在什么期刊上发表比较合适。[230]贝克尔可能就是考虑到与达尔文的友谊，才克制了自己，没有反驳《人类的由来》中关于女性智力的观点。1877年，她依然在和达尔文通信，跟他讨论植物学话题，还用了曼切斯特全国妇女选举权协会的信笺纸。[231] 尽管贝克尔从没有在公共场合与达尔文、赫胥黎或其他任何科学自然主义者正面交锋，但她在参与妇女选举权运动时用到了她从这些人和其他男科学家著作中学到的知识。在向达尔文学习科学的过程中，她培养了对细节和精确性的关注，这为她在妇女运动中担任领导者角色做好了准备。[232]

女性科普作家以微妙的方式抵制科学自然主义者的世俗观念和性别歧视观点，除此之外，她们中有些人还抗议科学自然主义者在知识
162 生产上的垄断地位，并热情洋溢地称赞读者具有取得重要科学发现的潜力。左林告诉读者说，要是学生能细致观察，他们“甚至可以为促进这门学科的发展出一份力。社会各阶层的人可以通过科学追求提高自己的地位，不管是现在还是以前，都不乏这样的例子，这条路对所有人都敞开大门”。按她的说法，每个人都可以贡献自己的力量，乡村居民可以记录自己社区的植物和矿物、观察昆虫的习性，由此“为人类的知识贡献自己那份力量”，而城市居民可以观察云的形成和气温变化。[233]

贝克尔也非常乐观地觉得读者有机会获得新的科学发现，她宣称：“每一位准确记录新事实的观察者，或者耐心追寻隐秘的自然规律的人，都在为伟大的知识金字塔添砖加瓦。”[234] 贝克尔借用了牛顿和达尔文的故事，旨在说明任何人都可以做出重要的科学发现。她告诉读者，达尔文被关在病房时对攀缘植物进行了最有意思的观察，“树立了榜样，鼓励了其他人也这样去做”。就算是最常见的动植物，人们也还不完全了解，“任何女性都可以选择一种生物，对其展开一系列的耐心观察，如习性、进食方式、照顾后代的方式等”，说不定就会具有“一些真正的科学价值，即使并不是什么伟大发现”。[235]

1867 年 1 月 30 日，贝克尔在曼彻斯特女子文学协会的成立大会上以
会长的身份做了演讲，她宣称，任何人都不应该“觉得自己的观察
微不足道，就因此打消了原创性观察并记录结果的念头”。她提醒读
者说，看似微不足道的那些观察“恰恰扭转了整个科学思潮，还有
什么比苹果落地更微不足道的呢”？然而，牛顿却从中“发现了万有
引力定律”，而苍蝇与花朵之间的联系让达尔文发现了“一些最重要
的事实，支持了生命体会发生特殊形变的理论”。她承认，尽管“我
们并非达尔文或牛顿，不能指望像他们一样有惊人的发现”，贝克尔 163
仍然认为读者可以在科学共同体中发挥自己的作用。[236] 左林和贝克
尔反对科学家在推崇职业化时拥护的科学等级观念，提出了平等参
与的概念。

抵制科学自然主义

在 19 世纪下半叶，从事科普写作的女性和圣公会牧师有不少共同之处，他们在一些问题上的话语权威受到了男科学家们的质疑，尤其是科学自然主义者。赫胥黎和丁达尔为了让进化论能成功被接受，所采取的一个关键策略就是否认圣公会牧师具备关于科学真理的专业知识。而女性科普作家不仅被排斥在科学协会之外，一些男科学家还声称她们天生就智力低下，她们在科学写作上的权威因此备受质疑。这两类作家都在努力与进化论引发的问题抗争，并抵制推崇科学职业化的那些科学家所认同的等级观念，两者的目的都是为了满足快速发展壮大的大众读者，避免采用专业术语和复杂的分类体系，而是以引人入胜、浅显易懂的写作风格传播科学知识。他们都强调通过理解自

然而促进道德和宗教教育，强调面对自然之美时的惊奇。从事科学写作的女性与圣公会牧师强有力地联合起来，共同致力于阻挠科学自然主义者的目标。女性科普作家传承了独特的科学写作传统，而且她们所面临的困境与圣公会牧师也有所不同，因此我专门在本章中讨论了她们，但如果我们将 19 世纪下半叶作为一个整体，就可以更加综合地去考虑女性这个群体。

当然，这并不是说圣公会牧师和女性科普作家就像科学自然主义者那样形成了紧密团结的群体。赫胥黎及其盟友以伦敦为中心，他们有大把机会可以共同参与行动。在 X 俱乐部的每月例会上，赫胥黎、丁达尔、赫斯特、弗兰克兰、斯宾塞和其他成员，可以不断地为共同
164 的目标制定战略。女性与圣公会牧师却没有任何类似的组织，但他们倒是了解彼此的作品，偶尔提及时会称赞对方。例如，加蒂就很欣赏伍德的作品。1866 年 7 月 10 日，她写信给贝尔说："劳特利奇出版的伍德《逸事》和《插图博物学》……是我读过的当代作品中最优秀的。"[237] 然而，女性和圣公会牧师也可能会批评彼此的作品。加蒂就不喜欢金斯利的作品，她告诉贝尔不要让自己把《海神》当成优秀博物学读物的榜样。"这本书非常受欢迎——没什么用——虚有其表，"她认为，"金斯利的作品没什么科学价值，虽然他非常聪明，可以把任何东西装扮得很漂亮。"[238] 在加蒂《英国海草》首版发行后，金斯利在《读者》杂志上作了不错的评价。"这本书非常漂亮，"他宣称，"如果它能表里如一，那必定非常有价值。"但他拒绝评价这本书的"科学价值"，因为"这需要费时费力地与其他书进行比对——这项工作很有必要，只有专业的科学作家才适合做这件事，并做出专业的科学评判"。[239] 加蒂对金斯利的赞许表示警惕，他拒绝谈论这本书的科学

价值，加蒂对此惊呼道：“我感觉不妙，原来格劳克斯[240]不是藻类学家。”加蒂怀疑金斯利对一般性的博物学也知之甚少，她对金斯利充满敌意还因为对方接受了达尔文的学说，以及他信仰自由的基督教。她向哈维指出，《水孩子》中的凯里妈妈“在一个地方似乎代表自然（或自然选择），但这个爱尔兰妇女更像是代表着良知——在‘做你愿意做的’和‘做你该做的’两则故事里——归根到底都是那么回事。这究竟是真理还是福音书里的仁慈（爱），是自然定律、上帝的法则还是什么东西”？她反对金斯利将自然选择与神性的自然混为一谈，因为只有在后者中才找得到宗教和道德意义，但她认为，“从另一方面来讲，这些寓言写得还是蛮不错的”。[241]女作家与圣公会牧师之间可能存在严重的分歧，但话又说回来，即使在X俱乐部内部也会有争执，例如19世纪80年代晚期斯宾塞与赫胥黎之间的著名争端。

亲子写作传统与圣公会牧师神学传统的继承者之间存在着趋同 165
性，这似乎让人对19世纪最后几十年产生了一种印象，即大众文化日渐“女性化”，成为文明衰退的原因。在这一时期，社会主义与妇女运动挑战着男性主导的文化，大众文化开始与女性联系在一起，但男性依然在享有真正的文化特权。到19世纪末，政治、心理和美学话语不断将大众文化性别化，将大众女性化，而高级文化依然被视为男性的活动领地，他们享有特权。这是欧洲的普遍现象，男性化的高级文化捍卫者包括龚古尔兄弟、尼采和古斯塔夫·勒庞（Gustave Le Bon）等人。[242]因此，圣公会牧师参与到大众科学市场，可能会对他们的权威性产生不利影响。[243]“大众科学”这个概念被沾染上一些负面含义，恰恰就是因为它是大众文化的一部分。

第四章　科学表演者：伍德、佩珀与视觉奇观

167 就在 1862 年圣诞节前，约翰·佩珀邀请了一小群文艺界和科学界的朋友以及几位媒体人士，前来他所在的皇家理工学院（Royal Polytechnic Institution）观看一场爱德华·布尔沃-利顿（Edward Bulwer-Lytton）的演出，名为“离奇故事”。他的计划是通过这次预演，希望新的光学幻觉能让宾客们震惊，最终效果比预计的还好。观众们被鬼怪幻觉吓了一跳，佩珀见状决定不向他们解释其中的蹊跷，而是在第二天赶紧推出了一个临时性的专利，因为他觉察到其中似乎有着无限的潜力。[1]随后，他为这个表演准备了配套的讲座，题为“离奇讲座”，解释“光场”（Photodrome）产生的奇特现象，可以利用这种光学设备随心所欲产生幻影。[2]一份期刊力推了这场讲座，“每个人都应该去听听”，并鼓吹“光场”的神奇力量，可以创造“前所未有的最炫效果”。然而，这场讲座最辉煌之处在于，佩珀创造了一个“名副其实的真实幽灵，真实到教授指明这只是幻觉，观众依然将信将疑。直到他亲自走过光影，却毫发无损，观众才相信确实是幻
168 觉”。[3]佩珀的“幽灵”引起了轰动，吸引了成千上万的游客前来皇家理工学院，其中包括阿尔伯特王子和其他皇室成员。[4]

差不多 20 年后，另一位科学表演者约翰·伍德也精心策划了一

场奇特的演出，震惊了观众。在波士顿的罗厄尔（Lowell）讲坛中，他为了阐明讲座中的关键问题，通过“快速的即兴速写”，让动植物在观众见证下浮现出来。这些大幅的绘画给观众留下了深刻印象，他用来作画的黑色画布固定在木架上，有 11 英尺宽、5.5 英尺高。走近细看，这些画作有些粗糙笨拙，但从三四十英尺远的地方看，它们就是一幅幅优雅的佳作，即使最大的会议厅，在每个角落也能看得很清楚，令观众为之惊叹。在其中一次观众席依然爆满的罗厄尔讲座中，伍德讲了鲸，他跟家里汇报说，“当我开讲时，草草两笔就画了一幅鲸的画，长 11 英尺，刚开始观众席鸦雀无声，过了一会儿却响起雷鸣般的掌声，我不得不停下来等他们鼓掌结束”。他接着又在鲸的背上画了一个小水手，展示鲸的巨大体形，观众们“爆发出热烈的笑声和欢呼声”。[5] 伍德这些速写远比实际的形态壮观，迎合了大众对奇观的喜好。他意识到，如果科学讲座要成为一种大众娱乐方式，如果他要成为成功的公共演讲者，他就必须满足人们对视觉图像的偏爱，这也正是当时大众文化的一个特征。

佩珀和伍德是 19 世纪下半叶最著名的科普作家，两人都频繁做讲座、出版普及读物，而且两人都将自己的讲座装扮成惊奇的演出，在作品中纳入了大量的图像。在本章中，我将探讨佩珀和伍德作为科学表演者的角色。如我们所知，相当多女性科普作家的作品充斥着大量的插图，其中不乏精美的彩图，但伍德和佩珀将受众对奇观和生动的视觉图像的渴望提升到了更高的层次。伍德和布鲁尔一样，是最早发掘新的读者市场、为自己打通科学写作事业的作家。对伍德来说，科普作家的谋生方式非常艰难，他的竞争优势就在于能够吸引观众眼球，这同时为他展示自然神学提供了有力的工具。佩珀在皇家理工学

169 院做演讲，他后来还成为这里的管理者，这是 19 世纪上半叶对大众开放的新科学机构之一。1851 年的万国博览会在 1850 年代早期一度使得皇家理工学院的游客急剧减少，佩珀的光学幻觉不仅帮助该学院在博览会影响下得以生存，并使其能够与伦敦其他娱乐方式竞争。虽然佩珀对进化论自然主义者表示尊崇，但他在传播科学时却毫不犹豫地穿插了更广泛的宗教主题。从伍德和佩珀身上可以看到，科学中一旦融入视觉奇观，对广大的新观众有巨大的吸引潜力。

约翰·伍德及其冒险尝试

在 1889 年约翰·伍德去世不久发生了一场论辩，焦点是如何恰当地界定他在大众科学史中的地位。有人认为，伍德是当时最杰出的科学作家之一，《泰晤士报》上的讣告称他“在博物学推广方面，比当今任何作家的贡献都要大”。[6] 一年后，伍德的儿子希欧多尔·伍德（Theodore Wood）为父亲出版了一部传记，在书中理想化地宣称父亲是“第一个普及博物学并将其变得生动有趣的人，甚至让不具备科学知识的人也能明白”。“作为博物学普及的先驱”，伍德“有众多的追随者和模仿者，但他自己从未模仿过谁”。[7]20 年后，约翰·厄普顿（John Upton）再次颂扬了伍德的伟大事业。他在《三位伟大的博学家》（*Three Great Naturalists*）中将伍德誉为当时三位最重要的博物学家之一，与达尔文齐名，“虽然伍德也许不能与最著名的博物学家相提并论，但他在普及博物学方面作出的贡献比其他任何人都大”。[8]

然而，并不是所有人都对伍德的成就赞赏有加。《星期六评论》一位匿名评论员在评价希欧多尔·伍德写的传记时，无情地批判了约翰·伍德的科学信誉，否认了他在科学史中的特殊地位。“伍德的科学设备有严重缺陷，”这位评论员宣称，“即使作为普及者，他既不是第一人，也算不上第一流。”在这位评论员看来，最早面向大众从事博物学写作的作家应该是吉尔伯特·怀特（Gilbert White），然后是查尔斯·沃特顿。这位评论者还补了一句：“第一位系统、综合地普及博物学的人应该是戈斯，他的《加拿大博物学家》（*Canadian Naturalist*）出版时，伍德还是个孩童。”因此，宣称伍德是“任何一类先驱者”都是“严重的历史错误”。他接着说道，希欧多尔·伍德 170
“这种危险的夸夸其谈对他父亲没什么好处”，不合时宜的孝顺导致小伍德对父亲作为科学普及者的重要性进行了错误的描述。[9]

在厄普顿的书出版 24 年后，莫比（F. A. Mumby）在《劳特利奇出版社》（*The House of Routledge*）中对伍德重要性的评价显得更为微妙。莫比认识到了被之前评论者们忽略的一个事实——伍德作为普及者的重要性与 19 世纪中叶的市场状况密不可分。伍德不会单枪匹马“普及”科学，他需要与出版社结盟，而且这家出版社在科学读者市场的扩大上与他达成共识。莫比指出，“伍德牧师早期一两本作品大获成功，乔治·劳特利奇因此受到鼓舞，于是着手出版博物学普及读物”，计划出版一套先令手册的系列丛书，邀请伍德负责写其中几本。按莫比的说法，“这些书在 19 世纪五六十年代给许多年轻读者带来了最初的动力，他们后来成为杰出的博物学家，标志着大众对生物世界和户外生活这类智识兴趣的发端，这种兴趣稳步增长，也必定一代代传承下来”。伍德的其中一部作品《乡间常见事物》（*Common Objects of the Country*，1858）取得了惊人的成功。莫比写道，这本书“在大众读者中风靡一时”，首版的 10 万册在一周内售罄。基本上可以肯定，这个销量显然夸大其词，但莫比精辟地指出，伍德之所以能有这么大的读者群，得益于劳特利奇对这本书的大力宣传。[10] 在这之前，只有罗伯特·钱伯斯才拥有这么大的读者群。与钱伯斯不同的是，伍德是以自己的名字发表作品，回避了争议性话题，写了 30 多本博物学书。伍德是“维多利亚时代的轰动人物”，这不是因为一两部有争议的作品，而是缘于他从 19 世纪 50 年代开始，坚持不懈，长期致力于科学写作和演讲。[11] 而且，莫比在此并没有敏锐地觉察到，伍德大受欢迎至少可以部分归因于他在作品和讲座中大量使用了视觉图像。

171 人们很容易将伍德归为从事科学普及的圣公会牧师，他与这个群体有不少共性，都代表了一种关于自然的神学阐释。不过，伍德和圣公会牧师有两个重要的不同之处。首先，他放弃了全职的牧师职位，全身心投入科学普及中。他在这方面与布鲁尔相似，尽管后者从未打算在公众演讲上大展拳脚。其次，伍德是典型的科学表演者，属于当时视觉文化的一部分。约翰·伍德（1827—1889）的父亲约翰·弗里曼·伍德（John Freeman Wood）是米都塞克斯医院的外科医生和化学讲师，母亲是德国人朱莉安娜·阿恩茨（Juliana Lisetta Arntz），这个大家庭中有 14 个孩子，他是老大。他有着惊人的记忆力，如饥似渴地读书，其博物学兴趣得到了父亲的鼓励。父亲常常在周日下午带着孩子们用显微镜观察在花园里找到的各种事物，而且家里还养了各种宠物。1838 年，伍德被送到德比郡阿什比恩（Ashbourne）文法学校上学，学校校长是他的一位叔叔，乔治·杰普（George Jepp）牧师。1844 年，他返回牛津，进入莫顿学院学习，1847 年取得了学士学位。在牛津上学期间，他痴迷于古典学问，也继续专研他的博物学。他在房间里饲养了各种宠物，包括毛毛虫、蝙蝠、昆虫和蛇。伍德在威尔特郡一所学校当了几年老师，虽然他很早就考上了牛津，但必须等到年龄够了才可以申请圣职。1850年，他返回牛津，准备接受圣职，但他大部分时间其实都在基督教堂与亨利·阿克兰（Henry Acland）一起研究比较解剖学，尤其是昆虫。1852年，塞缪尔·威尔伯福斯主教任命他为执事，但他对博物学已经很痴迷，最后选择放弃牧师职务。[12]

1851年，劳特利奇委托他写一本普及的博物学考察书籍，这本书在1853年以《插图博物学》(*The Illustrated Natural History*)为名出版，这是劳特利奇在50年代成功出版的大众阅读丛书中的第一本。10年来，他劳心于神职工作与写作。1854年，伍德辞去了牛津大学的教士职务，以便全身心地投入写作中，但他在1856年又接受了伦敦圣巴塞罗缪医院的牧师一职，不过这份清闲的工作让他有时间投身写作。1859年，伍德和简·埃利斯（Jane Eleanor Ellis）结婚，并生了3个孩子。到1862年时，他已经成为英国最受欢迎的博 172
物学作者，这年他离开了医院，搬到伍尔维奇附近的观景楼。伍德在肯特郡的埃里斯教

图4.1 伍德牧师，新一类科学普及者。出自Theodore Wood, *The Rev. J. G. Wood: His Life and Work,* Cassell Publishing Company, 1890。

173 区担任免费牧师一直到1873年，[13]还担任了坎特伯雷教区唱诗班领唱，从1869年到1875年组织每年的节日活动，但他现在开始将科学写作作为自己的主业。[14]放弃稳定的牧师工作去从事写作是一项冒险的举动。尤其在1860年代早期，即便这种选择并非完全不可能，以科普作家的身份为生在当时也相当困难，除非有一份待遇丰厚的期刊编辑工作。奈杰尔·克罗斯（Nigel Cross）曾指出，在那个时期，媒体工作者的生活普遍比较贫困。[15]

伍德和劳特利奇长达35年的合作关系，是他成功的关键所在。伍德代表了新一类的科普作家，乔治·劳特利奇则代表了新一代的出版商，他们意识到利用发展壮大的大众读者市场可以带来好处。19世纪40年代，劳特利奇就制定了几项策略去打开市场，不外乎就是以前所未有的低价图书吸引读者，有些图书便宜到只要1先令或1.5先令。他还以低廉的价格出售其他公司的滞销书，靠薄利多销赚钱，以及盗版美国作家的书，创办了几个图书馆丛书，以"铁路图书馆丛书"最为成功。在19世纪五六十年代，劳特利奇是最先探索插图图书的出版商之一，雇用了达尔齐尔（Dalziel）兄弟和其他雕版师雕刻了众多书籍的图版，包括莎士比亚的作品和博物学书籍。[16]

劳特利奇委托伍德撰写11本"常见事物"系列丛书中的7本，这套书在1857—1875年出版。这套书是针对大众读者的博物学手册，价格低廉，获得了巨大成功。"常见事物丛书"借鉴了凯-沙特尔沃斯（Kay-Shuttleworth）等主要几位英国公众教育倡导者的主张，即通过探究日常生活中的常见事物进行科学教育。对常见事物的强调在更早的时候为布鲁尔《常见事物的科学知识指南》带来了巨大销量。伍德为这套丛书写的作品尤其受欢迎，第一本书《海边常见事物》(1857)卖得格外好(图 4.2),首版在 4 月发行,印量 1000 册,售价 1 先令,但到 1860 年时又发行了 4 版,每版 1.9 万册,才能满足市场需求。[17] 伍德写的第二本同系列作品《乡间常见事物》甚至取得 174
了更大的成功,成为 19 世纪下半叶最畅销的科学图书之一。小伍德声称首版发行的 10 万册在一周内售罄,但这个说法并不准确。[18] 根据劳特利奇图书出版记录,首版在 1858 年 2 月问世,发行了 6000 册,价格 1 先令,在 3 月又发行了另一个版本 3000 册,售价 3.5 先令。劳特利奇在首版发行后 10 年内总共将这两个版本发行了 6.4 万册,到 175
1889 年时发行了 8.6 万册。[19] 伍德这两部“常见事物”作品取得了惊

COMMON OBJECTS AT THE SEA-SIDE—GENERALLY FOUND UPON THE ROCKS AT LOW WATER.

图 4.2　伍德受欢迎的一个标志是,《笨拙》周刊拿他的书开玩笑说,这本书的读者在海边搜寻动植物时,他们自己似乎就变成了“海边的常见事物”。出自“Common Objects at the Sea-Side—Generally Found upon the Rocks at Low Water,” Punch 35 [August 21, 1858]: 76。

人的成功，他在 1850 年代晚期与劳特利奇的成功合作，或许就是他冒险从事科学普及的关键所在。

伍德在其科学普及生涯里出版了 20 多部博物学作品，大部分是和劳特利奇合作的，当然也写了其他一些主题。除此之外，他还给各种各样的期刊投稿，编辑一些博物学经典作品，如查尔斯·沃特顿的《南美洲漫游记》（*Wanderings in South America*，1879，Macmillan）和吉尔伯特·怀特的《塞耳伯恩博物志》（*Natural History of Selborne*，1853，Routledge）。小伍德回忆说，父亲总是笔耕不辍，每天写作长达 12 个小时。[20] 虽然伍德已经是一位高产的作家，但依然觉得靠写书和发表文章难以维持生活。小伍德承认，父亲缺乏“生意头脑”，所以他未能从出版商那里获得足够的酬劳。[21] 伍德在 1857 年将《乡间常见事物》版权卖给劳特利奇，价格仅为 40 英镑，而他的出版社靠这本书赚了 3000 英镑。[22] 像伍德这样的作家，想快点收到钱，又对自己的作品销量没有概念，最好的选择就是直接把版权卖给出版
176 社。[23] 伍德后来变得更有生意头脑了。1860 年，他与劳特利奇签署了一份协议，修订版《插图博物学》分成 48 个部分按月发行，每部分他可以收到 30 英镑的版权费；而 1867 年的《世界各国人类自然史图解》（*Routledge's Illustrated Natural History of Man in all Countries of the World*）分成 32 个月发行，每部分版权费也是 30 英镑。[24] 1877 年，伍德更短小的《英国常见蛾类》（*Common Moths of England*）和《英国常见甲虫》（*Common English Beetles*）两部作品让他从劳特利奇那里分别收到了 25 英镑的版权费。[25]

然而，对伍德来讲，科普作家这个行当在经济上依然是不稳定的，19 世纪 70 年代尤其如此。1874 年，他的右手在一次意外中骨

折，几乎无法握笔，他不得不去申请皇家文学基金会的资助。1875 年 12 月 30 日，他写信给基金会委员会，承认这是第三次花光自己的全部积蓄，现在“我猛然发现家里还有生病的妻子、6 个孩子，没有一点收入，也没有积蓄，最糟糕的是没有工作”。伍德表示，在形势比较好的时候他每年可以有 450 英镑的纯收入，但现在已经有好几年没有赚到一点钱。他相信这只是暂时的困难，他正在慢慢恢复健康，很快又可以工作了。他希望基金会能救急，帮他挽救图书馆和博物馆，“筹备时都花费高昂，但转手的话只能贱卖，它们其实就是待销存货”。1876 年 1 月，伍德收到了基金会 125 英镑的资助。同年，他的朋友牛顿·克罗斯兰（Newton Crosland）也说服迪斯雷利（Disraeli）给伍德提供了每年 100 英镑的市民年金。1877 年，他被迫再次申请皇家文学基金会的资助，写道，“我几乎完全依赖图书交易，但在过去 3 年市场一直很萧条，我的版权费不过是杯水车薪，而人数越来越多的大家庭几乎吃掉了我所有收入和积蓄”。因为出版行业的萧条，伍德找不到工作。“常年的焦虑”已经让他患上“重病”，病情正在迅速恢复，但他“不听医生的劝告”，正忙于两本书的写作，希望在写完它们时图书市场已经复苏。这一次申请让伍德获得了 50 英镑的资助。[26]

这时候，伍德开始考虑将演讲作为一种补充的赚钱方式。[27] 他其 177
实偶尔做过讲座，他的第一次讲座已是多年前的事了，1856 年 3 月 11 日在牛津市政厅。[28] 从 1879 年到他去世前，伍德开启了雄心勃勃的英国巡回演讲模式，每个季度平均有 90 场演讲。在 1881—1882 年最频繁的时候，每个季度甚至多达 120 场。他演讲的主题也非常广泛，1880 年 9 月他在沃尔瑟姆斯托（Walthamstow）教区的森林学校做了一系列博物学讲座，涉及昆虫变态、蜜蜂、蚂蚁、胡蜂、蜘蛛、爬行动物和马等。[29] 1881 年，他在奥特林厄姆（Altrincham）文学院和莫兹利（Mawdsley）力学所讲的是“不受待见的昆虫”，在利克（Leek）解救会堂讲了“蚂蚁的生活”，在韦茅斯（Weymouth）演讲学会讲了水母，以及在马尔堡学院讲了马。[30]

伍德与约翰·丁达尔这样的职业科学家相竞争，后者作为伟大的演讲者和科学表演者，早已名声在外，在皇家学院讲座中表现出来的表演艺术很有传奇色彩。有一次，丁达尔在准备讲座时不小心将桌子上一个烧瓶打翻，他迅速跳过桌子，眼疾手快，在瓶子落地前接住了它。然后，他索性将这场“意外”排练了一番，放进了演讲中。还有一次，丁达尔让主席在他的春季演讲中点燃了一支雪茄，用以演示红外辐射隐形焦点。[31] 伍德意识到自己进入了一个竞争激烈的领域，努力在演讲风格上创新，让自己赢得各种演讲邀请。他没有使用准备好的图标或神奇的幻灯片，而是靠各种“快速的即兴绘图”，如打斗的蚂蚁、巨大的鲸鱼和其他动物。他画画时用自巴黎进口的彩色粉笔，可以在特别设计的黑色大画布上显示出明亮的色泽。[32] 伍德的速写给《奥特林厄姆和鲍登卫报》（*Altrincham and Bowdon Guardian*）
178 一位记者留下了深刻的印象。“不仅仅是示意图，而是完成了一幅幅精美的彩色图像，”他揣摩道，“我们相信伍德先生的演讲方式的确非常独特。”[33]

据小伍德称，这些速写“常常在每个细节上都非常精确”，“没有线条被擦除或有过任何修改”。伍德看似一挥而就的速写其实事先经过长时间的精心准备。首先，他会按照可靠的木刻画临摹他要画的对象，在石板上临摹两三遍，总是尽可能用最少的线条画出来。接着，他会在一张纸的背面很细致地画一幅彩图出来，最后才站在黑色画布前，一遍遍练习勾勒轮廓，直到可以毫不犹豫，也毫无差错地画出来。如同丁达尔对实验仪器的完全掌控，伍德胸有成竹地把玩着手里的粉笔，精确地描绘自然世界，以此作为自己科学专业水平的一个证明。[34]

1883—1884 年，伍德新颖的演讲方式使他受邀在波士顿著名的罗厄尔讲坛演讲，从观众的热烈反应看，这趟巡讲之旅是成功的。然而，从经济角度看，这一趟注定是白折腾了，因为伍德并没有聘请专门的机构为他策划罗厄尔讲坛之外的活动，就算在英国他也能赚到同样多的钱。1884—1885 年，他的第二趟横渡大西洋之旅简直就是一场灾难，不得不缩短行程。这次他雇了一位经纪人，然而此人很不称职，谎话连篇，不告诉他实际合作的公司数目。那次经历之后，伍德决定再也不远渡重洋了。伍德每年靠演讲能赚到 300 英镑左右，他的入场费通常是 5 几尼，但还要扣除铁路票、汽车费、小费、经纪人费用和其他开支，剩下的利润就没多少了，并非如预期那样有利可图。[35]

伍德全靠写作和演讲的收入养家，并不像其他那些在教堂有固定收入的牧师，科普写作对他们而言只是赚外快，因此伍德必须比他们高产才行。谋生的巨大压力损害了他的健康，克罗斯兰回忆说，“伍德繁重的劳作对神经系统造成了太大的压力……以至于他曾一度依赖兴奋剂，好让自己保持清醒的工作状态”，克罗斯兰估计这对他的 179
健康损伤很大。[36] 一旦伍德开始巡回演讲，巨大的体力消耗总是让他的身体状况每况愈下，1889 年 3 月 3 日，他在演讲途中患上了重感冒，不久便去世了。“这个可怜的家伙真的积劳成疾，死于鞍马劳顿中。”阿尔弗雷德·怀特海德（Alfred Whitehead）在《泰晤士报》中写道。怀特海德是肯特郡圣彼得教堂的牧师，也是韦斯特贝尔的乡村牧师，他代表伍德的家人呼吁社会募捐，成立“伍德基金”，因为伍德“什么也没有给他们留下”。怀特海德担任基金总管，让大家把钱寄给他的银行经理。[37] 13 天后，伍德遗孀写信向皇家文学基金会求助。“他早就知道，光靠笔杆子根本不可能养活一家人。”她解释说，“1879 年，他开始将公开演讲作为副业。在将近 37 年的时间里，他几乎没有过一天假期，然而在离世时却什么都没留下，除了人寿保险单有一点收益。”克罗斯兰也写信给委员会，列举了诸多理由说明为何“这位笔耕不辍的作家和善良的人不能养活自己的家庭”。这些理由包括赡养老母和兄弟姐妹、疾病、右手遭遇的事故，迫于经济形势“与出版商的不合理协议无异于饮鸩止渴”，还有博物学研究的花费以及到美国巡回演讲失败导致的损失，等等。[38] 伍德的窘迫印证了他在 1860 年代初开始从事科普写作是多么冒险的选择，尽管公众阅读市场的快速增长和印刷技术的发展也创造了新的机会。

让公众理解科学

且不论伍德的经济状况如何，他的博物学作品都很畅销，他自认为这些书写得准确明白，独具特色。他在《男孩的博物学书》(*Boy's Own Book of Natural History*，1861，Routledge）中宣称：“目前还没有哪部作品具备真正的普及性特征，既能具备知识的准确性和结构的系统性，又能深入浅出、清楚明白。”他认为“最广为人知的博物学
180 普及读物”正缺少这几个特征，如分类体系错误，插图不准确，对动物描述不清楚，尤其是“缺少对科学术语含义及其根源的解释”。[39] 伍

德屡次批评那些用不必要的复杂命名法将科学变得晦涩难懂的人，他在《不靠双手打造的家》（*Homes without Hands*，1865，Longman）中谴责了动物分类学家用稀奇古怪的名字为新发现物种命名，而不是采用稍微了解一点古典文学的人都熟悉的希腊单词。[40] 在《动物的特点》（*Animal Characteristics*，1860，Routledge）中，他开篇就嘲笑科学家编造奇怪术语的癖好，比如将大象叫作“长鼻子厚皮哺乳动物”。虽然他承认使用专业术语是方便省心的辅助手段，但他谴责一些科学家故意滥用术语，“迷惑读者，给描述语言披上一层难以理解的语言面纱，并以此为荣”。如此一来，他们颠倒了“一位作者的真正职责，把简单的事情复杂化，让人困惑，而不是将令人迷惑的事物简单化”。[41]

除了尽可能避免使用科学术语，伍德为了让作品更容易理解，也
延续了博物学写作中的一个重要传统：使用奇闻逸事。伍德在《男孩
的博物学书》中指出，大量“新颖的奇闻逸事”是本书的一大特色，
“不少故事之前从未被发表过，但更多的故事是从一些书中借用来的，
这些书对普通读者来说要么很稀缺，要么很贵，要么因为自身的一些
特征，总之很难获取”。[42] 他常常借用其他博物学家或探险家的第一手
观察资料让自己的作品变得生动有趣，奇闻逸事对他而言是传播知识
的重要叙事工具，而不仅仅是增加趣味性的手段。在《人类与野兽》
（*Man and Beast*，1874，Daldy，Isbister）中，他认为低等动物也具备
人类的很多特征。为了证明这点，他引用了“300 多个原创的小故事，
都是经过作者证实的”，[43] 这些逸事就是最有效的证据。[44] 伍德也相信这 181
些故事是传播生物知识最恰当的方式，他在《插图博物学》中坚持认
为“动物学的真正目标”是研究生物的“生命本质”，而不是在“井
然有序的名录中给动物排序、编号和贴标签”。虽然对任何生物而言，

了解其物理构造很有用，但远不如“了解充满活力的结构背后起作用的原理”来得重要。他声称自己强调的是“充满生机的灵魂”而不是“外在的形式”，这也是《插图博物学》的精髓所在，“根据此原则，我一直努力去展现作品中那些逸事和生命气息，而不仅仅是关于解剖的科学知识”。[45]

伍德避免大量的科学术语并采用丰富多彩的奇闻逸事，这种写作风格显然是为了吸引大众读者。栩栩如生的插图也是其作品的一个重要特色，这些插图并非他自己绘制，因为写作太忙，也因为他需要练习绘制讲座用的大图，这种示意图显然和书本插图迥然不同。他让出版商聘请一个或多个绘图员，这样就可以写更多的书，赚更多的钱。不管他和哪个出版商合作，他都要确保有一流的绘图员给自己的作品绘制插图。例如，19 世纪下半叶最著名的显微绘图员塔芬·威斯特（Tuffen West）为伍德的《显微镜下的常见事物》（*Common Objects of the Microscope*，1861，Routledge）绘制了 20 幅插图。而在《男孩的博物学书》里，伍德向读者保证，插图“全部是专门为这本书设计的，艺术家哈维和雕版师达尔齐尔两位先生珠联璧合，确保了插图的精确性和完美呈现”。伍德自己也根据“实际标本”绘制了一些解剖图和显微图，[46] 达尔齐尔兄弟回忆说伍德还总是紧盯着插图的制作过程。《插图博物学》在 4 年多的时间里按月发行，兄弟俩每逢周一会见伍德，“接受新的插图任务清单，汇报手里的插图制作进展，以及讨论其他事宜”。伍德对绘图员特别挑剔，他认为哈里森·威尔的作品“通常画得很漂亮，但从来画得不准确”，而 T. W. 伍德（跟伍德并没有什么关系）的问题则相反，从专业角度看很准确，但缺少艺术
182 气息。伍德比较认可约瑟夫·沃尔夫（Joseph Wolf）和科尔曼（W. S.

Coleman）的作品，后者在无法获取活体标本时，会画出最可靠的图像，深受伍德信赖。[47]劳特利奇也乐于在伍德的书中投入巨资，制作大量丰富的插图。莫比估计，截至19世纪50年代末，劳特利奇仅仅是付给达尔齐尔兄弟的木版画费用就高达5万英镑。[48]

后来，伍德开始与朗文出版公司合作，其作品中也包含了大量的插图。《国内昆虫记》（*Insects at Home*，1872，Longman）插图多达700幅，由史密斯（E. A. Smith）和茨威克（J. B. Zwecker）绘制，皮尔森（G. Pearson）雕版，其中包括20幅彩色插图和79幅木版画。《国外昆虫记》（*Insects Abroad*，1874，Longman）出版时，伍德雇用了同样的艺术团队，因为这本书介绍的是英国之外的物种，在选择图像时他尤为谨慎。他在序言中向读者保证，600幅插图都是根据实际的标本绘制的。对于《国内昆虫记》的插图，伍德有个令人惊奇的新想法。他在序言中说道，读者可能会注意到，"这些昆虫图像画了少量阴影，在很多时候除了轮廓线几乎是空白的"，伍德解释这是"有意为之，空白之处是为了让读者自己填上颜色"。因为文字描述里已经详细介绍了昆虫的特点，伍德相信读者应该可以准确地选择合适的颜色。"我强烈建议购买本书的读者给这些插图上色，"他断言，"这样就可以将书中的昆虫牢记脑中，如此一来，他从本书中的收获将是其他读者的4倍。"[49]伍德通过这种方式，给读者提供了积极参与插图绘制的机会。[50]

伍德的这种写作方式尤其吸引儿童读者。《文学公报》的评论认为，如果一位父亲将伍德的《乡间常见事物》带回家里，他会发现"孩子们会练习他们的观察力，从周围最常见的事物中学会了一项健康的娱乐活动"。[51]《英国妇女杂志》（*English Women's Journal*）建议

将这本“简单、快乐的小书”交到“孩子们手里，尤其是小女孩，因
183 为它一定会让孩子们对细微的自然观察产生兴趣”。[52] 伍德常常声明青少年是他的目标读者，他在《英国常见蛾类》序言里解释道，这本书作为一本昆虫“入门书”，专为英国青少年设计，符合他们的认知水平。英国的蛾类太多，难以一一穷尽，伍德的选择标准是为了“让小昆虫学家们根据书中的插图和文字描述基本上可以找到每一种提到的飞蛾。因此，入选的昆虫都是最常见和最容易找到的种类，这就是本书的选择标准”。他向青少年读者保证，自己会“尽可能简单”地描述这些飞蛾，“枯燥乏味的科学术语”将被“大大简化”。[53]

伍德竭尽所能让大众读者可以理解科学，他认为自己与那些致力于科学职业化人士的立场相反。在《插图博物学》中，伍德批判了博物学家“滥用虚假的分类学术语”，导致动物学“被当成少数人的专业或科学，将大多数人排斥在外，除非他们经过长期的训练并掌握了基本的方法”。更糟糕的是，在科学界之外，人们也普遍认为专业训练非常必要，因为“对科学家的流行观念认为，他们需要掌握大量的词汇，而不是具备丰富思想”。在伍德看来，“任何普通人只要有一定的记忆力”，就可以“熟知动物学的大致纲要”。[54] 然而，他在一些作品中断言，即使普通人也可以超越对博物学的一般性常识，并发现新知识，“常见事物丛书”的主要目的就是邀请读者参与科学知识的创造。在《显微镜下的常见事物》中，伍德否认了只有到天涯海角收集知识的探险者或拥有昂贵仪器的人才能从事科学，他向读者推荐了价格实惠并可以用于科学观察的显微镜。在他的笔记本里，大量最“有价值的原始观察”都是来自“一位老太太在伦敦郊区一个后院中小片废墟里的日常观察，这个院子不过 12 码宽”。“任何人只要具备一定

的观察力并下定决心去钻研，即使探究最常见的野草或最熟悉的昆 184
虫，若干年的坚持不懈后，他也可以写出最具科学价值的著作来，让自己以研究者的身份列入最尊贵的知识分子之列"，[55]对此他深信不疑。伍德认为，对常见事物的探究也能让普通作者发现重要的知识。他也坚信，读者不需要复杂精密的科学仪器、实验室或专业训练，就可以在科学中发挥重要的作用。

伍德之所以抵制科学家的职业化目标，与他对唯灵论和共济会的兴趣有关，也关乎他对进化论的矛盾态度。小伍德写的传记并没有提到伍德的共济会活动或他对唯灵论的态度，估计是怕损害他作为科普作家的名声。劳特利奇是共济会成员，可能是他鼓动了伍德加入这个秘密组织。[56]伍德至少早在 1854 年就加入了，因为在当年的《共济会季刊》(*Freemasons' Quarterly Magazine*) 中，一篇"共济会的标志"文章署名是"共济会弟兄约翰·伍德牧师"。他在文章中倡导，在任何科学中取得不菲成果的共济会成员"应该利用他们的科学知识来阐释我们教会的各种章程"。紧接着，他根据写作《蜜蜂：习性、管理和治疗》(*Bees: Their Habits, Management, and Treatment*, 1853, Routledge) 一书所学，讨论了蜂巢（工艺的象征之一）与共济会房屋之间的类比。[57]一年后，伍德写了一份他访问法国共济会的报告，以表明该教会成员在另一个国家如同在自己的祖国一样受到了兄弟般的热烈欢迎。他描述了身为法国海关官员的一位共济会同胞在处理他的文件时如何提供了便利，评价说，"从我们降落在法国领土的那一刻起，教会的神秘力量就开始发挥作用"。法国共济会的仪式给他留下了深刻印象，他写道，"仪式非常壮观，我从未见过如此震撼的场面"。伍德非常热衷于盛大的场景，在他作为坎特伯雷教区唱诗班领唱时组织的合唱节以及公开演讲时的即兴速写，都淋漓尽致地体现了他的这种喜好，共济会的壮观仪式在他看来更具新的意义。[58] 直到去
185 世前，伍德一直是共济会成员，但很难讲这个组织与他任何一部博物学作品之间是否存在关联。[59]

同样，要在伍德任何一部作品中去追溯他的唯灵论同样不易，据当时一则伍德的讣告称，他是唯灵论运动最早的成员之一。[60] 牛顿·克罗斯兰宣称在 1856 年就向伍德引介了唯灵论，他认为小伍德隐藏了父亲生活中这个重要方面，是因为他不知道唯灵论如何与圣公会教义相调和。伍德最初对唯灵论感兴趣的时候，克罗斯兰引用他的话惊叹道，“随意一瞥，已经感受到了如此广阔而深远的意义，我感觉自己好像一只刚蜕壳的小鸡仔，第一次看到了辽阔的天空”。[61] 至少有那么一次，伍德为唯灵论激动不已。雕版师和印刷工艾德蒙·埃文斯（Edmund Evans）回忆说，在自己开始在劳特利奇公司工作不久，大概 1856 年或 1857 年，伍德常常希望他能一起见证一次降神会。“他跟我保证说可以看到和听见奇妙的东西，”埃文斯回忆说，“巨大的家具被看不见的力量移动，乐器自己弹奏起来，通常还有神秘的决定。”[62] 克罗斯兰的妻子宣称，伍德成为“视觉灵媒和交谈灵媒，偶尔还能辨别出人们之间的氛围”。在 1857 年，伍德写信给她说，自己在翻译《圣保罗书札》时听到了连续不断的丝丝窃语。她后来回忆说，“说谎的精灵”欺骗了伍德，他开始反抗他们对自己的影响。然而，她确信伍德相信动物和人类中存在幽灵，认为伍德的《人类与野兽》这本书体现了他的唯灵论思想，他在书中“根据权威的《圣经》作出大胆的推断，赞成所有生物都会永生”。[63] 事实上，伍德只是从这部权威著作（而不是因为与可怕鬼怪相遇的经历）中推断，存在一个

动物的天堂，从中可以看出，他发表的作品将唯灵论当作十分重要的背景。

伍德也很少在公开场合谈论自己对进化论的态度。小伍德称，他最初拒绝进化论，但后来逐渐改变了自己的观点，接受进化论在一 186
定程度上（即使不是完全地）决定了动物的发育。伍德开始相信进化论并非与宗教截然对立，但小伍德坦言，“要想了解他对这个问题的看法绝非易事，他对此总是默不作声，显然是认为现在就妄下判断还为时过早”。[64] 克罗斯兰证实，伍德最初是反对达尔文主义的，但后来的立场有些让步。他抱怨说，伍德的转变是受到“那个唯物主义者弗劳尔（Flower）教授的影响，有一段时间他似乎已经向达尔文假说屈服。我和他争论过这个问题，反驳了他，最后他打算不再发表看法”。[65]

假如伍德对进化论保持沉默，就很难从他的作品中找到其观念变化的证据。《人类与野兽》一书在达尔文《人类的由来》问世 3 年后出版，几乎可以确定他拒绝人类的进化，至少还反对唯物主义。他认为“低等动物与人一样，在下一个世界里会得到永生”。当然，伍德认为动物有灵魂的同时，也理所当然地认为人有灵魂。他的辩护理由是宗教圣典里并没否认低等动物有来世，探讨了它们如何与人一样具有“理性、语言、记忆、道德感、无私和爱等，所有这些都来自精神，与身体无关”。虽然伍德从未提及达尔文的名字和“进化论”一词，但他坚持的观点与《人类的由来》截然相反。达尔文强调动物身上具备的人类特征是为了将人类置于动物王国，使其遵从进化论的自然法则，伍德将人类的属性赋予动物是为了提高动物地位，让它们能走进天堂的大门。当然，在伍德的观念里，人类和动物一样，都被赋予了灵魂，不仅仅是自然规律的产物。[66]

伍德在最后出版的作品之一《动物生活罗曼史》（*Romance of Animal Life*，1887，Isbister）的导言中，对达尔文表示了肯定，借鉴了进化论者对蠕虫的研究，来说明人类对上帝最小的生物之一也存在着依赖。“已故的查尔斯·达尔文已经告诉我们，”伍德称，“如果不是蠕虫为人类做好准备，人类可能在地球上都找不到一席之地。”如果没有低等的蚯蚓就不会有树木和草丛——“这个自然事实难道不
187 是和小说家构想的任何故事一样浪漫吗？”伍德反问道。在谈到类人猿时，伍德断言说，动物的结构“最适合于它的生活和习性”，这是“自然界的普遍规律”。然而，伍德依然没有提到“进化论”这个词。[67] 鉴于弗朗西斯·莫里斯公然攻击进化论，伍德的沉默尤为重要。与莫里斯的公开抨击不同，伍德很有策略地决定，将反对意见掩藏起来。

将自然神学视觉化

伍德与其他科普作家一样，在科学的宗教维度上恪守了自己的信念，微妙地提出了“关于自然的神学”，以适应19世纪中叶读者更世俗化的情感。在他所有作品中，他没有像威廉·佩利那样，反复重申古典自然神学所强调的上帝智慧、善良和力量。正如小伍德所言，伍德“从来不通过经典文本来为写作增色，甚至很少引用《圣经》”，“原则上”不提及“创造是上帝的职责”。他更愿意“间接地表明自己的道德观，需要靠引申推断出来，而不是直接表述”。伍德“极其厌恶那些通常可以形容为‘伪善’的写作方式，很多读者都会厌烦地将大量这类作品扔在一边”。一家宗教杂志的编辑不止一次将宗教经典

引文插入伍德的文章校样中，这让伍德气愤不已。[68] 伍德对博物学作品中插入不必要神学话题的做法嗤之以鼻，他也不是唯一持这种态度的人。1866 年，《大众科学评论》的一位匿名评论员就谴责说，这种做法在“博物学作品中太常见了”，“某些博物学家习惯性地谈论神学话题。在他们看来，除非将造物主拖进每部作品的第二个段落中，否则不足以体现作品的宗教色彩，以满足大众的品味”。[69]

就伍德而言，《自然的教诲》（*Nature's Teachings*，1877，Daldy，Isbister）一书最能体现“关于自然的神学”与“自然神学”之间的关系。尽管伍德从未在书中使用“上帝”一词，这本书却建立在自然神学中核心的类比和推论中。他申明这本书旨在“展现自然与人类发明之间的紧密联系，毕竟鲜有人类发明在自然中找不到其原型”。[70] 伍德 188
搜罗了人类各种各样的发明，从航海和军事到建筑、乐器，再到光学、声学和各种艺术，都体现出自然与人类技艺的相似之处。用于捕鱼和打猎固定起来的网与花园里普通的蜘蛛网何其相似，铠甲的设计灵感来自龙虾、螯虾或其他虾类的身体。甚至当时最现代化的技术，例如电缆网络，也与人类身体里的神经系统相似，浮桥是仿照热带气候中的攀缘植物修建的。这种相似性有时是无意识模仿自然的结果，例如皮带轮与人的手，还有些时候是发明者故意模仿自然中的某个结构，例如修建水晶宫时采用的新奇设计就是基于植物的蜂窝状叶脉结构。[71]

约翰·布鲁克和杰弗里·坎托指出，类比推理是自然神学中主要的策略之一。[72] 四个名词分成对应的两组，一组是人工制品（如望远镜或手表）及其人类制造者，而另一组是自然物（如眼睛）及其创造者上帝。两组设计案例都暗含了设计者和工匠，威廉·佩利的作品就展示了人工制品与工匠的关系如同自然事物与上帝的关系，但伍德却

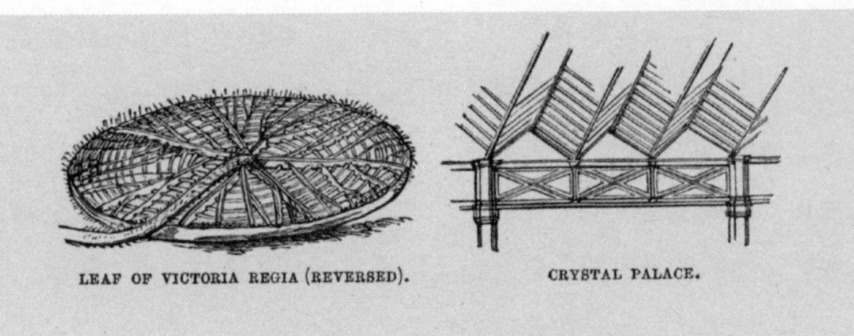

图 4.3 建筑设计从园艺中得到灵感的例子。伍德展示了帕克斯顿的水晶宫设计与王莲独特的蜂窝状叶脉结构之间的相似性。出自《自然的教诲》，第 196 页。

189 没有在《自然的教诲》中明确提到第四个词“上帝”。他总是从人类发明讲起，然后转向自然界，寻找早已存在的相似结构，这正是佩利采用的方式——从手表中人工制造的特性去反观自然世界里的设计。佩利明确地告知读者，正如手表的存在需要一个人类制造者，被精心设计的自然无疑证明了一个神圣创造者的存在。然而，伍德让读者自己去寻找这个缺失的名字“上帝”。他在其他不少作品中确实提到了上帝，但通常都是在导论或序言部分对全书的宗教意义做简短介绍时提及。如此一来，他就只需要提供一个宗教的框架，无须通篇都在喋喋不休地讨论自然中的设计痕迹。

从伍德最早到晚期的所有作品中，关于自然的神学都扮演着极为重要的角色，而且他常常使用生动的图像辅助宗教主题的讨论。他在畅销书《乡间常见事物》开篇就对阅读《圣经》之书和自然之书两者进行了类比，“对不识字的人来讲，《圣经》不过是一堆毫无意义的黑色记号；而我们身边不成文的书（即自然），对不会阅读它的人来讲，同样索然无味”。伍德宣称，“以下内容是写给”那些希望阅读“不成文的自然之书”，但还不知道如何开始的人。[73] 当读者在伍德的帮助下翻阅此书，开始学习阅读“不成文的书”时，需要将自然视为充满目的、美和奇迹的世界，才能理解自然之书。伍德在这本书里先讲了蝙蝠、老鼠以及其他哺乳动物，接着又讨论了脊椎动物和昆虫，强调每种生物在上帝“创造的世界”里都有属于自己的位置。伍德每次谈到通常让人厌恶的动物时，都会向读者展示它存在的作用以及如何欣赏它美丽的一面。蝙蝠是“非常漂亮”的动物，它们“大大减少了在空中飞舞的虫蝇”。“常常被诟病的”蟾蜍，有着漂亮“明亮的双眼”，消灭了花园里大量的害虫。写到昆虫部分，伍德沉浸在飞蛾和蝴蝶的奇幻之美中，他将一种小巧的飞蛾描述为“如仙女般纤巧美丽，更像是童话里‘从前’的精灵，而不是生活在 19 世纪”。伍德还时不时借助显微镜，去揭示昆虫身体构造中的非凡之处。英国钻石甲虫在肉眼下看着平淡无奇，但如果在显微镜下看，它则“闪耀着宝石和黄
金的光芒”。伍德书中细致的描述和精美的彩色插图旨在让读者充满 190
惊奇感，他认为“鲜有人会料到自己能在毛毛虫这样低等的动物里找到奇迹”，“而且，对它们研究越细致，就越容易发现更多美丽的奇迹”。在解释完蚕复杂的解剖结构后，一位虚构的朋友不由得“惊呼起来”，此前他以为“毛毛虫身体不过就是外皮裹着汁液”，而今他在它们身上发现了一个“新世界”。伍德也希望读者能有同样的反应（图 4.4）。[74]

在伍德之后的博物学作品中，他也宣扬了类似的自然神学，并辅以生动的视觉形象作进一步说明。在《写给年轻读者的插图博物学》（*The Illustrated Natural History for Young People*，1882，Routledge）序言里，伍德表示，自己的目的是引导读者“去关注每种生物对其特殊位置的适应，这多么奇妙！是上帝为它们分别安排了适当的位置”。但

图 4.4 《乡间常见事物》的一大特色是书中的十几幅彩色插图。伍德在全书中经常会提到这些图像，以期读者能对此感到惊奇。图 1 的长脚蜘蛛（或者叫盲蛛）“是一种非常漂亮的物种，身上带着一圈一圈黄色的环”。伍德对图 2 蜜蜂的解说是，“中间那一对腿长满绒毛，非常显眼”。图 12 是常见的隐翅虫，[76] 喜食腐肉，自身会发出恶臭，“虽然听起来让人反感，但它的翅膀很漂亮。它在不飞行的时候会将翅膀折叠起来藏在小小的硬壳下面，这种方式太神奇了”。[77] 出自《乡间常见事物》彩图 H。

伍德发现，有些读者怀着偏见，“无缘无故讨厌某些动物”，如蛇、蜘蛛或蟾蜍等。伍德叮嘱他们，要用“更虔诚的眼睛”去观察这些动物，因为它们是“造物主在世界之初就看到的，并宣布它们是完善的存在”。伍德称，真正的博物学家“会在蛇、蜘蛛或蟾蜍身上发现美，如同对待任何一种我们通常觉得很漂亮的动物，并无分别”。这些动物被贴上丑陋和可怕的标签，如果将它们细微的组织结构放在显微镜下，我们会“对伟大的造物主惊叹不已，即使看起来毫不起眼的微小动物，也会在我们眼前展现出无数的奇迹——这些奇迹随着我们观察手段的改进会越来越多，也越发让人惊叹”。[75]

伍德希望培养读者用“虔诚的眼睛”观察自然，他在讨论显微镜下的微小事物时更加强调这点。伍德与赫胥黎等推崇职业化的科学家不同，他认为任何人都可以靠一台显微镜做出重要的科学发现。《显微镜下的常见事物》探讨了不同类型的显微镜，解释了如何制备细胞，推荐了有趣的观察对象，并邀请读者将观察到的结果与书中的12 幅插图进行比对。扉页的插图Ⅲ包含了 52 个植物结构图像，这些图像所展示的部位取自多种植物。伍德承认这些插图并不能完全展示 192
“迷人的结构”，但这些对称的几何图形恰好证实了他的观点，即微观世界隐藏着无与伦比的美。他断言：“就算可以如实画出它们的形状和色彩，就算有鬼斧神工，无论用墨水笔、铅笔还是毛笔，也无法重现柔美的光泽，难以像半透明的珍珠那样晶莹圆润，更不能活灵活现地闪烁着变幻莫测的光芒，即使最微小的生物，上帝也让它们闪耀着这些光芒……多么奇妙！多么令人惊叹和喜悦，敬畏和崇拜之情油然而生。”[78] 在南肯辛顿的实验室里，赫胥黎未来的科学导师在接受训练，学习如何观察完全世俗的物质世界。与此同时，伍德正在教读者如何通过显微镜的镜头体验神圣之美。[79]

《国内昆虫记》和《国外昆虫记》的出版相隔两年，都有大量插图，这两本书让昆虫学家俨然成了自然神学家。在《国外昆虫记》的序言里，伍德声明了自己的两个目的。首先，他希望“展示昆虫重大的经济价值，以及那些被我们习惯称为破坏分子的昆虫对人类极其重要之处”，从而体现神圣设计的良苦用意。人们最讨厌的生物如蚊子、蚂蚁、钻木甲虫和白蚁，其实是我们最大的恩主。在他看来，昆虫“都在为同一个目标努力，即地球及其资源的逐步发展”。[80]

昆虫不仅助力于更大的共同目标，它们自身也非常漂亮。《国外昆虫记》的第二个目标就是鼓励读者“关注昆虫为了完成使命而发生奇妙的结构变化，以及各种昆虫超乎寻常的美丽”。《国内昆虫记》也强调了这个主题，“我们会发现，昆虫的颜色丰富多彩，即使最漂亮的热带花卉也难以企及。那些最不起眼的细小昆虫看上去黯淡无光，一旦放置在显微镜下，必定像天然宝石那样熠熠生辉”。[81] 在这两本书中，伍德通篇都在提醒读者昆虫身体和翅膀的漂亮精致，也充分利用众多的插图来说明这一点。《国外昆虫记》的扉页插图展示了形形色色的甲虫，包括一只巨大的大王花金龟，占据了整幅图的下半部分。《显微镜下的常见事物》中的插图展示的都是局部细节，显得有些抽象，而昆虫书插图里所展示的对象都被置于自然环境中，环绕着茂盛的植物，充满生机。达尔文所谓的“大自然明媚而欢快的一面”是自
193 然神学传统的核心主题，《国内昆虫记》扉页插图引人注目，色彩生动，展示了丰富多彩的昆虫，包括伍德最喜欢的昆虫之一——“帅气的绿色大蚱蜢”（图 4.5）。[82]

对伍德来讲，要突出蝴蝶、蛾类和甲虫之美并不难，但他并

图 4.5　伍德“虔诚的眼睛”中漂亮而快乐的昆虫世界。出自《国内昆虫记》扉页。

没有因此满足，总希望让读者相信几乎每种昆虫在某种程度上都是漂亮的，讨人喜爱。伍德描述《国外昆虫记》插图Ⅶ中的蜻蜓时写道："它的确最可爱了，翅膀扇动时闪烁着五彩斑斓的金属般的光泽，有紫色、绿色、蓝色和金色。"即使转向通常觉得丑陋恶心的昆虫，伍德"虔诚的眼睛"也会发现值得称赞的奇妙之处。在《国内昆虫记》插图Ⅶ的左下方有一只圣赫勒拿蠼螋（*Labidura herculeana*），[83] 被描述为一种"精致的昆虫"，而左上角的一只普通蠼螋"张开了美丽的翅膀"（图 4.6）。在这幅插图中的左下角还有一只蟑螂及其卵鞘，中间偏下的地方有一只蟋蟀，中间靠底部的地方有一只蝼蛄，伍德形容蝼蛄"外形奇特，好像防波堤"。[84] 有时候伍德为了让读者在所有昆虫身上都发现美，不得不借助显微镜，他宣称，"把跳蚤放在显微镜下，也能变成非常有趣的昆虫，带着几分美丽"。要是在房间发现蚊子，会觉得它们"特别讨厌"，但它们"在显微镜下却异常漂亮"。伍德建议采用一系列不断进阶的观察手段去研究蚊子，这样就可以"逐渐"欣赏其细节之美了。他写道："在肉眼观察时，蚊子显得暗淡无色，一旦放在显微镜下，就会大放异彩，甚至可以让传说中辉煌的阿拉丁神殿黯然失色。"[85]

196 伍德在科学普及上的成功很大程度上要归功于视觉图像的使用，这让他的讲座很受欢迎，写的书也非常畅销，让他在激烈的竞争中脱颖而出。19 世纪 50 年代，伍德与劳特利奇公司合作，其《乡间常见事物》大获成功，直接见证了维多利亚中期不断扩大的科学出版市场。到了 1860 年代初，他对自己的写作和市场前景信心满满，毅然冒险放弃了牧师职位，一心投入科普事业中。他敏锐地捕捉到读者的阅读习惯，将作品打造成浅显易懂的科学读物，抓住公众对视觉审美

图 4.6　蠼螋和蟑螂。出自《国内昆虫记》，第 228 页，图Ⅶ。

的极大兴趣，在作品中使用了大量插图。他意识到博物学作家的身份可能会有损自己的声誉，总是避免公开谈及自己与共济会和唯灵论的联系。他也不愿意公然反对达尔文及其科学自然主义盟友，没有发表过对进化论的批判言论。最后，伍德拒斥了老一代读者青睐的传统的自然神学，通过展示动物生活的和谐画面，吸引更复杂的大众读者群体。伍德因此成为极具影响力的科普作家，《乡间常见事物》的销量超过了推崇职业化的科学家的作品，甚至超过了经常被当作 19 世纪科学读物典范之作的《物种起源》。

约翰·佩珀与科学表演

1887 年，伍德为《19 世纪》（*Nineteenth Century*）杂志写了一篇文章，抱怨无趣的博物馆。他宣称自己“站在一位普通参观者的角度”，博物馆尽管“对专家来说很有意思，但一个无法掩盖的事实是，不管什么性质的博物馆，对大众来说都枯燥得难以忍受”。他批判了当时的动物标本馆、植物藏馆和地质博物馆，主张建立三类不同的博物馆：纯粹的科学博物馆、为学生提供基础科学教育的博物馆，以及对大众开放的博物馆。虽然英国已经有前两类博物馆，但第三类一个都没有。伍德对理想中的大众博物馆提出了畅想，他认为这类博物馆必须考虑“普通公众最大的特征是对科学了解并不多”。拿动物博物
197 馆来说，他认为必须“非常吸引人”，应该展示动物生活史，从而体现动物学是一门“生命科学”。“所有大群动物的展示都应该有一个环境背景，如实展现当地的景观，”他写道，“真实的事物以这种形象的方式逐渐展示出来，就像近几年的各类事件和场景通过全景展示被呈

现出来一样，如围攻巴黎、泰勒凯比尔之战[86]和类似的场景。”精挑细选的解说员，应该有能力“与听众将心比心”，清楚地讲解展示的动物群组。伍德警告说，“懂得最多的人未必就是最好的老师”，因为他们总是想当然觉得“听众已经对这门学科有一定的了解，结果听众根本不知所云”。他预测说，如果有这样的博物馆，将会“吸引成千上万的人前来参观，如果只有前两类博物馆他们才不会来参观”。[87]

其实伍德设想的这种博物馆在 6 年前就已经存在了，只不过是以物理科学为主题，皇家理工学院就是 19 世纪上半叶后期建立的新型实用科学博物馆之一。《镜报》在报道理工学院 1838 年 8 月 6 日对公众开放式时宣称，它的建立是为了展示“与农业、技艺和制造业相关的实用科学的进步”。[88] 这其实是阿德莱德艺术馆曾经的经理查尔斯·佩恩（Charles Payne）和热衷机械工艺的约克郡富翁乔治·凯利爵士（Sir George Cayley）的创意，但理工学院很快就超越了阿德莱德艺术馆这个主要的竞争对手。[89] 理工学院的博物馆展示了大量工业器具和机械，有一个实验室、演讲厅和被称为大礼堂的大型展厅，主要的展品都陈列于此，其中包括潜水钟[90]、潜水员、氢氧显微镜、大型电机以及漂浮在长运河里的船只模型等（图 4.7）。独特的潜水钟悬挂在大礼堂西端，由铸铁制成，重达 3 吨。当它沉入水中时，里面的舱室可以容纳四五人。潜水钟非常受欢迎，体验一次的价格为 1 先令，据称 1839 年理工学院一年靠它赚了 1000 英镑。[91] 在当时，伊万·莫鲁斯（Iwan Morus）在《弗兰肯斯坦的孩子》（*Frankenstein's Children*）中已经让人们注意到理工学院和阿德莱德艺术馆等实用科学博物馆的重要性。机械在这里得以展览，伦敦的仪器制造者们以科 198
学家的身份出现在公众面前，并提供精彩的表演。这些地方也让中产阶级参观者直观地了解到，工厂系统是工业进步必不可少的组成部分。[92] 理工学院在 19 世纪下半叶很受欢迎，直到 1881 年才关门。约翰·佩珀在 1854 年成为这里的管理者，那时的理工学院已经发展到了一个新阶段，成为伍德理想中的公共科学博物馆。

199 从 19 世纪 50 年代到 70 年代，佩珀以理工学院作为大本营，将自己成功打造为颇具影响力的作家和演讲家。他和伍德一样，避免去攻击著名的科学自然主义者，将不断发展的大众视觉文化元素融入自

图 4.7 理工学院大礼堂，图片最前方悬挂着潜水钟。出自 Hermione Hobhouse, *History of Regent Street*（London: Macdonald and Jane's, 1975）, plate XVIII。

己的作品中。两人都以科学普及为事业，尽管实现目标的方式有所不同。佩珀供职于专门的公众科学机构，伍德则完全是单打独斗去经营自己的事业。他们充分利用了日益增长的大众科学出版市场，而佩珀还受益于扩建和新建博物馆的发展趋势。英国有不少大博物馆都是在18世纪20年代到80年代初期建成的，如国家美术馆和南肯辛顿博物馆，后来后者的收藏成为维多利亚和阿尔伯特博物馆以及科学博物馆的核心藏品。在这个时期英国总共建了200个博物馆，包括大城市的、地方上的以及大学里的，鲁比克将该时期称为“博物馆的时代”。鲁比克列举的名单里包括重要的科学博物馆，如实用地质学博物馆和南肯辛顿的大英自然博物馆，[93]他应该将阿德莱德艺术馆和理工学院博物馆两个关键的实用科学博物馆也纳入。这两个机构聘请了越来越多的演讲者和讲解员，面向公众的科学普及活动是其职责的重要部分，佩珀是他们中的典型代表。

约翰·佩珀（1821—1900）的父亲查尔斯·佩珀（Charles Bailey Pepper）是一位土木工程师，他在国王大学学院接受教育，后来在拉塞尔研究所跟着约翰·库珀（John Thomas Cooper）学习分析化学。约翰·佩珀于1840年受聘于格兰杰开办的私立学校，担任化学讲师助理，1845年与伦敦克莱芬公园的玛丽·本威尔结婚。1847年，他在理工学院做了第一次演讲，其出色的演讲才能给管理者留下了深刻的印象，并于1848年被聘为演讲者和分析化学家，1854年升为管理阶层。1872年佩珀就自主权问题跟理事会大吵了一架后辞职，在这之前他一直供职于此，只有短暂中断。他在理工学院工作期间出版了5部大众科学作品，包括《男孩的科学游戏手册》（*The Boy's Playbook of Science*，1860，Routledge），同时将自己打造为成功的科学表演者 200

之一。他在伦敦皮卡迪利大街的埃及厅重新将他的科学娱乐节目搬上讲台，但这样的尝试以失败告终。1874—1881 年，他去了美国、加拿大和澳大利亚进行巡回演出，并于 1881 年接受了澳大利亚布里斯班政府分析员一职，在那里一直待到 1889 年才回到英国。他于 1900 年去世，享年 88 岁。[94]

1854 年，佩珀接管理工学院并成为院长时，理工学院早已击败了主要竞争对手阿德莱德艺术馆，后者在经营 13 年后于 1845 年倒闭。[95] 然而，伦敦又出现了另一个展览机构，给理工学院带来了新挑战。1851 年，水晶宫万国博览会利用先令参观日[96]的方式吸引了广大伦敦市民，并抬高了他们的期望值，相比之下，理工学院的性价比显得不高，佩珀不得不对此采取一些策略去吸引顾客。[97]1854 年 10 月 28 日，理工学院在《学刊》（*Athenaeum*）发了一则广告，写道，“在约翰·佩珀的管理下”，学院承诺“每一项科学创新都将展示给公众”。这意味着佩珀打算以伦敦的娱乐方式去开拓理工学院，将引入更多的音乐和表演场景。这条广告还宣布，“学院其他展示现在增加了激动人心的精彩介绍”，这表明戏剧性表演将在理工学院的未来规划中扮演重要角色。[98]

1855 年 5 月，理工学院举办了“水手辛巴达渐隐动画”“横渡大西洋透视画”和戏剧朗读等活动。[99] 翌年 11 月的节目单包括一场音乐讲座和佩珀带给青少年组织的烟花化学讲座，届时“著名的烟花制作者达比先生将建造完整的微型场景作为展示”。[100] 1858 年，《伦敦新闻画报》评价理工学院的节目为“目前最有吸引力的表演”。在“绘
201 声绘色的新型娱乐节目”中，水晶宫的一位年轻参观者在埃及厅里酣然入睡，远航到尼罗河上著名的遗迹。在播放渐隐动画时，佩珀先生

冷不丁地用“惟妙惟肖的滑稽男低音唱”一段“令人捧腹”的台词。还有其他节目，例如借助充满错觉的幻灯片开展的自然魔法讲座，用渐隐动画播放印度的兵变，以及更严肃的科学讲座，如铁路信号、火灾探测器和佩珀“一桶煤炭”的讲座等。[101]

1859 年，杂志社宣告克里斯托弗尔 · 科尔（Christofor Buono Core）登场，他也以“火蜥蜴”为人所知。在一个巧妙的设计下，他钻过火笼却毫发无损。除此之外，还有渐隐动画播放的《堂吉诃德》，竖琴演出和幻术表演等。2 月 26 日，佩珀还加了一个“幸运轮”，“早晚向青少年游客送出礼物”。杂志社坦言道，“难以想象”还会“施展”什么招数“留住公众的热情”。[102] 佩珀不断超越自己，坚持不懈地尝试新的娱乐活动。佩珀成功地将理工学院打造成他的科普活动大本营。1861 年的圣诞节目包括：现代魔术讲座、加里波第（Garibaldi）敲钟人、关于“海军、船坞和装甲战舰”的讲座和渐隐动画、滑稽剧、魔术、婴儿歌唱家、俄罗斯猫、鸟儿表演，以及佩珀的一系列科学讲座，包括“黑铁时代”、惠特沃斯来复枪（Whitworth rifle）和其他枪支。佩珀成功地将理工学院打造成了他的科普活动大本营。1861 年，《化学新闻》（*Chemical News*）在评论佩珀的《男孩的科学游戏手册》和《金属游戏手册》（*Playbook of Metals*）时称他为那个时代最著名的科学演讲家，“上述两本著名作品的这位作者”，“对这代人和下一代人来说，他的名字家喻户晓，无人能及”。该评论继续说：“我们大多数人都曾有机会在理工学院聆听他幽默风趣的演讲，见识他的聪明才智。他在演讲中借助的演示实验总是让人叹为观止，不愧是理工学院的台柱子。”[103]

1862 年，发明家亨利·迪克斯（Henry Dircks）制造了一种光学幻觉，[104] 佩珀开始发掘其中的潜力，此法使他更加名声大振，巩固了他卓越的大众科学演讲家地位。这种逼真又令人称奇的光学幻觉被称为“佩珀的幽灵”，成为理工学院无数次演出中的明星，佩珀也会在表演时进行讲解，澄清其中的光学原理以及招魂术中的诡计。早在 1856 年和 1857 年他就分别做过题为“光学幻觉”和“非同寻常的光学幻觉”的演讲，预料到会引起听众的广泛兴趣。[105] 1862 年圣诞节前，佩珀大力改造了迪克斯的发明，制造了幽灵的幻觉，在小部分科学界和新闻界朋友面前做了展示。那天晚上，大家在理工学院观看爱德华·布沃尔-利顿“离奇故事”的预演，佩珀的展示令他们惊讶不已。[106] 佩珀配合这部剧，做了题为“离奇讲座”的演讲，借助一个光学仪器产生的诡异幻影进行展示。[107] 从某时起，佩珀开始在“离奇讲座”里插入一个故事，讲的是一名学生在深夜撞见一具可怕的骷髅，但他的剑却直接掠过它。[108] 到 1863 年 2 月时，他又推出了新讲座——“烧死和起死回生”，接着依然是“离奇讲座”中惯用的鬼怪场景。这些“鬼怪戏剧”会在上午和晚上演出，但周二和周三例外。[109] 到复活节的时候，这样的表演格外受欢迎，甚至转移到理工学院更大的剧场里，那个剧场通常是用作渐隐动画的展示场所。查尔斯·狄更斯签署了“书面特许状”，允许将自己《着魔的人》（*The Haunted Man*）作为鬼怪幻影的故事载体，以这种方式演出了 15 个月。[110] 在接下来的一些年，越来越多的故事借助这样的光学幻影被搬上舞台，成为理工学院的一个常规节目。1864 年 12 月，理工学院推

图 4.8 “佩珀教授和他的幽灵”。

出了两出新剧——《殉夫的印度寡妇》和《白雪公主和红色玫瑰》，也
是借助光学幻影。[111] 1865 年，《泰晤士报》宣称：“佩珀先生的幽灵在 203
他自己设计的戏剧中被赋予了新用途，曰‘可怜的作者亲自上阵’。”[112]

自 1862 年到 1872 年从理工学院辞职期间，佩珀还设计了新的光学幻影，特色是令人毛骨悚然的鬼怪、不可思议的变身以及神秘的消失等戏法。观众可以观赏到苏格拉底的幻影摇晃着脑袋演讲韵律，哈姆雷特或李尔王念着莎士比亚作品里的独白，或者约书亚·雷诺兹（Joshua Reynold）小天使们吟唱的赞美诗。1867 年，佩珀的日常演讲题目是“斩首的头颅在说话，以及万花筒”。[113] 1870 年，《泰晤士报》评价说佩珀在设计新的光学装置方面有着卓越的表现，写评论的记者宣称：“众所周知，他的‘幽灵’有着无穷的潜力，可以不断改进，不然可以说，在表演沃尔特·斯科特爵士‘最后的游吟诗人’时，佩珀的光影幻觉运用达到了至善至美的顶峰。在那场演出中，布景和光影相结合，无疑营造出如诗如画的场景，呈现出光怪陆离的超自然效果。”而他最新的创作中，“展示了多重幽灵般的幻影，一组人物保持静止时，却有两组或三组幻影飘来飘去”。[114]

佩珀在理工学院担任演讲者和管理者两个角色，有着广泛的影响力。他的演讲激励了崭露头角的年轻科学家，亨利·罗斯科（Henry Enfield Roscoe）爵士回忆说，1840 年代他还是利物浦的高中生时就听过佩珀的演讲，“我永远也不会忘记佩珀先生的一场演讲给我留下的深刻印象”。看到佩珀亲自展示，他不禁自问：“我是否可能……成为一名科学演讲者，在翘首以盼的观众面前点燃氧气中的大量磷呢？”安布罗斯·弗莱明（Ambrose Fleming）爵士动情地回忆起自己 12 岁时的理工学院之行，那会佩珀是“那里的精神支柱”。他依然记得“印度兵变”里惊心动魄的画面，使纺织品变得不易燃烧的神奇实验，潜水钟和潜水员，以及佩珀的化学讲座。佩罗甚至还引起了维多利亚女王和皇室的注意，1855 年，《伦敦新闻画报》报道，女王给了理工学院 100 英镑的赏赐，“以示女王陛下的认可，表彰理工学院在皇室最近一次拜访时呈现的丰富多彩的娱乐节目”。1863 年 5 月，佩珀的
204 “幽灵”引起了轰动，因为皇室令他为威尔士王子和海塞的露易丝公主发表了“幽灵”演讲。在演出结束后，这些特别的观众走到幕后，“饶有兴致地查看制造理工学院‘幽灵’的器械和装置”。[115]

然而，理工学院的目标受众并非贵族或科学精英。1861 年，理工 205
学院差点易主并改造成音乐厅，《化学新闻》曾对理工学院的管理提
出建议，“展示最新的科学发现”以提高“娱乐节目的档次”。这样一
来，“理工学院对于中产阶级的意义就如同皇家学院对于上层阶级的
意义，可以得到慷慨的赞助”。[116] 皇家学院和理工学院之间的对比很
能说明问题，两个机构的使命截然不同，前者的重点是研究和公众讲 206
座，而后者的特色是教育，将知识传播置于其他之上。[117] 皇家学院在
1826 年某个周五首次敞开大门，开设了“公众”讲座，但高贵的观众
主要来自会员及其朋友。皇家学院每年的会费是 5 几尼，所以大部分
会员都来自贵族或中上阶层。[118] 形成对比的是，理工学院长期开放，
参观者只需要支付 1 先令门票即可，而且从首次开放到 1881 年关门，
这张门票一直有效。1 先令的门票确实非常便宜，对 19 世纪五六十年
代有固定工作的技工来说不算什么，但大量没有固定工作和收入水平
太低的工人群体，依然舍不得买这张门票。[119]

佩珀在担任理工学院院长后，尽力让学院向工人阶级敞开大门。他曾向工厂提供了大量门票，允许工人及其家属在周一晚上参观学院，每人只需支付 6 便士的费用。[120] 可以比较当时的两幅期刊插图，从中看出理工学院参观者的社会阶层变化。在“理工学院，复活节周”（1844）的插图里，戴着大礼帽的绅士和戴着软毛的女士悠闲地在大厅参观，他们一看就出身良好（图 4.9）。而在另一幅“理工学院，圣诞假期”（1858）的插图中，观众更加繁杂和喧闹（图 4.10）。在佩珀任职期间，理工学院的顾客来自社会各阶层，《趣味》（*Fun*）杂志一位记者的参观报道可以一窥当时的情形。这位记者观察到人群里有“自强不息的工人，机智的他们竭尽所能克服长工时和低工资的

图 4.9　理工学院被描绘成富有家庭的理性娱乐场所。“The Polytechnic Institution, Easter Week,” *Pictorial Times* 13［1844］: 232。

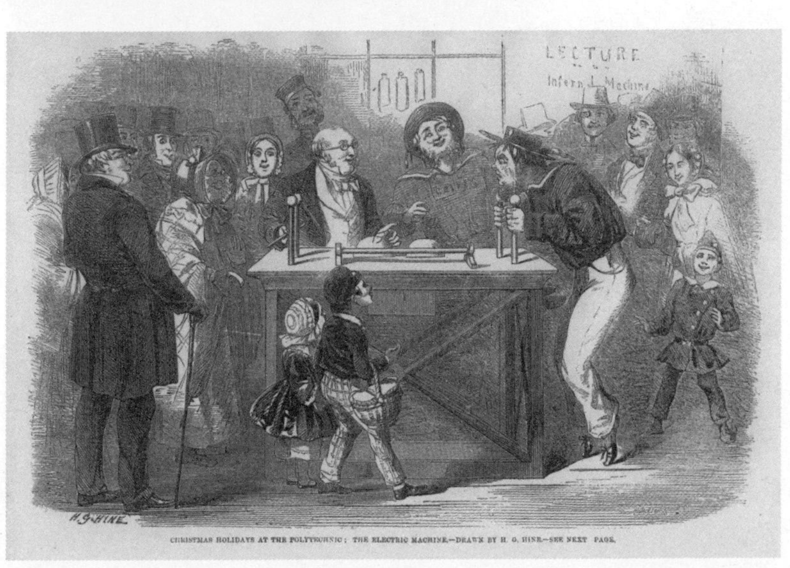

图 4.10　一群参观者围着一个电学装置大笑，因为一位参观者在参与展览互动时，沮丧的脸被投影出来。“Christmas Holidays at the Polytechnic,” *Illustrated London News*［December 1858］: 607。

障碍，爱慕虚荣却徒有其表的小混混和销售员，迷茫的乡下人及其
同样惊讶不已的同伴，以及家人结伴和年轻情侣”。[121] 佩珀的策略是 207
吸引大量的参观者，靠门票收入保障财务稳定，取得了巨大的成功。
1858 年，《泰晤士报》报道称，理工学院在圣诞假期“挤满了人，尤
其是年轻人”。据估计，仅在节礼日当天，参观者就多达 5000 人。再
后来，佩珀凭借光学幻影使理工学院长期吸引了大量的参观者，不
仅仅是在节假日。1866 年 5 月 26 日，《伦敦新闻画报》的一则广告
宣称，已经有 10.9 万观众见过佩珀的幻影表演。[122] 幻灯机操控师赫
普沃斯估计，在幻影表演期间，“每天差不多有 2000 名参观者”。[123] 208
1860 年，佩珀在《男孩的科学游戏手册》中承认，“‘南肯辛顿博物
馆’现在居领先地位，收藏了大量出类拔萃的模型和工艺品，远超之
前所有的科学机构”。[124] 然而，理工学院在佩珀的领导下迎来黄金时
期，尤其推出了赫赫有名的鬼怪幻影表演后，这里成为维多利亚时期
想参观科学机构的人在伦敦最喜欢的游览地之一。[125] 理工学院成为少
有的几个真正意义上的“公共”科学机构之一，它作为 19 世纪中叶 209
最早的科学机构之一，让无数维多利亚人因为佩珀的戏剧性表演被领
进科学的殿堂。

将理工学院写进作品

佩珀究竟在理工学院对蜂拥而至的观众讲了什么？要回答这个问题，我们必须从佩珀发表的作品中去寻找答案，因为有些作品是根据他在理工学院的报告写成的，而期刊报道很少会详述他的讲座。尽管写书在佩珀职业生涯中处于次要地位，与伍德形成对比，后者将演讲

作为写作的补充，但佩珀的书成了知名科学家们回忆录里温暖的记忆，特别是《男孩的科学游戏手册》一书。这本书展示了几百个为大男孩设计的物理学演示实验，包括力学、气体力学、光学、热、电、磁、化学和天文学等。这本书延续了实验物理学的一贯方式，即在讲座或展览中进行实验演示。如汤姆·特里斯科普的《牛顿哲学体系》、杰里迈亚·乔伊斯的《科学对话》(*Scientific Dialogues*，1800—1803)和约翰·帕里斯（John Ayrton Paris）的《妙趣科学课 》(*Philosophy in Sport Made Science in Earnest*，1827）等作品都采用了这样的方式。西科德断言，《男孩的科学游戏手册》将“成为维多利亚中后期享有最广泛读者的青少年物理和化学读物”。[126]安布罗斯·弗莱明爵士写道，这本书“是我童年书房里反复阅读的一本”。[127]阿姆斯特朗回忆说，自己曾“如饥似渴”地阅读《男孩的科学游戏手册》，“最初的版本，比后来任何一本写给男孩的书都要好很多”。[128]

佩珀和伍德一样，与劳特利奇合作密切，尤其是最开始写科学读物时。在 19 世纪 50 年代末到 60 年代初，两人都是劳特利奇出版社长期合作的作家。1859 年 9 月，《男孩的科学游戏手册》刚问世时，伍德还在为“常见事物”系列写稿子。劳特利奇为《男孩的科学游戏手册》定价 6 先令，销量不错，虽然赶不上伍德的《海边常见事物》创下的销量纪录。劳特利奇在首印时发行了 3000 册，很快又在 1860 年 2 月发行了第 2 版 3000 册。到 1869 年，这本书发行到第 7 版，总共发行了 1.6 万册，到 1893 年总发行量为 3.4 万册。[129]佩
210 珀和劳特利奇还合作了另外两本书，《金属游戏手册》和《青少年科学游戏》(*Scientific Amusements for Young People*)，两本书都是在 1861 年趁着《男孩的科学游戏手册》的热销势头出版。但 1869 年出

版《简明科学百科全书》(*Cyclopaedic Science Simplified*，1869)时，佩珀“跳槽”到弗雷德里克·沃恩出版公司(Frederick Warne and Company)。沃恩的策略是以亲民的价格提供有益的家庭娱乐活动，一心想成为童书出版界的翘楚。在这种情形下，佩珀这种已经写过两本儿童科学读物的作者最适合不过。沃恩公司后来出版了碧翠斯·波特(Beatrix Potter)小姐的《彼得兔的故事》，以及波特在之后充分利用动植物知识完成的作品，使公司得以大规模发展。[130]

佩珀显然将写作视为理工学院那份工作的延伸，这些作品实际上只不过是明目张胆地在为东家打广告，当然也是高调的自我推销。例如，他在《男孩的科学游戏手册》里为自己邀功，声称是他将五彩缤纷的“灯光瀑布”引入理工学院的展览。佩珀宣称：“水柱内部对灯光的全部反射，这个实验产生了变幻莫测的色彩，是近几年为公众呈现的最新颖、最漂亮的光学实验之一。”他后来还炫耀说，自己可以让理工学院的6盏魔法灯笼同时开工，从而营造辛巴达历险记里的场景。[131] 在《简明科学百科全书》中，佩珀一再提到理工学院使用的各种科学仪器，可以演示光、电、热、磁以及声学和化学里的各种现象。提到的理工学院仪器包括产生光学幻影的仪器、幻透镜、光场、金属反光镜、平板发电机、空气泵和潜水钟等，常常还附有插图。有 211
一次，他在讨论电学时含蓄地告诉读者“不方便谈论(为理工学院建造的)巨型电感器”，因为还未经证实，但即使轻描淡写提了下“猛犸电感器”，也是为了让理工学院的新设备受到关注。佩珀在长篇介绍理工学院进行的水力发电机实验后，宣称自己有些抱歉，自己“担心我们的读者可能觉得作者老在替理工学院说话”。[132]

除了大肆宣传理工学院的辉煌战绩，佩珀在书中推崇理工学院的

212 实验和仪器还有一个合适的理由：他希望理工学院不只是被当成仅供参观者娱乐的科学博物馆。在讨论一种偏振光实验仪器时，他提醒读者说，理工学院的雇员戈达德（J. F. Goddard）曾因这个仪器获得了技艺协会的银奖。此外，佩珀认为，反反复复的公开演示实验，在取悦观众的同时，其实也是严谨的科学实验，原本也是知识的生产过程。例如，有一个展览演示了微型鱼雷如何在空中炸毁模型船，其实就是一个实验，尽管它“在皇家理工学院演示了多次”。在读完《简明科学百科全书》后，读者通常会有一个印象，理工学院走在科学研究前沿。1869 年，巨型电感器在理工学院揭幕，《伦敦新闻画报》和《一年四季》（*All Year Round*）文学周刊就认为，新仪器会增加知识。[133]

图 4.11 《简明科学百科全书》提到的理工学院水力发电机，是本书众多科学仪器中的一件，这些仪器表明佩珀所在的理工学院在科学研究中扮演着重要角色。出自《简明科学百科全书》，第 273 页。

佩珀的书就是为了将理工学院宣传成重要的科学机构，他演讲中的话题和采用的策略在书中重现自然不足为奇。《简明科学百科全书》用鬼怪幻影解释了光的反射现象，他也借助光学幻觉向读者揭穿骗子和巫师的伎俩。[134] 佩珀的科学写作与理工学院戏剧性表演的异曲同工之处，还在于大量视觉图像的使用。《简明科学百科全书》有600幅插图，《金属游戏手册》里有300幅，《青少年科学游戏》也有100幅。在理工学院，佩珀希望为不同的观众提供指导，带去快乐，在读者市场，他也尝试同时满足成年人和儿童的需求。《简明科学百科全书》的目标读者是科学知识匮乏的成年人，而《男孩的科学游戏手册》《青少年科普讲座》（*Popular Lectures for Young People*）《青少年科学游戏》则是面向儿童。在最后一本书中，佩珀断言，“本书中非常初级的科学文章主要是为了激发青少年的好奇心，从而引导他们去阅读相关主题更广博而全面的科学读物”。[135]

佩珀的演讲和写作还有个共同点，就是对精英科学家的恭敬态 213
度。在他管理皇家理工学院期间，学院的声望取决于佩珀在科学界的地位。他的“教授”头衔是理工学院授予的，而不是在某所大学取得，所以他自称“教授”时常常让人觉得可疑。他和伍德一样小心翼翼，生怕触犯德高望重的科学家们，尤其是那些在重要科学机构工作的科学家。法拉第曾告诉佩珀没明白鬼怪幻影是如何操作的，佩珀就带他到幕后，让他把手放在一块隐藏起来的玻璃上，那块玻璃在这个骗术中必不可少。法拉第说：“啊！我现在明白了。不过你这些玻璃也隐藏得太好了，我甚至在幕后都没发现它们。”[136] 在1867年法拉第去世时，佩珀开始讲述他的传奇故事。据《泰晤士报》称，佩珀在理工学院当年的一个座谈会演说中，就讲了法拉第的成就。[137] 在《简明科学百科全书》中，佩珀详细叙述了法拉第的电学研究，接着在化学部分谈到了他传奇的一生。[138]

佩珀在演讲和写作中也同样赞扬了法拉第在皇家学院的继承者丁达尔。如果说模仿是最献媚的方式，佩珀的确对丁达尔极尽“溜须拍马”之能。1862 年春天的一场演讲中，丁达尔利用一束不可见的红外线，在光束焦点处点燃了一支雪茄。而 1866 年，《泰晤士报》就报道了佩珀的新演讲“隐形射线点火”，就是用不可见光点燃易燃物，也包括一支雪茄。[139] 他还在一个大金属凹面反光镜焦点处放了一块肉进行烹饪，在理工学院主厅距离这个反射镜 100 英尺的地方，安置了另一个反光镜，在其焦点处燃着炭火。《简明科学百科全书》重述了这个烤肉的演示过程，高度赞扬了丁达尔的装置，有效利用了不可见光的能量。1871 年，佩珀做了关于冰川和热量理论的两个演讲，这两个主
214 题是丁达尔早些年分别在《阿尔卑斯山脉的冰川》和《热被看作一种运动方式》中谈到过的。[140] 虽然佩珀主要涉足物理学，但他还是设法引用了“著名博物学家”查尔斯·达尔文进化理论中的一些内容。[141]

佩珀对丁达尔和达尔文十分敬佩，他也和赫胥黎一样强烈反对唯灵论，但他对进化论自然主义的态度却有些复杂。他在人生的某个时候皈依了罗马天主教，这个决定在信奉新教的英国通常会招致严重后果，也常常意味着强烈的宗教倾向。[142] 据佩珀同时代的艾德蒙·威尔基（Edmund Wilkie）称，佩珀是虔诚的基督徒，“从不错过任何机会，向听众灌输科学家深入探究自然奥秘并不是什么大不敬的事，认为科学有悖于信仰的想法毫无根据”。威尔基宣称，佩珀在结束天文学演讲时会举起双臂，抬头仰望，吟诵着《诗篇》里的经文：“诸天述说神的荣耀，穹苍传扬他的手段。”[143] 佩珀会在写作时提到上帝，但频率

比伍德低，他在书中传播信仰时也非常谨慎，因为他觉得科学作家不宜谈论上帝与其造物之间的关系。他相信，完美的自然应当“制止最雄辩的演讲家或最杰出的作家试图用恰当的赞美之词，去歌颂全能上帝第一个伟大的创造，那时上帝之灵来到水面，说‘要有光’”。[144] 215

然而，佩珀和伍德一样，致力于打破科学家与门外汉之间固化的界线。他认为，所有人都可以获得科学知识，专家精英不应该独断专行。1865 年，佩珀出版了一部剧本，名为《钻石制造者，或炼金术士的女儿》(*The Diamond Maker; or, the Alchymists's Daughter*, M’Gowan and Danks)，标题页显示，“剧情、布景、灯光和其他科学上的部署”都是他负责，而对白作者署名则是“范松贝尔”。该剧是一部“浪漫剧，分三幕”，居中有个场景展示了佩珀的光学幻影，包括一具骷髅鬼怪。不知道最后这部剧有没有在伦敦某个剧场演出，但佩珀曾授权让其他剧院使用过这些鬼怪幻影，包括干草市场、大不列颠、德鲁里巷等剧院。[145] 估计佩珀是希望将自己的作品打入伦敦市场，但这部剧不单单是为了展示他的光学幻影。

在这部剧中，佩珀探讨了科学发现与大众知识之间的复杂关系。该剧的背景有些含糊，讲的是在德国某个公爵府里，一位炼金术士的女儿玛丽与公爵相爱。她决意要结束这段恋情，因为其父认为公爵是邪恶的暴君。然而，这位炼金术士有一个秘密，他用自己的力量制造了一颗钻石，但他担心其他人知道自己的秘诀，就疏远他人，隐瞒自己的发现。炼金术士“历经险途攀登科学高峰”后，“站在令人眩晕的科学之巅，对人们目光短浅、没有抱负、敲诈勒索以及钩心斗角等行为”满是鄙夷。他最担心的是公爵，因为炼金术知识只会让手握政治大权的公爵更加暴戾恣睢，所以炼金术士死也要守住秘密：

盲目的傲慢登上宫殿的宝座，

而知识却蹲在角落等待春天的到来。

只有新时代（春天）到来时，这个世界才为他的知识做好准备。[146] 公爵惧怕炼金术士的力量，企图谋杀他，但没有得逞，他不知道那是玛丽的父亲。公爵后来在一次狩猎中受伤，玛丽去看他，以为他快死了。
216 两人成婚，炼金术士伤心至极，直到去世前才跟女儿和解。佩珀的炼金术士是一个悲剧人物，为了隐瞒自己的知识不惜与人断绝往来。他无法理解爱情何以能让女儿在公爵受伤后义无反顾奔向他身边，他也误解了公爵的意图，后者并非他想的那样暴戾。佩珀是在谴责古代炼金术，但这部剧可以解读为在批判任何企图垄断科学的群体或个人。知识不该被藏起来，而要向公众开放，就如同理工学院一贯的做法。这部剧暗示了佩珀对科学可达性的愿景与科学自然主义职业化趋势之间的张力。虽然他坚持认为，知识可以在理工学院这样的公共空间产生，但科学自然主义者却觉得，只有在实验室这样的私密空间里才会有科学发现。科学自然主义者精英们有时候就像炼金术士那样，严密地坚守自己的知识秘密，如此一来就可以保持专家与门外汉之间的巨大差别。

追忆科学表演者

赫伯特·威尔斯（Herbert G. Wells）曾在介绍一本博物学书时问读者：“对你心智成长影响最大的东西是什么，是某本书、某位老师，还是某些经历？”接着，他思考了自己会如何回答这个问题，承认这个问题会有成百上千种不同的答案。就威尔斯而言，学者们通常会认为他在帝国学院的老师托马斯·赫胥黎是对他影响最大的人。[147]然而，威尔斯自己的回答却并非如此，他将伍德视为最重要的老师，指出伍德有一本书对他的心智发育产生了最大的影响。在7岁那年，威尔斯因为腿部骨折卧床养伤，如饥似渴地读着伍德的《博物学》（*Natural History*）。他回忆说："对我而言，那天翻开伍德那本曾经广受欢迎的《博物学》，确实非同凡响，我接触到了某些特别的东西，为我的思维开启了一扇独特而丰富的新窗户。"[148]

视觉图像激发了少年威尔斯的想象力，他的大脑一下"被唤醒了"，他"翻开那本书，欣赏大量的木版画，这里读读，那里翻翻，众多新奇的生物，它们成群结队，在脑海里奔驰"。其他博物学著作 217
将自然描述为满是奇迹的混乱世界，相比之下，伍德书中的插图展示了"井然有序的生命世界"。虽然伍德提出了一种自然的神学，但在威尔斯看来《博物学》紧跟了最新的科学发现。对年轻的威尔斯来讲，本书标志着"在越来越好的半个世纪里科学的进步"。这本书里描述了澳洲的动物，还有大猩猩，吓坏了他，"有一段时间上楼睡觉都总担心会遇到它"。有学者认为，伍德的《博物学》里的大猩猩给威尔斯留下如此印象，激发了他的灵感，使他在《时间机器》（*The Time Machine*）中塑造了地下穴居人莫洛克人的形象。[149]大猩猩的形象，以及生物"形成族群、阶层和秩序"的集群，让威尔斯想到了进化论，尽管伍德在这本书中从未用到这个词。[150]

威尔斯回忆起《博物学》对他的幼小心灵产生的巨大影响时，对书中生动的插图印象尤为深刻，而他对皇家理工学院的回忆则以壮观的展览和演示为主。1870年，《趣味》杂志的一位记者，在走进理工学院的大门时"沉浸在记忆中的魔法"里。他凝视着这座建筑，认为“它蕴藏着科学和智慧的奇迹，里面有潜水钟和西洋镜，还有渐隐动画和倍增测程车”，“一直藏在脑海中的景象浮现在面前”，他再一次像“小男孩一般——被一位离去很久的人领着，震撼、惊恐却又着迷”。这位记者深深沉浸在怀旧的思绪中，差点落泪。他平复了心情，走进大楼，又重回幽默风趣的样子。有人带他进入小剧场，“里面的人告诉我可以看到佩珀的鬼怪表演”，这让他有些烦躁，因为他“冒险进来是为了见到教授本人，听到他的演讲”。这位记者对佩珀的普法战争演讲印象深刻，尽管他抱怨佩珀“经常狂喜不已，有点过了”。他热情洋溢地赞扬了演讲中展示的莱茵河和战场全景图，将理工学院描述为一场视觉和听觉的盛宴，在“眼睛和耳朵都享受饱餐一顿之后，我才离开……对自己和理工学院都甚为满意”。[151]

218 充分利用视觉奇观对伍德和佩珀都大有裨益。巨幅的徒手速写是伍德的拿手好戏，让他成为受欢迎的演讲家。就图书销售来讲，他也受益于生动的插图，成为最成功的科普作家。而且，因为这些视觉图像，维多利亚时期的观众更容易理解博物学，伍德也更有效地传达了一种自然的神学。而佩珀对戏剧性奇观的应用，尤其是他的光学幻影，保障了理工学院在后水晶宫时代得以存活。游客们蜂拥而至，专门到理工学院观看佩珀的鬼怪幻影表演。他以理工学院为阵地，将自己打造成当时最杰出的科学演讲家。他在理工学院工作了 24 年后辞职，将光学幻影表演带到了加拿大、美国和澳大利亚。佩珀在写作时，也在书中“到处点缀”插图，包括理工学院的仪器及其制造的壮观场景，以确保作品对潜在的读者充满吸引力。伍德和佩珀抓住了维多利亚人对视觉冲击力的渴望，他们在竞争激烈的科学市场中打拼，成为最早以科学普及为事业的那批人。

第五章　进化论史诗的演变

格兰特・艾伦在《无处不在的进化论》（*The Evolutionist at Large*， 219
1881，Chatto and Windus）序言中谈到了如何向“非学术的读者”传播“进化论者的一般性原则和方法”。因为“普通人不怎么在意细微的解剖结构和生理学细节”，所以生物学读物的重点不应该放在“内部生理结构”。“不能指望”大众读者“会对拇长屈肌或者海马体感兴趣，他们对这些结构的存在完全不了解，这些名字除了让他们反感，毫无意义”。相反，艾伦认为，读者最感兴趣的，应该是在进化[1]进程中，“动植物可见的外部特征如何产生”。因此，艾伦打算在这本书中以大众熟知的动植物为例，“解释进化论的那些原理，看看令人称奇的外部结构怎样发生”。伍德曾专注于海边或乡间常见事物，艾伦也通过草莓、蜗牛壳、蝌蚪、路边野花，甚至核桃等日常生活中常见的动植物，简单明了地解释进化论。[2]

核桃起源的故事是艾伦解释进化论的一个典型例子。他在文章开篇就指出从常见事物中探究进化进程的重要性，他承认达尔文不得不写了两卷《人类的由来》去阐释人类的进化，因为“他要是写两大卷
《核桃的由来》，估计我们不会听他说什么”。不过，艾伦认为，“这 220
只是一个生物学问题，这个对象和另一个对象同样重要”。实际上，

对任何生物的研究都可以理解进化论，无论那种生物多么平凡。例如，核桃的起源和发展就是“一个值得思考的主题，可能对我们大有裨益，并非了无生趣”。艾伦在描述核桃时强调了水果和坚果不同的生存策略，水果希望被吃掉，这样就可以散布种子，而坚果却包裹着坚硬的外壳，从而保护种子不被吃掉，这种区别促使艾伦去思考习焉不察的一些进化过程。大自然是一场“连续的游戏，有着截然不同的各种目的”，动物永远比植物聪明，作为响应，植物不断试图完善自己，要比动物更聪明。“或者说，”艾伦宣称，“打个比方，只有那些能破解植物保护措施的动物才能生存下来；而只有刚好靠特殊保护机制成功抵御动物攻击的植物才能存活，这就是隐藏在坚果壳里关于达尔文学说的伊利亚特史诗。”[3] 在这篇文章中，艾伦巧妙地通过小坚果这样普通的事物，将整个进化论史诗——“达尔文学说的伊利亚特”娓娓道来。

以进化论史诗为载体，向大众读者传播当代科学思想，是科普作家常用的方式，艾伦并非特例。进化论史诗成为 19 世纪下半叶最重要的叙事形式之一，进化概念表明自然界缓慢、进步而符合规律的发展过程，这为它取得了科学上的合法性。它之所以享有史诗般的地位，是因为它跨越了较大的时间范围，涉及多个学科领域，甚至展现了英雄人物的传奇故事。进化论史诗成为科普作家眼里万能的写作类别，可以讲述扣人心弦的宇宙故事，可以超越萨默维尔的物理科学综合，从而提供一个更全面的科学知识大综合，尽管强调的重点其实只是生物学和地质学。沿着时间序列，从星云假说（前文所述）中的地球诞生到高等生命形式的进化，进化论提供了一个宏大而有序的知识体系，可以向不同的受众传播大量科学知识。进化论史诗可以让

科普作家横跨天文学、地质学、生物学和其他多门学科，进化论思想
成为探寻不同分支科学知识相互联系的关键所在。由此一来，进化论 221
故事就涵盖了整个宇宙，如“史诗般”跨越了巨大的时间尺度或主题范围，或者两者皆是。不过，有些科普作家借用“史诗”概念是源自文学传统，将进化论史诗作为一种叙事形式，为打造进化论英雄提供了机会，以此抓住读者的想象，就如同荷马古典史诗中的奥德修斯和阿喀琉斯那样。不管是走在时代前沿的进化论者，还是聪明勇敢的动物，都可以被塑造成史诗般战争中的英雄——前者与偏执的宗教抗争，后者与自然中的天敌和恶劣的环境作斗争。

《创世自然史的遗迹》匿名作者罗伯特·钱伯斯打造了进化论史诗的现代版本。钱伯斯采用了单细胞生物到人类的宇宙进化论模式，首次将这个起源于卢克莱修的叙事方式与19世纪的新科学结合起来。詹姆斯·西科德在《维多利亚时代的轰动》一书中，将《创世自然史的遗迹》称为一个杂合体或怪异的写作类型，与其他“反思科学”的新流派一样，都体现了进步的主题。为了打造这部怪异的新史诗，钱伯斯在皮埃尔－西蒙·拉普拉斯简化版的星云假说基础上，借鉴了天文学中的进步叙事；在地质学中，他借鉴了威廉·巴克兰在布里奇沃特文集中的《地质学与矿物学》(*Geology and Mineralogy*，1836)、吉迪恩·曼特尔的《地质学奇迹》(*Wonders of Geology*，1838)；而在生物学中，借鉴的则是法国博物学家让－巴普蒂斯特·拉马克的作品。西科德指出，钱伯斯采用历史小说的史诗写作方式（尤其是沃尔特·斯科特的写作），重塑了启蒙运动时期的进化宇宙论，从而将被认为危险的科学理论“驯化”成能被接受的样子。西科德还认为，从长远来看，《创世自然史的遗迹》最重要的影响是，“为进化论的史

诗般写作提供了一个模板，这些作品用一种进步的综合囊括了所有的科学”。[4]

维多利亚读者对进化论史诗的迷恋与这个时期奇观的盛行联系在一起，也与伍德和佩珀等科学表演者的活跃有关。《创世自然史的遗迹》虽然没有插图，但华丽的辞藻淋漓尽致地展示了各种奇观，就如同带领读者参观了一座关于创世的博物馆。还有其他作者写了创世之旅，如托马斯·米尔纳牧师的《大自然画廊》(*Gallery of Nature*, 1846)，可能是10年来最畅销的科学读物。米尔纳的书并没有像钱伯
222 斯那样讲述发展进化的故事，但里面有大量引人入胜的插图。[5]如果将进化论史诗与全景图进行比较，可以进一步理解《创世自然史的遗迹》与维多利亚视觉文化之间的联系。这两者其实都在试图为观赏者创造一种特别的鸟瞰视角，去欣赏宏大的景象。进化论史诗在很多方面都可以看作文学中的全景图，这或许可以解释钱伯斯开创的这种叙事方式在19世纪下半叶为何有如此大的影响力。尤其是进化论被搬上历史舞台，或者说进化论在插图书中成为重要主题后，这种叙事与19世纪视觉文化的重要发展产生了共鸣。

除了艾伦，戴维·佩奇、阿拉贝拉·巴克利和爱德华·克劳德也是19世纪下半叶最重要的进化论史诗倡导者，[6]他们都是高产的作家，而且有着广泛的读者群。很多维多利亚时期的读者通过这些作家的作品间接了解了拉马克、钱伯斯、达尔文和斯宾塞。这个群体在科普作家中有别于前几章讨论的圣公会牧师、改良亲子写作传统的女作家和科学表演者那三类群体。他们作为第四类科普作家，与赫胥黎和丁达尔等进化论自然主义者的某些目标是一致的，但他们又绝非毫无主见的模仿者或者不加批判、全盘接受的门徒。对佩奇和巴克利来说，他

们将改编进化论史诗作为一种手段，以破坏赫胥黎及其盟友的世俗化目标；而克劳德和艾伦则钦佩赫胥黎、斯宾塞和达尔文，并和这几位一样采用更世俗的进化论方法，只不过他们保持了自己的独立性。这四位科普作家代表了进化论史诗的两种诠释路径——宗教的和世俗的。尽管达尔文在 1859 年后对进化论史诗的建构扮演了重要角色，但出乎意料的是，他并没有产生决定性的影响，这可能也是预料之中的事。这四位科普作家中没有谁将他当成自己进化论史诗背后的主要启发者，佩奇认为达尔文太偏向唯物论，克劳德确信自己的进化论观念更多是受到赫胥黎和泰勒的影响，艾伦则痴迷于斯宾塞的学说。艾 223
伦认为，达尔文的作品局限于生物世界，斯宾塞则是首次将所有科学纳入综合的进化论框架里。对这几位科普作家来说，达尔文并不等同于进化论，在他们看来，有不少人都为打造现代的进化论史诗做出了贡献，达尔文不过是其中一位。

戴维·佩奇：宇宙设计的进化论史诗

在《地壳》（*The Earth's Crust*，1864，6th ed.，1872）最后一章“世界历史的一般性推论”中，戴维·佩奇（1814—1879）试着总结他的地质学纲要中所蕴含的更广泛意义。虽然地质学是一门年轻的科学，“它的很多方法还不完善，但它已经确立了一个事实，即地壳一直在不断变化”。地质学不仅揭示了“不断变化的全景图”，还揭示了“从低级到高级的进阶过程——每一个上升的阶段都以更高级的生命形式结束，这一切背后都有着统一的计划”。地质学并不能为生命起源提供线索，但它却可以追溯“创世的历程，并产生相关的知识，从而展示造物主用来规范和发展这个世界的次要原因”。身为科普作家，佩奇的目的是要呈现地质变迁中令人惊叹的过程，即他的进化论史诗。[7]佩奇很少使用视觉图像，但他追随休·米勒和托马斯·霍金斯（Thomas Hawkins）等人的地质学写作，通过语言激发读者的视觉想象力，一幅曾经的地球全景图浮现在他们脑海，崇高而壮观。[8]对佩奇而言，进化论史诗的作用在于颠覆科学自然主义者在达尔文进化论中发现的世俗意义。

成千上万的人读过佩奇对进化论的诠释，伦敦地质学会主席亨利·索比（Henry Sorby），在1879年佩奇去世时称他为“地质学思想最早的普及者之一，在其有生之年也是最成功的普及者之一”。[9]《自
224 然》杂志刊登的讣告也同样表示：“（佩奇）在地质学的大众读者市场广为人知，几乎没人赶得上这位老练的作家。”[10]佩奇是一位自由职业者，从事科学写作和演讲，一生中的大部分时间都在这个领域摸爬滚打（图5.1）。佩奇父亲是一位泥瓦匠和建筑工人，佩奇14岁就被送往圣安德鲁斯大学读书，准备成为苏格兰教会中的一名神职人员。但他从未从事

图5.1　戴维·佩奇，地质学普及作家。

过神职工作，终其一生都在拥护温和党。爱丁堡出版商钱伯斯公司在1843—1851年聘用了他，专门为公司写地质学入门丛书，并担任《钱伯斯期刊》（*Chambers's Journal*）的编辑助理。想必他是一位忠诚的员工，得到公司重视，因为他是少数几个知道罗伯特·钱伯斯是《创 225
世自然史的遗迹》作者的知情人之一。在钱伯斯兄弟拒绝佩奇成为合伙人之后，佩奇选择了退出，而且试图在1854年的一场演讲中揭露罗伯特·钱伯斯就是那位匿名的作者，詹姆斯·西科德将其称为“深思熟虑策划了揭露匿名一事”。与钱伯斯兄弟分道扬镳后，佩奇写了超过15本关于地质学和自然地理学的书，都以本名署名，面向广泛的读者群体，其中不少书由威廉·布莱克伍德父子（William Blackwood and Sons）公司出版。佩奇的职业生涯非同寻常，他在1863年当选爱丁堡地质学会主席，并担任此职一直到1868年。1871年，他又被任命为杜伦大学物理学院地质学教授。从中可以看出，即使到了1870年代，科普作家与科学家的身份也并非截然分离。[11]

佩奇通过讲座、课本和普及读物等方式向受众传播他的进化论史诗。据同时代的人称，佩奇能言善辩，是一位充满活力的演讲者。佩奇去世时，爱丁堡地质学会名誉秘书拉尔夫·理查森（Ralph Richardson）将佩奇称为自己的地质学领路人。1866年夏天，理查森在爱丁堡大学听了佩奇的讲座，宣称“他的讲座图文并茂，简明扼要；思路有条不紊，所有东西都经过了精心准备，清楚明了”。理查森还清楚地记得在科学与艺术博物馆举办的爱丁堡地质学会座谈会上佩奇的两场演讲——第一场是在1866年12月6日，佩奇向1700位听众演讲了“地质生命周期”，讲座中使用氢氧灯投影演示图表；第二场是在1868年1月23日，演讲大厅座无虚席，演讲题目是“冰雪行动”，同样采用了图像展示方法。[12]

佩奇写的课本也很受欢迎，他的《地质学入门教材》（*Introductory Text-book of Geology*，1854，Blackwood）在10年里出版到了第6版，1888年发行了第12版。佩奇指出这本书的目的是“提供初级的地质学概要”，宣称自己在写这本书时“竭尽所能，深入浅出又准确无误地讲解这门学科，引导读者从熟悉的事物中去理解并非显而易见的事实，从关于事实的知识中去思考背后的支配规律”。佩奇相信，通过
226 这种方式可以将地质学从“枯燥的事实堆砌”转变成“最有意思的一门自然科学”。他从地质学的目标界定谈起，然后讨论地质作用，组成地壳物质的总体排列、结构和成分等，这些物质的分类，在各章中按地质年代从最古老到最新的顺序讲解了地壳的分层构造。在最后一章中，佩奇回顾了各层构造，得出了“一般性的推论”，其中最主要的一条是，地壳的每一层都存在从“较低级到更高组织结构”的证据。[13]佩奇将《地质学高阶教材》（*Advanced Text-book of Geology*，1856，Blackwood）作为《地质学入门教材》的“续篇”，在1876年发行了第6版，这本书的目标读者是“高中生”和希望深入学习这门学科的人。这本书主要旨在帮助学生成为这个领域“真正的探究者”，让他们能够“阅读和理解高阶的论述、专著、文章和他人的新发现等”。这本高阶教材更详细地介绍了地质学的经济方面，也更强调观察的重要性、依赖猜想的危险，以及灾变说存在的问题。[14]对佩奇来说，写教材必定有利可图，除了这两本地质学教材之外，他还编写了《自然地理学入门教材》（*Introductory Text-Book of Physical Geography*，1863，Blackwood），到1888年时共发行了12版，以及《自然地理学高阶教材》（*Advanced Text-Book of Physical Geography*，1864，

Blackwood），到 1883 年时共发行了 3 版。

佩奇的科学写作并没有局限于教材，还包括受众更广的作品，例如《写给大众读者的地质学》（*Geology for General Readers*，1866，Blackwood），力图“用浅显易懂的方式讲解地质学的主要事实和原理”。这本书在 1888 年发行了第 12 版，印量很可能超过了 1 万册（和他那两本入门教材印量一样）。佩奇告知读者，他“尽可能摒弃专业术语，避免写成教科书”，用日常生活中的常见事物进行类比，去解释一些基本术语。例如，他把地球外表称为地壳，“就好像主妇形容面包的外壳，或者小学生形容冬天霜冻时节水潭表面形成的结冰层”。[15] 佩奇在《地质学小常识》（*Chips and Chapters*，1869，Blackwood）中宣称，完全可以对地质学的原理“略作改动”，让
“大量读者觉得有意思”，他们“不需要，确实也没有时间接受系统 227
训练”。[16]

《地球生命的前世今生》（*Past and Present Life of the Globe*，1861，Blackwood）“勾勒了世界生命系统的概况”，旨在“将远古到近代、生命到灭绝联系起来，让普通读者也能对动植物世界伟大而持续的进化过程有一些整体概念”。佩奇的技巧是强调大场景，而不是试图“讲授解剖学细节或指出具体的差别”，通过这种方式让读者对地质学和古生物学产生兴趣。[17] 同样，他在《地壳》一书中解释道，“20 年对着不同听众演讲的经验，让我深信不疑的是，知识传播最首要的是简单而愉快的概括性内容，而不是全面而系统的解释”。他在序言中指明了目标读者，包括“努力自学的年轻人”“经商者”“有闲暇又仅仅把知识当成一项技能的人”，以及“不打算进入专业学习的优雅女士们”，他们“有阅读和学习的渴望，只需为他们提供容易上手、好

理解的内容”。[18] 佩奇认为地质学“值得每一个有教养的人去学习”，但他极力主张将地质学作为女性教育不可或缺的一部分。他评论说，女性在地质观察和采集中已经有非常不错的表现，他愿意扩展对女性的教育，将科学纳入其中，但他也向读者保证，这样的活动并不会挑战现有的性别标准。佩奇相信，女性可以追求她们的地质学爱好，“不会比其他消遣活动更妨碍她们的家庭和社会职责，毕竟这些才是女性最崇高和天然的职责”。[19]

佩奇的科学写作方式对维多利亚读者很有吸引力，多年来他靠写作获取了可观的收入。在 19 世纪 50 年代，佩奇从布莱克伍德父子的公司收到了作品首版和后续修订版的酬劳，在那 10 年里他的总收入大概有 275 英镑，外加 30 几尼。1854 年，《地质学入门教材》和《地质学高阶教材》分别为他带来了 30 几尼和 30 英镑的版税收
228 入。1857 年，根据他与布莱克伍德父子的协议，他收到了《地质学入门教材》第 3 版三分之二的预估利润，二十二英镑五先令七便士。两年后，他又从这本书获利 11 英镑多的版税，并收到《地质词汇与地质学手册》(*Handbook of Geological Tours and Geology*) 的最终版税 100 英镑，还有超过 78 英镑的收入来自编辑和修订《地质学高阶教材》第 2 版。翌年，他的《地质学入门教材》第 4 版收到了超过 34 英镑的版税。[20]1860 年代，他继续与布莱克伍德父子合作，从他们的公司至少获得了 263 英镑外加 177 几尼的收入。[21] 佩奇被任命为杜伦大学的教授后不再那么依赖科普写作的收入，但这项收入一直持续到 19 世纪 70 年代早期，他至少又获利 235 英镑。[22]

佩奇在所有作品中都在引导读者留意学习地质学所带来的经济利益和智识益处。他在《地质学及其对现代信仰的影响》(*Geology and*

Its Influence on Modern Beliefs，1876，Blackwood）中谈到经济上的好处时认为，地球是一个“巨大的宝库”，但要想得到“地点、方位、储量和获取方式”等宝贵的地质学知识需要科学技巧。佩奇认为地质学知识对农民、土地评估员、土木工程师和矿业工程师都很有用，陶艺家和玻璃工人，矿物颜料和染料制造商，冶金学家和化学家，机械 229
工程师和机械工，以及珠宝商也会用到地质学知识。佩奇指出，“英国的整个机械和商业遥遥领先的地位，全仰仗我们的煤田——蒸汽机、蒸汽船、铁路、电报和不计其数的机械无不依赖煤，没有这些煤田，这一切都不可能实现”。总而言之，地质学让我们去关注“那些矿产和金属，将对这些物产的利用与我们现代文明的进步密切交织在一起，也体现了现代文明的特征”。[23] 地质学的实用性是佩奇作品中的一个重要主题，但他远没止步于此，更多地讨论了学习地质学在智识或理论上的优势。地质学理论的目的是“要理解地球持续变迁过程的理性历史”，[24] 这种学习本身不仅是“智识追求”，而且最终会“让我们更加钦佩造物主维持和改变这个世界的方法，并使世界变得丰富多彩”。探究地壳的结构可以“以更新颖而深入的方式洞察自然的规律和法令，人类可以从对自然界更深入的所有洞察中，获取更多的智慧、幸福以及崇高的东西”。[25] 佩奇在众多作品中详细探讨了地质学理论成果，呈现了佩奇版的进化论史诗。

在《地球生命的前世今生》中，佩奇首先以桌子上的一堆岩石来吸引读者的注意力，以此开始研究地球历经的变迁历史（图 5.2）。“无知的人在路上可能会一脚踢飞”“这些岩石碎片”，但它们在地质学家眼里其实“和埃及方尖碑、西亚古城尼尼微的雕塑一样，珍贵而有趣”。佩奇和伍德、金斯利、艾伦以及其他科普作家一样，善用常

图 5.2　常见的物品里藏着进化论史诗的奥秘。出自《地球生命的前世今生》，第 17 页。

见的物品让读者参与到科学探索中，他会给读者设计谜团，诱导读者随他更深入地探索下去。“这些岩石碎片看上去粗糙又残缺不堪，表面上平淡无奇甚至模糊不清，”佩奇宣称，“实际上它们讲述着这个世界过去的故事，以科学的眼光去看，它们远比石板上的雕塑或石棺上的象形文字更加清楚明白地展示了与过去的联系。”当然，这个故事就是进化论史诗，只有在古生物学家的帮助下才能听到这个故事，他们“仿佛能让过去的生命复活”。佩奇强调，如果古生物学家将他的

知识与其他科学结合起来，就可以将过去复原，呈现曾经的壮观景 230
象。佩奇写道，“他揭开神秘的面纱，展示了地球在变迁历史中各阶段的地形地貌；通过地理学家、植物学家和动物学家的共同努力，即便在今天我们也可以在脑海里勾勒出海洋和陆地的全貌，生机勃勃又复杂多变”。接着，佩奇为读者描绘了从一个地质年代到另一个地质
年代的全景图，充分说明“地质学比其他科学更清楚地确定了一个事 231
实——地球生命进步性的演化过程”。[26]

佩奇在考察了当前所有生命中存在的秩序后，将读者带回了远古、中古和近代的生命之中，探寻一个统一的进化规律，从而在“法则”这章中，写出了一系列结论。地球上一直存在统一的类型和模式，因为辐射对称动物、节肢动物、软体动物和脊椎动物“显然至今共存于世，各居其位，就如同它们最初分布在陆地、定居在水里一样”。佩奇很认同美国博物学家路易斯·阿加西（Louis Agassiz），并引用他的话，生命的进化“不过是实现了预先决定的一个计划而已”。佩奇强调“一个伟大的系统或宇宙内”存在的连续性，拒斥大灾变导致某一时期动植物灭绝并重新产生新生命的理论。佩奇是一位忠实的均变论者，宣称所有生命形式“在一个渐进的连续序列里交织在一起，不可分离”。[27] 即使在教材中，佩奇依然强调均变论原则，“在可确定的范围内，大自然按照固定、统一的模式运行”，他认为在这些范围之外“似乎存在着某种伟大的宇宙演进规律，曾经的地质历史已经清楚表明了这点”（图 5.3）。[28]

佩奇明确将宇宙演进规律的概念与神学主题联系在一起，并将探寻神圣设计作为地质学的核心目标。他宣称，“我们这门科学的最高目标，是要发现创世计划如何将所有生命形式统一到坚不可摧的和谐

生命系统中”。[29]佩奇在这样的视角下，认为地质学揭示了上帝在不同时代的神圣活动，并承诺了未来的进步。他坚信，“地质学在努力揭示伟大的宇宙设计，全知全能的上帝坚定不移地维持着世界，‘他没有改变，也没有转动的影子’[30]”。佩奇认为地质学比其他任何自然

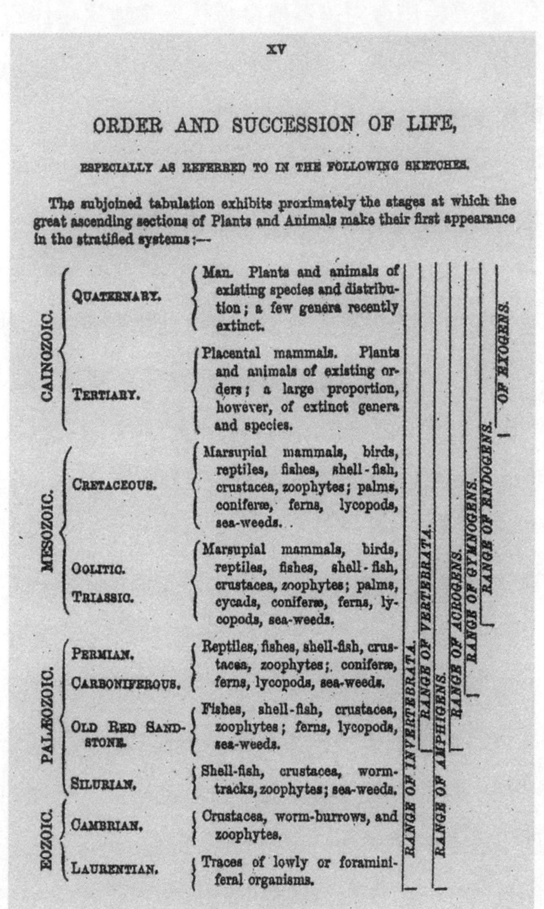
XV

ORDER AND SUCCESSION OF LIFE,

ESPECIALLY AS REFERRED TO IN THE FOLLOWING SKETCHES.

The subjoined tabulation exhibits proximately the stages at which the great ascending sections of Plants and Animals make their first appearance in the stratified systems:—

CAINOZOIC.	QUATERNARY.	Man. Plants and animals of existing species and distribution; a few genera recently extinct.
	TERTIARY.	Placental mammals. Plants and animals of existing orders; a large proportion, however, of extinct genera and species.
MESOZOIC.	CRETACEOUS.	Marsupial mammals, birds, reptiles, fishes, shell-fish, crustacea, zoophytes; palms, coniferæ, ferns, lycopods, sea-weeds.
	OOLITIC. TRIASSIC.	Marsupial mammals, birds, reptiles, fishes, shell-fish, crustacea, zoophytes; palms, cycads, coniferæ, ferns, lycopods, sea-weeds.
PALÆOZOIC.	PERMIAN. CARBONIFEROUS.	Reptiles, fishes, shell-fish, crustacea, zoophytes; coniferæ, ferns, lycopods, sea-weeds.
	OLD RED SANDSTONE.	Fishes, shell-fish, crustacea, zoophytes; ferns, lycopods, sea-weeds.
	SILURIAN.	Shell-fish, crustacea, worm-tracks, zoophytes; sea-weeds.
EOZOIC.	CAMBRIAN.	Crustacea, worm-burrows, and zoophytes.
	LAURENTIAN.	Traces of lowly or foraminiferal organisms.

RANGE OF INVERTEBRATA.
RANGE OF VERTEBRATA.
RANGE OF AMPHIGENS.
RANGE OF ACROGENS.
RANGE OF GYMNOGENS.
RANGE OF ENDOGENS.
OF EXOGENS.

图 5.3　佩奇的“生命秩序和演替”图表，展示了从最古老的地质年代到最近的地质年代的宇宙演变过程。出自《写给大众读者的地质学》，第 xv 页。

科学更加能“证明神圣智慧和设计”。在此，佩奇是在回应那些“试图给地质学贴上唯物主义标签的人”。[31] 动植物学家在研究“当下的 233
自然”时，让我们心目中的上帝形象更加崇高，他们“为神学家提供了不可辩驳的证据，证明了整个创世过程中统一的神圣计划和设计”。但如果神学家发现“历经沧海桑田，这样的和谐设计和统一计划也一直存在”，上帝只会显得更加伟大，“同样的和谐设计，同样的统一计划，贯穿着数不清的时代，在不计其数、复杂多样的形式中传播和延伸。目前存在的生命变化万千、无处不在，但这不过是地球生命长河中的冰山一角，更多无法估量的生命已不复存在”。[32] 佩奇比较了天文学和地质学的区别，承认前者“可能是一个更崇高的主题”。但他又指出，“这种崇高也让天文学变得高冷，让人有距离感”，而地质学“一直与人类的利益有直接联系”，因为地球的过去和现在是无法分离的。进化论史诗的主要观点在于，我们是仍在进行着的神圣计划的一部分，高歌“我们的创世设想”，这部史诗“绝不会削弱我们对上帝的力量、智慧和仁慈的敬畏，它也是靠这些品质挥舞着指挥棒，维持这一切”。[33] 未学过地质学的人认为地质学是在支持唯物主义，佩奇反驳道，地质学“为神学家提供了方方面面的证据，证明了创世所体现的智慧、仁慈和设计”。[34]

对佩奇来说，神圣设计蕴藏在自然法则中，不同于佩利观念里被创造的生物。[35] 地质学“对自然法则观念起了重要的推动作用”，因此被打上唯物主义的烙印，佩奇在作品最后探讨了自然法则与神圣设计之间的联系。[36] 佩奇在《地球生命的前世今生》序言中宣称，自己的主要目的是让广大读者对“自然法则的普遍性和一致性”有所了解。他否认“认识到自然法则在每个具体的例子中都一成不变，毫无差错”是在“扩大造物主及其造物之间的距离”，也不承认关于自然法则的知识会怂恿人们对上帝不敬。他宣称，“相反，最熟悉和了解创世法则的人，通常最不需要接受这样的劝诫——把你脚上的鞋脱下来，因为你所站之地是圣地”。[37] 自然法则“只不过是造物主在其作品中显现自己的方式，理性的最高境界就是清楚明了地传达这些方式，
234 只有这样我们才能判断其过程，并预测其结果”。佩奇辩解道，均变论才是使地质学成为一门科学的存在。他坚定地说：“如果不相信自然法则在持续起作用，还诉诸‘革命’和‘大灾变’，你将呈现一个无序的世界，一个毫无计划的造物主，人类理性努力用某个理论体系去诠释各种现象也变成徒劳，因为没有任何理论可以解释这些现象。”但是，如果地壳的变迁服从统一的自然法则，地质学家就可以确信现在的计划似曾相识，从而追溯从古至今的演变过程，就可能揭示“造物主的一些设想，理解他的神圣思想，尽管可能有些模糊”。[38] 难怪《英国评论季刊》(*British Quarterly Review*)的评论员称，佩奇是“一位不以基督徒身份为耻的哲学家，一位相信科学作者[39]的科学人”。[40]

佩奇试图将设计论纳入自然法则中，并将关于设计论的知识列为地质学的目标，这当然会让秉持着科学自然主义目标的人深感厌恶。威廉·斯威特兰·达拉斯(William Sweetland Dallas)是最执着的批评家之一，19世纪50年代晚期到60年代晚期他在《威斯敏斯特评论》(*Westminster Review*)杂志上评论了佩奇的作品。达拉斯是一位博物学家，对昆虫学尤为感兴趣，在1847年到1858年为大英博物馆编写了昆虫名录。他也是约克郡哲学学会博物馆的馆长，之后还担任了伦敦地质学会的助理秘书，直至去世。[41] 达拉斯写了《动物王国博物学》(*Natural History of the Animal Kingdom*，1856)和《昆虫

学基础》(*Elements of Entomology*，1857）等作品，在 19 世纪 60 年代晚期，与达尔文交好，为达尔文《驯养动植物的变异》(*Variation of Animals and Plants under Domestication*，1868）编写了索引，并在 1868 年为达尔文承担翻译工作。在达尔文的支持下，达拉斯获得了地质学会助理秘书一职。后来，达拉斯又为《人类的由来》编写了索引，并在 1872 年编写了《物种起源》第 6 版的科学术语表，达尔文对他甚为满意。[42] 达拉斯在评论佩奇《地质学高阶教材》时，承认这本书对“已经掌握这门学科基本原理”的学生来说会很有用，但他同时抱怨这本书“没什么意思”，因为“整本书充斥着枯燥乏味又毫无 235
联系的细枝末节”。而且，佩奇并没有怎么讨论众多“重要的主题”。因此，“学生并不能得到什么更高阶的理性训练”。接着，达拉斯还对佩奇的专业知识提出了一些质疑，例如煤炭的起源和石炭纪石灰岩的形成等主题，“一看就是从其他书本上搬来的内容，而不是经过自己的研究和思考得来的”。[43]

3 年后，达拉斯评论佩奇《地质词汇与地质学手册》时指出，“书中有严重的缺陷，还有一些错误”。如果这本书要再版的话，达拉斯建议佩奇“向这门学科重要学术机构里的专家寻求帮助，而不是完全相信自己的常识”。[44] 再一年后，达拉斯又批判了佩奇《地球生命的前世今生》最后一章“法则”，称这章是“这本书中最让人不满意的部分”，“夸夸其谈，含混不清”，[45] 而这章可是佩奇从地质记录中推演宇宙进化的关键章节。佩奇可能已经预料到会有达拉斯这样的评论，他在《写给大众读者的地质学》序言里写道：“在某些领域，通俗的科学概论常常遭到讥讽。”[46] 然而，达拉斯并没有停下批判的声音，他在《写给大众读者的地质学》评论中指出，佩奇的书翻来覆去都是那些内容。他宣称，“科普作家存在的条件之一就是他们应该把原始文本改写得像模像样，而且换着新花样呈现给大众”。他接着说道，佩奇的那些地质学作品，“在总体上，内容都大同小异”。[47]

还让达拉斯困惑的是，佩奇拒绝认同“发展”或者“自然选择”假说。[48]佩奇与钱伯斯兄弟的决裂困扰着他，这次决裂可以理解为他对自然进化法则早期形态采取拒斥的态度。尽管佩奇断言地质学已经揭示了化石记载中存在的宇宙设计，但他在《地质学高阶教材》中坚持认为，并没有足够的证据证明存在一种发展规律，即低等物种进
236 化成高等物种。他认为“无论猜测和假设多么奇妙或者有独创性，沉迷于此不会有什么好处，除非它们是基于事实和观察提出来的”。紧接着，他向读者推荐了《创世自然史的遗迹》以及亚当·塞奇威克和戴维·布鲁斯特写的批判性评论。[49]佩奇在后来的作品中就不再那么遮遮掩掩了，例如他在《地球生命的前世今生》中，宣称《创世自然史的遗迹》“因为道义上的怯弱，只能像私生子一样出现，都不敢公开它的父亲”。[50]他将这本书列为有损科学公信力的投机理论之一，警告说，“‘地球理论’‘创世遗迹’‘解开地质结’‘亚当之前的人类速写’‘《圣经》里的和解’，等等，无处不在，压得我们透不过气，如果那些科学不是建立在足够可靠的真理和哲学基础之上的话，足以诋毁任何科学的声誉”。[51]

佩奇对达尔文的自然选择理论也有敌意，他在《地球生命的前世今生》中详细讨论了自己的反对意见。自然选择理论太有唯物主义倾向了，无法解释“伟大宇宙计划”对自然的神圣设计，这个计划“必定不只是‘物理变化’，而是比‘外界条件影响下具体形式的演变’更高级的东西，比‘生存斗争中的自然选择’更精确、更确定的东

西，最近提出的其他任何唯物主义假说都在致力于解释时间轴上生命如何被大规模淘汰”。佩奇将达尔文、钱伯斯和拉马克都归为信奉唯物主义假说的理论家。任何强调“物理演变”的理论都采用了“同样盲目的随机过程”，无论是拉马克“新的外部条件的改造作用”的主张，还是《创世自然史的遗迹》“内部意志力对生物体早期发育的影响”的设想，或者是达尔文“有益的细微变化逐渐积累”的假说，都是如此。佩奇否认“现在或已消失的自然界中”存在任何“直接证据”能证实“这种过程”，而且，任何依赖“单纯的外部条件影响”的假说都无力解释秩序的问题。佩奇承认自然选择对生命多样性的影响，但这只是“造物主计划”中很小的一部分，受限于上帝权力和实用范围，不过是次要的活动。佩奇引用了《物种起源》最后一段，指出达尔文在此处允许自然选择之外的因素存在，如遗传、使用和弃 237
用。按照佩奇的解读，达尔文自己也承认生命最初有一种或几种形式，但他在《物种起源》整本书中却并没有一以贯之将后来的所有发展变化都归于偶然性。“如果科学不得不承认生命的神圣起源，”佩奇追问道，“它为何要羞于承认之后的变化也一直是由神在操控？”[52]佩奇拒斥自然选择，认为它充满投机性和唯物主义色彩，这也表明他对科学自然主义提出了严峻的挑战。

佩奇对科学专家权威性的质疑也引起了赫胥黎及其盟友的担忧。佩奇对钱伯斯的强烈反驳主要是批判《创世自然史的遗迹》里的进化论，但他和钱伯斯都认同参与科学的平等性。《创世自然史的遗迹》的权威性问题是它饱受争议的关键所在，科学家对书中特定内容的负面评价导致其核心理论没有说服力，钱伯斯对此心怀芥蒂。钱伯斯认为自己对大自然的运作方式有着深刻洞见，超越了专家们的专业视野，呼吁普通读者才是自己理论的最后仲裁者。科学家们回应这种观点时，强调自己的权威，吹捧专业性带来的优越地位。[53] 佩奇认可钱伯斯的观点，同样拒斥专家权威。他在《地质学高阶教材》中强调，地质学调查的对象在我们身边无处不在，“无论是路边的采石场，还是我们通过的铁道路堑，攀登的高山峡谷，以及令我们惊叹的海崖，只要用适当的方式观察，就能学到重要的地质学知识”。“地质学的观察实践者在探究过程中”需要的工具不过是一把锤子、一个装标本的口袋、一本速写本和一双敏锐的眼睛，“不辞辛劳的双腿”，并“充分使用教科书”。在书的后面，他反复强调，“获得”地质学知识并不难，[54]要成为身体力行的地质学家并不需要特殊的专业知识和训练。佩奇批判了狭隘的专家，因为他们反对佩奇试图让地质学成为大多数普通读者也可以理解的知识。他回应说：“那些对‘肤浅的科学学习’嗤之以鼻的人，或者戏谑‘一知半解的危险’的人（他们通常只是某
238 个狭隘领域的技术商人），我不得不回答，生动的概括性介绍远远要比堆砌的细节更加能激发人们进一步探究的决心，对那些细枝末节的命名总是让人困惑不已。”[55]

对佩奇来说，进化论史诗的“生动概要”，对读者理解整个地质年代的宇宙设计来说已经足够。一味强调地质记录中“堆砌的细节”反而可能导致读者被“生命、生长和衰亡繁杂的知识全貌”所蒙蔽。相反，佩奇的目标是为读者提供大图景的意义。佩奇在《写给大众读者的地质学》中讨论道，“我们的视野是有限的，这让我们无法看到地壳随着时间的推移，是如何被大气、水、有机物、化学物和火成岩等因素不断改变”。“旧世界的平原，”他写道，“中国、印度斯坦、美索不达米亚和埃及这些有过辉煌历史的地方，是从亚洲和非洲

的大山中孕育出来的，就如同新大陆的大草原，预示着未来发展的希望，是安第斯山脉和洛基—科迪勒拉山脉赠予的礼物。”人类的福祉和发展与这一退化和重建过程捆绑在一起，“有机和无机世界的相互依存——自然的机械过程与人类的社会发展相互依存”，令佩奇感到惊叹。很少有人会费心去理解这个系统的持续变化，他们剥夺了自己“不少理性的乐趣，很少关心自然这个系统，虽然他们自身就是其中卓越的一部分，但也很少对上帝充满敬畏之心，要知道是上帝赐予他们双眼去看这个世界，赐予他们领悟力去理解这个世界”。佩奇指出，这个令人钦佩的“补偿体系，一边衰败，同时另一边在革新，从而达到平衡”。他提醒读者关注自然的“美与连贯性”，他的作品让读者看到了生命、生长和衰败的全过程，从而揭示了进化论史诗中“神圣设计的统一性”。[56]

阿拉贝拉·巴克利：灵魂进化论

进化论史诗可以讲述关于宇宙设计的故事，也可以被赋予唯灵论的光辉。与达尔文共同提出自然选择理论的阿尔弗雷德·华莱士在
1866 年公开宣布他的信仰皈依后，成为英国最著名的唯灵论者。[57] 然 239
而，将唯灵论与进化论史诗联系在一起的主导作家却是阿拉贝拉·巴克利，华莱士曾回忆说：“她在 19 世纪 80 年代早期是我最亲密和信赖的朋友。”[58] 两人之所以能成为好友，就因为他们对唯灵论都很感兴趣。巴克利向赖尔、达尔文和赫胥黎等朋友隐瞒了自己对唯灵论的迷恋，她像伍德一样，在发表作品时也没有透露这方面的倾向，以免自己在科学写作上的信誉遭受质疑。学者们几乎忽略了巴克利在生

活和思想上有关唯灵论的那一面，如果巴克利作品的潜台词反映了她的唯灵论思想，那么就需要换一个角度去看待她关于进化论史诗的全部观念。

巴克利的父亲是帕丁顿圣玛丽教堂的牧师。巴克利是家里最小的女儿，在 1864 年成为查尔斯·赖尔的秘书，并通过赖尔结识了当时一些重要的出版商和著名科学家，如达尔文、赫胥黎和华莱士。1875 年，赖尔去世后，她开始走上了科普写作这条路，发表的第一部作品是《自然科学简史》，想将其打造为第一部“简约讲解复杂科学史主题”的书。[59] 期刊评论员和科学家对这本书的评价都不错，《威斯敏斯特评论》的评论员在这本书第 2 版通告中宣称，此书“现在已经非常有名了，无须赘述”。[60]1876 年，达尔文写信给巴克利说：“本书背后的想法非常好，而且照我看来作者也非常不错，以一种鸟瞰的角度纵览科学发展中的重要事件，令人着迷。”[61] 巴克利在 1876 年到 1901 年写了 10 多本科学读物，其中不少是写给儿童的，主要与卡斯尔、爱德华·斯坦福和约翰·默里等出版商合作。1876 年到 1888 年，她也做了一些科学演讲。在科普生涯中途，巴克利于 1884 年与新西兰基督城的托马斯·费舍尔（Thomas Fisher）博士结婚。[62]

240 巴克利与达尔文及其小圈子里的人有往来，会在作品中积极参考这些人的科学成果。她在《生命及其孩子》（*Life and Her Children*）里提到了约翰·卢伯克的蚂蚁调查，[63] 在《科学乐土》（*Fairy-Land of Science*，1879，Stanford）称赞了丁达尔的晶体研究，还引用了赫胥黎题为“珊瑚和珊瑚礁”的便士演讲，并以此为例说明如何将一个科学主题讲得生动有趣，而不是干巴巴的事实列举。[64] 巴克利对赫胥黎很友善，他的妻子亨丽埃塔（Henrietta）偶尔会邀请她喝下午茶，[65]但赫胥黎的异端信仰让她感到震惊。1871 年，巴克利在皇家学院听了赫胥黎的讲座“感觉的形而上学”后，写信恳请他澄清自己的观点。她问道：“请原谅我为了周五晚上讲座的结尾部分来打扰您，我不得不冒昧地说，‘简直无法相信’，这样说可能不恰当。但能否告知，我是否误解您了，不胜感激。”巴克利解释说，她过去经常为赫胥黎辩护，以免他因异教遭受指控，因为“您并未否认我们对上帝力量的设想，只是要求我们准许上帝的力量并不完美，而且不能把上帝当成‘某位住在隔壁街上的人，而我们就是上帝行为举止的完美法官’”。而赫胥黎讲座的结论却暗示道，甚至不该有上帝存在的想法，这“刺痛”了巴克利，因为对她而言，“之前的辩护在那个晚上坍塌了”。[66] 1873 年，巴克利拜访了亨丽埃塔，她们聊到了赫胥黎的声誉。这次见面后，亨丽埃塔在 7 月 7 日写信给丈夫说，巴克利“希望你可以写一本或者几本流芳百世的书，因为你的名字总是充满争议”。接着，亨丽埃塔表示，希望赫胥黎能成为“新思想学派的领导者，让唯物主义者和唯灵论者在这种新思想里结盟为‘兄弟’”。不知道巴克利是否也表达了和亨丽埃塔一样的期望，但赫胥黎在 8 月 8 日的回信中表示，对巴克利鼓动妻子怀有这种期望甚为恼火。“我不太明白，巴克利说我‘充满争议’是什么意思，”赫胥黎说道，“莫非她说的是我深陷争端之中。”但赫胥黎并不在意这些评价，只要自己坦率诚实就行，他没有觉得自己可以调和“各种针锋相对的老学派”，也不认为自由的思想与老派的权威之间有任何和解的可能性。[67] 241

巴克利和达尔文的往来更为密切，在 19 世纪 70 年代晚期和 80 年代早期，她经常到达尔文的唐恩庄园做客。[68] 达尔文之子弗朗西斯·达尔文（Francis Darwin）称：“巴克利小姐是少数几位被他（查尔斯·达尔文）视为朋友的女性之一——尽管在社交生活中，他和众多女性的交流都很愉快。”达尔文和巴克利在一起的时候，可以“谈论她的书，尤其是他感兴趣的那些”，她的“成功让他很开心”。[69]多年来，每当巴克利将作品寄给达尔文时，达尔文都会回信鼓励她。1880年11月14日，达尔文读完了《生命及其孩子》前两章，写信给巴克利说她“讨论进化论的方式非常巧妙而准确”。他称赞了巴克利的写作“计划”，并评论道：“谁知道你播下的种子能培育出多少博物学家呢？衷心地祝愿你的书大获成功。”[70]两人的友谊还因为他们都尊敬赖尔，弗朗西斯·达尔文曾评价说，促进两人关系的原因之一是，“巴克利也是通过与赖尔的关系才进入科学圈子”。[71]

巴克利对赖尔非常尊敬，在其作品中展现得淋漓尽致，甚至引起了达尔文的注意。在《自然科学简史》中，她评价赖尔说，他“和其他所有伟大的人一样，在探究自然时虔诚而谦逊”，她称赞了赖尔对真理的热爱，相信“通过严谨、平和的科学写作，他有力地说服了人们冷静而睿智地探究地质学，而不是将它置于愤怒的争端中，否则就像伽利略时代一样，争端损毁了天文学的形象”。[72]达尔文在1876年2月11日的信中写道：“你对我们亲爱的老雇主赖尔的评价完全公正，毫无夸大。”[73]巴克利在编撰《不列颠百科全书》（*Encyclopaedia Britannica*，1878）第9版的赖尔词条时，称赞他“温文尔雅，热爱真理，对他最钟爱的那门科学，他渴望帮助和鼓励人们的科学兴趣”，
242 他的“精力非常充沛”，即使年迈也毫不独断，乐于接受年轻人的工作。海纳百川的心态也是赖尔接受自然选择的关键因素，尽管他在早些时候拒斥拉马克的进化论。[74]达尔文在1881年写信给巴克利时，热情洋溢地赞扬了这个词条，“在我看来，没有比这更好的表述了，你

真切有力地刻画了他的高尚品质”，他相信“赖尔所有的仰慕者都会感激你”。[75]

芭芭拉·盖茨曾指出，巴克利的不少叙事策略都受到赖尔影响。她跟着赖尔工作了 11 年，学会了如何通过别开生面的文学想象去展现大图景，仿佛绘制了一幅全景图或截面图，像赖尔一样引导读者通过时间轴、地壳由外到内的结构或者其他生物的眼睛去回放这个图景。[76] 也可以说，巴克利在知识上受到赖尔的影响在于更加注重进化论的宗教解释，尽管达尔文的自然选择被置于一个不可知论倾向的框架里，但赖尔依然是一名基督徒。赖尔是一位坚定的神体一位论者，他接受进化论，但只是将它作为上帝神圣法则中内在的创造性活动。然而，在赖尔眼里，人类与低等动物存在巨大差别，他一向拒斥人类存在进化的思想。[77] 巴克利将《自然科学简史》献给赖尔夫妇作为纪念，从中可以看出她在这方面对赖尔的感激之情。在献词中，她宣称自己对夫妇两人的感激之情“难以言表”，希望这本书“有助于培养读者在探究上帝作品和法则时孜孜不倦追求真理的精神，这种精神也是他们的人生指导原则”。[78]

尽管巴克利对赖尔极为尊重，在写作上也受到了他很大的影响，
但在智识生活中她和华莱士的交情才是最深的。华莱士曾回忆道，他
在 1863 年夏天认识了巴克利，从那以后到 1872 年，巴克利总是在赖
尔家的晚宴上对不善交际的华莱士很友善，晚宴的客人都是知名的科
学家和知识分子。据华莱士称，巴克利介绍他认识了“当时出席晚宴
的各界名人，从此建立起真挚而牢固的友谊，彼此从中受益，并得到 243
了快乐”。在华莱士的朋友之中，巴克利是其中一位与他探讨唯灵论
的人。[79] 1874 年，两人在通信里细谈了巴克利与灵媒打交道的经历。

开始时，巴克利拜访了一位灵媒，想解决严重的写作障碍。在她第三次拜访时，灵媒催眠了她，让她变得精神恍惚，“我几乎全程都处于那样的状态”。“每次拜访灵媒之后，写作就变得容易了，”她如此告诉华莱士，“昨天，我一气呵成，花了不到 20 分钟的时间，写了满满 5 大页的文章。”更令人吃惊的是，巴克利被告知，她自己就是“一位厉害的灵媒”，她相信自己收到了已逝亲人的消息。第二天，她承认道，像威廉·卡彭特这些唯灵论批判者会“说我是臆想症或狂躁症的受害者”。尽管她无法向一位怀疑论者解释自己的经历，但令她高兴的是，自己的理性表明，“我一点也没有精神兴奋，还能理性地思考，就好像此时有某个人成为另一个自己，让我确信自己没有被欺骗”。[80]

华莱士的长子赫伯特去世后，巴克利在 1874 年 4 月 25 日写了一封吊唁信给他，感叹道，“唯灵论彻底改变了一个人的死亡观，多么奇妙啊！但我觉得它让一个人更渴望明白自己在做什么”。巴克利安慰华莱士说，他很幸运，有这么多唯灵论朋友，他们可以帮他收到儿子传来的消息。她还在“附言”里暗示说，她可能收到了赫伯特的消息。她在开始写此信时“就收到一条信息。我知道您可以应对各种可能性，不论真假都会姑且听之，我才会在您经历丧子之痛时这么快就写信告诉您。我希望自己能摆脱这种感觉，这有可能只是我自己的幻想罢了”。[81]

与华莱士已故长子和其他灵魂通灵深深影响了巴克利。一个月后，她依然在努力想搞清楚它们是否真的存在。1874 年 5 月 26 日，她写信告诉华莱士说，自己两次“试验”都未能验证它们的真实性，现在有些怀疑自己是否真能成为一名灵媒。巴克利的唯灵论研究似乎
244 碰壁了。“我现在已经尝试了 5 个月，”她写道，“尽可能让自己去相

信它，竭尽全力去收集甚至猜测我需要满足的条件，并恳求被告知进一步努力的方向，然而比起最初的时候，我感觉自己没有一点进步。”巴克利相信自己和已逝的姐姐可以通灵，母亲“开心地相信她们可以通过这种方式相连，我如何忍心去打破这一切”。她还跟华莱士说，赖尔告诉她赫胥黎最近证实一个灵媒其实是骗子，她打算最近去拜访赫胥黎夫妇，了解整个事情的来龙去脉。巴克利似乎一直对赖尔和达尔文圈子里的其他成员保密，不让他们知道自己热衷于唯灵论。她神秘兮兮地告诉华莱士，赖尔读过一篇他写的唯灵论文章，“当然，他完全不信”，她对赖尔的故步自封显得有些失望。[82]

巴克利到19世纪70年代末还在思忖唯灵论问题，甚至在1879年向《大学杂志》(*University Magazine*)投了一篇匿名文章，题为“灵魂与进化论”，概括了自己的立场。[83]巴克利在开篇就拒斥了“纯粹的唯物主义”，因为它“不足以解释人类生活的大千世界”，而是赞成约翰·丁达尔的观点，认为不可能去解释分子作用何以产生意识。她接着借助进化论探讨了唯灵论的不同类型，如轮回，或者说东方的灵魂转世说，以及基督教认为灵魂来自上帝之手的观念，两者都因为进化论被削弱了。她反对人终有一死的唯物主义观念，也相信永生可以从死亡进化而来，但她宁愿相信整个人类可以生生不息。这种观念只不过在暗示，所谓的生命力量“与无生命力的普通力量不同”，她认为“假定这种力量的存在是非常科学的”，因为“我们已经测量了身体所有的机械力量，也未能找到任何线索，去搞清楚将这些力量结合成生命体的力量”。因此，我们“只得假定这些力量背后有一种我们称之为生命的东西”，如果这种生命的本源，或者说“灵魂”存在的话，“我们必须基于进化论假定，它从花传递到种子，从动物身

上传递给后代，从父母传给孩子”，而且在每种生物的有生之年里，
245 都不断从灵魂总库里吸取新鲜养分。巴克利认为，灵魂的概念是科学的，因为它与以太理论和能量不灭原理联系在一起。灵魂从未在物质中“固定”，而是渗透到有机体中，“就好像以太可以在物质的大量原子之间穿梭”。她还指出，“科学已经充分证明，在我们的宇宙中不存在力的破坏”，如果灵魂不能“转化成物质的力，那么在躯体死亡时没有什么可以影响它”。[84]

巴克利相信，将她的灵魂概念与进化论结合起来可以解释习性是如何形成的，是“生命力渗透有机体”，而不是作为物质的身体进化来的。而且，灵魂在整个进化进程中赋予了种族和个人生命的目的和意义。“那么，就让我们想象，动物经过无数代积累形成了永久性的印记，具备了完善的本能、情感和激情，并进一步演变到人的复杂本性，从野蛮的生活中学到了新经验，然后再历经艰难苦痛向上挣扎，最终找到一个解释以及道德上的正当性”，她为这种演进的自然神论赋予了进步和个人主义色彩。每一个新生个体都会获得一些经验，并在某种程度上会朝着正确的方向发展，到生命尽头时必定“从生命历程中获得了一些东西”。其结果就是“灵魂”不断“个体化”，即所谓的“灵魂进化论者”。巴克利辩称：“生命本源逐渐将自身个体化，带着烙印在它身上的某些特质回归，未来的生命体里依然存在这些特质，其力量继续发展，不论这些力量可能是什么。”轮回意味着有固定数量的灵魂在地球上反反复复存在，从而有涅槃一说，或者渴望毁灭，因为“老朽的轮回之路会不断被践踏”。灵魂进化论开辟了一条新路，“通往新的存在，充满了希望，摆脱粗俗物质的枷锁”。所有的人都可以将自身和万物看作“未来生命的胚芽”，人“是不朽的，因

为他身体里的生命本源是永恒而不可摧毁的”，巴克利宣称，“……他个人是永生的，因为生命本源在他身上已经接收到了个人的印记”。[85]在这篇文章中，巴克利站在了科学支撑下的唯灵论立场，正处于自洽的状态。她写这篇文章时正好也在写《科学乐土》这本书，她在书中将不可见的自然力量与精灵进行类比，这可以理解为她的写作策略，246
以吸引儿童读者对奇妙的自然世界感兴趣，但其实也反映了她的唯灵论倾向。我将着重讨论在这篇文章发表后不久，巴克利如何将神灵进化纳入她的两部进化论史诗作品中。

巴克利的《生命及其孩子》一直出版到1904年，她写这本书是为了“让青少年熟悉低等生命形式的结构和习性，希望通过比普通的博物学书更系统，但又比动物学教科书更简单的方式来实现这一目标”。[86]她从最简单的生命形式写起，将动物分成了六大类，第一类是微小的黏液动物，第二类是具有简单攻击和防御武器的动物（如海绵），第三类则是长满刺的动物（如海星），接着是第四类有壳动物，第五类是蠕虫，以及第六类也是最大的一类，即节肢动物，如螃蟹、蜈蚣、蜘蛛和六条腿的昆虫。巴克利告诉读者，她将在另一本书中单独讨论第七类，即脊椎动物。[87]《生命竞赛的赢家》（*Winners in Life's Race*，1882）由爱德华·斯坦福出版，一直发行到1901年，巴克利在序言中称，早些时候写了一本无脊椎动物的书，然后顺理成章就写了这本。[88]

在巴克利的这两部进化论史诗里，出现了大量不见经传的英雄，它们勇敢无畏，利用自己的天然优势，为生存而斗争。每个动物群体都有一些特殊的优势，可以让它们能够“在世界各地繁衍后代——海绵动物团结一心，还长着保护性的骨骼；海蜇拥有有毒武器；长刺的动物有管足和石头般坚硬的外壳；软体动物则有着神奇的套膜”。巴克利呼吁读者去赞美这些勇敢的生命。节肢动物有着分节的身体和足部，在生命的竞技场大获成功，它们利用大自然赐予的“工具和武器，勇敢地坚守自己的阵地，吓跑敌人”。海蜇的武器“简单而致命，用起来远比美国猎人的套索奇妙得多”，它们甘愿“在寂静的海洋深
247 处自由而努力地舒展”，令人敬佩。比脊椎动物更低等的所有六类生命形式，将会启发人类学习它们在生命竞技场中的英雄主义。看看这些生命的艰苦劳作，“会启发我们要为自己勇敢战斗，勤勤恳恳，百折不挠，奋力拼搏，我们终将能够屹立于生命之子的大家族顶端”。[89]

《生命及其孩子》和《生命竞赛的赢家》还有两个主题：联结所有生命的家庭纽带和进化过程中的宗教维度。芭芭拉·盖茨将巴克利作为几位重述科学故事的女性之一，在谈到她时详细讨论过第一个主题。巴克利非常强调互惠关系，用盖茨的话讲，这是“她对达尔文理论最热衷的改良方式”。[90] 巴克利在《生命及其孩子》的序言中声称，这个书名指的就是“将所有生命团结起来的家庭纽带”。[91] 她在书中开篇就问道，大部分人是否思考过“我们的世界是多么充满生机，如果从来没有生命居住在这个世界，它将是一个完全不同的样子”。于是，她开始探讨生命的丰富性，“在地球表面的每个角落，无论海洋，还是低空的气流中，何时何地，无不被生命占据”（图 5.4）。她将生命视为“一位无形的母亲，不断塑造着她的孩子”，这位超凡的自然母亲与生存斗争产生平衡。自然界总是倾向于产生过量的生命，这迫使动植物不得不完善生存策略和防御机制。但巴克利强调，读者通过研究动物如何为生存而斗争可以明白人类与“生命的其他孩子”之间的关系，尽管无脊椎动物的世界里并不存在惺惺相惜的真实情感。如果

图 5.4　各种海洋生命挤满了深海里某个角落。出自《生命及其孩子》，扉页插图。

图 5.5　一只绒毛猴安抚孩子，它的姿势和人类很像。出自《生命竞赛的赢家》，第 247 页。

能意识到无脊椎动物“与你我一样有着真实的历史，存在着真实的斗争和艰险，它们只能竭尽全力去克服”，读者就能对它们的付出感同身受，并感受到亲情。[92] 在《生命竞赛的赢家》里，巴克利追溯了真正的同情心是如何进化而来。父母对孩子的爱始于硬骨鱼，然后是爬行动物、鸟类和哺乳动物。书中有几幅插图都是描绘各种脊椎动物如何保护、照顾或喂养幼崽的场景——刺鱼看护着巢穴，老鹰给幼鸟喂食，水牛保护着牛犊，座头鲸给孩子哺乳（图 5.5）……[93]

249 生命教导它的孩子们，要赢得竞争，就必须学会“团结就是力量”。读者除了要学习不同生命如何让身体不断适应它们的生活，更重要的是学习“在动物世界演变历程的每一步所揭示的道德教训，它们披荆斩棘，历经苦难、挣扎和死亡，展示了生命的最高法则——自我奉献与爱”。[94]

巴克利强调道德的进化出于宗教上的考虑，与她的唯灵论立场有关，唯灵论是她这两部进化论史诗中第二个重要主题。早在巴克利深陷唯灵论之前，她已经研究过达尔文进化论中蕴含的大量宗教意义。1871 年，巴克利在《麦克米伦杂志》（*Macmillan's Magazine*）发表的“达尔文与宗教”一文中，否认了达尔文在《人类的由来》里关于社会本能起源的观点会导致令人反感的唯物主义。[95] 1871 年 5 月 14 日，华莱士写信给达尔文，问道："您不喜欢我们的朋友巴克利小姐在《麦克米伦杂志》上那篇非常不错的文章吗？在我看来，在评价您的大作的文章中，这一篇是写得最好、最有原创性的。"[96]巴克利在成为唯灵论者后的作品，强调自然中的神圣设计，以及存在一种不可见的 250
力量在引导着进化进程朝着道德的方向前进。她经常使用神圣设计的叙事，强调奇迹和创造，用以描述动物身体里的复杂构造。在《生命及其孩子》中，巴克利甚至称赞最简单的生物"漂亮而奇妙"，如细微的黏液生物。在观察"奇异而美丽"的海绵时，她问读者："什么样的建筑师如此巧妙地布置了这些纤维啊，还建成了这么精巧而复杂的结构？"而海胆则是"有趣、聪明、奇妙而精巧的机械装置"。[97]巴克利的进化论史诗里渗透着一种关于自然的神学。

在巴克利的进化论中，还有对宗教和唯灵论更深入的探讨。在《生命及其孩子》中，大写的"生命"二字在巴克利那篇"灵魂与进化论"的诠释下，被赋予了更多的含义。"生命"不仅仅是具有超能力的自然母亲，它对巴克利来说还意味着贯穿整个进化过程的生命原则或神圣精神。《生命竞赛的赢家》对这个主题展开了更加充分的讨论，尤其是在结尾那章，尽管她在序言里就宣称，这本书"只要能唤醒青少年的心智，感受地球上生命之间奇妙的交织，并渴望去探寻伟大造物主在生命世界发展变化中持续不断的影响"，那她就算达到目的了。最后一章题为"鸟瞰脊椎动物的出现和发展"，是两部作品书写进化论史诗最关键的部分，伟大的脊椎动物各类群的历史从整体上"是逐渐从低等生物发展到高等生物"。学习任何无脊椎动物逐渐进化的过程，都可以发现"这是一种伟大的力量慢慢起作用的方式"，而不是表现为"新生命突然出现，发生翻天覆地的变化"。然而，从整个进化历程中一窥这种精神力量，就可以发现神圣力量发挥作用的最好证据，这便是巴克利想在两本书中传达的主题。“只要我们能纵观全局，”她写道，“我们必定会敬畏和惊叹神圣力量，它是多么伟大，亘古不变，如此坚不可摧，但又多么悄无声息，让人无法察觉，因为它无所不在，永不停息。”与其寻求“偶然性强大力量产生的奇迹”，不如集中精力“在包罗万象、永不动摇的伟大计划中寻求关于神奇智
251 慧的最有力证据，尽管其范围确实超出了我们的理解，但我们每天都可以看到这种智慧，展现在眼前的点点滴滴”。[98]

在结论部分，巴克利为读者展现了一幅生机勃勃的宏大图景，在这幅图景背后隐藏着她的一个观念，即灵魂在渐进的进化过程中的个性化发展。“我们伟大的同胞”达尔文收集的“事实”以及他“从中得出的谨慎结论，可以让我们看到地球上的生命是如何慢慢展开，就如同植物般，先打开子叶，然后是茎、叶、芽、花和果实。所以，虽说每种植物各有其美，各善其职，但也不能说它们彼此毫无关联，也不能认为它们脱离了整体还可以生存”。以这样的方式看待自然界中的进化过程，让博物学“充满了新的魅力”，它以研究生命体及其遗骸为己任，进而理解生命的不同分支如何发展，“使得生命遍布地球，达到最大数量，每一个生命都有自己的职责。有这个伟大思想摆在我们面前，每根骨头、每根头发、每个细微的特征……在每种动物的生命中，都有意义和用途，追寻自然规律的运行方式”永远不会让我们厌倦，“那是伟大的造物主在向我们传达它的思想”。她随后又回过头去讨论互惠关系在自然界中的中心地位，将这个观点与神圣之灵持续起作用的观点联系起来。如果我们明白“整个动物界是自然规律长久运行的结果，而这背后是宇宙的伟大力量在起作用，我们就会在低

等生物充满智慧、情感和奉献精神的每个迹象里找到新的乐趣”。这些迹象表明，生存斗争不仅形成了“奇妙的身体结构，也形成了更高级、更感性的特征”，教会了我们“在生存斗争中，爱和智慧常常与蛮力和凶残一样，都是有用的武器”。我们总以为只有人类才有亲情，“人类是唯一的例外”，但其实亲情是“在整个动物世界发展起来的”。[99]

巴克利与华莱士保持着联系，在 19 世纪 80 年代出版两本书后，她继续在思考灵魂进化论的问题。在决定接受费舍尔博士的求婚后，她在 1883 年 10 月 9 日通过华莱士的妻子通知了他，告知他们婚后将在德文郡安家。巴克利问道：“您还记得吗？我问过您，是否认为我 252
在乡下也可以继续工作？麻烦告诉华莱士先生，我打算继续工作。”[100] 婚后，巴克利继续从事科普写作，也依然与华莱士保持着友好的通信往来。1888 年 2 月 16 日，华莱士回答了巴克利关于蕨类和苔藓植物的生理学问题，以及它们为何能在与显花植物竞争时长久存活下来。华莱士还谈到，他在写一部通俗的达尔文主义概论，并告诉巴克利，他认为自己在杂交这一章写得“比达尔文更高明点，删除《物种起源》里没完没了又混淆主题的繁文缛节，使之大大简化”。[101] 在两人的通信里，他们就如何向大众读者解释进化论交换了意见。

巴克利《科学中的德育》（*Moral Teachings of Science*，1891，Stanford）再次探讨了进化论的精神层面，她在这部进化论史诗中重提了在脊椎动物中，同情与爱的演变，并在人类社会达到了顶峰。人类的责任感来自“进化的结果，或者说造物主意志下的自然规律”。在这本书的结论部分，巴克利谈到了永生，她无法想象人类死后归于虚无，因为这么没道理的方式显然与伟大的神圣力量不相称。

不管是每个个体还是整个宇宙，都存在终极的善，但她却设想了某个时刻，“随着同情心的不断增长，狭隘的自我界限将逐渐被打破，直到我们自身与他人将同情心融合到一起才能生存下来”。这个时刻到来时，“我们终将意识到，我们不过是整个宇宙生命中的个别片段罢了”。[102]

到 1896 年，华莱士依然在尽力为巴克利的唯灵论研究提供指导，一年后写信跟她说，自己非常欣赏奥利弗·洛奇（Oliver Lodge）在唯灵论者协会上的演讲。[103] 两人关于唯灵论的对话一直持续到 1913 年华莱士去世前。1910 年，华莱士将自己的新书《生命的世界》（*The World of Life*）寄给巴克利，巴克利对这份礼物表达了谢意，并告诉对方自己多么喜欢这本书。“不管人们是否同意您，”她在信中写道，
253 “（我很认同里面的主要观点）我认为对唯物主义和悲观主义盛行的当下大有裨益。”[104]

巴克利与达尔文的通信就远没有这么开诚布公了。在 1880 年 11 月 14 日，达尔文写信给巴克利说，他已经读完《生命及其孩子》前两章。达尔文评价说，巴克利“非常巧妙地谈论了进化论”，因此他觉得巴克利可以“逃脱”异教猎人的迫害，还预言说：“你不会被称为危险的女人。”[105] 讽刺的是，达尔文完全忽视了巴克利作品中关于唯灵论的弦外之音，他认为巴克利纳入宗教主题不过是为了让自己的作品显得不那么唯物主义，避免被批判的可能性。在自己的作品中，达尔文就宗教信仰问题小心翼翼地向读者隐瞒了自己模棱两可的立场。他想当然地觉得巴克利采取了相同的策略，《生命及其孩子》开篇有一段话让他想起了《物种起源》中的一个关键句子。巴克利在此处宣称，从“伟大的造物主向我们的星球注入了生命之气”的那天

起，所有的生物都服从相同的自然规律，不断增长和繁殖，遍布地球。[106] 达尔文在修改《物种起源》首版时，修改了书中最后那句关于造物主和造物的话："纵览壮丽恢宏的生命世界及其蕴含的力量，最初不过是由造物主注入一种或几种生命类型中（的生命之气）。"达尔文在 1859 年 12 月的第 2 版中插入了"由造物主"这几个字，并在之后的版本一直保留下来。[107] 尽管这两段话很相似，但达尔文错误理解了巴克利真实的宗教信仰，她的这些信仰融合了唯灵论。然而，巴克利对达尔文和其他科学自然主义者朋友们隐瞒了自己的唯灵论倾向。在混淆视听这方面，巴克利可是高手，丝毫不比达尔文逊色。

爱德华·克劳德：从气体到天才的进化

1881 年 7 月 18 日，巴克利写信给爱德华·克劳德，感谢他邀请自己在一个周日晚上去家里做客，"很不幸，家父是一位牧师，我很少能在周日出门，无法应邀"。但巴克利其实很希望见到克劳德，就回请他可以在任一个周二下午三点到六点到家里做客。在这封信 254
中，巴克利还感谢他"对我的作品做出了友善的评价"。[108] 到 1881 年时，克劳德已经是一位举足轻重的作家，基于现代科学的发展写了一些宗教题材的作品，这使他与赫胥黎和其他科学自然主义者保持了紧密的联系。巴克利希望与他会面，是因为她与克劳德有不少共同之处，比如两人的作品都是面向大众读者，他们都与重要的进化论者保持着联系。直到 7 年之后，克劳德才在《创世的故事》（*The Story of Creation*）中呈现了进化论史诗的一个版本。然而，克劳德却直言不讳地批判了唯灵论，30 多年后他又在几本书中继续批判了唯灵论。

尽管赫胥黎和其他科学自然主义者应该会赞成克劳德反对唯灵论的立场，但估计他们也会质疑他与唯理论权威人士之间的友谊。赫胥黎本人刻意与世俗论者保持距离，而克劳德却频繁参加他们的活动。在赫胥黎看来，如果说巴克利错在沉溺于唯灵论的宗教情绪，那克劳德与一群缺乏信仰的无神论工人阶级厮混，不仅有失颜面，也同样是错误的。

爱德华·克劳德（1840—1930）出身于一个卑微的农民和水手家庭，父母有着虔诚的宗教信仰，他经过长期抗争才摆脱了父母的影响，成为一名科普作家（图 5.6）。他的外祖父曾是格陵兰岛的捕鲸者，父亲是一位双桅帆船舵手。克劳德还是婴孩时，一家人搬到了当时的老渔港和走私港口奥尔德堡。父亲是一位虔诚的浸信会教徒，努力给儿子灌输敬畏上帝的思想，并希望他成为一名福音传道者。克劳德就读于奥尔德堡文法学校，这是一所私立学校，强调为学习而学习的理念。在校长和母亲的鼓励下，他开始广泛阅读。尽管学校没有科学课程，但他还是拿了一项学术奖，奖品是玛丽亚·哈克（Maria Hack）的《家庭讲堂》（*Lectures at Home*），这本书启发他动手做了一台简易的望远镜。1851 年，母亲带他去伦敦看万国博览会，这次参观对他产生了深远的影响。克劳德回

图 5.6　克劳德画像。出自克劳德《记忆》（*Memories*，1926），扉页插图。

忆说，对于一个 11 岁的男孩来讲，“就好像走进了一个神奇的乐园，超越了他所有的想象”。[109] 他开始不屑于小镇生活，拒斥父母想让他成为一名牧师的期望，而且暗下决心一旦完成学业就奔赴伦敦追逐自己的理想。

1855 年，克劳德拜访伦敦的叔叔，获得了一份会计师工作，之 255
后在不同的会计师事务所从事了多份类似的职务，1862 年成为联合股
份银行的职员，1872 年成为该银行的秘书，并担任此职直到退休。克
劳德把自己的业余时间花在了读书上，主要是科学和历史类书籍，也
会参加一些科学讲座。在青少年时，他就将严苛的浸信会信仰抛之脑
后，20 岁之前成为一名自由的基督徒。1859 年《物种起源》出版时，
克劳德接受了达尔文的进化理论，在 1860 年代，这些理论让他的思
想更加澎湃，与年轻时的正统观念渐行渐远。据克劳德回忆，赫胥
黎的《人类在自然界的位置》(*Man's Place in Nature*，1863）和爱德
华·泰勒（Edward Tylor）的《原始文化》(*Primitive Culture*，1871)，
这两本书“让他获得自由”，前者将人类带入了进化论，而后者将进
化论应用到了方方面面的知识中。[110] 在他看来，人类学证明了基督教 256
关于堕落和救赎的教义起源于神话传说，而天堂、创世和大洪水等有
关《圣经》的故事则可以追溯到它们的发生地——幼发拉底河或波斯
高地。[111] 克劳德曾在 19 世纪 60 年代晚期到 70 年代早期研究了天文
学，1869 年被选为皇家天文学会的会员，他因此成为威廉·哈金斯和
理查德·普罗克特的好友。然而，克劳德结识泰勒之后，注意力便从
天文学转向了人类学，并深受鼓舞，成为一名科普作家。为大众读者
写作的动机并非来自经济上的动力，而是智识上的追求，他并不需要
靠写作赚钱，因为银行的工作为他提供了一份可观的收入。

克劳德的第一本书《人类世界的幼年时代》(*Childhood of the World*，1873，Macmillan)面向儿童，他在书中诠释了如何根据最新的科学发展去理解《圣经》，尤其是人类学的发展，探讨了史前人类社会和人类思想的进化。这本书大获成功，两年时间里发行了 4 版，6 年的销量达到了 2 万册。他深受鼓舞，将本书的第二部分扩展成了《宗教的幼年时代》(*Childhood of Religions*，1875，H. S. King)，也非常畅销。[112] 在 1870 年代后半期，克劳德融入了著名科学自然主义者所在的知识分子圈里，格兰特·艾伦、威廉·克利福德(William Kingdon Clifford)、赫胥黎和莱斯利·斯蒂芬(Leslie Stephen)等人都在其中。到 1880 年，克劳德不再坚持自由主义的有神论立场，而是转向了一种不可知论。他认为，以上帝解释存在的奥秘是徒劳的，关于上帝的观念是从更早、更原始的时代流传下来的。他在《拿撒勒的耶稣》(*Jesus of Nazareth*，1880，Kegan Paul)中的异端学说引发了激烈的批判。泰勒曾警告他说，一部天主教小册子《警惕爱德华·克劳德的教导》(*A Caution against the Educational Writings of Edward Clodd*，1880)攻击他是毒害儿童心智的自由思想家。[113] 一直与他有通信往来的约翰·罗斯金写信告诉他：“《拿撒勒的耶稣》比我读过的任何一本书都令我痛心，让我彻底沮丧。”尽管克劳德用心良苦，态度温和，但这本书对罗斯金来说就是“一剂砒霜或毒鼠碱”。罗斯金斥责克劳德对耶稣基督一无所知，也对自己这样的信徒麻木不仁。[114] 克
257 劳德决心以后要避免对宗教信仰有任何直言不讳的批评，转而全身心向大众读者传播进化论。[115]

在接下来的 20 年里，克劳德出版了一系列关于进化论和进化论者的书，包括《创世的故事》《原始人的故事》(*The Story of Primitive*

Man，1895，Newnes）《进化论入门》（*A Primer of Evolution*，1895，Longman）《进化论先驱：从泰勒斯到赫胥黎》（*Pioneers of Evolution: from Thales to Huxley*，1897，Grant Richards）《格兰特·艾伦回忆录》（*Grant Allen: A Memoir*，1900，Grant Richards）和《托马斯·亨利·赫胥黎》（*Thomas Henry Huxley*，1902，Blackwood）。在 19 世纪 80 年代，他定期为理查德·普罗克特的期刊《知识》撰稿，在普罗克特的美国和澳洲巡回演讲期间，他还担任了该期刊的助理编辑。[116] 起初，克劳德与好几家知名的出版社合作，如麦克米伦、基根·保罗和朗文，但在 1890 年代晚期，他选择了一家新出版商，其经营者格兰特·理查兹（Grant Richards）是他的好朋友格兰特·艾伦的侄子。在艾伦的引荐下，理查兹从 1890 年开始为斯特德担任编辑和秘书，从而结识了伦敦许多著名的出版商和作家。1897 年理查兹创立了自己的出版公司，艾伦为他提供了资金支持，他利用早年的人脉与克劳德等知名作家建立了合作关系，出版他们的作品。克劳德《进化论先驱》其实是理查兹出版公司出版的第一本书，这本书的总利润有 100 英镑，包括图书销售以及出售给美国阿普尔顿（Appleton）公司的版权收入。理查兹后来又说服了艾伦、乔治·肖（George Bernard Shaw）、豪斯曼（A. E. Housman）和其他作家在自己的公司出版了他们的作品。[117]

克劳德的进化论史诗叙事可以分为两大类：探讨宇宙进化过程及其各种表现形式，以及对进化论思想做出贡献的知识分子和科学家们。《创世的故事》属于第一种，售价 6 先令，克劳德在书中“简洁巧妙”地阐述了进化论，面向那些缺乏“时间或勇气”去理解斯宾塞“大部头著作”的读者。[118] 克劳德的传记作者麦凯布宣称，这本书在两周时间里就卖了 2000 册，3 个月里卖了 5000 册。[119] 朗文公司的记录也证实了这本书是一本成功的畅销书，1888 年年初，首版发行的 4000 册到 6 月时几乎售罄，朗文赶紧加印了 2000 册，1890 年又加印
258 了 4000 册以满足市场需求。[120] 1895 年，这本书的删减版更名为《进化论入门》，在 1904 年还被纳入理性主义出版协会平价再版系列，从而使这本书的销量更广，各种新版本一直发行到 1925 年。

克劳德在《创世的故事》开篇就谈到了达尔文的重要性，但他随即指出《物种起源》只讨论了生物的进化，这只是“包罗万象的宇宙哲学”里的一小部分，宇宙哲学囊括了“可以看见或感知的一切现象和事物，不管是通过观察、实验还是比较的方式”。从这本书的卷首插图可以看出，克劳德的目标是勾勒一幅可以囊括所有科学的宇宙进化论，这幅图用的是天文学家托马斯·康芒（Thomas Common）拍摄的猎户座星云图（图 5.7）。在 19 世纪 40 年代至 60 年代，天文学家们一直在争论星云假说的合理性，该假说与宇宙进步理论联系在一起，而猎户座星云是这些争论的焦点。星云假说的支持者，如激进的天文学家约翰·尼科尔，认为望远镜观测到的猎户星座证明了星云的真实存在，那是拉普拉斯理论所假设的一种物质。[121] 卷首插图的猎户座星云预示了整个宇宙的进步规律，表明了克劳德渴望将星云假说与生物进化论融合在一起，形成一个单一、连贯的宇宙进化故事。在佩奇和巴克利充满宗教性质的进化论史诗中，带着唯物主义色彩的星云假说，几乎无立足之地。然而，对克劳德来说，星云假说在他的宇宙进化论解释中却非常关键。本书第一部分探讨了作为宇宙原始材料的力和能量，体现为恒星、星云、太阳和行星、地球过去的生命历程和现在的生命形式，他将这部分称为“对万物进化的描述”。书的第二部分

图 5.7　康芒在 1883 年拍摄的猎户座星云图，是最早捕捉到太空现象细节的照片，即使借助当时最先进的望远镜，人眼也无法观测到。出自《创世的故事》，扉页插图。

“解释”，转向对进化论的说明，包括恒星系统、太阳系和地球的进化，以及生命起源和生命形式、物种起源和社会进化等章节。克劳德承认，他对无机世界的进化阐释全仰仗于“康德和拉普拉斯的‘星云理论’”，但考虑到能量守恒定律，他做了一些修改。他对物种起源的讨
论，则主要集中在达尔文的自然选择上。在第二部分开头，克劳德还 259
提供了一张图表，展示了生命从低等形式向高等形式上升式发展过程，

这无疑是对达尔文生命之树概念的一种改写，以描绘物种的进化。[122]

对克劳德来讲，第二部分最后一章“社会进化”体现了整本书的核心意义。他给表弟写信时说：“在我做过或希望做的事中，写作
260 《创世的故事》是最重要的一件，因为人们在不断努力将我们这个时代最伟大的理论用于解释人类行为尤其是正当行为的动机。”[123] 在本章中，克劳德阐释了他关于人类进化和人类学方面的所有观点。他认为，真正具有普遍意义的进化论就应该包括人类心智的发展，如果因果链中没有心智这一项，那整个能量守恒定律也会支离破碎。因为这意味着人类可以增加某些东西，但根据物理学家的守恒定律，显然不可能有增减。他认为，人类“是最根本的初始事物之一，其构成与最卑微的植物一样”。在总结“解释”部分时，克劳德指出，他用单一的图景讲述了一部宏大的史诗故事。“我们从远古的星云开始，”他宣称，“以意识的最高形式结束，《创世的故事》完整地记录了从‘气体’到‘天才’的进化过程。”[124]

克劳德的第二种进化论史诗关注的是重要的进化论者，讲述了天才们如何在类似进化的过程中奋斗和取得胜利的故事，而不是一部宇宙从始至今的历史。《进化论先驱：从泰勒斯到赫胥黎》（以下简称《进化论先驱》）中，克劳德讲述了一长串进化论先驱们的历史。他将先驱者形容为“步兵，在部队最前面冲锋陷阵，扫清障碍，在神话和传说的丛林中披荆斩棘，寻找一条通往现实的道路”。就好像荷马史诗《奥德赛》（*Odyssey*）里的英雄一样勇猛非凡，克劳德的史诗里也有凯旋的进化论英雄。最早的进化论先驱，“是已有时间记载的古希腊先哲，他们最早在公元前 6 世纪就质疑特殊创造理论，不管是众神的杰作还是一个最高神的创造，都并非真实可信”。在这段英雄主义的科

学历史中，古代先哲们对进化论真理的伟大探索曾因基督教的兴起而中断，在文艺复兴时期得以复兴，然后被现代进化论者确立下来。[125]

本书的“现代进化论”部分占了全书一半的篇幅，从达尔文和华莱士讲起。在克劳德看来，达尔文是伟大的先驱者之一，他是如此重要，以至于本书扉页插图放的就是达尔文的画像。华莱士将人类精神和智力特性从自然选择中剔除，再加上他的唯灵论思想，因此遭受批 261
判。因为华莱士的过错，克劳德提议将他从“进化论先驱的名单中除名”。克劳德认为斯宾塞的宇宙进化论高瞻远瞩，并高度赞扬了赫胥黎，说他超越了达尔文，将达尔文的理论应用到了人类社会。他宣称：“赫胥黎是达尔文的使徒保罗，他积极有效地宣扬了达尔文的理论，他的主要贡献是为人们接受物种起源中更深层次的问题铺平了道路，使得 1871 年达尔文《人类的由来》的出版不再掀起轩然大波。”尽管克劳德可能是有意将赫胥黎和使徒保罗相提并论，显得有些讽刺意味，但这本书可以说是进化论关键人物的一部“圣徒传”。这本书最引人注目的地方是，克劳德断言将进化论扩展到人类社会各方面的必然性，包括我们的智力和精神方面。“文明族群的古老神学在当时还是管用的，因为它们回答了人类永恒的本能需求，尽管并不完美”，但在现在看来，“不过是沿袭了原始观念”。进化论先驱们使人类认识到进化论的核心价值在于“将进化过程延伸到人类社会方方面面的解释中”。[126] 进化论的进步英雄们帮助人类拥抱宇宙进化论，在与古老原始的神学势力漫长斗争中算是赢得了胜利。

《进化论先驱》不仅取得了商业成功，克劳德那些知名的朋友对这本书也大为赞赏。这本书一直出版到 1921 年，最初是由格兰特·理查兹出版公司出版的，瓦茨（Watts）公司发行过几版，理性主义出版协会重印了几个便宜的版本。其中有两个文学友人对这本书赞不绝口，乔治·吉辛（George Gissing）写信告诉克劳德：“全宇宙都可以实事求是地说，‘这本书的每一页都多么有趣’。”[127] 在 1897 年 1 月 17 日的一封信里，托马斯·哈代（Thomas Hardy）写道，克劳德竟然能在这么精简的篇幅里全面概括整个进化论史诗，给他留下非常深刻的印象。他认为这本书“讲解得非常全面，有力地抓住了散落在时间碎片中的伟大思想，令人难以望其项背。就如同一个照相机让延绵数里的风景在一幅迷人的微型画里再现出来，让人欣赏”。[128] 赫
262 伯特·斯宾塞感谢克劳德给自己寄了一本此书，祝贺他“写了一部很棒的作品”，他相信读者可以通过理解“进化理论本身发展演变”的各阶段来“更好地理解”这个理论。斯宾塞对这本书中讨论自己的那部分很满意，这本书也纠正了以往的错误观念，即认为达尔文的进化论是凭空编造出来的，“你对鄙人理论的描述，将在某种程度上纠正大众的误解”。[129] 俄罗斯地理学家和无政府主义者彼得·克鲁泡特金（Peter Kropotkin），在 1897 年 2 月 9 日写信给克劳德说，这本书“读起来就像小说”，但却“传达了这么大量的信息”。克鲁泡特金建议进一步出版“更多这种类型的作品”，因为“它们有很大的需求量”。[130] 不知道是不是听了克鲁泡特金的建议，克劳德后来写了赫胥黎和艾伦的传记报告，同《进化论先驱》一样采取了类似的写作方式，为进化论历史上的英雄撰写了一部圣徒传。

克劳德的个人魅力使他与当时不少著名的自由派科学家和文学家都成为朋友，其中几位非常要好的朋友还是大名鼎鼎的科学自然主义者。他的通信者包括亨利·贝茨（Henry Walter Bates）、安妮·贝塞特（Annie Besant）、马修·阿诺德（Matthew Arnold）、艾德蒙·戈斯

（Edmund Gosse）、弗雷德里克·哈里森、威廉·哈金森、马克斯·缪勒（Max Müller）、理查德·普罗克特、乔治·肖和叶芝等人。他从1891年到1923年一直与托马斯·哈代保持通信。威尔斯很赏识克劳德的学识，“你可能想成为一名你所了解的费边主义者”。[131]不过，克劳德也和科学自然主义者持有不少共同观点，他们中有些人是他的朋友。难怪历史学家弗兰克·特纳在《科学与宗教之间》（*Between Science and Religion*）里将克劳德列为重要的科学自然主义者之一，与莱斯利·斯蒂芬（Leslie Stephen）和格兰特·艾伦同列为这个群体里的随笔作家。[132]克劳德与詹姆斯·弗雷泽（James G. Frazer）、弗朗西斯·高尔顿、约翰·卢伯克、斯宾塞和爱德华·泰勒等人保持通信，他将其中几位科学自然主义者当成最亲密的朋友。1876年，格兰特·艾伦从牙买加回来时拜访了克劳德，两人从此成为终身好友。[133]

赫胥黎是克劳德另一位志同道合的朋友，克劳德在自传中写
道：“能有赫胥黎这样的知己不枉此生。”他们第一次见面是在克利 263
福德家中。1879年，克劳德将《拿撒勒的耶稣》寄给了赫胥黎，尽管那时候他们还不是那么熟悉。收到书后，赫胥黎热情洋溢地赞叹道，这本书正是“我一直想读的类型，无论在精神上、物质上还是形式上，它恰恰是我这样的人渴望已久的一部作品”。赫胥黎一直致力于“反对和摧毁犹太教和基督教中盲目的偶像崇拜恶习”，但他不认同那些将《圣经》完全从学校教育中剔除的做法，因为《圣经》包含了值得称道的道德理想。[134]在人生的这个阶段，克劳德和赫胥黎有不少共同之处，例如竭力在宗教组织中保存依然有价值的东西。吉辛在读完《进化论先驱》后评价了二人在思想上的相似性，他告诉克劳德说：“你在讨论赫胥黎的章节里显得非常愉快，这让我无意中发现，

你和他多么像啊，你们将文学造诣和科学成就完美地融合在一起。”[135]

克劳德将《进化论入门》献给了赫胥黎，在赫胥黎去世前不久，其妻子亨丽埃塔为此写了一封感谢信，“我们诚挚地感谢您充满善意的来信，以及将《进化论入门》献给了我的丈夫。他读到了献词，露出了欣慰的笑容”。[136]克劳德在1897年还给亨丽埃塔寄了一本《进化论先驱》，告诉她“写作本书的一个主要乐趣在于可以借此机会向这位杰出人物致以敬意，也就是您自豪地称为丈夫的人，与他的友谊是生活带给我最珍贵的礼物之一”。[137]后来，在克劳德出版《托马斯·亨利·赫胥黎》这本书时，亨丽埃塔再次表达了感激之情，她惊叹道，“我该怎么感激您呢？感谢您那么欣赏他的学识、高尚的品格，对同人的友善、公正和仁慈”。读完几页后，她深受感动，“眼眶湿润，模糊了视线，我几乎看不清书里的字”。她还在信里告诉克劳德：“读这本书让我感动不已，向您表达我最诚挚的谢意。”[138]差不多一个月之后，她读完这本书里的更多内容，再次写信给克劳德，表示她多么珍视对方为丈夫写的传记。不仅仅是赫胥黎家庭，公众也很喜欢
264 这本书，因为它的定价非常亲民，“甚至‘生活’窘迫的人”也买得起。亨丽埃塔留意到，“这本书字里行间流露出您对我丈夫的情意”。[139]

尽管克劳德非常敬重赫胥黎，但在20世纪初，他与一些自由思想家建立了密切的工作关系，而那些人正是赫胥黎鄙夷的世俗论者。赫胥黎和他的科学自然主义者同人一直对查尔斯·布拉德劳（Charles Bradlaugh）和其他世俗论者粗俗的无神论哲学避之不及。19世纪80年代中期涌现了一批持不同政见的世俗论者，他们与布拉德劳激进的世俗主义脱离了关系，才使赫胥黎与世俗主义者的结盟成为可能。在出版商查尔斯·瓦茨的领导下，他们开始倡导一种更体面的不

可知论形式。1890年，瓦茨成立了出版宣传委员会，设计了一个雄心勃勃的出版计划，将位于约翰逊大楼的瓦茨公司总部变成了自由思想和不可知论的宣传机构，力争赶超布拉德劳的出版事业和基督教知识促进会或圣公会的出版物。在1893年，这个机构更名为理性主义出版委员会，在1899年又注册了公司，后来以理性主义出版协会（Rationalist Press Association，RPA）为人所知。[140]

瓦茨最初脱离布拉德劳的公司时，他试图赢得赫胥黎和其他精英科学自然主义者的支持，然而他犯了错误，得罪了赫胥黎，这位德高望重的生物学家一直没原谅他。1883年11月25日，赫胥黎写信给丁达尔说，自己从没想到“还有谁能像瓦茨一样，玩这么龌龊的把戏”。瓦茨曾写信向赫胥黎请教他对不可知论的看法，赫胥黎天真地以为这不过是私人通信往来，但瓦茨“不但没有给我样稿就把这封信发表了，还将我列为1884年《不可知论年报》（*Agnostic Annual*）第1期的‘撰稿人’”。赫胥黎接着告诉丁达尔：“瓦茨竟然厚颜无耻地说，他还要发行第2版，如果我能把之前的观点扩充下，他会很感激！”[141]赫胥黎还提醒一些朋友不要跟恬不知耻的瓦茨有来往，他的警告必定广为人知，让人印象深刻，例如在11年后，卡尔·皮尔森（Karl Pearson）依然记得此事。1894年，皮尔森写信告诉赫胥黎，瓦茨让自己向《不可知论年报》投稿，还宣称赫胥黎应该也会在本期投 265
一篇。皮尔森回忆说：“几年前这个编辑就擅自用了您的大名，让您大为光火，现在又来这一出。”皮尔森提议说，瓦茨需要有人“警告下才行”。[142]

即使赫胥黎在世时，克劳德也比较容易接受与激进的世俗主义者来往。1878年，乔治·富特（George Foote）邀请他某个周日晚上在南广场学院（South Place Institute）做一个讲座，这个讲座是由英国世俗联盟委员会组织的系列讲座之一。克劳德接受了邀请，做了一个关于古人类的讲座。[143] 在 1900 年后，克劳德开始重新思考之前的决定，即只写具有教育意义的作品，转而开始攻击神秘学和唯灵论。[144] 在 1906 年，他成为理性主义出版协会主席，并一直担任此职位到 1913 年。麦凯布断言，克劳德试图牵制协会，因为他相信无须直接评判宗教信仰也可以实施理性主义文化的计划。[145] 在克劳德卸任时，瓦茨写信说他的卸任“是协会成立以来遭受的最沉重打击”，并感谢他“为协会做出的巨大贡献”，为了纪念他的功绩，协会图书馆在 1914 年悬挂了他的画像。[146] 克劳德成为理性主义英雄，费雷德里克·古尔德（Frederick James Gould）《约翰逊大厦的先驱者》（*Pioneers of Johnson's Court*，1929）一书里响当当的人物，就如同克劳德在《进化论先驱》里颂扬赫胥黎那样。[147] 然而，也正是这群自由的思想者，让赫胥黎曾警告朋友们要对他们敬而远之。尽管克劳德敬重赫胥黎及其科学自然主义者朋友们，但他却毫不犹豫地坚持了自己的思想独立性。

克劳德晚年时身体健壮，在 20 世纪依然非常活跃。1915 年，已经 75 岁的他从联合股份银行退休，搬到了他年轻时居住的城市奥尔德伯格，并一直住在那里。1917 年和 1921 年他仍在皇家学院演讲，
266 并坚持写作，主要是民俗和神秘学方面的作品。80 岁时，他的最后一本书《名字及其他事物中的魔法》（*Magic in Names and Other Things*，1920，Chapman and Hall），批判了唯灵论和基督教对古代万物有灵论的复兴。在“一战”之后，克劳德眼见着有腐化的危险迹象，变得越发激进。[148] 然而，克劳德的重要性主要还是体现在他对维多利亚晚期

读者的吸引力，作为科普作家之一，他讲述的宇宙进化过程令公众着迷，这个过程囊括了人类智慧的所有结晶。他是最先将人类学成果纳入进化论史诗的人之一，并将这部史诗呈现给了大众读者。

格兰特·艾伦：无处不在的进化论

克劳德《创世的故事》是献给他的同行（科普作家）格兰特·艾伦的，感谢艾伦一直以来对这本书的关注，感谢他关于力和能量的创新概念以及与他的友谊。[149] 1894 年，艾伦将诗集《矮坡》（*The Lower Slopes*）献给克劳德，将相似的赞词回赠给了对方。[150]1899 年艾伦去世后，克劳德怀着悲痛之情写了《格兰特·艾伦回忆录》一书。这段友谊最初是从艾伦的主动开始的。1872 年到 1876 年，他在牙买加偶然得到一本克劳德的《人类世界的幼年时代》，被深深打动了，于是记下了克劳德的地址，不久两人便开始通信。[151] 1882 年，艾伦总算见到了克劳德，探索进化论如何在广泛意义上对知识问题产生影响，是两人的共同志趣，他们因此成为志同道合的好朋友。克劳德回忆说："他们的友谊源自在科学追求上相似的知识癖好，以及对社会问题大体一致的看法（尽管并非完全一致），而情感的培养则归功于尽可能频繁的互通有无。"[152] 只不过克劳德眼里的进化论英雄是赫胥黎，艾伦眼里的则是斯宾塞。

格兰特·艾伦出生在加拿大金斯顿，其父安提赛尔·艾伦（J. Antisell Allen）当时供职于沃尔夫（Wolfe）岛上圣三一教堂。1867 年，艾伦进入牛津大学莫顿学院学习，1871 年毕业（图 5.8）。毕业后，艾伦接受了牙买加西班牙城里新建的女王学院里的一个职

图 5.8　格兰特·艾伦，科学作家、小说家和斯宾塞追随者。出自《格兰特·艾伦回忆录》，第 20 页，对页。

位，不过这个学院只开了 3 年就倒闭了。回到英国
267 后，他开启了高产的科普写作事业，发表不计其数的期刊文章，出版了 18 本科学读物，其中不少书收录了他的那些文章。艾伦最早的两本书，《生理美学》（*Physiological Aesthetics*, 1877, Henry S. King）和《色感》（*The Color-Sense*, 1879, Trübner），定位是原创性科学写作，将进化论应用到新领域。这两本书在经济效益上是失败的，却得到了评论家们的称赞，也使他引起了达尔文和其他进化论者以及期刊编辑们的注意。艾伦成为科学小品文大师，而且他总能把这些文章捣腾出来，他向《贝尔格莱维亚区》（*Belgravia*）《谷山杂志》（*Cornhill Magazine*）《双周评论》（*Fortnightly Review*）《朗文杂志》（*Longman's Magazine*）《蓓尔美尔街公报》（*Pall Mall Gazette*）和《知识》（*Knowledge*）等期刊投稿。[153] 除了金和特吕布纳（Trübner）这两家出版商，他也和其他好几家出版商合作，包括查托和温达斯（Chatto and Windus）、朗文、乔治·纽恩
268 斯（George Newnes）和约翰·莱恩（John Lane）。尽管如此，他还是

无法靠科学写作赚到足够的收入养家糊口，从1880年开始，他开始投身于小说和短篇故事的写作。其中一篇比较轰动的畅销小说是《未婚的母亲》（*The Women Who Did*，1895，John Lane），这个悲剧故事的女主角是剑桥大学毕业的高才生，不愿被婚姻奴役，宁愿“活在罪恶”中。[154] 艾伦也主要是靠这些文学作品才名利双收，摆脱了经济困境，也赢得了阿瑟·柯南·道尔（Arthur Conan Doyle）和乔治·梅瑞狄斯（George Meredith）等作家的尊敬。[155] 但他依然继续从事科学写作，戴维·考伊认为即使是艾伦的小说，也同旅行、美学和宗教等主题的作品一样，成为推动进化论自然主义的工具，此观点倒是颇有见地。[156]

在艾伦眼里，最重要的进化论自然主义者是赫伯特·斯宾塞。1897年，艾伦在称赞克劳德的《进化论先驱》时称，这本书尤为突出了斯宾塞在“进化论发展”中的核心地位。[157] 艾伦的父亲也很敬重斯宾塞，他在很小的时候就因为父亲知道了斯宾塞。在牛津大学读本科时，艾伦已经将斯宾塞的《第一原理》（*First Principles*）和《生物学原理》（*Principles of Biology*）读得滚瓜烂熟，在牙买加时他又读了几遍斯宾塞的《生理学》（*Psychology*）。[158]《生理学》这本书让艾伦激动不已，他在1874年11月19日写信给斯宾塞，告诉对方，自己“基本同意您的主要观点”，并感激地声称这些观点为他理解人类存在的意义指明了方向。他还随信附言，歌颂斯宾塞的伟大，以此“向您致以诚挚的谢意，感谢您在解释宇宙现象方面对我提供的个人帮助”。[159] 后来，他在《矮坡》中发表了“致赫伯特·斯宾塞”一诗，将这位综合哲学家描述为“我们这个时代最深邃而伟大的先知，读懂了我们的宇宙”。这首诗颂扬了斯宾塞是一位系统建造者，他从更普通的建造者那里接过砖瓦，“构筑起高耸庄严的殿堂，完美、壮观而和谐”。[160]
269 艾伦没有料到“毛遂自荐”会有回音，他在 1874 年 12 月 10 日收到了斯宾塞的回信，斯宾塞在信中表达了自己遇到知音的欣喜，“我倾注了毕生心血的成果”，总算有人认可“它的意义和性质”。[161]

艾伦在 1875 年 2 月 9 日回信给斯宾塞，附上了一篇论文，题为“唯心主义与进化论”，恳请斯宾塞“利用他与《当代评论》（*Contemporary Review*）和《双周刊》（*Fortnightly*）编辑的交情，发表此文”。艾伦坦言，提出这样的请求“非常冒昧”，但他希望“在这个崇高的主题上能志同道合，尽管我初来乍到，还是个无名小卒，而您已经声名远扬，所有杰出的思想家都知道您的大名，至少在英语世界如此”。[162] 艾伦的自嘲及其对斯宾塞的大肆吹捧果然让他如愿以偿，斯宾塞把这篇文章推荐给了《当代评论》的编辑。[163]1876 年，艾伦回到英国，他决心拜访斯宾塞。艾伦忘记了斯宾塞住所的门号，他惊讶地发现，斯宾塞的邻居们居然不知道自己原来和这么伟大的人做邻居，他回忆道，“最伟大的哲学家！每个人都吸了口气……地球上最聪明的人，就住在这片广场——然而这里却没有一个人听说过他”。更让艾伦吃惊的是，眼前的斯宾塞看起来就好像“城市里某栋老房子里的机要文书”。[164] 尽管有些失望，艾伦还是努力培养两人的交情。1877 年 2 月 26 日，他问斯宾塞能否将自己那本《生理美学》献给对方，并强调“我在书中的所有言论，都是严格遵照了您的生理进化论观点”。[165] 这本书的献词写道：“（承蒙允许）我将这个小小的尝试献给当今最伟大的哲学家赫伯特 · 斯宾塞，坚定不移地贯彻他所提出的基本原则。”[166]

270 艾伦在其科学著作中多次公开向斯宾塞致敬，把他当成宇宙进化论概念发展中的关键人物。在《查尔斯·达尔文》(*Charles Darwin*, 1885, Longman)一书中，艾伦赞颂达尔文证实了进化论在科学上的效用，也证明了进化论适用于关于人的科学。然而，“在另一方面，”艾伦宣称，“将进化论这个深奥的哲学概念理解为一个宇宙过程，而且是从星云到人类、恒星到灵魂、院子到社会的连续过程，则更应该归功于另一位持有进化论信念的伟大先知——赫伯特·斯宾塞。”[167] 这本书声称是要颂扬达尔文的功绩，但艾伦在进化论英雄榜里却将斯宾塞列为更重要的思想家。1885 年 10 月，斯宾塞给艾伦写了一封感谢信，感谢他“在不同场合阐述了我在进化论学说中的立场，因为连我自己都无法做到这事，迄今为止也没有一个朋友能为我做这样的事”。[168] 两年后，艾伦在一篇文章中总结了近期科学进展，并探讨了进化论在人类生活各个层面的渗透。进化过程“作为一个整体，赫伯特·斯宾塞及其著作对此进行了最全面的总结”，全靠他，人类才“将进化论概念理解为一个无所不在的自然过程”，斯宾塞是进化论的“先知、牧师、建筑师和建设者”。[169]

1897 年，艾伦在“斯宾塞与达尔文”一文中对两位进化论者进行了更广泛的比较。根据艾伦的说法，达尔文对进化论的主要贡献在于自然选择理论，人们错误地将动植物后代改良的理论归功于他，其实是伊拉斯谟·达尔文(Erasmus Darwin)、拉马克等人提出来的。达尔文也并没有提出进化作为一种宇宙过程的思想，是斯宾塞提出了这个理论，“我斗胆断言，这个理论完全归功于赫伯特·斯宾塞”。艾伦褪去了达尔文经常被赋予的那些荣耀，试图为斯宾塞确立独立思想家的地位。就宇宙进化论而言，斯宾塞的“思想源泉丝毫没有得益于达尔文”，康德、拉普拉斯和英国地质学家们倒是对他有所启发。“因此，”

艾伦总结道，“至少目前看来，把斯宾塞当成达尔文的门徒并不符实。
271 在达尔文就进化论发表一言半语之前，斯宾塞实际上已经提出了生物进化论和广泛意义的进化论，包括宇宙进化论、行星进化论、地质进化论、生物进化论、人类进化论、心理进化论、社会进化论和语言进化论等。”[170] 斯宾塞并没有在其发表的论著中回赠艾伦的大肆吹捧，但的确很赏识艾伦的才能。1900 年 6 月 11 日，他写信给克劳德，感激对方将自己写的艾伦回忆录相赠。“我以前常常对他的才华深感诧异，”斯宾塞告诉克劳德，“现在，这些事实摆在面前，我才清楚地明白，难怪当时那么惊讶。”斯宾塞还补充道：“艾伦极为敏锐的感知力常常给我留下深刻印象。”[171]

艾伦以两种形式向读者呈现了斯宾塞进化论史诗：一是评注文章；二是博物学家的写作方式。1888 年，他发表在《谷山杂志》上的“进化”一文纠正了人们对进化论的普遍误解。与流行观念相反，达尔文《物种起源》“总体上与进化论”并无关联。早在达尔文这本书出版之前，康德和拉普拉斯在天文学中、赖尔在地质学中、拉马克在生物学中就分别提出了进化论。但艾伦解释道，“根据进化论者们的观念”，进化“并没有停止，生理学和生物学也有自己的进化论解释”。这不过是艾伦对接下来要讨论的斯宾塞进化生理学埋下的伏笔，他接着转而讨论进化论者如何将进化论应用到人类文化和社会中，泰勒和卢伯克的著作展示了这点。艾伦宣称，“他们信心十足地为我们展示了太阳、太阳系、世界、大陆、海洋、植物、动物和思想的增长，接着给我们展示了与这些变化相似的增长，如社区、国家、语言、宗教、习俗、艺术、制度和文学等”。宇宙统一起源与发展的宏大构想，“以进化这个词为我们做了概括”，这是“无数人”共同努力的成果，而不只是达尔文为“最后大一统的宇宙哲学”所做出的贡献。艾伦特别提到了斯宾塞，因为他确立了“进化”一词的使用，并在进化论基础上创造了一套适用于整个宇宙的哲学体系。艾伦评论道：“要不是因 272
为赫伯特·斯宾塞高屋建瓴的见解和博大精深的归纳，在成千上万每天把进化论挂在嘴边的人中，可能只有不到 10% 的人真正明白进化论这个词语及其深意。这个吊诡的例证表明，人们对自己的观念知之甚少。”[172] 同其他著述一样，艾伦在这篇文章中试图引导读者重新评估达尔文对科学的贡献，同时阐释了与斯宾塞紧密联系在一起的宇宙进化论。

艾伦的第二种进化论史诗的呈现方式更新颖，也更重要。他是写博物学小品文的一把好手，在小小的文学空间里展现宇宙进化故事对他来说已然轻车熟路。与之相比，佩奇、巴克利和克劳德等人则更靠著书去讲述他们的宏大故事。当然，他眼中的大师斯宾塞则需要长达 10 卷的不朽巨著《综合哲学》(*Synthetic Philosophy*)，去阐述他的进化论史诗。艾伦对博物学的青睐，在他编辑的吉尔伯特·怀特《塞尔伯恩博物志》中显而易见。怀特的书在 18 世纪出版，免不了有不少错误，但艾伦声称，它仍然比当时不少同类作品遥遥领先。大多数 18 世纪的作品充斥着中世纪寓言，以及奇迹般留传下来的民间故事，怀特的方法比结果更为重要，因为他是在教读者如何观察。艾伦称：“怀特通过孜孜不倦、细致入微的亲身示范，向我们展示了探究自然的方法。”在艾伦看来，怀特代表了“科学里那道哲学精神的曙光”，他将怀特列为与赖尔、达尔文、斯宾塞和赫胥黎等“一代思想巨匠”齐名的先驱。艾伦称颂怀特“广博的兴趣”，在博物学传统中发现了一片探索进化过程普遍性的广阔天地。[173]

艾伦的期刊文章可以当成进化论博物学论文，他在多篇文章中都展现了一个重要的创新——关注自然中的常见事物，并将其与进化论史诗结合在一起。在 1879 年“一片羽毛”文章中，他描述自己在一个阴冷的冬日午后，被关在伦敦的画室闷闷不乐。他得承认那天不是“探究博物学”的好时机，因为他无法外出。然而，他开始琢磨起沙发上的印度坐垫里露出来的一根羽毛。这根羽毛可以提供“一个文本，供非正式布道[174]用，从中可以了解关于自然和羽毛的一般性演变，以及长着羽毛的鸟儿或穿戴羽毛的人类”。让艾伦感兴趣的是羽
273 毛的演变，而且这种演变适用于动物进化历史中所有的羽毛。这让艾伦很快得出结论——对羽毛的观察，就如同探究自然界中的其他生物，可以通向宏大的宇宙进化论。事实上，“万物生长，让我们在田野或房屋里捡到的每件小物体都变得新奇而美妙，充满趣味”。陈腐的观念将创世看成单一的瞬间过程，每种生物及其器官就仿佛“只是铸造好的机器，没有历史，没有奥秘，也无法了解其他地方的同类生物与它的关系”，而新的创世观则把创世过程看成连续、进步和有规律可循的，“教导我们每个物种或每种结构都来自更早的因果关系，去适应早先就存在的需求”。这样一来，“一朵花、一个果实或一根羽毛里，都藏着无数的线索，引导我们找到最根本的起源，让我们利用智慧，快乐地追寻整个复杂的世界可能经历过的步骤”。花朵、果实或羽毛中隐藏的线索，道出了“关于物种历史的奇特事实”，不管是“毫不起眼的花距还是树瘤”，抑或是“聚伞花序、叶斑或条纹”，都蕴藏着“信息，为探求者提供正确的方式，探索下去”。前文提到的金斯利，会借助鹅卵石的故事去阐明地质学档案，艾伦与之相似，可以将注意力集中在某个物体上，并在其中发现整个世界，尽管这个世界

是通过宇宙进化形成的。在羽毛的例子中，艾伦相信它们是通过飞行习惯进行选择和进化的。某种特性一旦存在了，进一步的进化就会通过性选择继续发生，尤其是无限丰富的色彩和音调。而人类在使用羽毛作为装饰时，其艺术审美的变化与动物世界的整个演变是相似的。[175] 艾伦在多篇文章和作品中探讨了审美的进化，他认为审美感受有着生理基础，是自然选择和性选择的产物，因此并非人类独有的特性。[176]

艾伦经常将有关进化论的博物学文章结集成册，如《自然品录》（*Vignettes from Nature*，1881，Chatto and Windus）收录了早先发表在《蓓尔美尔街公报》上的文章，书名也恰如其分。他在序言中解释说，这些文章“浅显易懂，兼顾了科学和美学”，希望它们能“略尽绵力，广泛传播这些伟大的生物学和宇宙学说，这些理论正在彻底改变欧洲人的思想”。这些文章的主题包括黇鹿、蝴蝶捕猎、巨大的化石骨骼、鲤鱼、海草和冰斗湖等，从这些事物中，艾伦意外地发现了自然选择 274
和性选择的例证。这些文章遵循了博物学的实践传统，作者在大自然里漫步，与野生动物互动。在“黇鹿”一文中，艾伦用第一人称的口吻讲述了他对黇鹿进化谱系的调查，“今天，我从口袋里掏出了几片面包碎，小鹿们非常温顺，在我打开的手里吃了起来”。鉴于这些黇鹿属于“古老的土著动物”，艾伦由此切入，开始讨论现在的进化论者与考古学家何其相似。从每个动物身上都可以找到了解其进化谱系的强有力线索，现在这些线索之所以被观察到，是因为达尔文和斯宾塞让我们打开了双眼。艾伦借用特洛伊的拉丁名字蕴含的史诗寓意，宣称“我们全都生活在真正的史前伊利昂城（Ilium）[177] 里,（黇鹿）持续不断的变化痕迹和珍贵的遗骸散落在我们的周围”。对黇鹿来讲，其中一条演变的线索是前额的骨骼突起，后来进化成了鹿角，在其生存斗争中发挥了作用。[178]

艾伦最能体现宇宙进化论的文集是《无处不在的进化论》，收录了最初发表在《圣詹姆斯公报》（*St. James Gazette*）上的文章。这部文集的销量还行，查托和温达斯出版公司的首版印了1000册，1884年第2版又印了1000册。[179] 1889年，这部文集被纳入洪堡文库在美国发行。收录的文章关注了种类繁多的常见自然物，如蚂蚁、蝴蝶、蛞蝓、蜗牛、蝌蚪、浆果和坚果等，为它们最突出的形态特征提供了进化论解释。例如，在“远亲”一文中，他开篇就描述了古朴的老磨坊和旁边的池塘。艾伦从这个熟悉的场景切入，从而确保读者和自己一样，带着他们以司空见惯的事物为起点，这样他就可以“用人们容易理解的词句说下去”。随着艾伦和读者一起探寻池塘里的蝌蚪，他们突然被推到了奇妙的进化论世界里。他写道：“在浅浅的池塘底部，你们现在可能见证每天都会发生的奇迹，多么司空见惯的场景，以至于我们几乎难以看成不可思议的奇迹。你可以在眼皮子底下亲眼见证生命转变的奇迹，实际上进化论已经阐明了这些转变。”[180] 在整个
275 《无处不在的进化论》文集中，艾伦都采用了同样的策略去书写他的进化论史诗。在“浆果”那篇文中，他从水果和坚果中常见的迷惑性观察结果谈起。他指出，大部分水果其实就是坚果，它们只是用甜美的果汁和鲜亮的果肉把自己伪装起来罢了，这样鸟儿就会咽下它们的种子，但果汁和果肉对植物本身来说并没有什么用处，除非有眼睛发现它们，有舌头品尝它们。谈到这里，艾伦不失时机，赶紧把话锋转向水果及其取食者背后的宇宙故事。“地球直到有实际或潜在的水果取食者出现，才会有结果的植物。或者更准确地说，两者必然是同时演变过来的，彼此相互依存，”艾伦推断说，“因此，我们在很晚的地

质年代才能找到果肉较多的果实痕迹，因为它们的出现很晚，在侏罗纪或白垩纪的悬崖上才有了踪迹。”艾伦接着邀请读者思考生物在进化过程中复杂而奇妙的依存关系，“没有水果，就没有吃水果的鸟儿；没有吃水果的鸟儿，也不会有水果……水果和取食者因为必然的依存关系，它们在起源上也相互联系”。[181]

在艾伦的进化论史诗中，生物之间相互依存，但它们并没有道德上的联系。与巴克利不同的是，艾伦倾向于无神论，认为进化过程无关乎道德，也不涉及任何宗教或精神上的目的。[182] 为了让读者更容易接受可怕的生存斗争，艾伦采用了一种反讽的独特风格。在《自然界的精彩瞬间》（*Flashlights on Nature*，1899，Newnes）文集中，他用轻松的笔调描述了动物的可怕行为。在一篇描写蚂蚁的文章中，兵蚁进攻了另一群蚂蚁的领地，“让我们一次次瞥见社群里有趣的政治斗争，充满滑稽的故事情节，还有悲痛的结局”。在另一篇文章中，艾伦花了整整一个季度观察一只园蛛，还给它起了一个名字——罗莎琳德。艾伦称这只园蛛是世界上最凶猛和残忍的动物，将其描述为“一个躲藏在巢穴里的密谋刺客”，等待下一个受害者。不过，艾伦用他的幽默缓和了“这场血腥、离奇的阴险故事”，转而讨论“一个微妙的问题——关于蜘蛛的家庭关系，当然这并不是什么值得模仿的行为”。这在道德上令人愤慨的行为，被艾伦以嘲讽的口吻评论道，“很遗憾，它不仅活活吞噬了失败的追求者，甚至还把自己孩子的父亲也当成了盘中餐”。艾伦从这个例子顺水推舟，指出了自然界“强烈的 276
功利主义”，每种生物“几乎都不会考虑其他生物的感受”。艾伦认为，这与渔夫并无不同，他们也不会顾及鲱鱼的感受，“这个好比在比林斯特（Billingsgate）海鲜市场剥掉活鳗鱼的皮，在海德公园用白鹭的羽毛装饰帽子，还有什么理由控诉我那只吃掉丈夫、误入歧途的可怜蜘蛛罗莎琳德”。艾伦在嘲讽中将话题转向了那些被诱导去斥责罗莎琳德的读者，并回到了整个进化主题中，他的幽默让读者在潜移默化中接受进化论中的非道德方面。[183]

还有一些案例中，艾伦以幽默的方式展示了在生存斗争中，让一种动物占上风的因素如何导致其他动物遭受可怕的痛苦。题为“林间悲剧”的文章讲述了伯劳的残忍习性，它们将猎物插在棘刺上，活活地将其撕裂进食（图 5.9）。这种“巧妙又可恶的方式使它们在生存斗争中赢得了一席之地”，但艾伦指出，伯劳对待猎物的态度与鱼贩子对待龙虾的态度一样冷漠无情，“供养自己的幼鸟就是它的事业，它就像文明的人类一样，冷酷无情地做着这件事”。艾伦将文明行为贴

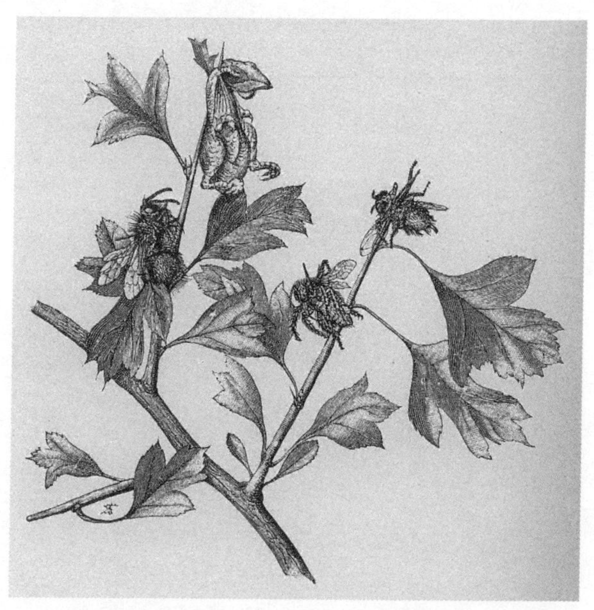

图 5.9　伯劳的食物储藏室。出自《自然界的精彩瞬间》，第 76 页。

上冷酷的标签，充满了讽刺意味，接着又诙谐地将伯劳刻画成家庭和社会美德的典范，伯劳“相信自己最后会是一位模范父亲和柔情的丈夫，以及社会的榜样和有用的公民”。[184] 艾伦与巴克利的对比再鲜明不过了，巴克利郑重其事，将父母情感视为进化过程中道德的缩影，而艾伦则反讽地指出，一种生物对后代的奉献意味着其他动物的痛苦和死亡，自然世界毫无道德可言。

艾伦以反讽的方式让读者更容易接受进化过程中的不道德行为，
他的另一个写作特点是保留一种惊奇感，好让读者面对神圣之美在自
然界的丧失。因为同样的自然因素，有时候美是偶然的，有时候是被
设计出来的，由生存斗争中获胜生物的审美选择决定。[185] 在这两种情
况下，美都不是神圣设计的结果。[186] 事实上，艾伦认为从达尔文自然 277
选择理论中得出的逻辑结论意味着所有自然神学的终结。达尔文已经
表明，自然界“并没有充斥着神圣设计与创造”，无论存在什么设计，
其实都是自然选择的结果，意味着为物种自私的利益服务，花的美丽
不是为了愉悦人类的眼睛，只是为了诱导传粉昆虫找到花粉。[187] 艾伦
接受伍德在《自然的教诲》中的观点，认为“人类发明的设备几乎没
有哪个是（自然）能够预料到的”，不是通过上帝之手产生，而是在
自然界进化过程中产生，然后在人类的生存斗争中被模仿。伍德讨论
了各种类别的人类发明，艾伦则强调发明与进化之间的联系，重点探
讨了狩猎和战争中使用的“欺骗、诡计和谋略”。捕杀野兽的伪装陷 278
阱不过是动植物捕猎时所用欺骗手法的翻版，铠甲战衣和装甲舰上的
防护盔甲在“自然界中很常见”，尤其是硬壳昆虫和海洋生物。[188]

艾伦拒斥了神圣设计的概念，借用了浪漫主义的崇高概念去描述自然的奇迹，表达人类见证进化过程时的敬畏之心，在这点上跟随了

达尔文的步伐。[189] 艾伦称赞蠼螋之美让人不禁想起了伍德，他戏谑地劝告读者，如果“在这之后，你依然对可怕的蠼螋嗤之以鼻，我只能说你无法欣赏美妙的自然”。[190] 艾伦将自然描述成一个充满奇迹的世界时，丝毫不比巴克利或伍德逊色，他宣称，“即使儒勒·凡尔纳最狂野的故事跟奇妙的小森林比起来也显得平淡无奇”，英国的一小片草地或苔藓地也在上演着蚂蚁和蜉蝣之间生死搏斗的可怕场景。他将错综复杂的进化宇宙比喻成“中世纪幻想”“希腊神话作者”的美梦和“阿拉伯故事家”的寓言里创造的独角兽和龙。关于雏菊演变谱系的故事，任何童话故事“都可以比这个故事更奇妙，当然却没有任何童话故事能如此真实”。[191] 艾伦强调进化不是历史，相反，它现在依然在发生。他指出：“一个致命的惯性思维是将进化论想象成已经结束的篇章，我们应该将它看成不断书写自我的永恒之书。”[192] 观察和理解了自然界发生的宇宙进化过程的人，就会饱含敬畏之心，充满惊奇。为
279 此，艾伦将《植物及其谱系》（*Flowers and Their Pedigrees*）中的几篇文章称为“布道”，他宣扬的进化论福音依然在强调这种惊奇。[193]

艾伦、科学自然主义与出版界

艾伦批判正统宗教并拥护进化论，他在 1876 年从牙买加回到英国投向科学自然主义者阵营不足为奇。这个阵营为他提供了进入科学界和出版界的大好机会，1879 年，丁达尔邀请他在皇家学院做了关于色感的演讲。[194] 艾伦很敬重丁达尔，在丁达尔去世后，他写了一则人物介绍，称丁达尔是“19 世纪伟大革命的主要领导者之一”，其重要性在第一代进化论者中仅次于赫胥黎和斯宾塞。[195] 艾伦和赫胥黎也

有通信。1882 年，他将《自然品录》一书寄给赫胥黎征求意见，问对方如何平衡写作中的精确性和可读性。赫胥黎回信说，这本书“读起来很愉悦”，他将艾伦比作莎士比亚笔下的人物福斯塔夫，是一位伟大的哲学家。“如果福斯塔夫不是终日沉醉于雪利酒，而是深陷进化论里，”赫胥黎写道，“我估计他可能也会以某种屡试不爽的方式，‘在自然这个主题上喋喋不休’。”[196] 赫胥黎“并没有在精确性上发现什么问题”，事实上，他发现艾伦“有很多值得钦佩的地方，兼顾了精确性和大众喜好”。赫胥黎还对艾伦的《科林·克卢日志》(*Colin Clout's Calendar*）给予了高度评价，“这些插图可以帮助不懂的人找到他们应该看的内容，在我看来没有什么比这种方式能更好地诱导人们去探究自然”。[197]

艾伦还提携了达尔文。在 19 世纪 70 年代到 80 年代中期，艾伦
在写书和期刊文章时，常常提到达尔文的植物学论著，宣扬达尔文的
植物学和生理美学。[198] 1878 年，艾伦将一篇关于花和果实颜色的文
章给达尔文，解释说这篇文章填补了“您在这些相关伟大理论中的小
小空白”。[199] 艾伦大肆吹捧达尔文的“伟大理论”，还将自己称为卑微 280
的雄蜂，努力为大师打造的宏伟大楼添砖加瓦。1879 年，艾伦给达尔
文寄了自己的新书《色感》。艾伦估计会遭到批判，因为自己主要是
靠观察记录而不是实验写成了此书，他辩解说，写作占据了他大量时
间，他只得“在完成养家糊口的营生之后，将所剩无几的闲暇时光献
给科学”。但话又说回来，他相信可以“通过自己的方式，力所能及
地去获取少量的材料，抛出自己的一点想法，兴许能对科学家们有一
丁点儿意义”。要是他有钱有闲，他会倾向于用科学的方式做生理心
理学实验，艾伦在信的末尾向达尔文致以“每位进化论者对所信仰理

论的创始人最诚挚的敬意”。[200] 想必达尔文应该很快回信表示体谅他，因为艾伦在 9 天后又写信过去，感谢达尔文“亲切的来信”和很有帮助的批评建议。他接着继续以上一封的自嘲口吻，表示自己的作品不尽如人意，“向您致以深深的歉意”。但他明白，达尔文对科学真理非常痴迷，会原谅“一位后学者的笨拙猜想”。[201] 艾伦一度因为身体欠佳导致科普事业一蹶不振，到了捉襟见肘的窘境，达尔文竭尽所能帮助了他。1879 年，艾伦病得厉害，达尔文为他筹集到了足够的钱，让他在法国南部安度了一个冬季。[202]

达尔文热情洋溢地赞扬了艾伦《无处不在的进化论》：“整本书都让我读得很愉快，谁知道你的书能将多少年轻人培养成杰出的进化论者！”达尔文颇为欣赏艾伦清晰流畅的写作风格，也赞扬他的一些观点很新颖。不过，他也有所保留，“我感觉你的有些言论太大胆了”，
281 尽管在这样一部作品中大胆可能是一个优点。[203] 艾伦回信道，“非常高兴收到您的来信，让我受宠若惊”，感谢达尔文为自己费心了，“在百忙之中不厌其烦回信给我”。不过艾伦在说完感激的话之后，又大胆地为自己辩护，礼貌地给达尔文上了一课，教他如何吸引非科学界的读者。“我承认这些文章有些大胆，”他解释道，“但话说回来，在给日报投稿时不得不去适应与科学著作截然不同的读者群。”[204] 要想吸引读者，就必须“大胆”借助进化论史诗的叙事框架，去探讨花、浆果和坚果等。翌年，达尔文寄了一个显微镜给艾伦作为礼物，艾伦很感激，希望自己以后可以多点时间去做一些“原始观察，显微镜必然会为这样的观察提供巨大的帮助”。[205]

在很长时间里，艾伦的作品在其他科学家眼里就不那么受待见了，有些甚至在《自然》杂志上表达了他们的反对意见。[206] 有人匿

名批判《无处不在的进化论》过于肤浅，谴责艾伦“用最粗鄙的油腔滑调”归纳、解释达尔文和斯宾塞的学说，根本没有解答“最令人费解的难题”。[207] 1882 年，艾伦在《自然》杂志上发表了“叶子的形状”一文，两位推崇职业化的植物学家随后批判了他。[208] 19 世纪 70 年代初在南肯辛顿向赫胥黎示威的人之一——弗雷德里克·鲍尔（Frederick Bower）写道，艾伦的文章引起了“植物学家的强烈抗议”，他这样的文章“通篇都是严重的错误，却以非常确信的语气写出来，自带令人心服口服的效果，还通过《自然》这样被广泛阅读的杂志在全国传播，只会极大地误导读者”。鲍尔还断言，艾伦不仅根本没那能耐去写研究性论文，甚至也没有渊博到可以向非专业的读者传播科学，因为“科普作家必须首先对自己所写的主题有初步的了解，这是最起码的要求”。[209] 与这篇评论同期的《自然》杂志上，威 282
廉·西斯顿 – 戴尔（William Turner Thiselton-Dyer）也写了一篇批评艾伦的文章，此人和鲍尔一样也是 1870 年代向赫胥黎示威的人之一。西斯顿 – 戴尔抱怨“越来越多的人喜欢用它（进化论）来解释一切，尤其是面向大众读者的科学写作”。用这种推演方法解释复杂的形态学现象，不过是在玩“文学把戏”，对理解科学并无益处。而且，逃避必不可少的归纳工作，“极有可能导致进化论沦为一场滑稽表演，遭受诟病”。[210]

1888 年，艾伦出版了另一部自认为严谨的科学著作《力与能量：动力学理论》（*Force and Energy: A Theory of Dynamics*，以下简称《力与能量》），重新定义了物理学中一些最基本的概念，如能量。与大多数科普作家不同，艾伦渴望被当成一位原创性科学思想家。早在 1877 年艾伦就写好了书稿，直到克劳德给他看《创世的故事》最初的梗概，艾伦才发现两人的写作思路是相似的，于是将手稿借给了克劳德。克劳德决定在即将出版的作品中，把艾伦的理论框架用于他的动力学讨论中。在看到克劳德的论断遭受批评后，艾伦意识到整个理论应该全部发表出来。这个理论将被当成异端学说，艾伦对此早有心理准备，但他依然恳请读者以公正的态度去阅读此书。[211]然而，物理学家奥利弗·洛奇在《自然》杂志上发起的攻击依然让他措手不及。在洛奇看来，艾伦的书“的确应该遭到最严厉的批判，几乎每页都充斥着各种错误和虚伪的陈述，整个结构简直让人觉得作者神志不清”。艾伦和其他“纸上谈兵的哲学家”对“科学家的蔑视”让洛奇感到震惊，艾伦肯定将牛顿和汤姆森等物理学家当成“无法忍受的傻瓜”，因为他们在错误的能量概念基础上胡搅蛮缠，“绞尽脑汁捏造了一个动力学理论”，全靠“一位业余爱好者花了短短几周或几个月的时间在这个领域里”将其纠正过来。洛奇把艾伦称为斯宾塞的门徒，宣称两人都是以“门外汉的愚见”在瞎说。[212]

卡尔·皮尔森对《力与能量》的抨击想必让艾伦更加难以接受，因为他与洛奇不同，他坚持科学自然主义原则，洛奇则被唯灵论所
283 吸引。皮尔森严重怀疑艾伦对动力学的了解程度，谴责说：“他显然从未学会动力学的原理。”艾伦对“力”和“能量”的错误定义“绝对让人无法理解”，所以书中每次出现这两个词时，“他不过是从众所周知的原理中说些毫无意义的废话”。皮尔森把艾伦比作顽固不化的痴心妄想者[213]，不肯放弃自己的异端学说，他这样做无非是提早为自己在“伪科学的历史”抢占一席之地。然而，艾伦并非无害的怪人，他和克劳德编造创世故事，自称“有科学依据，这恰恰可能是疾病之源”。皮尔森认为，艾伦是在“向大众传播大量错误思想，因

为艾伦先生作为深受欢迎的作家，有着广泛的大众读者”。[214]

艾伦偶尔也会在作品中流露出对批评者的不满，对狭隘的专家反唇相讥。在《植物及其谱系》中，他讨论了关于雏菊演变的一个小问题，说那是为了取悦“吹毛求疵的可怕之人”，一个“非常博学却乏味的人”向每个人宣称，“你碰巧没提到的内容变成了你对相关知识的无知”。为了不让他鸡蛋里挑骨头，科学作家“常常不得不纠缠于各种细枝末节，给读者添麻烦”。艾伦嘲讽地为这样的批评家起了个绰号——“臭蘑菇”[215]，只知道削足适履，满足于自己那点“偏见”。[216] 1895 年，他把对狭隘专家的不满扩大到了整个正统科学家，批评他们的缺陷，“无懈可击、不容置疑的科学神职”已然形成，部分是因为英国和美国的科学教育德国化造成的。曾经伟大的科学领袖之一达尔文，并不是以训练普鲁士士兵的方式给他灌输科学才成就了他。达尔文“并非受过训练的生理学家，也不是一位被逼着接受填鸭式教育的南肯辛顿学生”，他“不过是一位业余爱好者，一位热爱真理的人”。同样，斯宾塞也没有接受过专业训练，却是“世界上有史以来”最有原创精神的思想家。正统科学家只是“沿着公认的路线和观念，按部就班，循规蹈矩”，他只是增加一点细枝末节，却“不可能去颠覆、重建甚至革命”。相比之下，“卓越的外行”可以“凭证着一股新鲜劲儿，创造性接受任务”，从而带来革命性改变。艾伦接受了洛奇给他贴的标签，旨在表明即使门外汉在科学进步中也发挥着重要作用。[217] 284
在艾伦看来，对赫胥黎及其盟友来说极其重要的一点是，职业科学家需要训练有素，但这点也导致了僵化死板的正统观念。当艾伦轻蔑地提到“被逼着接受填鸭式教育的南肯辛顿学生”时，只是在嘲讽赫胥黎，因为在他 1885 年退休时留下了一套苛刻的制度，那是他为南肯辛顿生物专业的学生制定的。[218]

艾伦版本的吉尔伯特·怀特《塞尔伯恩博物志》出版时，他已经快走到生命的尽头，他更加厌恶推崇职业化的科学家们，这本书也出于这个原因被赋予了新的意义。艾伦在导言中对怀特所在的那个时代倍感怀念，因为在那个时代"相对清闲、有教养的绅士和热爱科学的人"就可以为科学做出贡献。他遗憾地写道，"那个时代已不复存在，科学已经成为一种特殊教育"，科学教育以促进知识为使命，用狭隘的方式培养了"发明家、发现家、新化合物的合成者，以及调查影响玫瑰经济的蚜虫的细微新特征"，而不是培养"多面手"。随着这些狭隘的专家越来越处于掌控地位，"业余爱好者的领域受到了严重的阻碍"，"缺少了图书馆、仪器、合作和长期专业培训等多种方式的协助"，一个人不大可能"获取新的事实，进行有效的概括"。艾伦出版了新版《塞尔伯恩博物志》，表明"怀特与当今狭隘而专业的科学家截然不同，他有着广泛而普遍的兴趣"。[219]

艾伦对狭隘科学家的厌恶与日俱增的同时，他也对英国的整个出版系统越来越蔑视。尽管有杰出的专业博物学家支持，艾伦发现自己还是很难靠科普写作为生。[220] 他在 19 世纪七八十年代出版的作品，如《生理美学》《色感》和《力与能量》，在市场上都是失败的作品。他从进化论博物学文章以及将其中一些文章结集成册的作品中
285 并不能赚到足以养家糊口的钱。[221] 1880 年代的科普作家在开辟事业时并没有比 1850 年代的那些作家更容易。艾伦在努力开辟一条科普写作的道路时，恰逢出版界和新闻界正在经历 1880 年到 1895 年的彻底转型。奈杰尔·克罗斯指出，"企业联合组织的引入、大众报业的扩张、作家协会的建立、文学经纪人的兴起、维多利亚中期小说

不再拘谨的态度转变、冒险故事和八卦栏目的胜利”等因素导致了乔治·吉辛《新格拉布街》(*New Grub Street*，1891)[222]小说中到处弥漫的变革气氛。[223]

在艾伦之前的一些科普作家，如简·劳登、玛丽·科比姐妹和玛格丽特·加蒂等人，都是靠写小说来弥补她们的收入。艾伦在1880年代也采取了这种策略，他依然从事科学写作，但同时也开始写一些消遣小说，到1880年代中叶，在这个圈子还小有名气。他写了不少迎合大众的小说，都还算成功，但即便如此，直到1895年《未婚的母亲》大获成功后，他才总算在经济上有了保障。[224]艾伦适应市场需求，将精力从科学写作转移到小说以及期刊工作中，才得以摆脱窘迫的经济状况。与只写博物学读物的伍德不同，艾伦从没有申请过皇家文学基金会的资助。暂时脱离科普写作可能将艾伦从窘境中拯救了出来，在小说中继续抓住机会探讨进化论也不无可能，但他终究发现写小说真是一件苦差。[225]1892年时，他开始对自己迫于无奈写小说深感不满，他在某一封信中写道：“我跟你一样，看不懂小说，也不喜欢写小说。”他继续抱怨说：“公众会读我的科普文章，但并不会给我带来收益，为了生计，我不得不去写小说。”[226]

艾伦难以将自己打造成一位成功的作家，使得他对整个出版界及
支持它的读者提出了批评。他在“版权的伦理学”一文中认为，就目 286
前的版权制度而言，作者权利与公众利益相比位居其次，公众总能读
到物美价廉的作品。[227]时隔9年，艾伦在一篇“以写作为业”的匿名
文章中提出了更加尖锐的批评。相比其他从业者学识渊博的职业，作
家得到的回报很糟糕，为了获得成功，他们不得不迎合大众去写作。
公众想要的是那些“没有批判精神的无脑之作”，这反映了公众“自

身的腐朽平庸”。如果你不这么做，“当其他人在激烈竞争中生存下来时，你只能等着破产或去济贫院”，这是“达尔文和马尔萨斯的伟大原理在人文社会中的体现”。[228] 艾伦对读者的这种轻蔑态度也时不时会在科学随笔中流露出来，在《坠入爱河》(*Falling in Love*，1889，Smith，Elder）的序言里，他把自己对科学和香槟的偏爱与公众的喜好做了对比，他“竭尽所能酿造醇正的干红”，公众却喜欢甜甜的起泡酒。为了迎合读者的口味，“我斗胆让香槟酒更甜一些，满足需求”。[229] 在《自然界的精彩瞬间》里，他克制了一下，没有写麦瘿蚊的更多细节，“以免挑剔又懒惰的人（即‘普通读者’）感到厌烦”。[230] 对读者这么失敬的称呼，真切地反映了艾伦在写作事业的沮丧。

艾伦对一些期刊编辑也很蔑视，他们要求他在非常短的文章里向无知公众解释复杂的科学思想。《评论之评论》(*Review of Reviews*）编辑斯特德曾要求他每个月给杂志写一篇两页长的文章，简短总结科学现状，艾伦只好跟他摊牌，在“人们不愿听”时这样做是行不通的。艾伦可能很擅长写短小精悍的进化论博物学文章，但并不能像斯特德期望的那样可以把那么多内容浓缩到一篇小文章里。艾伦在讨论完达尔文、斯宾塞和威斯曼关于遗传本质的复杂观念后，他感叹道：“我已经竭尽所能，但读者依然还是茫然如初，你根本没法在这点儿篇幅里向大众解释清楚这些东西。”艾伦坦言，这种想法简直就是编辑的“异端学说”，[231] 他难以接受斯特德将新闻学原理用到科学知识传播上。[232]

19 世纪 90 年代，艾伦的生活有诸多不满，这可能导致他对斯宾
287 塞也越来越刻薄。1891 年，艾伦 3 卷本新小说《杜马雷斯克的女儿》(*Dumaresq's Daughter*）出版，里面有个可怜的角色与斯宾塞惊人地

相似。哈维兰·杜马雷斯克（Haviland Dumaresq）是“哲学百科全书”的鼻祖，“这个时代我们国家最深刻的思想家，全欧洲最伟大的形而上学哲学家”。他耗费了 25 年的光阴，去探索无穷无尽的知识，为《哲学百科全书》打下坚实的基础，然后才着手写作。然而，他贫困潦倒，除了几个追随者，并没有什么人认可他。当一位仰慕者查尔斯·林内尔（Charles Linnell）拜访他时，发现他思维古怪，因为他把一切事物都看成“可以悬挂一些抽象概括的钉子”，即使“最微不足道的闲聊”也是如此。杜马雷斯克还有几个更严重的缺点，常年劳累过度和贫困潦倒损害了他的身体，他靠着纯鸦片保持镇定。[233] 而且，他也背弃了自己的一些哲学原理，他一边在作品中批判贵族的拜金主义，一边却希望女儿赛克过上舒适奢华的生活。林内尔爱上了他的女儿，杜马雷斯克却嫌弃林内尔是个穷艺术家，不准他们结婚。[234] 当然，斯宾塞一直未婚，小说提出了一个问题是，如果斯宾塞有一个女儿，会发生什么？艾伦在此提供另一个现实问题，以此证明综合哲学无论多么吸引斯宾塞这样的隐士，其禁欲主义对有家室或者大量人际关系的人士来讲，过于苛刻。

艾伦在 19 世纪 90 年代对斯宾塞的批判越来越强烈，1904 年的一篇文章更是印证了这点。那篇非同寻常的文章其实写于 1894 年，因为那时候斯宾塞还在世，艾伦写完后没有发表，待斯宾塞去世不久后才发表，此时艾伦已经去世了 5 年。[235] 艾伦显然清楚，斯宾塞要 288
是知道自己对他的真实看法内心必然会很受伤。艾伦把斯宾塞描述成一个几乎没有感情的人，比起大多数人，“他的灵魂太无趣，他天赋异禀，智力超常，但这也耗尽了他所有的能量，唯有智力，别无其他——人类生物中的理性之神”。因此，斯宾塞拥有“人类历史上最杰出的大脑和最惊人的智慧”。尽管艾伦在智识方面对斯宾塞怀着“最崇高的敬意”，但他并非事事都认同斯宾塞，“他的智慧里存在着严重的错误和过失”。艾伦指出,《综合哲学》第1卷《第一原理》很大一部分“都被错误的能量概念给破坏了”，在“‘社会学’部分也错误重重”。[236]

然而，艾伦认为斯宾塞最严重的错误在于他对社会主义的态度。艾伦自身的根本利益使他热烈拥护19世纪下半叶中期英国的革新论，极力反对资本主义制度的不公平，也反对限制人们取得私有土地，那是资本主义的利己行为。[237]这样的立场最终导致艾伦和他的进化论英雄分道扬镳，艾伦宣称:“特别是到了他人生的最后阶段，我觉得他的错误常常让人难以忍受，他在政治和社会思想方面尤其如此。”斯宾塞早期的大量推崇者受到其《社会统计学》(*Social Statics*，1850)以及土地国有化影响，都成为社会主义者。艾伦认为，在斯宾塞眼里碧翠斯·韦伯和艾伦自己就是“被选中的弟子”“最喜欢的两位追随者”。因此，两人宣称投靠社会主义对斯宾塞来说是一个沉重的打击，艾伦引用了斯宾塞1890年10月23日写的一封信里的内容，生气地谈论他们之间的政治分歧，怒斥道:“我听说你已经变成了社会主义者。”艾伦认为，斯宾塞的个人主义观念“与他的其他部分哲学格格不入”，他在思想上并非一以贯之。斯宾塞“没有明白的是，当个人主义开始接受现存的一切不平等和不公正，它根本就不再是个人主义。早期的土地国有化原则已经定下了革新的基调，社会主义才能为未来完全、彻底的个人主义提供唯一、真正的希望”。曾经那些深受斯宾塞影响的追随者成为社会主义者，其实是听从了他早期思想逻辑的结果，而他晚年的主要支持者却是他早年抨击的托尼党和军国主义

者。《杜马雷斯克的女儿》出版前一年，艾伦就收到了斯宾塞那封愤 289

怒的信，估计这封信使他塑造了杜马雷斯克这个角色，该人物反映了斯宾塞政治和社会思想上所有异乎寻常的前后矛盾。[238]艾伦的社会主义倾向也导致了他与其他科学自然主义者之间的分歧，他在描述丁达尔时指出："向我们传播进化论的第一代学者，现在都是政治上的反动派，对未来的社会主义充满敌意。"[239]事实上，赫胥黎在1890年发表了一系列文章抨击社会主义，如"资本——劳力之母""人生而不平等"等。

敬重权威与巴特勒事件

如果科普作家过于疏离科学自然主义，他们的权威性将受到挑战。巴克利、克劳德和艾伦等人都有一个典型的前车之鉴——塞缪尔·巴特勒（Samuel Butler，1835—1902）的悲惨命运，他因为攻击一位重要的科学自然主义者吃尽了苦头。科普作家们对巴特勒被逐出达尔文小圈子的反应揭示出，遵从科学家以换取科学写作事业能够蒸蒸日上，这里面有着复杂的战略战术。巴特勒和艾伦一样，在国外时迷上了进化论，回到英国后下决心发掘达尔文及其圈子里的其他人，以发展自己的文学事业。巴特勒在新西兰当了一段时间羊倌，1864年回到英国，不久便开始与达尔文通信。1865年到1874年，他将自己的大部分文章和所有的书都寄给了达尔文，希望得到他的认可。然而，巴特勒从《生命与习性》（*Life and Habit*，1877）这本书开始批判达尔文，认为自己的进化论以遗传性习性的概念为基础，比达尔文强调的自然选择能为生物学事实提供更有说服力的解释，在那之后他的批判愈演愈烈。巴特勒在这本书中呈现了一个自己的进化论史诗版本，将拉马克进化论和遗传性习性的概念结合在一起。人类的习性表明，我们生来便拥有祖先的记忆，前进的每一步都可以通过遗传性习性传给后代。在巴特勒看来，所有的生物都具备这样的无意识记
290 忆，因此这也构成了单个生物体的一部分。巴特勒的这本书把生命图景刻画成一个巨大的群居动物，而本能作为遗传性记忆被置于这个图景中，以此阐述他的观点。他的进化过程充满了目的性，是意志的结果，尽管不是神圣意志。

巴特勒起初还指望达尔文圈子的人会欢迎他加入进化论的辩论之中，但到他写《新旧进化论》（*Evolution, Old and New*，1879）时，他清楚地意识到遗传性记忆的概念在达尔文及其盟友那里并不受待见。于是，巴特勒开始大张旗鼓讽刺批判达尔文，指出达尔文引入自然选择理论导致所有关于进化论话题的讨论都含混不清，这个理论远比不上布封、伊拉斯谟·达尔文和拉马克的目的论进化原理。在早先的一本书中，他将自己当成达尔文的朋友，提出了一种与他不同但却互补的理论。在这本书中，巴特勒介入进化论本质的争论之中，用自己的理论反驳达尔文的理论。达尔文和恩斯特·克劳斯（Ernst Krause）分两部分出版的伊拉斯谟·达尔文传记引发了另一场争端，巴特勒在争端中与达尔文主义者们更是渐行渐远。巴勒特将《新旧进化论》寄给达尔文不久，这部传记就出版了。《伊拉斯谟·达尔文》这部传记声称是翻译了克劳斯已发表的论文，但巴特勒认为这本书还收录几篇《新旧进化论》里的新文章，非但没有致谢，还质疑巴特勒的判断，因为他认为爷爷（伊拉斯谟·达尔文）的进化论比孙子（查尔斯·达尔文）的进化论要高明。巴特勒要求公开道歉，达尔文在赫

胥黎和其他朋友的建议下没有理睬。后来，乔治·罗马尼斯（George John Romanes）等达尔文主义者还反过来批判他。[240] 巴特勒在后来的《无意识记忆》（*Unconscious Memory*，1880）和《运气还是狡诈？》（*Luck or Cunning*？ 1886）中对达尔文的批判更加肆无忌惮，直接扩大到对科学自然主义的批判，认为它太唯物主义和教条主义。

巴特勒置权威于不顾，公然对抗进化论自然主义，这个选择使他付出了沉重的代价。在《运气还是狡诈？》中他公然承认，反对达尔文"让我陷入水深火热之中，成为文学界的社会公敌，被朋友唾弃，我一直对此深表遗憾。而且，还损失了一大笔钱"。[241] 1901 年，巴特勒声称，攻击达尔文对自己整个文学生涯都产生了负面影响，"《新旧进化论》和《无意识记忆》让我的文学事业毁于一旦，我现在才开始 291
从这两部正义之书所带来的文学和社会损失中走出来"。[242] 还有些科普作家，即使对不认同科学自然主义者保持沉默，也依然在树立自己的权威时付出了代价，例如加蒂。但比起加蒂，巴特勒锋芒毕露，他将矛头直指达尔文和著名的科学自然主义者们。巴特勒的遭遇成为其他科普作家的前车之鉴——挑战科学自然主义者权威意味着在拿自己的科学信誉冒险，还会面临商业失败的威胁。巴克利、克劳德和艾伦都认识巴特勒，这个教训没有发生在他们身上。

巴克利站在达尔文这边，1880 年 10 月，她拜访达尔文后在大英博物馆见到了巴特勒，与他探讨过克劳斯引发的争议。达尔文曾告诉巴克利，自己对克劳斯写的东西一无所知，与此事无关。巴克利替达尔文辩护，指责巴特勒心存恶意。[243] 巴特勒在最初认识巴克利的时候，觉得她"人不错"，但后来也称她为"闲言碎语、搬弄是非的傻女人，很不喜欢她"。[244] 19 世纪 90 年代末，克劳德还邀请巴特勒到家里做客，但克劳斯的争端也破坏了两人的友谊，巴特勒感叹道，“和达尔文的争吵让我很不受待见，克劳德抛弃了我，我们见过一两次，但几乎不想说话”。[245] 在克劳德看来，巴特勒在《无意识记忆》中“恶意攻击”达尔文后“成天怨声载道”。克劳德回忆说：“很不幸，他产生了一种错觉，总以为每个为达尔文辩护的科学人士，都是在密谋对抗自己。”[246]

艾伦则公开为达尔文辩护，他给巴特勒《新旧进化论》写了两篇书评。在《学会》（*Academy*）上发表的署名文章里，他指责巴特勒“讽刺、谩骂和看似有道理的胡说八道满天飞”，让读者“根本不知道他到底用意何在”。他还谴责巴特勒在攻击达尔文时越界了，巴特勒肆无忌惮，“对一位年长且备受尊敬的科学领袖发表轻蔑、失敬的言论，即便是达尔文的对手也会敬佩他对真理的崇高奉献和对知识孜
292 孜不倦的求索”。[247] 在《观察者》（*Examiner*）上的匿名评论中，艾伦将巴特勒意志概念贴上了“胡说八道”的标签，“我们恰恰是希望达尔文先生将我们从里面永远拯救出来”。他还重申了自然选择理论的价值，建议巴特勒“远离科学”，只搞文学创作。[248] 艾伦此番评论让巴特勒非常恼火，认为艾伦的评论“引领了对《新旧进化论》批判之风”。巴特勒认为，两篇评论一篇署名一篇却匿名，公众就不会怀疑是同一个人写了这两篇评论，会得出结论说是“两位作家所见略同，对这本书都持有同样批判意见”。[249] 艾伦、克劳德和巴克利无不跟随最重要的科学自然主义者，批判巴特勒对达尔文的大肆攻击。

但在 19 世纪 80 年代中期，克劳德和艾伦开始同情巴特勒的处境。克劳德和巴特勒偶遇时，克劳德谈起了艾伦的作品，巴特勒此时却回应说自己不喜欢艾伦。1885 年的一个星期天，巴特勒意外收到克

劳德的喝茶邀请，他接受邀请后，克劳德才告诉他艾伦也会来。巴特勒认为，“实在太无礼了，他明知道我不喜欢艾伦”，但他已经答应前往，又不好反悔。巴特勒在这次茶话会的记载中写道，自己和艾伦都尽量表现得彬彬有礼，“一切都很顺利”，两人还握手了。让巴特勒有些不满的是，艾伦告诉他《新旧进化论》非常“有益”，要知道艾伦在其中一篇书评中明明说过，这本书让读者根本搞不清楚作者的主要目标是什么，但巴特勒还是管住了自己的嘴，什么都没说。[250] 在另一处描述中，巴特勒感谢艾伦的帮助，从一次不愉快的交谈中解救了自己。他指的是当时在茶话会上，博物学家亨利·贝茨因为巴特勒批判达尔文，根本不屑跟巴特勒说话。贝茨反复重申达尔文自然选择理论是一项辉煌的成果，艾伦就很想知道达尔文是否受到了祖父的影响。巴特勒将艾伦此举解读为将他引入话题中的策略，因为他在最近的作品中曾写道，达尔文有意隐瞒了伊拉斯谟·达尔文给自己的启发。巴特勒“做了个鬼脸”，“爆料”说，还有人会对达尔文祖父写的东西感兴趣？真是不可思议。众人一下都笑了，这个话题也翻篇了。[251] 293
1885 年 6 月 30 日，巴特勒在写给妹妹的信中说，这个茶话会应该是克劳德特意安排的，估计是想“缓和我跟格兰特·艾伦两个死对头的关系”。不管怎么样，茶话会“进行得很顺利”，在信的最后还说，“格兰特·艾伦想讲和，我也不计较了”。[252]

尽管巴特勒在《运气还是狡诈？》中批评艾伦在《查尔斯·达尔文》一书中对达尔文进行大肆吹捧，但两人还是和好了。[253] 巴特勒对艾伦在《查尔斯·达尔文》序言中对“《新旧进化论》的美言”表示感谢，[254] 他认为自己和艾伦在进化论过程的本质这个问题上想法是一致的，因为艾伦倾向于斯宾塞进化论，巴特勒认为那不过一种拉马克主义。[255] 而艾伦则为巴特勒《运气还是狡诈？》写了一篇表示认同的评论，他承认巴特勒富有争议的理论让他失去了朋友，也蒙受了经济损失。艾伦坦言，“事到如今，我们在不知不觉中对巴特勒先生的态度有失公允”，大家都忽视了《生命与习性》所隐藏的睿智观点，“几乎不把它当回事”。尽管艾伦觉得巴特勒对达尔文的批判太苛刻，他依然觉得《运气还是狡诈？》一书“对当前的进化论思想有非常原创性和建设性的贡献，极具价值”。艾伦希望生物学家们都读读这本书，忽略巴特勒对达尔文情绪化的批评。巴特勒有话想说，但却“常常被广为忽视”，艾伦提醒说科学家不该“无情地将他驱逐出法庭，连让他聆讯的机会都不给”。[256] 估计是鲍尔和西斯顿－戴尔对艾伦的无礼，使他对巴特勒所处的窘境更为敏感，巴特勒不过是希望在严肃的科学讨论中发挥一点价值。

艾伦的侄子、出版商格兰特·理查德曾称，艾伦“无疑是最早向公众解释达尔文理论的重要人物之一”。[257] 艾伦的确是维多利亚时期向广大读者解释进化论的最重要人物之一，但他却觉得自己是在传播斯宾塞进化论而不是达尔文主义。匪夷所思的是，所有这些为大众读者书写一部部激动人心的进化论史诗的作者，没有一个将达尔文当成最早、最重要的进化论者。佩奇并不接受达尔文的自然选择理论，尽
294 管他与罗伯特·钱伯斯发生了争执，他的进化论观念却深受他们一起写的著作影响。巴克利受华莱士或赖尔的影响要大于受达尔文的影响；克劳德虽然为达尔文理论着迷，但他的宇宙进化论却是受到赫胥黎、泰勒和斯宾塞的影响；艾伦则自封斯宾塞的门徒。而且，这四位进化论者与更广泛意义上的科学自然主义有着错综复杂的关系。佩奇和巴克利可以归为最反对科学自然主义的那一类，佩奇将设计论置于进

化论史诗的核心地位，巴克利则将进化论赋予了道德目的论。克劳德和艾伦与科学自然主义走得更近，但他们也没有奴颜婢膝去效仿斯宾塞、赫胥黎或达尔文，两人在各方面都表现出自己的独立性，克劳德与理性主义结盟，艾伦投奔了社会主义。另外，两人都是在达尔文主义者对巴特勒唯恐避之不及的时候，向他伸出了橄榄枝。

第六章　科学期刊：《知识》杂志及其“指挥”理查德·普罗克特

295 1882 年，理查德·普罗克特在自己新创办的《知识》杂志第 2 卷上发表了一篇慷慨激昂的文章，反对邱园最近的建设项目。邱园的部分围墙建得更高了，温室的大门也砌了砖。普罗克特指责道，邱园由国家财政拨款，是“人民自己的财产”，然而却围起来不让人看。他质疑道，为何邱园下午一点才开门，而园长约瑟夫·胡克又为何定期招待客人？普罗克特是在暗示胡克将邱园当成自己接待朋友的私家园林，这些朋友包括 X 俱乐部的成员如赫胥黎、丁达尔和斯宾塞。普罗克特坦言，胡克可能是杰出的植物学家，但他却委屈了公众，损害了他们的利益。他宣称：“那堵长长的围墙是英国的耻辱，让每个英国人蒙羞，他们原本可以保护这些公共园林，不需要把它们藏起来，现在却只能看着一堵高墙取代了他们的保护能力，什么都做不了。”[1]普罗克特《知识》杂志的读者应该明白，在他眼里，将邱园围在高墙里面与科学家将业余爱好者、女性和其他英国公众排除在科学圈外没什么区别。科学家们限制探究自然的门槛，从而获得在自然知识上的垄断地
296 位。普罗克特将新创办的杂志取名《知识》，旨在表明自己在知识问题上的主张，传达的是他这样的科学普及者和读者的诉求。

19世纪中叶，英国期刊蓬勃发展，增长显著，普罗克特紧随潮流创办了《知识》。与图书出版业的爆发式增长一样，期刊的蓬勃发展也来自同样的多种因素，如受过教育、有闲暇的读者人口不断增长，小说和各种知识性娱乐需求也随之增长；技术的革新，包括更高效的印刷机器，满足了不断提高的多样化需求；税收的改革降低了出版成本。各种便宜的先令月刊出现，如1859年创办的《麦克米伦杂志》和1860年创办的《谷山杂志》，吸引了受过教育但又不太富裕的读者。在19世纪六七十年代还出现了一些比较昂贵的月刊，如1865年创办的《双周评论》、1866年创办的《当代评论》和1877年创办的《19世纪》等，主要刊登知识界正热议的话题，也会刊登科学话题，以满足中产阶级对事实、学术和娱乐探讨的多重兴趣。这些新兴的月刊也为赫胥黎这样的职业科学家提供了重要的阵地，可以吸引更广大的读者群体。[2]

19世纪40年代，面向大众读者的商业性科学期刊开始涌现并增长迅速，普罗克特的《知识》也属于这一类。这些期刊模仿便宜的机械周刊和贸易周刊，如1865年创办的《英国机械师》和1859年创办的《化学新闻》，也借鉴了昂贵的博物学月刊或一般性的大众期刊，如1843年创办的《动物学家》(*Zoologist*)，1862年创办的《大众科学评论》和1863年创办的《读者》等。[3]1860年以前，许多大众科学期刊鼓励读者参与科学，强调科学事业具有普遍的参与性，依据是所有人具备同样的能力去理解自然。期刊本着“科学共和国”的平等主义理想，被打造成一个相互交流科学观察的媒介空间。在1860年代，面向大众读者的科学期刊发行达到顶峰，那时候赫胥黎、诺曼·洛克耶和其他年轻的科学卫士正在努力捍卫科学专家的职业理想。不少科

297 学期刊开始为新科学卫士的目标代言，他们不再重视读者的参与，而是努力赢取科学精英的支持。[4] 与新兴的月刊一样，这一时期创办的科学期刊为倡导职业化的科学家提供了平台，致力于向公众宣扬科学在文化中的重要性，1869 年创办的《自然》杂志就是典型的例子。

大众期刊和商业科学期刊也为一些科学普及者提供了发表机会，增加他们的写作收入。在神职人员中，金斯利、韦伯、亨斯洛和霍顿都是活跃的期刊撰稿人。金斯利和霍顿主要为大众期刊写作，金斯利为新创办的季刊《北英评论》和月刊《弗雷泽城乡杂志》(*Fraser's Magazine for Town and Country*) 写了 20 多篇文章，霍顿在更早创办的季刊《爱丁堡评论》(*Edinburgh Review*)《评论季刊》和《威斯敏斯特评论》上发表的文章超过 15 篇。亨斯洛在大众期刊和科学期刊上发表过 20 篇文章，如《19 世纪》《现代评论》和《皇家园林学会杂志》(*Journal of the Royal Horticultural Society*) 等。韦伯是 4 人中最高产的作家，写了将近 200 篇天文学文章，基本上都发表在科学期刊上，不少文章刊登在《皇家天文学会月报》(*Monthly Notices of the Royal Astronomical Society*) 和《英国科学促进会报告》(*Reports of the British Association for the Advance of Science*) 上，两个期刊都是科学学会主办的。韦伯也在广受大众读者欢迎的期刊上发表文章，如《英国机械师》《知识分子观察者》《知识》《自然》和《大众科学评论》等。鲜有女性科普作家会给期刊撰写科学文章，即使有也写得不多，如费布 · 兰克斯特和莉迪娅 · 贝克尔，前者为《大众科学评论》写过几篇文章，后者则给大众期刊投过一些稿，如《英国妇女评论》(*English Woman's Review*)《当代评论》和《威斯敏斯特评论》。

说到科学表演者们，佩珀很少给期刊投稿，他的精力都投入在理工学院的运作、演讲和写书上了。伍德为各种期刊写过20多篇文章，包括宗教和儿童期刊、月刊杂志和日报等，如《男孩自己的报纸》(*Boy's Own Paper*)《谷山杂志》《每日电讯》《深蓝》(*Dark Blue*) 298
《都柏林大学杂志》(*Dublin University Magazine*)《善言》(*Good Words*)《伦敦学会》(*London Society*)《朗文杂志》《19世纪》和《周日杂志》(*Sunday Magazine*)等，但却很少在任何科学期刊上发表文章。[5]这些文章中大部分都是关于博物学的某个方面，如《男孩自己的报纸》，伍德发表了多篇关于植物学、昆虫学和其他博物学主题的系列文章，有时候还是和儿子希欧多尔·伍德合作的。[6]虽然佩奇更喜欢写书，不怎么写期刊文章，但其他三位进化论史诗的普及作家倒是乐意写简短的期刊文章。巴克利《科学中的德育》曾在《肖托夸》(*Chautauquan*)[7]上分期登载过，此外还有7篇文章发表在《青少年指南》(*The Youth's Companion*)《麦克米伦杂志》和《都柏林大学杂志》上。爱德华·克劳德在《知识》《现代评论》《朗文杂志》《民俗》(*Folklore*)和《双周评论》等杂志上发表了10余篇文章，不少是关于人类学、民俗和进化论主题的。而格兰特·艾伦在科学普及方面比任何神职人员、女性、科学表演者和进化论者都要活跃，他在超过14种大众期刊、日报、周报、月刊以及多种科学期刊上至少发表了250篇文章，例如《贝尔格莱维亚区》《谷山杂志》《当代评论》《外国文学选刊》(*Eclectic Magazine*)《双周评论》《弗雷泽杂志》《知识》《朗文杂志》《麦克米伦杂志》《自然》《北美评论》《蓓尔美尔街公报》《大众科学月刊》(*Popular Science Monthly*)《科学美国人》(*Scientific American*)和《河滨杂志》(*Strand Magazine*)等。对艾伦来说，期刊文章出产快，是他靠写作谋生不可或缺的一部分。

艾伦已经是非常高产的作家，但普罗克特比他更高产。据迈克尔·克罗估计，普罗克特至少写了 500 篇文章，还不包括他在《皇家天文学会月报》上的专业论文。[8] 他给科学期刊和一般性的大众期刊都写了不少普及文章，如《知识分子观察者》《大众科学评论》《科学美国人》《知识》《贝尔格莱维亚区》《当代评论》《谷山杂志》《外国文学选刊》《弗雷泽杂志》《朋友》(*The Friend*)《利特尔的生活时代》(*Littell's Living Age*)《朗文杂志》《国家评论》(*National Review*)《19 世纪》《北美评论》《公开法庭》(*Open Court*)《圣保尔斯杂志》(*Saint Pauls Magazine*) 和《圣殿酒吧》(*Temple Bar*) 等。普罗克特不仅写了几百篇期刊文章、多部反复再版的天文学著作，他还是一个
299 重要科学期刊的编辑。一方面因为惊人的高产出，另一方面因为主编《知识》，普罗克特在去世时已经成为英语世界里最成功的天文学普及作家。[9] 伦敦《泰晤士报》的讣告宣称，普罗克特“是本世纪促进公众科学兴趣贡献最大的人”。[10] 普罗克特的写作明晰易懂，常常沉醉在大胆的猜测中，在他不少天文学作品中都想象了外星生物的存在，这也是他受欢迎的重要原因。普罗克特对科学界和科普界都非常熟悉，他对金星和火星进行了原创性研究，绘制了 1600 颗恒星的运动轨迹，在形成银河系和宇宙的整体概念中，他发挥了重要的作用。[11] 他关于天文学主题的 83 篇专业性科学论文主要发表在《皇家天文学会月报》上，皇家天文学会有些会员对普罗克特的研究给予了高度评价，1872 年将他提名为皇家天文学会金奖人选，虽然他最后并没有获得该荣誉。原因在于，他“脚跨两只船”，同时混迹在科学家和科学作家的圈子。他创办的期刊《知识》可以为我们提供一个独特的视角，去审视推崇职业化的科学家、科学普及者和大众读者之间存在的张力。

尽管我时常会提到期刊，但目前为止我都侧重于图书，在本章中
我将关注期刊。巴顿和希茨－佩尔森的研究表明，科学期刊可以揭
示科学共同体成员以及科学知识边界等观念的变化。[12] 在此，我将普
罗克特的《知识》杂志作为案例研究，阐释 19 世纪下半叶期刊对这
位最高产的科普作家及其职业生涯产生了何等重要的作用。期刊文章
为普罗克特提供了稳定的收入来源，而且也让他与科学家不同，推
动了另一项事业的发展，而后者只希望产生职业科学家精英。19 世
纪 70 年代，在洛克耶和其他职业化天文学家激烈争端的推动下，普
罗克特创办了一份周刊，目的是与《自然》杂志抗衡，打破它在大
众科学期刊市场的垄断地位，质疑科学家的角色和主导地位。普罗克
特旨在重振“科学共和国”的宏伟目标，这种目标在 1860 年前曾激 300
励了不少大众科学期刊。普罗克特的期刊名、目标、形式、内容和撰
稿人的背景等都反映出他想与《自然》抗衡的决心，他自己的角色
是《知识》杂志的“指挥家”，而不只是编辑。从他对通信专栏的掌
控，以及亲自给《知识》撰稿抨击科学协会和推崇职业化的科学家可
以看出，他在为科学大门向全民开放而努力。然而，普罗克特的这个
科学出版实验在创刊后 4 年就陷入困境。1885 年，出于经济压力等原
因，杂志改版为月刊，在改版过程中却发生了戏剧性的变化。普罗克
特的初衷是形成一个科学共同体，博学的公众也是其中的成员，然而
改成月刊后这个共同体流失了。后来，杂志的经济状况稍微好转，在
1888 年普罗克特去世后依然继续发行。亚瑟·兰亚德接手了主编一
职，杂志从朗文转移到了艾伦（W. H. Allen）公司，进入 20 世纪还在
发行，直到 1917 年 12 月才中断，这在当时的期刊行业已经算运行得
很好了。

高产作家和演说家的事业

图 6.1　理查德·普罗克特肖像。出自《伦敦新闻画报》，1888 年 9 月 29 日。

理查德·普罗克特（1837—1888）在痛失爱子和财务危机的接连打击下开始从事科学普及工作（图 6.1）。普罗克特是家里 4 个孩子中最小的一个，父亲威廉·普罗克特是一名富有的律师，1848 年他进入泰晤士河畔弥尔顿（Milton-on-Thames）一所学校学习了 3 年，在那之前他都是在家里由母亲教育。1850 年，父亲去世，家里出现了短暂的经济困难，所以他推迟到 1855 年才得以进入伦敦国王学院学习。1856 年他转入剑桥大学圣约翰学院，遵照母亲的意愿，他打算以后从事神职工作，就学习了神学和数学。然而，在剑桥第二年时，母亲离世，加上他与一位爱尔兰姑娘新婚，学业受到很大影响。结果，他的本科学业非常平庸，最后在 1860 年以第 23 名的成绩毕业。普罗克特毕业后不想做牧师，转而去学法律。在离开剑桥几个月后，他读到了约翰·尼科尔（John Pringle Nichol）的《天空结构观》（*Views of the Architecture of the Heavens*，1838）和奥姆斯比·米歇尔（Ormsby MacKnight Mitchell）的《大众天文学》（*Popular Astronomy*，1860），

一下对天文学产生了兴趣。他自己组装了一架小望远镜，决定自学天
文学，再去教长子。最初，他觉得写作很难，但还是花了6周多的时 301
间写了一篇9页的文章“双星[13]的颜色”，这篇文章在1863年发表在《谷山杂志》上。就在同一年，长子夭折，他最初学习天文学的动力一下也没了。丧子之痛令普罗克特身心俱损，健康状况开始恶化。医生建议他至少花一年时间全身心投入某项工作中，忘记悲痛，他选择了研究天文学。1865年时，他写了一部《土星及其星系》(*Staturn and Its System*)，这本书并不畅销，但他却靠它在1866年成功当选皇家天文学会会员。[14]

让普罗克特从事科学普及的真正原因是一次失败的投资。1866年5月，他投放了大部分财产的新西兰银行集团倒闭，他作为第二大股东负债高达1.3万英镑。30岁的普罗克特，口袋里连半克朗硬币都没
有，一家5口还要指望他，他决定从普利茅斯附近的安乐之所举家搬 302
迁到伦敦，以便他开启科学家和科学作家的职业生涯。1850年，赫胥黎在结束“响尾蛇”号远航后回到伦敦时也负债累累，普罗克特和当时的赫胥黎在某些方面面临着相似的挑战——当职业道路还没完全稳固时如何靠科学赚钱。普罗克特发现，要靠自己的科学兴趣为生并非易事。他曾在一篇自传中回忆了那段艰难岁月，谈到自己那时发现“科学研究无利可图，科学发现也不见得能有什么回报”，他又“几乎不认识期刊的编辑们”。双星那篇论文进展缓慢，他从中发现自己“并没有多热爱（科学写作）”，而且“科学写作进展缓慢、无利可图”。1867年秋天，已经“确定要走文学这条路”的普罗克特，“在短短数周内仿佛老了10岁，那段时间经历了太多的波折和磨难，家人的疾病和离世，悲痛而绝望……把我压垮了”。更惨的是，祸不单行，

“在我听说银行破产的那个早上以及之后的日子里，我从未歇过一天，为了养家糊口，我不得不拼命工作”。[15]

普罗克特逐渐成为被认可的天文学家，可以为公众写作。起初，出版商并不乐意接受他的出版计划，因为他早年写的书都不怎么畅销，如《恒星手册》（*Handbook of the Stars*，1866）《星座季节》（*Constellation Seasons*，1867）和《从太阳上看地球》（*Sun Views of the Earth*，1867），这3本书都是朗文出版的。直到哈德威克（Hardwicke）付了25英镑让他写一本小书，他才总算有了一部在商业上比较成功的作品——《半小时望远镜观察》（*Half-hours with the Telescope*，1868），这本书发行了20版。[16]但他最有突破性的作品是《地球之外的世界》（*Other Worlds Than Ours*，1870，Longman），在这本书中，他第一次探讨了其他星球上的生命，他这种多元主义思维激起了维多利亚读者的极大兴趣。在1870年后，普罗克特基本不再为自己的作品找出版商或期刊编辑犯愁。普罗克特的产出惊人，在职业生涯中他写了60多本书，估计是19世纪最高产的科普作家，有不少作品是由期刊上发表的众多文章结集而成的。

普罗克特出书和发表文章的速度惊人，甚至引来了一些批评的声
303 音，他们认为这样的速度会降低作品的质量。1875年，《纽约时报》上一篇评论文章宣称，“越发不可收拾了。普罗克特先生出书实在太快，那些中小图书馆一两年时间里就装不下他的书了”。这位匿名评论者问道：“拿普罗克特先生怎么办才好？他每出一本新书，一年之内至少要发行4版（在我们看来是那样）。”这位评论者还抱怨道，普罗克特的观点经常变来变去，他宣称是因为天文学迅速发展造成的，“要是他能在写书前多等一段时间，他的读者就不用隔段时间就要忘

掉他之前讲授的东西（转而学习新观点）”。他承认普罗克特是将复杂的天文学话题深入浅出地传达给读者，令人称道，“普罗大众”都能轻易理解，但他依然反对普罗克特像现在这样匆匆忙忙出版“仓促写成的文学作品”。[17]

要成为一位成功的科普作家，需要源源不断地出书和发表文章，格兰特·艾伦和其他作家对此都有痛彻心扉的体会。艾伦和普罗克特是好朋友，令他们深感遗憾的是，自己不得不迎合市场需求和公众善变的口味。普罗克特评价艾伦“优美而高雅的写作以及他的多才多艺，令我们所有的英国科普作家难以望其项背”，“令人心痛的是，在我们这个时代，他这样的才能理应得到科学界的赏识，却越来越多地浪费在只对煽情小说感兴趣的人身上”。[18]艾伦则评价普罗克特说，就“领悟力和视野的广度”而言，“在现代思想家中鲜有人能与他匹敌”，他想不起当代还有哪位给他留下过如此深刻的印象，“身上有种知识分子的伟大”。但普罗克特所取得的成就“远没有充分激发他的聪明才智”，那是“因为他的头脑为生计所累，迫使他将一位天才的最大努力都浪费了普及科研成果、发表杂志文章上了”。[19]

在职业生涯早期，普罗克特竭尽所能去巩固自己的科学权威。19 世纪 60 年代后期，他开始向《皇家天文学会月报》和其他科学杂志投稿。1872 年，他被任命为皇家天文学会名誉秘书之一，并承担了《皇家天文学会月报》的编辑工作，但翌年他就辞退了这些职务，起因是他与学会中几位地位显赫的成员发生了争执。随着越来越多写 304
作和演讲的赚钱机会为他敞开大门，普罗克特做的科学研究也越来越少。1873 年后，普罗克特为《皇家天文学会月报》和其他研究型期刊的贡献急剧减少，但他的普及活动却越来越多。1879 年，他的第一任妻子去世，1881 年他与美国寡妇萨莉·克劳利夫人再婚，之后他们定居密苏里州的圣约瑟夫，并继续到处做巡回演讲和主编《知识》杂志。[20] 普罗克特多年来一直致力于写一部原创性的天文学著作，希望以此挽回他作为科研者的声誉，但他还没完成这部作品，就于 1888 年在纽约死于疟疾。《知识》杂志主编的接任者、天文学家兰亚德最终写完了这部《新旧天文学》（*Old and New Astronomy*），1892 年由朗文出版。

普罗克特发表的众多作品表明，他在艾伦跌倒的地方走出了一条成功的科学普及道路，并以此谋生。的确，他没有像艾伦那样迫不得已写小说，或者依靠任何科学写作之外的文学工作来补贴科普事业。普罗克特的一个策略是将合作的出版商多样化，和朗文、基根·保罗、查托和温达斯、史密斯和埃尔德（Smith, Elder and Company）等出版公司都建立了良好的合作关系。1881 年，他写道："我已经写了将近 40 部作品，与五六家出版公司合作，我和他们都建立了非常愉快的合作关系。"普罗克特比较信任出版商的建议，尤其是在《土星及其星系》惨痛的出版经历后更是如此。他在那本书中加入了不少"冗长而复杂的运算"和详尽的图表，以为这样可以让书好卖一些。朗文劝告他说，很少有人会关注公式和图表，普罗克特却认为"他们低估了大众读者的理解力"。他也没采纳朗文印量不超过 1000 册的建议，结果从首版到现在，16 年过去了，这本书才总算卖完。普罗克特坦言："他们知道什么是最好、最明智的选择，我并不知道。"他建议初出茅庐的作家接受出版商在广告、发表书评的期刊、书名等方面的建议。[21]

按普罗克特的说法，与各个出版商建立良好的合作关系才能让科普写作变成一个收入不错的职业。1876 年，他还断言说："在所有的科学写作中，所谓的大众科学写作最能带来稳定收入。”如果一位作家拥有必备的文学素养，在持续写作几年之后，“很容易就可以每年获得 2000—5000 英镑的收入，作品再版所带来的收入都比得上一位大学教授的工资水平（500—1000 英镑）”。[22] 对普罗克特来说，他的科学事业 305
一走上正轨之后，收入就源源不断。在他最成功的作品中，《地球之外的世界》在 1878 年发行了第 4 版，自首版以来总印量 4500 册，这本书一直发行到 1909 年，至少有 29 个版本。[23]1870 年，首版的 1250 册售罄，他从朗文那里拿到了 50 英镑的版税收入，额外还有 38 英镑来自运往美国的那 500 本的一半利润。1872 年，第 2 版带来了 75 英镑的收入，同年第 3 版的 1250 册让他得到了 110 英镑，1878 年第 4 版的 1000 册让他得到了 80 英镑。[24] 而这仅仅是 19 世纪 70 年代早期朗文给他出版的多部作品之一，他还有来自其他作品的收入，如《太阳》（*The Sun*，1871）《新星图集》（*A New Star Atlas*，1872）《地球周围的魔法星球》（*The Orbs around Us*，1872）《天文学文集》（*Essays on Astronomy*，1872）《苍穹》（*Expanse of Heaven*，1873）《月球》（*The Moon*，1873）等。再加上来自其他合作出版商的收入以及期刊文章的稿酬，普罗克特很快就从科普写作中获得了可观的收入。

普罗克特还到处做演讲，在他的职业生涯里，他在英国、美国、加拿大、澳大利亚和新西兰都做过巡回演讲。[25] 他在 1883 年时宣称自己在过去 13 年里做过 1500 到 2000 次演讲，其中 386 次在美国，124 次在澳大利亚和亚洲。[26] 普罗克特从大学以来就一直坚持运动，身体健康，使他得以应对辛苦的巡回演讲。据克劳德说，普罗克特曾是优秀的桨手和一流的击剑手。[27]1880 年，《纽约时报》上的一篇文章对 44 岁的普罗克特的毅力以及良好的身体状况表示惊叹，他“从来没有觉得身体不适，似乎也从来不知疲倦”，每天只睡五六个小时。“但是，”写报道的记者问道，“他还能这样坚持多久？”1879 年 10 月到 1880 年 5 月，在那趟特别的美国巡回演讲之旅中，他在华盛顿、巴尔的摩、费城、波士顿、布鲁克林、纽约和大量教育机构里演讲了 136 次。和其他众多的巡回演讲一样，这一趟也收入不菲，赚了差不
306 多 5 万英镑，他得到的净利润也高达 1.5 万英镑。[28]

普罗克特还利用《知识》主编的职位之便，多次在上面发布自己的英国演讲日程，标明日期、地点和演讲题目（图 6.2）。[29] 他抱怨伦敦的报纸不会全面报道科学主题的演讲，1883 年还扬言如果报纸“只

Mr. R. A. Proctor's Lecture Tour.

Subjects:

1. LIFE OF WORLDS
2. THE SUN
3. THE MOON
4. THE UNIVERSE.
5. COMETS AND METEORS
6. THE STAR DEPTHS
7. VOLCANOES.
8. THE GREAT PYRAMID.

Each Lecture is profusely illustrated.

Communications respecting terms and vacant dates should be addressed to the Manager of the Tour, Mr. JOHN STUART, Royal Concert Hall, St. Leonards-on-Sea.

Oct. 17, Malvern; Oct. 19, 22, 28, Salisbury; Oct. 21, 26, 29, Southampton; Oct. 23, 27, 30, Winchester; Oct. 31, Marlborough College.

Nov. 2, Chester; Nov. 3, 5, 7, Southport; Nov. 4, Burnley; Nov. 9, Stafford; Nov. 10, Streatham; Nov. 11, 13, Sunderland; Nov. 12, Middlesbrough; Nov. 17, Darwen; Nov. 19, Saltaire; Nov. 23, Bow and Bromley Institute; Nov. 24, Trowbridge; Nov. 25, 28, Bath; Nov. 26, 30, Clifton.

Dec. 2, 5, Bath; Dec. 4, Clifton; Dec. 7, 8, 9, Croydon; Dec. 11, Chester; Dec. 14, Dorchester; Dec. 15, Weymouth; Dec. 16, 17, 18, 19, Leamington.

Jan. 4, 6, 8, Barrow-in-Furness; Jan. 12, Hull; Jan. 15, Stockton; Jan. 26, Bradford; Jan. 27, Busby (Glasgow); Jan. 28, 29, 30, Edinburgh.

Feb. 1, 2, Edinburgh; Feb. 3, Alexandria; Feb. 4, Rothesay; Feb. 5, Chester; Feb. 6, 20, Malvern; Feb. 9, 12, 19, Cheltenham; Feb. 10, Walsall; Feb. 11, Wolverhampton; Feb. 15, Upper Clapton; Feb. 18, 25, London Institution; Feb. 22, Sutton Coldfield.

March 1, 3, 5, Maidstone; March 3 (afternoon) and March 6 (afternoon), Tunbridge Wells; March 9, 11, 13, 16, Belfast.

图 6.2　1885 年普罗克特在《知识》杂志上发布的演讲广告，日程很繁忙。出自《知识》，1885 年 10 月 16 日。

报道和发布戏剧和音乐娱乐活动”，以后就不再去伦敦演讲了。[30] 普罗克特的演讲通常都能吸引大量观众，1883 年他在林肯谷物交易所的演讲有 2000 位听众，挤满了整个大厅。[31]

然而，即便普罗克特靠高产的写作赚了不少钱，也从巡回演讲中 307
获利不少，但在他去世后，其遗孀还是向皇家文学基金会申请了资助。萨莉·普罗克特夫人估计他的年收入超过 500 英镑，有演讲的话还会更高点，但在还清债务后“真没给我们留下什么”。她希望能保留足够多的作品版税，这样的话将来每年可以有 150 英镑左右的微薄收入。为了做更多的演讲，他依然到处旅行，在去英国的途中不幸离世，他那时候已经陷入窘境，以为可以在英国做更多演讲渡过难关。皇家文学基金会批准了 200 英镑的资助，一半给普罗克特夫人，一半给孩子。[32] 普罗克特作为那么高产的作家和活跃的演说家，在他离世时却陷入如此不安稳的境地，足以可见要想通过科学普及来获得稳定收入养家糊口多么困难，更不要指望在不可预计的紧急情况，以及退休或死亡时能提供可靠保障了。

宗教多元论和利用进化论

如果说为体面的收入不断奋斗是普罗克特科学普及事业的一个常态，那么他在文章、图书和演讲中反复探讨地球外生命也算是一个常态。从 1870 年到 1890 年，他是英美多元论争议中最广为读者所知的作家。[33] 普罗克特借鉴了基于分光镜和照相机的“新天文学”研究成果，让其他星球存在生命可能性的话题重新焕发着活力。他强调分光镜的价值在于，找到证据去证明围绕外太空恒星的行星上存在着与地球相似的物质。19 世纪 60 年代末到 70 年代初，普罗克特相信火星最能证明地球外生命的存在，他创立了火星制图学的新方法，旨在让读者相信这位地球的邻居能够维持生命的存在。他的火星地图支持了他
308 的说法，通过望远镜可以观察到火星上的大陆和海洋与地球相似，而光谱证据证实上面存在类似地球的气体和水蒸气（图 6.3）。[34]

对普罗克特来讲，多元论话题与宗教密不可分。在他的论述中，上帝创造自然以实现某种目的，地球上生生不息的自然就是确信无疑的征兆，表明自然的“伟大目的”是“为各种新的生命形式提供范围和空间，或者为已存在的生命提供需求”。[35] 如果自然的目的是产生生命，那么其他星球肯定也是如此。因此，对普罗克特来说，外星生命存在的证据证实了自然的目的性，天文学揭示了在宇宙秩序背后存

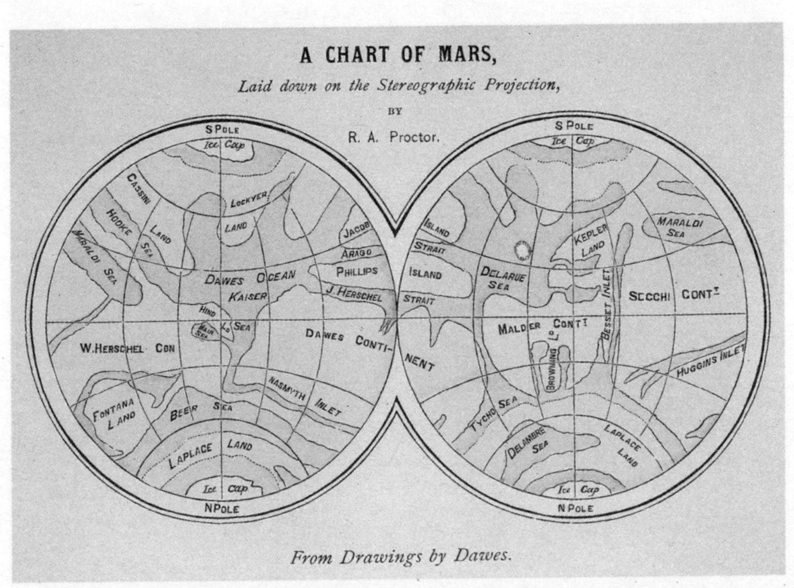

图 6.3 普罗克特的火星地图之一，球极平面投影图，图中文字为欧洲中心主义的命名以及类似地球大陆和水体的描述。出自《地球之外的世界》，第 92 页。

在的创造力量，即上帝的神圣设计。在《地球之外的世界》里，普罗克特不断在寻找自然目的的新证据。考虑到木星上的发光物质不能维持生命，普罗克特邀请读者去寻找木星存在的理由，他认为上帝不可能毫无目的地去创造。土星上“丰富的设计”在普罗克特眼里是多么 309
令人惊叹，我们怎么可能质疑“这颗伟大的行星是为了最崇高的目的而设计的”，尽管我们现在还不能彻底了解这些目的。他激情洋溢地谈论着最新的科学发现，“通过精确的运算，激发了我们对上帝的崇敬之情，上帝在他的宇宙中创作了多么神奇的作品”。[36] 普罗克特甚至按照后达尔文主义时期一种关于宇宙的自然神学思路写出了《地球之外的世界》，开头两章“我们的地球教了我们什么”和“我们向太阳学习什么”奠定了全书说教的基调。在这两章中，望远镜、分光镜和其他天文学仪器教导我们认识上帝的目的和意图。本书中有九章是关于太阳系，开头这两章后紧接着是关于恒星和星云的三章，然后扩展到上帝如何引导我们通过自然去了解宇宙其他部分的探讨。结论那章题目是“监督和控制”，讨论从天文学和上帝意志的探究中所学到的教诲。[37]

普罗克特对多元论宗教层面的强调，以及对自然目的论的坚持，很可能是因为痛失长子后精神上饱受煎熬。他的密友克劳德回忆说：“痛失爱子曾让他从罗马天主教教会中寻求慰藉。”起初，克劳德并不知道普罗克特改变信仰，“他的反常行为让我大吃一惊”，克劳德在回忆录中写道，“从我们的通信中，我才发现最糟糕的结果”。要知道，当时克劳德信仰的是上帝一位论教派，听从詹姆斯·马蒂诺（James Martineau）的说教，与查尔斯·赖尔和阿拉贝拉·巴克利在同一个教会里。克劳德说从与普罗克特通信中“发现最糟糕的结果”，是因为他后来发现天主教和不可知论之间完全无法妥协。普罗克特的双脚坚定地踩在“圣彼得的岩石上”，而克劳德却“踩着一神论的流沙”。[38] 他们从1870年7月11日的书信开始讨论普罗克特的天主教信仰，那时克劳德还在信中称赞普罗克特《地球之外的世界》这本书，“你最近这本关于世界多元性的作品让我欣喜不已，我必须提笔写此信感谢你带来的快乐”。尽管克劳德很高兴普罗克特增加了最后这章“监督与控制”，但他反对普罗克特心甘情愿“在我觉得有必要发表
310 简介时放弃了个人的评判”。普罗克特在7月12日回信说，因为掺杂了个人判断，他的观点起伏不定，产生了自我怀疑。普罗克特现在将“所谓自由的个人判断看作一种幻想和陷阱”，克劳德则在回信时强有力地辩护说，个人有权利去验证自己相信的学说。[39]

尽管普罗克特否认了新教的一个关键原则，即个人判断的有效性，克劳德依然没有发现朋友已经早在1867年就转而信仰罗马天主教。这也难怪他在7月27日收到普罗克特来信时大吃一惊，那封信告知说“我在差不多3年前就信仰天主教了”。普罗克特自己也为这种转变感到惊讶，写道：“要是在3年前有人认为我可能成为天主教徒，我估计也会忍不住笑出声来。”普罗克特坦言，在某种意义上，他们都认同个人判断的重要意义，他也是经过深思熟虑才改变个人信仰的，“我当然是经历过长久的（对我来说也很痛苦的）个人判断之后，才得出了如此重要的结论，这个结论也影响了我的未来”。普罗克特为了证明自己是在最大限度地发挥个人判断的作用后才选择放弃，特意指出不是因为“外部环境”刺激他才改变信仰。事实上，他有充足的理由继续皈依圣公会。在英国，一个人要是“没有得罪一大帮朋友，通常不至于自毁前途”，也不可能转而信仰天主教。[40]

8月2日，克劳德回信给普罗克特，试图用天文学隐喻来弥合两

人的分歧，找到彼此的共同点。克劳德写道，尽管我们有些分歧，但“我们接受同一束光的指引”，普罗克特在“明亮的可见光中”找到了更明晰的道路，“我则满足于这束光中紫外线的指引，虽然不可见，但并非无法感知”。克劳德认为，不管是在个人判断中还是在天主教会的裁决中，都可以发现上帝之光。普罗克特在 8 月 7 日的回信中否认他们之间达成了任何共识，他在信中赞扬了热忱真挚的约翰·纽曼（John Henry Newman），纽曼竭尽全力阐明了天主教在这个问题上的立场。3 天后，克劳德回信，将个人判断与天主教这个问题的探讨做了个了结，“你在这封信中提出了诸多需要回答的问题，但我觉得我们各自的立场已经很明确，并给出了充足的依据。这样的话，争论的 311
大剪刀能收割的麦穗已经所剩无几（不如到此为止吧）”。[41] 根据一份讣告的说法，普罗克特在 1875 年与天主教断绝了往来，因为他被告知他的有些天文学理论不符合天主教教义。[42] 克劳德称：“情绪错乱造成的幻想在晚年总算被消除了，他在去世时成了不可知论者。”[43] 然而，普罗克特直至生命的最后时刻都将宗教和天文学主题联系在一起，他在 19 世纪 80 年代称自己为不可知论者。然而，诚如克劳德在普罗克特讣告中承认的那样，他“有着浓厚的宗教情感”。[44]

对宗教的敏感让普罗克特使用进化论来支持自己将多元论和设计论融为一体，进化论使他的理论在科学上显得更为可信，体现在两方面。首先，普罗克特利用达尔文自然选择理论来解释外星生命如何在极端环境中存活下来。在《地球之外的世界》开篇，他谈到，我们更容易相信其他行星可能会像地球上某些地方（如北极和海底）一样不适合生存，“例如，要不是旅行家见过爱斯基摩部落，目睹他们的生存环境，谁会相信在冰天雪地的北极圈还有人类，不但生存下来，还繁衍生息？”类似地，如果我们不知道大洋深处还有生命存在，我们怎么能妄下结论，那里存在生命？毕竟陆地生物一到那里很快就会死亡。但在这些严酷的环境中竟然也存在生命，普罗克特得出结论说：“即便我们可以证明在地球上的每个生物迁移到另一个星球上会立即死亡，我们也不能得出结论说这个星球上没有生命存在。反之，我们从地球上学到的知识可以类推出一个结论——可能存在很多世界，并可能存在大量不同的生物，尽管地球上的鸟鱼虫兽等生物在那里会分分钟死亡。”因为自然选择的力量，地球上最极端的环境中尚
312 能存在生命，经过亿万年的进化不仅产生了生命也让它们适应了地球上最糟糕的环境。对地球的探索告诉我们，“大自然不仅小心翼翼在所有可用的空间都填满了生命，而且不管我们将研究范围扩大到多长时段都会发现自然从不浪费生命”，大自然有着“使生命适应周围环境的独特力量”。[45]

自然无限丰富和具有超强适应性的形象直接参考了达尔文《物种起源》中的“自然”概念，《物种起源》证明了自然选择可以产生新物种，普罗克特通过这个概念引导读者相信自然无比强大，足以使其他星球也产生生命。为何在其他巨型气态行星或远距离围绕恒星运行的寒冷小行星上同样的过程就不能产生生命？普罗克特在其他作品中也讨论了同样的观点。例如，1869 年发表在《圣保罗杂志》上一篇题为“其他存在生命的世界”的文章中，他就探讨了适应性和地外生命的主题，这篇文章后来又重新发表在《地球周围的魔法星球》文集里。无论太阳系其他行星上的生命本质是什么，也无论这些行星上的环境有何特殊性，“这些未知的生物与它们所生存的环境毫无疑问有着完美的适应性，我们可以从周围所见到的一切类推出这点”，他坚

持认为“适应是自然界的基本法则”。为了充分理解这个论点的深意，普罗克特随后探讨了非同寻常的系统，那里的条件几乎让人类难以想象。到目前为止，他只涉及了与地球相似、围绕太阳旋转的行星，但“在双星、三星和多星周围，无疑运行着挤满生物的星球”。从地球的角度看，这些星球上的条件非常奇怪，有着复杂的引力、显著的气候变化和不同颜色的太阳。普罗克特认为：“适应作为一条大法则，在色彩斑斓的星球发挥着它的影响，就像在其他地方一样。无论我们对那里普遍的实际习性有何怀疑，可以肯定的是，这些习性成为在那里生存的必要条件，就如同陆生生物的习性成为地球生命的生存条件一样。”[46] 他还认为，宇宙就是靠自然选择法则才充斥着生命，巧妙地将 313
进化论转变成强有力的工具，支持他渗透着宗教思想的多元主义。

从 19 世纪 70 年代中期开始，普罗克特在宇宙中能维持生命的行星范围这个问题上改变了观点，他发现进化论在宗教多元论的第二个作用。在 19 世纪四五十年代关于世界多元论的早期争论中，苏格兰福音派物理学家戴维·布鲁斯特持有多元论立场，让他难以接受的一个观点是，除了地球之外，上帝徒劳地创造了一个没有生命的宇宙。布鲁斯特主要的一个对手是时任三一学院的院长威廉·休厄尔，“布里奇沃特丛书”的作者之一，在当时也是众多科学领域里的权威人物。尽管休厄尔是自由主义圣公会教徒，他却拒绝对外星生命存在的可能性保持开放心态。休厄尔认同的观点是，地球生命是一位有计划的创造者专门创造出来的。起初，普罗克特在争论中站在布鲁斯特等人这一方，相信其他星球也存在其他生命。然而，在 1870 年代初，他却越来越认同休厄尔的立场，因为他逐一排除了太阳系中其他行星存在生命的可能性。普罗克特开始觉得生命可能只存在于每颗行星特定的历史阶段，他在更大的意义上用进化论解释了何以如此。每颗行星都有自己的进化史，只有在特定的进化历史阶段，才存在适合生命的条件。普罗克特在《我们在无限中的位置》(*Our Place among Infinities*，1875，King）中宣称：“每颗星星的大小不同，都有特定的行星生命史，它们的青春期和年龄包括以下几个阶段：像太阳的阶段；像木星或土星的阶段，进化出大量的热，光却很少；像地球的阶段；最后是我们的月球正经历的状态，可以看作行星的衰落期。”[47] 其他行星上存在生命，只是并非任何时期都有。普罗克特比在他之前参与争论的任何人都更加强调采用进化论的必要性，将行星视为不断发展变化的对象。[48] 普罗克特关于行星进化的理论为他的多元论增添了一个进化论的维度。

在普罗克特接受行星进化论之前，他已经表示过自己赞同恒星进化论的观点。他将火星作为生命栖息地时，星座地图对他的立场提供了重要的证明作用。1871 年，他曾谈到恒星的排列有类似溪流的趋
314 势，认为这标志着它们的聚集和分离存在着更普遍的决定法则。普罗克特写道：“在我们的太阳系里，这样的运动和分布规律就是进化过程的表现，我们非常清楚地了解这一点。以此类推，恒星的运动及其在整个太空的排列是否也表明有一个更高阶的进化过程在发挥作用。”他认为理解宇宙结构进化的一个关键是对“星流”(star-drift）的研究，建议天文学家对恒星运动进行系统性的研究。他根据自己的观察绘制了两幅地图，认为这两幅图“充分证明了‘星流’的存在，我将其当成恒星自行[49]”。地图上每颗恒星都画了箭头，普罗克特用这种新颖的形式展示了恒星的运动（图 6.4）。[50]

普罗克特对生物进化论，以及行星和恒星进化论的支持，让他像

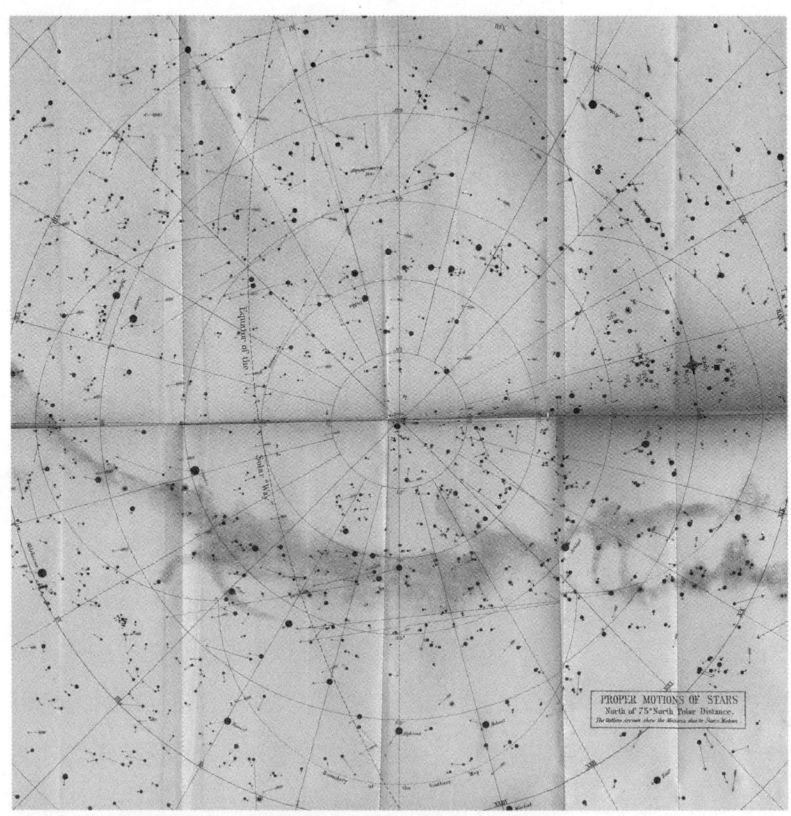

图 6.4　普罗克特的“（北方）恒星自行”地图，每颗恒星上的小箭头长度和方向不同，表示每颗恒星运动的大小和方向。出自《恒星宇宙》（*The Universe of Stars*）。

艾伦和克劳德两位朋友一样，很容易全盘接受斯宾塞宇宙进化论。他曾在《知识》杂志上指出一种矛盾做法：接受鹅卵石、植物、昆虫和动物发展规律中存在神圣的设计之手，却拒斥上帝力量和智慧在更大的范围内发挥作用的反宗教观点。“承认小规模的进化似乎无伤大雅，但在一个更大的世界或世界体系发展中看到进化，甚至整个宇宙的进化过程在人类面前显现出来时”，就“以宇宙进化之名把上帝丢弃一旁”。[51] 在一篇“不可知论；或科学的宗教”文章里，普罗克特称赞斯宾塞是“思想界第一位全面提出宇宙进化论学说的人，宇宙进化论和生物进化论都被包含在他的学说中”。[52]

315 与艾伦和克劳德不同的是，普罗克特受益于斯宾塞关于不可知论的有神论提法，早在19世纪70年代中期就接受了斯宾塞的观念——上帝是不可知的。在《我们在无限中的位置》一书中，普罗克
316 特宣称：“就科学来讲，难以想象存在一个有位格的上帝，也难以想象有哪种宗教能认可有这样属性的上帝。”但是，他和斯宾塞一样，认为科学并不能否定存在某种无限的力量。与斯宾塞“不可知论”观点相呼应，普罗克特强调了进化论过程背后难以置信和无法理解的力量。他写道：“但这并非什么新思想，如果没有现代科学发现，我们便完全无法设想或理解一个无限、永恒的存在者，不仅全知全能，也无所不在，从物质世界无法解释的现象中难以参透此存在者的神秘目的。”[53] 1883年，他在《知识》杂志上发表了类似的观点，不过这次明确地承认自己是不可知论者。普罗克特在回答一位无神论者来信时概括了三种立场：“一类是自以为知道上帝及其意志是什么的人，另一类是那些认为并承认不存在上帝及其意志的人。”普罗克特认为这两种立场都有失偏颇，他告诉这位无神论来信者：“不管是武断地否认信仰还是教条式地相信信仰，都不是我们主张的。”他提出了第三种立场，这类人包括“那些相信已知一切的背后都存在一种力量，但并不假装知道其性质、计划或目的”。[54]

尽管普罗克特强调不可知论的宗教维度，他依然将自己视为赫胥黎和丁达尔的盟友。赫胥黎一直等到普罗克特离世后才公开拒绝斯宾塞的不可知论，所以对普罗克特来讲，没有什么能够妨碍他认为自己

和达尔文的斗牛犬在宗教问题上保持统一战线，他还经常为著名的科学自然主义者辩护，以免他们遭受宗教狂热分子的攻击。[55]1882年，《基督教联合报》(*Christian Commonwealth*)上一篇文章批判了达尔文、赫胥黎和丁达尔，普罗克特站出来谴责这个期刊是在自毁前途，他断言："丁达尔关于物质和生命的观点，赫胥黎的自动主义[56]，以及达尔文的进化论，都被污蔑为反宗教的，但事实上它们并没有任何反对宗教的地方。"[57]对于达尔文对设计论的否定，普罗克特辩解道，这 317
位伟大的进化论者仅仅表明了"一个过程，这个过程对很多人来说非同寻常，却非常符合全知全能的上帝的计划"。相反，"宗教在这个时代最危险的敌人，恰恰是那些宣扬进化论学说违背宗教的人"，普罗克特如此宣称。[58]他对丁达尔的科学研究大为赞叹，1869年在一篇"丁达尔教授的彗星理论"文章中评价对方的研究是"非常有独创性的推测"，大有可为。[59]在其他文章里，丁达尔的行星大气层理论为普罗克特的多元论磨坊提供了谷物。丁达尔曾证明，仅仅根据行星与太阳的距离无法确定行星上的气候，这为普罗克特的论证武器提供了弹药，他断言："金星和火星上的生命说不定和我们在地球上的一样，正享受宜人的气候。"[60]

然而，普罗克特将进化论服务于新的自然神学并没有让自己得到赫胥黎和丁达尔的青睐。而且，普罗克特在1876年批评麦克米伦"科学入门丛书"中的一本书，就惹恼了赫胥黎，因为这位著名的生物学家恰好是丛书的主编之一，而且被批评的作者又是赫胥黎的朋友诺曼·洛克耶。虽然普罗克特并没有提及洛克耶就是那本书的作者，但他批评说，作为南肯辛顿的一本天文学初级课本，里面充斥着大量错误，以至于剑桥大学的考官们将其作为"可怕的例子"讲给学生。

普罗克特还将矛头指向了洛克耶对“科学入门丛书”的贡献，“这位作者最近还写了一本天文学入门读物，最糟糕的是，那些错误在书中再次出现，而且还是在更基本的问题上犯错”。[61] 1888 年，普罗克特则不再遮掩了，公然点名洛克耶就是最近一部“荒唐作品”的作者，指出对方在“科学入门丛书”中的那本天文学书里各种奇怪的错误，“比如，他将伦敦天空的星星描述成‘延斜线’上升和下降，事实上它们根本就没有上升或下降过”。[62]

普罗克特与天体测量员

318 在 19 世纪 80 年代，普罗克特决定创办一份新的科学期刊，他对洛克耶的仇怨在这个决定中起了关键作用。要想了解他们之间的积怨，我们得回头看 1870 年代普罗克特与职业天文学家们曲折混乱的关系，其中也包括洛克耶。与洛克耶和其他天文学家较劲导致普罗克特对科学家的普遍态度发生了转变。据梅多斯的研究，普罗克特和洛克耶的冲突在所难免，两人都“面临不稳定的经济状况，他们都希望自己在科学上的卓越才能赢得公众认可，从而补贴下收入”。[63] 洛克耶出生于 1835 年，父亲是一位外科医生和药剂师，他曾做过电磁学实验研究，后来成为陆军部的一名职员。1861 年，洛克耶还是一名公务员的时候就开始严谨地从事科学研究，并在 1862 年加入了皇家天文学会。在 1863 年《读者》创刊时，他应邀成为长期撰稿人，这个机会让他与赫胥黎和其他大都市科学家建立了密切的联系。1868 年，麦克米伦聘请他为公司的首席科学专家。1869 年，他的科学事业达到了一个新的顶峰，因为那年他凭借太阳光谱的研究成果被推选为皇家学会院士，并应邀在著名的皇家学院周五晚间讲堂做演讲，还应邀成为麦克米伦新杂志《自然》的主编。洛克耶取得这些成就的同时还在陆军部受煎熬，甚至还在1868年遭受了令人沮丧的降级处分，不过他在1870年的时候还是被任命为德文郡委员会的秘书。当接受过剑桥高等教育的普罗克特正在接二连三地出书发表文章时，自学成才的洛克耶却成为一份新期刊的主编，在重要的政府部门任职的同时也轰轰烈烈发展起科学事业。[64]

普罗克特与洛克耶的第一次交锋发生在19世纪70年代初，争论焦点是日冕的本质问题。前者认为日冕是真实存在的太阳附属物，后者则认为形成日冕的部分原因是太阳光线在地球大气层的散射。[65]他们对太阳物理学新发现对气象学的影响问题也存在分歧，洛克耶认为太阳活动周期与全球气候模式之间存在密切联系，普罗克特对此观点表示反对。1870年6月的《自然》杂志刊登了一篇普罗克特《地球之
外的世界》的负面书评，激化了两人的矛盾。这篇书评谴责普罗克特 319
在外星生命这个问题上简直就是异想天开，不管是他对洛克耶日冕理论的反对还是认为洛克耶“阻碍了科学进步”，都毫无科学根据。[66] 1870年7月的《自然》杂志发表了普罗克特对这篇书评充满怒气的回应，指责作者故意忽略了他在书中批判洛克耶时提出的充足理由，否认自己说过洛克耶妨碍科学进步之类的话，而且预计“他将来会取得令人钦佩的成果”。然而，普罗克特将反击的矛头指向书评作者，避免惹怒洛克耶的做法，洛克耶并不领情。洛克耶利用主编特权，在普罗克特的来信上添加了一条注释，宣告对方曲解了自己的日冕理论，还宣称普罗克特试图“从道德意识深处进化出宇宙的奥秘”，让自己显得“荒唐可笑”。[67]

1872 年，皇家天文学会理事会产生了严重的分歧，争论是否要独立于格林威治新建一个太阳物理观测站，并由洛克耶负责，普罗克特是反对该提案的成员之一。在 6 月底召开理事会特别会议之前，他试图说服乔治·艾里反对这项提案。普罗克特警告说，这会“把我们理事会某位年轻成员（即洛克耶）推选为类似‘天文物理学的皇家天文学家’[68]”，洛克耶只关注太阳物理学和太阳摄影，视野极为狭隘，连恒星和星云的研究都被新兴的天文物理学排除在外。[69] 1872 年 11 月，洛克耶和其他支持这项提案的科学家退出了皇家天文学会理事会。艾里劝洛克耶三思，洛克耶依然坚持选择退出，而且表明自己之所以这样做主要是因为普罗克特总是“恶语相向”。他告诉艾里：“身为《自然》杂志主编，我必须去看一些可能不那么有名的期刊，我在这些期刊上一次次读到一位自称‘皇家天文学会名誉秘书长’的人在无端攻击我。”[70]

普罗克特与洛克耶的争执刚刚平息，普罗克特又去批评艾里为采集 1874 年即将到来的金星凌日的科学信息展开的筹备工作。他其实
320 前几年就和艾里在这个问题上产生了分歧，那时候普罗克特在其主编的《皇家天文学会月报》副刊上发表了一篇文章，取笑海军部与金星凌日之间的关系，事后他被谴责滥用主编职权，并在 1873 年被迫辞去了皇家天文学会秘书长一职。[71] 在金星凌日发生几年后，普罗克特对英国的金星凌日远征结果发表评论。在他看来，这些远征活动的主要价值不过是确凿地证实了他一贯坚持的观点——在当前的科学仪器条件下，艾里所推崇的德利勒[72]估算太阳距离的方法根本不可靠。

然而，正如普罗克特指出的那样，艾里在这个特别事件中所犯的错误却揭示了英国国家天文学更深层次的系统性缺陷——基于一个

等级化的军事模式。普罗克特认为：“很多人似乎想当然觉得，天文学研究在某种意义上就好像军事演习或海军（战事）演习，只有那些‘上有掌权者，下有士兵的人’讨论这个问题才有效，换句话说就是那些政府天文学家。”科学不可能在这样的体制下有效运行，因为“那些负责选择方法并监管操作的人完全不可能接受任何批评”。[73] 如果艾里的部属不能在上级犯错的时候指出来，普罗克特这样的体制外人士就有责任站出来纠正错误。

普罗克特毫不客气地贬损了政府天文学家的实际价值，虽然他承认这些研究很重要，尤其是对航海和商业活动而言，但他们的系统性观测“与真正的天文学相距甚远，甚至还不如土地测量与赖尔地质学之间的关系密切，也不如骨骼交易与解剖学的关系密切”。政府天文学家真正做的是“天体调查”而非“天文学”，“对于将天文学当成一门崇高科学的人来说，政府天文学的这种方式索然无味”。[74] 格林威治天文台有着森严的纪律制度，这种“工厂精神”支配着天文台的运转，以保证其精确性，但这对普罗克特来说不过是表明艾里及其政府里的同事们在从事毫无想象力的官方科学。[75]

普罗克特与艾里和洛克耶激烈的争执，极大地动摇了他对英国科 321
学家的信心，他也因此反对德文郡委员会的提议。19 世纪 60 年代，赫胥黎、丁达尔、托马斯·赫斯特、约翰·卢伯克、爱德华·弗兰克兰、洛克耶和其他科学家都在极力推动国家对科学的资助。[76] 普罗克特自己也曾在 1869 年声援国家的科学资助，并明确表示支持国家科研机构的建设，切实推进科研事业的发展。1870 年，他还批判英国政府拒绝资助西班牙和西西里岛的日食探险，声称科学是“我们国家所拥有的最强大的力量”，但“长期以来，它却被当成让人厌烦的乞丐——这里打发几千块，那里打发几百块，这个国家还没看清自己的利益所在”。[77] 1870 年，英国首相格莱斯顿同意成立皇家科学指导和科学进步委员会，由德文郡第七公爵领导，专门研究这个问题。委员会最终的提议是支持国家对科学的资助，其中包括独立于格林威治天文台建一个天文物理观测站的提案，那可是洛克耶所钟爱的项目。[78]

然而，普罗克特对国家增加科学投入的态度却发生了戏剧性的转变，这在他那本《科学工作者的待遇和欲求》(*Wages and Wants of Science-Workers*，1876，Smith）中表露无遗。从理论上讲，普罗克特是认同国家投入的，因为科学是“强有力的文化手段”，可以促进对普遍规律的信念，逐步消除迷信。[79] 但他认为，一旦“考虑具体情况，特别是国家资助竞争者站出来要告知公众他们真正的欲求时，这件事就变味了”。[80] 普罗克特表示，他之所以改变主意是因为他意识到，这些资助申请人在详述他们需要更多经费支持的研究计划时就暴露了自私的动机：

> 这些热血澎湃的科学家首先拥护的基本原则是，他们的科学需要
> 得到国家的认可。然而，在研究的萌芽阶段，他们不怀好意的自私动
> 322 机已昭然若揭。贪婪的双手伸向了国家承诺的奖项，开始用起徇私舞
> 弊的惯用伎俩，试图阻止这些行为的人反而被辱骂和诽谤。仅仅是提
> 到这些阴谋都会发生这样可怕的后果，要是这些阴谋得逞了，还不知
> 道会有怎样可怕的恶果呢？[81]

普罗克特并没有提到洛克耶的名字，但他显然明白，由国家资助这个新天文物理观测站的提案是皇家天文学院内部引起争端的起因。

洛克耶已经退出了委员会，他希望自己能够被任命为这个新观测站的负责人，这样他就不必再回到公务员的工作中去了。

为了给委员会的提案提供替代方案，从而加强国家对科学的资助，普罗克特提出了一个迥然不同的科学资助方法，基本原则是顺其自然的个人主义，并让科学写作在科学家事业中扮演更重要的角色。科学家应该通过写学科领域内的著作来弥补收入，而不是写他们具体的研究计划从而指望国家资助，比起取悦一小范围圈内专家，不如去吸引圈外大众。获得商业成功的这类作品如约翰·赫歇尔的《天文学概论》、赖尔的《地质学原理》、丁达尔的《热与声音》（*Heat and Sound*），以及达尔文的《物种起源》和《人类的由来》等。科学家们也可以写教材，如赫胥黎、丁达尔和詹姆斯·麦克斯韦都靠这样“赚了不少钱”。普罗克特以自己的事业为例，以此说明一位勤奋的科学作家所做出的努力。他将科学写作潜力的发掘称为“以科学为职业后顺理成章的发展方向”，而且断定这个选择比起科学部门随意地资助各种科研项目，显然更加可行。普罗克特宣称：“我相信自助者天助，科学家可以比国家为自己做更多的事，或者可以坦白地讲，让科学家自力更生的方法唾手可得时，他们有责任不去指望国家帮助。”[82]

在《科学工作者的待遇和欲求》中，普罗克特比较了两类科学家的研究，一类从事科学写作，一类在政府机构从事科研，他的观点显然受到他与艾里争执的影响。在普罗克特看来，一旦科学家个人得 323
到了政府的铁饭碗，他的原创性研究便戛然而止。他认为，国家资助的天文台里的情况更糟糕：不大可能“促进科学发现”——实际上，“严格说来，根本没有科学性”，“确切说来，政府建天文台的目标几乎完全打消了原创性研究的抱负”。里面的科学家如果没有严格遵照规定，或者未能小心翼翼避免原创性研究，那他们可能会面临“某种形式的流放——美其名曰被派到殖民地的观测台”。[83]

尽管国家科研机构的条件不利于原创性研究，但“成果最显著的科学工作者往往也是最成功的科学作家”，普罗克特列举了赫歇尔、赖尔、达尔文、赫胥黎、丁达尔、斯宾塞、卢伯克和华莱士等科学家，他们为大众读者普及科学并没有影响到其原创性研究。相反，能够在科学普及读物中清楚明了介绍一种理论，对科学家来说是非常好的训练，普罗克特指出：“我坚信，那些持有某些粗糙理论的傲慢家伙，对大众科学写作不屑一顾，但如果他们真要去写的话，多半没人会喜欢。”[84]在他看来，将新的科学理论转化成大众读者喜闻乐见的形式就是对其合理性的一种“测试”，成为科学普及者、为维多利亚大众读者写作就应该是科学家不可或缺的职责。

到 19 世纪 70 年代末，普罗克特关于科学家的观念与其对手洛克耶和艾里形成了鲜明的对比，他对如何追求科学知识提出了另一种看法。正如斯蒂芬·科利尼所言，在维多利亚时期的智识生活中还未形成一个固定的职业标准。[85]德文郡委员会的提案引发了激烈的争端，其焦点是关于现代科学家的定义问题。在这场争端中，普罗克特不是唯一一个质疑科学事业必须得到国家资助的人。[86]不过他似乎高估了自己在天文学圈外的地位，他在《科学工作者的待遇和欲求》中从头至尾都将洛克耶和艾里这样的天文学家当成对手，尽管他有时并没有
324 指名道姓，而对进化论者如丁达尔、斯宾塞和赫胥黎在整本书中都不吝溢美之词，认为他们是兼顾了大众科学写作和原创性研究的科学家典范。普罗克特尤其对斯宾塞赞赏有加，他靠写作为生，让自己独立于政府机构，在这点上他比其他人做得更好，不过赫胥黎作为委员会

成员之一，大多数时候也得到了普罗克特的认可。

在某种程度上，普罗克特试图说服自己，身为委员会秘书的洛克耶操控了赫胥黎和德文郡委员会的其他成员，左右了他们的观点。委员会提案的依据“其实是之前经过筛选的，因此只能代表一部分科学家的观点，他们认同的基本原则是，科学本身是好的，国家对其提供再多的资助也不为过”。普罗克特谴责道，在新的太阳物理观测站的资助问题上，只有皇家天文学会理事会的少数人支持这项不堪一击的提案，理事会只征询了沃伦·德拉鲁和诺曼·洛克耶等几个人的意见。[87]然而，普罗克特似乎完全曲解了赫胥黎。具有讽刺意味的是，在19世纪70年代初，赫胥黎在创立南肯辛顿的新“科学学校”时，和艾里在格林威治一样，制定了一套严苛的规章制度，德斯蒙德将其描述为“政府供养的职业科学家，为学生提供自上而下的科学训练”。赫胥黎将自己比作负责征兵的军官，就像陆军部挑选皇家工兵部队一样，为科学大军招募人才，聚集在他身边。据德斯蒙德说，赫胥黎“这位将军”在1885年退休时，为南肯辛顿留下了一座“现代指挥部”。[88]

普罗克特在19世纪80年代初着手创办自己的期刊时，脑海里首要的想法是对科学共同体的设想，他构想了一个与政府天文台不同的共同体，没有等级之分。普罗克特很讨厌洛克耶对职业科学家的定义，而有一份期刊却几乎体现了洛克耶定义中让他厌恶的一切特征，那就是《自然》。普罗克特的目标是创办一份独特的期刊，在新兴的职业科学概念中为普及者保留一席之地，可以展示原创性研究，并挑战《自然》杂志在大众读者周刊中的不败地位。他根据自己编辑《皇
家天文学会月报》的经验，以及为众多期刊撰文和出版一系列大众科 325
学读物的经验，准备将新期刊起名为《知识》。

《知识》与《自然》杂志

19 世纪 80 年代初那段时间，洛克耶对《自然》杂志的财务状况越来越焦虑，该杂志从 1869 年开始就一直亏损。因为出版商不愿意继续资助年终赤字的期刊，不少科学杂志不得不停办。麦克米伦先生在整个 1870 年代都很有耐心，但洛克耶担心，事到如今，出版社当然指望《自然》杂志能盈利。洛克耶的传记作者曾指出，这其实是“它(《自然》) 最困难的生存时期”，然而直到 1899 年《自然》杂志才首次盈利。[89]1881 年 10 月，洛克耶收到了老对手普罗克特的来信，宣布《知识》杂志将在 11 月 4 日发行第 1 期，这让他对《自然》杂志的未来更加感到焦虑。[90] 不清楚普罗克特是否了解《自然》杂志的财务困境，但新期刊发行时间这么巧合让人心生怀疑，因为他选择在《自然》杂志最脆弱的时期推出新期刊。这是挑战《自然》杂志的完美时机，从而主导面向大众读者的高档科学期刊市场。普罗克特学习《自然》杂志，将《知识》杂志定为周刊，从而与洛克耶在同一个水平上竞争。与《自然》和其他周刊一样，这份周刊体现了新闻报纸的速度和时效，同时兼顾了季刊的一些特征。[91] 如果仔细探究《知识》杂志的特征，如价格、标题、题词、刊头、目标、格式和撰稿人，就会发现普罗克特是如何将这份期刊精心策划成《自然》杂志的竞争对手。

洛克耶在最初创办《自然》杂志时，为了吸引订阅者特意将价格定得很便宜，每期才 4 便士，寄期望于广告收入弥补损失。在 1860 年代，大部分周刊的成本是 6 便士。《自然》杂志的发行量很难确定，洛克耶在 1870 年吹嘘说订阅者将近 5000 人，读者有 1.5 万人，但据罗伊 · 麦克劳德（Roy MacLeod）估计订阅者不会超过 100 到

200 人，到 1895 年顶多也就 500 人。然而，到 1878 年时，杂志似乎已经有了足够的订阅量，洛克耶感觉可以冒一下险，将每期价格从 4 便士涨到 6 便士。[92] 326

普罗克特觉得可以通过将新期刊的价格定为每期 2 便士，去削弱《自然》杂志的影响。他在决定给《知识》杂志定一个合适的价格时，应该是听取了其出版商——大皇后街的怀曼父子的建议。查尔斯·怀曼（Charles Wyman）曾出版过昙花一现的《科学观点》（*Scientific Opinion*，1868—1870）周刊，定价是每期 4 便士，直接与《自然》杂志竞争。[93] 1882 年，有读者建议《知识》杂志通过扩大版面、提价到 6 便士等方式来提高它在"受过较高教育的上流社会阶层"中的发行量。普罗克特答复说，这样会让该周刊"超出不少预期读者的购买能力。我们的计划是让《知识》杂志的定价尽可能低，并尽可能提供资金，我们必须坚守这个方针"。[94] 1882 年 6 月 2 日，普罗克特第 1 卷《知识》杂志的读者已经超过了 2 万人，差不多一年后他意得志满地宣布发行量在稳步增长。[95] 1884 年 3 月，普罗克特不得不将定价涨到 3 便士，但依然只有《自然》杂志定价的一半。

和洛克耶之前一样，普罗克特小心翼翼地选择了新期刊刊名。他意识到，《自然》杂志的成功部分原因来自其简洁明了又概括全面的刊名。1869 年 10 月，数学家詹姆斯·西尔维斯特（James Sylvester）写信给洛克耶，恭喜他为杂志选了一个好刊名："自然，这个刊名起得太好了！名副其实的神来之笔，海纳百川，无所不包，囊括了看得见和不可见的、可能和实际的世界，以及自然和自然的上帝，还有思想和物质。它唤醒的思想之光令我陶醉其中。"[96]

格雷姆·古德曾谈到刊名选择背后的策略，"很显然，这对大都市读者来说有力地代表了‘自然世界’”。[97]普罗克特需要选择同样简洁、明了、综合的刊名，而且还得强有力地象征他的科学观，“知识”就是在这种策略下脱颖而出的。“知识”作为刊名实际上比“自然”
327 更胜一筹，因为知识是由科学家积极探索自然后产生的。

普罗克特还特别留意《知识》杂志每期头版的题词，《自然》杂志的题词是“自然永远信任建立在坚实基础上的心灵”，洛克耶引自华兹华斯的十四行诗“在地球上发现一群游吟诗人”（1823）。他刻意改变了原诗句的形式，将“自然”首字母大写，而把“心灵”小写，以免让人们容易联想到华兹华斯式的田园牧歌自然意象。这句话传达了《自然》杂志的宗旨，旨在表明无论在荒野还是城市，自然都触手可及，从而促进实验室科学研究和制度化的科学教育。[98]普罗克特引用了丁尼生1850年《悼念集》（序曲，第七节，第一行）中的一句诗“益智厚生”[99]，如此选择的优势在于，这句话出自一首更著名的诗，由更有科学素养的当代诗人创作，[100]强调了科学的进步。而且，丁尼生关于知识的观念无须剔除任何田园牧歌的意境，更不要说他的自然概念了。

普罗克特对《知识》杂志的定位是准备以它去挑战《自然》杂志，这种意图在刊头的选择上表现得再清楚不过。洛克耶可能在赫胥黎的建议下选了《自然》杂志的刊头插图，一幅广袤无边的地球图像，以反映“自然哲学（甚至是歌德）对英国科学思想的影响，可能也表达了期刊发行的一种愿景”（图6.5）。[101]前景中飘浮着云层，背景中被黑暗笼罩，繁星在远处的天空中闪耀，但地球中的科学奥秘若隐若现，被呈现在画面中央。由某种有生命的木质材料雕刻而成的深色古体字，组成“自然”，将地球半遮半掩。普罗克特在设计刊头的
328 时候也有相似的想法，主要图像也用了球形的天体，他将天体也放在

了图案的下方，文字浮于图像上面（图 6.6）。然而，这两个刊头的区别就如同黑夜与白天的差异，普罗克特的天体是太阳，耀眼的光芒驱散了所有的云层，照亮了整个天空，就如同《知识》杂志将光芒洒向真理。《自然》杂志的刊头只有三分之一的地球露出云层，而《知识》杂志中的太阳露出了一半。普罗克特选择的整个刊头显得清楚明亮，与《自然》刊头中的云层图案和黑暗笼罩下的地球形成鲜明的对比，普罗克特将字幕刻画得更锐利、更精确，字体也更现代，他在设计刊

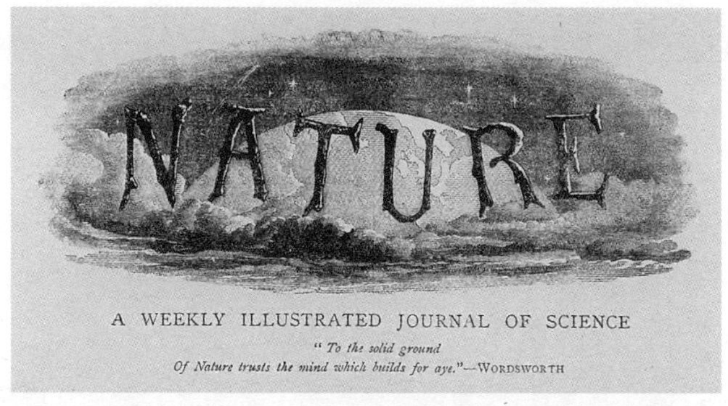

图 6.5 《自然》杂志刊头，地球朦胧地浮现在眼前。出自《自然》。

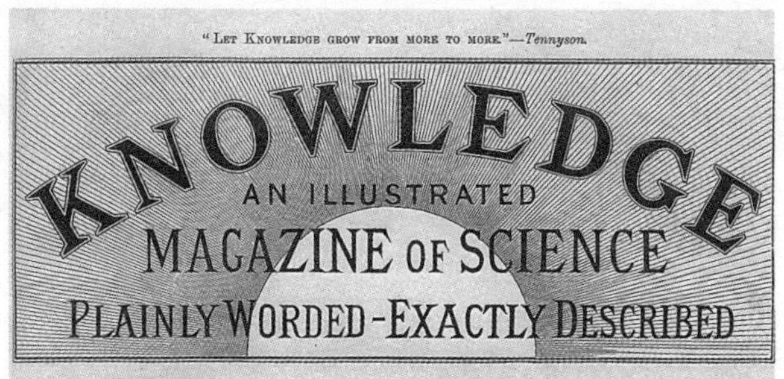

图 6.6 《知识》杂志标题页，也是每期的刊头图案，耀眼的太阳放射着万丈光芒。出自《知识》。

329 头时显然是想超越对手。让洛克耶更恼火的是，《知识》刊头里的太阳，正是他在太阳物理观测站主要的科学研究对象。

普罗克特小心翼翼地将《知识》杂志的目标和愿景与《自然》杂志相区别，尽管两者都同样将大众读者作为他们的目标读者之一。在《自然》杂志创刊时的公告中，洛克耶宣称这份期刊有两个目标：

> 首先，将科学研究和科学发现的重大成果展现给公众，促进科学在教育和日常生活中得到更普遍的认可。其次，及时提供全世界任一领域的自然知识所取得的最新进展，为科学家们创造机会，去讨论不时出现的科学问题，从而促进科学家自己的研究。[102]

洛克耶本人并不太明确的是，如何看待普通大众和科学家这两个读者群体通过这份期刊进行互动。但大多数学者在这件事上比较认同的是，洛克耶更主要的目的是在为科学家争取公众的支持。[103]

1881 年 11 月 4 日，《知识》杂志第 1 期重申了普罗克特寄给洛克耶的《知识》杂志“章程”，以及潜在的撰稿人和订阅者：“《知识》杂志是一份周刊，旨在将科学真理、发现和发明以浅显、精确的语言呈现给公众——实际上是为没有时间学习专业知识（不管是一般性的
330 科学知识还是某些专业领域）的读者提供服务和解说。”与洛克耶的章程形成鲜明对比的是，普罗克特没有提到第二个目标——“帮助科学家”。普罗克特声称，《知识》杂志的独特之处在于强调科学“作为一种精神和道德文化手段”带来的益处，而不是物质上的好处，并坚持说他几乎在 10 年前就指出了有必要进行这样的强调。[104] 然而，他解释说自己一直等到 19 世纪 80 年代初才创办这样一份期刊，是因为

他认为自己应该“积累经验，尽可能全面了解其目标读者的需求”。他提到自己从过去10年的演讲和写作中积累经验，其中也包括他从受众那里收到的信件，这些经验使他洞悉“普遍困扰科学学生和读者在阅读科学论文时遇到的实质性障碍”。[105]

普罗克特声称自己了解读者想从科学期刊中得到什么，还声称自己知道他们不想要什么，“大众读者并不希望科学在传播过程中，自己会被认为智力不如他们的老师”，也不能指望公众能“对满是晦涩或专业术语的表述产生兴趣”。[106] 他批评《泰晤士报》这样的报纸，上面有些科学文章只能让读者困惑不已，“《泰晤士报》上的科学文章通常值得一读，但也有些可怕的文章”，一般的读者面对“写成这样的”科学文章时怎么可能会对科学产生兴趣？他如此质疑道。[107] 按照普罗克特的初衷，《知识》杂志并不是为了促进未来职业科学家的目标，而只是为了大众读者的兴趣。

普罗克特也为《知识》杂志选了一种有别于《自然》杂志的形式。洛克耶最初打算将《自然》杂志在内容上对半分，一部分是针对普通大众，其余部分专门以科学家为读者对象。前一部分包括科学界知名人士撰写的文章，全面介绍大众感兴趣的科学发现，以鼓励大学 331
和学校科学发展所做出的成果，以及对科学作品的评价；后一部分则包括重要文章的摘要，如英美和其他欧洲科学学会、期刊、英国内外科学学会的会议报告等，而读编往来栏目则不区分科学家和公众两个群体。[108]

在《知识》杂志的章程中，普罗克特宣告他的期刊将包含最杰出科学人士的原创文章，“解释科学方法和原理的系列论文；转译成普通生活用语的科学新闻；提供自由、充分讨论的通信专栏（包括注释和咨询栏目）；适合大众阅读的科学论文评论”。此外，还有数学运算、国际象棋和惠斯特牌，这些都算在科学游戏里，[109]但没有为科学家专门准备的栏目或文章。1882 年，一位读者请求补充某个特别主题内容的时候，普罗克特提醒他说：“《知识》杂志是为了鼓励大众的科学兴趣，而不是针对某类专门研究。”“自称植物学家的人基本上就别指望从《知识》杂志上的植物学文章学到什么新东西”，“自诩天文学家的人”也难以在天文学的浅显文章中找到什么有趣的内容。然而，“我并非为他们写文章，而是为了满足那些非天文学家的兴趣”，他如此宣称。[110]尽管普罗克特一次又一次更改《知识》杂志的格式，但直至 1885 年发行到第 8 卷时，他一直坚持将其办成周刊的形式。

《知识》杂志的格式反映了普罗克特对职业化的厌恶，而这种科学的等级观念恰恰就呈现在《自然》杂志的字里行间。苏珊·希茨－佩尔森指出，普罗克特利用了科学界的共和主义形象，这种形象在 19 世纪 60 年代新出现的科学期刊中开始消失，因为当时期刊都在鼓吹科学职业化的观念。[111]普罗克特在期刊出版上的尝试指向了威廉·斯特德这一类编辑的目标，他们在 19 世纪末倡导“新新闻主义”。斯特德力图将期刊完全转变成包容性的公共论坛，在涉及科学时他也批判精英科学中的等级化特点，反对科学专家们的傲慢，对赫胥黎尤其没有敬重之心，导致两人关系陷入紧张之中。[112]斯特德警告
332 编辑同行们，千万不要聘请专家写关于自己研究领域的普及性文章，不管是科学家还是其他领域的专家，他认为更明智的做法是聘用懵懂的记者，可以根据专家们的想法去写文章，然后让专家们校对稿子。[113]

普罗克特的基本理念是坚持科学的广泛参与性，这种灵感来自他阅读或撰稿的期刊。让他极为钦佩的期刊至少有 19 世纪 60 年代

的《知识分子观察者》，普罗克特在从事科学写作的早期曾定期为该期刊撰写天文学文章，他把《知识分子观察者》称为“有史以来最好的科学杂志之一”。[114] 而另有两个期刊则对《知识》杂志的形式产生了更重要的影响，即《英国机械师》和《哈德威克科学杂谈》（*Hardwicke's Science Gossip*）。《英国机械师》创办于 1865 年，是一份价格低廉、发行量大的科学期刊，有着广大的工人阶级读者，是《自然》杂志的竞争者，曾在 1870 年自吹发行量超过了当时英国所有科学期刊发行量总和。[115]《英国机械师》成功的原因之一在于其忠实的读者群，他们看重在话题广泛的读编往来栏目中提供的交流机会，以及获取包罗万象的信息。[116]《英国机械师》强调读者参与是发展忠实读者群的手段，普罗克特的期刊是高级版的《英国机械师》，但更关注科学而不是实际应用，旨在吸引更广泛的读者，包括工人和中产阶级。庞大的读编往来栏目中，读者相互回答彼此的提问，有时候甚至差点把整期杂志都占满了，但普罗克特还是照搬过来了，他也借鉴
了《英国机械师》中其他栏目。1882 年，他宣布开通一个新的“交 333
流栏目，类似于我们杰出的当代期刊《英国机械师》几年来形成的特色”。[117] 1884 年，杂志又新增了一个栏目“发明家专栏”，由专家介绍“大众真正感兴趣和实用的发明创造”。[118]

《哈德威克科学杂谈》创刊于 1865 年，面向更高层次的读者群，是 1870 年代最主要的大众科普期刊之一，为普罗克特提供了一个成功的期刊范例。这个期刊由真菌学家莫迪凯·库克（Mordecai Cubitt Cooke）主编，定位是价格亲民的月刊，定价 4 便士，以博物学和显微镜为重点。其副标题，“为学生和爱好者提供交流和闲谈的插图媒介”，强调它作为业余爱好者知识交流媒介的角色。早先的几期开篇

是库克未署名的社论，接着是各类主题的署名文章和一些读者来稿。常规的栏目包括动物学、昆虫学、鱼类、植物学、显微镜学和地质学，包括一些科学著作和期刊的节选文章，最后还有几页发布简短的通信、问答和为读者提供的注释，库克邀请了大英博物馆和邱园的专家来解答读者的提问。普罗克特拒绝在《知识》杂志中刊载其他出版物上的节选文章，他的重点也不是博物学而是天文学。但普罗克特后来借鉴了《哈德威克科学杂谈》的一些特色，尤其是以通信和“杂谈”的方式吸引并非专家的读者们。[119]

不过，普罗克特强调说，《知识》杂志与其他任何大众科学期刊（包括《英国机械师》和《哈德威克科学杂谈》）的区别在于“原创性内容”的数量和质量上。普罗克特在“主编杂谈”栏目中写道：“有读者指出，与《知识》杂志相似的某些出版物，为读者提供了更多内容。”普罗克特回应道，他可以轻而易举用其他出版物上的信件和文章填满杂志，但他还是宁愿采用科学作家们从未发表过的作品。[120] 相
334 比之下，洛克耶则寻求知名科学家为《自然》杂志撰稿。在 1881 年 10 月《知识》杂志创刊号发布时，那个月的《自然》杂志撰稿人包括著名科学家阿奇博尔德·格基（Archibald Geikie）、雷·兰克斯特（E. Ray Lankester）、爱德华·泰勒、雷利勋爵（Rayleigh）、罗伯特·巴尔（Robert Ball）、彼得·泰特等人。[121] 普罗克特在挑选撰稿人时，并不以他们是不是专家作为标准，只要他们能写出轻松、愉快但又有内容的文章，他经常会选择像自己这样有大众写作经验的人。

多年为他长期撰稿的作者包括格兰特·艾伦和爱德华·克劳德，前者主要写博物学方面的文章，后者则专注于人类学和进化论。记者、《知识分子观察者》前主编亨利·斯莱克（Henry Slack），

1878 年成为皇家显微镜学会主席，也曾在普罗克特担任《知识》杂志主编的期间写了一系列“显微镜时光”的文章。天文学方面的文章则由普罗克特自己、托马斯·韦伯，以及继普罗克特后的《知识》杂志主编亚瑟·兰亚德等人撰写。伯明翰教育委员会科学部的负责人、地质学会会员威廉·哈里森负责地质学主题的文章。[122] 昆虫学家爱德华·巴特勒（Edward A. Butler）的系列文章主要是关于家喻户晓的一些昆虫。科学作家、颅相学家和化学学会会员威廉·威廉姆斯（William Williams），也曾在伯明翰和米德兰学院担任科学教育老师，他写了“烹饪中的化学”和“服装中的哲学”两个系列的文章。[123] 威廉·杰格（William Jago）则写了多篇谷物化学的文章，他是皇家化学学会会员的化学顾问，也曾写过化学课本，当过律师，甚至在皇家化学学院和皇家矿业学校接受过采矿工程师的训练。[124]

医生安德鲁·威尔逊（Andrew Wilson）写了一系列人体生理学的文章，他是一名科学记者，在爱丁堡医学院讲授动物学和比较解剖学。[125] 皇家天文学会会员、伦敦三轮车俱乐部主席约翰·勃朗宁（John Browning）的文章涵盖了众多主题，包括眼睛、天气预报和一系列的自行车文章，从三轮车到挡泥板都有涉及。另一位撰稿较多的作 335
者是电气工程师威廉·斯林格（William Slingo），他是邮政总局电信科学学校的校长和创始人，其文章涉及众多主题。[126] 斯林格除了协助《知识》杂志的编辑工作，还撰写了电磁学、电镀、摄影、有轨电车、科学产业以及电闪历史等主题的文章。普罗克特很欢迎女性作者的文章，如小说家、作家和埃及古物学家阿米莉亚·爱德华兹（Amelia Edwards）写了一系列埃及考古学的文章。记者、作家和编辑艾达·巴林（Ada Ballin）则写了思想和语言方面的文章，她后来创办了《母亲杂志》（*Mother's Magazine*）和《妇职》（*Womanhood*）两个期刊。诗人康斯坦丝·纳登（Constance Naden）则写了多篇审美演变的文章。[127] 经常撰稿的托马斯·福斯特（Thomas Foster）甚至写了一篇文章讨论“女性的喋喋不休”，这恰好迎合了普罗克特的想法——公开探讨女性处于劣势的科学证据。[128] 神秘兮兮的福斯特还写了一系列“幸福生活的道德规范”，讨论的是斯宾塞提出的伦理演变问题。

很少有撰稿人是英国知名的科学家，当他们的名字以作者的身份出现时，文章内容其实通常是他们公开演讲的总结，如威廉·哈金斯“威尔斯彗星的摄影光谱”和罗伯特·鲍尔“太阳的距离”等。[129] 普罗克特倒是任用了几位美国科学家，如生物学家和古生物学家爱德华·柯普（Edward D. Cope），写了一篇人类相面术进化的文章，普林斯顿大学天文学家查尔斯·扬（Charles Young）写了他擅长的专业主题，但普罗克特和洛克耶的撰稿人名单几乎没有重叠。

指挥《知识》杂志

1886 年，普罗克特向他的读者提到了另一份期刊上的一篇文章，该文章认为《知识》杂志应该弃用那句“让知识日积月累”的座右铭，选择更合适的金句。普罗克特回应说：“《专题时报》（*Topical*
336 *Times*）称，我应该另选一个简练的‘知识；这就是我’（Le Savoir; c'est moi）来作为《知识》的座右铭。”他并没有被这个建议“激怒”，而是宣称道，“这个建议不无道理，《知识》杂志在很大程度上是我在做主”。他坦言说，自己为《知识》杂志写了不少文章，因为他找不到合适的作者按照“我所要求的方式写作”，很少有科学家使用“非专业的浅显语言”去写作，而又鲜有科普作家比较精通科学主题。[130] 的确，普罗克特在《知识》杂志中留下的印记无所不在，他不仅撰写了囊括多种主题的文章，为杂志里的漫谈随笔栏目写稿，还负责回复读者的咨询和来信，并试图创立一种与众不同的编辑风格。不管是作为主编、撰稿人还是漫谈专栏作家，普罗克特的所有角色都让他对洛克耶这样的科学家持批判态度，同时认为努力坚持为大众读者提供娱乐和知识性的科学信息非常重要。普罗克特成功地吸引大众读者参与到科学讨论中，以至于他后来不得不减少为读者提供的公开讨论区页数。

普罗克特为《知识》杂志贡献了大量的文章，在杂志上留下了自己的印记。他给每一期杂志至少写两篇原创性文章，大部分是天文学方面的主题，如流星、彗星、金星凌日、月球、星云、日食、太阳黑子、地球是球形的例子、秋分前后的满月、星系、地球的形状和运动、太阳的热量和木星上的红点。还有一些文章讨论了某些更一般性意义上的自然和科学话题，如天气、博彩、测心术、语言学习、紧身褡、音程、神奇巧合、飞行和飞行器、两个大脑半球、法国热气球实验、美国赌博精神、海蛇怪兽、狄更斯和萨克雷 [131]，以及感觉产生的幻觉。

与当时其他科学期刊相比，普罗克特不怎么在《知识》杂志上报道科学学会的活动。起初，他甚至拒绝以最简短的方式刊登论文摘要，在读者中引发了激烈争论。威廉姆斯赞同普罗克特的观点，认为简短的论文摘要对普通大众来说没什么意义。[132] 后来，普罗克特却出人意料地做了一些改变。他在第 2 卷里写了一篇文章，报道了英国科学促进会 1882 年在南安普顿举行的会议。当时的媒体认为英国科

学促进会激发了人们的科学热情，普罗克特反对这个观点，认为这
个学会各部门只是为科学家服务，不过是“某种‘彼此欣赏’的机
337 构”，而学会主席的演讲，虽然声称是面向大众，却非常枯燥。对科学进步的重述，必定是一种“粗糙的概括”，怎么可能会引起公众的兴趣？在当年的西门子主席演讲中，“一个个低垂着头，昏昏欲睡”，“到了演讲的后半段，马车夫们的鼾声此起彼伏，甚至盖过了主席的演讲”。[133] 有些读者认为普罗克特的批评过于尖刻，对此他毫无愧意。在第一篇文章发表两周后，他又发表了一篇文章批评科学促进会，质问科学促进会在其成立 50 年来所做的工作是否真的“值得浪费时间和精力开会讨论”？他特别反感学会主席在演讲中用的行话，这些言辞大多数听众根本听不懂。他还谴责《泰晤士报》和《英国机械师》等期刊对这些演讲的报道，它们不过是重复着“这些令人糟糕透顶的废话，还假装那是什么深奥的科学”。[134] 普罗克特对翌年亚瑟·凯利（Arthur Cayley）的主席演讲也很苛刻，因为没人听得懂他在说什么。[135]

《知识》杂志也没放过其他精英科学学会，同样批判了他们。普罗克特讲了一位科学家的逸事，有人问及这位科学家名字后面的“F. R. S.”三个字母什么意思时，他如实答道，“收费快速上涨”（fees raised swiftly）。[136] 普罗克特对皇家天文学会的批评最为尖刻，谴责它被一小部分职业天文学家所控制，他们只会在会议上演讲枯燥乏味的论文，在学会官方刊物上发表他们的观测结果，只是利用学会来发展自己的事业。1885 年，普罗克特写道，据一位知情者说，皇家天文学会年会上的主席演讲是“有史以来最沉闷无聊的演讲”，这也致使普罗克特对皇家天文学会理事会的专横狠狠批判了一番。[137] 同年晚些时候，普罗克特表示支持改变现任官员和理事会选举模式的提议，认为

同样的人应该每年都要被重新提名。[138] 尽管所有的科学学会都涉嫌在奖项竞争和领导选举中滥用职权，普罗克特却单单将皇家天文学会列出来。评奖的过程“很容易造成贿赂行为”，主席的职位被视为买通带薪职位的垫脚石。[139] 普罗克特对皇家天文学会的批判如此尖刻，也 338
难怪让读者以为他巴不得学会哪天垮台才好，普罗克特极力否定了这项指控。[140] 总的来说，普罗克特对大多数科学学会都持批判态度，并非单单针对皇家天文学会。他宣称，科学学会通常更容易“挫伤科学而不是鼓励科学”，一个显而易见的表现就是，“没有任何重要的科学研究成果是因为受益于任何科学机构的影响而取得成功”。[141]

普罗克特对精英科学组织的尖锐批评与他对科学家的批判相得益彰，尤其是天文学家。无论是《自然》杂志还是其他科学期刊，总是塑造科学家的正面形象，以吸引读者钦慕他们的成果，敬重他们的知识分子地位，但普罗克特却总是对他们给予尖刻的负面评价。当然，他的老对手洛克耶自然也逃不过他的责难，他多次奚落洛克耶出版的作品。1888 年，普罗克特宣称，洛克耶的天文学写作通篇都是错误，实在无法跟罗伯特 · 鲍尔值得信赖的著作相比。[142] 同年晚些时候，《知识》杂志评论了麦克米伦公司出版的洛克耶《自然地理学概要》(*Outlines of Physiography*)，同样毫不客气地批判了一番。这篇评论没有署名，可能就是普罗克特写的，他难以相信洛克耶居然会“像煞有介事，将这部荒谬的作品当成对精确知识的贡献”，所以他觉得洛克耶不大可能是在故意“拿他的好朋友——《自然》杂志的出版商开玩笑”。[143] 这位评论者称，书中到处都是不准确的表述，让人困惑不已。在另一篇文章中，普罗克特将洛克耶说成自大狂，在匿名的掩护下自吹自擂。他揭露了洛克耶是《泰晤士报》上一篇匿名文章的作者，那篇文章将天文学的所有贡献都归功于洛克耶的工作。[144] 在“科学的尊严”一文中，普罗克特将话题转回了国家的科学资助上，这在 19 世纪 70 年代是一个热点议题。普罗克特声称，是洛克耶首先在《自然》杂志上提出了这个问题。对普罗克特而言，洛克耶的职位“有损科学家的颜面，在其位却不谋其职，而且毫无羞愧之心”。[145] 但遭到普罗克特冷嘲热讽的职业天文学家并非只有洛克耶，美国天文学家爱德华·霍尔登（Edward Holden）曾大胆质疑普罗克特工作的价
339 值，结果被他指责说，拿着高额的年薪，却没做出什么“令人满意的成果”。[146] 普罗克特也不认为在国家天文台工作的天文学家做出了什么成果。[147] 尽管他在《知识》杂志上对科学家的态度一向轻蔑，但丁达尔和赫胥黎却是两个明显的例外，他在批判推崇职业化的科学家时，并没有将他们列入其中。

普罗克特在《知识》杂志上发表的文章除了原创性文章、科学学会的报道和从业科学家的评论之外，还定期为科学新闻专栏写稿，回复读者来信，并承担作为主编的其他重要职责。他的多重角色让读者有些困惑，因为他在文稿上的签名经常不大一样，引得有人来信问他是不是故作神秘。1882 年，普罗克特不得不解释说：“《知识》杂志的主编、普罗克特先生、R. A. 普罗克特先生、理查德·A. 普罗克特先生当然都是同一个人。我有时以主编的身份发言，有时候以我自己的身份说话，当然不是空穴来风或者单纯开玩笑。作为主编，我可能不得不解释有些说法是无法接受的，但作为理查德·普罗克特的我就不劳烦自己去反驳了。”[148] 其他读者不喜欢普罗克特作为主编的风格，抱怨说他没有体现出主编应有的尊严。他们问道，他为什么跟读者聊得这么熟，他为何总会留意并纠正自己的错误？普罗克特坦言，他与其他主

编的行为确实有所不同，并骄傲地宣称：“我们选择自己的方式是因为更喜欢这样，我们不希望将主编的尊严像雕塑一样安放在基座上。”[149]

实际上，普罗克特将自己称为《知识》杂志的“指挥家”，而不是主编。艾莉森·温特曾探讨过在维多利亚时期，指挥这个概念是如何根据催眠术产生了新的联想，而不只是在音乐的语境中。对期刊编辑来讲，指挥这个概念的核心在于如何为阅读公众这个整体提供和谐之音，既要充满魅力，又要井然有序。[150] 在大众科学期刊主编中，普罗克特并非第一位坚持用“指挥家”这个称号的人。比《知识》杂志更早的美国《大众科学月刊》，创办于 1872 年，在刊头页面就写着“由 E. L. 尤曼斯指挥”，不过尤曼斯并没有在创刊号中解释“主编”和“指挥家”这两个角色的区别，他也并没有偏离传统、高贵的主编角色。对普罗克特来讲，当“指挥家”一词与科学联系在一起时，指 340
的是他作为科学传播者的角色，就好像某些材料可以是非常不错的导热体。[151] 或者，如果从音乐的角度看，普罗克特将自己当成乐队的指挥，平息科学支持者和宗教捍卫者之间的冲突，将这种冲突的噪声变成和谐之声。《知识》杂志的座右铭引用了丁尼生《悼念集》中的诗句，这句诗后面就用到了音乐的比喻，不禁让人产生相似的联想。这节诗完整内容如下：

益智厚生

但让我们怀着更崇高的敬畏；

思想和灵魂，和谐一致，

如曾经那样奏响音乐，

更加响亮。

丁尼生拥护科学却拒绝科学唯物主义，普罗克特和他一样，觉得自己提供了一个关于世界的宇宙视野，或者说“包罗万象”，将科学和宗教融为和谐的整体。[152]

“指挥家”这个词可能还意味着读者也是乐队不可分割的一部分，一起参与音乐的演奏。在《知识》杂志第 1 卷中，普罗克特告知读者“指挥”意味着“‘编辑’，或者除此之外还包含更多含义”。[153]“更多含义”是他与读者在建立一种动态的关系，让他们在创造知识和《知识》杂志上拥有发言权，而不是将这种权利给科学家们。普罗克特采用了大量通信栏目，形式各异，以此邀请读者参与到杂志的创办过程中，他也专门发文回复读者的评论。普罗克特追随《英国机械师》等期刊的平等主义，周刊中有大量篇幅用于读编往来。《英国机械师》并没有太多主编的痕迹，但普罗克特却形成了自己独特的编辑风格。最终，普罗克特不得不限制通信栏目所占的篇幅，要不然它快淹没其他栏目了，这不仅让他在时间耗费上难以承受，也让他在那些质疑其主编权威的读者面前暴露无遗。

341 在《知识》杂志创刊号中，普罗克特明确表示，读者来信将在这个新期刊中占据核心地位，“我急切地希望通信栏目将成为这个期刊最突出的特色，我希望所有读者都觉得可以参与到这些栏目（包括咨询和答复）中，当他们在阅读期刊上的科学文章或研读这份期刊时，如果遇到科学研究或调查可能遇到的疑难问题能够有解决的途径”。[154]起初，普罗克特设立了两个通信栏目，一个是“读编往来”栏目，主要刊登的是读者来信，并在每封信后面的方括号里附上普罗克特的答复；另一个是“咨询与答疑”栏目，包括先前几期读者的提问和普罗克特的回复。通信栏目在《自然》杂志中也发挥了核心作用，但洛克耶不过是为不同科学家群体提供了一个看似公正的讨论空间。[155] 相比之下，普罗克特总是毫不犹豫提出自己的意见，给《知识》杂志来信的读者也并非知名科学家。1881 年，《知识》杂志的来信者并不是什么知名人士，诸如牛顿·克罗斯兰、J. 阿朗这样的名字，还有的用了奇奇怪怪的假名，如“大脑”“新手”“υ 粒子”“太阳”“十字军”和“反射镜”等。而同一年《自然》杂志的通信读者包括乔治·罗马尼斯（George Romanes）、查尔斯·达尔文、雷利勋爵、威廉·卡彭特等著名科学家。

普罗克特将《知识》杂志开放给读者，为他们提供讨论科学问题的阵地，受到了读者的热烈欢迎。在《知识》杂志创刊后的一整年里，读者大量来信，使普罗克特只好不断修改通信栏目。在 11 月 18 日第 3 期周刊中，他推出了一个新栏目“来信答复”，简短回答读者问题但不刊登问题本身。一周后，普罗克特做出了更多变化，“我们比刚开始更加明白通信栏目应该怎么操作，我们一直很欢迎读者提供意见和建议，促进我们对《知识》杂志这部分的不断改进”。“读者来信快速增加，出乎意料”，普罗克特谈到这个变化时指出，自己不
得不限制对来信的回复。[156] 两周后，普罗克特声明，他很感激读者有 342
这么高的兴致写信，但他不得不在刊登时压缩来信，才能将大量信件都刊登出来。[157] 又仅过了一周后，当有读者抱怨读编往来、咨询与答疑等栏目占了太多篇幅时，普罗克特宣称现在的篇幅只刊登了三分之一的信件，只有最具有原创性、最有趣和简洁的信件才最有可能被刊登。[158] 1881 年 12 月 31 日年度最后一期中，普罗克特坦言自己在处理堆积如山的来信时深感力不从心。更糟糕的是，就期刊容量和原创文章刊登数量等问题上，有些来信提供的解决方式是矛盾的，普罗克

特抱怨道：“我们总被敦促——（1）扩展通信版面；（2）保留通信栏目……（5）同时简要解释地球上每门科学的原理；（6）将所有解释留给教科书；（7）增加杂志容量；（8）决不能这么做……（19）增加天文学知识；（20）减少天文学。”[159]

在翌年2月，普罗克特决定改变《知识》杂志的状况，限制杂志的参与性，制定了一系列刊登读者来信、咨询和答复的规定，要求简明扼要，格式标准，对于来信拖沓冗长、不宜刊登的来信，写信人的名字将列入“收到来信”这个新栏目里。[160]在之后的3月，普罗克特宣布“咨询与答疑”栏目将有重大修改，并与“来信答复”栏目合并。以后会将咨询问题发给天文学、地质学、化学和植物学等各领域的专家，他们将对具体问题做出更包容的回答，以满足所有读者的兴趣。普罗克特承认这样做要比让读者相互回答彼此的问题花费更高，
343 但却更有用。[161]这也让他从堆积如山的信件中得以解脱，无须一一翻阅。在后面的一个月，普罗克特宣称自己是依照读者的意愿，停止了“咨询与答疑”栏目，因为“占据了大量篇幅，却只有少数内容让读者感兴趣”。令人吃惊的是，他承认这种改变使得《知识》杂志越来越像传统期刊，肯定地说，“从此，《知识》杂志在这方面与《学刊》《学会》和《自然》相似，它们都没有咨询或答疑的栏目，也很少回复读者来信”。[162]

在1882年6月《知识》杂志开始发行第2卷时，普罗克特将通信栏目固定下来，“致信编辑”和“来信答复”加起来有3页左右。在接下来的第3卷中，“来信答复”栏目取消。然而，在“咨询与答疑”取消后不久，普罗克特又尝试了另一种形式，设立了“意见交换”栏目，来保持与读者之间的关系。相对较新的“闲话科学与艺

术”在1882年8月被挪到期刊靠前的版面，普罗克特邀请“撰稿人、来信者和订阅者”就“感兴趣的话题，简明扼要发表意见”。[163] 他刊登了一些闲聊话题，也加入了自己诙谐的评论。在“来信答复”栏目取消后，这个新栏目成为普罗克特就有争议的话题发表意见的主要途径，反映了他自觉地将自己当成《知识》杂志的指挥家角色，塑造了自己与公正的传统主编角色不相符的形象——诙谐幽默又平易近人。而“致信编辑”已经成为严肃的科学栏目。

普罗克特利用通信和杂谈栏目支撑起一份期刊，倡导一种不那么有等级性的科学概念，继承了早期大众科学期刊中的“科学共和国”传统，这给他带来了不少挑战。一方面，他希望鼓励读者参与到《知识》杂志的创办中；而另一方面，有些读者坚持认为，他们有权在任何时候都可以随心所欲地发表自己的信件。一些人不喜欢普罗克特的编辑风格，他们希望有更多的原创性文章，少点闲聊话题。在1883年5月4日，普罗克特宣告杂谈栏目将不再出现。尽管“从《知识》杂志创办伊始，不少来信者就表示，希望我们能有个类似闲聊的栏目……我们其实设立了杂谈栏目”。其他来信者，“极少的几位
无礼”又喜欢抱怨的人，对这样的栏目表示不满，“破坏了我们与读 344
者交流的氛围”。[164] 两周后，普罗克特又推翻了自己的决定，“许多读者表示我们应该恢复杂谈栏目，尽管我们提出反对，后面还是改版了一下，恢复了该栏目”。[165] 该栏目的篇幅缩小，而且被置于期刊末尾的地方，在普罗克特主导《知识》杂志的期间，一直都有这么一个栏目。

在杂谈和通信栏目里，一些读者也对普罗克特的编辑风格提出严重的反对意见，读者并非总能确认他的讽刺幽默是搞笑还是严肃认真

的。在 1882 年 5 月，他收到一封来信，抗议他对来信者的严厉和不公平，将他的答复说成“每周一剂硫酸”。普罗克特否认自己在“来信答复”中过于苛刻，“自《知识》杂志创刊以来，40 封来信中估计有 1 封确实比较严厉，也就是说，没有在开玩笑”。他还宣称，所谓的严厉答复，表明他们“理应受此对待”。[166] 在 1885 年 2 月 13 日的“主编杂谈”栏目里，他再次回应了读者质疑他过于尖锐的问题，不过这次是放在了“收到来信及简短回复”部分。他解释说，读者只看到了答复，没有看到来信的内容，“除了像这种杂志的主编，没人能理解堆积如山的各色信件如倾盆大雨般抛洒在鞠躬尽瘁的一个人身上是什么感觉”。他抱怨道，“事实上，成百上千的来信来自社会各阶层，囊括了最多样化的认知水平。不必多言的是，盲从和赶潮流的那些人尽可能通过《知识》这样的媒介来宣传他们的观点”，包括“反疫苗者、反活体解剖者、斯维登伯格追随者、素食主义者、唯灵论者、地平论者以及顽固的地球人”。[167]

有些执拗的人对“不发表”的回复可不买账，他们要求自己有权在《知识》这样的民主期刊上发表自己的言论。1885 年 5 月，物质—观念论者（Hylo-idealist）[168] 罗伯特 · 勒温斯（Robert Lewins）为了能让自己的信刊登出来，和普罗克特纠缠了几个星期。普罗克特最后心软了，但他在一篇“主编杂谈”提到后说，不再接受这个主题的
345 任何内容。[169] 接下来的一周，普罗克特声称“有绝对的权力拒绝任何来稿，无须说明任何理由”，他拒绝向不满意拒稿决定的作者说明理由。[170] 然而，勒温斯可不是那么容易就被打发的，1885 年 7 月他再次催促普罗克特发表他的一篇文章，普罗克特在“收到来信及简单回复”栏目中公开回应说，是勒温斯逼他这么“直言不讳”的。《知识》

杂志不会变成勒温斯学说的“鼓吹者”，物质—观念论是未经证实的形而上学学说，而且是无神论。[171] 固执的勒温斯并没有放弃，在 8 月又来信要求将他以前写的信刊登在《知识》杂志中，普罗克特还是拒绝了，理由是先前已经发表过这个学说。之后，他发表了一份特别通知，指明今后将减少对来信者的答复。[172]

普罗克特创办《知识》杂志是为了挑战《自然》杂志在大众科学期刊市场上的地位，并对抗它所持有的科学等级制度，反对推崇职业化的科学家来掌控科学界。他自己撰写原创文章，旨在树立浅显易懂的科学写作典范，还写了一些诙谐的文章嘲笑科学从业者和学会的文章。普罗克特挥舞着《知识》杂志的指挥棒，不断尝试不同形式的通信栏目，并采用了一种他认为可以拉近与读者关系的主编风格，鼓励读者参与到知识的创造中。普罗克特做得并不容易，他要确保这项事业能够在经济上运转下去，限制回复读者来信的时间，处理顽固的执拗分子等。他竭尽全力在主编的掌控和适度的开放之间取得平衡，但事实上很难做到平衡，他经常与读者发生冲突。1885 年 2 月，他告诉一位读者说，他并不反感任何读者对自己了解的问题发表见解，但他“有些反感你用某种教皇式的态度来教我如何编辑这篇文章”。[173] 普罗克特创办平等主义期刊的这个小实验里潜藏的一个风险是，可能将读者变成编辑。

新尝试

在 1885 年夏天勒温斯挑战普罗克特的主编权威期间，普罗克
特开始暗示杂志会有一个新变化，届时给读编往来的空间将所剩无 346

几。[174] 在 9 月 4 日那期中，他宣布《知识》杂志将以月刊发行，以降低成本，“和其他月刊一样，《知识》杂志以后不再对来信有所谓的适当开放……我不得不承认，引入通信栏目，从一开始就是个错误”。太多来信者不以揭示真理为目标，而是“在信中唇枪舌剑”，口若悬河，宣扬一些“愚昧的谬见”。随后，普罗克特回顾了自己为何被迫从《英国机械师》的通信栏目中退出的经历，因为他逐渐被当成自相矛盾者、地平论者、天气预言者和化圆为方者等。[175]“在门外汉看来，无知者与博学者在争论中是平等的”，“这样的争论伤害了科学”，因为既成事实被搞得好像可以讨论似的，普罗克特希望在《知识》周刊上避免这种徒劳无益的争论，但他的希望却落空了。喜欢争论是非的人“不会喜欢在月刊上慢吞吞等上一个月去讨论问题”。而且，在《知识》变成月刊后，“科学、文学和艺术各领域的话题都有专业人士来进行讨论，而不是在他们与外行之间进行探讨”。[176] 次月，普罗克特解释说形式上的变化“主要是因为我实在不堪重负”。[177] 普罗克特不愿浪费时间去澄清科学与无稽之谈之间的区别，他放弃了平等主义周刊的初衷，这个期刊原本是要挑战《自然》杂志在大众科学期刊市场中的主导地位。[178]

普罗克特承认，新的月刊“必定是个尝试”，原创性文章将占据“相当大的篇幅”。更重要的是，他打算刊登之前被《知识》杂志列为
347 禁忌的争议话题——科学对宗教的影响。普罗克特的目的是要证明科学的发展不会颠覆宗教，为了凸显这一大胆的新方向，他透露说自己以托马斯·福斯特的笔名给《知识》杂志撰稿，巧妙地讨论了科学中隐含的宗教。[179] 新的月刊在 1885 年 11 月 1 日首发，在杂志封面页依然将普罗克特列为“指挥者”，保留了原有的标志和丁尼生的诗句，

副标题则改为“一本科学、文学和艺术的插图杂志”，出版商换成了朗文公司。开篇文章题为“不可知；或，科学的宗教”，普罗克特在文章中拒斥科学与宗教的冲突，为之后的杂志定下了基调。[180] 在接下来的几个月，普罗克特在杂志上发表了大量文章，称赞赫伯特·斯宾塞、宗教不可知论和宇宙进化论等。他解释说，《知识》杂志现在有“更高的目标，不只是解释或说明科学事件”，讲授“伟大的一课，科学的最新进展告诉我们法则无处不在，无论以何种看似崇高或神圣的名义伪装起来，没有法则的后果百害无一利”。[181] 普罗克特不再强调天文学和博物学，而是转向进化论、科学与宗教的争论、不可知论和其他类似的争议话题，他似乎在决定模仿詹姆斯·诺尔斯（James Knowles）主编的《19 世纪》月刊的某些方面。[182] 从朗文接手杂志出版到 1888 年普罗克特去世时，《知识》杂志的发行量在 4500 到 7500 册，但发行量在此期间缓慢下降。1886 年，朗文最初的发行量 348
是 6500 到 7500 册，1887 年则降到 5250 到 5700 册，到 1888 年只有 4600 到 5000 册了。[183] 在 1888 年有来自加拿大、英国、新西兰、奥地利、美国和印度等世界各地的 66 位订阅者。[184]

《知识》杂志还是周刊时，与洛克耶《自然》杂志向英国公众展示的科学概念形成鲜明的对比。杂志创办之初，普罗克特抵制“诱惑”，并没有在《知识》杂志上公然攻击洛克耶，他甚至在杂志创刊号发行前一个月的时候向洛克耶伸出了橄榄枝。1881 年 10 月 4 日，普罗克特向洛克耶寄去了《知识》杂志策划书，邀请他写一篇物质基本构成的论文，并附言说美国天文学家查尔斯·扬也会写一篇相同主题的论文。[185] 同年 11 月 17 日，普罗克特再次致信洛克耶，询问对方为什么没有收到他上一封信的回复，并保证将洛克耶和查尔斯·扬的文章一起发表并不是为了挑起争端。普罗克特还强调说："过去我们之间发生过一些不太愉快的争论，我冒失地写了那些（我为自己辩护下）有失公允的愚蠢信件和公开言论，我已经忘记事情的经过，也忘了具体的情形。"普罗克特认为，无论过去发生过什么，也不能成为阻碍洛克耶为《知识》杂志撰稿的理由，洛克耶也不该因为普罗克特创办《知识》是为了跟《自然》竞争而拒绝他。普罗克特并没有光明磊落地承认要将《知识》打造成《自然》的竞争者，"您应该注意到，《知识》杂志的计划和目的与《自然》杂志大相径庭，不会也不可能存在竞争（考虑到这点，我们把价格定得很低）"。[186]

洛克耶似乎言简意赅地写了回信，拒绝了普罗克特的撰稿请求。
1881 年 12 月 2 日，普罗克特在"来信答复"栏目中公开回复了洛克
耶，表示很遗憾，洛克耶没有时间写文章。[187] 同月晚些时候，查尔
349 斯·扬的文章"所谓的元素"发表，这篇文章批判了洛克耶采用光
谱证据去支持一个理论，即化学元素实际上由细微、简单的物质构
成。[188] 然后这事就消停了一段时间，直到 1884 年 4 月，普罗克特在"科学与艺术杂谈"中报道说，他从"一张转发给我们出版商且用词粗鲁的明信片"上得知，"洛克耶对我们以这种方式来进行答复深感不满，因为他认为这是私人交流"。据普罗克特说，这张明信片上满是"恶狠狠的谩骂"。虽然明信片没有署名，也不是洛克耶的笔迹，普罗克特声称它只可能来自洛克耶，因为上面所写的内容只有洛克耶和普罗克特知道。[189]

普罗克特在"收到来信"栏目回复了一封长信，解释说他在《知识》杂志上回复了洛克耶拒绝撰稿的信件，"以公开的方式向他表达更友好的态度"。普罗克特称赞了洛克耶早期的观测工作，但"《自

然》杂志的主编（不是作为作者）犯了几个错误，但他不太能谅解指出这些错误的人。如果像在1868年那样再做一些杰出的工作，这些错误就很容易被遗忘"。普罗克特显然话中有话，暗示洛克耶在1868年后就没做出什么像样的成果，洛克耶当然很难对这种说辞有什么好感。而且，洛克耶本来对第一次公开回复已经表示抗议，普罗克特再次公开回应他的抗议自然会引发更大的不满。[190]

隔了一周后，普罗克特在一篇题为"社会炸弹"的文章中抨击了洛克耶，将向对手投递匿名信的"社会犯罪"与政治恐怖分子使用炸药的行为相提并论。普罗克特在这个时候并不确定洛克耶是否真的寄了匿名明信片，但如果不是洛克耶也必定是其密友，而洛克耶向这位朋友透露过自己与普罗克特的通信细节。如果洛克耶真是无辜的，普罗克特请他帮忙揭露"谋划杜撰社会炸弹"的人。[191] 几周后，普罗克特在一则"私人公告"中承认，洛克耶是在5月11日给《知识》杂志出版商写的信。洛克耶声称自己没有寄那张明信片，他也不知道究竟是谁寄的。普罗克特对自己之前谴责洛克耶寄明信片的事表示歉意，然而，回到所有争端的源头，普罗克特就公开回复洛克耶拒绝信的事表示，他回复克劳德等朋友也是在《知识》杂志的通信栏目公开发布的，并非针对洛克耶。他紧接着向读者道歉，说自己"为 350
了这事浪费太多版面"，但他希望这样"有助于揭露某个搬弄是非的人，如果能尽早查出来，或者他感受到威胁、担心被查出来，之后就不会再做伤人的事了"，然后他更详细地描述了明信片的内容。[192] 大约4个月后，普罗克特再次提到了那张匿名明信片。这次他宣称知道了那个"肇事者"的身份，然而他并没有打算为洛克耶正名，"我相信，在读了我那篇文章（社会炸弹）之后，洛克耶自己已经机警地猜到了真相，但他并没有感激我让他认清了那个奸诈‘朋友’的真实面目”。[193]

普罗克特和洛克耶在公开回应私人信件是否合适的问题产生了分歧，他对匿名信的危害也坚定立场，其实都体现了《知识》杂志的初衷。在普罗克特看来，所有与《知识》杂志相关的来信都应该是公开的，因为科学知识的生产应该囊括所有社会成员，而不是科学专家这类精英人士。洛克耶和其他来信者不应该被区别对待，他的信既然是写给《知识》杂志掌门人的，就说明内容属于公共知识。而在洛克耶这方坚持认为《知识》杂志的读者无权知道他拒绝普罗克特的这件事上，也表明他在质疑“科学共和国”的全部理念。这张匿名明信片对科学的公共性来讲是更阴险的威胁，也更加证明了《知识》杂志存在的价值，因为它在蓄意阻挠普罗克特与来信者进行公开、理性的对话，这就是为何他将这张明信片与恐怖分子的行为相提并论的原因，都在破坏社会的正常运行。如果洛克耶或他的专家朋友们拒绝将知识带入公众视野，科学就无法进行。普罗克特为《自然》杂志制造竞争者的故事表明，19 世纪 80 年代就科学家和公众的角色而言，存在着两种截然不同的态度。普罗克特和早先的钱伯斯一样，呼吁公众加入科学争论，精英科学家不应该垄断对科学知识的发现和决定权。普罗克特这份杂志的特色就在于科学的含义，谁应该参与知识的生产，以
351 及科学家和公众之间的界限。赫胥黎等科学自然主义者们推崇的“职业科学家”概念在 19 世纪 80 年代依然遭受质疑，但正如普罗克特发现的那样，这些质疑无不让洛克耶这样的科学家愤怒，也让普罗克特作为杂志指挥者不断受到读者的挑战。

第七章　科学家从事科普：赫胥黎和鲍尔作为普及者

1862 年 11 月 10 日，托马斯·赫胥黎向工人阶级做了第一次演讲，这个系列演讲每周一次，总共有 6 次。这次演讲并没有一个高深的题目，直白地称为“关于生命世界现象成因的知识”，德斯蒙德将这些演讲形容为“《物种起源》的平民化解释”。[1] 赫胥黎后来回忆说，他猜想“除了我的听众之外，其他人也不会有什么兴趣”。[2] 他准许罗伯特·哈德威克将这些讲座用速记法记录下来，并由其出版，每周发行一期，每期 4 便士，而且不假思索地就提出放弃任何收费要求。1862 年 12 月 2 日，赫胥黎将这些演讲稿附在写给达尔文的信中，告诉他说，“我对它们没有兴趣，也没打算或希望它们被广泛传播”，也许在将来“我可以做一些修改，加上插图，变成一本小书，作为某种通俗读物传播您的思想”。赫胥黎对这些演讲轻描淡写，进一步声称道，“这里面确实没什么新东西，也没什么值得您关注的内容”，但他恳求达尔文能看一眼，如果发现什么不认可的内容，赶紧告诉他。[3] 353

然而，赫胥黎严重低估了这些讲座对公众的影响。令他吃惊的是，这些演讲稿很畅销，而且不仅在英国卖得好。他甚至有些后悔，自己不该那么轻率地就将它们出版了，他在给胡克的信中写道，“我从未想过这些讲座值得出版”，现在“我有些后悔自己没有出版它们，没有像哈德威克那样实实在在赚一笔，我起初还怀疑他们这样的
354 做法”。他还补充道，哈德威克“到处打广告，令人费解”。[4] 让赫胥黎还感到惊讶的是朋友的热情回应，1862 年 1 月 28 日赖尔写信给赫胥黎，告知他的讲座是对公众进行科学教育相当宝贵的方式。[5] 这些讲座也让达尔文激动不已，接连写了几封信，不吝溢美之词，他在 1862 年 12 月 7 日的信中写道，“它们大有裨益，可以广泛激发公众对自然科学的兴趣”。[6] 11 天后，达尔文向赫胥黎汇报说自己已经读完了第四讲和第五讲，“它们堪称完美”。在读到讨论自然选择理论的第五章时，达尔文声称自己在想，“我写一部超厚的书有什么意义？这本不起眼的绿色小书已经把什么都讲得一清二楚了”。他开玩笑地说：“要以此论好坏，我也该关门大吉了。”[7] 赫胥黎将这些话都当成达尔文在鼓励自己再写一本更精练的书，向公众宣扬进化论，他辩解说自己没有时间写。达尔文在 1862 年 12 月 28 日答复说，赫胥黎的小书“在各方面都极好，广泛传播只会百利无一害。至于它是否值得你浪费时间，就另当别论了，你可自行决定，当然，就这个主题来说这本书非常好，这点毋庸置疑”。[8]

在接下来的几年，达尔文继续鼓动赫胥黎为大众读者写科学读物，但赫胥黎依然不情愿浪费自己的宝贵时间。1864 年 11 月 5 日，达尔文写给赫胥黎的信中说道，“我想给你提一个建议”，这个建议来自他和他妻子爱玛的探讨。爱玛一直在给他们的儿子霍勒斯（Horace）读赫胥黎的演讲稿，她告诉达尔文道，“我希望他可以写一本书”。达尔文回答她说，赫胥黎最近刚写了一本关于头盖骨

的书，参考了《比较解剖学原理讲演录》(*Lectures on the Elements of Comparative Anatomy*，1864)。爱玛回应说，“我不觉得那是一本书，我想要的是让你们可以阅读的书，他可以写得非常好”。[9] 于是，达尔文给赫胥黎提了这个建议：“现在，您在写作上得心应手，所需知识 355
也触手可得，你不觉得可以写一本‘动物通俗读物’吗？”达尔文承认，这可能有些“浪费时间”，但他认为“一部杰出的论著只有用来培养博物学家才是真正服务科学”。如果要给初学者推荐点读物，达尔文只能想到卡彭特的动物学教材。[10] 达尔文并没有想要推荐约翰·伍德或任何其他普及博物学的科普作家，他认为这些人的作品并非优秀的初级读物。1865 年 1 月 1 日，赫胥黎回信说，希望采纳达尔文的建议并行动起来，但他发现写作是枯燥乏味的，如果不是自己感兴趣的主题，写作将是一个“漫长的过程”，更何况他太忙，没时间去写这样的书。[11] 但达尔文并没有就此放弃，在 1 月 4 日宣称，赫胥黎就是能写出动物学通俗读物的“那个人”，尽管这么做“意味着您几乎在犯错，因为这必然会破坏一些原创性的科研工作”，但达尔文坚持主张为公众写作非常重要，强调说：“我有时候觉得，大众化的普及读物同原创的科学写作对科学进步几乎一样重要。”[12]

赫胥黎在 19 世纪 60 年代对科普写作的态度还模棱两可，与他作为维多利亚时期最重要科普作家的一贯形象形成鲜明的对比。约翰·凯里称他为“维多利亚时期最伟大的科普作家”，查尔斯·布林德曼将他形容为“19 世纪最重要的科普作家”，[13] 苏比亚·玛哈林甘称他是“19 世纪最主要的科普作家”，[14] 弗农·延森断言赫胥黎“可能是最重要的科学诠释者和倡导者，对达尔文学说尤其如此”。[15] 赫胥黎的确在职业生涯后期越来越多地参与到科学普及活动中，但他在

356 1882年向艾伦坦言，将“精确和普及性”融合在一起是“一门非常困难的艺术”。[16] 后来，在1894年临终时，赫胥黎已经成为令人敬佩的演讲者，声名远扬，但他承认自己很难写出普及性的演讲稿。他在《生物学和地质学讲演录》（*Discourses Biological and Geological*）的序言中写道：“我发现，要将田野、实验室和博物馆里的科学知识转变成大众可以理解的语言，还不影响精确性，实在是一个充满挑战性的任务，对我的科学和文学素养都有极高的要求。”[17] 赫胥黎对科学普及的态度太复杂，如果只是强调他作为伟大演说家和作家的非凡能力，或者他在英国公众教育上做出的不懈努力，就很难理解其复杂态度。

本章主要关注竭力扮演普及者角色的科学从业者，我将讨论赫胥黎和罗伯特·鲍尔这两个例子，后者在普罗克特去世后成为最著名的天文学普及者。普罗克特为了公众演讲、写作和编辑杂志，实际上完全放弃了天文学研究工作，赫胥黎和鲍尔与之不同，他们为自己确立了职业科学家的身份，而且在整个事业生涯中一直在科学界享有一席之地。他们都是进化论自然主义者，探究他们的大众演讲和写作就会发现，他们其实借鉴了科学普及者们（非科学家）早先确立的叙述模式。赫胥黎经常在作品中关注普通的事物或动物，鲍尔则青睐于进化论史诗。尽管赫胥黎已经成为那个时代最杰出的科学普及者，但鲍尔可以说是成功科普者的更好案例。鲍尔远比赫胥黎更加高产，而且在维多利亚大众读者中，他的作品也更加畅销。尽管赫胥黎的写作风格广受欢迎，但他总是难以按时付梓，从而难以像伍德、普罗克特和艾伦等职业普及作家那样在科普写作这个领域如鱼得水。

“大众科学”仲裁者赫胥黎

在19世纪下半叶，圣公会牧师、女性、表演者和进化论史诗演绎者活跃在科学普及行业，如果将赫胥黎的演讲和写作活动置于这样的语境中，就会发现关于他的一些有趣问题，例如他何时又为何从 357
科学研究中抽身投入科学普及之中。伍德、布鲁尔和其他科学普及者向维多利亚读者成功推销了自己的作品以及自然中的宗教关切，表明公众未必需要通过科学家才能了解现代科学的根本含义。赫胥黎在从事科学写作和演讲时也清楚地知道，非科学家的普及作家写的作品激增，必将给科学自然主义的事业带来严重问题。如果维多利亚公众只青睐伍德这样的作家和演讲者，那赫胥黎消除科学中的自然神学、强化专业知识的重要性等目标可能就要落空，会让人多么沮丧。赫胥黎向公众传播科学的尝试很有启发性，倒不是因为他成为当时最重要的普及者，而是因为他总能在不同的场合针对不同的受众去定义和掌控科学的含义。

然而，在19世纪五六十年代，赫胥黎并不那么重视科学普及，当时他还一心想着建立自己的事业，但就英国科学的现状和他的背景来说，这并非易事。1825年，赫胥黎出生于伦敦西部的一个小村庄——伊灵，他是这个中下层家庭中6个孩子里排行最小的。他曾在考文垂和伦敦东区给普通的执业医生当过学徒，在查令十字街医院学过医学课程，20岁时完成了伦敦大学医学学位的第一次考核。因为家境贫寒，他无法继续接受教育，而是参加了海军，申请了皇家海军舰队“响尾蛇”号上的一个职位。1846年至1851年，“响尾蛇”号测绘澳大利亚东海岸水域，赫胥黎在船上担任外科医生助理。他渴望在海洋无脊椎动物解剖学上有所建树，于是在船上从事解剖，并将结果寄回英国，在博物学家爱德华·福布斯安排下，这些结果发表在《皇家学会哲学汇刊》（*Philosophical Transactions of the Royal Society*）上。

1850 年 11 月，赫胥黎结束了“响尾蛇”号航行，前途堪忧。他迫切地想找到一份科研工作，好继续他的海洋无脊椎动物研究。这个想法还有另外一个动机，因为他在“响尾蛇”号停留澳大利亚期间遇到了未来的妻子亨丽埃塔·希瑟恩（Henrietta Heathorn），找到合适
358 的工作成为带她回英国并结婚的关键。然而，英国当时带薪的科研工作少之又少，他向海军部申请经费，想把“响尾蛇”号航行中的发现写出来，却遭到拒绝。更惨的是，赫胥黎还有 100 英镑的债务。[18] 3 年来，他一边靠着船上工作的微薄收入苦苦挣扎，一边寻求一份长久的带薪科研工作。他并非牛津剑桥圈内人士，对圣公会的机构早已深恶痛绝。苦寻工作，又不断被拒，加剧了他的敌对情绪，因为资质不如他但有关系的人却赢得了职位。尽管他在 1851 年当选皇家学会会员，次年还获得了皇家奖章，但前途依然黯淡无光，德斯蒙德称这段时期是他的“绝望期”，倒也恰如其分。[19]

从赫胥黎 1854 年 11 月写给姐姐的一封信中可以看出他当年苦于生计的状况，在写那封信前不久他刚刚获得了矿山学校讲师的职位，并成为地质调查局的古生物学家。在信中，他告诉姐姐“我现在有不少火烧眉毛的事在忙着”，列举的任务多得吓人：“（1）为丘吉尔编写比较解剖学手册；（2）我的“格兰特”书；（3）为大英博物馆的人写的书（完成一半）；（4）为托德百科全书写一篇文章（完成一半）；（5）各种各样的科学回忆录；（6）《威斯敏斯特报》每个季度的定期撰稿；（7）杰明街矿山学院的讲座；（8）马尔堡艺术学院的讲座；

（9）伦敦学院的讲座；以及一些零碎的事情。”[20] 他靠编写教材、专业著作、博物馆名录，举办高调的公共讲座和相当低调的专业讲座，以及夸夸其谈的评论等方式维持生计。这类工作跨越了公众和专业领域的界限，其中大部分带有低级科学作品的印记。在这段绝望期，他对不少活动都心生鄙夷，因为他觉得自己是迫于经济状况才不得不接受这些工作，当然也是为了给将来的科学家事业铺上垫脚石，但他也有个正当理由去做这些事情，那就是为英国公众的科学教育做贡献。

赫胥黎在这个时期涉足新闻媒体反映了他对科学普及模棱两可的态度。在 1853 年晚期，出版社约翰·查普曼（John Chapman）请赫胥黎为《威斯敏斯特评论》定期撰稿，提供的条件是每篇（长度 16 页）12 几尼，鉴于赫胥黎当时岌岌可危的经济状况，这样的条件 359
已经很好了，难以拒绝。[21]《威斯敏斯特评论》在发掘新兴的中产阶级读者，赫胥黎也希望可以向这个群体传达自己在科学上的观念。赫胥黎与查普曼圈子里的一些作家关系非常友好，如玛丽安·埃文斯（Marian Evans）、乔治·刘易斯（George Lewes）和赫伯特·斯宾塞，他也认同他们的改革思想，但并不想成为其中一员。在赫胥黎的自我认知里，他首要的身份是科学家。如詹姆斯·西科德所言，赫胥黎“害怕被放逐到格鲁布街”。[22] 他希望自己不要被当成粗俗的记者，唯恐这样的名声会破坏他的科学事业。赫胥黎在写评论时，竭力让《威斯敏斯特评论》杂志的读者将他与其他科普作家区分开来，因为那些人只是在传播科学家发现的知识，他们的目标只是娱乐和盈利，其作品只是粗劣的模仿和肤浅的知识，而真正的科学家是为了追求专业才能和真理。让他充满好感的科普作家是那些能够认识到这种区别的人，他们将自己的作品作为入门介绍，而不是拿去与真正的科学家写的作品相提并论。赫胥黎扮演起科学作家评判者的角色，就好像一个法官，将自己摆在格鲁布街那个利欲熏心的世界之上，而不是将自己当成一位科普作家。他这么做的权威来自他作为科学家的身份地位，以大众科学写作仲裁者的角色去阻止不加批判的读者接受非科学的思想，以免自己被当成文学写手。[23]

赫胥黎为了维护自己的权威所采取的策略是，希望自己能够以格鲁布街暂住居民的身份进入《威斯敏斯特评论》的圈子，可以与其他成员针锋相对。刘易斯及其盟友认为他们的文学活动涵盖了科学知识与实践，相信自己的文学批判和原创小说标准遵循了有效的科学原则。然而，他们并非科学家，而且按照赫胥黎的策略，他们也必须将作品交给精英科学家评判，尤其是他们在写科学作品时。[24]在赫胥黎看来，他于 1854 年 1 月发表在《威斯敏斯特评论》上的文章，批判了刘易斯《孔德的科学哲学》(*Comte's Philosophy of the Sciences*)，这种做法就是贯彻了他的策略。赫胥黎在文章中称，如果刘易斯的书仅仅是对孔德哲学进行清晰、生动的诠释，他倒是会给出正面评论。
360 然而，刘易斯的目的是将孔德哲学用于解释科学的现状，赫胥黎称道："很遗憾，但我们不得不说，这些原理不管是解释化学还是生理学，都难以奏效。"他还指出，这本书中的错误反映了刘易斯对最新的科学发展并不了解，这些错误"不是偶然的错误"，表明"即使是刘易斯先生这样敏锐的思想家，如果没有科学家的训练和知识，就不可能成功解释科学猜想"。[25]刘易斯的文学造诣不能替代专家所需的训练和经验，这些是充分解释科学问题时所必需的。[26]

在这段时期，赫胥黎试图与"大众科学"保持距离，这种态度还体现在他对《创世自然史的遗迹》第 10 版的评论上。这篇评论发表在《英国和国外内外科评论》(*British and Foreign Medico-Chirurgical Review*）上，比评论刘易斯关于孔德哲学的文章晚 3 个月。尽管强调普遍进步的发展假说是改革派知识分子认同的重要观念，但赫胥黎无法容忍《创世自然史的遗迹》中一些不科学的表达。作为文人科学写作的仲裁者，评估这部“编造”的作品对赫胥黎来说是个“不愉快的任务”，他并不情愿承担此责。之所以说让人不愉快，一部分是因为检查“《创世自然史的遗迹》中的错误和虚假陈述”实在让人疲惫不堪，但只有通过仔细地检查，才能证明作者那点科学知识不过是二手知识。赫胥黎认为：“我们寻找知识的证据，通过阅读《钱伯斯期刊》或《便士杂志》可能会找到些什么。我们搜寻原始研究，我们就会有理由怀疑作者是否真的在任何一门科学中做过实验或观察。”赫胥黎预言，如果《创世自然史的遗迹》的作者暴露身份，就会发现他“无论在机械还是任何科学领域中都不具备专业的知识”。[27] 像《创世自然史的遗迹》这样的大众科学读物并不是为了促进科学进步，而是由不具备科学专业知识的文人为了钱包才写的。在商业化图书出版的伦理规范令人质疑，在这种导向下，知识将有可能被这些作家变成商品的危险。[28]

“大众科学”成为当时新兴的写作类型，赫胥黎可以通过这些评论影响公众如何理解它的含义。他建立了一套标准，区分科学家的精 361
英科学写作和普及作品，又为后者树立了价值评判标准。赫胥黎将查尔斯·金斯利的《海神》奉为写给大众读者的理想作品，它真正体现了“博物学作为心智教育方式的价值”。而且金斯利也很有自知之明，他的书“丝毫没有要炫耀科学知识的姿态”，[29] 也没有将自己包装成原创性的研究人员。与之相反，钱伯斯的《创世自然史的遗迹》和刘易斯写的那本《孔德的科学哲学》，则成了反面教材，不适合用来进行公众教育。他对这些作品的所有批判也适用于晚几年的一些作品，如伍德为劳特利奇写的常见事物系列作品。不过，赫胥黎作为评论家只干了很短一段时间。1855 年，他被任命为皇家学院福勒教授（Fullerian Professor）和伦敦圣托马斯医院的讲师。随着赫胥黎获得了越来越多的机构任职，他变得越来越忙，当然在经济上也更加有保障。1858 年，他在给姐姐莉齐的信中谈到，1857 年他为《威斯敏斯特评论》写了一篇关于冰川的文章，还告诉她说："我一度曾为这个评论杂志写了大量文章，主要是每季度定期发表在科学书籍通告的栏目里，但我现在不再为其撰稿了，原创性作品才更对我的胃口。"[30]

对 1857 年的赫胥黎来讲，从事原创性研究明显要比作为评论家重要，但他已经意识到监管科普作家的作品有一定的必要性。赫胥黎致力于提高实验室科学家的权威性，并对大众读者进行科学教育，这些目标可以通过期刊出版来实现，他的朋友胡克和丁达尔也认同这样的观点。在 1858 年年初，他们讨论了创办一份科学评论杂志的可能性，使其像文学领域里的《评论季刊》和《威斯敏斯特评论》一样，在科学圈子里发挥相似的作用。然而，结论是该计划不可行，他们曾多次策划创办自己的期刊，结果都泡汤了，这不过是不成功计划中的第一个计划。[31] 不过，赫胥黎先后在地质学家内维尔·斯托里－马斯基林和大英博物馆矿石保管员的帮助下，在《星期六评论》上开辟了一个科学专栏，隔周在上面发表重要科学著作的书评。赫胥黎在 1858 年 4 月 20 日写信给胡克，解释说最好能有来自不同学科领域
362 的七八位科学家参与进来，每人每 3 个月至少供稿一篇，撑起这个栏目。他建议詹姆斯·西尔维斯特负责数学，丁达尔负责物理，斯托

里－马斯基林和爱德华·弗兰克兰负责化学和矿物学，安德鲁·拉姆塞（Andrew C. Ramsay）负责地质学，韦林顿·史密斯（Warington W. Smyth）负责技术，胡克和赫胥黎本人负责生物。[32]

赫胥黎在《星期六评论》上发表的文章难以确定归属，因为上面的文章和评论都没有署名，不过他与以上被选中的科学家一样，持有相似的思想观念。他和胡克一起负责生物方面的评论，所以他很可能写了其中一些生物学文章。一篇题为“乡间的科学”的文章提到了约翰·伍德《乡间常见事物》这本书，文章将伍德界定为作家，关注“实际生活和日常工作中的半科学研究”，而不是将科学研究写成充满诗意的样子。匿名的评论者批判了伍德关于设计论的思考，他经常会跑题，“要不就冒出一些小笑话，要不就故作神秘、装模作样，用出其不意的方式去展现第一眼看起来不怎么样的事物，其实都是充满智慧的精巧设计，还屡试不爽”。这位评论者的批判还波及了伍德的同行，“这一小部分科学作家最热衷的消遣方式就是恣意滥用设计论”。伍德喜欢强调实际生活中的事物，翻来覆去讨论“我们身边的奇迹”，不过是“一知半解的雕虫小技，除非他是为了不断展示对诗性真理的领悟”。[33]

如果不是赫胥黎，就是为《星期六评论》撰稿的某一位同伴，对其他大众科学读物也写过评论，抨击了戴维·佩奇《地质词汇与地质学手册》，说佩奇的解释“经常不完整，令人不满，甚至是错的”。[34]戈斯得到的评价好一些，因为他对研究对象提供了精确的描述。但这位评论者借机批评通俗读物的作者，说他们不重视描述的准确性，建议他们“将一味追求生动的人生哲理的写作方式放在次要地位”。他
还反感一味取悦讨好读者的作家，“在科普作家中流行一种荒谬的说 363

法，任何‘枯燥乏味’的知识都能写得‘妙趣横生’”。[35] 总的来说，赫胥黎这群人对伍德、佩奇和其他科普作家们的作品并不满意。

在赫胥黎获得稳定的工作之后，他写的评论就变少了，但公众演讲的机会却多了起来，他在皇家学院给时尚的中产阶级听众授课，其中包括他作为福勒教授的讲座。[36] 他在皇家学院做讲座的同时也在给《威斯敏斯特评论》和《星期六评论》撰稿，这些事务让他有机会接触到中产阶级受众，他也乐意向新兴的工人阶级传播科学思想。1855 年，他开始向工人阶级授课，作为教学职责的一部分。1855 年 2 月 27 日，赫胥黎告诉朋友弗雷德里克·戴斯特（Frederick Dyster）：“我希望工人们明白，科学及其方法对他们来说都是了不起的知识——不是因为穿着白西装打着黑领带的人这么说，而是因为这些都是自然界质朴的专属法则，必须遵守，否则就要‘受罚’。”[37] 赫胥黎喜欢给工人演讲，1857 年他在工人学院发表了首次演讲，听众大概有 50 人，包括圣公会自由派的莫里斯。

在 1850 年代晚期，赫胥黎继续为自己树立研究型科学家的形象，将研究兴趣从无脊椎动物形态学转移到了脊椎动物古生物学。[38] 自 1859 年起，赫胥黎为达尔文辩护，背上恶名，在致力于改革都市科学的科学家中，他是核心成员之一。在 1860 年代，赫胥黎及其盟友开始打入重要的科学机构和协会，掌握主导权，他们认为有必要建立一个科学精英组织，成为真正的专业人士。赫胥黎和朋友们认为，要改革科学，他们就必须成为寻求整个英国社会改革的运动中不可缺少的一分子。只有当圣公会牧师丧失了他们在知识精英中的统治地位时，改革才成为可能。于是，赫胥黎卷入了与圣公会保守派代表之间
364 无数次的争端中。教育英国社会、让公众意识到科学的重要性是促成

改革的重要策略，他在 1860 年代的公众讲座也是这种策略的一部分。1862 年对工人阶级发表的讲座反映了他对公众科学教育的兴趣，这些讲座让达尔文也倍感欣慰。然而，直到 19 世纪 70 年代，普及写作才成为他公众科学教育事业的一部分。

19 世纪 70 年代早期

1870 年，赫胥黎被任命为英国科学促进会的主席，这不仅标志着赫胥黎早期职业生涯的最高荣誉，也表明科学自然主义在英国科学界已经产生了重要影响。赫胥黎及其盟友们在 1850 年代开始采取的科学机构改革策略卓有成效，这位年轻的卫士攀上了越来越重要的掌权位置。科学界已经成为非常独立、可以自行定义的专业圈子，但在 19 世纪 60 年代晚期到 70 年代初发生了一些事件，产生了新的环境，需要改变策略。第一件事是，1867 年巴黎国际博览会上英国制造业糟糕的表现引发了一场激烈的争端，其焦点是英国专业技能训练的水平问题。里昂 · 普莱费尔等科学说客认为，英国需要紧跟欧洲其他国家的步伐，让制造业从业者接受实验室科学训练，摒弃广泛使用但早就过时、没有前途的经验方法。这样的话，就需要大量在科学与技艺部（Department of Science and Art）所开办学校中接受过自然科学训练的教师，再让他们去培训工人，这就增加了高质量科学教科书的需求。赫胥黎作为科学与技艺部的审查官之一，亲自了解到眼下对科学教科书的需求。[39] 第二件事是，1867 年的改革法案赋予了工人阶级投票权，这显然意味着很多人必须接受教育，在参与未来的选举活动中才能享有知情权。站在赫胥黎的角度，关键的问题是要让他们在教育中认识到科学的重要性并成为科学事业的支持者。第三件事是，1870 年政府通过了教育法案，应对工人教育的需求。该法案规定，在那些教会和其他志愿者组织未能提供足够学校的地区，由当地推选学校委员会，享有建立学校、制定学费标准等权力。

365 在 19 世纪 70 年代早期，赫胥黎和盟友们开始意识到，只有将更多的精力投入公众和教师（他们会成为科学指导者）的科学教育中，他们改革科学的计划才能成功。[40] 仅仅拉拢科学家是不够的，必须让公众也积极支持他们的科学愿景，因为是他们将议员选举为当权者，赫胥黎希望国家能够资助科学事业。1867 年，改革法案将选举权扩大到城市工人阶级，这意味着伍德等科普作家的读者也成为选民的一部分。而且，1870 年的教育法案意味着识字率的提高，会有更大的读者群。赫胥黎开始重新考量什么才是他更应该做的，原创性研究开始显得不那么重要了，对教育机构的控制逐渐变成了最重要的事，不管是正式还是非正式的机构。达尔文早些时候曾强调为大众读者写科学读物的重要性，他的观点在眼下变化的形势里变得更有说服力了。赫胥黎现在正处于事业的高峰，他不需要再全身心投入科研去建立自己的威望，有能力将更多时间投入科学教育这一紧迫的事情上。

像赫胥黎这样认识到教育重要性的人并不少见，他也并非唯一一个将这个问题与科普读物联系在一起的人。科学期刊在 1870 年代初一直在发出这样的呼吁，例如 1870 年《自然》杂志上一篇题为“科学与工人阶级”的文章，作者谴责科学演讲者没能教会工人如何“使
366 用他们的眼睛”，因为他们的讲座定位太高，“技工学社为工人提供的‘大众’科学讲座，其过错通常要归咎于牧师们，因为他们讲的内容对听众来说太难理解了”。《自然》杂志宣称，科学教育必须成为国家

的重点项目，否则英国将会在国际生存竞争中出于劣势。如果训练工人阶级的推理能力，“让他们在科学和技艺中的所有新进展都成为国家的力量，英国将很快超越所有竞争对手，但从目前的状况来看，年轻的对手们很可能夺走其所占有的地位”。[41]

大概半年之后，《自然》杂志又回到了教育和科普的问题上，觉察到科学家最终开始带头传播知识。《自然》杂志呼吁科学家教导“整个人民群众”都热情满满地学习知识，“不少重要科学家都开始意识到这点，我们很高兴记录了其中一个组织得最好的活动，它成功地将知识以及对科学的热爱传递给了工人阶级”。《自然》杂志称赞了在曼彻斯特举办的一系列讲座，演讲者都是著名科学家，如天文学家威廉·哈金斯和诺曼·洛克耶、化学家亨利·罗斯科，以及赫胥黎本人。该杂志认为，这么多科学巨星云集的活动表明顶尖科学家们的态度发生了转变。在这些讲座之后，“就不要再批评科学家领袖们不愿意或没能力向其他人解释他们自己的科学发现，至少他们不再藏起来，也意识到他们作为真理传授者的职责所在”。[42]《自然》杂志是精英科学家们的阵地，它在呼吁科学普及是科学教育不可分离的一部分，并建议制订系统性的计划，从而让英国在国际上处于主导地位。普及科学成了科学家服务国家的一种方式，而不只是为了获取商业回报的个人兴趣。

赫胥黎在两家知名的英国教育机构任职，1871年他入选伦敦学校委员会，更重要的角色是他在皇家科学教育与科学进步委员会中的任 367
职，这个机构于1870年由英国首相格莱斯顿设立，德文郡公爵负责领导。这不仅使科学教育问题成为全国关注的焦点，赫胥黎作为委员之一，也成为这场争论的中心人物。皇家学会财务主管米勒（不久后去世）和两位秘书、物理学家斯托克、生理学家威廉·沙比（William Sharpey）、卢伯克和洛克耶等人提名了赫胥黎和公爵加入委员会。委员会在 6 年时间里采访了 150 多名证人，收集了 4 大卷证据，发布了 8 份报告。[43]

1871 年 5 月 12 日，赫胥黎询问弗雷泽牧师时所关注的焦点是一位重要科普作家对常见事物的强调。弗雷泽回忆说，在十四五年前发生过“一场关于常见事物中的知识大讨论，当时布鲁尔博士等人出了一本书，我印象中就叫《常见事物的知识》，估计您应该听说过”。弗雷泽肯定地说，布鲁尔的书虽然没有得到科学家们的认可，但“有相当多的学校在用”。赫胥黎对布鲁尔的书评价极为苛刻，他认为“《常见事物的知识》完全是为了实用，却没有从所谓的纯粹科学方面去考虑引导儿童的心智”。布鲁尔的作品提供了“纯粹的知识点”，他的教育方针也基于此，但他没有告诉学生如何去使用，这是这本书的一大缺陷。赫胥黎建议讲授易于理解的话题，“用这样的方式让孩子以科学的方式了解自然现象，从而引导他们在之后迈入更高的知识阶段”，他倾向于更系统地呈现科学事实，而不是布鲁尔所采用的知识大杂烩。[44]

19 世纪 70 年代早期发生了关于科学在教育中扮演的角色问题，布鲁尔等人没有为公众提供合适的阅读材料，赫胥黎在这个时期不再像 1850 年代在《威斯敏斯特评论》和《星期六评论》上那样，厌恶这些为大众写的科普读物。他不认为文学写手适合写科普读物，也不认为写科普读物会影响自己的原创研究，让他无法接受，而是开始觉
368 得这值得耗费时间和精力。赫胥黎在职业生涯快谢幕时写了“自传”，宣称自己的科学抱负已经位居其次，更重要的是“科学普及，科学教

育组织的发展，关于进化论无休止的争辩和冲突，坚持不懈去反驳教会精神”。[45] 赫胥黎在 1870 年代和之后的时间里继续为大众举办讲座。例如，1876 年，他在美国开展了一次成功的大规模巡回演讲。[46]

赫胥黎从 1870 年代开始也将大量的精力投入出版业，以出版的方式传播科学知识。在这个领域，他遇到了伍德、布鲁尔和加蒂等对手，他们在 19 世纪五六十年代就已经将大量的精力投入在科普写作上了，赫胥黎的演讲和写作也需要以他们的科普事业为背景去考量。塞缪尔·艾伯蒂在他那篇关于维多利亚晚期约克郡生物学和博物学的文章中，为我们呈现了精彩而复杂的图景，展示了业余爱好者和专家之间如何重新界定自己的身份、回应彼此。[47] 与此相似，我们也可以重构科学家和科普作家的身份问题。科普作家将自然神学纳入作品，在书写自然世界时采用文学上的一些策略，将自己打造成权威的大众科学引导者，他们不断以这些方式与科学家建立联系。反过来，像赫胥黎这样的科学家如果想成功地向公众传播科学，他也不得不将自己与科普作家联系在一起。赫胥黎必须对演讲和写作风格深思熟虑，他和其他科普作家一样，需要考虑如何吸引 19 世纪中叶发展起来的科学新受众。他不得不考虑的一个事实是，这些新受众正读着伍德、布鲁尔等人的作品，接受他们的科学概念，而这些人和他的目标显然不一致。赫胥黎需要制定策略去掌控大众科学，才能让他的科学世俗化计划打败那些希望一直采用设计论的企图。就掌控大众科学氛围来讲，《自然》杂志在起初看起来是一个不错的阵地，但到 1874 年时，赫胥黎和盟友们开始不再对它抱有幻想。洛克耶拒绝去阻止批判科学 369
自然主义的人，如英国北部的物理学家彼得·泰特。[48] 更重要的是，《自然》杂志正在失去大众读者，逐渐变成科学家的期刊，尽管这个过程直到1870年代中期才显现出来。[49]赫胥黎必须启动新的计划，来实现他的目标。

“国际科学丛书”和麦克米伦“科学启蒙丛书”，这两个雄心勃勃的出版计划都在19世纪70年代启动，赫胥黎是这两个丛书计划中的关键人物。在70年代晚期，赫胥黎完成了《自然地理学》（*Physiography*，1877）一书，这是他第一本以大众为目标读者的作品。而他为麦克米伦“科学启蒙丛书”写的简介一拖再拖，直到1880年才出版，题为《科学启蒙丛书：导读》（*Science Primers: Introductory*），他为“国际科学丛书”写的《螯虾》（*Crayfish*）也在同一年出版。赫胥黎的普及活动将带领我们走进他那些不见经传的作品，这些书很少被纳入赫胥黎的作品集里。[50]直到19世纪60年代末，赫胥黎花了太多精力去实现科学的职业化，他现在要开始将科学热情转移到公众这里。如今，赫胥黎致力于与出版商建立联系，写作、策划雄心勃勃的系列丛书，以期能够掌控大众科学读物市场，他在出版文化中所做的这些努力也是他改革英国科学和社会总体战略的核心。他意识到公众对科学的支持尤为重要，可以为科学精英树立文化权威，为科学机构调拨资金。赫胥黎和X俱乐部的同事们竭力接管科学学会，掌控主要的科学机构和管理相关的政府委员会，他们也尽力在维多利亚公众出版方面获取掌控权，所有这些计划都是科学改革统一战略的一部分。

《自然地理学》

370 1877年，赫胥黎的《自然地理学》由麦克米伦出版，这是他真正为大众读者写的第一本书，尤其是青少年读者，朋友们对这本书大加称赞。约翰·莫利（John Morley）在 12 月 14 日写道，他的继子并不“太喜欢读书”，但却觉得这本书非常吸引人，爱不释手。莫利还称道：“你这本《自然地理学》相当有价值，它将我们每日见到的大自然栩栩如生地呈现在眼前，让年轻人容易理解又觉得有趣，没有什么能与之匹敌了。”他还坦言，即使像自己这样的“人文学者和有才干的编辑”也能从中学到大量的知识。[51] 先后担任利兹市约克郡学院和牛津大学地质学教授的亚历山大·格林（Alexander Green）在 1878 年 1 月 22 日写信给赫胥黎说，他正“满心欢喜”读着这本书。[52] 莫利曾“向麦克米伦公司预言，这本书定会持续畅销”，他说对了。[53] 尽管比不上伍德《乡间常见事物》和加蒂《自然的寓言》那么成功，这本书卖得还不错。这本书定价七先令六便士，在发行前 6 周里就卖了 3386 册，[54] 赫胥黎从麦克米伦公司收到了 50 英镑的版权转让费，在超过 2500 册的部分，他还可以从每本书中抽取售价的 20% 作为版税，[55] 在前 3 年里总销量达 1.3 万册。1882 年，这本书在美国由阿普尔顿公司出版；1884 年，德国布洛克豪斯（Brockhaus）公司出版了德语版；1882 年，法国巴耶尔（G. Baillière et cie）公司出版了法语版。在首版发行 25 年、赫胥黎逝世 9 年后的 1904 年，麦克米伦公司发行了一个修订版，该公司发行的最后一个版本是在 1924 年。[56]

尽管赫胥黎总算为大众读者写了一本书，但这本书问世之前经 371
历了漫长的酝酿过程。《自然地理学》的基本想法最初在 1868 年就有了，当时赫胥黎在伦敦南部工人学院做了一次公共讲座，题目是“博雅教育何处寻”。在那次讲座中，赫胥黎断言，儿童必须恰当地接受自然教育，才能逃离不服从自然规律的巨大恶果，他们的思想里必须储备“关于自然的基本事实和伟大真理，以及关于其运作规律的知识”。讲授自然地理学是博雅教育的一个重要方面，赫胥黎将这门学科定义为“关于地球的描述，它的位置以及与其他星球的关系，它的基本结构和主要特征——风、潮汐、山脉和平原，动植物世界的主要形态和不同的人种等”。在赫胥黎看来，自然地理学“是一颗大钉子，上面悬挂着大量实用、有趣的科学信息”。[57]

一年之后，赫胥黎在伦敦研究院（London Institution）一系列的“初级自然地理学”讲座中探讨了这门学科。1870 年，他在南肯辛顿博物馆为女性做了同样的讲座，这次题目为“自然地理学概要”。赫胥黎从一开始就打算出版这些讲义，他在伦敦研究院的讲座特地安排了逐字逐句全文记录，供自己使用，他不希望自己重复 1862 年在工人阶级讲座中犯过的错误。然而，赫胥黎的美好愿望并非一帆风顺，他曾在《自然地理学》序言中谈道，“很遗憾，这本书和其他作品一样，我发现出版意愿和最终发行之间有着巨大的鸿沟”。赫胥黎认识到，看着一本书走完出版流程是“一件费力费时的事情”，特别是就这本书而言，有地图和图片需要留意。因为他“一直难以鼓起勇气或抽出时间来做这件事”，这份手稿放了 7 年没有动过。他长期以来一直承担了过多的事务，1872 年因为过度劳累大病一场，不得不休假数月休养身体。[58] 直到 1873 年，他的身体依然欠佳，所以在 1870 年代初那几年他无法推动这本书的进度。后来，在一位助手的协助下，赫胥黎重新写了部分内容，又增加了一些章节，还细致修改了每章的校
372 样。[59] 不过，在等待演讲稿出版期间，赫胥黎充分利用了他在伦敦学校委员会的经验，在修改手稿时，他时刻不忘委员会在设计初级自然科学新课程中的要求。[60]

在《自然地理学》中，赫胥黎从伍德等科普作家的作品中吸取了

经验，纳入了大量插图。在早先“为工人做的六堂讲座”中只包含了5幅非常简单的图像，而《自然地理学》中有120幅插图和5幅彩图，包括图表、地图、科学以及自然现象的图像，如火山、间歇泉和峡谷等。赫胥黎在书中以博物学家的口吻和立场，模仿科普作家们为吸引非专业读者而采用的策略。赫胥黎与伍德、布鲁尔等人一样，将《自然地理学》的重点放在人们熟悉的自然现象。尽管他曾在德文郡委员会听证会上批评布鲁尔对自然界常见事物的强调，但他发现自己难免也要使用这样的方法向公众传播科学，这其实表明了赫胥黎默认了伍德和布鲁尔等科普作家的成功。他以前就用过这样的策略，现在他将龙虾、马、粉笔、煤炭、酵母等事物作为讲座的主题，也是在用同样的方法。[61] 法拉第曾经在讲座中以常见事物为例，尽管他的内容是自然哲学而非博物学，也可能对赫胥黎产生了影响。1860年圣诞节，法拉第在皇家学院为青少年讲堂做了最后一次讲座，内容是蜡烛的化学史，他在青少年讲堂中已经不是第一次用蜡烛作为主题了。法拉第在1827年为青少年讲堂做了第一次讲座，成为享有名气的杰出公众演讲者，在伦敦广为人知，被认为是最好的科学讲师。[62] 1894年，赫胥黎
将法拉第称为“演讲王子”，他对“公众讲座”的主要指导方针是预 373
设听众对讲座的内容一无所知。[63]

尽管赫胥黎也认同使用常见事物对吸引大众非常有效，但他也发现采用这种策略有风险，这主要是因为在受众心目中，这种策略与伍德、布鲁尔和其他科普作家联系在一起，他们经常以此传播自然神学。而且，这种方式还将受众置于博物学的世界里，而赫胥黎在1876年那篇“关于生物学研究”的文章中曾指出，“博物学”是一个迷惑而过时的词，应该被更现代的术语“生物学”所取代，这个新名

词准确地反映了19世纪初以来的科学进步，展示了对实验室研究的重视，在赫胥黎看来这门学科的精髓就在于此。[64]赫胥黎在讲座中引入龙虾、马、粉笔和煤炭等事物的目的在于切断常见事物、博物学与自然神学之间的关联，让公众系统性地了解一个世俗化的自然世界。他在《自然地理学》中从博物学入手，但他最终回到了科学自然主义者的立场，关注自然规律支配下更大更全面、充满因果联系的世界，而不是强调神圣的和谐。[65]实际上，他与伍德和布鲁尔等科普作家采用这种策略的目的截然不同。

在《自然地理学》中，赫胥黎以泰晤士河及其流域作为主要的探讨对象，开篇将读者带到了伦敦桥，“在这个世界上没有什么地方比伦敦更有名，而在伦敦没有什么地方比伦敦桥更有名”。他邀请读者想象自己正站在伦敦桥上，从桥上望着下面的河流。赫胥黎将泰晤士河作为河流的典型代表，讨论了洪水和退潮、源头以及支流等（图7.1）。他接着探讨了制图学背后的原则，又回到泰晤士河，告
374 诉读者如何为它制图，确定方位、指南针、比例尺、等高线和河流系统等元素。[66]接下来的章节概述了泰晤士河流域中的水是怎么来的，赫胥黎顺势解释了泉水、雨水和露水，水的结晶、蒸发和大气，以及纯净水和天然水的化学成分。在结束泉水这一章时，赫胥黎断言说，这些水“直接或间接来源于降雨，在地面聚集，然后流过地底下岩石的孔穴和裂缝”。接下来一章自然而然转向了雨水的形成，最后得出
375 的结论是，大气中的水分聚集“不仅形成雨和露水，偶尔也会形成雪和白霜，这些将在下一章讨论”。紧接着的一章是关于蒸发，解释水循环，在结尾部分再次将读者带回俯瞰泰晤士河的视角。赫胥黎嘱咐读者要记住，淡水奔流到大海，但那里并非它最后的归宿，它将“再

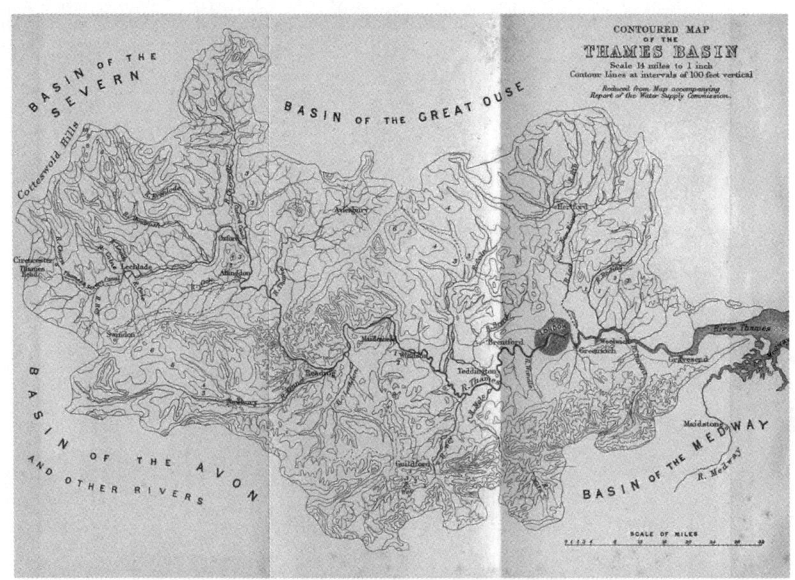

图 7.1　赫胥黎《自然地理学》(扉页插图)中的泰晤士河流域等高线地图，是 5 幅彩色插图之一。他在这本书中不断将读者拉回泰晤士河，因为这是读者熟悉的区域，可以有效解释和展示抽象的科学概念。

次蒸发”，通过雨水重返大地，“可能再次流入泰晤士河”。[67]

在谈到大气时，赫胥黎借机讲解了气体化学、科学仪器和测量工具（如气压计和气象图）等话题，而且再次回到泰晤士河流域，用所讲解的知识去理解大气压如何影响河水的流动（图 7.2）。[68] 接着的几章基本上也保持了这样的形式，他向读者介绍了均变论地质学，强调自然因素如何在漫长的岁月中慢慢改变地球表面，解释了雨水、河流和冰（包括冰川），以及海洋等因素造成的侵蚀和破坏。在它们的共同作用下，将陆地逐渐拉低到海平面。就河流而言，赫胥黎用巨大的科罗拉多峡谷戏剧性地展示了水流的巨大作用。而其他因素，如地震和火山，则抬高地表，从而平衡水的作用，防止地球表面所有的陆地

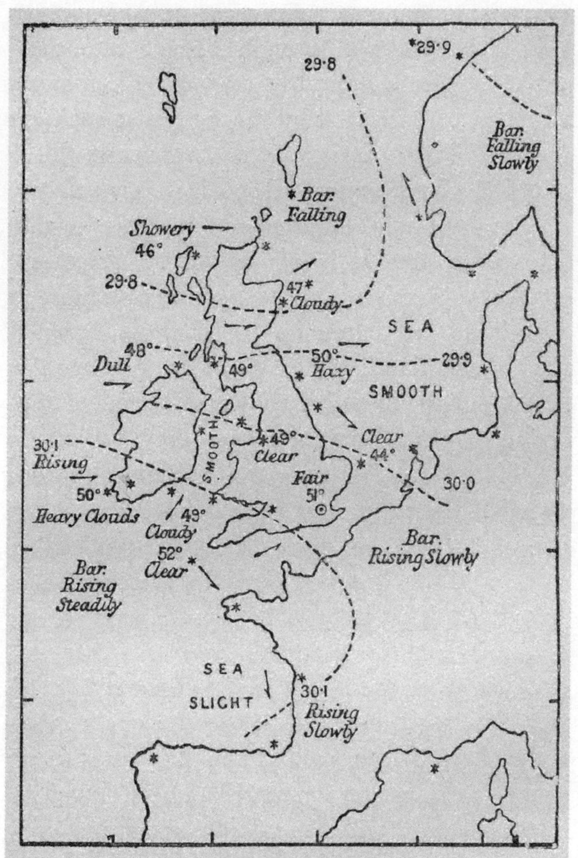

图 7.2 从《泰晤士报》复制的气象图，赫胥黎解释了如何解读这样的图像。出自《自然地理学》，第 93 页。

全部消失。[69] 第三部分的章节探讨的是泰晤士河流域的历史，主要是通过对地质剖面和化石的分析来说明，探讨了生物（如动植物）在地壳岩层物质形成中发挥的重要作用。他借用了 1851 年伦敦街道改造时露出来的岩层断面，推断出泰晤士河谷过去的地质年代，反映了曾经生活于此的生命形态（图 7.3）。

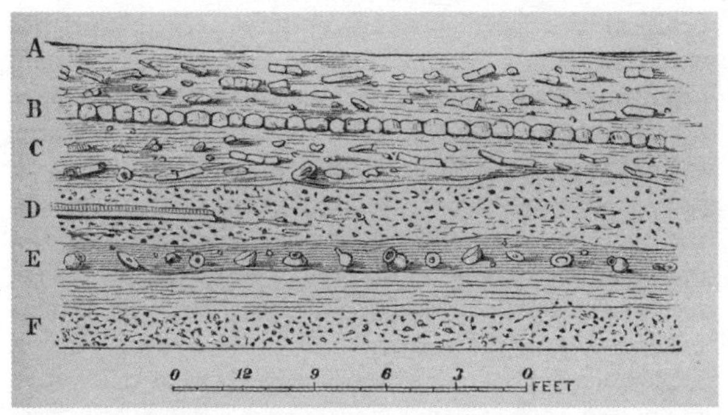

图 7.3 赫胥黎将读者的视野带回了伦敦，分析 1851 年暴露在坎农街上的一块岩层。出自《自然地理学》，第 275 页。

最后一部分里的几章则从更全球化和深远的视野去探讨自然，赫胥黎依然没有完全脱离泰晤士河。这部分介绍了诸如陆地和水域在全球的分布等问题，为读者解释了世界地图的绘制。 376

最后两章的主题是地球的运动，包括旋转和轨道，以及太阳的性质和它对地球的影响，最后的最后他呼应了第一章的开篇，“事实上，泰晤士河水在伦敦桥下的流动，构成了这本书探讨主题的起点，从这里逐渐延伸到第二十一章”。 377

泰晤士河的源头是什么？赫胥黎从这个简单的问题出发，扩展到更多的问题，直到书的结尾他才回答了最初的问题。泰晤士河的水直接或间接地来自雨水，水汽“通过太阳的热量上升到大气”然后凝结成雨水。没有太阳，就没有雨水或河流，“因此，要说泰晤士河的源头最终可以追溯到太阳不是没有道理”。赫胥黎通过系统性地追踪因果联系，将读者从伦敦桥带到了太阳，而不是去称赞上帝的智慧、仁慈和力量，在结论强调了普遍性的自然规律支配着宇宙，与支配地球相似，“我们从伦敦桥下潮起潮落的景象出发，证明了某种力量的存在，而且这种力量延伸到不同的行星和恒星，甚至整个宇宙”。[70] 这是赫胥黎最近似于进化论史诗的一部作品，他对赫伯特·斯宾塞进化论思想中的推测部分持批判态度，并不是宇宙进化论的积极拥护者。[71]

378 赫胥黎的《自然地理学》被视为后达尔文时期地理学的典型代表，英国的地理学正处于关键时期，历史悠久的大学建立起这门学科，同时也被纳入小学教育之中。[72] 但赫胥黎的主要关注点并不在地理学的转型，也不在于进化论的传播，他的主要目标是向公众传播自然主义，而不是进化论。《自然地理学》是赫胥黎决心重新调整个人工作重心的显著标志，从此将投入大量的时间和精力去为大众读者写科学读物。这也表明他深刻意识到教育的重要性，切不可留给不具备专业知识的科普作家去做这件事，他还意识到公众对于英国科学的未来发挥着重要作用。这些关切点也是赫胥黎投身“国际科学丛书”这个更大的出版计划的动机。

瞄准国际市场

“国际科学丛书”是 19 世纪最有雄心的出版项目之一，其目标是向广大读者系统性地传播科学知识。1871—1910 年，美国和 5 个欧洲国家里 6 个不同的出版商累计出版了 120 册，涵盖了 4 种语言。纽约
379 阿普尔顿出版公司的爱德华·尤曼斯（Edward Youmans）构想了这套书，他对当下大众科学读物深感不满，认为作者都是三流的写手，对自己写的主题一知半解。在该丛书中第一本（美国版）的序言里，尤曼斯指出，“粗制滥造的写书人肆无忌惮，利用公众的无知，迎合他们对奇闻逸事的喜好，把粗劣的作品硬塞给教育程度低、无法判断其

真实水准的读者，这种倾向愈演愈烈，导致‘大众科学’的概念令人生疑”。他强调抵制“这种邪恶倾向”尤为重要，“要向公众提供有过硬水准的科普读物”，他高调地声称，“国际科学丛书”旨在从不够资格写科普读物的人手里拯救“大众科学”。[73]

1870 年，尤曼斯向阿普尔顿公司提议，出版一套由世界上一流科学家写的科学读物，他们可以向大众读者清楚解释自己的学说。他打算说服顶尖的科学家撰写自己专业领域的小册子，通过国际化的版权操作，为他们提供丰厚的酬劳。在这个出版计划中的英国方面，尤曼斯和阿普尔顿公司与亨利·金出版公司签订了合同。尤曼斯和赫胥黎早先就打过交道，就拉拢他，让他在该系列丛书项目中发挥主导作用。1871 年 8 月 14 日，在阿普尔顿和亨利·金举办的晚宴上，丁达尔、斯宾塞和赫胥黎同意担任“英美科学丛书”这套科学读物的顾问。亨利·金代表所在的英国出版公司，同意向作者提供首版和加印各版零售价的 20% 作为版税，而阿普尔顿公司则答应向所有英国作者提供美国销售额的 10% 作为版税，外加欧洲大陆发行版本销售额的 7.5%。事实上，英国作者正在享受国际版权法带来的实际利益。[74]

同月，尤曼斯给赫胥黎寄去了一份打印的宣传单初稿，向“英国科学作者”宣传这个出版计划，“将出版一系列专著，或特定主题的精品文集，以适合广泛传播的形式发行”。这套丛书的总体目标被界 380
定为“以准确、通俗的方式解释前沿领域里的最新思想进展”。该宣传单阐明了对作品的要求，“旨在面向不具备专业科学知识的公众”，作品必须“以适当的方式进行彻底解释和说明。不过，也希望其能吸引具备一定文化修养的阶层，适当采用专业化表达也是可以接受的”，这些书必须“浅显易懂”，避免专业术语。该宣传单还解释了这套丛书的国际化特征，以及如何实现这一目标。一家伦敦的出版公司将首先发行每本书，然后一模一样的复制图版将被送到美国重印，其他国家也会同步发行，而且作者会在其他国家获得“最丰厚的酬劳”和版税。宣传单的最后是一长串拟定的书名和作者，包括约翰·卢伯克、威廉·卡彭特、亨利·巴斯琴（Henry Bastian）、亚历山大·贝恩（Alexander Bain）、阿奇博尔德·格基、鲍尔弗·斯图尔特（Balfour Stewart）、威廉·克利福德、诺曼·洛克耶，还有赫胥黎，他被指定为“人类的种族”一书的作者。[75]

1871 年 12 月 28 日，亨利·金向“英国科学作者”发布了一份修订后的宣传单，该版本将此丛书更名为“国际科学丛书”，总体目标和浅显易懂的要求与尤曼斯版本的措辞相似。金简述了版税事宜，指明了参与其中的法国和德国出版公司名字。英国和美国的出版开本为皇冠 8 开本[76]，250—350 页，在英国的售价为三先令六便士和 5 先令，目标读者为消费能力较高的读者，当然这是与能负担“劳特利奇常见事物丛书”每本 1 先令的读者相比较而言。暂拟的作者名单列了一些新名字，如沃尔特·巴杰特（Walter Bagehot）和斯坦利·杰文斯（Stanley Jevons），还有欧洲科学家如克劳德·伯纳德（Claude Bernard）、兰伯特·凯特尔（Lambert Quetelet）和让·路易斯·德·卡特勒法热（Jean Louis de Quatrefages），赫胥黎则被指定要写一本“身体运动和意识”的书。在亨利·金版本的宣传页里还谈到一个新主题，即科学家在这套丛书中的管理角色，“在爱丁堡举行的上一届英国科学促进会会议上，成立了一个由著名科学家组成的委
381 员会，他们将决定哪些作品将在英国和美国被纳入该丛书系列，并决定出版的顺序以及可能会影响到该事业的其他任何问题”。[77]

赫胥黎与丁达尔和斯宾塞等朋友一起，现在完全掌控了这套新科学丛书在英国的部分。眼见其他的科学丛书大获成功，如劳特利奇的“常见事物丛书”，他们希望“国际科学丛书”能够彻底改变科学的传播方式，培养一批新的科学读者。而且，他们与劳特利奇的不同之处在于，这是一个大胆的国际性出版试验。站在赫胥黎的角度，他认为这似乎是理想的状况，他可以行使主编的权力，传播科学自然主义的原则，而无须全部由自己去写作。他获得了吸引其他科学家参与进来的资源，如声誉的保障、广泛的读者和高额的版税收入，科学家们可以通过出版作品获得相当不错的回报。最后，赫胥黎可以通过这套丛书实现大众科学教育的目标，让他们了解自然科学和社会科学的最新研究进展。[78]丛书中最初出版的5本书的惊人销量表明，赫胥黎及其盟友们似乎已经达成了不少目标。丁达尔《水的形态》(*The Forms of Water*，1872）最终卖出了1.475万册，巴杰特关于政治的书卖出了1.25万册，[79]1873年爱德华·史密斯关于食物的书和贝恩关于教育的书销量相对较少，分别为6500册和9250册，但依然算不错了。斯宾塞《社会学研究》(*The Study of Sociology*）创造了这套丛书的最高销量纪录，[80]出版后的第一个10年里在英国的印量达1.25万册，到19世纪末时总印量达2.383万册，1910年发行最后一版时，这本书的总发行量为2.633万册。[81]据学者估计，这套丛书中的英国部分在前5年应该是最成功的。[82]尽管在二三十年里这套丛书中出版的新书变
少，但这个系列在英国一直出版到1911年，美国则持续到1910年， 382
在德国只持续到1889年。

尽管这套丛书在英国出版了将近40年，但赫胥黎是否借它的成功实现了自己的目标，学界对此意见不一。麦克劳德认为这套丛书展

现了“统一、综合的进化论动态”，豪萨姆则指出，该丛书“传播了复杂，有时甚至矛盾的科学集体形象”，表面上的稳定性就如同他们所声称的权威科学一样是虚幻的假象。[83] 凯蒂·林甚至质疑这套丛书是否能够有效吸引大众读者，5 先令的售价意味着仅仅是有着体面职业的中产阶级和有钱人才买得起。另外，她还认为大部分书的内容都非常专业，普通读者根本读不懂。[84] 豪萨姆和林的观点都很有说服力。

赫胥黎和盟友们最初参与进来是因为他们相信在自己的掌控之下，这套丛书会大获成功，但英国委员会和出版商的潜在冲突从一开始就存在。金对丛书中的第一本书很不满意，作者丁达尔是委员会成员之一，他交给金的书稿只是他轻微修改过的皇家学院青少年讲座内容。[85] 金心里很清楚，英国委员会强势的成员们希望牢牢把控编辑决策权，但他对丁达尔的书有所担忧也是对的，因为《威斯敏斯特评论》和《自然》杂志对这本书都表示失望。[86] 编辑掌控权这个问题在几年后再次出现，金不得不在 1876 年 11 月 25 日寄了一份他所在出版公司和委员会的合同，内容就是关于“决定什么样的作品能被收入该丛书系列”，他同意出版委员会宣称的那些适合纳入的作品。[87]

383 1877 年 10 月，亨利·金公司的经理和出版审校基根·保罗收购了金的出版公司。此时的金已患重病，翌年辞世。尽管金和英国委员会有时有冲突，但从最开始他就参与了这个出版计划，也没有对科学自然主义有过强烈的反对，而保罗对赫胥黎及其盟友掌控的科学丛书来讲，就不再是那么契合的出版商了。[88] 保罗是圣公会牧师和伊顿公学的校长，他本人学的是古典学，对科学所知甚少，没有太多同理心。他曾是广教会（Broad Churchman）[89] 的牧师，但在 1874 年放弃了这个生计，原因是他不再拥护圣公会的教义。保罗在接触孔德实证主义后，被其仪式深深吸引，但在1888年他又开始参加弥撒，并在1890年皈依了天主教。[90]在保罗接手出版公司时，他并不觉得自己受到丁达尔、赫胥黎和斯宾塞等人与亨利·金所签合同的限制。不可避免的交锋在1883年发生了，保罗在1月20日给赫胥黎寄去了该丛书的7本新书，赫胥黎在两天后写信给保罗说，他根本不知道其中任何一本被同意纳入丛书，要求对方解释为何这7本书在没有经过委员会协商的情况下就出版了。[91]

保罗在1月26日答复了他，并提供了“简短的事实回顾”，以消除赫胥黎的误解。直到1876年，斯宾塞就一直代表委员会和亨利·金出版公司经常沟通，商量哪些书可以入选。但在1876年，斯宾塞说自己做得够多了。而保罗提醒赫胥黎说，在一次长谈中赫胥黎同意“出版社应该在丛书规划上承担更多的责任，如果他们遇到任何困难时，可以随时咨询”。[92]在3月3日，赫胥黎写信给保罗，退出了编辑工作，因为从事编辑工作的理由似乎已经不存在了。[93]因此，赫胥黎在“国际科学丛书”出版项目中的工作持续了十几年，在他离开后，保罗接手，出版方向改变，不再将传播科学自然主义作为丛书的 384
重点。例如，亨斯洛的《通过昆虫和其他传粉者看有花植物结构的起源》(*The Origin of Floral Structures through Insect and Other Agencies*)和《植物结构的起源》，强调修正过的自然神学和新拉马克主义，都是在赫胥黎离开后出版的。

除了与保罗在编辑掌控权上的分歧，赫胥黎与“国际科学丛书”项目断绝关系还有一个原因是，他自己的书稿受到了很糟糕的待遇，这必然是两人剑拔弩张的起因。《螯虾》在1880年出版，是该丛书中的第21本，比预计的出版时间严重推后，因为赫胥黎早在1871年这套丛书计划宣布时就已经收到了100英镑的预付款。[94]赫胥黎作为英国委员会成员之一，他原本期望自己能为其他潜在的作者树立一个榜样，及时完成这本书。而且，《鳌虾》原本也不是他答应要纳入丛书的，它完全不同于最初讨论这套丛书计划时提议的两本书——“身体的运动和意识”和“人类的种族”。尽管赫胥黎改变写作的主题，而且花了太长时间来写完这本书，保罗还是希望能够大卖。但与《自然地理学》和这套丛书里的其他作品相比，《鳌虾》的销量令人失望，甚至有些尴尬。在出版后的第一个10年里，保罗只印刷了5275册，到19世纪末的时候，总印量也就5775册，最终的印量只有6275册。德斯蒙德在研究中指出，《鳌虾》总共发行了7版，但就这本书而言，这么多版次容易让人误解，其实每次的发行量都非常小。[95]

385 赫胥黎从1878年夏天开始写《鳌虾》，他在之前的动物学会戴维斯讲堂和五周工人课程中就是讲的这个主题。赫胥黎最开始是打算把这本书纳入自己的无脊椎动物、脊椎动物和人类系列丛书中，他在1878年的日记中列了8本自然主题入门书，先是一本概述，然后是自然地理学、生物学和生理学。[96]后来，他决定用鳌虾的书来履行他对保罗和“国际科学丛书”的承诺，在理解赫胥黎与其他科普作家的不同之处时，《鳌虾》是一部关键性的作品。他在这本书试图尽可能清楚地表明，自己对常见事物的强调与其他博物学科普作家吸引大众读者的方式有何不同。他在序言中解释说，自己的主要目的是“对最普通和最不起眼的动物进行仔细研究，何以能够引导我们从日常知识一步步扩展到动物学最一般性和最困难的问题上，实际上也是一般性的生物学知识”。这本书在一定意义上是动物学的入门书，也就是当初达尔文在1860年代中期请求赫胥黎写的那类书。[97]《鳌虾》和《自然地理学》一样，图文并茂，里面有 82 幅插图。

赫胥黎写的第一章，“普通螯虾的博物学”，旨在让读者们宽心，“很多人似乎觉得，所谓的科学与普通的知识有着本质区别，科学真理的确立方法需要深奥而神秘的智力活动，只有受过训练的科学家才能掌握，而且不管是科学的性质还是主旨，与我们在日常生活中区分事实与幻想的过程也同样存在巨大区别”。赫胥黎向读者保证，事实并非如此，科学王国并非“像普遍认为的那样大门紧闭”，它的调 386
查模式也并没有与日常生活里最普通目的的实现方式有所不同。科学“不过是最好的常识，是非常精确的观察，杜绝逻辑上的谬误”。赫胥黎接着模仿奥古斯特·孔德的法则探讨了生物学史，孔德法则认为所有科学都必须经历 3 个阶段：神学、形而上学和实证。生物学的所有分支，不管是植物学还是动物学，“和所有的科学一样，都经历了这 3 个发展阶段。目前，每个分支在不同的人看来处于不同的阶段”。“很多人都或多或少具备一些精确的知识，但那些知识必定是不完备的，也不讲究方法，这就是博物学知识”，只有少数人可以达到“纯粹的科学阶段”，并正努力“完善作为一门自然科学的生物学”。赫胥黎认为，构建一门完备的生物科学是从 19 世纪初才开始的，以拉马克为主要代表，“在今天，达尔文对它有着最大的推动作用”。赫胥黎写道，《螯虾》的目的是，将普通的螯虾作为动物研究案例，“展示动物科学发展中的一般性知识”。[98]

赫胥黎接着对螯虾进行了描述，包括它的饮食习惯，如何捕捉它们，以及在哪些地方它们作为重要的食物来源。但赫胥黎认为，所有这些只是“常识”。赫胥黎建议，我们“现在试着从我们熟悉的内容中稍微延伸一下，从而了解螯虾的博物学知识”。他谈到了“螯虾”

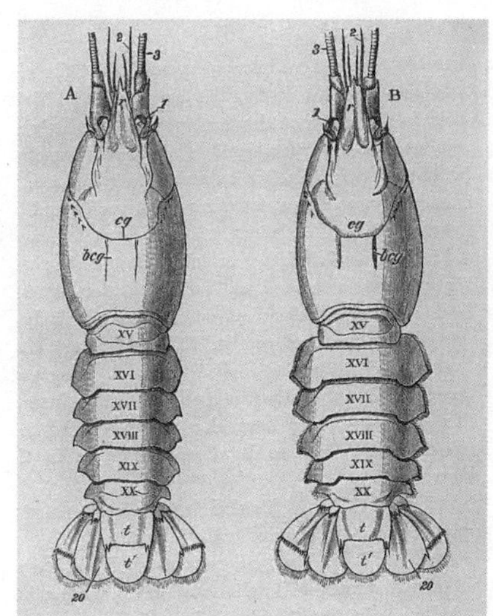

图 7.4　一幅螯虾身体的插图，展示了一位“善于观察”的博物学家会看到什么，“自然就会看出几个不同的身体部位”。[100] 出自《螯虾》，第 18 页。

从何而来，这样的追问就是博物学探究一开始就会想到的问题，尽管这“在严格意义上并非自然科学的范畴”。然后他又谈到了螯虾的解剖结构、繁殖模式和幼体，但这些“知识，即使是善于观察的博物学家，如果不愿透过事物的表面，也难以在动物身上注意到”（图 7.4）。赫胥黎暗示，即使是最“善于观察”的博物学家，也只是停留在自然的表面知识。[99]

《螯虾》不仅是一本关于甲壳类动物的书，它还向读者传达了一个理念，即生物科学顺理成章
387 成为高于博物学的发展阶段。在书的第二章，赫胥黎开始将读者的视野从博物学引向生物学的门槛，概括了这本书的其余部分。第一章的螯虾博物学内容简单地大概回答了 3 个问题：动物的形态和结构是什么？它有怎样的行为习惯？它在哪里被发现？赫胥黎注意到，对每一个问题的进一步追问就会引入形态学、生理学、分布或生物地理学等知识，也会带来第 4 个问题，“形态学、生理学和生物地理学等所囊括的所有知识是如何形成的？要解决这个问题，我们将会来到生物学的顶点，即病原学（Aetiology）”，这个问题只有超越博物学的范畴才能解决。接下来的章节探讨了螯虾的生理学、形态学、比较形态学、分布和病原学。

在比较形态学部分，赫胥黎研究了英国常见的螯虾，与世界上不
同地区的螯虾进行对比，并开始介绍进化论主题（图 7.5）。可以认为 388
所有的螯虾都展示了同一类生物的变型，尽管龙虾和对虾有不同的外
部结构和习性，它们与螯虾却有着相似的组织结构。赫胥黎用比较形

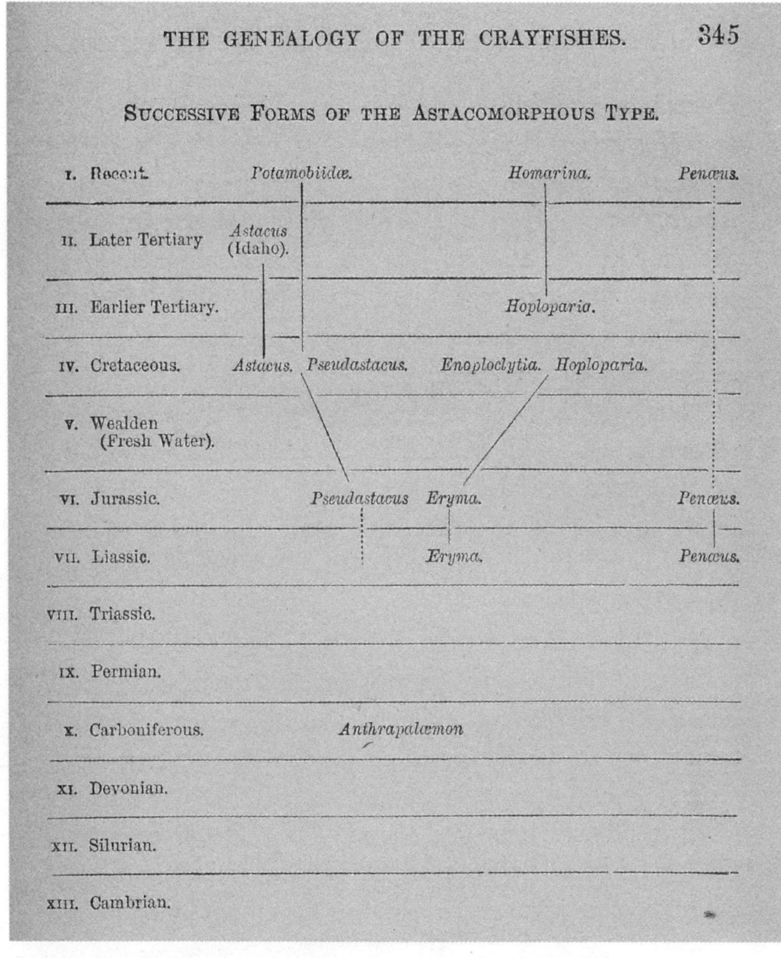

图 7.5　螯虾从一种形态逐渐进化的图解。出自《螯虾》，第 345 页。

态学让读者看到生物组织结构之间更广泛的亲缘关系，在甲壳类和整个节肢类动物之间，以及节肢动物与其余所有生物之间都存在着这样的联系。比较形态学得出的结论是，存在一个共同的计划——动植物统一的组织架构，这再将读者带入最后的章节，即分布和病原学。根据形态学差异可以得知，鳌虾在全世界的分布遵循着一个模式，表明它们要么起源于神的干预，要么源于惯常的自然规律，后者牵涉到进化过程。赫胥黎指出，有见解的科学家都不会接受第一种可能性，因为他“不认为这个问题是有可能解决的”。至此，赫胥黎已准备好提出一个鳌虾谱系的假说，“所有已知的事实都与假说的条件相一致，它们是从中生代逐渐进化而来的，后面的每个世代的形态都是从最原始的形态演变而来”。赫胥黎在《鳌虾》中利用了他在其他众多大众读物中所采用的策略，即从自然界中常见或熟悉的事物入手，但同时又尽力与很多受到博物学启发的科普作家区别开来。那些作家只是肤浅地探讨了自然，而赫胥黎则声称自己是要带领读者去真正理解事物。他们的目标是向读者展示奇迹，从而揭示自然中的神圣秩序，而赫胥黎则是向读者谈论常识，让他们从中认识到如何通过进化过程揭示所有生物之间的统一性。[101]

培养公众的科学素养

赫胥黎在写《自然地理学》和参与“国际科学丛书”的同时，他还积极投身于向大众读者传播科学的第 3 个项目。麦克米伦“科学启
389 蒙丛书”主要是为英国读者设计的，并不像“国际科学丛书”有那么宏大的定位，但赫胥黎依然满怀热情投身其中。亚历山大·麦克米伦

在 1860 年到 1872 年创办了伦敦主要的出版公司之一——麦克米伦公司，赫胥黎似乎很乐意和麦克米伦合作。麦克米伦家族与自由派圣公会的莫里斯和基督教社会主义者来往密切，乐于接受自由主义思想。麦克米伦在伦敦的社交聚会中吸引了知名的文人志士，他们在这 390
些聚会上讨论当时的热议话题，除了赫胥黎，丁尼生、赫伯特·斯宾塞、弗朗西斯·帕尔格雷夫（Francis Turner Palgrave）、考文垂·帕特莫尔（Coventry Patmore）、查尔斯·金斯利、托马斯·休斯和莫里斯等人经常参加聚会。[102] 在 19 世纪六七十年代，麦克米伦对科学越来越感兴趣，并开始出版更多科学类的图书。他在 1869 年创办了插图版的科学周刊《自然》杂志。在 60 年代初，麦克米伦的出版物中科学书籍只占了 10%，到 70 年代后期比例就增加到了 25%，麦克米伦此时已经成为大众科学读物的主要出版商之一，与亨利·金、朗文和约翰·默里齐名。[103]

“科学启蒙丛书”计划是麦克米伦在科学出版方面的一个创新之举。麦克米伦在 1870 年教育法案颁布之际看到了科学教材丛书的出版潜力，尤其是比较初级的读物。凯蒂·林认为，就出版商如何开始“向低消费群体推销更多主流科学进展”而言，“科学启蒙丛书”提供了不错的案例。[104] 麦克米伦与赫胥黎等科学家关系不错，决定求助各领域公认的科学大师们，招募了赫胥黎和两位欧文学院的教师，物理学家鲍尔弗·斯图尔特和化学家亨利·罗斯科，让他们担任联合主编。有争议的主题被排除在外，预计到教育法案会带来大量教育机构的订单，丛书中的每一本最初的发行量就高达 1 万册，定价 1 先令。前 3 年的销量不错，但到了 1878 年开始明显下降，部分是因为大量为课堂设计的科学入门读物充斥着市场，达到了饱和。基督教知识促进会在1873年开始出版“初级科学手册”，定价也是1先令。1875年，钱伯斯开始发行“钱伯斯初级科学手册”系列，定价也差不多，其他出版公司在1870年代后期也相继出版了自己的系列丛书。[105]

对赫胥黎而言，加入麦克米伦的“科学启蒙丛书”计划创造又一次机会，去削弱专注于博物学和自然神学的那些科普作家的影响。根
391 据安德里安·德斯蒙德的研究，“科学启蒙丛书”的出版是“为了掌控精英知识的传播，剥夺女性作为幼儿园教师这个传统的‘导师’角色”。[106]赫胥黎同意为这套丛书写概括性的导读本，1871年6月29日他写信给罗斯科，“我觉得您的化学入门非常不错——正是我们需要的”。赫胥黎在信中附上了导读的梗概，解释说它应该作为丛书中所有其他读物的预备读物，他坚定地说：“在谈论化学问题时，它的内容比您那本书更加初级，让新手读者做好准备去读您的书。”[107]

赫胥黎忙于其他事务，他写的导读本并没有什么真正的进展，罗斯科倒是稳步进行着。当罗斯科和斯图尔特的书出版后，赫胥黎在1872年写信给罗斯科，表示非常满意，“麦克米伦今天给我寄了几本，我非常喜欢‘启蒙书’的设计，我得全力以赴写完我那本，很庆幸您没有等我”。[108]《自然》杂志热情洋溢地评论了这两本书，“迄今为止，科学教材要不太难，要不太简单”，但罗斯科和斯图尔特没有走向这两个极端。这位评论者赞扬了他们对实验的强调，宣称“学生可以发现自己自始至终都处在与自然直接接触的状态”，还称赞了这两本入门书对主题的阐述很有系统性。学生“对外部事物的经验性知识都是系统化的，简单的日常现象揭示出基本原理”，最后得出结论说，这套丛书总的来说标志着“科学教育进步的一个新阶段”。[109]

丛书作者的招募一直在继续，但赫胥黎的导读本依然没写完。麦

克米伦在 1872 年 5 月 31 日写信给赫胥黎，告知他已经委托阿奇博尔德·格基写地质学。[110] 格基的《地质学》在同年出版，3 年后赫胥黎仍然找不到时间来写导读本。罗斯科对赫胥黎的拖沓甚为恼火，不断督促他的主编同事。1875 年 1 月 24 日，他告诉赫胥黎这套丛书销量很好。斯图尔特的物理学图书的销量从上一年度的 5000 册增加到了 392 最近半年的 7000 册，罗斯科称道："我们现在真的很想看到您的导读本！而且我觉得把内容整合起来对你来说不费吹灰之力。"在这套丛书还处于萌芽阶段，作者也没有全部招募到时，导读本的内容只能基于最终出版的各卷内容去预测。但现在已经出版多册，赫胥黎也可以清楚地了解丛书的范围和内容。在罗斯科看来，赫胥黎所要做的就是"概括自然科学的不同领域，从最简单的概念开始（就像之前做的那样），最后以生命现象结束"。

罗斯科为了激励赫胥黎还指出，"其他出版商（甚至包括宗教类的出版社）都窃取了麦克米伦'科学启蒙丛书'的理念，为了与他们竞争，我们迫切需要有一个导读本，把所有东西串起来"。罗斯科提醒赫胥黎："我们现在已经出版了斯图尔特的物理学、罗斯科的化学、格基的地理学和地质学、洛克耶的天文学、胡克的植物学和迈克尔·福斯特（Michael Foster）的天文学。您的导读本对我们来说很有必要，可以与基督教知识学会和其他窃取我们理念的出版社抗争！"公众甚至将基督教知识学会的出版物当成他们丛书里的，罗斯科写道，"但我们的计划和这些拙劣的模仿不同，我们每本书都是实验性的探索"。他希望唤醒赫胥黎行动起来，断言基督教知识学会出版物实际上金玉其外败絮其中，内容糟糕透顶（至少化学是这样）！罗斯科相信赫胥黎的导读至关重要，可以让这套丛书显得与众不同。[111]

一年又一年过去，赫胥黎无法履行自己对这套丛书的承诺，越来越令人心烦意乱。丛书作者的作品似乎达不到入门丛书的要求时，赫胥黎甚为失望。1875 年 9 月 1 日，他告诉麦克米伦：“‘启蒙书导读本’让我很苦恼——格基的书搞得我失去了方向。”[112] 1877 年，他向一位通信者坦言，“我内心非常重视”启蒙导读本。他也意识到，“在这套丛书里，动物学启蒙书如果不是由我来写，让其他任何人来写估
393 计都让人觉得荒谬”，但他建议麦克米伦咨询罗斯科或斯图尔特，看看其他人，谁来写这一本对丛书最有利。[113] 他仍然在关心丛书的成功与否，在 1877 年 1 月 23 日写信给麦克米伦说，应该让数学家威廉·克利福德来写几何。[114]

1879 年，赫胥黎总算找到时间和精力来完成这个被长期搁置的任务，他在 7 月 19 日写信给麦克米伦说：“我靠着意志草草完成导读本。如果我把手稿寄给你，你能否马上做出来，并附上不错的稿酬？”[115] 麦克米伦答复说，会预付赫胥黎 200 英镑。[116] 1879 年 9 月 10 日，他告诉麦克米伦，“导读本大体完成，我对它还是很满意的，我打算寄给罗斯科和斯图尔特，让他们拍板”。[117] 两天后，他将“承诺已久的导读本”发给罗斯科和斯图尔特，并告诉罗斯科“和我当初的想法有很大不同，格基的那本书把我原本的思路打断了，不过我觉得现在倒是好很多”。他的基本思路是“从普通的观察中延伸到科学，再引向物理学、化学、生物学和心理学”。[118] 10 月 4 日，斯图尔特的反馈差不多该寄回给赫胥黎，这样他就可以综合考虑所有的建议，进一步完成它。[119]

赫胥黎的《科学启蒙丛书：导读》在 1880 年年初问世，价格 1 先令。这本书甚至比《自然地理学》或《螯虾》更基础，分为 3 部

分——“自然与科学”“物质对象”和“非物质对象”，每部分进一步细分为简短的小节，都有编号，有的短至一页，有的长至数页。在第一部分中，赫胥黎从感官开始，解释了基本的术语，如“原因”“结果”“自然秩序”“自然规律”等。他明确表示，科学的目的是通过观察、实验和推理获得关于自然规律的知识。与他的其他作品相呼应， 394
赫胥黎断言，发现尽可能多的自然规律，才能指导我们的行为，并指出“科学是完善的常识”。[120]

在关于物质对象的第二部分，赫胥黎将读者的注意力引到了具体的自然物质——水。正如同一节粉笔、泰晤士河或螯虾这些常见事物，让赫胥黎和其他科普作者立足于读者的认知水平，成为一种写作策略，水在这本书里发挥了同样的作用。水其实是非常了不起的常见事物，“常见自然物体中最普通的就是水，每个人每天都以这种或那种方式用水，因此每个人都有关于它的一些松散知识，即常识”。但“水的拥有者从来没有关注过”关于它的大量知识，所以他建议“从研究水开始为科学探究起个头”。赫胥黎探讨了水与矿物和生物之间的关系，还有水的重量，再进一步谈到重力、吸引力、力和测重等问题。接着他讨论了水的运动，热对它的影响（这使他又联想到一般的气体）、冷对它的影响，以及它的结构（从而引入化学）等。来到生物体部分，赫胥黎将话题从水转移到了各种常见的动植物，如小麦和常见飞禽。他强调在动植物体中某些成分非常相似，探讨了“活的”这个词究竟意味着什么。在第二部分结束时，他解释了研究生物体的学科，即生物学，分为植物学和动物学。他还在这部分设法介绍物理学、化学和生物学的基本知识，以便让读者对这套丛书里所涉及的每个领域都有所了解。[121]

关于非物质对象的第三部分专注于精神现象，在自然科学的领域里探讨了它们。赫胥黎对这方面的科学进行了简单概括，“感觉、情感和思想，都是特殊的自然现象，可以归纳为精神世界”。他认为，对精神现象的研究与对物质对象的研究方式一脉相传，在心理学这门
395 科学领域，科学家研究了不同精神现象的先后顺序，以及“它们与物质现象之间的因果联系”。赫胥黎在结论部分为这个科学领域划定了严格的界限，“所有的自然现象不是物质的就是非物质的，不是物理的就是精神的，所有的科学都是关于这类或那类自然对象的知识，及其相互之间的关系”。精神现象只有在作为自然对象的前提下才可以被研究，他将自然界一切意外的事物都排除在科学之外，包括神学话题，这意味着科学自然主义由自然科学构成，每位读了这本科学导读的学童都被灌输要拒绝自然神学的思想。赫胥黎在这本书中用简约的用词、实事求是的口吻、极为清楚的表达，但没有任何插图，与自然神学家为了唤起读者的惊奇感而使用华丽的辞藻形成鲜明对比，那个曾在写作中锋芒毕露的赫胥黎在这本书中不见了踪影。[122]

从销量上看，如罗斯科预料的那样，导读本还是成功的，比《鳌虾》的销量好很多。麦克米伦在 1880 年 4 月 23 日告诉赫胥黎，前一周卖出 80 本，总销量高达 1.9 万册。[123] 在赫胥黎和麦克米伦签订的协议中，赫胥黎以 250 英镑的价格将图书版权和前 1 万册的版税卖给了出版社，超过 1 万册的销量，赫胥黎可以从每本得到 2 便士的版税。[124] 赫胥黎与麦克米伦合作的“科学启蒙丛书”项目进展不错，导读本又大获成功，这可能促使他下定决心从监督“国际科学丛书”的委员会辞退。到 19 世纪 80 年代初，赫胥黎清楚地发现，自己对麦克米伦远远比对查尔斯·保罗更忠心，相比之下，他和前者的观念更

契合。1873 年，赫胥黎与麦克米伦签订了《评论与演讲》(*Critiques and Addresses*) 的出版协议，版权费 50 英镑，超过 500 册的销量后，每册可获得 2 先令的版税。1877 年，赫胥黎《美国演讲》(*American* 396
Addresses) 一书获得了 50 英镑的版权费，外加超过 1500 册后每本售价六分之一的版税。而《休谟》(*Hume*，1878) 一书，麦克米伦向他支付了 150 英镑的版权费，以及超过 1 万册后每本售价的 10% 作为版税。1882 年，赫胥黎《科学与文化以及其他论文》(*Science and Culture and Other Essays*) 一书拿到了 50 英镑的版权费和超过 500 册后每册 2 先令的收入。到这个时候，麦克米伦已经成为赫胥黎主要的出版伙伴，他也让麦克米伦出版了自己的 9 卷本《文集》(*Collected Essays*，1893—1894)，1892 年签了前 5 卷的出版协议，他从每本卖出的书中抽取 20% 的版税。[125]

在赫胥黎的一生之中，他是如何看待向大众传播科学的重要性？其态度发生了显著的转变。在 19 世纪 50 年代，他与钱伯斯和刘易斯等科学写手保持距离，批判他们。到了 60 年代，他抵触达尔文让他写动物学普及读物的请求，尽管他意识到教育中应该引入更多科学的内容，但他觉得这是一场需要大量时间和精力的战役，他还不愿意投入那么多。赫胥黎在五六十年代显然更看重自己的原创性科研，从科学内部寻求改革，1859 年之后他开始为捍卫达尔文进化论而抗争，力争科学家公平对待该理论。在赫胥黎职业生涯晚期，他向公众传播科学的态度发生了惊人的转变。在《生物学和地质学讲演录》序言中，他批判了那些将“公众讲座当成开胃菜、不值得被列为哲学家严肃工作”的人。[126] 赫胥黎这样的说辞在某种程度上是捍卫科学家成为公众人物和教育者的角色，反对那些过度强调专业化的科学家，因为他们

只看重专业研究的价值。在19世纪60年代晚期到70年代初的某个
397 时刻，赫胥黎改变了对大众科学写作重要性的态度，这个时期的法定选民数量急剧增加，教育法案也在1870年颁布。赫胥黎认为在大众科学教育中科学普及是不可或缺的迫切需求，因此他参与了3个主要的项目。如果要给赫胥黎赋予19世纪最重要的科学普及者称号，就必须根据这些项目是否成功来作为评判依据。

罗伯特·鲍尔：科学自然主义者和演讲家

赫胥黎作为这个时代首屈一指的普及者之一，某种程度上是因为他在争论中的非凡表现，而罗伯特·鲍尔则竭力避免被视为好争辩的人，尽管他和赫胥黎一样坚决支持进化论自然主义。鲍尔之所以投身科学写作和演讲是因为喜欢，而不是因为经济所迫或为了开拓科学事业而展开的攻势之一，他在科学普及上投入的时间和精力也远远多于赫胥黎和其他科学家。有学者觉察到，“鲍尔身上所体现出来的巨大不同之处在于，作为著名的职业科学家，他在很大程度上成功扮演了普及者的角色，通过写文章、著书和演讲，广泛参与其中”。他在1877年到1906年写了13本大众天文学读物，在1888年普罗克特去世后成为英语世界最广为人知的天文学作者和演讲家。[127]

鲍尔的科学家和普及者事业受益于诸多因素的影响，包括他的成长环境，科学经常是其家庭生活的主题，而且他在本科学习时就取得了巨大成功，还有很重要的一点是他曾在一个贵族庄园担任家庭教师，家里有一架世界上最大的望远镜。鲍尔于1840年出生在都柏林，父亲是都柏林城堡的书记员罗伯特·鲍尔博士，母亲是阿玛莉·赫利

卡（图 7.6）。鲍尔的父亲是一位狂热的博物学家，活跃在爱尔兰皇家学院，并曾担任爱尔兰皇家动物学会的名誉秘书。罗伯特·鲍尔曾回忆说，家里经常举办科学活动。家里有几次成为都柏林动物园所购动物的临时收容所，包括一只从巴西买的树懒，被挂在餐厅壁炉前的椅背上。鲍尔还记得与著名科学家们会面的场景，他们都是父亲的朋友，如爱德华·福布斯和理查德·欧文等人。依然令鲍 398
尔记忆犹新的一个场景是，小时候坐在欧文大腿上，而这位著名的解剖学家此时正在绘制一幅孟加拉虎捕猎的图。鲍尔先在家里得到了诸位家庭教师的指导，后来被送到了都柏林一所预备学校，1857 年进入都柏林三一学院读书。鲍尔的父亲在同一年去世，随之而来的经济困难迫使他在第一年就拿到了奖学金，也成为一名严于律己的学生。1861 年，表现优异的他脱颖而出，赢得了大学学生奖学金，每年 100 英镑，为期 7 年。这份奖学金让鲍尔经济独立，也让他有机会决定自己的未来。他曾考虑在教会中发展事业，还开始参加神学课程，但基督教早期历史中的异端学说打消了他这个念头。鲍尔在读本科时擅长的是数学，尽管他也上了威廉·哈维的植物学课。在进入三一学 399
院那年，他读到了米歇尔的《天体》（*Orbs of Heaven*），在学院读书期间，他还学习了约翰·布林克利（John Brinkley）的《平面天文学

图 7.6　罗伯特·鲍尔爵士肖像。

基础》(*Elements of Plane Astronomy*)和其他数学天文学经典读物，都是一门必修课上要求的阅读材料。[128]

1865年，鲍尔成为比尔城堡里罗斯勋爵儿子们的家庭教师，城堡位于都柏林外80公里的小镇——帕森城（Parsonstown），这份工作让鲍尔决定将来要成为一名天文学家。这份工作吸引鲍尔的是他可以使用6英尺的巨型反射式望远镜，这在当时是世界上最大的望远镜。鲍尔在那里待了两年，遥望夜空的星云，也因为罗斯结识了众多杰出的科学家，包括查尔斯·巴比奇（Charles Babbage）、威廉·哈金斯、查尔斯·惠特斯通（Charles Wheatstone）和沃伦·德拉鲁等人。1867年，鲍尔在都柏林新成立的皇家科学院担任应用数学和机械学教职，1873年当选为皇家学会会员，第二年，时年34岁的他又被任命为爱尔兰皇家天文学家、丹辛克（Dunsink）天文台台长和都柏林大学安德鲁斯天文学教授。他在丹辛克天文台研究了恒星视差，但到19世纪80年代他的观测活动大大减少，因为他的右眼出现了一些问题，到1885年甚至完全失明。[129]鲍尔在1882年接替约翰·丁达尔，成为爱尔兰之光委员会的科学顾问，并在1886年封爵，不过他事业生涯的最高荣誉是在1892年接替约翰·亚当斯被任命为剑桥大学天文学和几何学罗恩丁（Lowndean）讲席教授，并在不久后当上了大学天文台台长。1892年2月20日，鲍尔写信给妹妹开玩笑说："这个职位即便不是欧洲、太阳系、银河系或宇宙中的最高科学职位，至少在英国是最高的！"然而，更多的荣誉等着他，他后来还担任了皇家天文学会（1897—1899）和数学协会（1899—1900）这两个学术组织的主席。[130]

鲍尔为何在著述和讲座中探讨科学思想更宏大的意义，对于这个问题的理解，鲍尔生活中的另一个因素非常重要，那就是他在 30 多岁时失去了宗教信仰，这一点在他的大部分传记中都没有提及。他曾认真考虑过在剑桥从事教会工作，有迹象表明在他十几二十岁时曾是坚定的圣公会教徒。在帕森城的时候，鲍尔与罗斯站在统一战线，驳斥星云假说，因为这种学说与激进的社会和宗教组织联系在一起。星云假说的支持者认为，猎户座星云是由气态物质组成的，证实了拉普拉斯学说和普遍性的进步规律。自从利维坦望远镜在 19 世纪 40 年代中期投入使用后，罗斯就开始发起了抵制星云假说有效性的运动。他声称，利维坦望远镜提供的证据表明，猎户座星云由不同的星体构成，但在 19 世纪 60 年代中期，威廉·哈金斯宣称，光谱学证据表明猎户座之类的天体是气态物质，不是由恒星构成的。鲍尔站在罗斯这边，相信在帕森城观测到的星云图像是真实的。[131] 鲍尔和罗斯以及其他拒斥星云假说的人站在一起，也拒斥与该假说相联系的异端学说，直到 1867 年，鲍尔的信仰依然还在。 400

1868 年 8 月 5 日，鲍尔在担任都柏林皇家科学院的应用数学教职后，与弗朗西丝·斯蒂尔结婚。这位鲍尔夫人在结婚时还是虔诚的基督教徒，她在日记中写道，意识到丈夫正偏离他先前的宗教信仰时，她感到痛苦。1868 年 10 月 10 日，她写道，“很遗憾，自结婚以来，我觉得宗教在我的灵魂中变得不那么重要”。尽管她很自责，埋怨自己很少和丈夫讨论宗教问题，但她在 1870 年 1 月 16 日表明自己渴望和鲍尔在宗教问题上有更多的“心灵共鸣”。1873 年 1 月 3 日，她深感绝望，希望“罗伯特和我能有更多的共鸣，尤其是在礼拜日”。她回忆说，他们刚结婚时，礼拜日过得“很有意义”，但“现在不再像曾经那样”。[132] 1908 年 2 月 28 日，鲍尔在给物理学家奥利弗·洛奇的信中坦言自己丧失了信仰，告诉对方说：“对你这位老朋友，我才敢说以前从来不敢说的话。”他告诉洛奇，在他的成长中，福音派母亲及其虔诚的亲戚们的宗教信仰让他和兄弟姐妹感到压抑，“我必须
401 得说，在家庭早晚祷告和主日学、祈祷会以及周日漫长的各种仪式中，我们已经筋疲力尽”。于是，鲍尔及其两个兄弟逐渐放弃了“几乎所有的活动，我唯一保留的活动是周日上午参加金斯教堂（Kings Chapel）的聚会”。鲍尔回忆说，在他快 30 岁时还依然相信来生，但是他在他的“孩子们可以奔跑的时候，已经放弃了这个信仰”。鲍尔的大儿子，他的第一个小孩，出生在 1869 年 12 月 7 日，到 1876 年时他又多了 4 个孩子，最后一个孩子在 1881 年出生。也就是说，鲍尔在 1870 年代早期开始拒斥来生的存在。与此同时，他的妻子开始感觉到他在宗教问题上与自己渐行渐远。他告诉洛奇，因为自己失去了信仰，对孩子们也“顺其自然”了，他估计“最终儿子们都跟我差不多，而可爱的女儿则会比较虔诚，甚至完全像祖母或姨妈们期望的那样虔诚”。[133]

鲍尔并非赫胥黎核心圈子里的成员，但他也是一位进化论自然主义者，与丁达尔关系甚好。鲍尔在丹辛克时写过一封未注明时间的信给妻子，告诉她自己在访问伦敦期间与丁达尔夫妇共进午餐。[134] 鲍尔在一生中对自己失去信仰这件事上小心翼翼，不像丁达尔或赫胥黎那样公开批判宗教组织。估计他是不想影响到自己在事业上的期望，后来他开始在演讲和写作上大展宏图时，他并不希望因此失去演讲和出版的机会。这一策略至少在一段时间里管用过，例如在基督教知识促进会，这个以宗教教育为主的出版商要推出他的《岁月》（*Time and Tide*，1888）时，以及在 1890 年《善言》期刊上分 4 期发表关于太

阳的文章时，都奏效了。[135] 然而，天主教神职人员却将他的《繁星王国》（*In Starry Realms*，1892，Isbister）中关于达尔文主义的章节与丁达尔声名狼藉的“贝尔法斯特演讲”相提并论。[136]

到了 19 世纪 90 年代，鲍尔已经确立了自己作为科学演讲者和作者的威望，在这 10 年里他成为天文学巡回演讲里的明星人物。[137] 尽管鲍尔依然立足于爱尔兰，但他在整个 70 年代后期和 80 年代经常 402
会到英国，给各种各样的受众讲课。到 1884 年时，他已经举办了 700 多场讲座。他的第一次公众讲座于 1874 年在伯明翰米德兰学院（Midland Institute）举办，讲的是金星凌日和他在帕森城利用利维坦望远镜观测的经历。1880 年，他受邀取代普罗克特的位置成为吉尔克里斯特（Gilchrist）讲师，因为普罗克特在英国之外的地方做巡回演讲。吉尔克里斯特信托基金每年在英国各工业中心资助了一系列公众讲座。鲍尔的讲座主要是在约克郡和兰开夏郡，大部分是面向工人阶级。1880 年的第一场讲座，他去了罗奇代尔、阿克宁顿、哈德斯菲尔德、普雷斯顿和伯里等地。1882 年 1 月，鲍尔在不到两周的时间里，在 10 个不同的城镇做了同一个演讲“望远镜及其用途”。他和吉尔克里斯特信托公司保持了长达 20 年的联系，也会为层次更高的听众做讲座。1881 年，他第一次在皇家学院做讲座，题目是“星星的距离”，1884 年、1887 年和 1901 年，鲍尔三访美国发表演讲。在最后一次巡回演讲，他在 9 周的时间里做了 48 场讲座。显而易见，他给人留下持久而深刻的印象，《波士顿晚报》（*Boston Evening Transcript*）的讣告称，“自伟大而唯一的赫胥黎时代之后，没人（能比得上鲍尔）以舌头为媒介，将更多的自然知识传输到人们的大脑里”。[138]

鲍尔成为活跃的公共演讲家有几个原因。首先是可观的收入。

1884 年，他从著名的波士顿罗厄尔讲坛中拿到了 165 英镑的收入，而且被告知，要是留下来的话每周可以赚到 100 英镑。鲍尔每次讲座的收费通常为 25—40 英镑。1892 年，他在权衡是否要接受罗恩丁教席时，草拟了一份在剑桥生活的预算方案。他估计自己每年可以从讲座中赚到 600 英镑，差不多与罗恩丁教席的工资收入相当。1897 年，他写信给一个朋友时指出，讲座比写作赚得更多，“讲座是一个比写作更持久的收入来源，因为同一个讲座可以讲很多次，而同样的内容能
403 写（或者应该写）的次数有限”。鲍尔后来又为公众演讲找到了第二个理由——帮助他改进大学课堂。1892 年，鲍尔在给妻子的信中谈到，自己在剑桥大学的基础性讲座取得了巨大成功，“我现在更加领会到，我对一般性公共讲座的把控给我带来了巨大的好处，即使是对纯粹的大学事务也很有利”。鲍尔参与广泛的巡回演讲还有第三个原因是，“演讲非常有趣，也是一种休息和改变”，他曾跟一位通信者如此说道。[139]

鲍尔讲过各种各样的天文学主题讲座，但他其实有一套可以反复使用的演讲名录。1892 年，他被问及可以讲哪些题目时，鲍尔轻松而幽默地答道：“我可以用‘冰河世纪’凝固你，也可以用喀拉喀托火山的雷电轰炸你；我可以告诉你关于‘岁月’的可怕谎言，也可以滔滔不绝地讲述‘不可见的星辰’让你惊呆；我经常在‘其他世界’的讲座中讲最大的腐化！在‘望远镜之夜’的讲座中讲一点（很少的一点）神学内容。”[140]

1890 年后，鲍尔讲过地震、月球、金星和恒星等主题。[141] 鲍尔还和普罗克特一样，毫不犹豫用上了地外生命的相关主题。“地球之外的世界”这个讲座题目，鲍尔就是借用了普罗克特最著名的作品名

称，但他并没有断言其他星球上一定存在生命。他在演讲中推测说，太阳系所有行星中，金星上是最有可能居住着与地球生物有密切关系的生物，“如果金星上有生命的话，我们基本可以确信的是，不管他们是什么样的，都会住在阳光充裕的半球，他们对夜晚一无所知”。他认为，朝着太阳的半球覆盖着热带雨林和茂盛的植被，但他也坦言那里的大气对生命可能是致命的。[142] 1890 年 1 月，鲍尔将这个讲座 404
做了些变动在古耳又讲了下，作为吉尔克里斯特系列讲座的一部分。根据《古耳周报》（*Goole Weekly Times*）的报道，在讲座开始前 45 分钟，“每个角落”都挤满了人，1100 多人付费来听讲座，挤满了古耳最大的建筑。[143]

除了当时“热门”的天文学话题，鲍尔和伍德、佩珀以及其他参加巡回演讲的表演者一样，花样繁多。鲍尔经常到皇家学院听丁达尔的演讲，坦言他有特别的天赋，努力学习如何“以丁达尔的方式”激发自己的想象，“力求惟妙惟肖的表达和措辞”。鲍尔也意识到视觉图像的必要性，尤其是对年轻观众来讲，比实验演示更重要。他不遗余力去收集关于天文台、实验仪器、太阳黑子和月球环形山等方面最好的幻灯片。在 19 世纪 70 年代，即鲍尔演讲生涯早期，很难找到好照片。当时干版摄影“还没有成为天文观测台获取图像的主流方式”，最优秀的天文摄影师也还没出现，如艾萨克·罗伯茨（Isaac Roberts）和爱德华·伯纳德（Edward Emerson Barnard）。到 1881 年时，鲍尔开始用摄影照片，1884 年用了图表和立体幻灯机，1890 年则引入了氢氧灯。鲍尔喜欢在讲座中穿插笑话，幽默十足，经常以诙谐的奇闻逸事开场。例如，他有一次在一个小镇的火车站演讲时，要去见一个不认识的人，他到达车站时那里挤满了人。这时，他发现有一个人在仔细探查下车的人，但鲍尔问他是不是在等自己，他却说不是。车站里的人慢慢都走光了，只剩下鲍尔和那个人，对方走过来说，奇怪得很，因为他是来接乘坐这趟车的罗伯特·鲍尔爵士的。鲍尔说道："就是我。"那个人满脸狐疑地答道，他本以为会见到"一个带着蓝色眼镜、疲惫不堪的人，但是你为什么看起来像一个自得其乐的人"。鲍尔在演讲结尾时就不再讲笑话了，而是引用名言或诗句结尾。[144]

405 据鲍尔自己称，他最广为人知的演讲是"穿越时光长廊的一瞥"，那个讲座最初是 1881 年在伯明翰米德兰学院新大厅开幕仪式上做的。鲍尔选了月球和地球潮汐之间的长期影响作为演讲主题，对听众来说这个题目是陌生的，因为它原本只发表在科学论文里，还没有"剥掉数学的外衣"以"公众理解的方式"公布于世。[145] 鲍尔作为一个进化论自然主义者，很少以宗教情感去吸引听众。不过，他确实像艾伦一样，努力去激发读者的敬畏之心和惊奇感。这是他在向诸多科普作家青睐的设计论让步，就如同赫胥黎模仿他们强调常见事物一样。鲍尔从一开始就指出，自己选了一个充满诗意的题目，因为他相信这个主题"不管是在激发想象力还是在理性上，都非常有吸引力"。鲍尔让观众试着去想象地球还是炙热的、没有生命存在的时候，月球也在那时诞生于地球，他宣布他将尝试借助数学推理来解释这个过程。数学对数学天文学家来讲是主要的工具，他的任务就是伏案工作，解释由观测天文学家提供的事实。[146]

鲍尔展示了月球引起的潮汐是如何慢慢增加白天的时长，与此同时地球在将月球推远，它们的距离慢慢增加。他告诉听众说，时间倒退到 100 万年前，地球和月球的距离远比现在要近，地球上白天只有 3 小时。再追溯到更早的某个时候，两个星球的距离非常近，甚至触碰到一起。鲍尔随后画了一幅戏剧性的画面，月球紧挨着炙热的火红的地球，绕着它飞速转动。他宣布，“我就是想通过这幅画面向你们展示穿越时空长廊窥见的一个景象”，当月球离地球这么近的时候，潮汐的作用更强烈。高涨的潮水可能会淹没伯明翰市，尽管这个城市的海拔有 500 英尺，而且离大海有几英里远。鲍尔向听众展示了这可怕的一幕后，现在引导他们窥视未来这个地月系统达到最终状态的情景。月球退得越来越远，绕着地球旋转也越来越慢。末了，鲍尔总结 406
了宇宙中的一个普遍规律，即潮汐现象并非只在地月系发生，宇宙中的每个星球都可以在其他星球产生潮汐，“我们知道，潮汐将太阳变成了现在的样子，那可以说潮汐的神奇力量不就是在更大的空间发挥作用？”[147] 在“时光长廊”和其他讲座中，鲍尔都用了戏剧性的表述，去激发听众对奇迹的想象力。

鲍尔的天空故事

鲍尔是一位精力充沛的演讲家，也是高产的科学作家，对他来说，这两项事业紧密联系在一起，讲座的内容经常成为写作的基础。[148] 他发现将讲座内容转化成书面作品相对简单，他的《地球之初》(*The Earth's Beginning*，1901，Cassell）和《星球乐园》(*Star-Land*，1889，Cassell）都是基于皇家学院的讲座写成的，而《岁月》则是取自伦敦研究院的讲座，他靠这些讲座和写作，赚取了一笔个人财富。[149] 鲍尔有时候会直接将作品版权卖给出版商，他从基根·保罗那里得到了《冰河世纪的起因》(*The Cause of an Ice Age*，1891）这本书的版权费 200 英镑。[150] 他之所以能拿到这么丰厚的版权收入源自他作为杰出科学家的声望，而且他也是经得起大众市场考验的科学作家。他每年还从其他作品中获得版税收入，在考虑搬到剑桥的时候，他估计自己每年可以从作品中获得 300 英镑的收入。这不过是他演讲收入的一半，但依然很可观了，差不多相当于他作为罗恩丁教席的一半工资。[151] 鲍尔在有生之年一直都有版税收入，在去世前几年写给遗嘱执行人的文件中，他详细说明了关于他和继承人的版税获取权。他在这份文件中指出，与卡斯尔公司合作的作品版税最丰厚，包括《星球乐园》《太阳的故事》（*Story of the Sun*，1893，Cassell）和《地球之
407 初》。[152] 在与出版社合作时，他选择了多家公司合作，除了卡斯尔和基根·保罗，还有朗文、菲利普父子（G. Philip and Son）、艾斯比斯特（Isbister）、剑桥大学出版社、乔治·贝尔父子，以及基督教知识促进会等。

鲍尔的写作对象包括儿童和成人，将他们当成具有不同知识和智力水平的受众，不管在演讲中还是在写作中，部分受众会带来一些问题。1891 年，他在皇家学院一门青少年课堂上发现 800 名听众里只有四分之一是青少年和儿童，一个 8 岁的小孩、英国知识促进会主席和上议院大法官各参加过一次讲座。鲍尔回忆说："听众的知识水平参差不齐，涵盖了多种层次，这给授课者带来某些困难。"[153] 鲍尔为儿童和初学者写了不少书，朗文出版了其中两本学校教材，《天文学》（*Astronomy*，1877）是鲍尔的第一部作品，售价一先令六便士，到 1890 年时售出了将近 4000 册。[154] 这本书一直发行到 1916 年，有几个版本，在美国还有霍尔特公司（H. Holt and Company）版本。这本书是初级入门书，涵盖了所有的基础知识，被纳入伦敦科学课堂用书。朗文出版的另一本《天文学基础》（*Elements of Astronomy*，1880）"主

要针对初学者”，讲解了天文学中关键术语和观念的基础知识，[155] 售价 6 先令，发行了 8 版，最后一版在 1917 年出版，在美国的版本由阿普尔顿公司出版。鲍尔还有一些书是针对初学者写的，如《天文学启蒙书》（*A Primer of Astronomy*，1900，Cambridge University Press，5th ed.，1955），售价一先令六便士，开篇从太阳讲起，然后是一个接一个的行星，再讨论了彗星、恒星和星云。而《天空通俗指南》（*A Popular Guide to the Heavens*，1905，George Philip，5th ed. 1955）的目标是“通过总结我们当前关于太阳系的知识，提供一部了解天空的通俗读物”，以及各行星的位置。这本书定价相对较贵，15 先令，因为里面有 82 幅插图，包括星图和“天体的最佳绘画和摄影艺术作品”，这些插图是本书的主要特色。[156] 所有这些作品都用简明扼要的 408
语言讲解了天文学的基础知识，直奔主题，它们都没有纠缠于宗教主题或使用诗情画意的描述。

鲍尔的《星球乐园》在其作品中是个有趣的例外，跟其他面向儿童和初学者的一贯做法不同。该书售价 6 先令，一直发行到 1904 年，在美国也出版了，到 1891 年时已经售出 1.3 万册。这本书的内容来自 1881 年和 1887 年他在皇家学院的圣诞讲坛给儿童做的一系列讲座（图 7.7）。比起其他作品，这本书更多地保留了鲍尔公共演讲的风格，因为出版社派了一名记者到现场逐字逐句做了记录。鲍尔刚开始并不同意有人记录讲座，因为他并不希望在讲座中说的有些内容出现在作品里。据鲍尔的弟弟查尔斯称，出版商回复鲍尔说：“这些正是我们想抓住的东西！”于是，讲座的速记笔记最终构成了《星球乐园》的基本内容。从这本书中我们可以一瞥鲍尔作为作者和演讲家有趣的一面。[157] 他将这些讲座说成到“星球乐园国度”的一次远行，那里是一

图 7.7 鲍尔在皇家学院给青少年做讲座。出自《星球乐园》，扉页插图。

个魔法世界，充满奇迹，主要居住着天文学家。[158]

鲍尔时而戏剧性时而幽默的方式展示了这个世界的奇迹，他使用的一个技巧是讲述科学英雄（如牛顿）或伟大科学发现的故事，如费雷德里克·赫歇尔对天王星的探测，这些故事旨在表明天文学家几乎有着魔法师的预测能力。在讲完奥本·勒维耶（Urbain Le Verrier）及其发现冥王星的故事后，鲍尔问道，"我们不是已经向你们展示了天

文学家的计算是多么值得我们尊敬了吗？实际上，他们在望远镜观测
到之前就发现存在一颗雄伟的行星”（图 7.8）。在谈及天空的巨大无
比时，鲍尔也喜欢唤起听众的惊奇感，为了让他们对地球和太阳之
间的巨大距离留下深刻印象，鲍尔让他们想象一下一辆快速列车需要
开多久才能完成这趟旅程。如果以每小时 40 英里的速度计算，火车
需要花费的时间长得惊人，需要 265 年才能跑完整个旅途。他随后指
出，即使从查理一世国王那时就启程，到现在旅程也没完成。现在任
何人上车，也不要指望能到达终点，得等到他们曾曾孙那一代才能抵 409
达。月球上重力大大减小，为了突出在这样的世界生活的样子，鲍尔
让读者想象最熟悉的游戏将会发生什么改变，他开玩笑说：“例如，

图 7.8　在这本书的插图中，一位留着胡须、仿佛是巫师的人物成为通往天空中的奇迹的向导，而不是干净利落的鲍尔本人。出自《星球乐园》，第 111 页。

410 板球运动，我倒不认为击球会受到多大影响，但在月球上击球应该真是棒极了。”[159]

在写给成年人的作品中，鲍尔在支持进化论自然主义多年后变得更加大胆。卡斯尔公司将他最成功的作品之一《天空的故事》（*The Story of the Heavens*，1885）的售价定为三十一先令六便士，这本书的高成本来自里面的 24 幅彩图和大量黑白插图。然而，这么昂贵的定价并没有阻碍其销量，到 1891 年时就卖了 1.8 万册，而且在进入 20 世纪后仍然不断再版，最后一版在 1910 年发行。鲍尔开篇就解释说，书名就指的是他将告诉读者“奇妙的故事”，如果“淋漓尽致讲好故事，将会有无穷乐趣，美不胜收”。在这本书中，鲍
411 尔经常唤起读者对天空之美产生敬畏之心，还有一个主题也同样重要——伟大天文学家们的巨大成就，他宣称书中的“惊奇故事会让人思考自然中的宏大现象和天才们的伟大成就”。[160] 普罗克特曾将宗教故事置于天文学写作的核心地位，鲍尔却不同，他展现了一个世俗化的宇宙故事，与艾伦和克劳德两人的方法更相似。不过，鲍尔也在避免公开对抗宗教，他的故事关注人类成就的荣耀和天空中的自然奇观。

鲍尔首先探讨了太阳和月亮，因为它们是人们最熟悉的两个天体。他为自己辩护说，“为了以最自然的方式揭露天空的故事”，他不得不“尽可能按照天体距离远近的顺序”，从太阳系的行星讲起，再到彗星、恒星和其他遥远的天文学现象。鲍尔常常强调天体之美，“一位热爱风景的人，在望远镜中看到土星，不可能无动于衷，只会产生最强烈的情感”。每个天体通常都会与一位重要的天文学家联系在一起，在火星这章里，天文学英雄是阿萨夫・霍尔（Asaph Hall），

他在1877年发现了火星的卫星，而关于天王星的故事，“在它的早期阶段，无论如何都与威廉·赫歇尔的早期事业分不开”。鲍尔宣称，“不大可能将两者分开，也不适合将其分开”，尽管赫歇尔在天文学史上占有重要地位。鲍尔认为在这趟“辉煌的发现之旅”中，最引人注目的故事是勒维耶发现海王星的故事。鲍尔在书中颂扬了天文学家的数学成就，而不是他们的观测，“我们可以自行想象，这位伟大的天文学家数月埋头深思，他的双眸不是望着遥远的星星，而是盯着眼前的计算和公式”。勒维耶不需要望远镜，“他使用的唯一工具是人类的智慧”，他在“高超的数学技能”指导下，最终“发现了遥远太空中闪闪发光的星星，其准确性与实际观测相差无几”。他把计算结果交给观测天文学家，“瞧！在标明的地方就是那颗行星所在处”。鲍尔宣称，“科学年报上不会有这样的成就”，勒维耶的成就证明了万有引力的存在，而本书的大英雄其实是牛顿。在前面关于“万有引力定律” 412
的那章就介绍了这一普遍规律，为天文学这门学科提供了基础，并向“伟大的天才牛顿”致敬。鲍尔在“彗星”这章中，证实了整个太阳系都按照严格的自然规律运行，也包括彗星，虽然人们曾经迷信地把它当成灾难将至的标志。对鲍尔来说，古老的数学天文学工具有力地证明了科学自然主义，而与之形成对比的普罗克特认为，分光镜才证实了自然的目的论思想。然而，鲍尔在天文学世俗化方面比普罗克特更接近现代思想，尽管他很少使用分光镜或摄像机等新技术。[161]

一般的期刊对鲍尔作品的评价大多是正面的，有些评论认为鲍尔试图激发读者的惊奇感，但他的科学自然主义却没怎么得到关注。《英国评论季刊》宣称，“这无疑是迄今为止最精妙和成功的科学普及读物”，赞扬了鲍尔的讲解详尽而系统，但又让大众读者容易理解。

而且，本书的腔调“容易激发读者的惊奇、崇敬、感激和钦佩”。[162]《学刊》称赞该书“具备科学的精确性，又浅显易懂，风格也很吸引人”，并预测它将取得“辉煌的成功”。[163]《学会》的一位评论者预言，“某些批评家”可能会对鲍尔的书嗤之以鼻，给它贴上“哗众取宠”的标签，但对这位评论者来讲，鲍尔以现在这种方式“激发读者的惊奇”，他的哗众取宠不过是“每本大众科学读物应该有的样子”。科学事实就应该“在首次呈现时唤醒人们的惊奇感”，这位评论者毫无保留地将鲍尔的书推荐给希望“获取可靠信息的人”，“本书中的可靠信息就是最令人惊奇的天体现象，其讲解方式非常有趣”。[164]科学期刊则对这本书没有表现出同样的热情，《自然》杂志称赞鲍尔提供了“天文学最全面和完整的核心知识和原理，展示给完全没有科学专业知识的公众”，他也特别关注了最新的天文学发现，但评论里也有
413 些批评，说鲍尔不时地在读者面前表现出居高临下的姿态，几乎把他们当成懵懂孩童看待。[165]而《知识》杂志的评论甚至进一步谴责了鲍尔这本书低劣的讨论水平，抱怨说毫无经验的学生不会意识到自己是在读一页又一页“言之无物”的废话。[166]

鲍尔的《繁星王国》比《天空的故事》晚 7 年出版，更大胆地提出了进化论自然主义。这本书由艾斯比斯特公司出版，定价七先令六便士，再版过几次，最后一版在 1912 年发行。书中的文章曾刊登在《善言》《女孩自己的报纸》(*Girl's Own Paper*)《麦克米伦杂志》《当代评论》《朗文杂志》等期刊和各种报纸上。在所有内容中，最醒目的章节是“达尔文主义及其相关科学分支”。鲍尔回忆说，在大学念书时，《物种起源》首版发行，他就读了此书，声称自己“立刻皈依了这些新学说，而且余生都受到了其影响”。鲍尔没有直接探讨达尔

文思想的宗教问题，他更感兴趣的是达尔文对天文学的影响。他指出，现在大多数天文学家都同意一个观点，即太阳系的历史在星云假说里是一部进化的历史。鲍尔感叹道，“天文学家是最优秀的进化论者”，因为“他们为整个太阳系勾勒了宏伟的进化历程，现在他们又欣喜地发现，达尔文这位杰出的天才将进化论伟大思想扩展到整个有机生命世界”。这位天文学家先简明扼要追溯地球从原始星云中产生的过程，然后将地球的其他历史，包括有机生物的进化，交给了生物学家达尔文。鲍尔将达尔文称为“自然史上的牛顿”，他的“不朽之作对知识产生了革命性影响”。[167] 鲍尔是罗斯伯爵的忠实助手，罗斯伯爵的利维坦望远镜本是为了瓦解星云假说，但鲍尔却逐渐变成了拉普拉斯理论积极的拥护者。鲍尔在《繁星王国》中表达了自己的愿望，希望为读者提供一个“关于崇高的创世计划的全新认识，地球在其中扮演了细微但却庄严的角色”，[168] 不过创世固然崇高，但并不神圣。

达尔文主义那章至少激怒了一位天主教批评家。《爱尔兰教会报》 414
（*Irish Ecclesiastical Record*）上一位怒气冲天的评论家声称自己有义务去证明鲍尔关于进化论的观点是不可靠的，尤其是在他的书如此受欢迎的情况下，“为成千上万读者写科学的这位作家，他几乎没有对手，大致可以肯定地说，他向公众传授的天文学知识比任何其他天文学作家都多”。鲍尔的评判者希望阻止他的达尔文主义搭乘“流行的天文学”的顺风车，他指出充满争议的这一章早先在期刊上发表时，并非广为人知。[169] 当时并没有引起多少关注，如果就此“搁置”，停留在那本期刊的页面上，“它可能不会遭到评判”。但现在，它从“相对默默无闻的状态走出来，作为《繁星王国》这本书的最后一章，重新出现在公众视野里”。在那篇文章最初发表后的14年里，鲍尔的名气越来越大，而且“这么有名望和成就的一位老师，一旦他有什么观点，必然会在公众心目中留下深刻的印象”，鲍尔遭到恶言恶语就很理所当然了。这篇评论的作者仔细分析了鲍尔在达尔文主义那章中对星云假说、生物进化论和生命起源等主题的讨论，其目的是想表明鲍尔一旦脱离了自己的专业领域，其说法就没什么权威性了，“无论鲍尔爵士作为天文学家是多么出色，但不得不遗憾地说，他作为一名生物学家，绝对是不可靠的”。[170]

鲍尔后来专门写了一本星云假说的书，他试图在里面澄清罗斯在星云研究历史中的地位。《地球之初》在英国由卡斯尔公司出版，售价七先令六便士，在美国由阿普尔顿公司发行，英国的最后一版在1909年发行。他在开篇就用该主题的“崇高壮丽”来吸引读者，“如果考虑到太阳系进化这个宏大主题，而且地球也只是其中一部分的话”，不管曾经、现在还是将来所有的人类事务，“将会变得无足轻重”。鲍尔指出，康德、拉马克和威廉·赫歇尔这3位伟大的科学巨匠都得出同样的结论，这就很有说服力。尽管没有人亲眼见证“我们太阳系的大进化”阶段，但现存的星云已经足够证明其性质，星云毕
415 竟与地球形成之初的阶段是平行的。早些时候在罗斯和哈金斯的争论中，鲍尔倒是支持前者，但现在他承认哈金斯已经化解了星云理论最重要的反对意见，因为哈金斯通过分光镜证明了气态星云的存在。鲍尔提供了照片作为证据，来自利克天文台的大旋涡星云图像（图7.9）。鲍尔认为：“如果我们委托一位非常精通天文学伟大知识的艺术家，让他完美呈现太阳系的星云起源，他就算经过严格训练，技艺高超，我觉得他也不可能圆满完成任务，凭想象设计出任何作品媲

美眼前的这幅画。”在鲍尔看来，这幅画展示的是“正在形成”的系统，处于演变之中。除了提供当前星云研究的证据之外，鲍尔还提供了其他证据。在太阳系各星体运动中观察到了惊人的巧合，在太阳系的星云起源解释了行星轨道平面在位置上非同寻常的一致性以及行星旋转方向的一致性。[171]

图 7.9　鲍尔认为，这张大旋涡星云摄影照片是“绝妙的自然插图”，证实了康德、拉普拉斯和赫歇尔三人的观点。出自《地球之初》。

尽管鲍尔看起来是在积极拥护星云假说，但他也尽力维护罗斯伯爵在天文学中的贡献。罗斯曾公布了大旋涡星云中的螺旋结构，但当时人们认为这不过是他的想象，最近的天文摄影证实了他的说法。利克天文台已经宣布，基于“摄影图像本身就是不可辩驳的证据”，“天空中至少存在 6 万个旋涡星云”。在鲍尔看来，罗斯成为天文学先驱之一，确定了旋涡星云的存在。鲍尔认为，旋涡星云现在“作为极其重要的天体”，不管是罗斯对星云可分解性的看法，还是他关于星云性质所蕴含的正统宗教意义的观点，他的工作都极具价值。[172]

鲍尔专门写了一本书来颂扬天文学家的成就，也包括罗斯。《伟大的天文学家》（*Great Astronomers*，1895，Isbister）比《天空的故

事》用了更长的篇幅讲述了天文学英雄们的故事，包括从托勒密到亚
416 当斯的 18 位人物。[173] 他在导言中将这本书定位为天文学的演变或发
展历程，“从希帕克斯的时代至今，天文学一直在稳步发展之中”。天
文学的历史在观测与理论的交织之中，因为“在不同时代出现了一个
又一个伟大的观测家，揭示了一些新现象”，接着“一位又一位高屋
建瓴的智者”解释了“这些观测事实背后的真正意义”。遥望星空的
观星者（如威廉·赫歇尔和约翰·赫歇尔）和伏案工作的数学天文学
家（如牛顿和勒维耶）通力合作，慢慢解开浩瀚宇宙的奥秘。鲍尔也
417 颂扬了仪器制造者的成就，如罗斯伯爵，天文学英雄们是本书的主
角，“天文学的历史自然与这些伟人的历史不可分割，他们的努力才
造就了天文学的进步”。[174]

鲍尔重点讲述了英国天文学英雄们的故事，尤其是近现代的天文学家，他的爱尔兰血统让他也将威廉·汉密尔顿（William Rowan Hamilton）、罗斯和约翰·布林克利等人纳入进来。他尤为敬重勒维耶，尽管他认为海王星是勒维耶和英国天文学家亚当斯一起发现的。如同在《天空的故事》中一样，鲍尔向勒维耶再次表达了崇敬之情，因为他觉得勒维耶身上展现出一流数学天文学家具备的所有品质。数学天文学家的任务是从观测天文学家的观测结果中推导出“支配天体运动的真正规律”，这项任务“值得倾注人类最高的智力”。鲍尔本人也有着数学天赋，相比之下他更认同数学天文学家。勒维耶在数学天文学家中享有“非常尊贵的地位”，因为他“有力证明了人类思想何以能够透过自然现象，成功触及深层的真相”。[175] 勒维耶伏案研究观测到的天王星运动受到的干扰，确定了另一颗行星的存在，甚至在用望远镜确定这一发现之前就计算出了它的位置，“只要科学一直在发

展”，这一事件就将被“庆祝”，鲍尔如此评论。[176]这成功证明了人类智慧的力量和天文学英雄的重要意义，将一位科学家描述成英雄并不是什么创新，但以众多伟大科学家的故事来展现一门学科的发展却不常见。克劳德的《进化论先驱》在两年后才出版，其创新之处在于强调科学英雄对进化论史诗的塑造，而不是某个特定的学科。但对克劳德及其后来的科普作家来讲，鲍尔基于杰出科学家的英雄形象，创立了一种世俗化的科学发展叙事。

确立科学家的科普角色

赫胥黎和鲍尔在科学研究中取得越来越高的声望和地位后，他们越来越多地投入科学普及中，成为其事业的重要部分。他们通过深入 418
参与科学普及工作，试图说服同行科学家带头向公众传播科学成果的重要性。赫胥黎在19世纪50年代从事科学评论工作时就表达过一个观点，即只有科学家才具备过硬的知识为大众读者写出好书来，他依然保持着这个信念。自从赫胥黎在50年代早期批判《创世自然史的遗迹》和刘易斯后，一批新的科普作家已经涌入大众写作市场。伍德所强调的设计论话语与赫胥黎和鲍尔的科学自然主义相悖，公众需要接受教育才能确定谁拥有权威为科学代言。1887年，赫胥黎在《19世纪》杂志上与阿盖尔公爵争辩时，宣称自己在揭露那些故弄玄虚的伎俩，“那些没有经过科学训练、没有精确的科学知识或者对科学哲学不甚了解的作家去写科学，会给公众带来严重伤害。他们很自然而然地披上科学修辞的狮子皮装腔作势，自以为在其掩盖下发声就是科学，我希望将他们从错误中解救出来”。[177]赫胥黎针对的是伍德及其同类，也是针对阿盖尔公爵，他希望公众明白只有科学家才有权为科学代言。到19世纪60年代末，赫胥黎和盟友们差不多已经巩固了他们对科学机构的掌控，但他相信他们现在需要发起一场运动，在公共视野下确立他们的权威。但圣公会牧师和女性普及作家无休止地宣扬自然神学阻碍了他们的计划，这些作家的出版商也妨碍了他们。

赫胥黎和鲍尔不得不与当时科学普及活动的一些污名进行抗争。鲍尔在考虑是否接受罗恩丁讲席时，列出了他搬到剑桥的弊端，其中第2条是“有人反对我，因为我不是剑桥人，还因为我的‘大众演讲家’身份”。[178] 1873年，物理学家泰特在写给《自然》杂志主编的信
419 中，攻击了赫胥黎的密友丁达尔，告诫读者不要以为“他所写的大部分内容是对的”。泰特认为只有少数人能够从事科学普及，“还不至于让他们丧失自己的科学权威性”，而丁达尔不是其中一位，“实际上，丁达尔博士在大众科学领域实至名归的同时，他也牺牲了自己在科学上的权威”，他无法“两全其美”。[179]

到了20世纪初，情况发生了改变，科学共同体扩大，职业化更加彻底。杰出的科学家们在从事非专业写作时也能赢得同行的尊敬，只要他们能同时在科研上做出实质性的贡献。约翰·汤姆森（John Arthur Thomson）、约翰·霍尔丹（John B. S. Haldane）、詹姆斯·琼斯（James Jeans）和亚瑟·爱丁顿（Arthur Eddington）等科学家都在从事科学普及，但他们并没有像赫胥黎和鲍尔那样遭到同行的反对。有学者指出，20世纪早期与维多利亚晚期形成鲜明对比的是，这个时期有大量非专业的大众科学读物是由从业科学家在业余时间写的。[180] 今天，依然有众多著名科学家投入大量时间为大众读者写作，甚至可以

说他们主导了大众科学写作领域。[181] 布莱恩·格林（Brian Greene）、E. O. 威尔逊、理查德·陆文顿（Richard Lewontin）、理查德·道金斯（Richard Dawkins）、斯蒂芬·霍金和已故的斯蒂芬·古尔德、卡尔·萨根（Carl Sagan）都是当代读者耳熟能详的科学家名字，他们代表了科学家—普及者的现代传统，而赫胥黎和鲍尔是这一传统的先驱者。

在19世纪下半叶，赫胥黎和鲍尔努力打造科学家的科学普及角色，除了来自同时代人对这项事业的消极态度，他们也遇到了不少其他困难。首先是个人因素的影响，赫胥黎自己在早些时候对科普的抗拒和健康问题，以及难以及时完成书稿等问题，而鲍尔则面临妻子对巡回演讲的反对。[182] 其次是与出版社打交道时不可避免会遇到一些问 420
题。赫胥黎比鲍尔在这方面遇到的困难似乎更多，比如他不得不与基根·保罗这样的出版商交涉，保罗并不认同他的目标，还阻挠他试图掌控正在参与的出版项目。保罗在赫胥黎离职后出版了亨斯洛等人的作品，他的行为只会破坏赫胥黎曾努力为丛书确立的基本要旨。

还有一点，也是最后一点，科普作家们的成功使赫胥黎和鲍尔都模仿了他们的方法。伍德、布鲁尔、佩奇和巴克利等人让维多利亚读者觉得，大众科学读物或讲座可以通过常见事物或进化论史诗的故事来讲述，使科学变得浅显易懂。钱伯斯创立了进化论史诗的现代形式，之后的佩奇、巴克利、克劳德、艾伦和普罗克特等人将这种叙事发扬光大，鲍尔借鉴了这种叙事手法。鲍尔的科学自然主义遭到了宗教读者的批判，也被尴尬地质疑他与第一位赞助人罗斯伯爵的关系。伍德等作家从常见事物入手，成功地吸引了读者，迫使赫胥黎从博物学世界入手。赫胥黎的目的是要削弱伍德和其他非科学家的科普作家在这个领域的权威性，而且他渴望用生物学研究取代博物学，因为这更有利于他对职业化和世俗化科学的畅想。赫胥黎和其他科普作家一样，从常见事物入手，但却对它们进行更系统的分析，从而引导读者远离自然神学，这需要读者能够鉴别他和伍德等人方法的差别。但如果赫胥黎的读者能够准确理解他的作品，他们对自然神学的热情就会减弱，也会意识到伍德这样的普及作家并没有以科学的方式在发声。不过，在 19 世纪 80 年代，英国读者依然在继续购买和阅读这些未经过科学训练的作家写的作品。

英国的知识传播在 19 世纪中叶因为通信革命发生了根本性的转
421 变，这场革命导致科学新受众的大量增加，并使出版商开始寻求能够向这些受众有效传播科学的普及者，尽管他们部分是基于商业利益的考虑。科学家并非出版商的首选，麦克劳德认为科学出版也在建立科学自然主义主导地位中发挥了决定性作用，“并为其提供与大众读者的媒介”。[183] 尽管科学自然主义者们可能已经成功控制了主要的科学机构，但赫胥黎和盟友们对大众科学作品读者市场的掌控却很有限，他们也试图将牧师和女性逐出科学普及领域，但成效甚微。

第八章　新格拉布街的科学写作

赫伯特·威尔斯曾宣称：“‘大众科学’令人担心，这个词表达了 423
对众多科学工作者的某种蔑视。”1894 年，威尔斯在给《自然》杂志写的一篇关于“科学普及”的煽动性文章里提出了这个观点，10 年前他是赫胥黎在科学师范学校的学生，一年后他发表了科学小说《时间机器》。他坦言，“这种蔑视也不是空穴来风，因为在我们的杂志、学校教材和大众读物中，有相当部分科学内容明显是胡编乱造的”。不过，他认为这并不能成为“一味谴责”所有“大众科学”的理由。实际上，我们急需优秀的“大众科学”去教育公众，他们的科学兴趣对科学的持续发展至关重要，“在这个时代，研究经费正从私人或差不多算私人的组织机构迅速转移到政府机构中”。于是，威尔斯建议“即使是最年轻有为的专家”也得“认真考虑投身大众科学”，就像达尔文和他那个时代的科学领袖们一样，他们“很多时候都让科学面向大众读者，而不是同行”。但威尔斯也批评了一些直面同行对“大众科学”的蔑视、勇敢参与大众科学的科学家，尽管他没有指名道姓，
因为他们的作品“表面上是由著名的研究者写给公众的，但并没有取 424
得什么成效，或者根本无法理解”。[1]

威尔斯接着分析了“大量面向公众的科学写作存在的缺陷”，他

主要针对的是科学家写的大众读物。他承认自己的批判可能显得“粗鲁无礼”，但他只是站在“普通读者”和“特别关注这个话题的评论者”立场发表意见。有些科学家无视“用读者的通用语言写作”这条基本原则，而直接用“他们的科学行话”去写。他们还犯了一个错误是，只讨论科学的专业问题，停留在形态学、数学和分类这些问题上。还有一些人则走向另一个极端，即低谷读者的认知水平，完全避开科学术语和专业问题，总是用含混不清、模棱两可甚至有误导性的表达。他们没有用科学的哲学层面难为读者，倒是在书里插入了不少搞笑的内容，威尔斯宣称，“我可以作证，对于翻开书或听讲座的普通人来讲，这种插科打诨令人沮丧，甚为恼火”。他认为科学诠释者必须“要保持绝对严肃的风格”，他还谴责了那些磨磨蹭蹭不进入主题的人，“聪明的大众”不会对“‘百万千万式的’庸俗奇观”感兴趣，而是渴望了解“井然有序的科学进步和发展”。威尔斯讽刺了结构混乱的写作方式，还举了一位作者的例子，那人以“獾和蝙蝠”作为书名。他注意到，“这个标题押头韵，但大众可能并不适应或容易接受这种方式”。这位作者从獾 A 讲起，“我们现在来看獾 B，然后是有趣的物种獾 C，接着是獾 D”，威尔斯暗示道，他就这么散乱粗糙地从一个话题转到下一个话题，全书没有统一的结构，“‘我们现在转到蝙蝠的话题上’，如果你把他的书或文章中任何一部分砍掉，或者改变章节顺序，都不会造成任何影响”。[2] 当然，威尔斯对这些科学家的批评也适用于非科学家作者，虽然他没有明确说明这点。

威尔斯最后表示，他担心“可怕的科学普及者的例子”似乎“有增无减”。他呼吁发展一种“批评文学，专门评价大众科学写作的文
425 学价值”，并建立“此类评论的准则”，他认为这是“值得科学家们

更多关注的问题”。[3]40 年后，威尔斯依然在担心科学家不能写出适合大众的作品，他在自传中指出，“人们感兴趣的某个领域里的教授、专家和研究者在向普通大众传授相关知识时，他们并非总是最优秀和最值得信赖的老师”。“科学家都极其忽视”这点，他们“没有意识到自己专业的局限性”。[4] 威尔斯同意斯特德的观点，认为很多科学家缺乏与大众读者沟通的技巧。

奈杰尔·克罗斯称当出版业和新闻界正在经历“一场根本性的变革”时，威尔斯在这个时期表达了自己对大众科学现状的不满。西蒙·艾略特在研究英国出版模式时也提出了这点，称 19 世纪最后 20 年预示着“一个新的开始”。在这个时期，各种创新方式一起出现，显著地改变了英国印刷文化的规模和性质，如报刊新新闻学的发展、联合企业的扩张、作家协会的建立、新公共图书馆的增加、文学经纪人的出现、对小说主题更宽容的态度、3 卷本小说在 1894 年的崩溃、低廉的平装版重印，以及大型转缸式发动机带来了印刷生产力的大幅提高，还有最后 10 年开始使用的热金属排版工艺，如莱诺整行铸排机（Linotype）和莫诺铸排机（Monotype）等。正如克罗斯指出的，所有这些发展导致乔治·吉辛《新格拉布街》小说中弥漫着变革和舌战的气氛。这部小说描述了苦苦挣扎和成功的作家，前者无法适应新的环境，后者在变化的环境中找到了好出路。艾略特指出，后者可以被称为“文人”，与律师或医生一样接受过训练，享有地位和可观的收入，是这个时期诞生的新产物。这个时期对轻松愉快的联合出版物和长篇连载作品有着无限需求，“文人”这一形象在作家协会的推动下也应运而生。[5] 因此，科学家并非职业化的特例，每个行业都谈论或渴望职业化。

426 不少杰出的科普作家从变化的环境中受益，而不是像格兰特·艾伦那样，从长远来讲他并不能将科学写作作为主业。有些科普作家身上体现出了过去的传统，如阿格尼丝·吉本、伊丽莎·布莱特温和亨利·哈钦森等，我们可以从这些人中看到，牧师和女性科普写作传统一直持续到 19 世纪末。在赫胥黎退出“国际科学丛书”后很长时间里，也是在他为麦克米伦“科学启蒙丛书”写完导读本后的几十年里，牧师和女性强调自然神学的写作传统依然蓬勃发展。第二类作家以阿格尼丝·克拉克和艾丽斯·博丁顿为代表，他们为科普写作的辩护理由让人想起玛丽·萨默维尔的观点，她认为在一个日益专业化的时代需要对各科学领域采取综合性的方法。这些高产的科普作家充满活力，源源不断产出作品，成为 19 世纪最后这 20 年出版业的一大特色。

延续：吉本、布莱特温与女性的亲子写作

尽管在 19 世纪 70 年代有越来越多的科学家成为活跃的科学普及者，还有一些科普作家延续了曾经的写作传统，典型的代表如阿格尼丝·吉本和伊丽莎·布莱特温这两位 19 世纪末的重要科普作家，她们的写作可以当成更早时期女性亲子写作传统的一部分，尽管这种传统已经发生了一些改变。她们的作品在维多利亚晚期成功地吸引了读者，证明科学写作中宗教主题产生了持续的影响。在阿格尼丝·吉本（1845—1939）长达 40 年的科普写作生涯里，她写了大量作品，探讨当代科学的宏大意义。吉本在家里接受了父母和家庭教师的教育，她的科学兴趣来自父亲，一位印度军队的少校查尔斯·吉本，有

着胡格诺派（Huguenot）血统，是古老的法国贵族后裔。母亲莉迪
娅·玛丽是沃尔瑟姆斯托（Walthamstow）教区牧师威廉·威尔逊的
女儿，阿格尼丝·吉本终其一生都是虔诚的圣公会教徒。吉本出生
在印度，在父亲退役后，她随家人回到英国。吉本在《奇妙的宇宙》
（*The Wonderful Universe*，1896）中曾坦言，父亲“是最先唤醒我在这
些方面兴趣的人，他使天文学让我的想象充满了生命力”。吉本认为，
自己的科学教育在很早时就开始了，她对七八岁时的一个场景记忆犹
新，当时她站在父亲身边，好奇地问，一年中的这个时候离太阳最 427
近，为何却感觉更冷？她断言，小时候的这些科学课“让孩童时的她
了解了科学的思维和表达方式，为进一步学习奠定了坚实的基础，后
面就变得更容易了”。[6]

吉本在孩童时代就喜欢编故事，长大后对写作充满热情，17 岁
时她写的第一个故事由基督教知识促进会出版，之后就写了很多儿
童宗教故事，出版成书，或者在《炉火边》（*Fireside*）《家里的礼拜 428
日》（*Sunday at Home*）《基督教知识促进会杂志》（SPCK Magazine）
和《宝库》（*Treasury*）等期刊上连载，再后来她还写少女小说和历
史小说。到了 1880 年代，吉本开始转向科学主题的写作，多数作品
面向初学者和儿童。在伊斯特本（Eastbourne）家中，吉本写了 10 余
部作品，涵盖了从天文学到气象学、海洋学、地质学甚至植物学多
个学科。[7]《泰晤士报》的讣告称，吉本的作品以天文学入门书最成
功，《泰晤士报》认为“她的科学写作具有广泛吸引力”是因为“优
雅、清晰的写作风格”，称她为“通俗易懂的科学写作先驱”。[8]吉本
与几家出版商同时建立了密切的合作关系，她在西利（Seeley）公司
出版了 6 本书，除了《星空》（*Starry Skies*，1894）售价二先令六便士

之外，其他作品定价皆为 5 先令。基督教知识促进会出版了《奇妙的宇宙》，定价 1 先令，很久之后又出版了《地球花园》(*The Garden of Earth*，1921)，定价六先令六便士。皮尔森公司只出版了一本她的科普作品《浩瀚的海洋》(*The Mighty Deep*，1901)，定价是 5 先令。

然而，在 1905 年时，吉本发现自己陷入绝望的经济困境，那年她向皇家文学基金会申请了援助。年届 60 的吉本依然孑然一身（她终身未婚），据她的一位资助者称，她将自己最好的年华拿去照顾生病的父亲。双眼白内障带来的视力下降以及心脏衰竭令她痛苦不堪，正如另一位资助者所言，失明“对一个靠写作为生的人来讲真要命”。她在向皇家文学基金会递交的申请书中列出了她的主要收入来源，包括年金、版税和每年 100 英镑的抚恤金，那是她作为军官子女的福利。当时的首相亚瑟·鲍尔弗看过她这个案例，认为她的资格不足以获得皇室年俸，因为她的成就还没到“最高级别”，但他觉得皇家文学基金会是应该资助她的。据称，鲍尔弗认为吉本的作品“非常酣畅淋漓，有益于道德教育”，“有助于在广泛的群体传播科学入门知识，而不只是向儿童传播”。吉本最后从皇家文学基金会获得了 200 英镑的资助，还获得了 273 英镑的皇室奖金，用于购买邮政年金。但到了
429 1917 年，吉本再次向皇家文学基金会申请资助，因为她的作品版税变得比之前少了。随着生活成本的增加，账面上的 170 英镑年收入根本不够，她被迫搬到更狭小的房子，卖掉了一些家具和所有银器，但这一次她只得到了 50 英镑的资助。[9]

吉本的写作对象多样，包括儿童、初学者和更有知识的成年人。在写给儿童的作品中，她喜欢用讲故事的方式，例如《星空》的开篇就是一句富有童话色彩的传统写法，“很久以前——流传着一个故

事——有一个人，总想看看世界的另一端有什么”。这个人就沿着一条直线一直走啊走，走了数周、数月甚至数年。吉本问年少的读者，你们猜他会发现什么？是巨人世界还是精灵王国？当然，这个人最后发现自己不过是回到了出发的地方，因为地球不是平的。不过吉本还是打算在书中讲讲这一发现和其他故事，因为它们都带着神秘色彩，就好像阿拉贝拉·巴克利《科学乐土》写的那样。她对引力、季节、地球自转、月球、太阳、太阳系其他行星、彗星、流星、恒星和星云提供了清晰而简单的解释。例如，在太阳系那章中，她用常见的水果来展示行星的比例大小，将水星比作山楂的话，金星和地球跟大苹果差不多，火星和小苹果差不多，木星和土星跟大球一样。[10]

另一本写给儿童的作品《繁星之间》（*Among the Stars*，1885，
Seeley）完全由虚构的故事组成。这本书在一年内卖出 2000 多本，在
美国也发行了几个版本。吉本在书中讲述了小男孩伊康的故事，他是
一个失去母亲的独子，孤独的他与星星为伴，渴望了解关于它们的
一切，并以此为乐。一位德国教授莱勒先生成为他非正式的天文学老
师，带他去弗里茨的天文台，从望远镜里向伊康讲解星星。当莱勒教
授不得不出远门旅行时，他答应写信给伊康，显然吉本在这里采用
了亲切的书信写作。然而，他们的书信往来很快就因为伊康生病而结
束，他梦见教授归来，并带他踏上漫长的月球旅行，他们靠翅膀飞
翔，几乎到达了月球。伊康醒来后，弗里茨来看他，用“想象的翅
膀”帮他实现了梦想。在一位插着翅膀的小女孩斯特拉的指引下，伊 430
康拜访了月球，关于月球表面的知识也随之展开，弗里茨来来回回向
伊康讲述了太阳系天体的丰富故事。不过，科学知识的局限也限制了
想象力。在一次前往太阳的旅途中，弗里茨解释了黑子和日冕，伊康

抗议了，质疑说他们为什么不能再离太阳更近一些。弗里茨答道，科学家对太阳的了解还很少，“你不会想听一个胡言乱语的荒谬故事，你恼怒是因为我没有给你讲我不知道的东西”。[11] 弗里茨充满想象的故事，也就是吉本写的故事，都是基于当前的科学知识，没有沉迷于徒劳的猜想中。《繁星之间》是一部小说，但它使用了大量的对话，还有一章用的是书信，这不禁让人回想起 19 世纪初女性钟爱的亲切写作模式。莱勒和弗里茨扮演了父亲的角色，而在书的末尾，莱勒教授的女儿，也叫斯特拉，则带着伊康开启了一趟星际之旅。

吉本称，比起《太阳、月亮和星星》(*Sun, Moon, and Stars*，1880，Seeley)，《繁星之间》是一本“童书小册子”，要“简单很多”。[12]《评论之评论》上一位匿名评论者认同吉本的说法，并将《太阳、月亮和星星》与金斯利的《“如何”夫人和“为何”女士》和鲍尔的《天空的故事》相提并论，都适合年龄大一点的女孩阅读。[13] 牛津大学的萨维利亚尼（Savilian）天文学教授普理查德牧师为《太阳、月亮和星星》写了序言，称赞它是为数不多适合初学者的天文学读物。[14] 这本书卖得不错，到 1885 年时，它的广告宣称已经发行到第 11 版次，此版印量 1000 册。[15] 在 1885 年到 1900 年至少还发行了两版，这样算来，这本书到 19 世纪末时总共印刷了至少 1.3 万册。在本书序言中，吉本称自己在写书时脑子里琢磨着两个目标，第一要适合所有的初学者，“不管是儿童、工人阶级还是受过教育的成年人”；第
431 二是帮助读者把“‘自然之书’与‘启示之书’放在一起”，“通过‘自然’仰望‘自然之神’”。[16] 宗教主题在吉本写的童书中扮演着重要角色，她的《星空》中经常会提到上帝创造了天体，也创造了支配它们运动的体系，这个体系迷人而井然有序。[17] 类似地，在《繁星

之间》中的莱勒和其他导师角色，也试图通过上帝的作品向伊康展示“上帝的奇妙力量”，《圣经》在书中多次出现，为的是帮助伊康懂得天体秩序中蕴藏的更大意义。[18]

但在《太阳、月亮和星星》中，宗教主题则更为突出，每章开篇都引用了《圣经》的内容。谈到太阳这样的巨大天体时，吉本趁机强调上帝的神圣和全知全能，“如果感受不到上帝的力量，就不可能真正了解太阳，是上帝创造了如此巨大而耀眼的火球”。然后，浩瀚的宇宙和多到难以想象的恒星揭示了“上帝的力量难以言表”。书中有一节内容是讨论太阳和世界是如何由细小的陨石演变而来的，吉本借机宣称，无论“上帝按什么样的顺序工作，上帝自始至终都是主宰者”。吉本也毫不迟疑地支持多元主义立场，和普罗克特一样认为上帝创造遥远的星星是有目的的，“毫无疑问，在很多星星周围，就像在我们的太阳周围一样，一定有着它们的世界，而且是含有生命的世界”。她谈到了普罗克特的火星地图，上面有陆地和海洋，以此来支持这颗红色行星可以支持生命的观点。她在整本书中不断强调上帝的力量，是浩瀚宇宙的创造者，在书的末尾，则开始强调上帝无限的爱，提醒读者，基督在地球上出生和死亡的历史事实。“让我们来探究这个问题，让我们来衡量、计算，让我们去发现地球不过是沧海一粟，在无数的世界和太阳中迷失了方向”，但吉本肯定地说，“在结束 432
时，我们面对着一个简单的历史事实，那就是天上的王，宇宙的创造者，他自己在地球上作为人类生活了 33 年”。[19]

在稍微难一些的入门书里，吉本依然将科学置于宗教的框架中。《光芒四射的太阳》（*Radiant Suns*，1895，Seeley）也不例外，这本书的主题是分光仪和照相机对天文学产生的革命性影响。在这本书最后

图 8.1　吉本写道，这张照片有“一面形似旋涡，意味着有旋转运动；围绕着较大的中心物质，围绕着独特的发光物质，通过黑暗的裂缝或空间与主体部分分开”。尽管不可“武断”地解读这张照片的含义，吉本承认它“为发展理论提供了不小的支持”。[20] 出自《光芒四射的太阳》，第 298 页，对页。

几页，她谈到了进化论存在的争议，她表示可以接受进化论，但不认为它必然会破坏启示宗教。吉本认为，“神圣真理足够强大，我们应该热切地希望找到自然中的真理，并在神的启示中去理解它”。对吉本来讲，问题在于上帝仅仅是靠发出律令就瞬间创造了星星，还是“发出命令创造了它们，但经历了进化和发展的过程”。她断言，如果后者是正确的，也不会动摇她的信仰，尽管不得不放弃“宗教问题中有些关于个人和宠物的概念”。虽然星云假说没有被证实，但它解释了很多东西，并被那些在科学上最有权评判的人所接纳。吉本发现艾萨克·罗伯茨的仙女座星云照片和威廉·哈金斯对它的解释，有力地证明了恒星物质处于规模巨大的宇宙进化中（图 8.1）。[21]

吉本向读者解释宗教的自然意义并不局限于天文学，而是涉及了各个科学领域，如气象学、地质学甚至海洋学。《空气的海洋：气象学入门》（*Ocean of Air: Meteorology for Beginners*，1890，Seeley）在美国和英国都发行了，她在书中分析了气体、水、生命形态，以及空气的运动、干扰和力。吉本在这本书中乐此不疲地玩着“如果……会如何”的游戏，“如果水像其他物质一样能快速升降温，地球上很多地方的气候会因此发生改变，现在居住着人的地方将变得几乎不适合居住”；如果没有热，“空气的海洋将会变成冰冷的固态物质”；如果没有光，“海洋中的居民将陷入永久的午夜深渊”，事物将变得难以想象或者可怕得不堪设想。对吉本来说，这本身就暗示了事物的编排中存在着设计，她因此断言“对自然的探究多认真都是应该的，它是我 433
们天父的杰作，是他思想的外在表达”。[22]

当吉本讨论地质学的宗教意义时，采用了不同的方法，广受欢迎的《世界的根基》(*The World's Foundations*，1882，Seeley）在
1883 年发行了第 2 版，到 1888 年总印量为 5000 册，最后一版在 434
1908 年发行。这本书分成了三部分：一是“如何阅读记载”，给读者介绍“岩石字母的 ABC”；二是“古老时代的故事”，带领读者穿越到不同的地质年代；最后一部分“从现在看过去”转向了水和火等地质因素所发挥的作用。尽管有人认为地质学是一门“危险的学科”，吉本肯定地说，“它就像《圣经》本身一样，跟我们讲述造物主和他的方式，尽管用语不那么明确，也容易让人误解”。这两者不是矛盾的，《圣经》代表了上帝的话语，地质学描述的是其“作品”，两者的调和是本书的主要议题。每一章开篇都引用了《圣经》的内容，在第一部分，吉本将地壳比作一本被切碎的书，用奇怪的语言写成，才刚开始被人们理解，她因此可以同时利用“自然之书”和“上帝之书”中的学说。詹姆斯·摩尔将其称为“培根式和解”，自 17 世纪早期以来，博物学家和《圣经》诠释者就达成了共识，两者和睦共处。博物学家可以通过探究事物本身获取知识，从而指导《圣经》诠释者去更

好地理解神圣力量和智慧。[23]这种和解在19世纪中叶因进化论和《圣经》批判遭受破坏，吉本依然通过最新的地质学知识努力去恢复这种和解。她提醒读者，上帝是众多书籍的作者，包括《圣经》和“卷帙浩繁的自然之书，被切碎的地质学也是其中一卷”。吉本坦言，地质学与《圣经》的完美调和超出了“人类智力的最大限度”，尽管如此，“无论何者所记录的伟大真理依然不可动摇”。在某些看上去不可调和的情况下，吉本建议道，就像《创世纪》和地壳中讲述的故事，“一种记录可以而且也应该有助于对另一本书的理解”，她认为读者应该考虑对创世故事进行隐喻式解读。[24]

吉本坚持认为，对地质学迹象的解读可以揭示上帝伟大而奇妙的工作，“我们应当发现奇迹和力量的景象，神秘而美丽，呈现在我
435 们眼前，地壳中掩藏着代表上帝仁慈和伟大的奇妙符号，不同地质时代的离奇历史被写进了她的故事。”吉本在探讨亿万年来塑造地壳的力量其实也是探讨上帝如何“慢慢塑造了我们这个地球——火和水、海和河、微小的水螅虫和根足虫，无不在执行其意志”，使这个世界成为适合人类生存的家园。她明确表示，当自己讨论“自然的力量”时，仅仅指的是“上帝在自然中施展的力量”，因为“自然，只是上帝这位神圣的建筑师的手笔”。吉本在天文学作品中强调天空的浩瀚，让读者感知上帝的全知全能，她在这部作品中以相似的方式突出强大的自然力量是神圣力量的反映（图8.2）。地壳故事也是一个奇迹，而不只是难以想象的力量，地球的过去到处是离奇的生物和怪异的风景。

436 吉本写道，“我所讲述的可不是童话故事，但却又是最疯狂的童话故事，英雄和龙、狮鹫和怪兽的故事，在遥远的过去就是地球居民

图 8.2　画面右边的两个人影在雄伟的山峦下相形见绌，上帝用冰作为塑造地壳的工具之一，人类的力量与之相比微不足道。出自《世界的根基》，扉页插图。

的最真实场景”。为了帮读者想象“煤炭时代”的地球是什么样子，她邀请读者开启了一次漫游，“那么，请跟着我一起想象，把现在远远地抛在脑后，回到远古时代，和我一同站在某座低矮的山头，俯瞰美洲大陆的平原和沼泽”。美洲大陆覆盖着广袤而怪异的森林，但它依然体现了神圣行为（图 8.3）。当吉本与读者一同站在山头时，她将时间慢慢往前推，勾勒出一代又一代森林生长、枯萎、死亡的全景图，它们最终被淹没在水底，被仁慈的上帝转化成煤炭，造福未来的人类。吉本感叹道：“这些被埋葬的森林给我们讲述了多么奇妙的古
老故事啊！”她承认《世界的根基》不是一部“宗教作品”，“但如果 437
不总是提到地壳这座伟大建筑的神圣建筑师，就无法公允、诚实地写出任何地质学之书来”。[25]

图 8.3　石炭纪的森林仿佛是其他星球上的景象。出自《世界的根基》，第 128 页，对页。

在《浩瀚的海洋》中，吉本利用了“挑战者”号的发现，在海洋学中探讨了自然神学，“挑战者”号消除了人类对大洋深处的无知。她在这本书中先讨论了风暴和飓风，然后是冰、冰川和冰山、河流—海洋—雨水循环、海洋对土地的侵蚀、地壳内部运动的地质学知识等。这部分的主题之一是大自然的力量，在卷首插图中很容易就能看出来，那是一张巨浪即将拍打海岸的照片。她谈到粉笔的制作，讲述它是如何从微小的海洋生物（珊瑚虫）的壳转变而来，告诉读者它们跨越了无机世界与有机世界的自然界限。这些生物的壳很小，但结构精致而漂亮，每个物种都是“不同的设计”，“都展示了一个明确而迷人的计划”，“我们必须把这样的设计归功于我们无法看到的伟大思想，而不是珊瑚虫本身，珊瑚虫就好像无意识的建筑师，自动工作”。在谈到其他更微小的低等动物时，吉本也讲到了硅藻类植物。它们

图 8.4　硅藻类植物复杂、可爱而奇妙的细微结构“无疑证明了伟大思想的存在，虽然看不见，但却发明和设计了这一切”。[26] 出自《浩瀚的海洋》，第 154 页，对页。

太小，肉眼无法看到，但它们的结构依然“非常精妙”，吉本不由得感叹道，“世界上最神奇的东西可能莫过于这些非凡而细微的植物了”（图 8.4）。接下来讨论的是珊瑚，它们由珊瑚虫死后的残骸形成，吉本在此再次强调了其背后的神圣设计。她又转向了海洋中的甲壳类动物、鱼类和巨型动物，“我们来看看鲸，此时我们将低等动物抛在脑后，踏上了通往生命最高层的阶梯，来到了哺乳动物的世界”。吉本从无生命的世界开始，强调其背后隐藏的原始力量，以及科学家在探索其奥秘时成功地找到了部分规律性，随后她探讨了有机世界里生命从最原始阶段向最高级动物演变的不同阶段，并将设计论摆在了中心位置。书的最后一部分主题是英国对海洋的掌控权，这为“神赐”帝国的观念奠定了基础，将帝
国交到“盎格鲁－撒克逊人手里，为上帝和人类谋福利，以基督之名 438
和精神来统治”。[27]

伊丽莎·布莱特温（1830—1906）是这个时期另一位重要的女性

图 8.5　伊丽莎 · 布莱特温，博物学家和动物传记作家。出自《伊丽莎 · 布莱特温：博物学家的生活和思想》，扉页插图。

科普作家，与吉本有不少共同之处（图 8.5）。为了面向大众读者，她们都在作品中融入了自然神学，可以被归到 19 世纪早期女性亲子写作传统之中，虽然她们将这种模式做了一点改变。在 19 世纪 90 年代，进入迟暮之年
439 的布莱特温才开始从事科普写作，写了 7 部博物学作品。布莱特温以迂回的方式成为科学作家，从业 14 年。她在 4 岁时被叔叔亚历山大 · 埃尔德（Alexander Elder）领养，埃尔德是史密斯和埃尔德出版公司的创始人之一。在布莱特温被领养不久后，一家人搬到了埃塞克斯郡的斯坦福德山庄。庄园有 10 英亩大，她在那里能观察地上的小动物，还能在叔叔藏书丰富的图书馆里广泛阅读博物学、小说和诗歌等图书。布莱特温在自传中将早年生活描述为“极其孤独和安静”，她几乎没接受过正式教育，虽然她 12 岁时在附近一所寄宿学校度过了不愉快的几个月，也曾上过音乐和绘画课。在 12 岁生日过后不久，她开始感受到强烈的宗教情感，“深深的罪恶感，以及对死亡和审判的巨大恐惧”，
440 觉得自己似乎过着“异教徒的生活”，因为他的叔叔是一位长老会成员，厌恶英国教会，几乎没有带她去过教堂，也没带着家人祈祷过。[28]

1855年，她嫁给了乔治·布莱特温，他当时是伦敦一家证券经纪公司的高级职员，后来成为伦敦贴现公司的共同经理人。他们的婚姻很幸福，但她却深受身体疾病和精神抑郁的困扰。因为丈夫的关系，她得以接触到不少著名的科学人物，在1860年乔治的妹妹成为菲利普·戈斯的第二任妻子时，她与这位著名的科普作家有了姻亲关系。1856年和1864年，她曾和威廉·胡克夫妇住在邱园，在1865年夏天她为乔治·亨斯洛采集植物标本，当时亨斯洛每周在圣巴塞罗缪医院的医学院讲授植物学。1871年，她参加了解剖学家理查德·欧文和科普作家弗兰克·巴克兰的讲座，被引荐给后者。布莱特温在结婚后变得越来越虔诚，据《泰晤士报》讣告称，她在某个时候加入了福音派圣公会。她自称在1865年听过哈罗·威尔德（Harrow Weald）教区教堂里的布道后，改变了信仰，她在日记中写道："我的整个灵魂受到了触动，是时候了，圣灵以强大的力量将圣言带回家，当时我就接受了基督作为我的救世主，喜极而泣，感恩和赞美他，因为在过去34年里，我有太多的罪，从来不曾知道真正的平和，他却依然愿意拯救我。"6年之后，她写了《关于圣经学习的实际思考》（*Practical Thoughts on Bible Study*，1871，Adams），她在书中宣称，"在充满错误和疑惑的日子"更需要"仔细研究上帝之言"。[29]

1872年，乔治·布莱特温买下了格罗夫（Grove）大庄园，将近170英亩，位于赫特福德和米德尔塞克斯两郡交界处的斯坦莫尔（Stanmore）附近。但差不多与此同时，伊丽莎·布莱特温患上了严重的神经衰弱，而且持续了将近10年之久。据她的侄子，作家艾德蒙·戈斯称，有几次她几乎濒临死亡。然而，在1882年丈夫出现心脏疾病时，她却康复了，而且可以照料他。1883年丈夫去世，虽然她偶尔还遭受抑郁症和病痛的折磨，但她的身体已经恢复了许多，可以继续追求她的博物学兴趣了。她开始观察动物，其中一些被她当成宠物，而且收集到了大量标本，填满整个桌球室，将其变成一座
441 拥挤的博物馆。基于自己的观察笔记，她写了一本书，寄给出版商费希尔·昂温（Fisher Unwin），出版商同意出版此书。对布莱特温来讲，60 岁时出版了这本《以仁慈赢取野性自然》（*Wild Nature Won by Kindness*，1890），而且销量和评价都很好，的确是个巨大的惊喜。这本书售价三先令六便士，在 1893 年发行了第 5 版，第 7 版在 1909 年发行。[30] 按艾德蒙·戈斯的说法，第一本博物学作品的成功“彻底改变了”她的生活，让她专注于自己的兴趣，激励她开始投入新的调查研究，也给她带来了新朋友。后来她又写了 6 本书，而且因为博物学爱好参加大量的活动。从 1890 年起，她担任了塞尔伯恩协会副主席，该博物学组织成立于 1885 年；她也为当地的民众举办公共讲座，很多是关于动物保护的主题；她还成为昆虫学会和动物学会的会员。[31]

布莱特温很幸运结识了费希尔·昂温，她的大部分作品都是与其合作的。昂温在 1882 年开始创办自己的出版事业，成为新一代出版商之一，这些新一代出版商乐于接纳初出茅庐的年轻作家，尽管这样会面临财政风险。布莱特温并不年轻，最初认识昂温时还默默无闻，但昂温对作者的慷慨确实如传言那样。布莱特温在一封信中感谢昂温送给了她“最可爱、善良的礼物”，“令人感动，证明了我们作为出版商和作者的友好关系”。她在同一封信中回顾了成为作家的乐趣，与昂温合作尤其让人愉快，“如果作者们都像我一样得到那么多乐趣，我想每个人都会努力去写作，但我想自己是因为得到了一个友善的出

版商眷顾，也遇到了慷慨的读者，对此心怀感激”。1891 年，布莱特温邀请昂温到庄园做客，还住了一晚，他们的关系似乎一直不错，直到她去世。1904 年，昂温写信问她，是否有什么新的写作计划，但她答复说，“我担心自己写不出什么作品来”，她解释说自己这一年“一直遭罪”，现在还卧病在床，“正从不时复发的病痛中恢复”。两位照顾她的保姆却不乐意照顾她的宠物们，因为她的书都是基于她对这些宠物的观察，现在却没了可用的新材料，“你还希望我再写新书， 442
真是太好心了。如果可以的话，我当然非常乐意写一本，但我已经75 岁了，我只能望着已有的这些荣誉就此停笔，并感到满足”。布莱特温一直遭受癌症折磨，身体状况不断恶化。戈斯在她漫长的病榻时光里会定期探望她。[32] 1906 年春天，在她去世前的礼拜日，戈斯为她读了《圣经》。

《以仁慈赢取野性自然》由各种各样动物的简短生活史构成，包括鸟类、水鼩鼱、松鼠、鼹鼠、老鼠、蜗牛、蠼螋、蜘蛛、蝴蝶等，都是布莱特温在庄园里观察和研究的动物。她绝非唯一以此方式写作的科普作家，1890 年代正是动物传记达到顶峰的时期，将自己的观察写进对话中，与读者建立温暖融洽的关系。她在导言中告诉读者，“在接下来的章节中，我将努力与读者们安静地交谈，以简单的方式跟他们讲述我和动物、鸟类、昆虫之间快乐的友谊”，大部分章节都重点讨论一种具体的动物。例如，在“理查德二世”这章里，她讲述了椋鸟理查德的故事，那是她的一只宠物。她谈到了他制造的恶作剧，他在加入一群野鸟时与死亡擦肩而过，他还可以说一些简单的话。他就好像一个真实的人，是作者的朋友，他们 5 年的友谊成为“我家庭生活的一部分”。而另一只弗吉尼亚夜莺，每日陪伴她左右，长达14年之久，这只小鸟非常依恋布莱特温，甚至把她当成“某种伴侣”，布莱特温为她搭建了一个鸟巢，还试图喂她吃苍蝇。有一章为读者驯化野生动物提供了一些建议，她的建议很简单，“想要赢得鸟类的友谊，唯一的办法是靠友善，直到它们感知到了爱的纽带，就会飞进我们的房子，欣然成为我们甜蜜的伙伴”。[33]

一旦建立了这样的联系，就意味着创造了观察动物的有利条件，它们真正的天性也会显露出来。她后来在《我家房子和花园里的居民》(*Inmates of My House and Garden*，1895，Unwin）里宣称：“一只宠物只有在宠爱中长大，没有畏惧感，才会显露出它真正的天性。”[34]
443 布莱特温是驯化动物的专家，这使她对动物的习性、饮食和生理特征具有发言权。科学自然主义者们主张用实验方式去了解自然，强调对自然的质疑，迫使自然显露自己的奥秘，但布莱特温的经验知识却是在关爱的基础上亲自去了解它们。她将动物赋予人性，把它们作为个体，而不是一个物种的代表，而她的工作场所是僻静的乡村庄园，而不是实验室，这些都与科学自然主义者们所谓的正确科学的概念相悖。布莱特温承认自己的“小书”没什么“重要的科学意义”，但她认为，“目前看来，它们都是原创作品”，而不是从“其他更聪明的作者那里”借鉴而来，“尽可能忠实于我自己的亲自观察和体验，清楚写下来”，她将这种方式称为对科学的真正贡献，尽管这种贡献可能很微小。她肯定道：“我家房子和花园里的居民纪事朴实无华，但这些故事都是严谨、真实的，一位诚实的观察者所记录的每个事实都是为我们的知识宝库贡献力量，无论这种贡献多么微小。”[35]

布莱特温对自然的关爱不仅指向科学知识，也指向了道德启蒙，以及关于上帝的存在和智慧的知识。她与吉本和19世纪下半叶其他科普作家一样，在作品中呈现了一种关于自然的神学，而不是凸显证明上帝存在的自然神学。鼩鼱爱干净的习性让她想起“我们可以从上帝创造的大小动物中学到多少东西啊”，她与一只野生知更鸟的友谊让人学到的一课是，真正的陪伴意味着什么——必须是“自由”的。这部动物集体传记的导言和结论都谈到了宗教主题，她在导言中表示，希望本书“能引导年轻人看到这个美丽的世界充满了各种奇迹，充满了伟大造物主智慧和技能的证据，让每个作品各司其职，可以通过比喻去教育他们关于整个自然王国的道理，将他们的心灵引向上帝本身”。在结尾一章“如何观察自然”中，重申了自然中充满奇迹和神圣智慧的证据。她和吉本一样，认为上帝为我们提供了两部指导书，即“自然之书”和“上帝之言写成的书”。尽管人们承认《圣经》 444
显示了上帝的旨意并“为人类的福祉创造了令人惊奇的作品”，但很多人却未能“花时间或心思去阅读自然之书”。布莱特温和加蒂一样，坚信上帝设计了自然，我们可以从中学习道德和宗教，“我相信，整个自然世界就是为了跟我们说话，在寓言中教导我们——引导我们的心灵接近上帝，上帝创造了我们，并在创世时将我们安放在特殊的位置”，布莱特温《以仁慈赢取野性自然》中的“寓言课堂”比起加蒂的虚拟故事集《自然的寓言》毫不逊色。[36]

《以仁慈赢取野性自然》的成功激励了布莱特温，她随后又写了一些博物学作品，作为第一本书的续集，即《更多的野性自然故事》（*More about Wild Nature*，1892，Unwin），这本书在 1897 年发行了第 3 版。布莱特温在本书中邀请读者到她家参观，努力建立与读者的融洽关系（图 8.6）。第一部分“室内宠物”与《以仁慈赢取野性自然》的写法一样，她写了地鼠凯蒂、波莉和鲁比两只鹦鹉、调皮的猫鼬

图 8.6　布莱特温的格罗夫庄园，她将庄园的照片放在书的开始部分，以此欢迎读者到她家参观。出自《更多的野性自然故事》，第 2 页。

蒙戈、短命的蝙蝠英庇、斗志昂扬的茶隼乔伊、优雅的小林姬鼠西尔维娅和被抛弃的欧椋鸟皮克斯等动物的故事。在第二部分“格罗夫居民”，她将视线移出了房子，讲述了自己与庄园里各种动物之间的故事，包括好奇又鲁莽的牛，因狩猎濒临灭绝的狐狸、松鼠和饥饿的鸟儿，她还回想起小时候将一头驴当成宠物的情形。

在书的其余部分，布莱特温不再采用动物传记这个成功法宝，告诉读者自己将不再局限于为动物写传记。在接下来的一部分“记录印象”中，她概述了自己对如何用文字捕捉大自然丰富性的思考，并将其与绘画进行比较。她的目标是创造“文字绘画”或“文字图像”，捕捉“夕阳、辽阔的风景、野花和芬芳的叶子散发出的千万种气味、鸟儿的欢歌笑语、瀑布的音乐、远山或雪峰的奇妙之美等各种无法触摸的事物带来的乐趣”。博物学家将观察到的东西写下来，会更容易意识到“我们错过了多少真正的美丽啊！那些精巧的事物让我们享受 445
到这样的美丽”。

因此，写作可以增加人的鉴赏力，让思维焕发活力，训练我们的感官。布莱特温接着诗情画意地描述了熟悉的自然景观，虽然都是她庄园里具体的一些场景，如春天里的林间小径或湖边安宁的角落。同动物传记一样，对自然的沉思依然导向了道德上的启示，这些沉思激发人们去思考“仁慈的大自然所蕴藏的和谐力量”，对大自然“默默的劳作”满怀感激之情，在“日常生活中遇到挫折和困难时”模仿她的“温柔和慈爱”，大自然成为个人幸福和满足的源泉。在本书最后一部分“家庭娱乐”中，布莱特温又回到了室内，她在这部分给读者提出了一些建议，告诉他们如何将大自然的“宝藏”带给其他人，尤 446
其是那些因病困在屋里的人，展示自然的美好就是一种慈善和无私奉献。她谈到了自己从家庭博物馆中得到了乐趣，告诉读者关于建立博物馆的技巧，并指导他们如何研究鸟类和昆虫。[37]

布莱特温的一些其他作品也避免只去写动物传记，她最后一部作品《与自然相处的宁静时光》（*Quiet Hours with Nature*，1904，Unwin），是献给艾德蒙·戈斯的，主要收录了曾在《女孩自己的报纸》上发表的文章。这本书涉及了一些鸟类和昆虫的文章，但主题内容是关于树木的，关于“它们的形态和发育”。树木和动物一样，也被视为独特的个体，每棵树都能激发人的不同反应。布莱特温恳请读者将这些关于树木的文章看成“特定个体的专论和画像，它们的年龄和大小，都让我产生了特别的兴趣”，她还在本书中再次邀请读者拜访自己。扉页插图“格罗夫一瞥”旨在吸引读者去参观格罗夫庄园里生长着的美丽树木。矗立在草坪斜坡上“高贵的欧洲赤松”让她想起了“众多迷人的艺术作品”，它们在过去 30 多年里给她带来了无尽的快乐。草坪上的一棵巨杉让她猜不到树龄，郁金香在春天打开叶芽，展示着“创世的智慧和设计，这样可以保护脆弱的幼小树叶”。[38]

布莱特温的《植物生活一瞥》（*Glimpses into Plant Life*，1897，Unwin）也是关注的植物学而非动物学，这本书旨在作为青少年的植物学入门书，与她的其他任何一部作品都很不一样。这本书的结构更成体系，讲解了适应性、根、茎、叶、芽、花、传粉、受精、果实、种子散布、发芽、植物生理学、食虫植物和植物生长等主题。布莱特温的庄园无法提供这些话题的研究场所或所需要的大量例子，她在这本书中采用了更传统的博物学入门书写法，不过保留了第一人称的叙事方式，方便与读者建立联系。无一例外，这本书也谈到了宗教，她
447 在序言里写道，“在造物主不可思议的自然计划中，每一部分都蕴藏着无限的和谐，我希望通过这本书能为提升和加强这种认知贡献微不足道的一点力量，我充分意识到这本小书存在不足之处”。关于适应性，布莱特温只写了一章，但这个主题在全书中具有举足轻重的作用，她在根和茎两章中试图展示“植物适应自己的需求和环境是多么奇妙的事”。而在“花部”那章她则强调植物繁殖的计谋，“它所采用的多种适应手段总是让崇尚自然的人感到钦佩和惊奇”。她还不断提醒读者去关注自然中的奇观，热情洋溢地宣称，“自然中的奇迹源源不断”。显然，布莱特温利用植物的生命去揭示它们生命和结构中的设计模式。[39]

《与自然的学生漫步》（*Rambles with Nature Students*，1899）不是由昂温出版的，而是由圣书公会出版的。布莱特温在这本书中将自己当作读者的向导，“帮助他们在乡间漫步时了解遇到的众多事物，树篱、

树木和田野中奇特的事物都有各自的目的和意义，但对于那些从未有机会学习博物学知识的人来说，这些东西都需要跟他们解释”。她在序言中还解释了每月记录的科学价值，对鸟儿和昆虫首次出现或者树木、植物开花做好笔记，“持续数月，就可以形成具有价值的科学笔记”，这样的记录可以用来“在不同的年份进行比较，从而发现不同年份的差异，以及温度在加快或延缓花开、虫鸣和鸟类迁徙中的影响”。[40]

接着，布莱特温描述了一系列观察记录，按月份排列，都是来自她在庄园中与自然互动的亲身体验。她试图向读者传达漫步中的欣喜，从昆虫迅速转向了植物、鸟类和种子——总之，就是通过展示丰富的动植物来强化这种情感。她写道：“大自然突如其来的神奇力量让人屏息凝视这一切，每天都有耳目一新的事物出现——野花萌芽、蓓蕾绽放，还有马栗树早早就枝繁叶茂。”她驻足思忖，思绪总是停
留在眼前这一切的目的上。大多数人可笑地觉得胡蜂很可怕，“造物 448
主赋予了它一种神奇的本能”，去实现“创造它们时被安排的各种有用目的”，包括清理污染物。她认为蝙蝠“是完全无害的有益动物”，因为它们消灭了空中“无数的苍蝇、蚊子和飞蛾，否则这些害虫不仅折磨我们，还会对农民和园丁造成巨大伤害”。对于寄生植物，布莱特温对它们的目的捉摸不透，将其“作为一个问题留给读者去解答”，她坚信会有个确切的答案。[41]

在《与自然的学生漫步》中，布莱特温像更早期的劳登、普拉特和罗伯茨等人那样，按季节分类进行编排，像约翰斯和霍顿一样虚构了漫步的情节，还探讨了宗教主题，这些特征无不提醒我们，她与早些时候女性的亲子写作和牧师博物学家所代表的写作方式有些相似。她和这些作家一样，强调每个人都可以参与到科学真理的发现之

中，重要的科学工作未必就是在实验室或某些享有特权的科学场所里完成。有意义的科学活动可以在任何地方进行，如她那隐蔽的乡间庄园，甚至可以是看起来最不可能的繁华都市附近，“不必觉得一定要远离城市才能探究自然”。有一次，她在贝德福德火车站等列车时，发现了几块罕见的化石、碧玉、贝壳的印记和其他宝贝。她曾听说，“在一块田地里就发现了多达 50 种野花，而一位著名的科学家在大城镇郊区的荒地上发现了种类同样多的野生植物”。布莱特温认为，“我们周围隐藏着我们所不知道的神奇生命”，只有当它们暴露出一点蛛丝马迹时我们才可能发现它们的奥秘，“那么，调查起来的确常常会有有趣的发现”。[42] 她不但反对只有受过训练的专家才能在特定场所实践科学的观念，还对众多的科普作家前辈称赞有加，积极推荐他们的作品。她将约翰斯的《英国森林树木》推荐给对树木感兴趣的青少年，并在另一本书中讨论种树时也推荐了此书[43]；在“蔓柳穿鱼”那一节，她引用了安妮·普拉特《大不列颠开花植物和蕨类》中的内容[44]；
449 也曾在两部作品中提到了伍德的《国内昆虫记》[45]。鉴于布莱特温通常是靠自己的观察和洞见，很少引用其他文本，她提及这些作品就显得格外有意义。

布莱特温在作品中很少提及那些推崇职业化的科学家的作品，即便偶有提及，也往往是为了契合自己的目的。例如，她有一次在讨论叶子时，谈到了“叫原生质的奇妙物质”，但没有提到赫胥黎的名字。赫胥黎在 19 世纪 60 年代使用这个术语时被指控为唯物主义者，但对布莱特温来讲，赫胥黎的这个术语可以在挪用时被重新解释，赋予宗教含义。她将原生质比作陶艺家的一块泥，她将这块泥“按照自己的目的，塑造成一口粗糙的锅或者可爱的花瓶”，原生质就如同“神圣的造物主在创造动植物过程中使用的一种基本材料”。据布莱特温庄园里的管家，一位知识渊博的植物学家约翰·奥德尔称，她非常敬重达尔文的兰花研究。布莱特温在《植物生活一瞥》中提到了达尔文，他的研究意味着，即使最小的自然事物也非常值得研究，因为它们身上也有启示性的奇迹，“我只是站在科学研究的门槛上，惊奇地看着达尔文这样的学者在做研究，他耗费了 20 年之久去观察常见的蚯蚓，然后写出了极其有趣的书”。达尔文的例子表明，“自然界最细微的事物也值得尊敬和关注”。她并没有在自己的博物学作品中探讨进化论，但在自传中却承认“动物之间的相互捕食，无辜的生命不停哀号，死亡之痛也一直伴随”，所有这些提出了一个“难题”。她只看到“仅有的一种解释”，生存斗争是原罪的结果，“在人类堕落之前，所有动物显然只以植物为食”（《创世纪》，I. 30）。她肯定道，“那时相互之间没有捕食，所有生物和平共处，就好像人类完全恢复一样”（以赛亚书，xi. 6-9），因为“人类罪恶造成的毁灭”，所有生物“一时间完全乱套”。布莱特温从未直接攻击过科学家，哪怕是科学自然主义者，而且她的不少书都是献给杰出的科学家的，如《植物生活一瞥》献给约瑟夫·胡克，《更多的野性自然故事》献给威廉·弗劳尔（William Henry Flowers），《以仁慈赢取野性自然》则是献给詹姆斯·佩吉特（James Paget）。[46]

延续：哈钦森与牧师博物学家

布莱特温和吉本更接近于早期的女性科学普及写作传统，亨 450
利·哈钦森（1856—1927）则令人想起 19 世纪早期牧师博物学家的

事业。在 1890 年代，哈钦森是大众科学写作领域里最高产的作家之一，专注于地质学主题，在 10 余年里写了 5 本书。在向英国公众介绍新的化石发现方面，他发挥了关键作用，尤其是将美国古生物学家奥斯尼尔·马什（Othniel Marsh）的研究介绍给英国，马什从 70 年代开始在美国西部从事探险活动。哈钦森与多个出版商合作，如爱德华·斯坦福、查普曼和霍尔、史密斯和埃尔德公司等。哈钦森的父亲内维尔·哈钦森（T. Neville Hutchinson）在拉格比（Rugby）担任科学老师，亨利·哈钦森因此在拉格比接受了教育，然后去了剑桥大学圣约翰学院，1879 年在那里获得了学士学位。1879 年至 1880 年，他在克里夫顿（Clifton）学院担任助理教员，1883 年被授予执事，并被任命为布里斯托尔圣救世主教堂的助理牧师。1885 年开始担任牧师，一年后在普利茅斯开始担任莫利伯爵儿子们的家庭教师，直至 1887 年。因为身体欠佳，他去了国外，但在 1890 年回到伦敦开始从文，除了地质学写作，他还写了几部人类学作品。哈钦森在几个科学学会里都很活跃，是皇家地理学会、动物学会和地质学会会员，1904 年还获得了剑桥大学硕士学位。[47]

哈钦森自视在追随科普作家前辈的脚步，他在《史前人类与野兽》（*Prehistoric Man and Beast*，1896，Smith，Elder）序言中称，他的书是“写给所有人的，不是为地质学或考古学专家们写的”，该书旨在“以浅显的方式传播近年来两支勤奋的科研工作者所取得的一些有趣成果”，他们不辞辛劳从事地质学和考古学研究。哈钦森将自己比作译者，将科学精英们晦涩难懂的语言转译成大众能够理解的表达，“作者尽量将自己放在一个解释者的位置上，而非让人不知所云的婆罗门”，他赞扬了发挥同样角色的普及者前辈们。哈钦森提到了

鲍尔的“穿越时光长廊的一瞥”演讲，认为这个“有趣的讲座”通过 451
“旁征博引，用形象的图表向公众介绍了有趣的新研究”，他将鲍尔当成阐释精英科学的同行。鲍尔在演讲中借用了乔治·达尔文（George Darwin）在《哲学汇刊》上发表的月球诞生论文，并将其解释给听众，因为原论文“不是普通读者能理解的”。哈钦森评论道，“因此，当一位阐释者能够站出来，充当专业科学家和普通大众之间的桥梁，愿意将前者的研究成果和推理方法转译成大众能够理解的浅显表达，是一件好事”。他没有提及伍德的名字，但提到了伍德一些著名的作品，强调对地质学家来讲掌握一般性的博物学知识是多么重要，“应该鼓励未来的地质学家采集并探究活着的生命，如乡村或海边的‘常见事物’，同时也不要错过化石和岩石，将现在和过去的生命一起摆放在珍奇柜中”。[48]

哈钦森还将自己与那些专注于地质学的科普作家前辈们联系起来，他认为“当今的地质学家无人”比得上休·米勒那样“吸引读者”，称米勒的《古老的红砂岩》（*Old Red Sandstone*）是一部“令人愉快的作品”。他尤为感谢巴克利，曾在一部作品序言中表达了“对巴克利小姐（费希尔夫人）最诚挚的谢意，感谢她授权使用其科普名作里的插图，也感谢她对本书在出版过程中提出的宝贵意见”，还将巴克利《生命竞赛的赢家》称为“有史以来最优秀的博物学通俗读物之一”。[49] 他也饱含深情地想起了彼特·帕里的故事里对鱼龙的描述，“让年轻的我们充满了想象，令人记忆深刻”。[50] 他补充道，“这位不可估量的导师”要是还在世，看到世界各地已经发现了大量更奇特的鱼龙遗迹，他必定会惊讶不已。米勒的作品“在某种程度上已经过时”，彼特·帕里的那本书很不幸也过时了，哈钦森认为自己正好在填补一

452 个空白。他在 1890 年写道，“目前关于地质学的大众读物很少，这促使作者整合出版了这本小书，希望能满足人们的需求”。[51]

哈钦森对宗教话题的处理极为巧妙，很多牧师博物学家以及布莱特温和吉本总是在作品中一而再，再而三地重申宗教议题，但哈钦森在涉及自然神学时却非常谨慎。他在《其他时代的生物》（*Creatures of Other Days*，1894，Chapman and Hall）开篇就明确表示，他相信在整个历史中上帝一直存在于自然规律里，这意味着他随后探讨的古生物学其实是对过去神圣活动的论述，“不管多么久远之前，数百万年也好，几十亿年也罢，世界上已经存在远古居民，同样存在坚不可摧的自然规律在发挥着作用，这是神圣和全能意志的外在表现，实现他的目的，与现在别无二致”。在书的其余部分，哈钦森就很少会体现宗教主题了，但他斥责那些以地质科学与《圣经》冲突为由而无知地拒斥地质学的人。他谈到了 30 多年前本杰明·霍金斯的恐龙模型在纽约遭到毁坏的事件，谴责那些无视地质学成果与启示宗教相融的政客。他希望“事到如今，人们对伟大的博物学家阿加西已经清楚解释过的真理有所耳闻，他在谈到所有现存的动物时说，‘这些不过是以物质形式表现出来的全能上帝的思想’”。[52] 类似地，哈钦森在《史前人类与野兽》序言里告诉读者，人类是“无数次进化的最后产物，体现了‘世界之美，是完美的动物’，是迄今为止最能充分体现创世力量的物种”。几页之后，他拒斥了人类进化“与真正的神学相违背”的观点，也反对任何“强化这种观点”的事情。哈钦森早就预感到对《圣经》咬文嚼字的人会反对，“一些研究古代思想体系的学者认为，《创世纪》开篇关于创世的描述就暗示了进化论”。[53] 他将人类进化的研究牢牢地嵌入宗教的框架中，概述了地质学和考古学已经解开了石器时代和青铜时代男人和女人的奥秘。

哈钦森像金斯利和亨斯洛等牧师科普作家一样，对进化论的问题 453
毫不回避，但他的最终立场却更接近佩奇。他接受进化论是现代科学
所确立的一个事实，但他对达尔文自然选择理论的态度却随着时间在
改变。在哈钦森最畅销的作品《灭绝的怪兽》中，他借用了自然选择
概念来解释蛇如何从蜥蜴进化而来，笨重的大型树懒如何变成了现在
这种小巧而灵活的样子。[54] 在讨论哺乳动物战胜爬行动物时，哈钦森
指出这个过程“符合生物学真理”，“伟大的生存斗争不断推动着前进
方向，高级物种取代了低级物种”。[55] 两年后，哈钦森恭贺达尔文的
发现，但同时他又在支持拉马克观念，从而削弱了自然选择理论的权
威性，“杰出的查尔斯·达尔文在真正的科学基础上”提出了进化论，
“已经被博物学家和古生物学家普遍接受”。他肯定地说道，“事实上，
作为一名古生物学家很难拒绝成为进化论者，因为从已经灭绝的动物
研究中得到了太多的证据”，相关的证据日积月累，在世界各地都发
现了大量已经消失很久的生命类型。然而，哈钦森后来在书中提出了
应该在进化过程中纳入意志的考量，如果马最古老的祖先希望跑得更
快时，“自然当然会鼓励这种愿望，并让跑得最快的马获得成功”。他
立刻又向读者保证，自己并不怀疑“自然选择所能产生的奇妙结果，
但我们不禁要想，动物们自身可能为了获得更快的速度而坚定不移地
努力”，他认为它们没有理由不配合大自然去“实现自己的救赎”。[56]

到 1896 年时，哈钦森对达尔文的不认同感增加，他宣称自己承
认进化论，但不认为自然选择是进化过程的唯一因素，“甚至达尔文
的很多追随者都开始意识到，这个原因固然重要，但在现代科学猜想 454
中被强调过度了”。他发现连达尔文自己都觉得走得太远，尽管达尔

文的理论“标志着人类知识的一个重要时代”，但难免有种可能性，即“不久之后就会有其他发现将受到更多的青睐”。[57] 哈钦森对自然选择的怀疑持续了多年，他在 1911 年写信给克劳德说，“关于最近的进化论思想状况，我非常希望哪天跟你聊聊”，他告诉克劳德自己读过塞缪尔·巴特勒、胡戈·德·弗里斯（Hugo De Vries）和托马斯·摩根（Thomas H. Morgan）等进化论者的理论，“我觉得不同于达尔文和赫胥黎的时代，自然选择不会再那么重要了”。[58]

哈钦森在作品中将人类和动物的繁衍归结于同一类进化论史诗，“进化无处不在——社会、艺术、道德、宗教和动植物王国”。他更进一步肯定道，“世界本身，甚至是整个太阳系，都是逐步展开或发展的结果”。然而，他的进化论观点并非受到斯宾塞启发，虽然他在 19 世纪 90 年代中期逐渐偏离达尔文理论。在宇宙进化论者中，他与巴克利的观点最相似，虽然他对唯灵论并没有什么兴趣。哈钦森和巴克利相似，用了一种新颖的方式讲故事，启发读者在了解进化的过程中发挥自己的想象力。在他的第一本书《地球自传》（*The Autobiography of the Earth*，1890，Edward Stanford）导论中，哈钦森介绍了自己的进化论史诗，仿佛这是地球自己写的故事，当然最后是由上帝写成。他在导论开篇告诉读者，“我们将要读的这个故事不是由人类写的，而是由造物主亲自写的。因此，我们绝对可以相信记录的真实性”。他声称自己是和读者一起阅读这个故事，指出这个故事“简单质朴，没有修饰，没有人类插手”，仿佛在暗示即使他自己，即所谓的作者本人，也没有参与写作。上帝写下这个故事，然后永久地记录在地层之中。哈钦森认为，地壳类似众多的文字段落，不会有
455 错，尽管早期的章节不够完整也很难解读，“这些符号和书写它们的

地层或页面，都不会被篡改或误传”，尽管人类历史并非“完全公证和真实”。岩层上的证词是可靠的，它只是机械地记录了上帝的故事，没有人类干预的痕迹，“地球是自己的传记作者，它用公正不阿的记录仪留下自己的日记”。[59]

哈钦森在导论中佯装要和读者一起阅读地球自传故事，他接着概括了地质历史，不断涉及上帝之书和自然之书之间的相似之处。在地球冷却之前，他必须遵从化学家、天文学家和物理学家的意见，因为“陆地和水就是地质记录所用到的纸张和墨水”。哈钦森就像是优秀的宇宙进化论者，他列举了当前可以证明星云假说的事实，将这些事实称为“宇宙印记”（cosmoglyphics），请读者判断这个理论是否得到证实。他问道：“如果没有的话，读者朋友是否可以试着从这些宇宙印记中读出其他故事来？”然后，哈钦森向鲍尔寻求帮助，提到了鲍尔的讲座“穿越时光长廊的一瞥”，里面解释了月球的诞生。在讨论被记载的地球历史之前，哈钦森先讨论了如何从岩层和化石中读取这些故事，“无人能读懂地质记录的语言，除非他先要了解这门语言的一些语法知识”，这种语法知识可以通过地壳当前的变化过程去学习，“均变论”是理解岩层符号的关键所在。[60]

哈钦森接着从最早的地质时代开始，贯穿各个时代。他和读者从岩层中读到的是一个进化故事，“依次呈现越来越高级的类型，是地质记录最有趣的特征之一，也正是吸引进化论者的地方”。随着地质年代越来越近，他发现故事也越来越容易读懂，在读到巴斯鲕状岩（Bath Oolites）时，书写这个故事的岩层“比起更早期的篇章更少地因剥蚀而遭到损毁和撕破”。在这一节中，哈钦森将自然比作印刷机，
扩大了地球与文本之间的类比。他断言自然母亲主要在海洋中保存记 456

录，“她的海底印刷机静悄悄地将这些记录积累下来，在书页上印满奇奇怪怪的字符——波痕、虫痕、海草，等等——经过一段时间后，它们被抬升、干燥和硬化，然后另一个时期的记录也以同样的方式被保存下来”，通过这样的方式，“她‘定期’发行一个章节”，哈钦森戏谑地称道。[61]

哈钦森充满想象的故事讲述方式与巴克利相似，也强调了自然世界神奇的一面。他反复借用了自然乐土的说法，这是巴克利在《科学乐土》中生动描述的情景。哈钦森在《地球自传》中称，煤炭时期的石炭纪森林“一定是真正的乐土，那里（所谓的）‘苔藓’长得像橡树或方舟那么高”。哈钦森在《灭绝的怪兽》中反复提醒读者注意恐龙与古代神话中的龙之间的相似性，他在“古代的龙——恐龙”这章里断言“地质学为我们揭示了地球上曾经生活过如此粗野的巨型爬行动物，除了古已有之的‘龙’，我们找不到其他更合适的词可以简单形象地传达它们可怕的特征和形态”，“毕竟，说是龙，也不无道理”。对那些不相信曾经有飞龙存在的人，哈钦森展示了翼龙的科学证据，“能够飞行的爬行动物可能听起来比较奇怪，甚至对有的人来说不可思议，但谁也不能说这样或那样的事‘根本不可能’或‘违背自然’。因为世界很奇妙，我们不能因为没有亲眼所见就觉得不可能”。哈钦森向读者强调说，已灭绝的“远古世界”就如同“格林童话或刘易斯·卡罗尔的仙境一样奇怪，所有这些怪兽都曾经存在过”，他们在书中读到的所有内容都“非常真实”，“真理比小说更神奇，也许这就是我们为何会更喜欢参观这个童话世界的原因”。[62]

哈钦森在作品中突出科学乐土主题旨在激发读者的想象力，他与巴克利、佩奇一样，以生动形象的文学描述展现了地质学史的全景图或其他大众视觉图景。他在《灭绝的怪兽》中表示，大多数的博物学作品都只谈论现在活着的生物，“鲜有作者会像在画布上一样，去描 457
绘不同地质时代在地球舞台上所表演的伟大剧目，我们看到了最新的，但可能看不到最终的场景”。宇宙进化的故事最好被讲成惊心动魄的剧目，或者是画布上巨大的奇观，远古世界“这幅永远逝去的全景图才是那片真正的乐土”，哈钦森如此感叹道。4 页之后，哈钦森开始解释我们脚底下的岩层证据为远古生物及其自然环境提供了怎样的线索，这只需要“发挥一点想象力，去勾勒过去的场景，并将它们画在移动的西洋景里”。但哈钦森为读者提供的不仅仅是这样的文学描述，他还提供了传说中的视觉图像，旨在复原很久以前漫游在地球上的那些已灭绝的怪兽。《灭绝的怪兽》这本书中有 24 幅全页插图，还有 38 幅其他图像（图 8.7）。[63] 哈钦森惊讶地表示，尽管有“大量重构过去的材料”，但却很少有作品给公众展示过去的奇怪生物，他

图 8.7　悠闲的普氏三角龙（*Triceratops prorsus*）。出自《灭绝的怪兽》，扉页插图。

批评了早先的几个作品，纪尧姆·菲吉耶（Guillaume Louis Figuier）的《大洪水前的世界》（*World before the Deluge*）已经过时，不能再当成“值得信赖的作品”，还有些书里的插图非常糟糕。[64]

哈钦森激发了读者的想象，满足了他们对生动插图的喜好和娱乐诉求，但他也不忘强调书中的这些图像和知识是基于科学事实。他宁愿将书中复原的恐龙看作“活在想象力里，而不是在普通的动物园里供凡夫俗子戏弄和挑逗”。他批评某些读者，因为他们希望恐龙成为现代野兽表演里非常有趣的角色。如果它们生活在现在，“一些野心勃勃的马戏团老板”可能会禁不住诱惑，将它们搬上舞台，仅仅是为了“娱乐空虚的观众”。他希望自己不被当成“有野心的马戏团老板”，只为了取悦大众，而是希望通过展示恐龙去训练读者的想象力，激发他们的理性思维。

458 他的目标是在娱乐和科学教育之间取得平衡，尽管这个平衡难以把握。哈钦森希望澄清“这个世界长期被忽略的‘已消失的生物’”，这样它们“或许可以向路人讲述自己的神奇故事”，要实现这个目标，需要“我们适度利用理性和想象，让我们的双眼看到这个世界上消失的生物”。对“居维叶、欧文、赫胥黎和其他科学家来讲”，恐龙残存的遗骸是活的，正是他们的研究才让哈钦森能够实现为读者复原恐龙的任务。他在作品中不时感谢现在和过去的科学家，为他的作品提供了重要的帮助和必需的科学知识，他因此能够让灭绝生物的遗
459 骸复原成血肉之躯。[65] 即使在哈钦森那本更轻松愉快的《原始场景》（*Primeval Scenes*，1899，Lamley）里，他也强调里面描述的生物已仔细考虑过科学的准确性（图 8.8）。哈钦森曾说过，在“新新闻”时代，“很不幸，有大量的人只读报纸杂志，不读书”，生动形象的文学

图 8.8 “野外用餐”的原始画面，描述了旧石器时期一顿野餐闯入不速之客的场景。出自《原始场景》，第 13 页。

描述和视觉图像将科学教育和娱乐结合在一起，他希望用这种方式吸引公众来学习地质学。[66]

从哈钦森得到的评论看，他并没有让所有读者满意地觉得他成功地将科学教育与娱乐结合起来。至少曾有一位读者并不觉得他的作品是优秀的科学习作，《自然》杂志对《灭绝的怪兽》的评价很负面， 460
虽然认为这本书在众多的复原工作上非常新颖，也写得“简单明了”，但这位评论者指责哈钦森迷失在“不太确信的问题上”，例如他对鱼龙眼睛的断言就没有根据。当科普作家并非公认的科学家时，《自然》杂志预设了他们的角色限制，但哈钦森似乎超越了这个限制，这位评论者谴责道，“作为一部通俗读物，不应该假装去传授科学知识，更不该对科学问题的判断说三道四，否则就有越俎代庖之嫌”。[67] 不过《星期六评论》却对哈钦森的书做了积极评价，“简言之，这本书很吸引人，也很有用，有助于提高他作为力求精确的地质学普及作家的声誉”。这位评论者还称赞哈钦森避免长篇大论，也没有走向另一个极端，即仅仅为了吸引读者就粗制滥造。[68]

呼应萨默维尔的综合性概述：博丁顿

吉本、布莱特温和哈钦森延续了牧师和女性科普写作的一些传统，还有些科普作家采用了玛丽·萨默维尔的写作方式。在《论物理科学之间的联系》序言中，萨默维尔宣称，“现代科学的进步，尤其是在近些年，体现出一个显著的趋势是简化自然规律，通过一般性的原理将支离破碎的各个分支统一起来”。[69]《论物理科学之间的联系》的目标是尽可能明确不同科学分支之间的联系，威廉·休厄尔在 1834 年《评论季刊》上称赞了萨默维尔对科学统一性的讨论。休厄尔对专业化的影响感到担忧，因为它似乎会导致科学的碎片化，他抱怨道，“自然科学本身就在不断细分，各分支在这个过程中产生隔阂”。凯瑟琳·尼利认为，《论物理科学之间的联系》创立了一种新的文学形式——扩展的综合性文学评论。即使是萨默维尔本人也意识到，写这样一本书对科普作家本人提出了非常高的要求，他们必须吸收和综合各领域里大量的科学信息。她在《个人回忆》（*Personal Recollections*）中写道：“没有人试图复制《论物理科学之间的联系》，
461 里面的话题太难了。”[70]这恰恰是巴克利在 1875 年与默里公司准备出版修订本时犹豫不决的原因所在，这也解释了为何女性在寻找亲子写作模式的替代方式时不能效仿萨默维尔。

在 19 世纪末，科学的日益专业化为普及者们提供重新定义自己

角色的机会。普罗克特有一次在讨论光谱分析在天文学和化学中的可能用途时，谈到了专业化如何使新的科学方法难以在不同的学科之间使用，“某个领域的科学工作者太忙了，既无暇顾及他们的成果对其他领域的价值，也忽略了其他领域研究成果在自己领域的应用”。普罗克特认为，重要的科学发现也被错过或推迟，“因此，有必要像斯宾塞和其他人指出的那样，设立科学监察员，他们不在任何领域做专门研究，而是对所有领域的发展有总体了解，可以留意到科研工作者容易忽略的东西——尤其是各个领域里科研成果的一般性意义而不是某个领域的特有价值”。[71] 至少艾丽斯·博丁顿和阿格尼丝·克拉克这两位普及者在各自的领域里将自己视为“科学监察员”，即普罗克特所称的角色，以及萨默维尔在《论物理科学之间的联系》中所扮演的角色。对这两位女性来说，在日益专业化的时代中，萨默维尔对综合性的强调为普及者的存在提供了合理理由，她们与佩奇、巴克利、克劳德和艾伦等人不同，他们并没有在打造进化论史诗时形成一种知识的综合体。博丁顿和克拉克主要面向成年人写作，并将科学家当成她们的读者，这在 19 世纪下半叶的普及者中很不寻常。休厄尔的科学统一观点在 19 世纪末得到了普及者的推进，而不是靠科学家，这种 462
扩展的综合性科学评论在后来成为 20 世纪大众科学的一个主要内容。

艾丽斯·博丁顿（1840—1897）在离开英国后经历了一段尤为动荡的时期，她就是在那时开始从事科学写作的。博丁顿由奶奶抚养长大，她兴趣广泛，尤其是在科学方面。她嫁给贝尔将军，生有一子，后两人离婚，再后来她成为伦敦医生乔治·博丁顿的第二任妻子，博丁顿医生专门研究精神疾病。1887 年，他们带着孩子海伦娜和威妮弗雷德移民加拿大。根据孩子们对一家人在不列颠哥伦比亚前 6 年的生活记录称，博丁顿夫妻总是不辞辛劳，雄心勃勃。他们受到加拿大移民局派发的宣传册的激励，渴望来加拿大积累家庭财富。海伦娜和威妮弗雷德把她们的母亲描述为受过良好教育的女性，擅长社交，她们回忆说，“她的大脑就是个思想宝库，里面储存着丰富有趣的知识，常常可以信手拈来”。良好的教育和高雅的品位让她成为“才华横溢的健谈者和迷人的伴侣”，但在不列颠哥伦比亚，博丁顿夫人却感到自己在智识生活上很孤独。海伦娜和威妮弗雷德还记得，父母总是没完没了地讨论当时的政治和新闻，“当英国邮政送来了《伦敦新闻画报》《真理》《笨拙》和《英国医学杂志》时，我们如饿狼捕食般扑向它们，因为我们的生活中太缺乏文学作品了”。[72]

博丁顿夫妇在温哥华待了一年，然后在弗雷则河谷（Fraser River）从事农业。海伦娜和威妮弗雷德写道，父母完全无法适应艰苦的开拓者生活。乔治·博丁顿在他们移民时已经60岁了，缺乏生意头脑，艾丽斯多年里差不多是半个废人，每天大部分时间都躺在沙发上。艾丽斯·博丁顿是一位知识分子，她的才能“完全无法胜任”农事，甚至打理不好家务。据女儿们称，“她完全不懂最基本的家务常识，顶多是指挥下训练有素的仆人”。在不列颠哥伦比亚蛮荒之地的痛苦生活，让她跌入了终生的抑郁之中。女儿们写道，母亲遭遇的重
463 重困难，“加上她自己的性情本来就略有些忧郁，让她的生活不过是一场痛苦而漫长的悲剧”。1895年，他们的经济陷入绝境，决定放弃农业，乔治被任命为新威斯敏斯特省立精神病院的医务总监，两年后艾丽斯就去世了。[73]但不知何故，在艾丽斯·博丁顿去世前，她却能够在那么艰难的条件下写作，或许她在靠写作来对抗自己的孤独感吧，因为她可以通过写作与知识界保持联系。她唯一的著作《进化论

和生物学研究》(*Studies in Evolution and Biology*，1890，E. Stock）售价 5 先令，这本书是她早期一些文章的合集，包含了眼睛的进化、哺乳动物、过去的植物、进化中的有趣故事、古生物学和新拉马克主义等主题。她曾为众多期刊撰稿，如《威斯敏斯特评论》《显微镜和自然科学杂志》(*Journal of Microscopy and Natural Science*)《公开法庭》和《美国博物学家》(*American Naturalist*）等。她的写作主题非常广泛，如关于婚姻、种族、不可知论、史前人类、鬼神的存在、寄生虫、精神进化、皇室家族的精神错乱和睡眠中的心理活动等方面最新的科学研究。她也写了不少博物学文章，如水生昆虫、动植物的变异和蜘蛛的求偶仪式等。

尽管《进化论和生物学研究》卖得并不怎么样，也没有再版，但它的重要性在于，它是一本非常典型的作品，体现了普及作品的一种基本写作模式，不禁令人想起了萨默维尔《论物理科学之间的联系》序言的观点。在开篇写给读者的说明中，博丁顿宣称，"现在的自然科学所涵盖的范围如此之大，从事科学工作的人如此之多之忙，然而却没有哪位专家对正在进行的研究有一个总体性的看法。自然科学的所有领域之间的相互联系如此紧密，以至要成为某个领域的专家就不能对其他领域的知识一无所知"。博丁顿像萨默维尔和休厄尔一样，声称所有科学在最深层处应该有基本的统一性，要想真正了解任何一门科学就不可能忽视其他学科及其彼此之间的联系。但科学家们总是太忙，无暇了解自己领域之外的知识。因此，博丁顿认为科学日渐专业化为普及者提供了重要的位置。然而，"出于某些不可思议的原因，在任何科学领域里没有原创性发现的人胆敢去写点相关的科学主题，只会遭到诋毁"，尽管社会急需像萨默维尔那样的普及者。令博丁顿

464 困惑的是，为何“没有从事原创性实验研究就去从事自然科学写作基本上就会被当成一种错误”，在其他知识领域里可不是这样，“历史学家不需要参加他所描述过的战役，地理学家也不需要亲自穿越非洲的荒野”。一位科普作家也不用非得是科学家才能写出有用的书，博丁顿质疑道，“为什么就不能由某位贤能之士全面总结众多科学家的劳动成果？这样我们不就可以更清楚地了解一块布料是如何织成的？博丁顿为专业化时代的普及者角色辩护之后，接着列举了一份清单，上面是她写《进化论和生物学研究》时参考过的 18 位科学家的研究成果，包括柯普、恩斯特·海克尔、达尔文和华莱士等。[74]

博丁顿在“微生物寄生虫”一章中再次为普及者的角色辩护，这次她举出了两位著名科学家来支持自己的观点，“我斗胆在没有任何实验知识的情况下写了这个主题，我只能努力向‘两个伟大的名字’寻求庇护。人们常常认为，如果不是公认的动物学家或生物学家，就无权去批判、书写相关的科学主题，甚至发表意见也不行，具体视情况而定”。博丁顿搬出达尔文和赫胥黎，设法让他们支持自己。她指出，达尔文曾说过，关于自己的理论他得到的最宝贵批评是来自一位工程学教授，而不是一位公认的博物学家，他坚信让熟悉科学论证、有聪明才智的人阅读自己的理论非常重要，即使他们并非博物学家。博丁顿机智地引用了达尔文在 1865 年 1 月 4 日写给赫胥黎的信，他在信中恳求赫胥黎为他的斗牛犬写一篇“通俗文章”，因为这与“推动科学进步的原创性工作几乎同等重要”。她在弗朗西斯·达尔文 3 年前发表的《查尔斯·达尔文的生活和书信》（*Life and Letters of Charles Darwin*）里找到所有这些材料。博丁顿也引用了赫胥黎的话，关于专业化带来的危险，“一个人如果躲在自然界的某个角落工作，对其他的一切都视而不见，那只会一叶障目，让他难以看到那个角落之前的世界”。[75]博丁顿引用达尔文和赫胥黎的话来为自己的立场辩护，认为她和其他类似的科普作家对科学家之间的讨论也能做出重 465
要贡献。她声称自己有权利自由参与科学争论，尤其是关于进化论方面的讨论，不应该被男性科学家们谴责。[76]

但博丁顿还补充了第二个观点，普及者除了帮助科学家把握自己领域里更全面的情况，还可以确保这些发现能够清楚明白地传达给大众，只有这样才能在“消除无知和迷信”方面取得真正的进展。达尔文具有从事“原创性观察”的非凡能力，同时也能够“让普通人清楚明白地了解他的研究结果”。然而，“很多原创性工作者都难以做到这点”，博丁顿断言，部分原因是“每个人都只在自己专业领域工作”，无视同行们的发现，“他们几乎对自己所建造的珊瑚礁规模一无所知”，所以公众对科学家的工作闻所未闻。她还写道：“成百上千的原创科学家都在从事自己的研究。然而，想要在主流的期刊上搜寻他们的研究成果也是徒劳，多半是因为通常认为的原因遭到诟病，即没有原始调查就从事科学写作。”博丁顿认为，是时候“让自然科学拥有属于自己的历史学家了”，只有这样，科学家的研究才不会“被科学期刊埋葬，只有专家才读得懂”。[77]博丁顿这部《进化论和生物学研究》收录的多篇文章都是概括最新的生物学研究进展。

《进化论和生物学研究》为科学普及做了强有力的辩护，收录了多篇综合性的评论文章，评论家们对这本书褒贬不一。《星期六评论》对“作者的写作渴望”印象深刻，称这本书“很有独创性”，“她主张历史学家不需要参加自己所描述的战役，地理学家也不需要亲自穿越非洲的荒野。既然如此，她虽然不是原创性研究者，为何就该抑制科学写作？”然而，博丁顿的辩护却被《学刊》奚落。评论者争辩说，无法理解为什么人们会认为没有从事原创性实验就不该从事自然科学写作，事实上这位评论者还打算将计就计，“利用她这本书跟她解释为什么专家们会厌烦这样的作品”。这位评论者紧接着列举了一
466 长串书中的错误，这些错误都是“对其他博物学家的研究有所了解”就不该犯的错，他不折不挠继续说道，“这些错误，不只是‘差不多错了’，非专业的人从他们的笔记摘录一些东西就来发表是相当危险的”。这位评论者甚至还纠正了她的语法，然后用言不由衷的赞美谴责她，说她总的来说“还算做得不错”，这本书确实有些缺陷，但依然有可能激发读者对进化论和生物学的真正兴趣，不过“她的知识都是二手知识，文风也不咋样，对权威著作的选择也并非总是明智”。[78]

尽管遭到一些评论者的敌意，博丁顿还是认同科学家们的很多目标，尤其是那些受科学自然主义影响的目标。她在《进化论和生物学研究》中讨论由于无用的肾脏器官萎缩给雌性哺乳动物带来胆囊性疾病风险时，断然拒绝了设计论观点。博丁顿指出，无用器官的存在证明了“整个拙劣的计划如何彻底驳倒了设计论”，她蔑视弗兰克·巴克兰这样的科普作家，因为他反对进化论，认为它削弱了佩利的设计论，她在一篇文章中批评了巴克兰“对严谨科学研究的无端藐视”。[79] 博丁顿和不少科学自然主义者认同相似的宗教观，女儿们将他们生活在不列颠哥伦比亚期间的博丁顿形容为“不可知论者”。她在那期间写了一篇文章“宗教、理性与不可知论”，发表在《威斯敏斯特评论》上，这篇文章明确表示她不希望将自己当成一名宗教老师，这是亲子写作传统下女性为了维护自己的权威而常常设定的角色。她在这篇文章中对基督教神学家提出了批评，因为他们无法对罪恶的存在

提供令人满意的答案，她建议采取理性的宗教立场，承认“不可知，或者是哲学家更喜欢说的未知”。她声称自己曾经诚挚地试图相信基督教上帝的存在和基督的神圣性，但她感到“一个又一个信仰在我的思想中坍塌，就如同一个人倒下时，他的整个身体重量压垮了枝丫 467
和草丛”。[80]

博丁顿在解释了自己的立场是用理性之光审视传统宗教后，又转向了科学与宗教关系的讨论。她预言神学家试图通过宗教寻找上帝总是会以失败告终，因为他们从未接受过自然科学所需的理性思维训练，总是从上帝入手，而不是使用归纳法。博丁顿认为，但如果以归纳法作为起点，追寻真理的人就会得出结论说，“如我们所知，宇宙似乎就是一个由客观的、永久不变的规律支配下的产物”。她承认，这个想法很悲哀，但也远比“人格神的概念令人满意，这样的上帝会因为有限的罪行无限地惩罚他创造出来的情感动物”，也比喜怒无常的宇宙概念好，因为它动不动就引发自然灾害并造成痛苦。至于“曾经被视为自然宗教基石的设计证据”，博丁顿认为它已经“成为那些曾依赖它的人心头的尖刺”。如今，自然神学的支持者们不得不解释人类祖先遗迹中（充满缺陷）的设计，祖先们就像疾病的温床（全能而智慧的上帝怎么可能有这么糟糕的设计），“现在还会以手表举例证明钟表匠存在的人，将不得不引用这样一块手表——满是不必要的尴尬构件，动不动就完全失灵，或者停止运转”。人体并没有“像机器一样，手段与目的完美契合，而是通过有机生长实现对偶然环境的粗略适应”。有机世界并没有提供设计的证据，而是表现出各种不完美，意味着“盲目的进化力量”在操控这一切，在结尾部分博丁顿称自己为“科学上的不可知论者”。[81]

博丁顿还认同主流的科学自然主义者关于性别与种族的立场，她对女性的看法总体上很消极，她的女儿们写道，“大部分女性她都不喜欢，她直言不讳地说，她们无聊的谈话让她厌倦，她更喜欢和男性谈论自己感兴趣的话题，如天文学、生物、诗歌、文学和艺术”。[82] 在
468 “从科学角度看婚姻问题”这篇文章中，她认为女性不如男性，就像达尔文《人类的由来》里说的那样，“就大多数男性和女性而言，有4个方面是不可改变的”，博丁顿所罗列的这4个方面排在首位的就是“男尊女卑”。[83] 博丁顿在“种族的重要性及其对黑人问题的影响”这篇文章中重申了这个主题，她认为女性“对人类道德的发展有益，但她们远不如男性”。她在回应贝克尔这样支持妇女选举权的人时说道，“人类已经满足了她们的所有要求，如果她们依然怨声载道，只能怪自然本身了”。博丁顿随后又讨论了种族问题，指向了科学研究结果，“以此类推，支持妇女选举权的结论其实是无效的，对于黑人问题更是无效”。博丁顿认为，从科学的角度看，问题的本身并不在于一个种族的肤色，这根本就无关紧要，关键在于对黑人皮肤下的脑部分析表明，他就不可能与白人平等。她还断定，白人依然有责任保护弱小无助者，并引导他们朝着更高的文明发展，“总之，对弱小民族来讲，父权政府才是最好、最仁慈的统治方式”。[84]

关于进化论在目前的地位，博丁顿则有自己更独立的看法。她绝非反对进化论，相反，她断言，“生物学的每个研究领域，无论是关于植物界还是动物界，都越加证实进化论是有机自然界最重要的规律之一”，她与许多科学自然主义者的不同之处在于她对达尔文及其自然选择理论的态度。她很崇敬达尔文，因为他“为我们开辟了新道路，从而发现支配进化论的伟大规律”，但她认为，“这位大师自己

只掌握了其中一种支配进化论的自然规律”。在达尔文早期的作品中，他试图“通过自然选择来解释动植物发生的所有变化，而我们现在看到的是，有机生物发生无限、微妙的变化是来自原生质在受到强烈刺激后发生的分子变化，以及随之发生的环境响应”。博丁顿认为，现代生物学与达尔文擦肩而过，她坚持认为可以用拉马克主义来补充达 469
尔文的理论，指出达尔文后来也认识到自己过分强调自然选择，他需要对环境的直接作用给予更多重视。[85]

在《进化论和生物学研究》“新拉马克主义”这章中，她似乎很乐于接受自己的立场被贴上这个标签，声称拉马克已经“指明一条道路，我们只要沿着这条路就能了解动物形态多样性的起源，指出不同形态在我们眼皮底下如何受所处环境影响不断发生变化”。她转载了《动物哲学》(*Philosophie Zoologique*)第一卷第七章中的一些内容，以说明拉马克如何预见了现代生物学的发展。在阅读第七章时，“众多的段落让我们不难想象自己是在研究当今某位伟大动物学家的著作”，拉马克的思想串联起她整本书的内容，“新拉马克主义就是‘主题’，贯穿了这本书中几乎所有的研究”，她所编写的所有自然科学的每项进步都“为这位天才增添新的桂冠，要知道他曾经遭受了最不公正的非难”。她回应那些认为这是对达尔文背信弃义的人说，如果说达尔文是进化论的牛顿，“拉马克就是进化论的伽利略”，这丝毫不会损毁前者的名誉。拉马克在反驳那些坚持动物有机体不变性的顽固分子时呼应了伽利略的说法，“在生命竞赛中，它们一直在移动，不管是朝前还是向下”。相比达尔文，博丁顿更喜欢拉马克，她像巴克利和巴特勒一样，宣扬意志力在进化过程中发挥的作用。[86]

为科学家写作：克拉克的天文学综合

博丁顿在《进化论和生物学研究》中指出“勤勉地收集和整理他人发现成果”的人非常重要，她举的一个例子是“‘19 世纪天文学史’的作者”，尽管这位作者“可能并没有任何天文学发现”，但她“清楚地阐述了天文学的巨大进步”，在这方面做出了重要贡献。[87]
470 博丁顿此处指的不是别人，而是阿格尼丝·克拉克。博丁顿和克拉克两人都自认为是同时为科学家和公众写作，为读者提供重要科学文献的综述，两人都试图在科学专业化时代为自己开辟一席之地，她们模仿萨默维尔，承担起普及者的新角色。但相比之下，克拉克比博丁顿获得了更高的认可，她不仅比博丁顿高产，也确立了自己在“新天文学”上的权威地位。博丁顿在不列颠哥伦比亚与世隔绝的荒野里写作，克拉克却身处英国科学的中心，能够为自己搭建起一个天文学前沿科学家的国际通信网络。

图 8.9　模仿萨默维尔的科学作家阿格尼丝·克拉克肖像。

克拉克是虔诚的天主教徒，父母都是有教养之人，亲自教育她，当她开始从事普及者的事业时，并没有接受过正式的天文学训练。阿格尼丝·玛丽·克拉克（1842—1907）出生在爱尔兰科克郡（Cork）南海岸的斯基伯林（Skibbereen）小镇，在家里 3 个孩子中排第二（图 8.9）。父亲约翰·克拉克是斯基伯林省级银行的经理，曾经还是都柏林三一学院的古典学学者。父亲信奉英国国教，母亲凯瑟琳·玛丽则出身于虔诚、富有的天主教家庭，克拉克的两个姨妈都是修女。阿格尼丝和姐姐埃伦、弟弟奥布里在母亲这方的信仰中长大，而且毕生都是虔诚的天主教徒。阿格尼丝跟母亲学习了钢琴，跟父亲学习了拉丁语、希腊语、数学和科学，她从小就对天文学感兴趣，父亲为鼓励她这个爱好，还在花园里安了一座望远镜。阿格尼丝·克拉克声称自己在 11 岁时就完全理解了约翰·赫歇尔的《天文学概要》(*Outlines of Astronomy*)。8 年后，一家人搬到都柏林，当时父亲约翰·克拉克的姐夫理查德·迪西刚被封为财政大臣，并成为该国最早的罗马天主教最高法院的法官之一，父亲便在迪西掌管的法庭里担任司法常务官。1867 年开始，一家人又在意大利定居了 10 年，从 1870 年起住在佛罗伦萨。阿格尼丝从父亲那里接受的教育为她在多个领域里的进一步研究打下了良好的基础。她在意大利期间经常在佛罗伦萨各个图书馆学习意大利历史和文学、科学史、时事、欧洲语言和古典文学等，尤其精通文艺 471
复兴时期的哲学和科学，她也是一名出色的钢琴家，曾在弗朗兹·李斯特（Franz Liszt）访问罗马期间为他演奏过。[88]

1877 年年底或 1878 年年初，一家人回到英国伦敦定居，阿格尼丝和姐姐埃伦都开始投身文学创作。阿格尼丝刚开始是在《爱丁堡评论》上发表了一些文艺复兴时期的科学和哲学文章，在 1881 她开始写《19 世纪大众天文学史》(*A Popular History of Astronomy in the Nineteenth Century*)，她的大部分研究都是在大英博物馆的图书馆完成。她在《爱丁堡评论》上发表的所有文章都没有署名，所以 1885 年她的第 1 本书《19 世纪大众天文学史》出版时，她似乎

472 突然就出现在公众面前。这本书由亚当·布莱克和查尔斯·布莱克（Adam and Charles Black）公司出版，售价十二先令六便士，2 个月内就重印了，美国版由麦克米伦公司出版，最终在 1893 年发行了第 3 版，1902 年发行了第 4 版。在她的职业生涯中，她又写了 5 本书，都是关于天文学的，主要是跟布莱克合作，但也与朗文、哈奇森（Hutchison）和卡斯尔公司合作。克拉克会严格筛选写作项目，1890 年亚当·布莱克来访，希望她能够写一本天文学入门书，纳入他要出版的丛书系列，但她拒绝了这个提议，部分原因是她听取了弟弟的建议。她在一次通信中提到此事，“时间太仓促，效益太低，拒绝参与后，我呼吸都顺畅多了”。布莱克希望她在 8 个月内完成手稿，她不愿意忍受“折磨”，因为与此同时她还在写其他作品。她也有选择的余地，虽然她终身未婚，但一直和家人在一起生活，并不完全靠科普写作赚钱维持生计，她也不觉得自己能以此为生。克拉克在 1889 年收到布莱克公司的年度账目后写信给一位朋友说，出版商的账目很少“令人兴奋”，这次“也不例外”。她的《19 世纪大众天文学史》第 2 版销售“进行得非常疲软”——近一半的书还没卖出去。她估计自己从两版中总共赚了 93 英镑，“我无意抱怨，我觉得布莱克的价格已经非常公道了，但这至少说明一个人不能指望靠写作为生”。[89]

她写第二本书《恒星系统》（*The System of the Stars*，1890）时决定与朗文合作，瞄准更高端的购书人群，定价 20 先令。作为已经有一部作品问世的作者，克拉克要求朗文在书稿完成之前就支付版税，朗文拒绝了这个要求，只付了一半。在 1887 年 5 月 10 日写给朗文的信中，她同意第 1 版这么做，以确保合同的签订，“但总的来说，我认为尽快达成明确的协议会让我们双方都更满意，因为我决定接受你提出

的建议，先支付一半版税，但前提是仅限于首版的1000册”。她这么 473
说是在为第2版能够要求预付版税留下余地。1891年年底，克拉克从朗文公司收到了第一张支票，金额略高于35英镑。这本书卖得很慢，到这个时候只卖出了700册，两年后她又收到了24英镑多的版税，在接下来的8年里她每年都会收到4—10英镑的版税。1902年，她收到了最后一次利润分红，一张三先令六便士的支票。朗文没有兴趣再版此书，克拉克在1905年就将再版权交给了布莱克公司。[90]

克拉克也靠写期刊文章、百科全书文章、传记辞典词条等方式赚钱，内容基本都是天文学方面的。《19世纪大众天文学史》出版后，她定期为《天文台》和《自然》杂志撰稿，1893年她突然停止向《自然》杂志投稿，并开始为《知识》杂志撰稿。从1877年开始直至她去世的30年间，她大部分文章都投给了《爱丁堡评论》，总共54篇文章，四分之三的文章都是关于科学主题。她还在其他期刊上发表了少量文章，如《都柏林评论》《大众天文学》《天文学和天体物理学》（*Astronomy and Astrophysics*）《弗雷泽杂志》《评论季刊》和《当代评论》，在整个事业生涯里她总共写了100多篇文章。通过《爱丁堡评论》，克拉克与主编亨利·里夫（Henry Reeve）成为好朋友，估计是里夫将她引荐给亚当·布莱克和查尔斯·布莱克。克拉克刚到伦敦时，这家出版公司正准备推出《不列颠百科全书》第9版，里夫是其中一位高产的供稿者，克拉克受邀写了一些科学史的文章，而在1879年的第10版，她接替普罗克特时，普罗克特已经写了大部分
的天文学条目。[91]她撰写的条目主要包括伽利略、亚历山大·冯·洪 474
堡、惠更斯、开普勒、勒维耶、拉瓦锡、拉格朗日和拉普拉斯等。克拉克也是《国家传记词典》（*Dictionary of National Biography*）的

长期撰稿人之一，她写了150多个词条，包括皇家天文学家、三位赫歇尔和其他多位天文学家，另外还写了查尔斯·巴比奇和约翰·道尔顿两个条目。[92]

克拉克惊人的产出和成就为她赢得了认可和几项荣誉。1889年，她获得了格林威治天文台为女性设立的后备计算员职位。尽管这个职位很有吸引力，但她还是拒绝了，因为这个职位需要她搬到离格林威治较近的地方，导致她没法继续写作。也可能是她不喜欢在47岁的年龄还得跟刚从剑桥女子学院毕业的女生一起工作，她们比自己年轻一半。在1890年新成立的英国天文学协会中，她是48位成员里的4位女性之一。1893年，她被授予了皇家学院阿克顿（Actonian）奖，1902年当选为皇家学院成员，但她的最高荣誉可能是在1903年与好朋友玛格丽特·哈金斯一起被授予皇家天文学会荣誉会员的称号。此前只有3位女性获此殊荣，卡罗琳·赫歇尔、安妮·希普尚克斯（Anne Sheepshanks）和玛丽·萨默维尔。克拉克和萨默维尔都被列在了这个群体里，一时间不过是让人们更容易拿两人进行比较。《爱丁堡评论》上刊登了一篇文章，热情洋溢地评论了《19世纪大众天文学史》，评论者宣称这本书的作者是一位女士，“她似乎继承了萨默维尔的衣钵”。克拉克在《不列颠百科全书》上的拉格朗日和拉普拉斯词条让评论家们早在1882年就注意到了她与萨默维尔的相似之处。[93]

尽管克拉克并不太精通数学，而且她的主要关注点都在一个学科上，但她还是被拿来跟萨默维尔作比较。[94] 克拉克和萨默维尔一
475 样，是为数不多专注于物理科学的女性之一，她们将当前研究浓缩成综述，主要面向更成熟、更有知识的读者，包括科学家。对玛格丽特·哈金斯来说，在克拉克之前并没有这样的人，这表明科学的发展

已经达到了一个新的阶段，她宣称，“在过去的25年里，科学的进步和科学文献的增长如此巨大，迫切需要一种新职业”，克拉克就是“这种职业的极好例子”，这种职业的“使命是收集、整理、关联和融会贯通大量的研究成果和论文。简言之，一方面是历史编撰，另一方面是探讨、建议和阐释。也就是说，要为专家准备材料，同时也为普通大众提供知识和乐趣”。[95]

克拉克写的第一本书《19世纪大众天文学史》，更主要的定位就是作为综述。她在序言中指出，自己的目标是向读者介绍光谱学，这是“新天文学”中最重要的方面，“这是一种尝试，希望读者对知识充满兴趣，跟随现代天文学研究的进程，意识到光谱分析这一重大发现的引入给天文科学带来的全部影响，包括整体上的综合变化，以及目标和方法的改变。天文学家使用分光镜的一个显著结果是，天体科学与地面科学统一起来。天文学家以前主要依赖望远镜和微积分，“对其他科学漠不关心”，但现在化学家、电学家、地质学家、气象学家，甚至生物学家都提供了感应材料。克拉克宣称，“从最高意义上讲，天文学家已经成为物理学家，而物理学家在某种程度上也是天文学家”，克拉克这个说法与萨默维尔关于物理科学之间的“联系”的观点很相似。鲍尔在《自然》杂志上正面评价了克拉克，说她太谦虚，将这部作品称为“大众读物”，“使用这本书的科学家很少会认为它应该被归类到普通意义上的大众读物”，他将其描述为“对现代天 476
文学的精湛阐述，其中有些内容现在经常被当成物理学”。[96]克拉克已然同时在为科学家和普通读者写作。[97]

多年来，克拉克对天文学越来越精通，她的作品对普通读者也提出了更高的要求。而且，她对这个领域里不同研究方向之间的关联性很了解，开始对科学家提供建议，告诉他们研究路线。在第二本重要作品《恒星系统》中，克拉克探讨了恒星天文学主题，研究了“3000 万颗恒星和 12 万个星云的性质、起源和相互关系，从而探究它们之间的运动，包括太阳在它们之间的运动”。克拉克从恒星天文学最近的研究得出结论说，所有天体都属于同一个系统，人类生活在一个星系的宇宙里。在她的第一本书中分光镜占据了核心位置，这第二本书中的主角却是照相机。尽管克拉克并没有打算模仿萨默维尔，但她的《恒星系统》在很多方面都像是“新天文学”版本的《论物理科学之间的联系》，两本书都基于各自时代的科学研究综述，勾勒出物理宇宙的景象。克拉克在序言中表明，她希望普通读者能够理解天文学，“本书出版的目的是让更多人接触到天文学，这门科学本质上就是大众科学”。不过，这第二本比第一本要复杂一些，玛格丽特·哈金斯在评论这本书时认同了克拉克认为天文学“本质上是大众科学”的观点，因为在所有科学中，它“最容易、最有力地激发人们的想象”。但她认为克拉克的书提高了科普作家的标准，“大众写作的水平普遍都太低了，很多东西被降低到大众的认知层次，却很少有人去提高这个大众化的水平”。哈金斯相信克拉克的书对天文学家也有价值，建议实际从事科研的人也应该参考她的书，从而帮助自己去概括天文
477 学积累的大量事实。事实上，美国天文学家霍尔登曾写信告诉克拉克，她的《恒星系统》“不仅充分论述了我们当前的知识，也为我们将来的研究提供了大量很有意义的建议”。[98]

克拉克第三部也是最后一部主要的作品是《天体物理学的相关问题》（*Problems in Astrophysics*，1903，A. and C. Black），其目标“更多的是建议，而不是教导”。她在本书中没有讲述历史上著名科学家

的发现，而是探讨了天文学前沿问题，为将来的研究指明方向。《天体物理学的相关问题》中典型的一章，非常详细地探讨了太阳、恒星、星云的物理学，综述了具体研究领域里当前的知识，概括了众多亟待解答的问题，并建议天文学家可以从回答这些问题开始入手。克拉克向科学家指明了研究方向，本书是她所有作品中专业程度最高、大众读者最难理解的一本书，卖得并不好，也没有再版过。评论者们认为这本书不属于任何常见的科学写作类别，《学会与文献》（*Academy and Literature*）杂志上的一位评论者称，尽管它的“作者是一位博学的天文学普及作家，但目前这部优秀的作品却并不通俗易懂”。克拉克的写作“极其清楚，她应该可以使其作品通俗一些，如此深奥的主题也可能受到欢迎”。《国家报》（*Nation*）上一位评论者做出类似的评价，“这本书不算大众科学读物，而是一部专业性的科普读物——很少有人会这么写，但确实很有启发性”。克拉克的作品跨越了面向普通大众和职业科学家这两类人群的科学写作界限。[99]

克拉克自称是一位天文学综合论者，可以为将来的研究规划蓝图，她的这种角色之所以成为可能，得益于她多年来搭建了广泛的国际网络。她与英美天文学家建立了通信联系和私人友谊，这让她可以了解最新的研究成果，大力推进了她的科普写作事业。玛格丽特·哈金斯指出，她“通过实际接触或通信与天文学家们建立了个人联系，有一个广泛的交流网络”，在哈金斯看来，“这些关系在很大程度上促进了其作品的成功”。克拉克与英国从事分光镜和照相机研究的一些 478
天文学家成为朋友，诺曼·洛克耶是她搬到伦敦后第一位实际接触到的天文学家。洛克耶是太阳物理学研究领域里的一位重要科学家，两人通过大英博物馆阅览室主管理查德·加尼特（Richard Garnett）相识。克拉克在科普事业早期的某个时候拜访了洛克耶在南肯辛顿的天文台，洛克耶邀请她阅读了即将出版的《太阳的化学与地球的运动》（*Chemistry of the Sun and Movements of the Earth*，1887）校样，并在《自然》杂志上宣传了《19 世纪大众天文学史》一书，邀请她常为《自然》杂志撰稿。洛克耶在她事业早期发挥了非常重要的作用，帮助她取得成功，也让其他人发现了她的才能。洛克耶曾提出，所有天体物质与陨石、彗星一样都是由相同的材料组成，1889 年威廉·哈金斯批判洛克耶这种理论，克拉克支持哈金斯，但即便如此她和洛克耶依然是好朋友。[100]

克拉克与威廉·哈金斯和玛格丽特·哈金斯的相识是在她认识洛克耶之后，那时她也已经出版了《19 世纪大众天文学史》，她与哈金斯夫妇成为亲密的朋友。他们两人率先将分光镜用在了天文学研究中，玛格丽特执笔为《恒星系统》写的书评对此书赞赏有加，并在克拉克及其姐姐埃伦去世不久后为她们写了传记。克拉克也是戴维·基尔（David Gill）的好友，基尔是南非好望角皇家天文台的台长，率先将照相技术用于天文制图中。基尔在好望角致力于制作一份南部恒星的目录，1887 年成为"天文星图计划"（Carte du Ciel）国际制图项目的主要推动者，拍摄整个天空中亮度在 14 星等[101] 以上的恒星。克拉克见到基尔时，他在皇家学院做一个讲座，讲的是摄影技术在天文学中的应用，当时他也刚参加完巴黎的天体摄影大会，"天文星图计划"项目就是在那个大会上启动的。应基尔邀请，克拉克 1888 年在好望角待了 2 个月，在天文台参加了一些实际的研究工作。基尔安排她参加了一个项目，对南部天空中的恒星进行光谱学研究，并告诉她那里"绝对是一块处女地"，研究结果后来发表在《天文台》杂志上的两篇论文中。基尔成为克拉克最亲密和信任的朋友，他阅读了《恒星系统》中每一章内容，提出了大量改进意见。1889 年 8 月 2 日，克拉克 479
就第十八章内容的修改意见向他表示感谢，并告诉对方，有些章节如果“不让您过目”，她没有“勇气”发表。后来，克拉克还将《天体物理学的相关问题》献给了基尔。[102]

除了与英国“新天文学”发展中三位关键人物建立联系之外，她还与美国重要的天文学家建立了友谊，他们中有不少人在天文台工作，为遥远的天体拍摄壮观的照片。爱德华·霍尔登通过理查德·加尼特听说了克拉克，在 1884 年开始跟她通信，建立友谊，为她提供支持。1884 年 1 月 15 日，克拉克回复道，“在这项艰巨的任务中，能得到这样的认同，我真的非常感动”，之所以艰巨，是因为她“自己的资源非常有限”。就在《19 世纪大众天文学史》出版后不久，霍尔登被任命为加州大学校长，并被指派为加州哈密尔顿山上新建的利克天文台台长，1888 年在天文台建成之后全职担任台长一职。霍尔登给她寄来了利克望远镜拍摄的精彩照片，其中包括爱德华·伯纳德拍摄的银河系全景照片。在霍尔登从利克离职后，克拉克继续与其继任者詹姆斯·基勒（James E. Keeler）和威廉·坎贝尔（William Wallace Campbell）保持长期通信。基勒在 1898 年接任，他认为在天文学界，克拉克的见解非常重要，他不断向她汇报自己的研究，譬如他发现已知星云中有很大一部分是螺旋状的。1899 年 9 月 8 日，她感谢基勒寄来了一组非常不错的星云照片，生动地展示了“所谓的‘螺旋形规律’”。1900 年在坎贝尔继任台长后，她给坎贝尔写了几封信，建议对方对鲸鱼座变星[103]和英仙座新星做一些实验。1903 年，坎贝尔给《天体物理学的相关问题》写了一篇书评，称赞道，“在我知道的所有作品里，这本书对未来研究的方向提出了最丰富的建议”。[104]

克拉克并没有将她与美国天文学家的联系局限于利克天文台，她从 1885 年就开始与哈佛学院天文台的爱德华·皮克林（Edward E.
480 Pickering）通信，该天文台后来成为天文光谱学的中心。皮克林也给克拉克寄照片，1897 年 2 月 20 日，克拉克写信给皮克林，“表达我对南船星座（Argo）星云照片的钦佩之情”。克拉克在 1891 年英国科学促进会在卡迪夫（Cardiff）举办的会议上还认识了乔治·哈勒（George Ellery Hale），哈勒后来成为芝加哥新耶基斯天文台台长。当时哈勒只有 23 岁，刚刚发明了太阳单色光照相仪，这种仪器可以用来观察日珥和太阳上层。哈勒很欣赏克拉克的《恒星系统》，他的书评在他们见面前几个月就发表了，两人保持了多年的通信联系，直至克拉克去世。克拉克在美国广泛的通信网络以及在英国的天文学朋友圈，都为她提供了“新天文学”领域里的最新研究消息，也让她的书得到了大量正面评论，最重要的是，她也因此有了丰富的照片来源。[105]

克拉克不仅在科学家圈子里将自己打造成高产的科学作家，能够综合归纳海量的信息，还被当成天文学摄影的权威解释专家。当时有大量奇怪的天体图像在全世界天文学家圈子里传播，这项技能显得难能可贵。例如，霍尔登就曾经请教过她如何使用图像去理解星云的结构、星团以及其他天文现象。1889 年，霍尔登寄了一张著名的银河系照片给克拉克征求她的反馈，这张照片是伯纳德拍摄的第一批银河系照片之一。克拉克注意到这张照片与艾萨克·罗伯茨拍摄的仙女座大星云照片之间存在有趣的关联，她告诉霍尔登，如果把伯纳德的照片慢慢远离眼睛，就会在上面看到罗伯茨照片上的线条，“事实上，这张照片可能是另一张的关键阶段”，因为伯纳德的摄影揭示了仙女座星云在经历过岁月洗礼后是什么样子。她写道，“不只是太阳系，巨大的群星群也正在从中形成，如果真是这样的话，这个照片将意义深远”。克拉克利用自己关于最新天文学照片的知识，加上她很善于互相参考、交叉比对，她能够解释复杂的天文学图像。也因为这个出众的分析技能，她常常成为英国第一个看到利克天文台摄影望远镜最壮观的影像成果的人。她也可以为自己的作品挑选最新、最有趣的图像，这样还能将其作品与那些贡献照片的著名天文学家联系起来，他 481
们的大名有助于为她确立重要天文学权威的地位。[106]

克拉克在“新天文学”的综述里将照相机置于天文学最新发展的核心位置，她所提供的不仅仅是科学事实的综合论述。克拉克的综述里包含了神学的维度，她就像那些改良亲子写作传统的女作家一样，看到了自然中蕴含的宗教意义，即使在太空中的遥远天体也是如此。她所有作品中明确展示了天文学与宗教信仰之间的联系，在《19 世纪大众天文学史》首版序言曾指出，她的目标之一是试图帮助读者“更全面理解上帝在不同时期所创造的丰富作品，这些作品无疑都显示着上帝的荣耀”。无论在什么情况下，克拉克都能在所有天文学现象中看到上帝的存在：在行星的进化中，它们的发展变化“从一开始就受到全能智慧的指引”；“神圣的旨意主导着”星云向着星团的变化；甚至在银河系巨大裂缝里的无恒星空间，“最高的力量也在驱散或重造”星云。如此种种，克拉克总能看到上帝之手。[107]

然而，克拉克认为自然神学不会一成不变，尤其是在“新天文学”揭示了众多现象后。18 世纪末天文学家将宇宙设想为一架机器，简易、和谐而充满秩序，但最近的研究却发现宇宙图景更强调复杂性和无穷无尽的变化，“天空中充满惊喜”，克拉克在苦苦思索变光星云[108]的亮度变化后如此感叹道。克拉克时不时还指出，“新天文学”的发现揭示了天空中迄今为止被表面的混沌所掩藏的有序模式。事实证明，与“大行星和谐有序、有节奏地在各自轨道运行”的状况相比，“看似混乱”的小行星也并非“毫无计划”，恒星和星云的分布“可以轻而易举看出来是设计的结果”。

482 “新天文学”正在逐渐使科学统一起来，揭示和反映了自然背后神圣设计的统一性。在打破物理学与天文学、地面科学与天体科学、地球与恒星之间的障碍时，“新天文学”这门科学“旨在成为普遍性和统一性的科学，就像自然一样是统一和普遍的，自然只是以可见的方式反映了不可见的最高统一性”。[109]

克拉克在解释照片时，关于自然的神学中的设计论发挥了重要作用。她的《恒星系统》收录了一张仙女座大星云的照片，指出这张照片有助于天文学家理解至今都没有解释清楚的谜团（图8.10）。“这张壮观的仙女座星云照片显示了一个对称，但尚未定型的结构”，她观察到，“它正在被巨大但并非杂乱无章的各种力量所影响，努力去实现宇宙建筑大师某种庄严的设计，极大地改变了我们关于这些神圣设计最终如何得以体现的观念”。克拉克能够利用最先进的技术，将设计概念重

图 8.10　旋涡星云照片，仙女座大星云，由马克斯·沃尔夫（Max Wolf）博士拍摄。克拉克指出，此星云的对称性证明了神圣设计。出自《恒星系统》，第 260 页。

新纳入天文学中。玛格丽特·哈金斯在评论《恒星系统》时为朋友辩 483
护，认为她有特权去讨论天文学的宗教内涵，因为“克拉克小姐在作品中一次次襟怀坦白地表明了她对神祇的崇敬——她坚信所有事物都遵守着神圣秩序并朝着这个方向发展。很有趣的是，能在这样一部作品中发现作者持有坚定信仰的勇气，因为越来越明显的一个趋势是，在涉及科学时人们似乎真的不愿意提到上帝这个词”。哈金斯同意神学教条不可阻碍科学的观点，但她认为克拉克成功地保持了科学的自由地位，又没有抑制宗教本能。3 年后，克拉克荣获皇家学院的阿克顿奖。每隔 7 年就会有最佳论文获得 105 英镑的奖金，以奖励这些论文通过科学发现展示了“全能上帝的仁慈”。[110]

克拉克易于接受这样一个观点，即进化论在有着神圣秩序的天空中发挥作用，不过她对赫胥黎和其他进化论自然主义者所设想的有机进化过程持有明显的保留态度。《天体物理学的相关问题》中有一章题为“恒星的进化”，她在此将恒星进化作为神圣创造的一部分，断言天体所在的空间里，“造物主的设计在奇妙的发展过程中展开，但如此恢宏而从容，每一步都要经历数百万年的时间洗礼”。然而，她在《现代宇宙论》(*Modern Cosmogonies*，1905，A. and C. Black）中却批判了拉普拉斯及其星云假说。拉普拉斯傲慢地觉得自己洞悉宇宙的奥秘，但他过度简化的理论“不再令人满意”，因为“实际设计的效果”是如此错综复杂。拉普拉斯的理论“在负面批判的风暴中已经分崩离析”，它“只剩下一个残骸”，他曾在“太阳世界的统一性”问题上是对的，认为行星“曾是太阳物质的组成部分”，但未能在“宇宙变化的模式和方式”上达成共识。克拉克还在《现代宇宙论》“生命作为结局”那章中探讨了有机进化的问题，虽然她愿意接受动物形态存在上升式演变的观点，但她批判了赫胥黎和斯宾塞，因为他们主张在某个遥远的过去时刻存在“自然发生”（spontaneous generation）。她指出，赫胥黎认为生命具有原生质的属性，是原生质分子的本性和分布导致的必然结果，这种观点在克拉克看来真是“荒谬”。[111]

484 克拉克对赫胥黎和斯宾塞的批评并没有招来进化论自然主义支持者们的抨击，但有些科学家对她扮演天文学综合者和评论者的角色并不看好，女权主义者也不喜欢她。在《自然》杂志上一系列书评中，理查德·格雷戈里（Richard Gregory）对克拉克作品的批评越来越严厉。格雷戈里在洛克耶的光谱实验室工作，自 1890 年以来一直为《自然》杂志撰稿，也长期担任书评人。他很可能匿名评论了《19 世纪大众天文学史》第 3 版，克拉克在 1889 年哈金斯和洛克耶的争执中支持前者，可能引起了格雷戈里的不快。这位评论者谴责克拉克，因为她似乎非常深入地探讨了哈金斯的研究却忽略了其他人的贡献，“如果克拉克小姐更像历史学家一样不偏不倚，她的工作将更具价值”。1893 年，克拉克突然终止给《自然》杂志撰稿，似乎不只是巧合，因为这篇充满敌意的评论刚好在那时候被刊登出来，而且格雷戈里也开始担任杂志的主编助理。[112] 格雷戈里对《天体物理学的相关问题》的署名书评是两篇恶意攻击克拉克科学信誉的文章之一，而且明确地提出了性别问题，否认她担任综合评论者角色的资格，认为她的作用是作为“历史学家去吸收和描述”。对他来说，这意味着她需要站在旁观者的角度去审视科学家的工作，“应该公正、清楚地描述看到的东西，而不应该发表自己的见解或建议科学家接下来应该做什么，惹人恼怒”。格雷戈里提醒她说，“请乘客们不要和驾驶员说话”，他接着诽谤克拉克的能力，认为她应该谨言慎行，“女人容易轻率下结论，克拉克小姐显然也未能摆脱这个性别的通病”。格雷戈里依然对洛克耶忠心耿耿，忍不住谴责克拉克忽略了洛克耶关于新星的理论。她“并非无懈可击的向导”，因为她忽略了自己作为历史学家的职责，没有提到星云与新星的关联最初是由洛克耶在陨石假说中提出来的。[113]

1906 年，格雷戈里给新版《恒星系统》写了书评，他首先断言 485
道，“女人的直觉本能是比其推理能力更安全的向导”，在日常生活中应用直觉会很吸引人，但要是“干扰了自然知识贡献的历史书写时，这种本能只会遭到贬损”。他认为克拉克忽略洛克耶光谱学派就是因为她太依赖直觉而非理性，“这样说并不过分，诺曼·洛克耶爵士提出的证据证明了天体进化的陨石假说，导致了观点的改变”。格雷戈里暗示了克拉克同其他所有女性一样，没有能力对天体物理学的现状提供真正的综合分析，他也批判了那些毕恭毕敬接受克拉克观点的人，“不少研究科学的学者追随克拉克小姐这样的作者，就如同盲从的羔羊，对她陈述或解释的科学事实表达任何不满之处就可能被当成大不敬行为”。格雷戈里谴责道，“持这种立场是懦弱的表现”，暗示了克拉克的盟友们都跟女人似的，尤其应当谴责的是，在这种情况下，“作者观点被接受时，作者本人却并没有积极投身到所探讨领域的实际研究中去”。格雷戈里提醒读者说，克拉克并不是科学家，最后还强调她并没有对该领域提供全面而完整的综述。她忽略了洛克耶的贡献，将哈金斯的研究置于优先地位，“并没有对光谱研究所揭示的恒星演变的意义和奥秘呈现一个完整的故事”，[114]格雷戈里断然拒绝承认克拉克成功模仿萨默维尔的说法。

格雷戈里否认了克拉克的作品真正呈现了天文学的综合性概况，原因在于她与所有女性存在的通病。女权主义者在萨默维尔死后奉其为科学英雄，但她们却并没有同样对待克拉克。保拉·古尔德指出，乍一看，萨默维尔和克拉克两人的职业道路非常相似，她们都没有接受过正规教育，人到中年才发表第一部作品，写了差不多数量的好评作品，都被皇家天文学会选为名誉会员。古尔德认为，尽管有这些相似性，她们受到的评判标准却不同，休厄尔在评论萨默维尔《论物理
486 科学之间的联系》时才首次提出了“科学家”一词，他造这个词就是为了抵制科学的碎片化。他称赞萨默维尔“为科学提供了最重要的服务”，竭力通过一般性的原则将科学各个领域统一起来，暗示了“科学家”这个术语用在她身上恰如其分。萨默维尔直到1872年去世都得以保留她作为科学家的声誉，但到克拉克去世时，如何界定一名科学家已经变得非常僵化，强调的是在实验室或天文台制度化的研究工作，这样的定义只能让克拉克被当成作家。克拉克从未成为女性传记文学的写作对象，相比萨默维尔作为辉格党代表人并支持选举权运动，保守的天主教徒克拉克似乎对妇女运动的支持者们没提供什么帮助。[115]

在《赫歇尔兄妹与现代天文学》(*The Herschels and Modern Astronomy*，1895，Cassell)中，克拉克将卡罗琳·赫歇尔描述为对哥哥唯命是从的助手，但她经常会在作品中指出女性在天文学方面的成就。她在《爱丁堡评论》上谈到威廉·哈金斯的研究时，也确保其妻子得到了应有的认可，“自1875年以来，她作为丈夫的助手，同样发挥了重要作用，心甘情愿将自己的开创精神融入丈夫的研究中，在共同研究成果中体现出她的创造性成为不可或缺的因素”。她也称赞了威拉米娜·弗莱明(Willamina Fleming)夫人及其在哈佛学院天文台领导的女性团队，她们编撰了《德雷珀纪念目录》(*Draper Memorial Catalogue*)，该恒星光谱目录在1890年出版。1898年，克拉克热情洋

溢地称赞了阿方斯·勒比埃（Alphonse Rebière）的《科学中的女性》（*Les femmes dans la science*），该书“是女性科学工作者的非凡见证”。过去，女性对知识的贡献很宝贵但却“不成体系”，现在她们正变得“如此严谨，得到认可很正常，成果被采纳也无须刻意赞美她们”。克拉克预言，女性的科学贡献越来越大，将产生“重大”影响，“知识的进步得益于这股新增的力量，知识史必定会在很大程度上被改写”。[116]尽管克拉克没有公开支持女权主义，但她非常认同女性的科学贡献。

尽管克拉克和博丁顿一样，都采用了萨默维尔在19世纪初所采
用的科学写作策略，但她们在很多方面比吉本、布莱特温和哈钦森等 487
人更具有前瞻性。综述已经成为科学普及写作的一种标准形式，克拉克和博丁顿的作品回应了日益增长的专业化，为非实践者的普及者这一新角色提供了辩护，这个新角色将未来的科学进步纳入考量。他们作为知识综述者，将科学家的研究成果传达给普通读者，正如整个19世纪早先的普及者一样。然而，无论是克拉克的天文学综合，还是博丁顿的生物学综合，科普作家还可以发挥第二种作用，也就是向科学家提供某个领域知识的整体状况，因为科学家们越来越专注于自己狭窄的专业领域，跟不上自己专业之外的研究进展。知识综述者的角色让博丁顿得以参与当前关于达尔文自然选择理论价值的科学争论，表达自己对拉马克主义的偏爱；而克拉克则可以尝试为将来的天文学研究指明方向。扮演这样的新角色有助于博丁顿和克拉克在新格拉布街立足，尽管后者更加成功，她靠着自己解读天文学照片的专业技能在科学家圈子占有一席之地。不过博丁顿和克拉克在关于科学自然主义的地位问题上却有分歧，克拉克关于自然的神学是她天文学综合知识的一部分，而博丁顿则更加认同赫胥黎及其盟友的不可知论。

吉本、布莱特温和哈钦森呼应了牧师写作传统和女性亲子写作模式，他们都将科学置于宗教框架。吉本借鉴了过去亲切的写作模式，延续了讲故事的传统，布莱特温则采用季节性的文学叙事，像约翰斯一样带着读者去漫步，哈钦斯受到休·米勒和巴克利以及进化论史诗的影响。但除了进化论史诗的叙事方式，这些启发他们的写作模式在他们离开后就没有再得到更好的发展。圣公会牧师的科普传统一直延续到 20 世纪，但到这时其影响力已经大大削弱。20 世纪初圣公会的现代主义者，如查尔斯·拉文（Charles Raven）、巴恩斯主教（E. W. Barnes）和英奇院长（W. R. Inge）等人，希望通过焕然一新的自然神学来证明基督教信仰与科学的相容性来恢复大众的兴趣，但他们却无法说服大多数的圣公会教徒，让他们相信自己的调和方式能够阻止教
488 会的衰落。[117] 新的女性亲子写作模式似乎遭受到更大的打击，女性在 19 世纪末被“排挤”到科学写作之外，尽管像博丁顿和克拉克这样的少数女性比她们的前辈们学识更加渊博。到 19 世纪 70 年代，大众科学被当成重要的事之后，科学家们就不再愿意将这个任务留给女性。到了 19 世纪末，科学工作（包括普及）越来越被视为是男性才能胜任的智力活动，女性逐渐丧失了作为自然解释者的地位。[118] 19 世纪末女性写作传统的衰落也可能与女性拥有更多机会接受高等教育机构的科学训练有关，对科学感兴趣的女性在 20 世纪享有更多机会去追求科学事业。相比之下，科学写作这条路收入不稳定，就显得没那么有吸引力了。19 世纪下半叶是女性科学普及的黄金时代，部分原因是她们对自然界着迷却没什么选择机会，从而产生了这个“副产品”。

结论 重绘图景

我尝试在本书中证实，在19世纪下半叶存在大批科学普及者，他们拥有相当大的读者群，与科学家有着截然不同的目标，尤其是科学自然主义者们。因此，我的目标之一是在学者们描绘的19世纪英国科学版图上为这些人物争取一席之地。我将全书中使用的印刷数据汇总起来，并将其与著名的科学自然主义者的相关数据进行比较，这个群体的影响力便一目了然。如果我们列出截止到19世纪末的印刷书籍总量，去关注最成功的单部科普读物，并把目光放在那些最成功的科普作家身上，就会发现他们的作品印量与达尔文、赫胥黎、丁达尔和斯宾塞等人的主要作品有得一比。根据表9.1，斯宾塞的《社会学研究》位居“国际科学丛书”销量榜首，也不过是处于最畅销科普读物的中位（2万—4万册），与达尔文《人类的由来》和钱伯斯、佩珀、普罗克特、赖特、克劳德和劳登等人的作品销量差不多。站在19世纪末科学读者的角度来看，达尔文的《物种起源》与伍德和布鲁尔尤为成功的作品同属于4万册销量的阵营，但销量却低于伍德的《乡间常见事物》（少了3万册）和布鲁尔的《常见事物的科学知识指南》（少了13.9万册）。如果我们比较下出版后10年内的畅销书销量，布鲁尔、伍德、钱伯斯、克劳德、科比姐妹、赖特、佩珀、吉本 489

491 和萨默维尔的作品在印量上都超过了这本书（见表 9.2）。

从科学读者的角度看，《物种起源》在畅销书中还不如很多知名科普作家的作品成功，赫胥黎的《科学启蒙丛书：导读》则位居上述表格中第二梯队（2 万—4 万册）的畅销书行列（见表 9.2）。当然，如果能够获取 1880 年后的印量数据，这些数字无疑会更高一些。当时的人们也发现伍德这样的作家很受维多利亚读者的欢迎，一位《星期六评论》的评论者对伍德的作品并无好感，但他不得不承认，如果说伍德“有 1000 位读者的话，相比之下，达尔文可能就只有 1 位读者，赫胥黎可能就只有十几位读者”。[1] 当维多利亚时期的大众读者想到科学时，他们很容易想到伍德和布鲁尔等人的作品，就如同谈到《物种起源》一样，当他们去思考进化论话题时，他们可能更多的是通过钱伯斯、普罗克特、克劳德、佩奇或艾伦等人的作品去反观达尔文的思想。

除了在维多利亚时期的科学版图上为科学普及者争取一席之地之外，本书还有一个与众不同的地方。詹姆斯·西科德《维多利亚时代的轰动》史无前例地将 19 世纪中叶重要的科学普及者罗伯特·钱伯
493 斯及其出版社和读者置于这张科学版图之中。

尽管《创世自然史的遗迹》的成功轰动一时，表明科学普及者可以产生非常大的影响，但钱伯斯与 19 世纪下半叶典型的普及者并不一样。他只写了一部畅销的科学读物，但 19 世纪下半叶不少重要的普及者却炮制了大量的书籍和期刊文章，其中有些人如伍德和佩珀还是活跃的演讲者。钱伯斯匿名出书是为了提出一个充满争议的理论，而 19 世纪下半叶不少普及者更感兴趣的是为了营造自己的公众影响力，从而寻求更多的出版机会。19 世纪中叶，这个群体的涌现与出版

表 9.1　销量稳定作品印刷数据：印量或印刷版次

作者	书名	首次出版年份和出版社	总印量 / 总版次（截至年）	页码
40000 册以上				
埃比尼泽·布鲁尔	《常见事物的科学知识指南》	1847, Jarrold	195000（1892）	66
约翰·伍德	《乡间常见事物》	1858, Routledge	86000（1889）	175
查尔斯·达尔文	《物种起源》	1859, Murray	56000	34
20000—40000 册				
罗伯特·钱伯斯	《创世自然史的遗迹》	1844, John Churchill	39000（1890）	33
查尔斯·达尔文	《人类的由来》	1871, Murray	35000	34
约翰·佩珀	《男孩子的科学游戏手册》	1859, Routledge	34000	209
理查德·普罗克特	《地球之外的世界》	1870, Longman	共发行 29 版（1909）	305
赫伯特·斯宾塞	《社会学研究》	1859, Henry S. King	23830	381
安妮·赖特	《观察的眼睛》	1850, Jarrold	20100	107
爱德华·克劳德	《人类世界的幼年时代》	1873, Macmillan	20000（1879）	256
简·劳登	《女士花园手册》	1841, W. Smith	20000，发行 9 版	111
10000—20000 册				
科比姐妹	《陆地和水中的鸟类》	1873, Cassell	18000（1873）	109
罗伯特·鲍尔	《天空的故事》	1885, Cassell	18000（1891）	410

续表

玛格丽特·加蒂	《自然的寓言》	1855, Bell and Daldy	共发行 18 版（1882）	107
玛丽·萨默维尔	《论物理科学之间的联系》	1834, John Murray	17500	22
约翰·丁达尔	《水的形态》	1872, Henry S. King	14250	381
查尔斯·约翰斯	《田野花卉》	1853, SPCK	共发行 13 版（1878）	49
戴维·佩奇	《地质学入门教材》	1854, Blackwood	共发行 12 版（1888）	225
阿格尼丝·吉本	《太远、月亮和星星》	1880, Seeley, Jackson and Halliday	13000	430
查尔斯·金斯利	《海神：海岸的奇迹》	1855, Macmillan	共发行 10 版	75
10000 册以内				
弗朗西斯·莫里斯	《英国蝶类志》	1853, Groombridge	共发行 8 版（1895）	45
玛丽·罗伯茨	《家养动物》	1833, J. W. Parker	共发行 7 版	110
伊丽莎·布莱特温	《以仁慈赢取野性自然》	1890, T. Fisher Unwin	共发行 7 版（1909）	441
威廉·霍顿	《博物学家与孩子们的乡间漫步》	1869, Groombridge	共发行 6 版	83
托马斯·赫胥黎	《螯虾》	1880, Kegan Paul	5775	384
托马斯·韦伯	《普通望远镜可见的天体》	1859, Longman	5500	59
亨利·哈钦森	《灭绝的怪兽》	1892, Chapman and Hall	共发行 5 版	453
玛丽·沃德	《显微镜讲义》	1864, Groombridge	共发行 5 版	104
罗西娜·左林	《自然地理学的乐趣》	1840, John Parker	共发行 4 版	109

续表

阿格尼丝·克拉克	《19世纪大众天文学史》	1885, A. and C. Black	共发行4版（1902）	472
乔治·亨斯洛	《给孩子们写的植物学》	1880, Stanford	共发行3版	89
安妮·普拉特	《田野、花园和树林》	1838, Charles Knight	共发行3版	104
鲍迪奇·李	《鸟类、爬行动物和鱼类习性和本能趣闻》	1853, Grant and Griffith	共发行3版	102
伊丽莎白·特文宁	《植物世界》	1866, Nelson	共发行两版	111
格兰特·艾伦	《无处不在的进化论》	1881, Chatto and Windus	2000	274

说明："总印量/总版次"一栏，默认为图书首次出版后在19世纪内的总印量或总版次，若有年份指的是截止到该年份的总印量或总版次；"页码"一栏，对应原书中讨论相关图书印刷信息的位置，即本书边码。

表 9.2　畅销书印刷数据：首次出版后 10 年内数据

作者	书名	首次出版年份和出版社	总印量 / 总版次（截至年）	页码
40000 册以上				
埃比尼泽·布鲁尔	《常见事物的科学知识指南》	1847, Jarrold	75000	66
约翰·伍德	《乡间常见事物》	1858, Routledge	64000	175
20000—40000 册				
罗伯特·钱伯斯	《创世自然史的遗迹》	1844, John Churchill	21250	34
托马斯·赫胥黎	《科学启蒙丛书：导读》	1880, Macmillan	19000（1880 年 4 月）	395
10000—20000 册				
爱德华·克劳德	《人类世界的幼年时代》	1873, Macmillan	20000（1879）	256
科比姐妹	《陆地和水中的鸟类》	1873, Cassell	18000（1873）	109
罗伯特·鲍尔	《天空的故事》	1885, Cassell	18000（1891）	410
安妮·赖特	《观察的眼睛》	1850, Jarrold	17600	107
约翰·佩珀	《男孩子的科学游戏手册》	1859，Routledge	16000	209
查尔斯·达尔文	《人类的由来》	1871, Murray	14000	34
托马斯·赫胥黎	《自然地理学》	1877, Macmillan	13000（前 3 年）	370
赫伯特·斯宾塞	《社会学研究》	1873, Henry S. King	12500	381

续表

阿格尼丝·吉本	《太远、月亮和星星》	1880, Seeley, Jackson and Halliday	11000（1885）	430
玛丽·萨默维尔	《论物理科学之间的联系》	1834, John Murray	10500（1842）	22
查尔斯·达尔文	《物种起源》	1859, Murray	10000	34
约翰·丁达尔	《水的形态》	1872, Henry S. King	10000	381
		10000 册以内		
戴维·佩奇	《地质学入门教材》	1854, Blackwood	共发行 6 版	225
玛格丽特·加蒂	《自然的寓言》	1855, Bell and Daldy	共发行 6 版（1858）	107
托马斯·赫胥黎	《螯虾》	1880, Kegan Paul	5275	384
伊丽莎·布莱特温	《以仁慈赢取野性自然》	1890, T. Fisher Unwin	共发行 5 版	441
威廉·霍顿	《博物学家与孩子们的乡间漫步》	1869, Groombridge	共发行 5 版	83
亨利·哈钦森	《灭绝的怪兽》	1892, Chapman and Hall	共发行 5 版	453
简·劳登	《女士花园手册》	1841, W. Smith	共发行 5 版	111
理查德·普罗克特	《地球之外的世界》	1870, Longman	4500（1878）	305
查尔斯·约翰斯	《田野花卉》	1853, SPCK	共发行 4 版（1860）	49
玛丽·罗伯茨	《家养动物》	1833, J. W. Parker	共发行 4 版（1837）	110
查尔斯·金斯利	《海神：海岸的奇迹》	1855, Macmillan	共发行 4 版	75

续表

玛丽·沃德	《显微镜讲义》	1864, Groombridge	共发行 3 版	104
乔治·亨斯洛	《给孩子们写的植物学》	1880, Stanford	共发行 3 版	89
罗西娜·左林	《自然地理学的乐趣》	1840, John Parker	共发行 3 版	109
安妮·普拉特	《田野、花园和树林》	1838, Charles Knight	共发行 3 版	104
阿格尼丝·克拉克	《19 世纪大众天文学史》	1885, A. and C.Black	共发行 3 版	472
弗朗西斯·莫里斯	《英国蝶类志》	1853, Groombridge	共发行 3 版	45
格兰特·艾伦	《无处不在的进化论》	1881, Chatto and Windus	2000	274
托马斯·韦伯	《普通望远镜可见的天体》	1859，Longman	2000（1868）	59
伊丽莎白·特文宁	《植物世界》	1866, Nelson	共发行两版	111
鲍迪奇·李	《鸟类、爬行动物和鱼类习性和本能趣闻》	1853, Grant and Griffith	共发行两版	102

说明：“总印量 / 总版次”一栏，默认为图书首次出版后 10 年内在英国的总印量或总版次，若有年份指的是截止到该年份的总印量或总版次；“页码”一栏，对应原书中讨论相关图书印刷信息的位置，即本书边码。

业环境的改变与大众读者市场的兴起密切相关，他们在很多方面都体现出前所未有的特点。这使以科学普及为事业第一次成为可能，尽管这个职业也算不上一个稳定的饭碗。这个时期科学普及者的角色 494
发生了巨大的变化，出版商、编辑和日益增长的读者群体期待他们（不必非得是科学家）以浅显易懂、使人愉悦的方式，从更广泛形而上学意义去诠释科学理论。

在 19 世纪英国科学版图上为普及者寻找一个独特的地位并不仅仅是在旧的版图上增加新区域，而是还需要抛出几个重要的议题，在这个版图上凸显出来，从而改变这个版图。首先，很明显的是，科学写作在这个时期为女性提供了进入科学的重要途径，有大量的女性充分利用这种途径的优势得以继续参与科学，尽管她们遭到了自视为职业科学家的敌意。其次，科普作家提供了一种关于自然的叙事方式，这种方式与科学家内部交流的写作方式截然不同。因为科普作家是在虚构故事主导文学市场的时代面向大众读者写作，他们将自己看作故事讲述者。这是个创新的时代，科普作家创造了新的写作类别，如进化论史诗或综合性概括，他们尝试了多种多样的文学技巧。再次，他们设想自己在提供寓教于乐的产品，不少人会从其他大众娱乐方式中寻找灵感，他们在写作和演讲中使用生动形象的语言和视觉图像，反映了新兴的大众视觉文化里备受欢迎的奇观展示、展览和其他特征。最后，在我们的科学图景中还为普及者提供了一个空间去展示宗教主题在科学写作中的普遍存在，这种现象一直持续到 19 世纪末。在 19 世纪下半叶，佩利的自然神学已经无法再满足作者和读者的需求，但不少出版物都将宗教框架作为在更大意义上解释科学发展的关键所在，并提供了设计论的解释话语。不过，克劳德、艾伦和博丁顿等人跟随赫胥黎、鲍尔和其他科学自然主义者，摒弃了科学的宗教解释框架。通过探索这 4 个议题，我们才有可能更改这幅科学版图，更加精确地分配版图中的各个元素。

对普及者的研究表明，对旧的科学版图最重要的改变是如何处理“职业”科学在这个时期的地位。总的来讲，科学史家认为 19 世纪下半叶是科学职业化的时期，赫胥黎和其他科学自然主义者是推动这种变化的代表人物，他们以进化论为武器，去改革科学机构和科学思
495 想。如果说这是一个（即将成为）职业科学家的时代，那这也是一个科学普及者的时代。19 世纪早期发生的通信革命为出版业创造了新的条件，也产生了一股与科学职业化抗衡的力量。一个新的读者群体涌现出来，成为科学普及作品的受众，他们的惠顾使科学作家和记者得以成为养家糊口的职业。到 19 世纪中叶时，科学普及者发现自己的作品拥有一个市场，而与此同时赫胥黎及其盟友正在努力为自己争取权力地位，从而推动他们争取科学自主权的计划。在普及者努力吸引公众的同时，科学家致力于推动科学的职业化进程，两个群体的行为自然而然以复杂多变的方式产生相互影响。正如我们看到的，这两个群体之间的界限有些模糊，有的科学家如赫胥黎和鲍尔，承担了普及者的角色，但并没有完全放弃他们的科学家职位。而普罗克特为自己建立了科学家的地位，但后来却越来越多地投入编辑、记者和作者的角色中，还有些人如佩奇和亨斯洛，刚开始是普及者，后来却成为科学家。

“职业”科学与“大众”科学在彼此相邻、有时甚至重叠的空间里发展，至少产生了两个彼此关联且重要的影响。首先，科学的职业化为普及者创造了一个空间，随着科学家去追求越来越专业化的研

究，就需要作家和演讲家用浅显易懂的语言，在更广泛意义上向快速增长的维多利亚大众读者群体传达众多科学新发现。这样一来，一些科学家就免除了为大众写作的负累，全身心投入研究之中，选择放弃达尔文和赖尔建立的写作传统，这两位科学家曾经都为大众读者写了浅显易懂、喜闻乐见的作品。而有一些科学家，他们虽然愿意为公众写作，但因为自己越来越精深专业，已经难以与圈子之外的人有效交流。到了 19 世纪末，克拉克和博丁顿依靠自己将知识碎片综合起来的能力，为自己确立了普及者的角色，这项工作是无法靠知识面狭窄的专家来完成的。其次，布鲁尔和伍德等普及者的成功，在某种程度上促使赫胥黎这样的科学家参与到普及活动中来，尤其是在 19 世纪 60 年代晚期，他们甚至在为大众写作时模仿成功的普及作家们。例
如，事实证明，强调常见的自然事物受到了维多利亚读者的喜爱，成 496
为大众科学写作的主要模式之一，赫胥黎也别无选择，只能围绕着螯虾、泰晤士河和水这些常见事物进行写作和演讲。

随着科学家队伍日益壮大，从中分离出来的普及者群体为公众提出了一系列更基本的关键问题：谁能为自然代言？谁有权从事科学写作？探究自然的必备条件是什么？甚至更根本的问题——科学家究竟意味着什么？对赫胥黎及其职业化的同事们而言，只有科学家才能解释自然界的奥义并传达给公众。从赫胥黎的角度来看，存在这样一群自称具有科学权威的作家只会让公众困惑不已，尤其是他们与科学自然主义者的目标极其不同。除了延续科学的宗教解释框架之外，不少普及者还倡导一种更加“共和主义”的科学界形象。赫胥黎的理想是在特殊训练和专业知识的基础上培养职业科学家，普及者们无疑妨碍了这种目标。对历史学家来说，在我们绘制的英国科学版图上纳入普

及者，其重要意义还在于表明科学家的定义在那时还不像现代职业科学家一样明确。今后，我们必须重视的是，19 世纪下半叶职业科学家的身份是如何构建起来的，与科学普及者的身份演变相伴相随。

科学普及者有效地抵制了科学自然主义者控制大众科学的企图，部分是因为他们自己也是专业化进程的一部分。在这场较量中，与赫胥黎及其盟友竞争的是即将成为职业作家的一个群体，他们在很多时候更擅长将科学思想的含义传达给维多利亚时期的读者，也得到了出版商和编辑的信任。有大量普及者写书，也为期刊报纸源源不断撰写科学主题的文章，他们将自己视为职业作家。科学普及者在之前并没有出现在维多利亚科学版图中，因为这些人并非科学精英，没有与 X 俱乐部相似的组织，他们在科学学会中也没有什么强烈的存在感。事
497 实上，他们的权力基础并没有在科学机构内部。对有的人来讲，权威来自与圣公会的联系，或曾经的女性写作传统，但最主要的权力还是来自出版机构。然而，正如我们所见，以科学普及为事业非常艰难，且漂浮不定，估计比当科学家有更多的风险。科学读物日益扩大的市场使伍德和其他人在 19 世纪中叶能够以普及为业，但即使最高产的作家也发现他们在生命的最后阶段依然免不了深陷经济困境。例如，格兰特·艾伦，尽管他得到了达尔文和其他著名的科学自然主义者的支持，但他不得不写一些粗制滥造的小说来支持自己的科学写作。到了 19 世纪末，科学普及已经不像在 19 世纪中叶那样容易大展宏图。鲍尔之所以能够从他的写作和演讲中赚到一笔小钱，只是因为杰出科学家的地位给他带来了源源不断的工作机会，也可以从写作中获得更高的收入。但对大多数人来说，他们并没有剑桥大学教席，就只能在从事科学写作的同时，做一些其他赚钱的活计。艾伦、加蒂、劳登、

吉本等人，会从事文学工作，常常写小说、当记者或期刊编辑；还有些人（如金斯利和韦伯）在圣公会谋职；也有些人（如克劳德）从未脱离过自己在商界的常规营生。

19 世纪英国科学曾一度为历史学家提供了令人振奋的研究领域。到 20 世纪 90 年代，对精英科学的研究达到了顶峰，尤其是对科学自然主义的关注，主导了英国科学的版图，使得其他一切相形见绌。我们的注意力不可避免地被吸引到实验室、科学协会、精英大学以及所有文化权威的竞技场。自那以后，我们开始绘制新的科学版图，在上面增加了女性、工人阶级和其他群体。科学普及者最初在这张版图上所占据的位置微乎其微，鲜为人知。现在，我们踏上这片新的领地，发现它有着一片自己的天地，充斥着多种多样的元素，如最先引起研究者兴趣的印刷文化，包括图书、期刊、教材、儿童文学、百科全书、报纸。直到最近，自然展示或口头文化才在研究中得到了严肃对待，如大众讲座、咖啡馆、酒馆、博物馆、公园、集市、动物园、表
演和展览等。在这张版图上绘制大众科学的领地不过刚刚起步，有大 498
量令人振奋的发现等着我们。总的来看，我们这张英国科学的版图已经越来越拥挤、详尽和复杂，我们花了越来越多的时间去追踪不同领域之间思想的传播和实践，理解它们如何转译和转化。精英科学在这张版图上不再高高在上，但它变得更有趣了，因为在科学世界不断变化的概念中它有了自己的新位置。对维多利亚时期的科学普及者来说，他们在这张版图上占据了关键的位置，与其出版商和读者毗邻，这一点已经毋庸置疑。

就算在现代科学世界的所有版图上，科学普及者也占据了重要的区域。在“二战”后，印刷媒体和电视中的大众科学浪潮在 20 世纪

80年代蓬勃发展，[2]如今报刊亭的杂志架上通常都会有一整块区域分配给大众科学杂志，各大书店的科学书架上大众科学读物也占据了显著的位置。卡尔·萨根的《宇宙》(*Cosmos*)系列纪录片激发了大量科学纪录片的问世，表明公众痴迷于前沿科学发现中的奇观。自19世纪以来，科学普及的本质发生了怎样的变化？越来越少的女性从事普及活动，曾经的亲子写作传统已经消失殆尽，即便是修正过的亲子写作方式也不复存在。越来越多德高望重的科学家都愿意参与科普普及，如刘易斯·托马斯（Lewis Thomas）、E. O. 威尔逊、斯蒂芬·霍金和伊利亚·普里果金（Ilya Prigogine）等，以及前不久去世的生物学家斯蒂芬·古尔德，生前是最高产的科学普及者之一。

19世纪确立的传统在很多方面继续影响着科学普及的方式和当前的公众科学消费方式。自普罗克特创办《知识》杂志以来，致力于向大众读者传播科学新闻和知识的期刊急剧增长。多萝茜·内尔金研究了两次世界大战后美国的“大众科学出版”，她将我们的时代称为“科学新闻时代”，但现在的科学家对新闻界的态度模棱两可，对新闻记者持批判态度。内尔金在20世纪80年代曾断言，科学家谴责科
499 学报刊上的报道“漏洞百出、耸人听闻、以偏概全”，这些谴责令人想起1875年《星期六评论》上“耸人听闻的科学”文章作者的担忧。赫胥黎及其盟友试图通过参与《自然》杂志和“国际科学丛书”来掌控科学普及的势态，当代科学家也希望通过公共关系或传媒控制来掌控媒体，而对于科学记者接受正规科学训练的重要性问题，学者们的意见不一。[3]支持伍德、布鲁尔、金斯利及其圣公会同行们的基督教神职人员仍然拒绝将科学让位给科学自然主义的现代形式，诸如受戒的科学家约翰·波尔金霍恩（John Polkinghorne）、乔治·科因（George

Coyne）、阿利斯特·麦格拉斯（Alister McGrath）和亚瑟·皮考克（Arthur Peacocke），以及受戒的基督教神学家，如约翰·霍特（John Haught）、菲利普·赫夫纳（Philip Hefner）、南塞·墨菲（Nancey Murphy）和泰德·彼得斯（Ted Peters）坚持认为，在面向公众时应该将宗教解释框架纳入科学愿景之中。我们依然在为科学奇观着迷，无论是航天飞船的发射还是科学博物馆里的范德格拉夫（Van de Graaff）发电机的电力演示实验。佩珀的皇家理工学院和当时其他实用科学博物馆一样为公众展示自然世界，成为最早搭建娱乐和科学教育之间紧密联系的机构。

回头去看 19 世纪的科学普及者，曾经的传统对当今普及者的影响就尤其显著。在天文学普及者中，已故的卡尔·萨根对浩瀚宇宙的敬畏淋漓尽致地体现在他的标志性口头禅“亿万星辰”里，这种敬畏之情让人不禁想起鲍尔、吉本和克拉克等人。而在生物学普及者里，理查德·道金斯与好斗的赫胥黎有不少共同之处，道金斯积极地捍卫着进化论自然主义，他在《盲眼钟表匠》（*The Blind Watchmaker*，1987）中猛烈地批判了设计论。又或许说，道金斯的《解析彩虹》（*Unweaving the Rainbow*，1998）则令人想起艾伦，面对有机自然世界运行缺少神圣目的时，艾伦还在努力打捞一点奇迹感。而道金斯认为，尽管科学揭示了有序宇宙不以人类的意志为转移，但它依然带给我们“令人敬畏的奇迹之感”，这是“人类心理能够获得的最高体验之一”。[4] 不过，与艾伦更为相似的现代同行实际上可能要数斯蒂芬·古尔德，他的作品里收录了大量精练的博物学文章，在进化论问
题上涉及了宇宙的影响。詹姆斯·西科德已经注意到了佩珀与电视中 500
夸张的科学示范者之间的相似之处，从 20 世纪五六十年代的巫师先

生到最近的《比尔教科学》(*Bill Nye, the Science Guy*，1993—2002)节目都是典型的例子。[5]

现在的普及者受到前辈最大的影响可能还在于他们向公众传达大量信息时采用的叙事方式，钱伯斯、佩奇、巴克利、克劳德、艾伦和其他 19 世纪普及者所用的进化论史诗已然成为 20 世纪作家们的标准文学体裁，尽管他们以宇宙大爆炸取代了星云假说作为开场。马丁·埃格尔在探讨 20 世纪的“新”进化论史诗时坦言，这种写作传统始于钱伯斯和斯宾塞。20 世纪七八十年代使用史诗写法的例子有雅克·莫诺(Jacques Monod)的《偶然与必然》(*Chance and Necessity*，1971)、普里果金和斯滕格的《从混沌到有序》(*Order out of Chaos*，1984)、史蒂文·罗斯(Steven Rose)的《有意识的大脑》(*The Conscious Brain*，1976)、道格拉斯·侯世达(Douglas Hofstadter)的《哥德尔、艾舍尔、巴赫——集异璧之大成》(*Gödel, Escher, Bach: An Eternal Golden Braid*，1979)等。这些书都讲述了超越生物系的宇宙进化论或普遍进化，作者们期望构建一个天衣无缝、令人信服且包罗万象的进化科学。[6]“进化论史诗”网站罗列了一长串近期发行的进化论书籍和视频，该网站致力于“以有趣、有启发的方式探讨137亿年以来的进化论科学故事”，[7]其作者包括林恩·马古利斯(Lynn Margulis)、理查德·道金斯和康尼·巴罗(Connie Barlow)。

关于宇宙进化过程的终极意义，佩奇和巴克利与克劳德和艾伦的看法不同，而现代的科学普及者更多会诉诸于形而上学的解释。无论是唯物主义倡导者还是那些在当代科学世界观中寻求宗教意义的人，都对进化论史诗着迷。社会生物学家 E. O. 威尔逊在进化论史诗中为世俗社会找到了完美启示，他在《论人性》(*On Human Nature*)中断言“科学唯物主义的核心就是进化论史诗”。这部史诗的“最低要求”
是，物理科学的规律与生物学和社会科学的规律是一致的，与因果解
释链也联系在一起；生命与心灵有一个共同的物理基础；世界从更早 501
的世界进化而来，两个世界遵守相同的规律；今日可见的宇宙，处处都服从于唯物主义解释。威尔逊承认，史诗中“最根本性的论断”并不能得到最终的证明，但从科学角度看，它是“我们拥有的完美神话”，与更古老的宗教神话一样，满足了人类的惊奇感，宇宙起源于大爆炸，“这远比《创世纪》的开篇更让人敬畏”。[8]

研究科学与宗教关系的学者威廉·格拉西（William Grassie）认同的一个观点是，进化论史诗可以为我们这个时代提供一种神话般的叙事，但他与威尔逊相反，试图为其赋予宗教意义，“用现代科学探讨物理、生物和文化方面的进化，是我们这个时代了不起的发现”。它已经成为“一种叙事，通过解释自然世界的方方面面，去描述一个社会的心理、实践及思想，去定义文化中基本世界观”。格拉西认为，尽管科学家创立了进化论史诗，但“宗教家可以在解释这个奇妙的新故事时教给科学家一些重要的东西”。[9]从耶稣会神学家和古生物学家德日进到文化历史学家托马斯·贝里（Thomas Berry）和基督教神学家约翰·霍特等，20世纪有不少人物都从宇宙进化论中读出了宗教信息。在贝里和数学宇宙学家布莱恩·斯怀默合著的《宇宙故事》（*The Universe Story*，1992）中，贝里呼吁建立“一种新的叙事”，为宇宙故事赋予意义。他讲述的这个“新”故事从大爆炸开始，到人类时代结束。[10]霍特在《宇宙的故事》（*The Cosmic Story*，1984）中明确反对科学唯物主义，认为从大爆炸至今的进化过程具有目的性，因此其中包含了“以新奇和冒险方式”去理解宗教的关键因素。[11]贝里和

霍特都曾在 1997 年 11 月芝加哥举办的“进化论史诗”大会上发言，这次大会由美国科学促进会科学与宗教对话项目和菲尔德自然博物馆（Field Museum of Natural History）联合主办，将科学家、哲学家、历
502 史学家、人类学家和神学家聚集到一起，探讨宇宙、地球生命和人类
文化产生的叙事方式，[12]进化论史诗依然让知识分子、科学家和普及者们着迷，并启发着他们。

20 世纪的科学普及者依然被进化论史诗所吸引，部分是因为科学家的工作。随着大爆炸理论的成功，宇宙进化论思想变成了现代天文学最主要的支配性原则，在太空生物学这门学科的形成中发挥了核心作用，而且对美国太空事业的影响也非常显著。美国国家航空航天局（NASA）成为宇宙进化研究主要的赞助者，至今依然如此。[13]詹姆斯·西科德曾断言：“从长远来看，《创世自然史的遗迹》最重要的影响在于为进化论史诗提供了长篇大论的写作范本，以渐进式综合囊括了所有科学。”西科德提到了 19 世纪下半叶雄心勃勃的科学调查研究，尤其是巴克利的作品，与《创世自然史的遗迹》涵盖了同样浩瀚的宇宙。[14]但西科德也肯定地表示，这种影响远远超出了 19 世纪末，钱伯斯的确提供了一个时代的模板。类似地，19 世纪下半叶英国科学普及者开创了向公众传播知识的新传统，即使他们不再活跃，依然对科学的发展产生了持久影响，他们也永远改变了西方科学的图景。

注　释

原版序

1　"Sensational Science"，1875, 321.

2　Penny reading, 19 世纪中叶在英国兴起的一种公共娱乐方式，提供朗读和其他节目，入场费是 1 便士。——译者注

3　"Sensational Science"，1875, 322.

4　据作者解释，他使用"科学家"一词的时候，交替用了 scientist、man of science、practitioner of science 等说法，几种说法并无本质差异，但最后一种说法更强调科学家和科学普及者两者的区别。——译者注

5　据作者解释，此处的"communications revolution"来自 James Secord, *Victorian Sensation: The Extraordinary Publication, Reception, and Secret Authorship of Vestiges of the Natural History of Creation*，指的是 19 世纪上半叶铁路系统的发展、纸张成本的降低、印刷技术的进步等原因导致印刷文化的巨大变化，价格低廉的印刷品涌现，改变了英国的大众读者市场。所以，此处的革命包含着交通、阅读、信息交流等各方面的变革。——译者注

第一章　历史学家、科学普及者与维多利亚科学

1　Huxley to Heathorn, September 23, 1851, letter no. 165-66, Imperial College, Huxley Collection, Huxley/Heathorn Correspondence.

2　D. Allen 1976, 136-137.

3　J. Secord 2004e, 138; Cadbury 2001, 289-290, 293, 298-299。19 世纪晚期在美国发现的化石也不时刺激了英国人对恐龙的兴趣，这些化石发掘始于 19 世纪 70 年代晚期。

4　Hodgson 1999, 231; Raby 1997, 178-195; Rupke 1994, 314-22; Dawson 2007, 26-81.

5　D. Allen 1976, 137.

6　Hunt 1997, 316.

7　Clerke 1898a, 33.

8　R. Young 1985, 240.

9 T. Huxley 1895a, 6, 10-11.

10 G. Allen 1887, 875, 884.

11 费边主义（Fabianism）是社会主义思潮的一支，19世纪后期流行于英国，主张采取渐进措施对资本主义实行点滴改良，是英国费边社（Fabian Society）的思想体系和政治纲领，不同于列宁主义主张的革命方式。——译者注

12 B. Webb [1950], 112.

13 Lightman 1997c.

14 R. Young 1985; Turner 1993。特纳的书出版于1993年，但实际上书中的内容在更早的时候已经以论文发表过。乍一看，特纳和杨两人对19世纪英国科学发展提出了截然不同的观点，杨强调19世纪上半叶的英国自然神学与之后的科学自然主义之间存在着连续性，而特纳强调科学精英在转变过程中的冲突，但两人都认可科学自然主义在19世纪下半叶的主导地位（Lightman 1997c, 5-7）。

15 Turner 1974, 9-35; 1993。除了赫胥黎和丁达尔，特纳列举了一个长长的维多利亚科学家和知识分子名单，放在醒目的"科学自然主义者"标题下。赫伯特·斯宾塞、威廉·克利福德、弗朗西斯·高尔顿（Francis Galton）、费雷德里克·哈里森（Frederic Harrison）、约翰·莫利（John Morley）、刘易斯（G. H. Lewes）、爱德华·泰勒（Edward Tylor）、约翰·卢伯克、兰基斯特、亨利·莫兹利（Henry Maudsley）、莱斯利·斯蒂芬（Leslie Stephen）、格兰特·艾伦、爱德华·克劳德等（Turner 1974, 9）。

16 Barton 1990, 1998a; Jensen 1970; MacLeod 1970.

17 例如，吉利安·比尔（Gillian Beer）在《达尔文的计谋》（*Darwin's Plots*, 1983）一书中，主要讨论了达文主义科学家与小说家关心的共同话题，而在辛西娅·拉西特（Cynthia Russett）在《性科学》（*Sexual Science*, 1989）中关注的是科学家们性别化的理论。

18 C. Smith 1998.

19 他们并非基督教徒，而是唯心论者和哲学家，但在探讨涉及上帝的哲学观念时，与基督教相似。他们的另外一个特点是，并不像圣公会那样致力于推动基督教在机构中的发展。此注释来自作者补充解释。——译者注

20 Otter 1996.

21 Lightman 1997b。奥彼茨和谢弗都指出贵族知识精英和科学精英一直有着重要的影响力（Opitz 2004a; Schaffer 1998c）。

22 Gates 1998; P. Gould 1997, 1998; Le-May Sheffield 2001; Ogilvie 2000; E. Richards 1997; Richmond 1997; Shteir 1996.

23 McLaughlin-Jenkins 2001a, 2001b, 2005; Paylor 2004.

24 Owen 2004.

25 本书中大部分人物从事大众科学写作，但还有不少人会通过演讲、戏剧性的表演和演示、展览等方式传播科学，所以尽量用"普及者 / 科学普及者"来翻译。——译者注

26 S. Gould 1991, 11.

27 Pandora 2001, 491-492.

28 西科德更喜欢用"商业的科学"，因为它强调了在 19 世纪早期科学何以被纳入展览所体现的商业文化中，他认为通信革命让知识展示成为赚钱的机会，期刊文章、演讲、全景装置和博物馆都是展示知识的阵地。"大众的"却带有贬义，"其用法在 19 世纪末 20 世纪初固定下来，旨在将读者变成不可见的受众群体"（J. Secord 2000, 437，524-525）。

29 我很感谢艾琳·法伊夫和詹姆斯·西科德帮助我厘清这些问题，尽管他们不一定认同我的所有结论。

30 首次记录"popularize"用在技术领域（在"2c"目录下）列了一条引文，来自 1833 年的米勒（J. S. Mill）。"科学普及者"（popularizer of science）首次出现是在 1848 年（Simpson and Weiner 1989, 126）。不过并不能把《牛津英语词典》当成中立的语言使用历史记载，它也是特定历史和地理条件下的产物。在 1880—1920 年的英国，该词典只能反映了处于主流文化的话语，而排除了其他的一些含义。不过，它依然可以在某些方面提供一些线索，从中可以看出主流文化如何建构了"popular"一词。

31 Hinton 1979, 6.

32 Shiach 1989, 19, 21-22, 29, 32.

33 R. Williams 1984, 237.

34 J. Howard 2004, 755-756。（泰特是丁达尔的对手，他认为丁达尔不宜向公众传播科学，因为后者是站在非宗教立场去看待科学，只有从恰当的宗教角度去看科学才能值得信赖，才可以向公众传播科学。作者补充解释。——译者注）

35 T. Huxley 1897a, vii.

36 例如，赫胥黎希望把实验室研究置于科学的核心位置，就不能反映 19 世纪末的真实情形。在 19 世纪 60 年代末到 70 年代初，实验方法从化学延伸到物理学、生理学、地质学和工程时，依然被当成创新之举。在 1865—1885 年，英国学术机构的物理学实验室的发展突飞猛进（Gooday 1990, 25-28）。在 1870 年后，实验室生理学才在大学院校和医学院处于优势地位，赫胥黎自己在肯辛顿南部的实验室直到 1872 年才建成（Gooday 1991, 333-34）。

37 Collini 1991, 203, 220.

38 在科学内史研究的进步主义科学观中，科学的进步和职业化进程似乎是必然的，就如同自然规律一样，与辉格党支持渐进式变革的观念一脉相承。——译者注

39 Desmond 2001, 5, 7, 11, 41.

40 作者用这个术语旨在区分"职业科学家"，以赫胥黎为代表的科学家渴望实现科学的职业化，但他们并非现在意义上的职业科学家，因为他们没有接受过专业的科学研究训练，也不是专职从事科研，赫胥黎最开始在博物馆工作，直到 19 世纪 70 年代初才找到一份实验室工作。因此，对 19 世纪下半叶而言，专业化和职业化并没有真正完成，但这是科学家们对未来的憧憬。——译者注

41 两个重要的例外是辛顿（Hinton, 1979）和基特灵汉姆（Kitteringham, 1981）的研究，但他们有些夸大其词。

42 Hilgartner 1990; Whitley 1985; Cooter and Pumfrey 1994; Lightman 1997d, 188-190.

43 Topham 2000, 560。关于精英科学最近的研究包括，戈林斯基在研究皇家学院演讲家和化学家汉弗莱·戴维爵士（Sir Humphry David）时分析了精英科学家如何试图将公众打造成被动接受者（Golinski 1992）。豪萨姆解构了“国际科学丛书”主导者们试图彻底改变科学在社会中传播模式的策略，如赫胥黎、约翰·丁达尔、赫伯特·斯宾塞等（Howsam 2000）。霍华德在对皇家学院演讲家丁达尔的深入研究中，探讨了向公众传播科学的复杂性（J. Howard 2004）。

44 例如，Winter 1998；Cooter 1984。

45 Neeley 2001; Brück 2002; Gates 1993; Le-May Sheffield 2001。芭芭拉·盖茨和安·希黛儿在女性科普作家的研究中起着带头作用，她们的著作和编辑的论文集广泛研究了这个群体，不仅是女性产生重要影响力的特定领域如植物学，也包括各个学科领域的科学活动（Shteir 1996; Gates 1998; Gates and Shteir 1997）。

46 Desmond 1992; A. Secord 1994; Paylor 2004; McLaughlin-Jenkins 2001a, 2001b.

47 克罗斯（Cross, 1985）和博纳姆·卡特（Bonham-Carter, 1978）主要关注小说家、剧作家和散文家，但他们对这个时期作家们的物质条件、女作家的境况和出版业的演变等主题的洞见，对理解科普作家的事业也有非常重要的借鉴价值。

48 理查德·阿尔蒂克（Richard Altick）的研究对史学家有很强的启发性，虽然他在《英国普通读者》（*English Common Reader*, 1957）中没有关注科学主题。詹姆斯·西科德在《维多利亚时代的轰动》中分析了不同的读者群体对罗伯特·钱伯斯的《创世自然史的遗迹》的多种解释，每一类读者都有自己的阅读实践。对特定的某一本书进行这么深入的研究只能针对 19 世纪少量非常有影响力的科学读物，但我的目标是要研究大量的科学读者和演讲者，就不得不限定自己在更一般意义上去研究他们的读者，而且主要是站在他们的立场。对阅读新历史的一个简短概括见 Topham（2004，2000）。

49 J. Secord 2000.

50 Topham 2000.

51 Fyfe 2004.

52 Topham 2000, 587.

53 近年来学界对科学期刊和维多利亚时期其他期刊在很大程度上得益于浩大的科学期刊项目（SciPer project），该数据库、三本大众杂志社的科学文集、布罗克斯（Broks）对维多利亚晚期期刊的研究、巴顿（Barton）和希茨-佩森（Sheets-Pyenson）对大众商业期刊的研究等，都为我们进一步的研究打下了坚实的基础。见 Cantor and Shuttleworth 2004; Cantor et al. 2004; Henson et al. 2004; Broks 1988, 1990, 1993, 1996; Barton 1998b; Sheets-Pyenson 1976, 1985。

54 Cantor et al. 2004, 1-2.

55 Livingstone 2003, 85.

56 一些维多利亚时期的科学场所研究见 Lightman and Fyfe，2007。
57 St. Clair 2004, 13.
58 Vincent 1989, 22.
59 Topham 2007.
60 Fyfe 2004, 43; J. Secord 2000, 48-50.
61 Fyfe 2004, 48.
62 纽贝里出版社出版了一系列介绍当时科学的儿童科普读物，里面有一位名叫“汤姆·特里斯科普”（意思是望远镜）的小男孩做了演讲，其中《牛顿哲学体系》是最著名的一本。——译者注
63 Fyfe 2003, xii-xvii.
64 J. Secord 2003b, vi-ix.
65 Fyfe 2003, xx.
66 Bahar 2001, 30.
67 Shteir 1996, 83.
68 ［Marcet］1817, 1:vi-vii.
69 Gates 1998, 38.
70 Benjamin 1991, 39; Gates 198, 39.
71 物理科学（Physical sciences）指生命科学之外的自然科学，主要包括物理学、化学、地质学和天文学，物理科学与生命科学之间的区别在于前者研究非生命世界，后者研究生命世界。——译者注
72 J. Secord 2004d, xi-xii.
73 J. Secord 2004a, xxxi-xxxii; Neeley 2001, 73, 77, 228; J. Secord 2004b, xiv.
74 J. Secord 2000, 50.
75 截至 1842 年，萨默维尔的《论自然科学之间的联系》总共印了 6 版，发行量为 1.05 万册，到世纪末时，发行量达到 1.75 万册（J. Secord 2004c, xi）。
76 Neeley 2001, 114; J. Secord 2004c, x;［Whewell］1834, 59-60.
77 Patterson 1969, 331。克莱尔·布洛克（Claire Brock, 2006）有力地论证道，萨默维尔受欢迎不过是一种假象。她自己对于科普作者的角色定位就很矛盾，从事写作很大程度上是迫于经济原因，她发现很难把自己的作品写得更浅显，以适应大众读者的阅读水平。后来，她很后悔自己没有为了原创性的贡献而投身数学研究。期刊刊登的书评，以及 1837 年针对其抚恤金的政治争论，都表明当时很多人并不认为她是启蒙公众、向他们传播知识的作家。
78 Topham 1998, 241, 238.
79 “关于自然的神学”和“自然神学”这两个翻译因循习惯，但极易造成混淆和误解，本段中对这两个术语全都加上引号，以示区分，虽然原文并没有都带上引号。简单来说，“关于自然的神学”更强调上帝存在的先验性，是信仰的一部分，无须论证，以神学为依据反观自然；而“自然神学”建立在对自然理性认识和经验的基础上，推导或证明上帝的存在。同时，前者常常表示在 19 世纪更宽泛、松散的

自然神学概念，而不是早先佩利那样的自然神学。感谢作者对这两个术语的进一步解释。中文里两者的差异很难体现出来，尤其是考虑行文顺畅时没有完全区分，例如在第四章“将自然神学视觉化”这一节中，指的是前者。——译者注

80 Brooke 1974, 8-9.

81 Topham 2003, 38.

82 Fyfe 2004, 7.

83 Oldroyd 1996, 77.

84 老红砂岩指欧洲的泥盆纪陆相红层，典型地区在苏格兰，广泛分布于西北欧的爱尔兰、苏格兰、英格兰、斯堪的纳维亚和波罗的海沿岸地区，以红色砂岩、砾岩和页岩为主，富产鱼类化石。——译者注

85 Cribb 2004, 1399.

86 Brooke 1996, 176, 185.

87 Fyfe 2004, 58-59, 65, 271.

88 Ibid., 55, 72.

89 J. Secord 2000, 69.

90 Yeo 1984, 5-31.

91 [Elwin] 1849, 307, 316-317.

92 “Reviews. Popular Zoology” 1866, 214.

93 “July Reviewed by September” 1860, 383.

94 As quoted in Harry 1984a, 194.

95 Wood 1887, 395.

96 Stead 1906, 297.

97 Fyfe 2005a, 203.

98 Fyfe 2005b, 118-120.

99 J. Secord 2000, 151.

100 Mumby 1934, 75-79.

101 Ring 1988, 69-90.

102 P. Gould 1998, 149-50.

103 夹网造纸机的主要结构特征是流浆箱放在网部的上端（直立式）并有对称安装呈楔形的两张长网（普通长网造纸机只有一张）。——译者注

104 为了约束激进的出版商，整个出版交易一直有“知识税”，包括纸张（《圣经》除外）、政治内容、广告等方面的税收。在这些税收减少之前，面向大众的廉价出版物存在法律风险和经济难题（Fyfe 2004, 45-46）。

105 J. Secord 2000, 2.

106 Fyfe 2004, 55; Eliot 1994, 107.

107 Eliot 1995, 39; 1994, 60, 63, 76, 106-107.

108 Eliot 1994, 76。19 世纪标准的小说出版形式为三卷本小说，直到 19 世纪末其价格依然是三十一先令六便士，但这类小说不只是面向有钱人，因为其他人可以从传

阅的图书馆中获取。强大的图书馆市场也是高价类图书减少较慢的重要原因之一。詹姆斯·西科德认为三卷本小说价格居高不下是因为查尔斯·穆迪思（Charles Mudies）的影响，他在1843年创立了快速流通的图书馆（J. Secord 2000, 140）。

109 Weedon 2003, 1.

110 Ibid., 157; Fyfe 2005a, 200.

111 Harrison 1886, 4-5, 10, 16.

112 Fyfe 2005a, 201.

113 Altick 1986, 240; 1969, 205。奥尔蒂克还将"布里奇沃特丛书"中威廉·布兰克的《与自然神学相关的地质学和矿物学》（*Geology and Mineralogy Considered with Reference to Natural Theology*, 1836）也放在了畅销书名单里（Altick 1986, 241）。

114 Astore 2001, 136, 142.

115 在本书中，之后如果涉及再版次数或印量不是从出版商档案或其他渠道获取，基本都是从国家联合目录（National Union Catalogue）或大英图书馆目录（British Library Catalogue）获得的数据。

116 Weedon 2003, 49。然而，如果不知道每次印量，单纯从再版次数去推测销售册数并不保险（Altick 1986, 235）。幸运的是，大多数情况下我已经查到了精确的数字，如果图书极为成功的话。对于那些相对不那么成功的图书，通常就是用再版次数乘以每版1000册的印量得到数字。

117 我非常感激艾琳·法伊夫提醒我区分这两者。在法伊夫关于佩利《自然神学》的文章中，她讨论了畅销书和经典书的区别，后者指的是在写完后被一代又一代的人阅读，这样的作品"之所以能和后世对话，是因为里面包含某些恒定不变的东西"。但法伊夫认为，历史学家不应该只讨论经典，这样可能会将一些书排除在外，毕竟有些书在历史上曾被当成经典，但在长远的时间里又没有继续卖下去，而畅销书则未必就会成为经典（Fyfe 2002, 731-735）。

118 J. Secord 2000, 131.

119 Freeman 1965, 45.

120 10年时间已足以显示后续的再版情况，但又不至于让曾经的经典比这些卖得好而快的书籍更有优势。

121 一开始《物种起源》的销量上升相当慢，默里的首版印了1250册，1860年第二版3000册，1861年第三版2000册，1866年第四版1500册，1869年第五版2000册。因此，到1869年，也就是首版10年之际，默里总共印了9750册，但这本书在1869年之后一直在销售。在1882年达尔文逝世时，销量达到了2.4万册（Desmond and Moore 1991, 477-478; Freeman 1965, 44-49; 钱伯斯作品的数据见J. Secord 2000, 131）。达尔文的《人类的由来》在出版后的第一个10年里比《物种起源》卖得好，卖到了1.4万册，但到19世纪末的时候总销量比没赶上《物种起源》，为3.5万册（Freeman 1965, 52）。需要记住的是，我时不时会对不同类型的科普图书进行比较。例如，面向大众读者的科普书也作为学校教材，自然比《物种起源》有更大的销售潜力。

122 Gross 1969, 25.

123 Fyfe 2005a, 199.

124 Ibid., 205, 214, 216, 223.

125 Eliot 1994, 58; 1997, 1998.

126 Myers 1990, 142-189.

127 Gates and Shteir 1997, 11.

128 Lightman 1999.

129 Altick 1978.

130 Anderson 1991.

131 塔克（2005）研究了从 1839 年到 19 世纪末摄影在科学中的使用。直到技术上的难题得以解决后，照片印刷才被用在了出版中，但 19 世纪 50 年代，带肖像的名片问世，导致摄影技术成为广泛接受的文化体验（J. Smith 2006, 31）。

132 J. Secord 2004e.

133 Morus 1998.

134 乔纳森·史密斯（Jonathan Smith）认为，达尔文在著作中关于美感的论述和插图是"特意跟随兴盛的视觉文化，而不是追随皇家艺术学院和国家美术馆的高级艺术"。史密斯指出，达尔文也意识到在书中用图像去展示自然选择理论面临着困难，不仅因为这个理论所归纳的过程基本不可能用图像直接展示出来，还因为物种不变性的概念恰恰是自然科学的视觉传统带来的固化影响。（J. Smith 2006, 32, 1）

135 Lightman 2000.

136 1807 年，英国人霍勒斯·沃波尔（Horace Walpole）研制，人们可以不用钻进暗箱而在暗箱外面通过棱镜在图画纸上就能看见影像。——译者注

137 1832 年，由比利时人约瑟夫·普拉托（Joseph Plateau）和奥地利人西蒙·冯·施坦普费尔（Simon von Stampfer）发明，可播放连续动画，是早期无声电影的雏形。——译者注

138 J. Secord 2000, 506.

第二章　后达尔文时代圣公会关于自然的神学

1 Kingsley 1890, 309.

2 Hutchinson 1892, ix.

3 Turner 1993, 183.

4 Ibid., 179-187。在科学家职业化的同时，牧师也在职业化。圣公会的职业化标志包括，在大教堂里兴办神学院、建立教会议会探讨教会议题（开始于 1860 年代）、教堂数量增加、社会问题意识增强、教会文学和期刊的专业化等。同时，大学改革、宗教考试的取缔，以及政府、学校董事会、市立大学和工业中需要科学训练的就职机会增加，都意味着教会和教廷庇护都不再成为科学事业的一部分。特纳断言，在 19 世纪第 3 个 25 年里，"科学家是一门职业、牧师是另一门职业"越来越成为公认的事实（Ibid., 189）。

5 Lightman 2004f, 199-237.

6 England 2003, v-viii.

7 戈斯最近再次引起了学者的兴趣，安·斯维特（Ann Thwaite）杰出的传记深入探讨了他作为科学作家的经历（Thwaite, 2000）。阿米·金（Amy King）强调戈斯的观察研究与文学现实主义并行不悖（King, 2005）。乔纳森·史密斯（Jonathan Smith）指出，戈斯的自然神学与普利茅斯教友会（Plymouth Brethren）的自然神学是一致的，突出特征是采用自然物作为真理的象征或形态。他认同约翰·布鲁克的观念，强调不同形态的自然神学反映了多种类型的宗教文化（Smith 2001, 251-255）。毫无疑问，这些研究比我的分析更细微深入，同样是为了区分了圣公会内部多种宗教文化，但本章中我研究自然神学主要关注的是，是什么因素促使圣公会的人联合起来。戈斯得到了历史学家们的大量关注，部分是因为他在进化论争议中扮演的角色，其他作为科普作家的非国教人士就被忽略了。而苏格兰人休·麦克米伦是自由教会（Free Church）牧师，写了 7 本科普书，其中一些非常畅销。例如，《自然中的圣经学说》（*Bible Teachings in Nature*, 1867）至少印了 9 版，最后一版在 1893 年发行。越来越多的研究关注麦克米伦这样的非国教人物，并将他们与国教同胞进行比较，这样的研究无疑为大众科学的写作提供了研究的新面向。

8 K. Smith 2004, 1427-1429.

9 M. Morris 1897, 67-71.

10 K. Smith 2004, 1428.

11 F. Morris 1853, iii, 31, 84.

12 M. Morris 1897, 118.

13 学士学位入学要求的预备考试，俗称“Little Go”。——译者注

14 Imperial College, Huxley Collection, XXXIII, 87-89.

15 英国科学促进会总共分为 7 个部门：数学和物理科学、化学和矿物学、地理学和地质学、动物学和植物学、医学、统计学以及数学科学。D 部门应该指的是动植物学领域。——译者注

16 莫里斯的原文是“骆驼的育儿袋”，但根据他的意思，应该指的是骆驼特有的驼峰。——译者注

17 原文字面意思是鱼类的带电器官，莫里斯应该说的是会发电的鱼类，这类鱼可以产生电流作为防御。感谢作者的解释。——译者注

18 F. Morris 1869, iv-v, 1-2, 11, 13-15, 35, 54.

19 Moore 1979, 196-197.

20 F. Morris 1861, vii, xviii, xxvi; M. Morris 1897, 143; *Archives of the House of Longman, 1794-1914*, 1978, B12, 15; B16, 334.

21 F. Morris 1872, 52, 61, 81, 135.

22 我很感谢艾琳·法伊夫在这点上提醒了我。

23 Fyfe 2004, 29.

24 Lightman 2004e, 1082-1083; Boulger and Hudson 2004, 223.

25 Johns［1846］, 3.

26 此处指的是看重植物学知识本身的植物学家关心的是如何采集到更多的标本，积累更多的知识，丝毫不关心也不会通过植物研究去理解上帝。——译者注

27 Ibid., 6, 26-27, 85, 156, 180-181.

28 Johns 1860, i-ii.

29 Johns 1853, 18, 29.

30 Johns［1854］, 22, 25.

31 Ibid., 140, 142.

32 Johns［1859］, 39, 51.

33 Johns［1860］, 15.

34 Johns 1862, viii, 1, 24, 53, 103, 133, 226, 231.

35 Johns［1869］, 1: ix.

36 Ibid., 1:99, 327.

37 Webb to Ranyard, February 2, 1883, Royal Astronomical Society, Archives, 296.

38 T. Webb 1868, x.

39 Baum 2004b, 2127-28; Robinson 2004, 858-859.

40 Chapman 1998, 225.

41 Baum 2004b, 2127.

42 *Archives of the House of Longman, 1794-1914*, 1978, A5, 599; A10, 399; A13, 435-36.

43 "Webb's *Celestial Objects*" 1882, 11.

44 Chapman 1998, 225.

45 T. Webb 1868, vii-viii, 1.

46 Ibid., 168, 170.

47 Robinson 2006, 72.

48 T. Webb［1883］, 4, 121.

49 T. Webb 1885b, 26, 31, 78.

50 T. Webb 1868, x.

51 T. Webb［1865］, 23.

52 T. Webb 1866, 201.

53 T. Webb 1867, 222.

54 Lockyer and Lockyer 1928, 22, 26.

55 T. Webb 1871, 430.

56 T. Webb 1880, 213.

57 T. Webb 1885a, 485.

58 T. Webb 1884, 59.

59 T. Webb 1882, 341-345.

60 巴顿的研究表明，赫胥黎和他的科学自然主义者朋友们不能控制《自然》杂志，

洛克耶对1870年代早期争端的处理方式排斥了胡克、丁达尔和赫胥黎，他们不再定期投稿（Barton 2004, 228）。

61 Brewer 1874, v-vi, 22.

62 Lightman 2004a, 266-267.

63 Archives of Jarrold and Sons Ltd., 出版登记簿（Publication Register，1848-），布鲁尔的《指南》。

64 Archives of Jarrold and Sons Ltd., 版税账单和出版登记簿（Royalty Ledgers, Publication Register，1848-，7）。

65 Archives of Jarrold and Sons Ltd., 布鲁尔博士的版税账单（Royalty Ledgers［1876-1892］, Dr. Brewer's）, 1, 7, 17, 35, 46, 59, 6, 35, 50, 71, 102, 126, 13, 36, 60, 188, 108.

66 Archives of Jarrold and Sons Ltd., 布鲁尔的合同和书信。

67 Archives of Jarrold and Sons Ltd., Ledger, 13.

68 "Just Published" 1847, 432.

69 Brewer 1874, v.

70 Layton 1973, 95, 111-112.

71 Brewer 1874, 1.

72 Kinraide 2004, 1602.

73 Rauch 2001, 52.

74 Brewer 1874, 183-184, 189, 215, 318.

75 Archives of Jarrold and Sons Ltd., Ledger, 55-56, 58-59, 82; Royalty Ledgers, 1,103, 109.

76 Brewer 1870, v-vi.

77 Ibid., 100-109, 201, 207.

78 Ibid., 306, 325.

79 C. Kingsley 1908, 309.

80 在金斯利离开学校后，两人依然是好朋友，金斯利的儿子格伦维尔（Grenville）就读于约翰斯在温切斯特开设的温斯顿学校。见 Colloms 1975, 36-37; Martin 1959, 29-30; W. Brock 1996, 25。

81 这是剑桥大学最早的高级讲席教授职位之一，在1724年由乔治一世设立。——译者注

82 Endersby 2004, 1138-1140.

83 C. Kingsley 1890, 296, 298-299, 304, 308。（最后这句引文金斯利用了《创世纪》里的话——译者注。）

84 F. Kingsley 1877, I, 404-5, 412.

85 C. Kingsley 1908, 217-218, 220, 224.

86 Ibid., 238-39, 241-242; Savage 1988, 326.

87 Brock 1996, 31.

88 Moore 1979, 306.

89 Endersby 2004, 1139.
90 F. Kingsley 1877, 2:119, 153.
91 Ibid., 2: 135, 249.
92 Ibid., 2: 137.
93 Ibid., 2: 171.
94 Ibid., 2:294
95 Myers 1989, 181, 197.
96 C. Kingsley 1870, 2-3, 20, 108, 115.
97 Ibid., 348.
98 C. Kingsley 1890, 4-5, 18-20.
99 Ibid., 22-23, 27, 33, 151.
100 金斯利这场演讲最开始是 1871 年 1 月 10 日在锡永学院做的公开讲座，之后他将其作为《威斯敏斯特布道辞》(*Westminster Sermons*，1874）的序言，后来又将它收录到了《科学演讲和随笔》中。
101 C. Kingsley 1874, vi-xiii.
102 Ibid., xxi-xxiii.
103 Ibid., xx, xxiv-xxvi.
104 Boase 1965b, 709.
105 W. Houghton 1869, iii, 1, 107, 153.
106 W. Houghton 1870,［iii］, 153-154.
107 W. Houghton n.d., 5, 56, 58, 74, 81, 92.
108 W. Houghton 1875, 21, 62.
109 W. Houghton［1879］, vii.
110 Ibid., vii-viii, xxii.
111 W. Houghton 1875, v, 37.
112 Elliott 2004, 933-934; "Henslow, Rev. George" 1929, 488.
113 Henslow 1881, viii-ix; Walters and Stow 2001, 170-173; Moore 1979, 221.
114 感震性是指植物体能感受机械刺激，并产生反应的性质，非常轻微的接触或液体、气体对局部的压迫以及温度急剧的变化等都可能成为刺激，亦称为感震运动，典型代表如含羞草和捕虫草的叶子，以及小檗和矢车菊等植物的雄蕊都有这样的特性。——译者注
115 Burkhardt et al. 2002, 288, 317-318.
116 Burkhardt et al. 2004, 95-96, 99-100, 103, 117-118, 183, 201-202, 204-206, 210.
117 Henslow to Darwin, March 20, 1868, and March 28, 1868, Cambridge University Library, Charles Darwin Papers, MS.DAR.166.164, MS.DAR.166.165.
118 Henslow 1873, 1-2.
119 Ibid., x-xi, 31, 39.
120 在基督教教义里，人类在这个世界上是不完美的，所以需要被考验，看是否值得

被拯救。来自作者的补充解释。——译者注

121 Henslow n.d., 63.

122 Henslow 1908, iii-iv, vi.

123 亨斯洛的书在赫胥黎及其盟友不再掌管这套丛书后才出版，否则批判达尔文主义的书难以被纳入这套书中。《植物结构的起源》在英国并不算取得巨大成功。这本书售价 5 先令，首版发行后的 12 年里，在英国卖出的数量不超过 2000 册。然而，作为这套丛书中的一本，它在美国也发行了，出版商为阿普尔顿公司（Appleton and Company）。

124 在 1250 本全部卖出去后，亨斯洛从每本中拿到了 9.5 便士的版税（Archives of Kegan Paul, Trench, Trübner, and Henry S. King, 1858-1912 1973, C1, 212-215）。但这本书卖得并不好，首版 1250 册的印量，有 950 册左右直到 1906 年才卖完（Ibid. C26, 137-138）。

125 Henslow 1888, v-vi, xi, 179, 335; Gershenowitz 1979, 25-30; Elliott 2004, 934.

126 Bowler 2001, 3, 407.

第三章　重新定义亲子写作传统

1 "Literary Women of the Nineteenth Century" 1858-1859, 341-343.

2 我将既讨论 1850 年后开始从事写作的女性，也讨论在 19 世纪早期就开始写作但在世纪中叶后依然活跃的女性，后一个群体写作风格的变化有时候很能说明问题。

3 这些女性中，无人会像约翰·伍德和约翰·佩珀等男性科普作家那样到处做讲座，相比之下她们很少成为活跃的科学演讲者。特文宁的《学校和成人班的植物小课堂》（*Short Lectures on Plants for Schools and Adult Classes*，1858，Nutt）最初是在伦敦工人大学里给年轻女性开设的植物学课堂（Twining 1858, x）；阿拉贝拉·巴克利的《科学乐园》（1879）则来自她给圣约翰·伍德教堂的孩子们做的讲座（Buckley 1879a, v）。博物学家、人种志学者和西非事务评论员，玛丽·金斯利（Mary Kingsley）为自己赢得了演讲者的声誉（Early 1997, 215-236）。莉迪娅·贝克尔在全心投入女权运动之前，在英国科学促进会上宣读了几篇论文（Bernstein 2004, 163-168）。另一位女权主义者，曼彻斯特的罗莎·格林顿（Rosa Grindon）在曼彻斯特地理学会、切斯特自然科学协会和曼彻斯特工人俱乐部协会发表过几次演讲，主题包括山脉的生命史、作为田野博物学家的乔叟、常见的植物科，等等（"Mrs. Leo H. Grindon, L.L.A." 1895, 7-12）。我非常感谢大卫·莱利（David Riley）让我关注到格林顿。

4 此处的意思是，一位女性要想从事科普写作，必须参照萨默维尔这样的榜样，达到她所代表的高标准。萨默维尔是备受尊崇的杰出数学家，不管哪位女性跟她相比，都会觉得自惭形秽，但反过来男性科普作家却无须以她为标准。来自作者补充的解释。——译者注

5 Buckley to Murray, March 19, 1875, Archives of John Murray.

6 Buckley to Murray, November 18, 1875, Archives of John Murray.

7 Buckley to Murray, November 26, 1875 Archives of John Murray.

8 Gates 1998, 44; Gates and Shteir 1997, 11.

9 Gatty to Harvey, May 30, 1864, Sheffield Archives, HAS 48/438.

10 E. Richards 1983, 571111; 1997, 119-142; Russett 1989.

11 T. H. Huxley to Lyell, March 17, 1860, Huxley Papers, Imperial College, 30.34, as cited in E. Richards 1989, 256.

12 Shteir 1997b, 29.

13 Shteir 1996, 156-158; 1997b, 29-38.

14 Shteir 1996; Gates 1998; Le-May Sheffield 2001.

15 Mermin 1993, xiv, 109.

16 Ibid., xv.

17 Shteir 2004a, 1181-83; 2003, 157-159, 162.

18 Creese 2004b, 243-244; Beaver 1999.

19 Archives of the House of Longman, 1794-1914 1978, A4, 265; A5, 290; A5, 354; A6, 301.

20 McKenna-Lawlor 1998, 31; Harry 1995, 37, 40; 1984a, 194; 1984b, 472; Kavanagh 1997, 60; Creese 2004e, 2102-2103.

21 Shteir 1996, 202-208; Graham 1977, 1500-1501; Britten 1894, 205-207; D. Allen 2004, 1629-1630.

22 Publications Register 1847-1875, Archives of Jarrold and Sons, 31.

23 E. H. [1861] , 3-4, 5-6, 8-10, 16; Publications Register 1848 to-, p. 31, Archives of Jarrold and Sons Ltd.

24 Drain 1994, 6-11; Rauch 2004, 761-764.

25 Flint 1993, 193.

26 J. Secord 2004d, v-xi; Creese 2004f, 2230-2231.

27 Kirby 1888, 13, 30, 70; Creese 2004d, 838-840; Shteir 1996, 216-219.

28 笃信未来基督再临地球时会出现太平盛世。——译者注

29 Opitz 2004c, 2004b; Shteir 1996, 96-99; Lindsay 1996.

30 Rauch 1994, ix; Gloag 1970, 61。她的其他作品有的至少发行了 3 版，例如《为女士写的园艺学》（*Gardening for Ladies*,1840）《有趣的博物学家》《英国野花》《园艺爱好者日历》等。《园艺爱好者日历》首版印量 2000 册，1857 年第 2 版印量 1000 册。《女士乡间手册》（*Lady's Country Companion*，1845，Longman）的出版方式也类似，第 1 版印了 2000 册，1860 年第 2 版只印了 500 册（Archives of the House of Longman, 1794-1914 1978, A5, 265, 283; A6 415, 416）。

31 Fussell 1955, 192; Linfield 2004, 1263-1266; Shteir 1996, 220-227; Taylor 1951, 17-39.

32 Browne 2004, 2047-2048.

33 "Obituary [Becker] " 1890, 320.

34 Bernstein 2004, 163-168; Blackburn 1971; Parker 2001, 631-332, 637; Shteir 1996, 227-

231.

35 “Late Miss Becker” 1890, 5; Hallett 1890, 4.

36 Mumm 1990, 31, 35.

37 劳登在丈夫去世的冬天并没决定申请基金会资助，还在寄希望于公众捐款带来可观的收入，但最终只筹集到了 2000 英镑。约翰的版税收入需要先偿还剩余的债务，她估计大概需要两年时间，所以她同时需要靠写作养家糊口。然而，因为“失去可怜的丈夫后，我遭受了沉重的打击”，劳登“无法写作”（Cambridge University Library, Royal Literary Fund, File no. 1101, Letter 4）。

38 Cambridge University Library, Royal Literary Fund, File no. 648, Letter 2, File no. 1101, Letters 1, 12.

39 British Library, Peel Papers, Add MS 40586, f.167 and f.173.

40 University Library of Manchester, Rylands English MS 731/112.

41 University of Newcastle, Robinson Library, Special Collections, Trevelyan Papers, J. W. Loudon to W. C. Trevelyan, May 29, 1850, WCT 175/13.

42 J. W. Loudon to Sir Walter Trevelyan, October 10, 1855, University of Newcastle, Robinson Library, Special Collections, Trevelyan Papers, WCT 175/29-30.

43 和劳登一样，鲍迪奇·李也努力靠科学写作维持生计、摆脱经济困境，她也申请了两次文学基金会的资助，还在 1854 年申请了市民抚恤金，每年 50 英镑（Beaver 1999）。

44 Kirby 1888, 144, 165, 213, 221, 224, 232.

45 Mumm 1991, 160.

46 Kirby 1888, 145.

47 Bell 1924, 5, 46.

48 Kirby 1888, 144.

49 Kavanagh 1997, 61; Harry 1995, 39.

50 Kirby 1888, 145.

51 Buckley to Murray, July 14, 1875, John Murray [Publishers] Ltd.

52 Loudon to Murray, August 10, 1838, John Murray [Publishers] Ltd.

53 Loudon to Murray, May 10, 1839, John Murray [Publishers] Ltd.

54 Patterson 1969, 331.

55 Gatty to W. H. Harvey, November 5, 1862, Sheffield Archives, HAS 48/323.

56 Gatty to Bell, November 12, 1862, Reading University Library, Archives, George Bell Uncatalogued Series.

57 Gatty to W. H. Harvey, November 12, 1862, Sheffield Archives, HAS 48/325.

58 Gatty to Bell, November 18, 1862, Reading University Library, Archives, George Bell Uncatalogued Series.

59 也写作 Guy Fawkes，英国天主教徒，1605 年策划了火药阴谋，在国会地下室放置炸药企图炸死国王，但最终以失败告终。——译者注

60 乔治·边沁（George Bentham, 1800—1884），英国植物学家。——译者注

61 Gatty to W. H. Harvey, November 18, 1862, Sheffield Archives, HAS 48/333.

62 Gatty to Bell, n.d., Reading University Library, Archives, George Bell Uncatalogued Series. 押头韵指两个单词或两个单词以上的首字母及其发音相同，追求形式和韵律的整齐。加蒂的目的就是想讥讽这种为了押头韵而言之无物的废话。

63 Gatty to Bell, n.d., Reading University Library, Archives, George Bell Uncatalogued Series.

64 Gatty to Bell, [August 1860], Reading University Library, Archives, George Bell Uncatalogued Series.

65 Gatty to W. H. Harvey, June 14, 1862, HAS 48/274; June 29, 1862, HAS 48/280; November, 1862, HAS 8/321; [February] 1863, HAS 48/363, Sheffield Archives.

66 Kirby 1888, 148.

67 Loudon to Murray, October 30, 1838, John Murray [Publishers] Ltd.

68 Kirby 1888, 221.

69 Beaver 1999, 27.

70 Loudon to Murray, n.d., John Murray [Publishers] Ltd.

71 Katz 1993, 62.

72 Patterson 1969, 321-322.

73 Gatty to Bell, March 23, 1862, Reading University Library, Archives, George Bell Uncatalogued Series.

74 Gatty to Bell, December 10, 1863. Reading University Library, Archives, George Bell Uncatalogued Series.

75 Loudon to Murray, n.d., John Murray [Publishers] Ltd.

76 Loudon to Murray, Aug. 25, 1840, John Murray [Publishers] Ltd.

77 Loudon to Robert Cooke, Apr. 23, 1842, John Murray [Publishers] Ltd.

78 Mumm 1990, 33, 35, 44.

79 Kavanagh 1997, 61.

80 University College, London, The Archives of Routledge and Kegan Paul Ltd., Routledge Contracts, I-Q 1853-1873, Item 2, October 23, 1863.

81 Gatty to W. H. Harvey, April 1, 1862, HAS 48/240; Gatty to Harvey, January 25, 1864, HAS 48/420, Sheffield Archives.

82 Shteir 1997a, 248-49.

83 Gatty to Bell, n.d., Reading University Library, Archives, George Bell Uncatalogued Series.

84 乍一看，贝克尔在这个问题上与加蒂看起来很像。贝克尔把一本《新手植物学指南》寄给达尔文时告诉他，"这本书主要是为年轻女孩写的。"（University of Cambridge, Becker to Darwin, March 30, 1864, MS.DAR.160: 112）但贝克尔的策略是以一种标准化、无情感的"男性"风格为女性读者写作，旨在消除科学教育中

的性别区分。作为第一次女权主义浪潮的代表，贝克尔推崇的是男女同一性而不是差异性，她认为本质主义的有害结果就是将女性隔离在不同的领域（Shteir 1996, 228-229）。而加蒂不是女权主义者，对改变本质主义没有兴趣。

85 Shteir 1996, 225-227.

86 ［Wright］n.d., preface.

87 Kirby and Kirby n.d., v.

88 Rauch 1997, 137, 140.

89 A. Carey n.d., v.

90 M. Ward 1859, 1, 12.

91 Shteir 1996, 221.

92 希黛儿在几个地方都讨论过女性科学写作中提到的“门槛”问题。在一篇关于女性期刊的论文中，她指出女性科普作家如何“为读者提供植物分类学的基础性指导，引导读者跨进入门知识的门槛，但没有提供更复杂的植物学知识”。与之形成对比的是，同一时期的男性杂志通常会“显示出更高的知识门槛”（Shteir 2004b, 18）。在另一篇文章中，希黛儿将鲍迪奇·李的《博物学初阶》称为维多利亚早期引导读者进入科学基础学习阶段的普及读物之一。鲍迪奇·李的书为学校和青少年提供了脊椎动物学的知识，作为通向更复杂的“深度科学”的“奠基石”（Shteir 1997a, 244）。

93 A. Carey n.d., iii.

94 Lankester n.d., ix.

95 Pratt［1873］, 1: 1.

96 Ward and Mahon n.d., 1.

97 Becker 1864, vii.

98 Gatty to W. H. Harvey, December 21, 1857, Sheffield Archives, HAS 48/15.

99 Pratt 1850, v-vi.

100 Kirby and Kirby［1861］, 5.

101 如何处理分类体系的问题意义重大，例如林德利拒斥林奈体系实则是在努力打破植物学与文雅的女性气质之间的联系（Shteir 1997b, 33）。

102 Kirby and Kirby 1871, vii.

103 Pratt 1850, 96.

104 Shteir 1996, 221.

105 Loudon 1850, v.

106 Twining 1866, iv.

107 Pratt n.d.［Poisonous］, xi.

108 Bowdich Lee 1854, iii.

109 Loudon 1842, iv.

110 Loudon 1841, preface.

111 Becker 1864, iii-iv.

112 Bazerman 1988; Dear 1991.

113 Shteir 1996, 222。亲子写作模式并没有在 19 世纪中叶消失殆尽，男性作家如罗斯金和金斯利在 1860 年代甚至试图想复兴对话形式的科普写作（Myers 1989）。塞奇威克女士（Miss Sedgwick）的《大角星，或牧夫座的明亮星星：简易科学手册》（*Arcturus; or, The Bright Star in Bootes: An Easy Guide to Science*，1865）就是采用对话的形式，设定了哈利·怀尔德菲尔及其母亲两个人物角色，后者就是传统的教师角色。他们的对话包括季节、行星和各种天文学主题，以及非常基本的地质学和化学知识。安妮·赖特的《观察的眼睛》采用了一系列“写给年轻朋友”的书信，玛丽·沃德的《显微镜下的奇观》成书于 1858 年，也是由写给朋友的书信组成的。

114 Pratt 1850, v.

115 Lee to Owen, n.d., Natural History Museum, General Library.

116 Bowdich Lee 1853, 85, 242, 384.

117 Lankester 1905, v.

118 Loudon 1857, 2.

119 19 世纪早期历书发生的几个变化，可能促进了科学写作中新叙事手法的产生。查尔斯·奈特的《英国年鉴》（*British Almanac*）首版于 1828 年由实用知识传播协会发行，剔除了以往的天文历法。奈特为了抵制迷信，写作了《英国年鉴》，强调科学与理性。年鉴与科学这种新的联系，使创造新的科学写作方式成为可能。19 世纪早期日历的另一个特点是增加了园艺提示信息和栏目，这也提醒科学作家可以采用日历似的写作结构，作为面向大众读者普及读物的写作方式（Perkins 1996, 58, 60, 85-86）。奈特的《英国年鉴》加上配套的《年鉴指南》包括了各种信息，其中一些与科学无关，例如天气观测、重要日期提醒、天文事实、每月实用指南、皇室成员名单、名人录（如国家官员，商界、教育和法律行业的领袖）、实用表格（如计算印花税）以及度量衡知识等。科比姐妹、劳登、普拉特和罗伯茨的作品类似《英国年鉴》中“每月实用指南”那样的短篇，包含了保健、花园和农场管理等主题，这些作家的书远不止关于自然的文学化和诗性描写。

120 Gates 1998, 44.

121 Loudon 1840, ix.

122 Gates 1998, 46.

123 [Wright] 1853, 1-2.

124 Kirby and Kirby [1873], 196.

125 A. Carey n.d., 10-18.

126 Roberts 1850, vii.

127 Gatty to W. H. Harvey, November 21, 1859, Sheffield Archives, HAS 48/51.

128 Gatty to Stainton, September 12, 1860, Natural History Museum, Entomology Library.

129 M. Ward 1859, 38.

130 Roberts 1850, 47.

131 Lankester 1861, 122.

132 蹄盖蕨的英文俗名为女士蕨（lady fern）。——译者注

133 Kirby and Kirby 1871, vii, 80, 253.

134 Ibid., 80.

135 Kirby and Kirby 1862, 108.

136 Kirby and Kirby 1872, 21.

137 Pratt 1850, 94, 239.

138 Lightman 2006.

139 A. Secord 2002, 28-57.

140 劳登其他作品中插图更少一些，《第一本植物学书》只有 30 幅，《少年博物学家的旅行》有 23 幅插图。

141 蕨类可参考兰基斯特的《英国蕨类》（*British Ferns*，1880），里面有 16 幅彩色插图，普拉特的《大不列颠蕨类》则有 40 幅全页彩图；树木可参考萨拉·李的《树木、植物和花卉》（*Trees, Plants, and Flowers*，1854），有 8 幅彩图，罗伯茨的《树林之声》有 19 幅彩图；有花植物可参考普拉特的《开花植物》，有 220 幅彩图；一般性的植物可参考特文宁的《植物的自然目图解》，有 160 幅全页彩图；鸟类可参考科比姐妹的《遥远国度的美丽鸟儿》，有大量全彩页异国鸟类图像；软体动物可以参考罗伯茨的《通俗的软体动物志》，有 18 幅插图。

142 Harry 1984a, 193.

143 Gordon 1869, 241, 363.

144 Harry 1984b, 471.

145 M. Ward 1859, 167.

146 M. Ward 1864, 48.

147 Ibid., 49.

148 M. Ward 1859, 4。可以与科比姐妹的《遥远国度的美丽鸟儿》进行对比。姐妹俩在序言中指出，再生动的文字"也难以展示它们的可爱；但彩色插图可以为读者展示鸟儿栩栩如生的真实美感"。在后面的内容中，她们描述了令人惊叹的太阳鸟："即使是图像，也无法充分展示大自然的这些宝石——美丽的鸟儿！"（Kirby and Kirby 1872, v, 145）

149 M. Ward 1864, vii-viii.

150 Gates 1998, 50-51.

151 Pratt n.d.［British Grasses］, 5-6.

152 Wright n.d., 131.

153 Kirby and Kirby［1861］, 40.

154 Kirby and Kirby 1875, 175.

155 Bowdich Lee 1854, v, 1, 2, 75, 80.

156 Katz 1993, 98, 122.

157 Le-May Sheffield 2001, 47.

158 Gatty 1855, 33.

159 Ibid., 121.

160 Twining 1866, 15-18, 250.

161 Bowdich Lee 1854, 2, 89.

162 在从事科学写作的女性中，很少有作者不去关注宗教议题，兰克斯特是少数的例外之一。她的儿子雷・兰基斯特是一位物理学家和科学家，也是一位著名的专业博物学家。博丁顿在临近19世纪末从事写作，自认为是一名不可知论者（见第八章）。

163 [Becker] 1864, 41.

164 我的关注点是这些作家的共同点，而不是教派差异如何影响了她们在教义和神学议题的分歧。关键的问题在于，即使在《物种起源》出版后，宗教主题在女性科普作家的作品中依然非常普遍。

165 科比姐妹和普拉特有作品是由圣书公会出版的，更晚期的伊丽莎・布莱特温和阿格尼丝・吉本也是。普拉特和吉本还和基督教知识促进会合作。

166 [Wright] 1853, preface, 10-11.

167 Loudon 1850, 100.

168 Wright n.d., 20.

169 Twining 1866, 9, 34, 49, 66, 143-144.

170 Kirby and Kirby [1861], 124-127.

171 Kirby and Kirby [1874], 59-60.

172 [Wright] n.d., 131-133.

173 Gatty 1855, 13.

174 Gatty 1861, 142-144, 192。普拉特也认同加蒂的提醒，并进一步指出，救赎并不存在，自然也没有关于永生的知识。她担心博物学爱好者可能会认为通过上帝的作品就能学习关于上帝的大量知识，导致他们觉得没必要去学习《圣经》([Pratt] n.d. [Wild], 12-13)。

175 Kirby and Kirby 1871, 59.

176 Roberts 1851, 24.

177 Loudon 1850, 97.

178 Kirby 1888, 8.

179 [Roberts] 1831, 36.

180 Ward and Mahon n.d., 42.

181 M. Ward 1859, 205-206.

182 [Wright] 1853, 22, 94.

183 Zornlin 1852, 97.

184 Twining 1866, 10.

185 Loudon 1841, 30.

186 [Pratt] n.d. [Wild], 8.

187 Loudon 1842, 7; Roberts 1850, 257.

188 Loudon 1850, 330.

189 Pratt 1850, 340.

190 M. Ward 1864, 82.

191 Gatty 1872, viii.

192 Roberts 1851, 2; see also Kirby and Kirby 1871, 91, 290; Pratt 1850, 92, 238, 296, 319.

193 Ward and Mahon n.d., 42.

194 [Wright] n.d., 94-97, 123, 130.

195 Kirby and Kirby [1861], 11.

196 Kirby and Kirby [1874], 11, 13-14, 16, 49.

197 Kirby and Kirby 1871, 46.

198 Pratt 1850, 153.

199 M. Ward 1864, ix, 46.

200 Lightman 1997d, 207.

201 Gates 1998, 11-12, 36.

202 M. Ward 1859, "To the Earl of Rosse."

203 Lankester 1903, 7; Loudon [1846], 2.

204 Twining 1868, 2: 165.

205 Cosslett 2003.

206 Gatty to Bell, April 23, 1861, University of Reading, Library Archives, The George Bell Uncatalogued Series.

207 Gatty to Bell, n.d. and March 19, 1860, University of Reading, Library Archives, The George Bell Uncatalogued Series.

208 Le-May Sheffield 2001, 57-59.

209 Gatty to Harvey, March 12, 1860, Sheffield Archives, HAS 48/69.

210 Gatty to Harvey, August 18, 1860, Sheffield Archives, HAS 48/88.

211 Gatty to Harvey, [August 1860], Sheffield Archives., HAS 48/93.

212 Gatty to Harvey, December 29, 1862 and January 11, 1863, HAS 48/340 and HAS 48/347, Sheffield Archives.

213 Gatty to Mrs. Carter, March 13, 1862, Sheffield Archives, HAS 58/18.

214 "rook"，也有骗子、赌棍的意思，加蒂一语双关讽刺了达尔文的自然选择理论。——译者注

215 Gatty 1954, 203, 212; Rauch 1997, 144-145.

216 Rauch 1997, 140-141.

217 Shteir 2004a, 1182.

218 Bernstein 2004, 166.

219 Maxwell 1949, 138-139.

220 Gatty to Harvey, August 29, 1861, Sheffield Archives, HAS 48/170.

221 Le-May Sheffield 2001, 217。在加蒂的例子中，谢菲尔德的研究表明，《自然的寓言》中女性角色并不符合达尔文和其他科学自然主义者的本质主义观念，即认为女性受情感控制。加蒂塑造的女性角色通过她们的思维和情感对自然有较深的洞察（Le-May Sheffield 2001, 56）。劳奇将劳登《木乃伊》这部未来主义作品解读为“女性将可能成为优秀领导者”的强有力宣言，她们不仅作为女族长为英国带来秩序，如今还穿上了裤子（Loudon 1994, xxiv）。如果说将拒绝传统公共服饰作为女性议题上进步观念的标志，加蒂在《英国海草》中指导女读者的穿着可视为相当激进的做法。她在书中女读者推荐了“探寻海岸”时的着装，必须“在此时抛开传统装束的所有想法”（Gatty 1872, viii）。

222 Shteir 1996, 228-229.

223 Becker 1867, 316.

224 Becker 1868, 483-485, 487, 490.

225 Becker 1869, 388, 391, 404.

226 Richards 1983, 57-111; 1989, 253-284.

227 Burkhardt et al. 1999, 424-425, 435, 457, 527-528, 571, 578, 884; Shteir 1996, 230.

228 Becker to Darwin, March 30, 1864, University of Cambridge, MS.DAR.160.

229 Becker to Darwin, December 22, 1866; December 28, [1866] ; February 6, 1867, University of Cambridge, MS.DAR.160.

230 Becker to Darwin, January 13, 1869; October 14, 1869; December 29, 1869, University of Cambridge, MS.DAR.160.

231 Becker to Darwin, January 16, 1877, University of Cambridge, MS.DAR.160.

232 Holmes 1912/13, 7.

233 Zornlin 1855, x-xi.

234 [Becker] 1864, 42.

235 Becker 1869, 389.

236 As quoted in Blackburn 1971, 36-37.

237 Gatty to Bell, July 10, 1866, University of Reading, Library Archives, The George Bell Uncatalogued Series.

238 Gatty to Bell, n.d., University of Reading, Library Archives, The George Bell Uncatalogued Series.

239 [Kingsley] 1863, 162.

240 Glaucus 即金斯利的《海神》的书名，加蒂以此指称金斯利带有些讽刺意味。——译者注

241 Gatty to Harvey, August 20, 1863 and August 31, 1863, Sheffield Archives, HAS 48/388 and HAS 48/392.

242 Huyssen 1986, 191-196.

243 关于这一点，我非常感谢詹妮弗·塔克的启发。

第四章 科学表演者：伍德、佩珀与视觉奇观

1 Pepper 1890, 3.

2 "Polytechnic Institution" 1863, 19.

3 University of Westminster, Archives, Press Cuttings, Book of Press Cuttings Relating to RPI, 1863［January 4］, "Polytechnic Institution."

4 "Polytechnic" 1863b, 9.

5 T. Wood［1890］, 203.

6 "Obituary"［Wood］1889b, 9.

7 T. Wood［1890］, vii, 125-126.

8 Upton［1910］, 190.

9 "The Rev. J. G. Wood" 1890, 479.

10 Mumby 1934, 75-78.

11 尽管钱伯斯也有漫长的作家生涯，但他并不是只从事科学写作。当然，他也写了几部与科学相关的作品，也在《钱伯斯爱丁堡期刊》上发表了不少科学类的文章。

12 T. Wood［1890］, 1, 2, 7, 8, 13, 21; Gilbert 2004b, 2193-2196.

13 1869 年，圣公会当权者曾两次质疑伍德在教会的志愿者工作。有一次他顶替了一位生病的牧师，坎特伯雷大主教泰特指出，他没有任何权力接替那位牧师去主持工作。伍德解释道，自己只是在牧师不在时才临时承担他的工作，并不知道他会生病这么久。同一年晚些时候，伍德拒绝主持一场葬礼，同事指责他"不信奉基督，冷酷无情"。1869 年，他写信给泰特说，葬礼队伍比约定的时间晚了很久才到，自己要去履行更重要的职责——为一个垂死的孩子洗礼，不得不离开。这些指责让伍德痛心，他辩护说，在代理牧师一职时，自己从来没有怠慢过，事实上已经完成了超出本职的工作（Lambeth Palace Library, Tait Papers, vol. 162, ff. 270, 297）。

14 T. Wood［1890］, 25-26; Gilbert 2004b, 2193-2196.

15 Cross 1985, 123.

16 Barnes and Barnes 1991, 261-264.

17 Archives of George Routledge & Co. 1853-1902, 1973, 2: 373-374.

18 T. Wood［1890］, 61。也有其他学者声称这本书首版就卖了 10 万册。艾伦和巴伯对这种说法没有注明来源，奥尔蒂克引用的是莫比的数据，但莫比并没有提供参考证据（D. Allen 1976, 139; Barber 1980, 14; Altick 1983, 389; Mumby 1934, 78）。小伍德的这个数据似乎引发了后来的这些混乱。

19 Archives of George Routledge & Co. 1853-1902, 1973, Publication Books, vol. 2, 424; vol. 3, 87, 96; vol. 5, 324.

20 T. Wood［1890］, 270-272.

21 Ibid., 234.

22 Archives of George Routledge & Co. 1853-1902, 1973, Contracts c1850/78, reel 2, vol. 3 R-Z, 316; E. Wells 1990, 60。从其他的资料看，版权费要稍微高点或低点。克罗斯兰回忆说，伍德收到了 30 英镑的版权费，但威尔斯宣称是 60 英镑（N. Crosland

1898, 118; E. Wells 1990, 60）。

23 通常有两种支付选择，一是作者与出版社双方共享利润，二是直接买断书稿版权。在第一种方式中，出版商支付制作和发行成本，与作者共同承担损失、共享利润，作者可以抽取一半或三分之一的利润。从作者的角度看，这种选择有两个缺点。出版商可以“慢炖”，让出版的书籍看起来好像无利可图，而且付款很慢，这点对苦于生计的作家来说很不喜欢。第二种选择，即买断版权，出版商就有全部的裁决权，如以出版形式、印刷次数等。这种方式的缺点是，作者收到的版权费并不能反映作品后来成功与否（Fyfe 2004, 211-212）。据威登研究，直到 19 世纪中叶，最常见的方式还是买断版权，迫于作者带来的压力，出版商依赖于版权协议（Weedon 2003, 159）。

24 Archives of George Routledge & Co., 1853-1902, 1973, Contracts c1850/78, reel 2, vol. 3 R-Z, 1853-1873, 355, 376.

25 University College, London, The Archives of Routledge and Kegan Paul Ltd., Routledge Contracts R-Z, Item 5, 562, 564.

26 Cambridge University Library, Royal Literary Fund, File No. 1982, Letters 2, 11, 12, 21; Crosland 1898, 121.

27 Upton［1910］, 165.

28 T. Wood［1890］, 128.

29 Guy 1880, 4.

30 “Interesting Lecture at Altrincham” 1882, 4; “Lecture Last Night on ‘Unappreciated Insects’” 1881, 8; “Lecture on Ants” 1881, 4; “Lecture on Jelly Fish” 1881, 5; “Marlborough” 1884, 8.

31 McMillan and Meehan 1980, 49.

32 T. Wood［1890］, 156.

33 “Lectures for Altrincham and Bowdon” 1881, 5.

34 T. Wood［1890］, 159.

35 Ibid., 234-235, 249-250, 266; Upton［1910］, 171.

36 Crosland 1898, 120.

37 Whitehead 1889, 15.

38 Cambridge University Library, Royal Literary Fund, File No. 1982, Letters 24, 28.

39 J. Wood 1861a, iii.

40 J. Wood 1870, 283-284.

41 J. Wood［1860］, 2-4.

42 J. Wood 1861a, iv.

43 J. Wood 1874, I, vii.

44 有趣的是，伍德在《户外》（*Out of Doors*）中讲述了碰到扎人海蜇的痛苦遭遇，后来被夏洛克·福尔摩斯作为证据，侦破了“狮鬃探案”中扑朔迷离的案子。

45 J. Wood n.d., 1: vi.

46 J. Wood 1861a, iv.
47 Dalziel and Dalziel 1978, 266, 270-271.
48 Mumby 1934, 79.
49 J. Wood 1872, vi.
50 Lightman 2000, 657-661.
51 "Publications Received" 1858, 373.
52 "Notices of Books. The Common Objects of the Country. By the Rev. J. G. Wood" 1858, 347.
53 J. Wood 187?, preface, 1.
54 J. Wood n.d., 1: v.
55 J. Wood 1861b, 4-5, 7.
56 E. Wells 1990, 58.
57 J. Wood 1854, 45-50.
58 J. Wood 1856, 136, 222.
59 "Obituary"[Wood]1889a, 80。我非常感谢罗伯特·吉尔伯特（Robert Gilbert），在他的提醒下，我才关注到了伍德与共济会之间的联系。
60 "Sudden Decease of the Rev. J. G. Wood, F.L.S." 1889, 115.
61 Crosland 1898, 119, 123, 153.
62 McLean 1967, 36.
63 Crosland 1893, 248-249。很感激詹姆斯·西科德指出克罗斯兰的回忆录里提到了伍德是一位唯灵论者。
64 T. Wood[1890], 113-114.
65 Crosland 1898, 125.
66 J. Wood 1874, 1: v; 2: 345.
67 J. Wood 1889, 14, 167.
68 T. Wood[1890], 98, 68.
69 "Reviews. Popular Zoology" 1866, 215.
70 J. Wood 1877, v.
71 Ibid., 196, 452.
72 Brooke and Cantor 1998, 190.
73 J. Wood 1858, 1-2.
74 Ibid., 3-5, 44, 59, 65, 108, 153, 171.
75 J. Wood[1882], vi-vii.
76 根据描述推测是迅隐翅虫（Ocypus sp.）。隐翅虫经常会把身体后半部分上扬，所以有原文中鸡尾甲虫（cocktail beetle）的叫法。——译者注
77 J. Wood 1858, 167, 172, 175.
78 J. Wood 1861b, 5, iv.
79 Gooday 1991, 307-341.

80 J. Wood 1883, v, 5.

81 Ibid., v; J. Wood 1872, 2.

82 在《物种起源》第三章“生存斗争”开始的地方，达尔文宣称，“我们欣喜地注视着大自然欢快的一面，也常常留意到极为丰富的食物；但我们却看不到或者说遗忘了身边悠然自得唱着歌的鸟儿，它们大多取食昆虫或种子时也正在不断毁灭生命。”（C. Darwin 1985, 116）伍德对蚱蜢称赞见 J. Wood 1872, 247。

83 世界上体形最大的蠼螋，分布于大西洋南边圣赫勒拿岛，已经灭绝。——译者注

84 蝼蛄的英文为 mole cricket，形似防波堤（mole），中文则体现不出这种关联。——译者注

85 J. Wood 1883, 356; 1872, 230, 226, 245, 591, 601-602.

86 泰勒凯比尔位于埃及郊外，1882 年英国皇家军队在苏伊士运河两端登陆，在此战争中击败了埃及陆军。——译者注

87 J. Wood 1887, 384-387, 392, 395.

88 “The Polytechnic Institution, Regent Street” 1838.

89 Weeden 2001, 1; Morus 1998, 80.

90 运送潜水员下潜和接回水面的一种运载工具，可供潜水员在水下做出潜准备、巡潜和休息的设备。——译者注

91 “Diving Bell” 1839, 98.

92 Morus 1998, 82-83.

93 Rupke 1994, 13-15.

94 Boase 1965c, 386-387; Cane 1974-1975, 116-128; J. Secord 2002, 1648-1649; W. Brock 2004, 1572-1573.

95 Morus 1998, 81.

96 水晶宫的门票降价后周一到周四 1 先令，周五 2.5 先令，周日 5 先令。低廉的门票吸引了广大的工人阶级，使得水晶宫的展览大获成功。——译者注

97 Altick 1978, 472-473.

98 “Royal Polytechnic Institution” 1854, 1306.

99 “Royal Polytechnic Institution” 1855, 470.

100 “Royal Polytechnic” 1856, 483.

101 “Royal Polytechnic” 1858, 11.

102 University of Westminster, Archives, Press Cuttings, Book of Press Cuttings Relating to RPI, 1858.

103 “Notices of Books” 1861, 29.

104 Lightman 2007, 119-122.

105 “Royal Polytechnic” 1856, 1612; “Royal Polytechnic Institution” 1857, 35.

106 Pepper 1890, 3.

107 “Polytechnic Institution” 1863, 19.

108 Pepper 1890, 29.

109 “Polytechnic” 1863a, 218.

110 Pepper 1890, 12.

111 “Royal Polytechnic” 1864, 666.

112 “Polytechnic Institution” 1865, 12.

113 “Royal Polytechnic” 1867, 30.

114 “Polytechnic Institution” 1870, 8.

115 “Polytechnic” 1863b, 9.

116 “Miscellaneous. The Polytechnic Institution” 1861, 384.

117 Layton 1977, 538。皇家学院的创始人最初并没有将科学研究设为主要目标之一，但汉弗莱·戴维在 1802 年被任命为化学教授时，他将科学研究作为学院的重要特色，并将学院打造成公众讲座平台（James 2002a, 7-8）。

118 James 2002b, 120, 140; Forgan 2002, 31-32.

119 Small 1996, 273.

120 “Patron-H. R. H. Prince Albert” 1854, 945.

121 Our Special Sightseer 1870, 223.

122 “Royal Polytechnic” 1866, 511.

123 Hepworth 1978, viii.

124 Pepper 2003, 1.

125 很难估算理工学院的参观人数。如果赫普沃斯估计的 2000 人可信的话，理工学院在顶峰时期每年应该大约有 10 万游客。与其他博物馆的入馆人数进行比较也可以看出佩珀的成功。艾伯蒂曾指出，大型的公共博物馆（不仅仅专注于科学方面）每年会有数十万的参观者，例如谢菲尔德公共博物馆在开馆那年有 35 万参观者，大英博物馆则有 50 万的参观者（Alberti 2007）。鉴于理工学院的规模，其参观人数已经足以与这些大型公共博物馆相提并论。

126 J. Secord 2003a, v-vi.

127 Fleming［1934］, 11.

128 Armstrong 1973, 61.

129 Archives of George Routledge & Co., 1853-1902, 1973, vol. 3, 559; vol. 5, 430; vol. 6, 651.

130 Golden 1991, 327-333.

131 Pepper 2003, 293, 305.

132 Pepper 1869, 24, 73, 85, 197, 223, 273, 388, 441, 443.

133 Ibid., 114, 344, 388, 441, 443; “The Great Induction Coil at the Polytechnic Institution” 1969, 402; “Playing with Lightning” 1869, 620.

134 Pepper 1869, 31; 2003, 277.

135 Pepper 1861b, 77.

136 Pepper 1890, 35.

137 “Polytechnic Museum” 1867, 6.

138 Pepper 1869, 315, 527.

139 McMillan and Meehan 1980, 49.

140 "Polytechnic" 1871, 9.

141 Pepper 1861a, 9.

142 Boase 1965c, 386.

143 Wilkie n.d., 74.

144 Pepper 2003, 255, 364.

145 Pepper 1890, 30.

146 Pepper and Phransonbel 1865, 28.

147 Mackenzie and Mackenzie 1973, 57; Foot 1996, 16; Hammond 2001, 31; D. Smith 1986, 11.

148 H. Wells 1937, xv.

149《时间机器》是威尔斯的中篇科幻小说，已有中文版。在书中，人类分化为两个种族：爱洛伊人和莫洛克人，后者面目狰狞，生活在潮湿阴暗的地下。——译者注

150 Ibid., xv-xvi; Geduld 1987, 2.

151 Our Special Sightseer 1870, 223.

第五章　进化论史诗的演变

1 "Evolution"是本章的一个关键词，达尔文在使用这个词的时候并无"进步"之意，斯宾塞在用该词时含有"进步"的意味。就本章而言，提到的大多数人物都更倾向于斯宾塞的用法，"evolutionary epic"的提法尤其如此，所以本章将"evolution"主要译为"进化"。感谢作者的说明。——译者注

2 G. Allen 1881a, vii-viii.

3 Ibid., 161-162, 171.

4 J. Secord 2000, 41-42, 56-57, 59, 90, 461.

5 Ibid., 439-440, 463.

6 并没有人用"进化论史诗"这个词来描述他们的叙事手法，最早用这个词的是心理学家詹姆斯·沃德，他在《自然主义与不可知论》(*Naturalism and Agnosticism*, 1899）用这个词形容斯宾塞《第一原理》(*First Principles*, Ward 1906, 2:269）中的进化论阐释。这个词在20世纪用得比较多，不少知识分子用它来表达宏大的进化过程。

7 Page 1868, 118-119.

8 O'Connor 2002; 2003.

9 Sorby 1879-1880, 40.

10 "David Page" 1879, 444.

11 Ford 2004, 1521-1523; J. Secord 2000, 368, 395-397; 2004f, 322-323.

12 Richardson 1871, 220.

13 Page 1854, 3, 136.

14 Page 1856, iii, v.

15 Page 1870, v-vi, 17.

16 Page 1869, 5.

17 Page 1861, 7-8.

18 Page 1868, iii.

19 Page 1869, 91-92, 101.

20 National Library of Scotland, Blackwood Archive, September 18, 1854 and November 10, 1854 [MS 4106 f206, f208] ; November 5, 1857 [MS 4126, f47] ; November 14, 1859, September 10, 1859, September 3, 1859, and December 6, 1859 [MS 4142 f7, f6, f3, f8] .

21 1861 年的收入：39 英镑来自《地质学入门教材》第 5 版，超过 80 英镑来自《地质学高阶教材》第 3 版的修订。1863 年的收入：150 几尼来自《自然地理学入门教材》和《自然地理学高阶教材》。1865 年收入：5 几尼来自《自然地理学考核》(*Examinations in Physical Geography*)。1867 年收入：超过 31 英镑来自《科学读本》(*Scientific Reading Book*)。1868 年收入：超过 87 英镑来自《地质学高阶教材》第 4 版，11 英镑来自《自然地理学入门教材》，2 几尼来自《地质学考试》(*Geological Examination*)，20 几尼来自《地质学小常识》，还有 15 英镑来自《地质学入门教材》第 7 版 [National Library of Scotland, Blackwood Archive, June 8, 1860 (MS 4153, f5); December 20, 1861 (MS4163); December 20, 1861(MS 4163, f198, f199); January 13, 1863 (MS 4184, f131); February 6, 1865 (MS 4203, f7); July 15, 1867 (MS 4225, f163); January 7, 1868, January 15, 1868, August 1868, and January 7, 1868(MS 4238, f131, f132, f133, f134)]。

22 1871 年收入：来自《地质学入门教材》第 9 版和《写给大众读者的地质学》第 3 版编辑修订，超过 53 英镑。1872 年收入：从《地质学高阶教材》第 5 版和《自然地理学入门教材》第 5 版分得的利润，超过 132 英镑。1873 年收入：《自然地理学高阶教材》第 2 版和《地质学入门教材》第 10 版各 25 英镑 [National Library of Scotland, Blackwood Archive, September 25, 1871 (MS 4281, f1, f2); March 1872 and May 18, 1872(MS 4296, f1, f2); February 21, 1873, May 19, 1873(MS 4310, f1, f2)]。

23 Page 1876, 39, 41, 43-46, 54, 60.

24 Page 1856, 7.

25 Page 1870, 32.

26 Page 1861, 17, 19, 21, 26, 112.

27 Ibid., 183, 196.

28 Page 1856, 270.

29 Page 1861, 21.

30 Page 1856, 280。“他没有改变，也没有转动的影子”这句话引自《雅各书》(1：17)。非常感谢保罗 · 菲特确定了这句话以及本章中其他经文来源。

31 Page 1869, 112.

32 Page 1861, 25.
33 Page 1870, 142.
34 Page 1868, 121.
35 在威廉·佩利《自然神学》里，自然就好像手表一样被设计和发明，上帝用其智慧和技能在创世之初就创造了所有的生物，之后也一直在不断创造生物。在佩利的观念里，物种自被创造之时起就固定不变。来自作者的说明。——译者注
36 Page 1869, 112.
37 里面的这句经文来自《出埃及记》(3 : 5)。
38 Page 1861, 8, 72, 242.
39 原文“Author”，指的是上帝。——译者注
40 “Past and Present Life of the Globe” 1861, 218.
41 Boase 1965a, 8.
42 Burkhardt and Smith 1985, 254, 264, 285, 288, 326, 348, 354, 366.
43 [Dallas] 1857, 282.
44 [Dallas] 1860, 302.
45 [Dallas] 1861, 257.
46 Page 1870, v.
47 [Dallas] 1866, 243.
48 [Dallas] 1861, 257.
49 Page 1856, 278-280.
50 钱伯斯《创世自然史的遗迹》是匿名出版的，佩奇在此讽刺他不敢承认自己是这本书的创作者（父亲）。——译者注
51 Page 1861, 209, 245.
52 Ibid., 117, 197, 200, 210-211.
53 Yeo 1984, 6, 24-27.
54 Page 1856, 7, 289.
55 Page 1861, 241.
56 Page 1870, 48-49, 198.
57 Fichman 2004, 172.
58 Wallace 1905, 2: 378。华莱士在巴克利开始写作前就在作品中探索了进化论与唯灵论之间的联系，但《人类在宇宙中的位置》(*Man's Place in the Universe*, 1903）是他第一部讨论宇宙进化的著作（Fichman 2004, 293-299)。
59 Buckley 1876, vii.
60 “Contemporary Literature” 1880, 582.
61 F. Darwin 1887, 3: 229.
62 Gates 2004a, 337-339; “Mrs. A. B. Fisher” 1929, 9.
63 Buckley 1881, 274.
64 Buckley 1879a, 21-23, 87.

65 L. Huxley 1902, 1: 427.

66 Buckley to Huxley, May 22, 1871, Huxley Papers, Imperial College Archive, 11.182.

67 Darwin and Desmond, forthcoming. Transcription supplied by Adrian Desmond.

68 Colp 1992, 7.

69 F. Darwin, "Reminiscences of My Father's Everyday Life," 64.

70 Darwin to Buckley, November 14, 1880, Cambridge University Library, Charles Darwin Papers, MS.DAR.143: 184.

71 F. Darwin, "Reminiscences of My Father's Everyday Life," 64.

72 Buckley 1876, 409.

73 F. Darwin 1887, 3: 229.

74 [Buckley] 1890, 102.

75 Darwin to Buckley, July 11, 1881, Cambridge University Library, Charles Darwin Papers, MS.DAR.143: 187.

76 Gates 1998, 53.

77 Bartholomew 1973.

78 Buckley 1876, v.

79 Wallace 1905, 1: 433-435; 2: 296.

80 Buckley to Wallace, February 19 and 20, 1874, British Library, Alfred Russel Wallace Papers, MS Add 46439, f.82.

81 Buckley to Wallace, April 25, 1874, Natural History Museum, Wallace Papers.

82 Buckley to Wallace, May 26, 1874, British Library, Alfred Russel Wallace Papers, MS Add 46439, f.95.

83 这篇文章被认为是巴克利写的，因为在《韦尔兹利索引》(*Wellesley Index*)中的署名是"A. B.", 与她在《麦克米伦杂志》(*Macmillan's Magazine*)上的署名很像(W. Houghton 1987, 366)。

84 [Buckley] 1879b, 1, 4, 7-9.

85 Ibid., 8-10.

86 Buckley 1881, v.

87 Ibid., 12.

88 Buckley 1882, v.

89 Buckley 1881, 142, 158, 51, 76, 13.

90 Gates 1998, 60.

91 Buckley 1881, v.

92 Ibid., 1, 4, 6, 300, 101.

93 Buckley 1882, figs. 14, 47, 71, 85.

94 Ibid., 352-353.

95 [Buckley] 1871, 46.

96 Marchant 1916, 216-217.

97 Buckley 1881, 32, 35, 98.
98 Buckley 1882, viii, 334, 336.
99 Ibid., 346, 348, 351.
100 Buckley to Mrs. Wallace, October 9, 1883, Natural History Museum, Wallace Papers.
101 Marchant 1916, 295-296.
102 Buckley 1891, 98, 108, 118.
103 Fichman 2004, 302-303.
104 Buckley to Wallace, December 16, 1910, Natural History Museum, Wallace Papers.
105 Darwin to Buckley, November 14, 1880, Cambridge University Library, Darwin Papers, MS.DAR.143: 184.
106 Buckley 1881, 4.
107 C. Darwin 1959, 759.
108 Buckley to Clodd, July 18, 1881, Leeds University Library, Clodd Correspondence.
109 Clodd 1926, 8.
110 Ibid., 16.
111 Ibid., 17.
112 McCabe 1932, 31-32.
113 Tylor to Clodd, Nov. 24, 1880, Leeds University Library, Clodd Correspondence.
114 Ruskin to Clodd, Nov. 11, 1881, Leeds University Library, Clodd Correspondence.
115 McCabe 1932, 69.
116 Lightman 2004b, 450-452.
117 Brockman 1991, 272-273.
118 Clodd 1890, [xi] .
119 McCabe 1932, 72-73.
120 *Archives of the House of Longman, 1794-1914* 1978, E2, 459-460.
121 Lightman 2000, 679.
122 Clodd 1890, 2, 133, 139.
123 McCabe 1932, 72.
124 Clodd 1890, 206, 228.
125 Clodd 1907, 3.
126 Ibid., 133, 184, 197, 233, 245.
127 Gissing to Clodd, January 19, 1897, Leeds University Library, Clodd Correspondence.
128 Purdy and Millgate 1980, 143.
129 Spencer to Clodd, January 17, 1897, Leeds University Library, Clodd Correspondence.
130 Kropotkin to Clodd, February 9, 1897, Leeds University Library, Clodd Correspondence.
131 Wells to Clodd, December 10, 1905, Leeds University Library, Clodd Correspondence.
132 Turner 1974, 9.
133 Clodd 1926, 21.

134 Ibid., 37, 40-41.

135 Gissing to Clodd, January 19, 1897, Leeds University Library, Clodd Correspondence.

136 Henrietta Huxley to Clodd, April 2, 1895, Leeds University Library, Clodd Correspondence.

137 Clodd to Henrietta Huxley, January 13, 1897, Imperial College, Huxley Collection, 12.255.

138 Henrietta Huxley to Clodd, February 21, 1902, Leeds University Library, Clodd Correspondence.

139 Henrietta Huxley to Clodd, March 24, 1902, Leeds University Library, Clodd Correspondence.

140 Lightman 1989, 289, 303.

141 Huxley to Tyndall, November 25, 1883, Tyndall Papers [Correspondence], RI MS JT/1/TYP/9, P.3106.

142 Pearson to Huxley, July 20, [1894], Huxley Papers, 28.199.

143 G. W. Foote to Clodd, October 14 and October 25, 1878, Leeds University Library, Clodd Correspondence.

144 McCabe 1932, 83.

145 Ibid., 128-129.

146 Leeds University Library, Clodd Correspondence, Watts to Clodd, January 17, 1913; F. Gould 1929, 43.

147 F. Gould 1929, 43-44.

148 McCabe 1932, 153.

149 Clodd 1890, [vii] .

150 G. Allen 1894b, v.

151 Clodd 1926, 21.

152 Clodd 1900, 113.

153 Morton 2004, 36-39.

154 小说的女主角主动选择未婚同居，生有一女，但女儿出生前其父就病逝。因为没有登记结婚，母女俩无法继承孩子父亲的遗产。女主角不得不独自抚养女儿成人，但女儿却以母亲未婚生女为耻，故事最后以女主角的自杀结束。——译者注

155 Rozendal 1988, 13.

156 考伊追溯了艾伦的创作历程，断言他的作家生涯遵循了一个模式。他早期的作品是以严肃的生理学著作为主，接着是科学主题和小说，然后是旅行文学和宗教。考伊认为，“艾伦丰富多样的作品具有统一性，这种统一性源自他的进化论和科学思想。他在每部作品中都试图强化或提高科学的权威性，并帮助公众理解进化论”（Cowie 2000, 19）。

157 G. Allen 1897, 252.

158 G. Allen 1904, 612.

159 Allen to Spencer, November 10, 1874, University of London Library, Spencer Papers, MS 791/102［i］.

160 G. Allen 1894b, 45-46.

161 G. Allen 1904, 612-613。斯宾塞很喜欢这首诗，并将其寄给了爱德华·犹蒙斯，对方将它发表在《大众科学月刊》(*Popular Science Monthly*, G. Allen 1875, 628; 1904, 613)。

162 Allen to Spencer, February 9, 1875, University of London Library, Spencer Papers, MS 791/104.

163 Allen to Spencer, May 23, 1875, University of London Library, Spencer Papers, MS 791/108.

164 Allen 1904, 613-614.

165 Allen to Spencer, February 16, 1877, University of London Library, Spencer Papers, MS 791/117.

166 G. Allen 1877.

167 G. Allen 1885, 191.

168 Clodd 1900, 126.

169 G. Allen 1887, 876-877; Atchison 2005, 55-64.

170 G. Allen 1897, 254, 259, 261.

171 Spencer to Clodd, June 11, 1900, Leeds University Library, Clodd Correspondence.

172 G. Allen 1888a, 35, 45-47.

173 G. Allen［1899］, xxxvi, xxxix.

174 Lay Sermon，指的是非神职人员组织的布道。——译者注

175 G. Allen 1879c, 712-713, 718, 721-722.

176 J. Smith 2004.

177 特洛伊古城的拉丁文。——译者注

178 G. Allen 1881b, v, 1, 3, 4.

179 University of Reading, Chatto and Windus Ledgers, 3: 379.

180 G. Allen 1881a, vii, x, 96-97.

181 Ibid., 94-95.

182 Morton 2005, 183.

183 G. Allen 1899, 47, 60, 66, 70, 203.

184 Ibid., 76, 80, 89, 93.

185 列文认为，艾伦作为达尔文主义者，最初相信机械论解释和语言学，但后来转向了美学，他认为需要在人类进化过程中为心智和目的保留一席之地，而不是向肖和华莱士那样屈从于生机论(Levin 1984, 77-89)。

186 G. Allen 1881a, 215.

187 G. Allen 1888c, 2.

188 G. Allen 1901, 29, 142.

189 不少学者已经留意到浪漫主义关于崇高的观念对达尔文的影响，这种崇高感曾影响了伯克、华兹华斯、卡莱尔等诸位浪漫主义人物。帕拉迪斯探讨了达尔文对“崇高”这一美学范畴的迷恋，或者说是“远观浩瀚的自然景观时被那种磅礴气势深深震撼”（Paradis 1981, 87）。斯隆认为，歌德的浪漫主义崇高感在洪堡那里得到发扬光大，成为达尔文泛神论思想的主要源泉，认为自然充满生命力、统一性和创造性，而不是英国自然神学中的自然概念（Sloan 2001, 251-269）。科恩则认为，浪漫主义崇高感对达尔文理论的美学建构扮演了重要角色（Kohn 1997, 13-48）。

190 G. Allen 1899, 134.

191 G. Allen 1884, 8, 10.

192 G. Allen 1881b, 47-48.

193 G. Allen 1884, 79, 131.

194 Allen to Tyndall, February 28, 1879, Royal Institution of Great Britain, Tyndall Papers。同年，丁达尔还写信给沃伦·德拉鲁推荐了艾伦，为他争取工作［Tyndall to de la Rue, February 25 or 26, (1879), Royal Institution of Great Britain, Tyndall Papers］。

195 G. Allen 1894a, 21, 25.

196 福斯塔夫，《温莎的风流娘们》和《亨利四世》里的一个酒鬼，特别喜欢雪利酒。赫胥黎此处将艾伦诙谐地比喻成福斯塔夫，进化论于艾伦就好像雪利酒于福斯塔夫，所以艾伦总是在讨论自然和进化论。感谢作者的解释。——译者注

197 Clodd 1900, 112.

198 J. Smith 2004; 2006, 160-163.

199 Allen to Darwin, March 13,［1878］, Cambridge University Library, Manuscripts, Charles Darwin Papers, MS.DAR.159: 41.

200 Allen to Darwin, February 12, 1879, Cambridge University Library, Manuscripts, Charles Darwin Papers, MS.DAR.159: 43.

201 Allen to Darwin, February 21,［1879］, Cambridge University Library, Manuscripts, Charles Darwin Papers, MS.DAR.159: 44.

202 G. Richards 1932, 72; Morton 2005, 18.

203 Darwin to Allen, February 17, 1881, Dittrick Museum.

204 Allen to Darwin, February 19［1881］, University of Cambridge, Charles Darwin Correspondence, MS.DAR.159: 47.

205 Allen to Darwin, March 24, 1882, Cambridge University Library, Manuscripts, Charles Darwin Papers, MS.DAR.159: 49.

206 Morton 2004, 37-38.

207 W. O. 1881, 27.

208 G. Allen 1883.

209 Bower 1883, 552.

210 Thiselton-Dyer 1883, 554-555.

211 G. Allen 1888b, vii-xiv.

212 Lodge 1889, 289-292.

213 原文用的 circlesquarer，来自古希腊“化圆为方”（squaring the circle）的数学命题，皮尔森用这个词指代执迷于无解难题的人。感谢作者的解释。——译者注

214 Pearson 1888, 421-422.

215 Smelfungus，18 世纪作家劳伦斯·斯特恩给《法国和意大利之旅》（*Travels through France and Italy*）作者托拜厄斯·斯莫利特起的绰号，因为斯莫利特喋喋不休批判所到之处的一切见闻。这个词后来就广义地用来形容吹毛求疵、总是抱怨的人。——译者注

216 G. Allen 1884, 30-32.

217 G. Allen 1895, 302-307.

218 德斯蒙德讨论过赫胥黎如何“在南肯辛顿建立了一套现代化的指令结构”，那里有一大群皇家工程师，“在肯辛顿军营里”，科学“获得了真正的军事权威，营造了充满国家目的的气息”（Desmond 1997, 542, 632-633）。

219 G. Allen［1899］, xxxi, xxxix.

220 莫顿最近那部关于艾伦以及“职业写作的社会经济学”的著作，对艾伦如何在文学市场打拼进行了非常好的分析（Morton 2005, 8）。

221 据莫顿估计，艾伦从他最初的 4 部科学文集中总共赚到了 500 英镑，这个收入相对于 3 年的辛勤工作来说回报实在太低（Morton 2005, 91）。

222 格拉布街是伦敦一条旧街道，因为聚居着大量穷苦潦倒的文人而闻名遐迩，后来成为劣等文学的代名词。——译者注

223 Cross 1985, 204.

224 Cowie 2000, 61.

225 艾伦在小说中讨论进化论主题，可参考 Melchiori 2000 and Cowie 2000。

226 Allen to unknown correspondent, September 13, 1892, Pennsylvania State University Libraries, Mortlake Collection, Album 1.

227 G. Allen 1880, 153-160.

228［G. Allen］, 1889b, 261, 267-269, 273.

229 G. Allen 1889a, preface.

230 G. Allen 1899, 293.

231 G. Allen 1890, 537-538.

232 Dawson 2004, 183-184.

233 G. Allen 1891, 1: 127。据说，斯宾塞靠服药对抗失眠问题。1903 年 12 月，碧翠丝·韦伯去拜访他，斯宾塞已经奄奄一息，韦伯在日记里描述了他对世界的悲观情绪，评论道，“的确，最后这 20 年尤为悲哀——受到了吗啡和自我麻痹的毒害”［B. Webb(1950), 32］。艾伦对杜马雷斯克毒瘾发作的叙述，暗示了斯宾塞对自然界中各种联系的了解，构成了其综合哲学的基础，部分来自他个人的生活习惯。当杜马雷斯克漫步在田野时，“对他来说，鸦片把尘世变成了天堂，当毒品麻痹了他所有的血管和神经时，空间好像膨胀了，膨胀成无底的深渊”。杜马雷斯克“放大

的瞳孔”让他看到地平线“在广阔的视野中向无边无际蔓延”，山丘“以巨大的膨胀力量”上升，然后成为“高山”。他自己的身材也变高了一倍，不再“行走在我们这个平庸的世界，每一步似乎都带着他跨越无限空间，和但丁一起在天堂里广阔的地板上踱步”（G. Allen 1891, 1: 223-224）。

234 G. Allen 1891, 1: 17, 53, 109, 208.

235 G. Allen 1904, 610.

236 Ibid., 610-611, 619.

237 Nottingham 2005, 101, 107.

238 G. Allen 1904, 610, 626-627.

239 G. Allen 1894a, 25.

240 Paradis 2004.

241 Butler 1924, 14.

242 Keynes and Hill 1935, 40.

243 Breuer 1984, 123.

244 Keynes and Hill 1935, 196.

245 St. John's College, Cambridge University, Samuel Butler's Notes, 210.

246 Clodd 1926, 256.

247 G. Allen 1879a, 426-427.

248 [G. Allen] 1879b, 647.

249 St. John's College, Cambridge University, Samuel Butler's Notes, 209-210.

250 Ibid., 210-211.

251 H. Jones 1919, 2: 20-21.

252 D. Howard 1962, 141-142.

253 Butler 1924, 196.

254 D. Howard 1962, 152.

255 Butler 1924, 189-192.

256 G. Allen 1886, 413-414.

257 G. Richards 1932, 72.

第六章　科学期刊：《知识》杂志及其“指挥”理查德·普罗克特

1 Proctor 1882j, 351-352.

2 Cantor et al. 2004, 1, 16, 19-23。关于后期（1890 年到“一战”）大众期刊中的科学内容，见 Broks 1988, 1990, 1993, 1996。

3 Cantor et al. 2004, 16; W. Brock 1980; Barton 1998b; Sheets-Pyenson 1976; 1985.

4 Sheets-Pyenson 1976, 57-59; Barton 1998b, 2-3.

5 Lazell 1972, 3-4.

6 Noakes 2004, 159.

7 肖托夸是 19 世纪末期与 20 世纪早期在美国非常流行的成人教育运动，肖托夸集会在美国农业地区广为传播，为社区提供娱乐与文化教育，与会成员包括当时的演说家、教师、音乐家、艺人、牧师和其他各方面专家。——译者注

8 Crowe 1989, 1.

9 Ibid., 1.

10 "Late Mr. Richard A. Proctor" 1888, 5.

11 Crowe 1989, 9; North 1975, 162-163.

12 Barton 1998b; Sheets-Pyenson 1976; 1985.

13 双星，天文学术语，指的是两颗绕着共同的中心旋转的恒星，对于其中一颗来说，另一颗就是其"伴星"。相对于其他恒星来说，两颗星的位置看起来非常靠近。——译者注

14 Gilbert 2004a, 1641-1643; [Ranyard] 1889, 164; Proctor 1895, 393-395.

15 Proctor 1895, 395-397.

16 [Ranyard] 1889, 166.

17 "Science By-Ways" 1875, 2.

18 [Proctor] 1888a, 173.

19 G. Allen 1888d, 193.

20 Sarum 1999, 34-54.

21 [Proctor] 1881f, 72.

22 Proctor 1876, 8.

23 Crowe 1989, 4.

24 *Archives of the House of Longman* 1978, A10, 160; C5, 24.

25 Crowe 1986, 369.

26 Proctor 1883d, 25.

27 Clodd 1888, 265.

28 "Prof. Proctor" 1880, 4.

29 Proctor 1885p, 104.

30 Proctor 1883e, 217.

31 Proctor 1883f, 40.

32 British Library, Royal Literary Fund, File no. 2294.

33 Crowe 1986, 369.

34 Lightman 2000, 661-671.

35 Proctor 1870a, 18.

36 Ibid., 5, 142, 147-148.

37 Lightman 1996, 36-38.

38 Clodd 1926, 58-60.

39 Proctor to Clodd, July 12, 1870, Leeds University Library, Clodd Correspondence.

40 Proctor to Clodd, July 27, 1870, Leeds University Library, Clodd Correspondence.

41 Clodd to Proctor, August 2, 1870, Leeds University Library, Clodd Correspondence.

42 "Richard A. Proctor Dead" 1888, 1.

43 Clodd 1926, 60.

44 Clodd 1888, 265.

45 Proctor 1870a, 10, 15-18.

46 Proctor 1902, 58-59, 61.

47 Proctor 1889b, 67.

48 Crowe 1986, 377.

49 Proper motion 自行，是指恒星于一年内所行经的距离对观测者所张的角度（横向运动）。——译者注

50 Proctor 1878, 19, 119, 156.

51 ［Proctor］1881g, 4.

52 Proctor 1885s, 37。尽管普罗克特在 1885 年承认自己极大地受到斯宾塞的启发，但他宣称自己并非盲目地全盘接受斯宾塞的学说。他们之间也有些分歧，他举了两人在星云假说上持不同看法的例子，"我拒斥拉普拉斯毫无根据的星云假说，但斯宾塞先生却很重视他的学说"。尽管如此，普罗克特对斯宾塞的哲学大为赞赏，"一提出来就显现出它更清楚明了、富有洞见，也更友善、周全而勇敢地维护正义、抵制不公，如果能牢牢把握也更容易预测。比迄今为止世界上的任何哲学都能使人类更加幸福美好"（Proctor 1885f, 273）。普罗克特在 1885 年前的好些年就反对拉普拉斯的星云假说，他在 1873 年《苍穹》一书中列举了拉普拉斯理论中尚未解决的太阳系各方面问题（Proctor 1889a, 183, 186, 189）。他虽然接受宇宙进化论，但与艾伦和克劳德不同的是，他认为星云假说在科学性上不够有说服力，无法成为整个过程的初始阶段。

53 Proctor 1889b, 2, 34.

54 Proctor 1883i, 338.

55 Lightman 1987, 137.

56 赫胥黎认为在科学上讲，动物可以被看作机器，可以通过唯物主义方法去解释动物行为。推及人类，则把人类当成有意识的自动装置。作者邮件补充解释说明。——译者注

57 普罗克特在 1886 年也曾替赫胥黎辩护，当时有日报批判赫胥黎在爱尔兰问题和一般性政治问题上发表的观点。普罗克特认为，科学家接受的科学训练使他对因果关系，以及法律的功能和实施等问题有更强的把握能力。基于这个原因，普罗克特认为，"相比政客或牧师，在任何政治或宗教议题上"，应该更加重视丁达尔、赫胥黎、斯宾塞，或者任何科学家的观点。在他看来，比起政客或牧师，科学家会以科学方法研究了这个议题后才发表意见（Proctor 1887c, 43）。

58 ［Proctor］1882n, 349.

59 Proctor 1902, 215.

60 Ibid., 32-33.

61 Proctor 1876, 6-7.

62 [Proctor] 1888b, 234.

63 Meadows 1972, 96.

64 MacLeod 1969, 438; Meadows 1972, 5-6, 12, 17, 22.

65 Meadows 1972, 96.

66 Pritchard 1870, 161-162.

67 Proctor 1870b, 190.

68 皇家天文学家是英国授予格林威治天文台台长的头衔。——译者注

69 Proctor to Airy, June 26, 1872, RGO Archives, Cambridge University, as cited in Meadows 1972, 98.

70 Ibid., 98。梅多斯也讨论了 1872 年普罗克特和洛克耶被提名为皇家天文学会金奖时发生的政治权术，但这件事并无助于缓和两人的敌对关系。见 Ibid., 99-102。

71 Ibid., 102-103.

72 约瑟夫 – 尼古拉斯 · 德利勒（Joseph-Nicolas Delisle，1688—1768），法国天文学家，最早提出利用金星凌日计算太阳系距离的可能性。——译者注

73 Proctor 1903, 77.

74 Ibid., 77-78.

75 关于艾里在格林威治金星凌日精确测量，以及地磁和气象记录等项目的探讨，见 Schaffer 1988, 115-145。

76 MacLeod 1996, 201.

77 Proctor 1871, 90, 92, 96.

78 Meadows 1972, 95.

79 在普罗克特看来，科学究竟是“个人或国家力量的源泉”还是“增加物质财富的手段”之类的争论倒处于其次。

80 Proctor 1970, 18, 22, 43.

81 Ibid., 89-90.

82 Ibid., 5-8, 9.

83 Ibid., 27, 38, 40.

84 Ibid., 30-31.

85 Collini 1991, 203, 220.

86 MacLeod 1996, 220.

87 Proctor 1970, 10, 68.

88 Desmond 1997, 396-397, 420, 542.

89 Lockyer and Lockyer 1928, 50, 114, 173.

90 Proctor to Lockyer, October 4, 1881, University of Exeter.

91 MacLeod 1968, 16.

92 Lockyer 1870, 1; MacLeod 1969, 442-444.

93 Barton 1998b, 6.

94 [Proctor] 1882b, 596.

95 ［Proctor］1882c, 13; 1883b, 391.

96 Lockyer and Lockyer 1928, 48.

97 Gooday 1991, 313.

98 Ibid., 314.

99 原文：Let knowledge grow from more to more。此处借用了芝加哥大学校训常用的中文翻译。——译者注

100 好几位学者都讨论过丁尼生《悼念集》在当时的受欢迎程度（Ross 1973, 101, 153）。甚至托马斯·赫胥黎都高度评价了丁尼生在该诗集中对科学方法的洞见，曾评价说丁尼生是唯一一位"不厌其烦去了解科学家研究和癖好"的现代诗人（L. Huxley 1902, 2: 359）。丁尼生诗歌中的文学隐喻时常被引用，体现体面或庄重性，普罗克特不是唯一一位利用这种意象的人。达尔文在《人类的由来》中也引用了他的诗歌，以免有人谴责自己无道德感（Dawson 2005, 52-53）。

101 MacLeod 1969, 439.

102 Lockyer and Lockyer 1928, 46-47.

103 Sheets-Pyenson 1976, 219; Desmond 1997, 372, 460。鲁斯与这些学者立场不同，认为《自然》杂志最初就不是为专业人士办的专业期刊，至少《自然》的一大初衷是"为维多利亚后期社会中日益多样化有时候甚至是对立的群体，如科学家与艺术家、职业科学家与感兴趣的爱好者、科学大众与专家，以及不同领域的专家之间"搭建沟通的桥梁。鲁斯断言，《自然》杂志相比《博物学评论》（*Natural History Review*）这样的杂志，目标和愿景更广泛，更大众化，没有那么专业，但相比《读者》这样的杂志则更狭窄，更专业化和职业化。他否认洛克耶创刊的目标之一是为了鼓吹职业科学家的权威，不过他承认《自然》杂志确实发生了转变，与创刊人的初衷变得不完全一样，在 19 世纪七八十年代越来越像一份专业期刊。尽管它的初衷的确不是为了增强职业科学家的权力，但到《知识》杂志创办的 80 年代初，它的确偏离了原本的方向，所以普罗克特才有理由提出需要办一个新期刊，为科学与公众之间搭建桥梁（Roos 1981, 161, 166-167）。

104 Proctor 1881h, 3。声称将科学作为一种文化手段的并非只有普罗克特，赫胥黎和其他职业科学家曾一度认为科学带来的最大益处是道德和智识方面，而不是技术或实用性方面。他们宣称科学训练思维能力，激发想象力，可以和古典文学一样塑造人的品格，普罗克特与他们的观点是一致的（Barton 1981, 14, 16-17）。

105 Proctor 1881h, 3.

106 Ibid.

107 Proctor 1882p, 342.

108 Lockyer and Lockyer 1928, 47.

109 Proctor 1881h, 3.

110 Proctor 1882d, 301.

111 Sheets-Pyenson 1985, 563.

112 Dawson 2004, 181, 192.

113 Stead 1906, 297。普罗克特对《知识》杂志的定位与新新闻主义的一些普遍特征不谋而合。按高恩·道森的说法，这些特征在本世纪最后 20 年创办的一些期刊中非常突出。普罗克特并非模仿斯特德在 1883 年创办的《蓓尔美尔街公报》，因为《蓓尔美尔街公报》是在《知识》杂志创办几年后才创办的。更可能的情况是，普罗克特借鉴了最初在北美使用的一些方法，而斯特德和其他"新"新闻记者们也借鉴了这些方法。普罗克特在 19 世纪七八十年代经常去美国，他和斯特德一样，声讨特权阶级，就《知识》杂志而言，针对的则是政府建立的观测站，他也反对没有人情味的新闻风格，主张形成独特的个人写作和编辑风格（Dawson 2004, 172-174）。

114 [Proctor] 1882e, 332.

115 MacLeod 1996, 224.

116 W. Brock 1980, 111, 113.

117 [Proctor] 1882q, 367.

118 "Inventor's Column" 1884, 329。普罗克特与《英国机械师》的关联以及他在英国的巡回演讲可能让工人阶级读者对他的作品产生了兴趣，理科技工学社图书馆购买了他的《轻松聊科学》（*Light Science for Leisure Hours*）和其他 5 本书（Paylor 2004, 151, 156）。

119 English 1987, 107-112.

120 [Proctor] 1883c, 350.

121 麦克劳德认为，在《自然》杂志创办的前 10 年，不少撰稿人都和洛克耶一样，接受了私人教育，而不是大学教育。但之后大部分文章的作者都是毕业于苏格兰大学、伦敦大学、皇家科学院和剑桥大学的人（MacLeod 1969, 448）。

122 "Harrison, William Jerome" 1988, 232.

123 "Williams, William Mattieu" 1921, 468-469.

124 "Jago, William" 1941, 702.

125 "Wilson, Andrew" 1988, 568.

126 "Slingo, Sir William" 1941, 1246-1247.

127 J. S. C. 1917, 601-603; "Ballin, Ada S." 1988, 27; "Naden, Constance Caroline Woodhill" 1917, 18-19。关于纳登的更多信息，见 Moore 1987, 225-257。

128 Foster 1885, 17-18.

129 Dr. Huggins 1882, 89-90; Ball 1883b.

130 Proctor 1886a, 228.

131 威廉·梅克比斯·萨克雷（William Makepeace Thackeray, 1811—1865），与狄更斯齐名的小说家，代表作是《名利场》。——译者注

132 Williams 1881, 143-144.

133 [Proctor] 1882g, 224-245.

134 [Proctor] 1882h, 257.

135 Proctor 1883k, 287.

136 [Proctor] 1885a, 12。这 3 个字母是皇家学会会员（Fellow of the Royal Society）的缩写。——译者注
137 [Proctor] 1885c, 155.
138 [Proctor] 1885d, 376.
139 Proctor 1886e, 215.
140 [Proctor] 1885m, 278.
141 Proctor 1886e, 216.
142 Proctor 1885n, 322.
143 [Proctor] 1888b, 234.
144 Proctor 1887a, 115.
145 Proctor 1886d, 93.
146 Proctor 1887b, 210.
147 Proctor 1886c, 339.
148 [Proctor] 1882f, 365.
149 [Proctor] 1882o, 489.
150 Winter 1998, 320-322.
151 作者在这个地方用了“conductor”的两种意思，指挥家和导热体（conductor of heat）。——译者注
152 非常感激乔纳森·史密斯在此处启发了我。
153 [Proctor] 1882b, 595.
154 [Proctor] 1881b, 15.
155 Meadows 1972, 34, 36.
156 Proctor 1881e, 73.
157 Proctor and Proprietors of “Knowledge” 1881, 112.
158 Proctor 1881c, 139.
159 Proctor 1881d, 160.
160 Proctor 1882l, 320; 1882k, 327.
161 [Proctor] 1882r, 434.
162 [Proctor] 1882a, 539.
163 [Proctor] 1882m, 191.
164 [Proctor] 1883j, 267.
165 [Proctor] 1883a, 298.
166 [Proctor] 1882i, 613.
167 [Proctor] 1885b, 133.
168 “物质—观念论”在英语世界也是一个让人困惑的术语，甚至让人觉得有些古怪，只有极少的几个人被认为是“物质—观念论者”。“物质—观念论”是一种无神论，主张利用科学知识，并通过综合唯物主义和（非精神的）观念论才能对宇宙进行最好的解释。感谢作者的解释，也感谢李猛、杨莎和张爽几位学者在该术语的理

解和翻译上提出的建议。——译者注

169 [Proctor] 1885q, 421。关于勒温斯与物质—观念论的探讨，见 Moore 1987, 225-257。

170 [Proctor] 1885o, 445.

171 [Proctor] 1885j, 36.

172 [Proctor] 1885k, 168.

173 [Proctor] 1885i, 182.

174 [Proctor] 1885l, 189.

175 普罗克特绝不是唯一一个努力将自己与自相矛盾者、地平论者和天气预言者等群体区别开来的人，凯瑟琳·安德森（Katherine Anderson 2005, 41-82）曾探讨了维多利亚气象学家面临的相似境况，加伍德（Garwood 2001）也讨论过华莱士在与地平论者之间争论时面临的这个问题。

176 Proctor 1885e, 204.

177 [Proctor] 1885n, 322.

178 普罗克特并没有完全排除读者在该杂志中的积极参与，他同意了读者的请求，在取缔"来信答复"栏目后扩展了"主编杂谈"版面（Proctor 1885g, 67）。

179 Proctor 1885e, 205。在这篇文章中，普罗克特指出，第二个名字的使用"已经达到了目的，使科学之外的文章也赢了关注"，但使用笔名也有不便之处。福斯特先生曾受到美国最著名的斯宾塞主义者邀请，去参加一次斯宾塞追随者的公共聚会，"他不能随便回绝邀请，但又不能口是心非接受"。然而，有些读者肯定会对普罗克特在 1885 年那次更早的声明感到震惊，那一次他否认自己用假名向《知识》杂志投稿，现在却换了一套说辞。他在那次声明中宣称，"《知识》杂志指挥者在该杂志上发表的所有文章一直只可能以普罗克特先生署名，包括他笔下的每篇文章、每封信和每一个段落都是。如若不然，这上面没有明确署名的内容都不是他写的"[(Proctor)1885h, 160]。

180 Proctor 1885r, 1-3.

181 Proctor 1886b, 314.

182 在整个 1884 年，普罗克特都在考虑将周刊转成月刊的事情，《19 世纪》的特色文章包括斯宾塞"宗教：回顾与展望"和"关于不可知论和人道教的遗言"，弗雷德里克·哈里森"宗教的幽灵"和"不可知论形而上学"，詹姆斯·斯蒂芬爵士"不可知和未知"，以及圣·乔治·米瓦特"进化论的局限"等。

183 *Archives of the House of Longman, 1794-1914*, 1978, B18, 459, 461-462, 536, 538, 540, 585, 587, 595.

184 Ibid., N112.

185 Proctor to Lockyer, Oct. 4, 1881, University of Exeter.

186 Proctor to Lockyer, November 17, 1881, University of Exeter.

187 Proctor 1881a, 106.

188 A. Young 1881, 151-152.

189 [Proctor] 1883m, 229.

190 [Proctor] 1883g, 240.
191 Proctor 1883n, 244-245.
192 Proctor 1883l, 287.
193 [Proctor] 1883h, 208.

第七章 科学家从事科普：赫胥黎和鲍尔作为普及者

1 Desmond 1997, 310.
2 T. Huxley 1894a, vi.
3 Burkhardt et al. 1997, 579.
4 L. Huxley 1902, 1: 223.
5 Ibid., 224.
6 Burkhardt et al. 1997, 589.
7 Ibid., 611.
8 Ibid., 633.
9 这个评论很适用于赫胥黎《人类在自然界的位置》一书，这本书由 3 篇文章构成，连赫胥黎自己都担心它对读者来说太专业了。在写给读者的说明中，他解释道，“在这些时候，我的听众愿意跟着我的思路走，鼓舞着我，生怕自己犯错，科研工作者很容易犯这些错误，用不必要的专业术语让原本的意思含混不清” [T. Huxley 1895b, (xv)]。
10 Burkhardt et al. 2001, 399.
11 Burkhardt et al. 2002, 7.
12 Ibid., 13.
13 Carey 1995, 139; Blinderman 1962, 171.
14 Mahalingam 1987, iii.
15 Jensen 1991, 15。过去有不少研究赫胥黎写作和演讲活动的学者都会强调他非常擅长向公众传播科学（Knight 1996, 129; Blinderman 1962, 171-174; Block 1986, 386）。
16 Clodd 1900, 112.
17 T. Huxley 1897a, v.
18 Desmond 1997, 152.
19 Ibid., 172.
20 L. Huxley 1902, 1: 129.
21 Desmond 1997, 185.
22 J. Secord 2000, 499.
23 White 2003, 71-72.
24 Ibid., 70.
25 [T. Huxley] 1854, 255.
26 White 2003, 74-75; J. Secord 2000, 500.
27 T. Huxley 1903, 2, 17-19.

28 J. Secord 2000, 504.

29 [T. Huxley] 1855, 246, 248.

30 L. Huxley 1902, 1; 170.

31 *Natural History Review* and the *Reader* both failed in the 1860s.

32 L. Huxley, 1: 151.

33 "Science in the Country" 1858, 393-394.

34 "Mr. Page's Handbook of Geological Terms" 1859, 713.

35 "Evenings at the Microscope" 1859, 570-571.

36 赫胥黎在皇家学院是一位非常受欢迎的演讲者，在 1876 年和 1877 年都创造了听众人数的新纪录，分别多达 1068 人和 1104 人（Jensen 1991, 60）。

37 L. Huxley 1902, 1: 149.

38 Di Gregorio 1984, xviii.

39 Gooday 1990, 44-45, 49.

40 弗兰克・特纳指出，19 世纪 70 年代，科学家们在表述"大众科学"时改变了策略，更加具有公民意识和国家导向性，尽管他将强调这个重要的转变发生在 70 年代中期，因为那时候发生了两件事。一是 1876 年通过的《虐待动物法》，被反活体解剖者视为限制生理学实验范围的一种手段；二是保守党和自由党政府拒绝了德文郡委员会关于成立科学部门和咨询委员会的提议（Turner 1993, 205, 208）。然而，赫胥黎和盟友们在 70 年代初就开始意识到了培养科学思维习惯对以后科学自然主义的发展至关重要。70 年代后期的势态让他们更加坚定了推动教育机构改革的决心，并努力遏制科普作家的影响力，因为他们既不具备专业科学知识，也不追随科学自然主义。

41 "Science and the Working Classes" 1870, 21-22.

42 "Science Lectures for the People" 1871, 81; Riley 2003.

43 MacLeod 1996, 205.

44 *Royal Commission on Scientific Instruction* 1872, 576.

45 T. Huxley 1897b, 16.

46 Jensen 1991, 87-110.

47 Alberti 2001, 115-147.

48 Barton 2004.

49 Roos 1981, 176.

50 学者们倾向于去关注赫胥黎的期刊文章，这些文章写于激烈的争辩时期，提供了他向维多利亚公众传播科学的例子，但这些文章中有不少是他的修辞练习，主要是去说服公众认识进化论真理或圣公会神学的虚假性，而且这些文章发表在读者群比较明确的期刊上。赫胥黎希望系统性地向大众读者展示一个知识体系，他这种尝试并没有在期刊文章中体现出来，而是在《自然地理学》《科学启蒙丛书：导读》和《鳌虾》等作品中得到了充分体现。当然，这些作品也有它们的修辞策略。要了解赫胥黎吸引大众读者的策略，也需要关注他在这两套丛书计划中的幕后工作。

51 Imperial College, Huxley Collection, 23.36.

52 Ibid., 17.115.

53 Ibid., 23.36.

54 L. Huxley 1902, 1: 510.

55 British Library, Macmillan Archive, Additional MSS 55210, f 62, November 27, 1877。到1880年时，麦克米伦打算出版一个更便宜的版本。1880年5月12日，他们提议将定价减到6先令，每卖出一本赫胥黎将得到1先令的版税。麦克米伦看好这本书，认为它很可能被当作教材，所以迫不及待想发行一个便宜点的新版本，这样可以赶在七八月开学前，做好准备供应给学校（Imperial College, Huxley Collection, 22.151）。

56 Stoddart 1975, 19.

57 T. Huxley 1897c, 86, 109.

58 Desmond 1997, 410.

59 T. Huxley 1878, viii-ix.

60 White 2003, 129.

61 这些讲座如“龙虾：动物学研究”（1861）和“关于生命世界现象成因的知识”（1862），后者将马作为他研究的常见事物；还有“一支粉笔”（1868）“煤炭的形成”（1870）和“酵母”（1871）等。

62 B. Jones 1870, 2: 429; S. Thompson 1901, 227。法拉第的一位传记作者将他的演讲策略形容为“通过最熟悉的方面去讲解他的主题”。这样可以从一开始就与听众建立密切、融洽的氛围，“然后再转向不那么了解的内容。在听众意识到这种转变之前，他们已经吸收了新知识，而且是在他们的理解范围之内”（S. Thompson 1901, 232）。法拉第的讲座在很大程度上依赖于实验，赫胥黎从他那只是借鉴了利用常见事物的策略。不过，公众更多会将博物学读物或讲座中的这种方式与伍德联系在一起，部分原因是皇家学院的入场资格仅限于有钱人。

63 T. Huxley 1911, vii.

64 T. Huxley 1897c, 268, 281; Desmond 2001, 27-40.

65 Desmond 1997, 485.

66 T. Huxley 1878, 1, 5.

67 Ibid., 38, 54, 74.

68 Ibid., 78, 91, 99.

69 Ibid., 185-186.

70 Ibid., 359, 375-377.

71 美国洪堡出版公司发行了《半个世纪的科学》（*A Half-Century of Science*）这本书，掩盖了艾伦和赫胥黎在探讨进化论时的重要差异。这本书收录了赫胥黎“1837—1887年的科学进步”（1887）这篇文章，但更名为“过去半个世纪的科学进步”，也收录了艾伦“1836—1886年的科学进步”（1887）。将这两篇文章放在同一本书中，将赫胥黎和艾伦并列为作者，这种人为的统一造成了两人存在某种合作的假象［Allen and Huxley(1888)］。这个例子有效地说明了出版商在重新发行文本的过程中如何改变文本的含义，这本新增加的第96卷是在为“洪堡科学丛书”服务。艾伦的文章有力地阐述了宇宙进化论如何将所有的科学统一在一起，斯宾塞在他的笔下理所当然成为进化论的“先知、神父、建筑师和缔造者”（G. Allen 1887, 876）。该文章涵盖了所有科学，包括人文科学，旨在证明斯宾塞进化论综合囊括了所有知识，而赫胥黎的文章只探讨了自然科学。对赫胥黎来讲，进化论只是最新科学进步中三个紧密联系的重要假说之一，现代科学的主要特点在于它将自然秩序的概念用在了一般性的文化中（T. Huxley 1897b, 129）。赫胥黎这篇文章的核心是自然主义，而艾伦的中心主题则是对斯宾塞宇宙进化论的辩护。

72 Desmond 1997, 484; Stoddart 1975, 17-18, 21.

73 Howsam 2000, 194; MacLeod 1980, 65; Youmans 1898, v.

74 *Archives of Kegan Paul, Trench, Trübner, and Henry S. King, 1858-1912*, “Memorandum of Results of Conference at a Dinner Given by G. W. Appleton at the St. James’ Hotel, Aug. 14, 1871,” F, Contracts, Filed under Anglo-American Series; Howsam 2000, 195-197.

75 Imperial College, Huxley Collection, 29.261.

76 32开本（Crown Octavo），大小为13.65cm×20.32cm；8开本（Octavo）大小为15.24cm×22.86cm。——译者注

77 Ibid., 30.98.

78 Howsam 2000, 192-197.

79 《水的形态》在首版10年后发行到第8版，总共印刷了1万册，1899年时发行了第12版，总印量达到1.475万册（*Archives of Kegan Paul, Trench, Trübner, and Henry S. King, 1858-1912* 1973, A1, 177, 473; B1, 60, 61; C1, 1, 3, 234, 235; C6, 234）。

80 Howsam 2000, 198.

81 *Archives of Kegan Paul, Trench, Trübner, and Henry S. King, 1858-1912* 1973, A1, 301-302; B1, 68-69; C1, 13-16; C26, 77-79.

82 Howsam 2000, 198.

83 MacLeod 1980, 76; Howsam 2000, 188, 193.

84 Ring 1988, 72-73.

85 Howsam 2000, 203.

86 Howsam 2000, 203.

87 Imperial College, Huxley Collection, 30.98.

88 我很感谢迈克尔·科利指出这一点，科利跟我分享了他对“国际科学丛书”的一些研究，我对赫胥黎这方面活动的思考受到了他很大的影响。

89 英国国教（圣公会）分成三派：保守派的高教会（high church）、福音派的低教会（low church）和自由派的广教会（broad church）。——译者注

90 Howsam 1991, 239; 2004, 136-137.

91 Imperial College, Huxley Collection, 24.76, 24.77.

92 Ibid., 24.78.

93 Ibid., 24.81.

94 1883 年，赫胥黎和保罗在讨论这 7 本新书为何没有经过协商就纳入丛书时，他还要求提供《鳌虾》一书的销售报表，想知道为何他没有收到任何版税。在查尔斯・保罗的出版记录中，有一条说明是“考虑到赫胥黎教授在这套丛书公布之时已经得到了 100 英镑的稿酬，这本书的前 2 版就不会再支付任何版税给他”（*Archives of Kegan Paul, Trench, Trübner, and Henry S. King, 1858-1912*, A3 167）。在 1883 年 1 月 26 日保罗写给赫胥黎的信中，他附上了一份销售报表，提醒赫胥黎说，在制订出版计划的时候，有条款规定第 1 版的 1250 册版税是 50 英镑，之后每版是 55 英镑，在发行 6 个月后由阿普尔顿和欧洲大陆的出版商直接向作者支付。赫胥黎收到的预付稿酬差不多达到了前 2 版的费用，在出版记录的同一页上还有一条说明是，第 2 版向赫胥黎支付 5 英镑，第 3 版再支付 55 英镑。

95 Desmond 1997, 497; *Archives of Kegan Paul, Trench, Trübner, and Henry S. King, 1858-1912*, Publication Book, vol. 1, fol. 114-115 (reel 4, index B); Publication Account Book, vol. 1, fol. 83-85 (reel 6, index C); Publication Account Book, vol. 26, fol. 122-124 (reel 14, index C)。1880 年发行了一个“大版面”，只印了 250 册［*Archives of Kegan Paul, Trench, Trübner, and Henry S. King, 1858-1912*, Publication Account Book, vol. 1, fol. 58(reel 4, index B)］。感谢豪萨姆为我提供了《鳌虾》的相关数据并确认了一些其他数据。

96 Imperial College, Huxley Collection, Huxley's 1878 Diary, HP 70.21; Desmond 1997, 496-497.

97 Huxley 1880, xix.

98 Ibid., 1-2, 4.

99 Ibid., 10, 16.

100 T. Huxley 1880, 17.

101 Ibid., 46, 254, 278, 286, 308, 318, 346.

102 VanArsdel 1991, 179, 182.

103 Meadows 1980, 55-56.

104 Ring 1988, 80.

105 Ibid., 81-83.

106 Desmond 2001, 23.

107 L. Huxley 1902, 1: 387.

108 Ibid., 1: 410.

109 Tuckwell 1872, 3-4.

110 Imperial College, Huxley Collection, 22.144.

111 Ibid., 25. 277.

112 British Library, Macmillan Archives, ADD 55210, f30.

113 Ibid., ADD 55210, f44.

114 Ibid., ADD 55210, f35.

115 Ibid., ADD 55210, f82.

116 Ibid., ADD 55210, f84.

117 Ibid., ADD 55210, f85.

118 L. Huxley, 1902, 2: 2.

119 British Library, Macmillan Archive, ADD 55210, f87.

120 T. Huxley 1881, 18.

121 Ibid., 19.

122 Ibid., 93-94.

123 Imperial College, Huxley Collection, 22.154.

124 British Library, Macmillan Archive, ADD 55210, f90。如果超过 1 万册后定价有所改变，版税还是按照每先令 2 便士的比例支付。

125 Ibid., ADD 55210, f26, f39, f78, f99, f126.

126 Huxley 1897a, v。在赫胥黎看来，“公众讲座的工作”不仅是哲学家分内之事，也是科学工作的范畴，理应被视为“文学”。赫胥黎强调，这项工作只有“优秀的自然解释者”才能胜任，其职责是将“将专家们的行话转译成全世界都能明白的通俗语言”。这种写作形式理应被归为文学作品，因为它体现了“伟大的情感和思想，这样的形式直击心灵也能让人易于理解，面向的不是少数人，而是全人类”（T. Huxley, n.d., “On Literary Style,” Imperial College, Huxley Collection, HP 49.55）。

127 R. Smith 2004, 5, 14.

128 W. Ball 1915, 7, 9, 12-13, 15, 28-29, 31-33; Baum 2004b, 106-107.

129 鲍尔在 1897 年告诉戴维·基尔他右眼已经完全失明长达 12 年了（Ball to Gill, July 15, 1897, Cambridge University Library, Royal Greenwich Observatory Archives, RGO 15/128 187）。1897 年，鲍尔切除了右眼，换上了玻璃眼，在当年的一封信中他对自己的残疾自嘲道，“你会记得，第谷·布拉赫在一次决斗中失去了鼻子，就做了一只铜鼻子，结果他的朋友和敌人一致宣称和原本的鼻子一样逼真”。他提醒通信者说，第谷曾预言“将有一个‘第谷尼德斯’（Tychonides）诞生，并与自己齐名”，鲍尔在“满怀激情的时刻”渴望成为这个角色（W. Ball 1915, 125, 175-176）。（“第谷德尼斯”是第谷住所里 8 幅天文学家肖像画中的最后一幅，其他 7 位均是当时著名天文学家，包括他自己，第 8 位却是第谷想象的后代，他希望自己后代能够成为与自己齐名的天文学家。作者在邮件中补充了这部分。——译者注）

130 Baum 2004a, 106-107; W. Ball 1915, 73, 137.

131 Schaffer 1998a, 220; 1998b, 465-467.

132 Cambridge County Record Office, Lady Ball's Diaries.

133 Ball to Lodge, February 28, 1908, University College London Library Services, The Lodge Papers, MS ADD 89.

134 Ball to his wife, n.d., Cambridge County Record Office, Letters, Chiefly of R. S. Ball to His Wife。据推测，这封信应该是在 1876 年丁达尔结婚后到 1893 年鲍尔获得剑桥

教职这期间写的。

135 R. Ball 1890b.

136 G. Jones 2001, 192.

137 R. Smith 2004, 7.

138 W. Ball 1915, 191-192, 204, 217, 223-224; R. Smith 2004, 6; Cambridge County Record Office, Volumes of Notes for the Gilchrist Lectures on the Telescope 1882; Butterworth 2005, 167; Cambridge County Record Office, Boston Evening Transcript, Saturday April 10, 1915, Obituaries and Letters of Sympathy to Lady Ball, 1913.

139 Wayman 1986, 194-195; 1987, 124; Cambridge County Record Office, Memoranda of Merits and Disadvantages of Accepting the Lowndean Chair, 1892, R83/61; W. Ball 1915, 221; Ball to his wife, October 21, 1892, Cambridge County Record Office, Letters, Chiefly of R. S. Ball to His Wife.

140 W. Ball 1915, 225.

141 鲍尔有部分演讲稿现存于剑桥郡档案馆。见“Abstracts and Texts of Lectures: ‘The Earth's Note’; ‘A Discovery about Venus’; ‘The Eternal Stars’; ‘ The Moon's Story’; ‘Other Worlds Than Ours’ c. 1890-c.1910.”。

142 “Other Worlds Than Ours,” Cambridge County Record Office, Abstracts and Texts of Lectures.

143 “Gilchrist Lectures at Goole. Mr. Robert Ball on ‘Other Worlds’ ” 1890, 3.

144 W. Ball 1915, 203, 206-207, 220, 226, 228-229; “Lecture at the Midland Institute on Tides” 1881, 6; “Modern Astronomy 1884, 4; “The Gilchrist Lectures at Goole” 1890, 3。从鲍尔在剑桥的笔记本中可以清楚得知，他有一套固定的演讲模式，在幻灯片和主题故事之间穿插进行，这些独立的故事有着相关的主题。他的演讲以幽默的故事开场，然后是概括性介绍，接着是第一组幻灯片和穿插的故事，然后是第二组幻灯片和故事，第三组幻灯片和结论，最后是一首诗（Butterworth 2005, 171）。

145 W. Ball 1915, 193.

146 R. Ball 1881, 80.

147 Ibid., 81-82, 104-105, 107.

148 R. Smith 2004, 7.

149 Wayman 1986, 187.

150 *Archives of Kegan Paul, Trench, Trübner, and Henry S. King, 1858-1912* 1973, F.

151 Cambridge County Record Office, Memoranda of Merits and Disadvantages of Accepting the Lowndean Chair, 1892, R83/61.

152 Ibid., Probate and Executor's Papers 1913-1914, Notes for Executors, 1.

153 W. Ball 1915, 209.

154 *Archives of the House of Longman, 1794-1914* 1978, A12, 140, 358; E2, 55-56.

155 R. Ball 1889, v.

156 R. Ball 1905, v.

157 W. Ball 1915, 212.
158 R. Ball 1890a, 69.
159 Ibid., 18, 123, 168, 224.
160 R. Ball 1885, 1.
161 Ibid., 82-83, 96, 120, 192, 251, 257-258, 265, 289-290, 318, 329.
162 "*Story of the Heavens*," British Quarterly Review 1886, 202-203.
163 "Science. Astronomical Literature. *The Story of the Heavens*" 1885, 703.
164 "Some Astronomical Books" 1886, 191.
165 "Ball's 'Story of the Heavens' " 1885, 124.
166 "Story of the Heavens" *Knowledge*, 1886, 98.
167 R. Ball 1892, 344, 349-350, 363-364.
168 Ibid., 140.
169 这部分内容原本是 1883 年在《朗文评论》上发表的，也是此前（1882 年 11 月 20 日）在伯明翰米德兰研究所演讲过的内容（R. Ball 1883a, 76-92）。
170 Gaynor 1897, 243-244.
171 R. Ball 1909, 1, 5, 50, 74, 194, 308, 332.
172 Ibid., 197-198, 199-200.
173《伟大的天文学家》至少发行到 1907 年。美国版本在 1895 年由利平科特公司出版，还有一个艾斯比斯特版本在 1901 年出版。菲利普父子公司在 1906 年出版了一个便宜的版本，艾萨克·皮特曼父子公司出版了 1906 年和 1907 年两个版本。
174 R. Ball 1895, 5.
175 Ibid., 336.
176 Ibid., 346.
177 T. Huxley 1894b, 117.
178 Cambridge County Record Office, Memoranda of Merits and Disadvantage of Accepting the Loundean Chair, 1892, R83161.
179 Tait 1873, 382.
180 Bowler 2005, 232-234.
181 尽管当代有这么多著名科学家从事科学普及，但非专业写作依然地位低下，至少斯蒂芬·古尔德是这么认为的。他反对人们贬低大众科学写作，"令我深感遗憾的是，大众写作被当成无用和歪曲事实的行为"，他呼吁恢复"浅显科学作为值得尊敬的知识传统"，并将这种传统追溯到伽利略（S. Gould 1991, 11-12）。
182 鲍尔离开丹辛克时告诉妻子，自己已经烦透了讲座，他这么做主要是考虑到经济因素。鲍尔在剑桥大学得到了更高的薪资后，妻子希望他别再去做演讲，她在日记中抱怨说，鲍尔在剑桥获得教职后依然在做讲座（October 15, 1893, Lady Ball's diaries, County Record Office, Shire Hall, Cambridge）。
183 MacLeod 1980, 64.

第八章　新格拉布街的科学写作

1 H. Wells 1894, 300.

2 Ibid., 300.

3 Ibid., 301.

4 H. Wells 1934, 227-228.

5 Cross 1985, 204, 209; Eliot 1994, 13-14.

6 Giberne 1920, 13.

7 Lightman 2004c, 777-778.

8 "Miss Agnes Giberne" 1939, 12.

9 British Library, Royal Literary Fund, File no. 2702, documents 3, 5, 7, 13, 16, 18-21.

10 Giberne 1894, 1, 190.

11 Giberne 1885, 215.

12 Ibid., v.

13 "What Shall School Girls Read" 1892, 159.

14 普理查德公然宣称自己支持女性接受高等教育，他在序言中也称赞了《空气的海洋》（*Ocean of Air*）。吉本需要普理查德的支持来赢得自己在科学上的公信力（P. Gould 1998, 166）。

15 Giberne 1885, 311.

16 Giberne n.d., xi-xii.

17 吉本在讨论天空时断言："他创造了天空、太阳、月亮、地球、行星和恒星，他无所不在，在它们周围，在它们之间。"而在说到太阳时，她提醒读者，地球上的热、光和生命都来自太阳，"再往前进一步，这让我们想到了天父，他创造了太阳，并将其任命为为我们提供光和热的宝库"。吉本不断将青少年引回到这样的认知，即上帝是万物创造者，上帝的力量令人敬佩（Giberne 1894, 46, 99）。

18 Giberne 1885, 96, 120-123, 237, 300.

19 Giberne n.d., 22, 116, 125, 181, 230, 295.

20 Giberne 1895, 299.

21 Giberne 1895, 298-299, 310.

22 Giberne 1890, 142, 270, 295.

23 Moore 1986.

24 Giberne 1888, iv, 9, 86, 91, 204.

25 Ibid., 5, 36, 87-88, 129, 134, 142, 203.

26 Giberne 1902, 156.

27 Giberne 1902, 142, 154-155, 253, 289。吉本的结论是，帝国的存在是人类超越生存斗争的手段，在海洋深处的低等生物中"上演着持久而激烈的生存斗争"，人类可以为了国际利益而忘记自我，"他可以忽略个人得失，在那面保护的旗帜下，为地球上更贫困、弱小和黑暗的部落着想"（Ibid., 290）。这本书是在维多利亚女王去世后不久写的，题词写的是献给这位"海洋女王和人民母亲"。

28 Creese 2004c, 1: 273-274; Brightwen 1909, 2, 12-13.

29 Creese 2004c, 1: 274; Brightwen 1909, 56, 68, 77-78, 93; Brightwen n.d., 1; "Obituary. Mrs. Brightwen" 1906, 6.

30 Gates 2004b, viii-ix.

31 Creese 2004c, 274-276; Brightwen 1909, xi, xiii, xv.

32 Codell 1991, 304; Brightwen to Unwin, November 9, West Sussex Record Office, Letters f285, f370, and f372; Thwaite 1984, 423.

33 Gates 1998, 220; Brightwen 1890, 12, 42, 73, 81-83.

34 Brightwen 1895, 93.

35 Ibid., 9-10.

36 Brightwen 1890, 17, 125, 175, 204-205。凯蒂·林早在 1988 年就敏锐地洞察到加蒂和布莱特温之间的联系，林指出两人都用到了寓言故事，将动物拟人化，都挑战了“丁达尔和赫胥黎等作家表面上对自然的客观和中立态度”。林还断言，布莱特温感受到了新一代专业人士对自己的疏离，他们扬言要破坏自然中的启示性体验（Ring 1988, 139-142）。

37 Brightwen 1897b, 129-133, 176, 180-181.

38 Brightwen［1904］, xi, 84, 99-100, 110.

39 Brightwen 1897a, 11, 95, 146, 173, 190.

40 Brightwen 1899, 8.

41 Ibid., 46, 90, 151, 162.

42 Ibid., 9, 195.

43 Brightwen 1895, 143;［1904］, 230.

44 Brightwen 1899, 94.

45 Brightwen［1904］, 138; 1897b, 249.

46 Brightwen 1897a, 30, 111; 1909, xx, 130-131.

47 Lightman 2004d, 1040-1041; Venn 1947, 503.

48 Hutchinson 1896, ix; 1890, ix, 11-12.

49 Hutchinson 1890, viii, x; 1894, 32, 36。在《其他时代的生物》（*Creatures of Other Days*）中，哈钦森从“费希尔夫人（巴克利小姐）令人愉快的博物学作品”中借用了鳄鱼的习性描述（Hutchinson 1894, 99）。

50 Hutchinson 1892, 34。此处多半指的是《彼特·帕里的地球、海洋和天空奇观》里面的内容［(Clark)1837, 6-14］。

51 Hutchinson 1890, viii.

52 Hutchinson 1894, 2, 142.

53 Hutchinson 1896, ix, 5.

54 这本书到 1893 年时卖了 3000 册，1897 年发行了第 5 版，第 6 版也是最后一版在 1910 年发行。

55 Hutchinson 1892, 122, 133, 171.

56 Hutchinson 1894, 198, 214-215.

57 Hutchinson 1896, 4.

58 Hutchinson to Clodd, November 20, 1911, Leeds University Library, Clodd Correspondence.

59 Hutchinson 1896, 10; 1890, 1-2.

60 Hutchinson 1890, 2-3, 9, 11-12, 17-19.

61 Ibid., 153, 177.

62 Hutchinson 1890, 116; 1892, 1, 60, 110.

63 哈钦森其他不少作品里也包含远古地质时代的插图，如原始人类和类似《灭绝的怪兽》里复原的灭绝生物。《地球自传》里有 27 幅插图，《史前人类与野兽》里有 10 幅插图，《其他时代的生物》里有 24 幅全页插图和 79 幅其他图像。

64 Hutchinson 1892, x, 1, 5.

65 在《地球自传》中，哈钦森称威廉·史密斯、休·米勒、赖尔、赫顿和普莱费尔等英国科学家奠定了地质学的基础，他列举了自己在写这本书时参考的主要教科书，包括阿奇博尔德·格基和其他人的作品。哈钦森在《灭绝的怪兽》中感谢自然博物馆亨利·伍德沃和史密斯·伍德沃两人的帮助，还在附录中列举了他在写书时读过的巴克利、米勒、达尔文、欧文、奥斯尼尔·马什和爱德华·柯普等人的作品。而在《史前人类与野兽》中他告诉读者，自己曾经将粗糙的速写和绘画寄给几位古生物学家和科学家，包括威廉·弗劳尔、亨利·伍德沃、亚瑟·伍德沃等人。哈钦森在《其他时代的生物》里甚至将赫胥黎誉为伟大的“权威”。他遵从科学家权威，同时又通过与他们的联系不断加强自己的公信力，曾经有几位著名科学家都为他的作品写了序言，如威廉·弗劳尔为《其他时代的生物》写序，亨利·伍德沃为《灭绝的怪兽》写序（Hutchinson 1890, vii; 1892, xiii, 245; 1896, xiv; 1894, 130）。

66 Hutchinson 1894, xii; 1892, 2; 1899, 8; 1896, 1.

67 H. G. S. 1893, 250-251。这位评论者旨在强调科普作家没有资格去做科学家才能做的事，他们顶多是作为转述者。作者补充注释。——译者注

68 “Dragons of the Prime” 1893, 20.

69 Mary Somerville 1834, [ii] .

70 Ibid., [vii] ; Margaret Somerville 1874, 294; [Whewell] 1834, 59; Neeley 2001.

71 Proctor 1887c, 10。斯宾塞认为，专业化是从模糊的同质性到确定的异质性这个进化过程的一部分，科学哲学家是从神职人员发展来的，然后科学家和哲学家、研究有机世界和无机世界的科学家、专注于动物学和植物学的生物学家等都发生了分化。斯宾塞写道：“现在，从事数学、物理学和化学研究的科学家一般都对生物学一无所知（Spencer 1895-1896, 746-747）。”

72 Creese 2004a, 229-230; Irvine and Meiklejon n.d., 1-2, 32.

73 Creese 2004a, 230; Irvine and Meiklejon n.d., 2-3, 38.

74 Bodington 1890c, ix-xi.

75 Ibid., 141-142.

76 Gates 1998, 62.

77 Bodington 1890c, 142.

78 “New Books and Reprints” 1890, 653; “Science” 1890, 803-804.

79 博丁顿是在一篇关于眼睛进化的文中提到了巴克兰，这个话题在威廉·佩利《自然神学》和达尔文《物种起源》中都是设计论探讨的核心话题。博丁顿批判巴克兰是因为不认同他在确定普通鼹鼠是否眼瞎时所采用的科学研究方法，按博丁顿的说法，巴克兰似乎在说，“鼹鼠没瞎，因为你要是剥开它的毛皮就会发现它有眼睛”（Bodington 1887, 83）。

80 Bodington 1890c, 109; 1887, 83; Irvine and Meiklejon n.d., 3; Bodington 1893, 369-371.

81 Bodington 1893, 373-376, 378.

82 Irvine and Meiklejon n.d., 2.

83 Bodington 1890b, 174.

84 Bodington 1890a, 422-424.

85 Bodington 1890c, 1, 22-23, 144; Gates 1998, 62.

86 Bodington 1890c, 174, 184, 186; Gates 1998, 63.

87 Bodington 1890c, 142.

88 Brück 2002, 3, 8-9, 14, 16-17, 20, 23, 28-29.

89 Ibid., 43-44, 46; Clerke to David Gill, [April 6, 1890], Cambridge University Library, Royal Greenwich Observatory Archives, RGO 15/126 ff. 175r-177r; Clerke to [Gill], January 3, 1889, Cambridge University Library, Royal Greenwich Observatory Archives, RGO 15/126 ff. 114r-v.

90 P. Gould 1998, 170-171; *Archives of the House of Longman, 1794-1914* 1978, A15, 9-10, A16, 84, 139, N233, 25; Brück 2002, 189.

91 普罗克特对克拉克《19 世纪大众天文学史》的评价并不是太高，他在 1887 年给克劳德的信中说道，“克拉克夫人的书偶尔还是有用，但她自己明显一无所知，只能靠引用他人观点，再用自己的语言写出来。不仅如此，她有时候，应该说是经常还错误理解了那些观点”（Clodd 1926, 61）。在普罗克特看来，克拉克还有几个缺陷：她与普罗克特的死对头洛克耶关系很好，多元论在她的作品中并不是一个特别重要的主题，尽管她并没有排除宇宙中有其他星球存在生命的可能性（Brück 2002, 158）。克拉克被普罗克特惹恼也不是没有理由，普罗克特在 1887 年就批评了她的朋友霍尔登、筹划中的利克望远镜以及对大型望远镜的普遍跟风现象（Ibid., 52）。即便如此，克拉克对普罗克特《新旧天文学》及其整个职业生涯的评价大体上还是正面的，尽管批评他在争论中表现出来的“尖酸刻薄”以及在《新旧天文学》里几处对“《圣经》的暗讽”[(Clerke) 1893, 546-548]。

92 Brück 2002, 32-34, 37, 153-154; P. Gould 1998, 174.

93 Brück 2002, 38, 74-75, 99, 108, 153, 174; [Mann] 1886, 372.

94 可以说，在专业化时代，即使是见多识广的科学家，也需要了解一个学科内的相关研究，这是最理所当然的事。休厄尔关于寻找所有科学的统一性的观点不再成为可能，博学的时代已经过去。当然，在 19 世纪下半叶还有人试图通过进化论或实证主义整合所有知识，但科学家从未接受这种全面的尝试。我们已经看到艾伦和克劳德在物理科学的探索是如何被拒绝的，而赫伯特·斯宾塞的综合哲学更强调的是生命科学而不是物理科学。

95 Creese 1998, 238; M. Huggins 1907, 15, 17; Lightman 1997a, 61-75.

96 克拉克和鲍尔的关系似乎不错，尊重彼此的工作。鲍尔曾邀请克拉克读了《太阳的故事》样书，并在序言中向她致谢，在《天空通俗指南》中，他让读者参考克拉克《天体物理学的相关问题》，了解关于恒星、星团和星云最前沿的科学研究成果（R. Ball 1905, 62）。

97 Brück 2002, 43-45; Clerke 1885, v, 182-183; R. Ball 1886, 313.

98 Clerke 1905b, ix, 10; Brück 2002, 97, 194; M. Huggins 1890, 382-383; Holden to Clerke, January 21, 1891, University of California, Santa Cruz, Mary Lea Shane Archives.

99 Clerke 1903, vii; Brück 2002, 160, 163; [Thompson] 1903, 173; "Clerke's Astrophysics" 1903, 98.

100 M. Huggins 1907, 13-14; Brück 2002, 53, 56, 83-84; Lockyer and Lockyer 1928, 117.

101 星等（Magnitude），天体亮度的数字，星等数值越小亮度越高。——译者注

102 Brück 2002, 59, 63-69, 72, 79; M. Huggins 1890; 1907; Forbes 1916, 201; Clerke to Gill, August 2, 1889, Cambridge University Library, Royal Greenwich Observatory Archives, RGO 15/126 ff. 138-41v.

103 亮度时常变化的恒星。——译者注

104 Brück 2002, 48-50, 60, 86-87, 142, 144-145; Clerke to Holden, January 15, 1884, University of Wisconsin, Madison, Archives of the Washburn Observatory, Series 7/4/2 (Department of Astronomy) Box 1 Folder C; Osterbrock 1984, 315; Clerke to Keeler, September 8, 1899, University of California, Santa Cruz, Mary Lea Shane Archives; Campbell 1903.

105 Clerke to Pickering, February 20, 1897, Harvard College Observatory, Archives, Director's Correspondence; Brück 2002, 92, 102, 104-105; Hale 1891.

106 Clerke to Holden, August 15, 1889, University of California, Santa Cruz, Mary Lea Shane Archives.

107 Clerke 1885, vi, 348; 1902, 207; 1903, 541。玛丽·布吕克的观点非常有趣，尽管不太有说服力，她认为克拉克的写作与英国自然神学没有关系，而是受到天主教神学家的影响，尤其是圣托马斯·阿奎那（Brück 2002, 205-208）。

108 反射星云的一种，因为照亮他的恒星改变光度而出现变光的现象。——译者注

109 Clerke 1903, 522; 1885, 183, 328-329, 1905a, 147.

110 Clerke 1905b, 259; Lightman 2000, 671-679; M. Huggins 1890, 386; Brück 2002, 108.

111 Clerke 1903, 271; 1905a, 58-59, 80-81, 269-272; Brück 2002, 212.

112 1886 年，克拉克为《自然》杂志写了 6 篇稿子，直到 1891 年，每年有 2 篇到 5 篇

稿子。1892 年她只写了一篇文章，也是最后一篇，之后她开始定期为《知识》杂志撰稿。

113 Brück 2002, 120, 197; “Astronomy of the Nineteenth Century” 1893, 2; Gregory 1903, 339-341; Lightman 1997a, 72-73.

114 Gregory 1906, 505, 507-508.

115 P. Gould 1998, 190-194.

116 Clerke 1895, 125, 139-141; Brück 2002, 176-177; [Clerke] 1900, 458; Clerke 1902, 385; 1898a, 132.

117 Bowler 1998, 65-67; idem 2001.

118 Gates 1998, 37, 64; Gates and Shteir 1997, 16。盖茨和希黛儿指出，教育改革导致年轻女性远离科学，在 19 世纪下半叶女孩受到的博物学正式教育减少，更多的是古典文学，据说这样是为了让女性的学习与男性相似。在 1894—1895 年布莱斯委员会报告发布时，女中学生不被鼓励参加科学科目的课程（Gates and Shteir 1997, 17）。

结论　重绘图景

1 “The Rev. J. G. Wood” 1890, 479.

2 Broks 2006, 88-90.

3 Nelkin 1987, 7-8, 87, 102, 135, 169.

4 Dawkins 1998, x.

5 J. Secord 2002, 1649.

6 Eger 1993, 187, 191-192.

7 Http://www.epicofevolution.com/index.html，登录时间 2006 年 9 月 5 日。

8 E. Wilson 1978, 201-202.

9 Grassie 1998, 8-9.

10 Swimme and Berry 1992, 2.

11 Haught 1984, 1-3, 23-24.

12 Barlow 1998, 12-13.

13 Dick and Strick 2004, 10-18.

14 J. Secord 2000, 461.

参考文献

Archives of George Routledge and Co., 1853–1902, 1973. Part 1 of *British Publishers' Archives on Microfilm*. Bishops Stortford: Chadwyck-Healey.

Archives of Jarrold and Sons Ltd., Norwich.

Archives of John Murray (Publishers) Ltd., London.

Archives of Kegan Paul, Trench, Trübner, and Henry S. King, 1858–1912. 1973. Part 1 of *British Publishers' Archives on Microfilm*. Cambridge: Chadwyck-Healey.

Archives of Richard Bentley and Son, 1829–1898. 1976. Part 2 of *British Publishers' Archives on Microfilm*. Cambridge: Chadwyck-Healey.

Archives of the House of Longman, 1794–1914. 1978. Part 3 of *British Publishers' Archives on Microfilm*. Cambridge: Chadwyck-Healey.

British Library. Department of Manuscripts. Alfred Russel Wallace Papers.

British Library. Department of Manuscripts. Macmillan Archive.

British Library. Peel Papers.

British Library. Royal Literary Fund Manuscripts, File no. 2294, Mrs. Sallie Duffield Proctor, Widow of Richard Anthony Proctor.

British Library. Royal Literary Fund Manuscripts, File no. 2702 (Microfilm M1077/11), Agnes Giberne.

Cambridge County Record Office, Shire Hall, Lady Ball's (née Steele) Diaries.

Cambridge County Record Office, Shire Hall, Letters, Chiefly of R. S. Ball to His Wife, 1872–1907.

Cambridge County Record Office, Shire Hall, Obituaries and Letters of Sympathy to Lady Ball, 1913.

Cambridge County Record Office, Shire Hall, Robert Ball's Abstracts and Texts of Lectures.

Cambridge County Record Office, Shire Hall, Robert Ball's Memoranda of Merits and Disadvantages of Accepting the Lowndean Chair, 1892, R83/61.

Cambridge County Record Office, Shire Hall, Robert Ball's Probate and Executors' Papers 1913–14.

Cambridge County Record Office, Shire Hall, Robert Ball's Volumes of Notes for the Gilchrist Lectures on the Telescope, 1882.

Cambridge University Library, Cape Archives in the Royal Greenwich Observatory Archives, RGO 15/128, 180–203, Correspondence of Sir Robert Ball.

Cambridge University Library, Manuscripts, Cape Archives, Royal Greenwich Observatory Archives.

Cambridge University Library, Manuscripts, Charles Darwin Papers.

Cambridge University Library, Royal Literary Fund, File no. 1982 John George Wood.

Cambridge University Library, Royal Literary Fund, File nos. 648 and 1101 Jane Webb and Mrs. Jane Loudon.

Darwin, Francis. "Reminiscences of My Father's Everyday Life." Cambridge University Library, Cambridge, Charles Darwin Papers, DAR.140:3, 63–70.

Dittrick Museum, Allen Memorial Medical Library, Cleveland Medical Library Association.

Harvard College Observatory, Archives, Director's Correspondence, Clerke-Pickering correspondence.

Imperial College, London, Archives, Huxley Collection.

Irvine, Winifred Brooke, and Helena Brooke Meiklejon. n.d. "A Family Arrives in British Columbia 1887." Information and Research Centre. Vancouver Public Library.

John Murray [Publishers] Ltd., Archives, London.

Lambeth Palace Library, Tait Papers. Correspondence and papers of John Henry Wood concerning his officiating at Erith, Kent, 1864. Vol. 162, ff. 262–97.

Leeds University Library. Special Collections, Clodd Correspondence.

Lists of the Publications of Richard Bentley and Son, 1829–1898. 1975. *British Publishers' Archives on Microfilm*. Bishops-Stortford, Herts, England: Chadwyck-Healey Ltd.

National Library of Scotland. Blackwood Archive.

Natural History Museum. London. Entomology Library. Stainton Correspondence.

Natural History Museum. London. General Library. Eight Letters from Sara Lee to Richard/Mrs. Owen. OC.17/280–302.

Natural History Museum. London. Wallace Papers.

Pennsylvania State University Libraries. Rare Books and Manuscripts Division, Special Collections Library, Mortlake Collection.

Reading University Library. Archives, The George Bell Uncatalogued Series.

Royal Astronomical Society. Archives, London.

Royal Institution of Great Britain. London, Tyndall Papers.

Sheffield Archives. Sheffield, Hunter Archaeological Society Collection, Correspondence of Miss Margaret Gatty.

St. John's College. Cambridge University, Samuel Butler's Notes, Vol. 2: October 1883–April 1887 Unpublished MS, Copy C, 152–54.

University College, London. Library Services. Special Collections, The Lodge Papers.

University College, London. The Archives of Routledge and Kegan Paul Ltd., Routledge Contracts.

University Library of Manchester. Loudon to Miss Gaskell, October 20, 1849, Rylands English MS 731/112.

University of California, Santa Cruz. University Library, Mary Lea Shane Archives of the Lick Observatory.

University of Exeter. University Library, Norman Lockyer Collection.

University of London Library. Manuscripts Collection, Spencer Papers.

University of Newcastle. Robinson Library, Special Collections, Trevelyan Papers.

University of Reading Library, Archives. Chatto and Windus Ledgers.

University of Reading Library, Archives. The George Bell Uncatalogued Series, Bell Collection, MS 1640.

University of Westminster, Archives. Press Cuttings, Book of Press Cuttings Relating to RPI. R82.

University of Westminster, Archives. 1861 Programme for Christmas time entertainments and lectures. Dated December 26, 1861. R84.

University of Wisconsin, Madison. Memorial Library, Archives of the Washburn Observatory, Clerke-Holden Correspondence.
West Sussex Record Office. Cobden Papers 982, Brightwen-Unwin Correspondence.
Wilkie, Edmund H. n.d. "Professor Pepper—A Memoir." *The Optical Magic Lantern Journal and Photographic Enlarger*, 72–74, from the University of Westminster, Archive, R66/4i–iii.

PRINTED PRIMARY SOURCES

Allen, Grant. 1875. "Miscellany: To Herbert Spencer." *Popular Science Monthly* 7 (September): 628.
———. 1877. *Physiological Aesthetics*. London: Henry S. King.
———. 1879a. "Evolution, Old and New." *Academy* 15 (May 17): 426–27.
[———]. 1879b. "Evolution, Old and New: From One Standpoint." *Examiner* (May 17): 646–47.
[———]. 1879c. "Pleased with a Feather." *Cornhill Magazine* 39 (June): 712–22.
———. 1880. "The Ethics of Copyright." *Macmillan's Magazine* 43 (December): 153–60.
———. 1881a. *The Evolutionist at Large*. London: Chatto and Windus.
———. 1881b. *Vignettes from Nature*. London: Chatto and Windus.
———. 1883. "The Shapes of Leaves." *Nature* 27: 439–42, 464–66, 492–95, 511–14.
———. 1884. *Flowers and Their Pedigrees*. New York: D. Appleton.
———. 1885. *Charles Darwin*. London: Longmans, Green.
———. 1886. "Science." *Academy* 30 (December 18): 413–14.
———. 1887. "The Progress of Science from 1836 to 1886." *Fortnightly Review* 47: 868–84.
———. 1888a. "Evolution." *Cornhill Magazine* 57 (January): 34–47.
———. 1888b. *Force and Energy: A Theory of Dynamics*. London: Longmans, Green.
———. 1888c. "The Gospel According to Darwin—I." *Pall Mall Gazette* 47 (January 5): 1–2.
———. 1888d. "Obituary. Richard Proctor." *Academy* 34 (September 22): 193.
———. 1889a. *Falling in Love: With Other Essays on More Exact Branches of Science*. London: Smith, Elder.
[———]. 1889b. "The Trade of Author." *Fortnightly Review* 51: 261–74.
———. 1890. "Our Scientific Causerie." *Review of Reviews* 1 (June): 537–38.
———. 1891. *Dumaresq's Daughter: A Novel*, 3 vols. London: Chatto and Windus.
———. 1894a. "Character Sketch: Professor Tyndall." *Review of Reviews* 9: 21–26.
———. 1894b. *The Lower Slopes: Reminiscences of Excursions Round the Base of Helicon, Undertaken for the Most Part in Early Manhood*. London: Elkin Mathews and John Lane.
———. 1895. "The Amateur in Science." *New Science Review* 1: 301–8.
———. 1897. "Spencer and Darwin." *Fortnightly Review* 67 (February): 251–62.
———. 1899. *Flashlights on Nature*. London: George Newnes.
———. 1901. *In Nature's Workshop*. Toronto: William Briggs.
———. 1904. "Personal Reminiscences of Herbert Spencer." *Forum* (New York) 35 (April): 610–28.
———, ed. [1899]. "Introduction." *The Natural History of Selbourne*, by Gilbert White, xxvii–xl. London: John Lane/The Bodley Head.
———, and T. H. Huxley. [1888]. *A Half-Century of Science*. [New York]: Humboldt Publishing.
"Astronomy of the Nineteenth Century." 1893. *Nature* 49 (November 2): 2.
Ball, Robert. 1881. "A Glimpse through the Corridors of Time." *Nature* 25 (November 24): 79–82, 103–7.
———. 1883a. "The Relation of Darwinism to Other Branches of Science." *Longman's Review* 2 (November): 76–92.
———. 1883b. "The Sun's Distance." *Knowledge* 4 (September 28, October 12, October 26, November 9, November 16): 197–99, 226–28, 257, 284, 301–2.

———. 1885. *The Story of the Heavens*. London, Paris, New York, and Melbourne: Cassell and Company.
———. 1886. "Astronomy during the Nineteenth Century." *Nature* 33 (February 4): 313–14.
———. 1889. *Elements of Astronomy*. London: Longmans, Green.
———. 1890a. *Star-Land: Being Talks with Young People about the Wonders of the Heavens*. London, Paris, and Melbourne: Cassell and Company.
———. 1890b. "The Sun." *Good Words* 31: 244–47, 467–70, 553–57, 626–29.
———. 1892. *In Starry Realms*. Philadelphia: J. B. Lippincott.
———. 1895. *Great Astronomers*. London: Isbister and Company.
———. 1905. *A Popular Guide to the Heavens: A Series of Eighty-Three Plates with Explanatory Text and Index*. London: The Geographical Institute; Liverpool: Philip, Son, and Nephew; George Philip and Son.
———. 1909. *The Earth's Beginning*. London, New York, Toronto, and Melbourne: Cassell and Company.
"Ball's 'Story of the Heavens.'" 1885. *Nature* 33 (December 10): 124–26.
[Becker, Lydia]. 1864. *Botany for Novices: A Short Outline of the Natural System of Classification of Plants*. London: Whittaker.
———. 1867. "Female Suffrage." *Contemporary Review* 4: 307–16.
———. 1868. "Is There Any Specific Distinction between Male and Female Intellect?" *Englishwoman's Review of Social and Industrial Questions* 3: 483–491.
———. 1869. "On the Study of Science by Women." *Contemporary Review* 10: 386–404.
Bodington, Alice. 1887. "On Some Curious Facts Connected with the Evolution of the Eye." *Journal of Microscopy* 6: 79–88.
———. 1890a. "Importance of Race and Its Bearing on the Negro Question." *Westminster Review* 134: 415–27.
———. 1890b. "The Marriage Question from a Scientific Standpoint." *Westminster Review* 133: 172–80.
———. 1890c. *Studies in Evolution and Biology*. London: Elliot Stock.
———. 1893. "Religion, Reason, and Agnosticism." *Westminster Review* 139: 369–80.
Bowdich Lee, Sarah. 1853. *Anecdotes of the Habits and Instincts of Birds, Reptiles, and Fishes*. London: Grant and Griffith.
———. 1854. *Trees, Plants, and Flowers: Their Beauties, Uses, and Influences*. London: Grant and Griffith.
Bower, F. O. 1883. "Mr. Grant Allen's Article on 'The Shapes of Leaves.'" *Nature* (April 12): 552.
Brewer, Ebenezer. 1870. *Theology in Science; or, The Testimony of Science to the Wisdom and Goodness of God*. London: Jarrold and Sons.
———. 1874. *A Guide to the Scientific Knowledge of Things Familiar*. London: Jarrold and Sons.
Brightwen, Eliza. 1890. *Wild Nature Won by Kindness*. London: T. Fisher Unwin.
———. 1895. *Inmates of My House and Garden*. London: T. Fisher Unwin.
———. 1897a. *Glimpses into Plant Life: An Easy Guide to the Study of Botany*. London: T. Fisher Unwin.
———. 1897b. *More about Wild Nature*, 3rd ed. London: T. Fisher Unwin.
———. 1899. *Rambles with Nature Students*. London: Religious Tract Society.
———. [1904]. *Quiet Hours with Nature*. London: T. Fisher Unwin; New York: James Pott.
———. 1909. *Eliza Brightwen: The Life and Thoughts of a Naturalist*, edited by W. H. Chesson. London: T. Fisher Unwin.
———. n.d. *Practical Thoughts on Bible Study*. London: Hamilton, Adams.
Britten, James. 1894. "Anne Pratt." *Journal of Botany, British and Foreign* 32: 205–7.
[Buckley, Arabella]. 1871. "Darwinism and Religion." *Macmillan's Magazine* 24: 45–51.

———. 1876. *A Short History of Natural Science and of the Progress of Discovery from the Time of the Greeks to the Present Day*. London: John Murray.
———. 1879a. *The Fairy-Land of Science*. London: Edward Stanford.
[———]. 1879b. "Soul, and the Theory of Evolution." *University Magazine* 93 (January): 1–10.
———. 1881. *Life and Her Children: Glimpses of Animal Life from the Amoeba to the Insects*. London: Edward Stanford.
———. 1882. *Winners in Life's Race; or, The Great Backboned Family*. London: Edward Stanford.
[———]. 1890. "Lyell, Sir Charles." *Encyclopaedia Britannica*, 9th ed., 15: 101–3. New York: Henry G. Allen.
———. 1891. *Moral Teachings of Science*. London: Edward Stanford.
Butler, Samuel. 1924. *Luck, or Cunning?* London: Jonathan Cape; New York: E. P. Dutton.
Carey, Annie. n.d. *The Wonders of Common Things*. New York: Cassell, Petter, and Galpin.
[Clark, Samuel]. 1837. *Peter Parley's Wonders of the Earth, Sea, and Sky*, edited by Rev. T. Wilson. London: Darton and Clark.
Clerke, Agnes M. 1885. *A Popular History of Astronomy during the Nineteenth Century*. Edinburgh: Adam and Charles Black.
[———]. 1893. "Proctor's Old and New Astronomy." *Edinburgh Review* 177 (April): 544–64.
———. 1895. *The Herschels and Modern Astronomy*. London, Paris, and Melbourne: Cassell and Company.
———. 1898a. "Among My Books." *Literature* 3 (August 13): 131–32.
———. 1898b. "Section I.—History." In *Astronomy*, by Agnes M. Clerke, A. Fowler, and J. Ellard Gore, 3–38. New York: D. Appleton.
[———]. 1900. "The Evolution of the Stars." *Edinburgh Review* 191 (April): 455–77.
———. 1902. *A Popular History of Astronomy during the Nineteenth Century*, 4th ed. London: Adam and Charles Black.
———. 1903. *Problems in Astrophysics*. London: Adam and Charles Black.
———. 1905a. *Modern Cosmogonies*. London: Adam and Charles Black.
———. 1905b. *The System of the Stars*, 2nd ed. London: Adam and Charles Black.
"Clerke's Astrophysics." 1903. *Nation* 77 (July 30): 98–99.
Clodd, Edward. 1888. "In Memoriam. Richard Anthony Proctor." *Knowledge* 11 (October 1): 265.
———. 1890. *The Story of Creation: A Plain Account of Evolution*. London: Longmans, Green.
———. 1900. *Grant Allen: A Memoir*. London: Grant Richards.
———. 1907. *Pioneers of Evolution: From Thales to Huxley*. London: Cassell and Company.
———. 1926. *Memories*. London: Watts.
"Contemporary Literature." 1880. *Westminster Review* 113: 543–625.
Crosland, Mrs. Newton. 1893. *Landmarks of a Literary Life, 1820–1892*. London: Sampson Low, Marston.
Crosland, Newton. 1898. *Rambles Round My Life: An Autobiography (1819–1896)*. London: E. W. Allen.
[Dallas, W. S.]. 1857. "Contemporary Literature. Science." *Westminster Review* 67: 270–88.
[———]. 1860. "Contemporary Literature. Science." *Westminster Review* 73: 295–303.
[———]. 1861. "Contemporary Review. Science." *Westminster Review* 76: 253–63.
[———]. 1866. "Contemporary Literature. Science." *Westminster Review* 86: 240–46.
Darwin, Charles. 1959. *The Origin of Species by Charles Darwin: A Variorum Text*, edited by Morse Peckham. Philadelphia: University of Pennsylvania Press.
———. 1985. *The Origin of Species*, edited by J. W. Burrow. Harmondsworth, England: Penguin.
Darwin, Francis, ed. 1887. *The Life and Letters of Charles Darwin*, 3 vols., 3rd ed. London: John Murray.
———. 1903. *More Letters of Charles Darwin*, 2 vols. New York: D. Appleton.
"David Page." 1879. *Nature* 19 (March 13): 444.

"Diving Bell." 1839. *Literary World* 7 (May 11): 98.
"Dragons of the Prime." 1893. *Saturday Review* 75: 20.
E. H. [1861]. *A Brief Memorial of Mrs. Wright, Late of Buxton, Norfolk*. London: Jarrold and Sons.
[Elwin, Whitwell]. 1849. "Popular Science." *Quarterly Review* 84: 307–44.
"Evenings at the Microscope." 1859. *Saturday Review* 7 (May 7): 570–71.
"Evolutionist at Large." 1881. *British Quarterly Review* 73: 496–97.
"Fatal Accident at the Polytechnic Institution." 1859. *Times*, January 5, 12.
Foster, Thomas [pseudonym for Richard Proctor]. 1885. "Feminine Volubility." *Knowledge* 8 (July 10): 17–18.
Gatty, Margaret. 1855. *Parables from Nature*, 2nd ed. London: Bell and Daldy.
———. 1861. *Parables from Nature*. London: Bell and Daldy.
———. 1872. *British Sea-Weeds*. London: Bell and Daldy.
———. 1954. *Parables from Nature*. London: J. M. Dent; New York: E. P. Dutton.
Gaynor, E. 1897. "Sir Robert S. Ball on Evolution." *Irish Ecclesiastical Record*, 4th series, 1: 243–60.
Giberne, Agnes. 1885. *Among the Stars; or, Wonderful Things in the Sky*. London: Seeley and Company.
———. 1888. *The World's Foundations; or, Geology for Beginners*. London: Seeley and Company.
———. 1890. *The Ocean of Air: Meteorology for Beginners*. London: Seeley and Company.
———. 1894. *The Starry Skies; or, First Lessons on the Sun, Moon and Skies*. New York: American Tract Society.
———. 1895. *Radiant Suns: A Sequel to "Sun, Moon, and Stars."* London: Seeley and Company.
———. 1902. *The Mighty Deep and What We Know of It*. Philadelphia: J. B. Lippincott; London: C. Arthur Pearson.
———. 1920. *This Wonderful Universe: A Little Book about Suns and Worlds, Moons and Meteors, Comets and Nebulae*. London: Society for Promoting Christian Knowledge.
———. n.d. *Sun, Moon, and Stars: A Book for Beginners*. New York: Robert Carter and Brothers.
"Gilchrist Lectures at Goole. Mr. Robert Ball on 'Other Worlds.'" 1890. *Goole Weekly Times*, January 10, 3.
Gordon, Mrs. 1869. *The Home Life of Sir David Brewster*. Edinburgh: Edmonston and Douglas.
"Great Induction Coil at the Polytechnic Institution." 1869. *Illustrated London News* 54 (April 17): 401–2.
Gregory, R. A. 1903. "The Spectroscope in Astronomy." *Nature* 68 (August 13): 338–41.
———. 1906. "Stars and Nebulae." *Nature* 73 (March 29): 505–8.
Guy, F. Barlow. 1880. "Forest School, Walthamstow." [Wood]. *Walthamstow and Leyton Guardian*, September 11, 4.
H. G. S. 1893. "Extinct Monsters." *Nature* 47 (January 12): 250–52.
Hale, George R. 1891. "The System of the Stars." *Publications of the Astronomical Society of the Pacific* 3: 180–94.
Hallett, Lilias Ashworth. 1890. "Lydia Ernestine Becker." *Women's Suffrage Journal* 21 (August): 4–5.
Harrison, Frederic. 1886. *The Choice of Books and Other Literary Pieces*. London: Macmillan.
Henslow, Rev. George. 1873. *The Theory of Evolution of Living Things and the Application of the Principles of Evolution to Religion Considered as Illustrative of the "Wisdom and Beneficence of the Almighty."* London: Macmillan.
———. 1881. *Botany for Children: An Illustrated Elementary Text-Book for Junior Classes and Young Children*, 3rd ed. London: Edward Stanford.
———. 1888. *The Origin of Floral Structures through Insect and Other Agencies*. New York: D. Appleton.
———. 1908. *How to Study Wild Flowers*, 2nd ed. London: Religious Tract Society.

———. n.d. *Plants of the Bible*. London: Religious Tract Society.
Houghton, Rev. W. 1869. *Country Walks of a Naturalist with His Children*. London: Groombridge and Sons.
———. 1870. *Sea-Side Walks of a Naturalist with His Children*. London: Groombridge and Sons.
———. 1875. *Sketches of British Insects: A Handbook for Beginners in the Study of Entomology*. London: Groombridge and Sons.
———. [1879]. *British Fresh-Water Fishes*. London: William Mackenzie.
———. n.d. *The Microscope and Some of the Wonders It Reveals*. London and New York: Cassell, Petter, and Galpin.
Huggins, Doctor W. 1882. "Photographic Spectrum of Comet (Wells)." *Knowledge* 2 (July 2): 89–90.
Huggins, Margaret. 1890. "[Review of] *The System of the Stars*." *Observatory* 13 (December): 382–86.
———. 1907. *Agnes Mary Clerke and Ellen Mary Clerke: An Appreciation*. Printed for private circulation.
Hutchinson, Rev. H. N. 1890. *The Autobiography of the Earth: A Popular Account of Geological History*. London: Edward Stanford.
———. 1892. *Extinct Monsters: A Popular Account of Some of the Larger Forms of Ancient Animal Life*. London: Chapman and Hall.
———. 1894. *Creatures of Other Days*. London: Chapman and Hall.
———. 1896. *Prehistoric Man and Beast*. London: Smith, Elder.
Huxley, Leonard. 1902. *Life and Letters of Thomas Henry Huxley*, 2 vols. New York: D. Appleton.
[Huxley, Thomas H.]. 1854. "Science." *Westminster Review* 61 (January): 254–70.
[———]. 1855. "Science." *Westminster Review* 64: 240–55.
———. 1878. *Physiography: An Introduction to the Study of Nature*, 2nd ed. New York: D. Appleton.
———. 1880. *The Crayfish: An Introduction to the Study of Zoology*. New York: D. Appleton. Reprint: Cambridge, MA: MIT Press, 1974.
———. 1881. *Science Primers: Introductory*. Toronto: Canada Publishing.
———. 1894a. *Darwiniana*. London: Macmillan.
———. 1894b. *Science and Christian Tradition*. New York: D. Appleton.
———. 1895a. *Lay Sermons, Addresses, and Reviews*. New York: D. Appleton.
———. 1895b. *Man's Place in Nature and Other Anthropological Essays*. London: Macmillan.
———. 1897a. *Discourses Biological and Geological*. New York: D. Appleton.
———. 1897b. *Method and Results*. New York: D. Appleton.
———. 1897c. *Science and Education*. New York: D. Appleton.
———. 1898–1903. *The Scientific Memoirs of Thomas Henry Huxley*, 5 vols., edited by Michael Foster and E. Ray Lankester. London: Macmillan.
———. 1903. "Vestiges of the Natural History of Creation. Tenth Edition. London, 1853." In *The Scientific Memoirs of Thomas Henry Huxley. Supplementary Volume*, edited by Professor Sir Michael Foster and Professor E. Ray Lankester, 1–19. London: Macmillan.
———. 1911. *Evolution and Ethics and Other Essays*. London: Macmillan.
"Interesting Lecture at Altrincham." [Wood]. 1882. *Advertiser* (January 14): 4.
"Inventor's Column." 1884. *Knowledge* 6 (October 17): 329.
Johns, Rev. C. A. [1846]. *Botanical Rambles*. London: Society for Promoting Christian Knowledge.
———. 1853. *First Steps to Botany*. London: National Society.
[———]. [1854]. *Birds' Nests*. London: Society for Promoting Christian Knowledge.
———. [1859]. *Picture Books for Children: Animals*. London: Society for Promoting Christian Knowledge.
———. 1860. *Flowers of the Field*, 4th ed. London: Society for Promoting Christian Knowledge.

[———]. [1860]. *Sea-Weeds*. London: Society for Promoting Christian Knowledge.
———. 1862. *British Birds in Their Haunts*. London: Society for Promoting Christian Knowledge.
———. [1869]. *The Forest Trees of Britain*, 2 vols. London: Society for Promoting Christian Knowledge.
Jones, Bence. 1870. *The Life and Letters of Faraday*, 2 vols., 2nd ed. London: Longmans, Green.
"July Reviewed by September." 1860. *Atlantic Monthly* 6 (September): 378–83.
"Just Published, A Guide to the Scientific Knowledge of Things Familiar." 1847. *Publishers' Circular* 10 (December 15): 432.
[Kingsley, Charles]. 1863. "British Sea-Weeds." *Reader* 2 (August 15): 162–63.
———. 1870. *Madam How and Lady Why; or, First Lessons in Earth Lore for Children*. London: Bell and Daldy.
———. 1874. "Preface." *Westminster Sermons*. London: Macmillan, v–xxxii.
———. 1890. *Scientific Lectures and Essays*. London: Macmillan.
———. 1908. *The Water-Babies and Glaucus*. London and Toronto: J. M Dent.
Kingsley, Fanny. 1877. *Charles Kingsley: His Letters and Memories of His Life*, 2 vols. London: Henry S. King.
Kirby, Mary. 1888. *"Leaflets from My Life," A Narrative Autobiography*, 2nd ed. London: Simpkin, Marshall.
Kirby, Mary, and Elizabeth Kirby. [1861]. *Caterpillars, Butterflies, and Moths: An Account of Their Habits, Manners, and Transformations*. London: Jarrold and Sons.
———. 1862. *Things in the Forest*. London: T. Nelson and Sons.
———. 1871. *The Sea and Its Wonders: A Companion Volume to "The World at Home."* London: T. Nelson and Sons.
———. 1872. *Beautiful Birds in Far-Off Lands: Their Haunts and Homes*. London: T. Nelson and Sons.
———. [1873]. *Chapters on Trees: A Popular Account of Their Nature and Uses*. London, Paris, and New York: Cassell, Petter, and Galpin.
———. [1874]. *Sketches of Insect Life*. London: Religious Tract Society.
———. 1875. *Aunt Martha's Corner Cupboard: A Story for Little Boys and Girls*. London: T. Nelson and Sons.
———. n.d. *Stories about Birds of Land and Water*. Boston, New York, Chicago, and San Francisco: Educational Publishing Company.
Lankester, Phebe. 1861. "For the Young of the Household in Cozy Nook: Eyes and No Eyes." *St. James's Magazine* 2 (August–November): 121–27.
———. 1903. *British Ferns: Their Classification, Structure, and Functions Together with the Best Methods for Their Cultivation*. London: Gibbings and Company.
———. 1905. *Wild Flowers Worth Notice*. London: Routledge.
———, ed. n.d. *A Plain and Easy Account of the British Ferns*. London: Robert Hardwicke.
"Late Miss Becker." 1890. *Manchester Examiner and Times*, July 21, 5.
"Late Mr. Richard A. Proctor." 1888. *Times*, September 14, 5.
"Lecture at the Midland Institute on Tides." [Ball]. 1881. *Birmingham Daily Gazette*, October 25, 6.
"Lecture Last Night on 'Unappreciated Insects.'" [Wood]. 1881. *Bolton Chronicle*, December 10, 8.
"Lecture on Ants." [Wood]. 1881. *Leek Times*, November 26, 4.
"Lecture on Jelly Fish." [Wood]. 1881. *Weymouth and Dorset Guardian*, November 30, 5.
"Lectures for Altrincham and Bowdon." [Wood]. 1881. *Altrincham and Bowdon Guardian*, October 8, 5.
"Literary Women of the Nineteenth Century." 1858–59. *Englishwoman's Domestic Magazine* 7: 341–43.

Lockyer, Sir Norman. 1870. "To Our Readers." *Nature* 2 (May 5): 1.
———. 1919. "Valedictory Memories." *Nature* 104 (November 6): 189–90.
Lodge, O. J. 1889. "Mr. Grant Allen's Notions about Force and Energy." *Nature* 39 (January 24): 289–92.
Loudon, Jane. 1840. *The Young Naturalist's Journey; or, The Travels of Agnes Merton and Her Mama*. London: William Smith.
———. 1841. *The First Book of Botany: Being a Plain and Brief Introduction to That Science, for Students and Young Persons*. London: George Bell.
———. 1842. *Botany for Ladies; or, A Popular Introduction to the Natural System of Plants, According to the Classification of De Candolle*. London: John Murray.
———. [1846]. *British Wild Flowers*, 2nd ed. London: W. S. Orr.
———. 1850. *The Entertaining Naturalist*. London: Henry G. Bohn.
———. 1857. *The Amateur Gardener's Calendar*, 2nd ed. London: Longman, Brown, Green, Longmans, and Roberts.
———. 1994. *The Mummy! A Tale of the Twenty-Second Century*. Ann Arbor: University of Michigan Press.
[Mann, R. J.]. 1886. "The Recent Progress of Astronomy." *Edinburgh Review* 163: 372–405.
[Marcet, Jane]. 1817. *Conversations on Chemistry; in which the Elements of that Science Are Familiarly Explained and Illustrated by Experiments*, 2 vols., 5th ed. London: Longman, Hurst, Rees, Orme, and Brown.
"Marlborough." [Wood]. 1884. *Marlborough Times and Wilts and Berks Country Paper* (November 8): 8.
"Miscellaneous. The Polytechnic Institution." 1861. *Chemical News* 3 (June 22): 384.
"Miss Agnes Giberne: A Pioneer of Popular Science." 1939. *Times*, August 22, 12.
"Modern Astronomy. Prof. Ball's first Lecture at the Lowell Institute." 1884. *Boston Herald*, October 15, 4.
Morris, Rev. F. O. 1853. *A History of British Butterflies*. London: Groombridge and Sons.
———. 1861. *Records of Animal Sagacity and Character*. London: Longman, Green, Longman, and Roberts.
———. 1869. *Difficulties of Darwinism. Read before the British Association at Norwich and Exeter in 1868 and 1869*. London: Longmans, Green.
———. 1872. *Dogs and Their Doings*. New York: Harper and Brothers.
Morris, Rev. M. C. F. 1897. *Francis Orpen Morris: A Memoir*. London: John C. Nimmo.
"Mr. Page's Handbook of Geological Terms." 1859. *Saturday Review* 8 (December 10): 713.
"Mrs. A. B. Fisher." 1929. *Times*, February 13, 9.
"Mrs. Leo H. Grindon, L.L.A." 1895. *Manchester Faces and Places* 7, no. 1 (October): 7–12.
"New Books and Reprints." 1890. *Saturday Review* 69: 653.
"Notices of Books. The *Boy's Playbook of Science*. Second Edition. By J. H. Pepper. *The Playbook of Metals*. Same Author." 1861. *Chemical News* 3, no. 58 (January 12): 29–31.
"Notices of Books. *The Common Objects of the Country*. By the Rev. J. G. Wood." 1858. *English Woman's Journal* (July): 347–48.
"Obituary [Becker]." 1890. *Journal of Botany* 28: 320.
"Obituary. Mrs. Brightwen." 1906. *Times*, May 7, 6.
"Obituary [Wood]." 1889a. *ARS Quatuor Coronatorum* 2: 80.
"Obituary [Wood]." 1889b. *Times*, March 3, 9.
Our Special Sightseer. 1870. "Monday Out." *Fun* (December 3): 223.
Page, David. 1854. *Introductory Text-Book of Geology*. Edinburgh and London: William Blackwood and Sons.
———. 1856. *Advanced Text-Book of Geology: Descriptive and Industrial*. Edinburgh and London: William Blackwood and Sons.

———. 1861. *The Past and Present Life of the Globe: Being a Sketch in Outline of the World's Life-System*. Edinburgh and London: William Blackwood and Sons.

———. 1868. *The Earth's Crust: A Handy Outline of Geology*, 4th ed. Edinburgh: William P. Nimmo.

———. 1869. *Chips and Chapters: A Book for Amateur and Young Geologists*. Edinburgh and London: William Blackwood and Sons.

———. 1870. *Geology for General Readers: A Series of Popular Sketches in Geology and Palaeontology*, 3rd ed. Edinburgh and London: William Blackwood and Sons.

———. 1876. *Geology and Its Influence on Modern Beliefs: Being a Popular Sketch of the Scientific Teachings and Economic Bearings*. Edinburgh and London: William Blackwood and Sons.

"Past and Present Life of the Globe." 1861. *British Quarterly Review* 34: 281.

"Patron—H. R. H. Prince Albert." 1854. *Athenaeum* 1, 396 (July 29): 945.

Pearson, Karl. 1888. "Science. *Force and Energy*: A Theory of Dynamics. By Grant Allen." *Academy* 34 (December 29): 421–22.

Pepper, John Henry. 1861a. *Playbook of Metals*. London: Routledge, Warne, and Routledge.

———. 1861b. *Scientific Amusements for Young People*. London: Routledge, Warne and Routledge.

———. 1869. *Cyclopaedic Science Simplified*. London: Frederick Warne.

———. 1890. *The True History of The Ghost and All about Metempsychosis*. London, Paris, New York, and Melbourne: Cassell and Company.

———. 2003. *The Boy's Playbook of Science*. Bristol: Thoemmes Press.

———, and Phransonbel. 1865. *The Diamond Maker; or, The Alchymist's Daughter: A Romantic Drama, in Three Acts*. London: M'Gowan and Danks.

"Playing with Lightning." 1869. *All the Year Round* (May 29): 617–20.

"Polytechnic." 1863a. *Illustrated London News* 42 (February 28): 218.

"Polytechnic." 1863b. *Times*, May 20, 9.

"Polytechnic." 1871. *Times*, April 11, 9.

"Polytechnic Institution." 1855. *Illustrated London News* 26 (May 19): 491.

"Polytechnic Institution." 1863. *Illustrated London News* 42 (January 3): 19.

"Polytechnic Institution." 1865. *Times*, October 13, 12.

"Polytechnic Institution." 1870. *Times*, February 28, 8.

"Polytechnic Institution, Regent Street." 1838. *Mirror* (September 1). University of Westminster Archives, R40.

"Polytechnic Museum." 1867. *Times*, December 23, 6.

Pratt, Anne. 1846. *Flowers and Their Associations*. London: Charles Knight.

———. 1850. *Chapters on the Common Things of the Sea-Side*. London: Society for Promoting Christian Knowledge.

———. 1853. *Our Native Songsters*. London: Society for Promoting Christian Knowledge.

———. [1873]. *The Flowering Plants, Grasses, Sedges and Ferns of Great Britain and Their Allies the Club Mosses, Pepperworts and Horsetails*, 5 vols. London: Frederick Warne.

———. n.d. *The British Grasses and Sedges*. London: Society for Promoting Christian Knowledge.

———. n.d. *The Ferns of Great Britain, and Their Allies the Club Mosses, Pepperworts, and Horsetails*. London: Society for Promoting Christian Knowledge.

———. n.d. *The Poisonous, Noxious, and Suspected Plants of Our Fields and Woods*. London: Society for Promoting Christian Knowledge.

[———]. n.d. *Wild Flowers of the Year*. London: Religious Tract Society.

Pritchard, C. 1870. "Other Worlds Than Ours." *Nature* (June 30): 161–62.

Proctor, Richard A. 1870a. *Other Worlds Than Ours*. London: Longmans, Green.

———. 1870b. "Other Worlds Than Ours." *Nature* (July 7): 190.

———. 1871. *Light Science for Leisure Hours*. London: Longmans, Green.

———. 1876. *Wages and Wants of Science-Workers*. London: Smith, Elder.
———. 1878. *The Universe of Stars*, 2nd ed. London: Longmans, Green.
———. 1881a. "Answers to Correspondents." *Knowledge* 1 (December 2): 106.
[———]. 1881b. "Our Correspondence Columns." *Knowledge* 1 (November 4): 15.
———. 1881c. "Our Correspondence Columns. Demands on Our Space." *Knowledge* 1 (December 16): 139.
———. 1881d. "Our Correspondence Columns. Plans for the New Year." *Knowledge* 1 (December 23): 160, 163-64.
———. 1881e. "Our Correspondence Columns. To Our Readers." *Knowledge* 1 (November 25): 73-74.
[———]. 1881f. "Reviews. Authors and Publishers." *Knowledge* 1 (November 25): 72.
———. 1881g. "Science and Religion." *Knowledge* 1 (November 4): 3-4.
———. 1881h. "To Our Readers." *Knowledge* 1 (November 4): 3.
[———]. 1882a. "Answers to Correspondents." *Knowledge* 1 (April 21): 539.
[———]. 1882b. "Answers to Correspondents." *Knowledge* 1 (May 12): 595.
[———]. 1882c. "Answers to Correspondents." *Knowledge* 2 (June 2): 13.
[———]. 1882d. "Answers to Correspondents." *Knowledge* 2 (September 29): 301.
[———]. 1882e. "Answers to Correspondents." *Knowledge* 2 (October 13): 332.
[———]. 1882f. "Answers to Correspondents." *Knowledge* 2 (October 27): 365.
[———]. 1882g. "The British Association." *Knowledge* 2 (September 1): 224-28.
[———]. 1882h. "The British Association." *Knowledge* 2 (September 15): 257.
[———]. 1882i. "Editorial Gossip." *Knowledge* 3 (May 19): 613.
———. 1882j. "Kew Gardens." *Knowledge* 2 (October 27): 351-52.
———. 1882k. "Letters Received." *Knowledge* 1 (February 10): 327.
———. 1882l. "Our Correspondence Columns—Our Letters, Queries and Replies." *Knowledge* 1 (February 10): 320.
[———]. 1882m. "Science and Art Gossip." *Knowledge* 2 (August 18): 191-92.
[———]. 1882n. "Science and Art Gossip." *Knowledge* 2 (October 27): 349.
[———]. 1882o. "Science and Art Gossip." *Knowledge* 2 (December 29): 489.
[———]. 1882p. "Science of the *Times*." *Knowledge* 2 (October 20): 342.
[———]. 1882q. "Special Notice." *Knowledge* 1 (February 24): 367.
[———]. 1882r. "Special Notice." *Knowledge* 1 (March 17): 434.
[———]. 1883a. "Editorial Gossip." *Knowledge* 3 (May 18): 298.
[———]. 1883b. "Editorial Gossip." *Knowledge* 3 (June 29): 391-92.
[———]. 1883c. "Editorial Gossip." *Knowledge* 4 (December 7): 349-50.
———. 1883d. "Lecture Notes." *Knowledge* 3 (January 12): 25.
———. 1883e. "Lectures and the London Press." *Knowledge* 3 (April 13), 217.
———. 1883f. "Lecturing Notes." *Knowledge* 3 (January 19): 40.
[———]. 1883g. "Letters Received." *Knowledge* 3 (April 20): 240.
[———]. 1883h. "Letters Received and Short Answers." *Knowledge* 4 (September 28): 208.
———. 1883i. "Letters Received and Short Answers." *Knowledge* 4 (November 30): 338.
[———]. 1883j. "Letters to the Editor." *Knowledge* 3 (May 4): 267.
———. 1883k. "Mathematics of the Imaginary." *Knowledge* 4 (November 9): 287-88.
———. 1883l. "Personal." *Knowledge* 3 (May 18): 287-88.
[———]. 1883m. "Science and Art Gossip." *Knowledge* 3 (April 20): 229.
———. 1883n. "Social Dynamite." *Knowledge* 3 (April 27): 244-45.
[———]. 1885a. "Editorial Gossip." *Knowledge* 7 (January 2): 12-13.
[———]. 1885b. "Editorial Gossip." *Knowledge* 7 (February 13): 133-34.
[———]. 1885c. "Editorial Gossip." *Knowledge* 7 (February 20): 155.
[———]. 1885d. "Editorial Gossip." *Knowledge* 7 (May 1): 376.

———. 1885e. "Gossip." *Knowledge* 8 (September 4): 204–5.
———. 1885f. "Gossip." *Knowledge* 8 (September 25): 273.
———. 1885g. "Gossip." *Knowledge* 9 (December 1): 67–69.
[———]. 1885h. "Letters Received and Short Answers." *Knowledge* 7 (February 20): 160.
[———]. 1885i. "Letters Received and Short Answers." *Knowledge* 7 (February 27): 182.
[———]. 1885j. "Letters Received and Short Answers." *Knowledge* 8 (July 17): 36.
[———]. 1885k. "Letters Received and Short Answers." *Knowledge* 8 (August 21): 168.
[———]. 1885l. "Letters Received and Short Answers." *Knowledge* 8 (August 28): 189.
[———]. 1885m. "Letters Received and Short Answers." *Knowledge* 8 (September 25): 278.
———. 1885n. "Letters Received and Short Answers." *Knowledge* 8 (October 9): 322.
[———]. 1885o. "Letters Received and Short Answers. Divers Correspondents." *Knowledge* 7 (May 22): 445.
[———]. 1885p. "Mr. R. A. Proctor's Lecture Tour." *Knowledge* 8 (July 31): 104.
[———]. 1885q. "To Correspondents." *Knowledge* 7 (May 15): 421.
———. 1885r. "The Unknowable; or, The Religion of Science." *Knowledge* 9 (November 1): 1–3.
———. 1885s. "The Unknowable; or, The Religion of Science." *Knowledge* 9 (December 1): 37–39.
———. 1886a. "Gossip." *Knowledge* 9 (May 1): 227–30.
———. 1886b. "Gossip." *Knowledge* 9 (August 2): 314–15.
———. 1886c. "Gossip." *Knowledge* 9 (September 1): 339–41.
———. 1886d. "The Dignity of Science." *Knowledge* 9 (January 1): 93–95.
———. 1886e. "Prize-Pig Honours for Science." *Knowledge* 9 (May 1): 215–16.
———. 1887a. "Gossip." *Knowledge* 10 (March 1): 115–17.
———. 1887b. "Gossip." *Knowledge* 10 (July 1): 209–10.
———. 1887c. *Notes on Earthquakes: With Thirteen Miscellaneous Essays*. New York: J Fitzgerald.
[———]. 1888a. "Force and Energy." *Knowledge* 11 (June 1): 171–73.
[———]. 1888b. "Mr. Lockyer on the Earth's Movements." *Knowledge* 11 (August 1): 234–35.
———. 1889a. *The Expanse of Heaven*. New York: D. Appleton.
———. 1889b. *Our Place among Infinities*. New York: D. Appleton.
———. 1895. "Autobiographical Notes." *New Science Review* 1 (April): 393–97.
———. 1902. *The Orbs around Us*. New York and Bombay: Longmans, Green.
———. 1903. *Rough Ways Made Smooth*. London, New York, and Bombay: Longmans, Green.
———. 1970. *Wages and Wants of Science-Workers*. London: Smith, Elder; 1876, repr., London: Frank Cass.
Proctor, Richard A., and the Proprietors of "Knowledge." 1881. "Our Correspondence Columns, To Our Readers." *Knowledge* 1 (December 9): 112.
"Prof. Proctor." 1880. *New York Times*, May 25, 4.
"Publications Received." 1858. *Literary Gazette, and Journal of Belles Lettres, Science, and Art* (April 17): 373.
[Ranyard, Arthur C.]. 1889. "Richard Anthony Proctor." *Royal Astronomical Society Monthly Notices* 49 (February): 164–69.
"The Rev. J. G. Wood." 1890. *Saturday Review* 69: 479.
"Reviews. Popular Zoology." 1866. *Popular Science Review* 5: 213–17.
"Richard A. Proctor Dead." 1888. *New-York Times*, September 13, 1.
Richardson, Ralph. 1871. "Obituary Notice of Dr. Page, formerly President of the Geological Society of Edinburgh." *Transactions of the Edinburgh Geological Society* 3: 220–21.
[Roberts, Mary]. 1831. *The Annals of My Village: Being a Calendar of Nature, for Every Month in the Year*. London: J. Hatchard and Son.
———. 1850. *Voices from the Woodlands, Descriptive of Forest Trees, Ferns, Mosses, and Lichens*. London: Reeve, Benham, and Reeve.

———. 1851. *A Popular History of the Mollusca; Comprising a Familiar Account of Their Classification, Instincts, and Habits, and of the Growth and Distinguishing Characters of Their Shells*. London: Reeve and Benham.
Royal Commission on Scientific Instruction and the Advancement of Science. 1872. London: George Edward Eyre and William Spottiswood, vol. 1.
"Royal Polytechnic." 1856a. *Athenaeum* (December 27): 1612.
"Royal Polytechnic." 1856b. *Illustrated London News* 29 (November 1): 453.
"Royal Polytechnic." 1858. *Illustrated London News* 32 (January 2): 11.
"Royal Polytechnic." 1864. *Illustrated London News* 45 (December 31): 666.
"Royal Polytechnic." 1866. *Illustrated London News* 48 (May 26): 511.
"Royal Polytechnic." 1866. *Times*, December 8, 1.
"Royal Polytechnic." 1867. *Illustrated London News* 50 (January 12): 30.
"Royal Polytechnic Institution." 1854. *Athenaeum* (October 28): 1306.
"Royal Polytechnic Institution." 1855. *Illustrated London News* 26 (May 12): 470.
"Royal Polytechnic Institution." 1857. *Art-Journal* 19: 35.
"Science." 1890. *Athenaeum* 3, 269 (June 21): 803–4.
"Science and the Working Classes." 1870. *Nature* 3 (November 10): 21–22.
"Science. Astronomical Literature. *The Story of the Heavens*." 1885. *Athenaeum* 3,031 (November 28): 702–3.
"Science By-Ways." 1875. *New York Times*, December 14, 2.
"Science in the Country." 1858. *Saturday Review* 5 (April 17): 393–94.
"Science Lectures for the People." 1871. *Nature* 4 (June 1): 81.
"Sensational Science." 1875. *Saturday Review* 40 (September 11): 321–22.
"Some Astronomical Books." 1886. *Academy* 30 (September 18): 191.
Somerville, Margaret. 1874. *Personal Recollections, from Early Life to Old Age, of Mary Somerville*. Boston: Roberts Brothers.
Somerville, Mary. 1834. *The Connexion of the Physical Sciences*. London: John Murray.
Sorby, Henry Clifton. 1879–80. "The Anniversary Address of the President." *Proceedings of the Geological Society of London*, 33–92.
Spencer, Herbert. 1895–96. "Professional Institutions." *Popular Science Monthly* 47: 34–38, 164–75, 364–74, 433–45, 594–602, 739–48.
Stead, W. T. 1906. "My System." *Cassell's Magazine* (August): 293–97.
"*Story of the Heavens*." 1886. *British Quarterly Review* 83: 202–3.
"Story of the Heavens." 1886. *Knowledge* 9 (January 1): 97–98.
"Sudden Decease of the Rev. J. G. Wood, F.L.S." 1889. *Light* 9, no. 427 (March 9): 115.
Tait, P. G. 1873. "Letters to the Editor. Tyndall and Forbes." *Nature* 8 (September 11): 381–82.
Thiselton-Dyer, W. T. 1883. "Deductive Biology." *Nature* 27 (April 12): 554–55.
[Thompson, F.]. 1903. "The Sun & etc." *Academy and Literature* 64: 173–74.
Tuckwell, W. 1872. "Science Primers." *Nature* 6: 3–4.
Twining, Elizabeth. 1858. *Short Lectures on Plants for Schools and Adult Classes*. London: David Nutt.
———. 1866. *The Plant World*. London: T. Nelson and Sons.
———. 1868. *Illustrations of the Natural Orders of Plants with Groups and Descriptions*, 2 vols. London: Sampson Low, Son, and Marston.
W. O. "Our Book Shelf." *Nature* 24 (May 12): 27–28.
Wallace, Alfred Russel. 1905. *My Life: A Record of Events and Opinions*, 2 vols. London: Chapman and Hall.
Ward, James. 1899. *Naturalism and Agnosticism*, 2 vols. London: Adam and Charles Black.
Ward, Mary. 1859. *Telescope Teachings*. London: Groombridge and Sons.
———. 1864. *Microscope Teachings: Descriptions of Various Objects of Especial Interest and Beauty Adapted for Microscopic Observation*. London: Groombridge and Sons.

[Ward, Mary, and Lady Jane Mahon]. n.d. *Entomology in Sport, and Entomology in Earnest*. London: Paul Jerrard and Son.
Webb, Beatrice. [1950]. *My Apprenticeship*. London: Longmans, Green.
Webb, Rev. T. W. [1865]. *The Earth a Globe: the Newtonian Astronomy; Its Evidence Explained*. Cheltenham, England: Thomas Hailing.
———. 1866. "The Planet Saturn." *Intellectual Observer* 10 (October): 194–202.
———. 1867. "Gruithuisen's City in the Moon.—Jupiter's Satellites.—Occultations." *Intellectual Observer* 12 (October): 214–23.
———. 1868. *Celestial Objects for Common Telescopes*, 2nd ed. London: Longmans, Green.
———. 1871. "The Planet Jupiter." *Nature* 3 (March 20): 430–31.
———. 1880. "The Planets of the Season: Mars." *Nature* 21 (January 1): 212–13.
———. 1882. "The Great Nebula in Andromeda." *Nature* 25 (February 9): 341–45.
———. [1883]. *Optics without Mathematics*. London: Society for Promoting Christian Knowledge; New York: E. and J. B. Young.
———. 1884. "The Theory of Sunspots." *Nature* 30 (May 15): 59–60.
———. 1885a. "Saturn." *Nature* 31 (March 26): 485–86.
———. 1885b. *The Sun: A Familiar Description of His Phaenomena*. New York: Industrial Publication Company.
"Webb's *Celestial Objects*." 1882. *Observatory* 5: 11–13.
Wells, H. G. 1894. "Popularising Science." *Nature* 50 (July 26): 300–301.
———. 1934. *Experiment in Autobiography*. Toronto: Macmillan.
———. 1937. "Introduction." In *World Natural History*, by E. G. Boulenger. London: B. T. Batsford, xv–xx.
"What Shall School Girls Read?" 1892. *Review of Reviews* 6: 159.
[Whewell, William]. 1834. "Mrs. Somerville on the Connexion of the Sciences." *Quarterly Review* 51: 54–68.
Whitehead, Alfred. 1889. "The Late Rev. J. G. Wood." *Times*, March 9, 15.
Williams, W. Mattieu. 1881. "'Knowledge' and the Scientific Societies." *Knowledge* 1 (December 16): 143–44.
Wood, Rev. J. G. 1854. "Masonic Symbols: The Hive." *Freemasons' Quarterly Magazine* n.s. 2: 45–50.
———. 1856. "Continental Freemasonry." In *The Universal Mason Library: A Republication, in Thirty Volumes, of All the Standard Publications in Masonry. Designed for the Libraries of Masonic Bodies and Individuals*. Vol. 26. New York: Juo. W. Leonard, 136–40, 218–23.
———. 1857. *Common Objects of the Sea Shore*. London: Routledge.
———. 1858. *Common Objects of the Country*. London: Routledge.
———. [1860]. *Animal Characteristics; or, Sketches and Anecdotes of Animal Life*. Second series. London: Routledge.
———. 1861a. *The Boy's Own Book of Natural History*. London: Routledge, Warne, and Routledge.
———. 1861b. *Common Objects of the Microscope*. London: Routledge, Warne, and Routledge.
———. 1870. *Homes without Hands*. New York: Harper and Brothers.
———. 1872. *Insects at Home: Being a Popular Account of British Insects, Their Structure, Habits, and Transformations*. London: Longmans, Green.
———. 1874. *Man and Beast: Here and Hereafter*, 2 vols. London: Daldy, Isbister.
———. 1877. *Nature's Teachings: Human Invention Anticipated by Nature*. London: Daldy, Isbister.
———. 187? *Common Moths of England*. London: Routledge.
———. [1882]. *Illustrated Natural History for Young People*. New York: Routledge.

———. 1883. *Insects Abroad: Being a Popular Account of Foreign Insects, Their Structure, Habits, and Transformations*. London: Longmans, Green.
———. 1887. "The Dulness of Museums." *Nineteenth Century* 21 (March): 384–96.
———. 1889. *Romance of Animal Life: Short Chapters in Nature History*. News York: Thomas Whittaker.
———. n.d. *Illustrated Natural History*, 2 vols. New York: Home Book Company.
Wood, Rev. Theodore. [1890]. *The Rev. J. G. Wood: His Life and Work*. New York: Cassell Publishing Company.
[Wright, Anne]. 1853. *The Globe Prepared for Man: A Guide to Geology*. London: W. J. Adams.
[———]. n.d. *The Observing Eye; or, Letters to Children on the Three Lowest Divisions of Animal Life*. London: Jarrold and Sons.
Youmans, Edward. 1898. "American Preface to the International Scientific Series." In *The Forms of Water: In Clouds and Rivers, Ice and Glaciers*, by John Tyndall, v–x. New York: D. Appleton.
Young, A. 1881. "The So-Called Elements." *Knowledge* 1 (December 23): 151–52.
Zornlin, Rosina. 1852. *Outlines of Geology for Families and Schools*. London: John W. Parker and Son.
———. 1855. *Physical Geography for Families and Schools*. Boston and Cambridge: James Munroe and Company.

SECONDARY REFERENCES

Alberti, Samuel J. M. M. 2001. "Amateurs and Professionals in One County: Biology and Natural History in Late Victorian Yorkshire." *Journal of the History of Biology* 34: 115–47.
———. 2007. "The Museum Affect: Visiting Collections of Anatomy and Natural History." In *Science in the Marketplace: Nineteenth-Century Sites and Experiences*, edited by Aileen Fyfe and Bernard Lightman, 371–403. Chicago: University of Chicago Press.
Allen, David Elliston. 1976. *The Naturalist in Britain: A Social History*. London: Allen Lane.
———. 2004. "Pratt, Anne." In Lightman, *Dictionary of Nineteenth-Century British Scientists*, 3: 1629–30.
Altick, Richard. 1969. "Nineteenth-Century English Best-Sellers: A Further List." *Studies in Bibliography* 22: 197–206.
———. 1978. *The Shows of London*. Cambridge, MA: Belknap Press of Harvard University Press.
———. 1983. *The English Common Reader: A Social History of the Mass Reading Public, 1800–1900*. Chicago: University of Chicago Press.
———. 1986. "Nineteenth-Century English Best-Sellers." *Studies in Bibliography* 39: 235–41.
Anderson, Katharine. 2005. *Predicting the Weather: Victorians and the Science of Meteorology*. Chicago: University of Chicago Press.
Anderson, Patricia. 1991. *The Printed Image and the Transformation of Popular Culture, 1790–1860*. Oxford: Clarendon.
———, and Jonathan Rose, eds. 1991. *British Literary Publishing Houses, 1820–1880*. Detroit: Gale Research.
Armstrong, H. E. 1973. "Our Need to Honour Huxley's Will (1933)." In *H. E. Armstrong and the Teaching of Science, 1880–1930*, edited by W. H. Brock., 55–73. Cambridge: Cambridge University Press.
Astore, William J. 2001. *Observing God: Thomas Dick, Evangelicalism, and Popular Science in Victorian Britain and America*. Aldershot, England; Burlington, VT; Singapore; Sydney: Ashgate.
Atchison, Heather. 2005. "Grant Allen, Spencer and Darwin." In *Grant Allen: Literature and Cultural Politics at the* Fin de Siècle, edited by William Greenslade and Terence Rodgers, 55–64. Aldershot, England and Burlington, VT: Ashgate.

Bahar, Saba. 2001. "Jane Marcet and the Limits to Public Science." *British Journal for the History of Science* 34: 29–49.
Ball, W. Valentine, ed. 1915. *Reminiscences and Letters of Sir Robert Ball*. London, New York, Toronto, and Melbourne: Cassell and Company.
"Ballin, Ada S. (Mrs)." 1988. *Who Was Who, 1897–1915*. London: Adam and Charles Black, 27.
Barber, Lynn. 1980. *The Heyday of Natural History, 1820–1870*. London: Jonathan Cape.
Barlow, Connie. 1998. "Evolution and the AAAS." *Science and Spirit* 9, no. 1: 12–13.
Barnes, James J., and Patience P. Barnes. 1991. "George Routledge and Sons." In Anderson and Rose, *British Literary Publishing Houses, 1820–1880*, 261–70.
Bartholomew, Michael. 1973. "Lyell and Evolution: An Account of Lyell's Response to the Prospect of an Evolutionary Ancestry for Man." *British Journal for the History of Science* 6: 261–303.
Barton, Ruth. 1981. "Scientific Opposition to Technical Education." In *Scientific and Technical Education in Early Industrial Britain*, edited by Michael D. Stephens and Gordon W. Roderick, 13–27. Nottingham: Department of Adult Education, University of Nottingham.
———. 1990. "'An Influential Set of Chaps': The X-Club and Royal Society Politics, 1864–85." *British Journal for the History of Science* 23: 53–81.
———. 1998a. "'Huxley, Lubbock, and Half a Dozen Others': Professionals and Gentlemen in the Formation of the X Club, 1851–1864." *Isis* 89: 410–44.
———. 1998b. "Just before 'Nature': The Purpose of Science and the Purpose of Popularization in Some English Popular Science Journals of the 1860s." *Annals of Science* 55: 1–33.
———. 2004. "Scientific Authority and Scientific Controversy in *Nature*: North Britain against the X Club." In *Culture and Science in the Nineteenth-Century Media*, edited by Louise Henson, Geoffrey Cantor, Gowan Dawson, Richard Noakes, Sally Shuttleworth, and Jonathan R. Topham, 223–35. Aldershot, England and Burlington, VT: Ashgate.
Baum, Richard. 2004a. "Ball, Robert Stawell." In Lightman, *Dictionary of Nineteenth-Century British Scientists*, 1: 106–7.
———. 2004b. "Webb, Thomas William." In Lightman, *Dictionary of Nineteenth-Century British Scientists*, 4: 2126–29.
Bazerman, Charles. 1988. *Shaping Written Knowledge: The Genre and Activity of the Experimental Article in Science*. Madison: University of Wisconsin Press.
Beaver, Donald de B. 1999. "Writing Natural History for Survival, 1820–1856: The Case of Sarah Bowdich, Later Sarah Lee." *Archives of Natural History* 26: 19–31.
Bell, Edward. 1924. *George Bell: Publisher*. London: Chiswick Press.
Benjamin, Marina. 1991. "Elbow Room: Women Writers on Science, 1790–1840." In *Science and Sensibility: Gender and Scientific Enquiry, 1780–1945*, edited by Marina Benjamin, 27–59. Oxford: Basil Blackwell.
Bernstein, Susan. 2004. "Becker, Lydia Ernestine." In Lightman, *Dictionary of Nineteenth-Century British Scientists*, 1: 163–68.
Blackburn, Helen. 1971. *Women's Suffrage: A Record of the Women's Suffrage Movement in the British Isles with Biographical Sketches of Miss Becker*. London: Williams and Norgate, 1902; repr.: New York: Kraus Reprint Company.
Blinderman, Charles S. 1962. "Semantic Aspects of T. H. Huxley's Literary Style." *Journal of Communication* 12: 171–78.
Block, Edwin, Jr. 1986. "T. H. Huxley's Rhetoric and the Popularization of Victorian Scientific Ideas: 1854–1874." *Victorian Studies* 29 (Spring): 363–86.
Boase, Frederick. 1965a. "Dallas, William Sweetland." In *Modern English Biography, Volume V, D to K. Supplement to Volume II*, 8. London: Frank Cass.
———. 1965b. "Houghton, William." In *Modern English Biography, Volume V, D to K. Supplement to Volume II*, 709. London: Frank Cass.

———. 1965c. "Pepper, John Henry." In *Modern English Biography, Volume VI, L to Z, Supplement to Volume III*, 386–87. London: Frank Cass.

Bonham-Carter, Victor. 1978. *Authors by Profession*, vol. 1. London: The Society of Authors.

Boulger, G. S., and Giles Hudson. 2004. "Johns, Charles Alexander." In *Oxford Dictionary of National Biography*, edited by H. C. G. Matthew and Brian Harrison. New York: Oxford University Press, 30: 223.

Bowler, Peter. 1998. "Conflict Avoidance? Anglican Modernism and Revolution in Interwar Britain." *Endeavour* 22, no. 2: 65–67.

———. 2001. *Reconciling Science and Religion: The Debate in Early-Twentieth-Century Britain*. Chicago: University of Chicago Press.

———. 2005. "From Science to the Popularisation of Science: The Career of J. Arthur Thomson." In *Science and Beliefs: From Natural Philosophy to Natural Sciences, 1700–1900*, edited by David M. Knight and Matthew D. Eddy, 231–48. Aldershot, England and Burlington, VT: Ashgate.

Breuer, Hans-Peter, ed. 1984. *The Note-Books of Samuel Butler: Volume I (1874–1883)*. Lanham, MD: University Press of America.

Brock, Claire. 2006. "The Public Worth of Mary Somerville." *British Journal for the History of Science* 39: 255–72.

Brock, W. H. 1980. "The Development of Commercial Science Journals in Victorian Britain." In *Development of Science Publishing in Europe*, edited by A. J. Meadows., 95–122. Amsterdam and New York: Elsevier Science Publishers.

———. 1996. "VII. *Glaucus*: Kingsley and the Seaside Naturalists." In *Science for All: Studies in the History of Victorian Science and Education*. Aldershot, England: Variorum.

———. 2004. "Pepper, John Henry." In Lightman, *Dictionary of Nineteenth-Century British Scientists*, 3: 1572–73.

Brockman, William S. 1991. "Grant Richards." In Anderson and Rose, *British Literary Publishing Houses, 1820–1880*, 272–79.

Broks, Peter. 1988. "Science and the Popular Press: A Cultural Analysis of British Family Magazines 1890–1914." PhD diss., University of Lancaster.

———. 1990. "Science, the Press and Empire: 'Pearson's' Publications, 1890–1914." In *Imperialism and the Natural World*, edited by John M. MacKenzie, 141–63. Manchester and New York: Manchester University Press.

———. 1993. "Science, Media, and Culture: British Magazines, 1890–1914." *Public Understanding of Science* 2: 123–39.

———. 1996. *Media Science before the Great War*. Basingstoke, England: Macmillan.

———. 2006. *Understanding Popular Science*. Maidenhead, England: Open University Press.

Brooke, John. 1974. "Natural Theology in Britain from Boyle to Paley." In *New Interactions between Theology and Natural Science*, edited by John Brooke, R. Hooykaas, and Clive Lawless. Milton Keynes, England: Open University Press, 8–54.

———. 1996. "Like Minds: The God of Hugh Miller." In *Hugh Miller and the Controversies of Victorian Science*, edited by Michael Shortland, 171–86. Oxford: Clarendon Press.

———, and Geoffrey Cantor. 1998. *Reconstructing Nature: The Engagement of Science and Religion*. Edinburgh: T. and T. Clarke.

Browne, Janet. 2004. "Twining, Elizabeth." In Lightman, *Dictionary of Nineteenth-Century British Scientists*, 4: 2047–48.

Brück, M. T. 2002. *Agnes Mary Clerke and the Rise of Astrophysics*. Cambridge: Cambridge University Press.

Burkhardt, Frederick, and Sydney Smith. 1985. *A Calendar of the Correspondence of Charles Darwin, 1832–1882*. New York and London: Garland.

———, Duncan M. Porter, Joy Harvey, and Jonathan R. Topham, eds. 1997. *The Correspondence of Charles Darwin, Volume 10, 1862*. Cambridge: Cambridge University Press.

———, Duncan M. Porter, Sheila Ann Dean, Jonathan Topham, and Sarah Wilmot, eds. 1999. *The Correspondence of Charles Darwin, Volume 11, 1863*. Cambridge: Cambridge University Press.

———, Duncan M. Porter, Sheila Ann Dean, Paul S. White, Sarah Wilmot, Samantha Evans, and Alison Pearn, eds. 2001. *The Correspondence of Charles Darwin, Volume 12, 1864*. Cambridge: Cambridge University Press.

———, Duncan M. Porter, Sheila Ann Dean, Samantha Evans, Shelley Innes, Alison M. Pearn, Andrew Sclater, Paul White, and Sarah Wilmot, eds. 2002. *The Correspondence of Charles Darwin, Volume 13, 1865*. Cambridge: Cambridge University Press.

———, Duncan M. Porter, Sheila Ann Dean, Samantha Evans, Shelley Innes, Andrew Sclater, Alison Pearn, and Paul White, eds. 2004. *The Correspondence of Charles Darwin, Volume 14, 1866*. Cambridge: Cambridge University Press.

Butterworth, Mark. 2005. "A Lantern Tour of Star-Land: The Astronomer Robert Ball and His Magic Lantern Lectures." In *Realms of Light: Uses and Perceptions of the Magic Lantern From the 17th to the 21st Century*, edited by Richard Crangle, Mervyn Heard, and Ine van Dooren. South Park, Galphay Road, Kirkby Malzeard; Ripon, North Yorkshire: The Magic Lantern Society, 162–73.

Cadbury, Deborah. 2001. *Terrible Lizard: The First Dinosaur Hunters and the Birth of a New Science*. New York: Henry Holt.

Campbell, W. W. 1903. "Reviews. *Problems in Astrophysics*." *Astrophysical Journal* 18: 156–66.

Cane, R. F. 1974–75. "John H. Pepper—Analyst and Rainmaker." *Journal of the Royal Historical Society of Queensland* 9: 116–28.

Cantor, Geoffrey, and Sally Shuttleworth, eds. 2004. *Science Serialized: Representations of the Sciences in Nineteenth-Century Periodicals*. Cambridge, MA: MIT Press.

Cantor, Geoffrey, Gowan Dawson, Graeme Gooday, Richard Noakes, Sally Shuttleworth, and Jonathan R. Topham, eds. 2004. *Science in the Nineteenth-Century Periodical: Reading the Magazine of Nature*. Cambridge: Cambridge University Press.

Carey, John, ed. 1995. *The Faber Book of Science*. London and Boston: Faber and Faber.

Chapman, Allan. 1998. *The Victorian Amateur Astronomer: Independent Astronomical Research in Britain, 1820–1920*. Chichester, NY: John Wiley.

Codell, Julie F. 1991. "T. Fisher Unwin." In Anderson and Rose, *British Literary Publishing Houses, 1820–1880*, 304–11.

Colp, Ralph, Jr. 1992. "'I Will Gladly Do My Best': How Charles Darwin Obtained a Civil List Pension for Alfred Russel Wallace." *Isis* 83: 3–26.

Collini, Stefan. 1991. *Public Moralists: Political Thought and Intellectual Life in Britain 1850–1930*. Oxford: Clarendon Press.

Colloms, Brenda. 1975. *Charles Kingsley: The Lion of Eversley*. London: Constable.

Cooter, Roger. 1984. *The Cultural Meaning of Popular Science: Phrenology and the Organization of Consent in Nineteenth-Century Britain*. Cambridge: Cambridge University Press.

———, and Stephen Pumfrey. 1994. "Separate Spheres and Public Places: Reflections of the History of Science Popularization and Science in Popular Culture." *History of Science* 32: 237–67.

Cosslett, Tess. 2003. "'Animals under Man?' Margaret Gatty's *Parables from Nature*." *Women's Writing* 10, no. 1: 137–52.

Cowie, David. 2000. "The Evolutionist at Large: Grant Allen, Scientific Naturalism, and Victorian Culture." PhD thesis, University of Kent at Canterbury.

Creese, Mary R. S. 1998. *Ladies in the Laboratory?* Lanham, MD and London: Scarecrow Press.

———. 2004a. "Bodington, Alice." In Lightman, *Dictionary of Nineteenth-Century British Scientists*, 1: 229–30.

———. 2004b. "Bowdich Lee, Sarah Eglonton." In Lightman, *Dictionary of Nineteenth-Century British Scientists*, 1: 243–44.

———. 2004c. "Brightwen, Eliza." In Lightman, *Dictionary of Nineteenth-Century British Scientists*, 1: 273–77.

———. 2004d. "Gregg, Mary." In Lightman, *Dictionary of Nineteenth-Century British Scientists*, 2: 838–40.

———. 2004e. "Ward, Mary." In Lightman, *Dictionary of Nineteenth-Century British Scientists*, 4: 2102–3.

———. 2004f. "Zornlin, Rosina Maria." In Lightman, *Dictionary of Nineteenth-Century British Scientists*, 4: 2230–31.

Cribb, Stephen. 2004. "Miller, Hugh." In Lightman, *Dictionary of Nineteenth-Century British Scientists*, 3: 1397–1402.

Cross, Nigel. 1985. *The Common Writer: Life in Nineteenth-Century Grub Street*. Cambridge: Cambridge University Press.

Crowe, Michael J. 1986. *The Extraterrestrial Life Debate, 1750–1900: The Idea of a Plurality of Worlds from Kant to Lowell*. Cambridge: Cambridge University Press.

———. 1989. "Richard Proctor and Nineteenth-Century Astronomy." History of Science Society Meeting, Gainesville, Florida.

Dalziel, George, and Edward Dalziel. 1978. *The Brothers Dalziel: A Record of Work, 1840–1890*. London: B. T. Batsford.

Darwin, Angela, and Adrian Desmond, eds. forthcoming. *The Thomas Henry Huxley Family Correspondence*. Chicago: University of Chicago Press.

Dawkins, Richard. 1998. *Unweaving the Rainbow*. Boston: Houghton Mifflin.

Dawson, Gowan. 2004. "The *Review of Reviews* and the New Journalism in Late-Victorian Britain." In *Science in the Nineteenth-Century Periodical: Reading the Magazine of Nature*, by Geoffrey Cantor, Gowan Dawson et al., 172–95. Cambridge: Cambridge University Press.

———. 2005. "Aestheticism, Immorality, and the Reception of Darwinism in Victorian Britain." In *Unmapped Countries: Biological Visions in Nineteenth-Century Literature and Culture*, edited by Anne-Julia Zwierlein, 43–54. London: Anthem Press.

———. 2007. *Darwin, Literature, and Victorian Respectability*. Cambridge: Cambridge University Press.

Dear, Peter, ed. 1991. *The Literary Structure of Scientific Argument: Historical Studies*. Philadelphia: University of Pennsylvania Press.

Desmond, Adrian. 1992. *The Politics of Evolution: Medicine, Morphology, and Reform in Radical London*. Chicago: University of Chicago Press.

———. 1997. *Huxley: From Devil's Disciple to Evolution's High Priest*. Reading, MA: Addison-Wesley.

———. 2001. "Redefining the X Axis: 'Professionals,' 'Amateurs,' and the Making of Mid-Victorian Biology—A Progress Report." *Journal of the History of Biology* 34: 3–50.

———, and James Moore. 1991. *Darwin*. London: Michael Joseph.

Dick, Steven J., and James E. Strick. 2004. *The Living Universe: NASA and the Development of Astrobiology*. New Brunswick, NJ: Rutgers University Press.

Di Gregorio, Mario A. 1984. *T. H. Huxley's Place in Natural Science*. New Haven, CT: Yale University Press.

Doyle, Sir Arthur Conan. 1974. *The Case-Book of Sherlock Holmes*. London: John Murray and Jonathan Cape.

Drain, Susan. 1994. "Marine Botany in the Nineteenth Century: Margaret Gatty, the Lady Amateurs, and the Professions." *Victorian Studies Association Newsletter* 53 (Spring): 6–11.

Early, Julie English. 1997. "The Spectacle of Science and Self." In *Natural Eloquence: Women Reinscribe Science*, edited by Barbara T. Gates and Ann B. Shteir, 215–36. Madison: University of Wisconsin Press.

Eger, Martin. 1993. "Hermeneutics and the New Epic of Science." In *The Literature of Science: Perspectives on Popular Science Writing*, edited by Murdo William McRae, 186–209. Athens: University of Georgia Press.

Eliot, Simon. 1994. *Some Patterns and Trends in British Publishing, 1800–1919*. London: The Bibliographical Society.

———. 1995. "Some Trends in British Book Production, 1800–1919." In *Literature in the Marketplace: Nineteenth-Century British Publishing and Reading Practices*, edited by John O. Jordan and Robert L. Patten, 19–43. New York: Cambridge University Press.

———. 1997. "'Patterns and Trends' and the 'NSTC': Some Initial Observations, Part One." *Publishing History* 42: 79–104.

———. 1998. "'Patterns and Trends' and the 'NSTC': Some Initial Observations, Part Two." *Publishing History* 43: 71–112.

Elliott, Brent. 2004. "Henslow, George." In Lightman, *Dictionary of Nineteenth-Century British Scientists*, 2: 933–34.

Endersby, Jim. 2004. "Kingsley, Charles." In Lightman, *Dictionary of Nineteenth-Century British Scientists*, 3: 1138–40.

England, Richard. 2003. "Introduction." In *Design after Darwin: 1860–1900*, edited by Richard England, 4 vols., 1: v–xviii. Bristol: Thoemmes.

English, Mary P. 1987. *Mordecai Cubitt Cooke: Victorian Naturalist, Mycologist, Teacher, and Eccentric*. Bristol: Biopress.

Fichman, Martin. 2004. *An Elusive Victorian: The Evolution of Alfred Russel Wallace*. Chicago: University of Chicago Press.

Fleming, Sir Ambrose. [1934]. *Memories of a Scientific Life*. London and Edinburgh: Marshall, Morgan and Scott.

Flint, Kate. 1993. *The Woman Reader, 1837–1914*. Oxford: Clarendon Press.

Foot, Michael. 1995. *H. G.: The History of Mr. Wells*. Washington, DC: Counterpoint.

Forbes, George. 1916. *David Gill: Man and Astronomer*. London: John Murray.

Ford, Katrina. 2004. "Page, David." In Lightman, *Dictionary of Nineteenth-Century British Scientists*, 3: 1521–23.

Forgan, Sophie. 2002. "'A National Treasure House of a Unique Kind' (W. L. Bragg): Some Reflections on Two Hundred Years of Institutional History." In *"The Common Purposes of Life": Science and Society at the Royal Institution of Great Britain*, edited by Frank A. J. L. James, 17–41. Aldershot, England: Ashgate.

Freeman, R. B. 1965. *The Works of Charles Darwin: An Annotated Bibliographical Handlist*. London: Dawsons of Pall Mall.

Fussell, G. E. 1955. "A Great Lady Botanist [Jane Loudon]." *Gardeners' Chronicle* 138: 192.

Fyfe, Aileen. 2002. "Publishing and the Classics: Paley's *Natural Theology* and the Nineteenth-Century Scientific Canon." *Studies in History and Philosophy of Science* 33: 729–51.

———. 2003. "Introduction to *Science for Children*." In *Science for Children*, edited by Aileen Fyfe, 7 vols., 1: xi–xxii. Bristol: Thoemmes Press and Edition Synapse.

———. 2004. *Science and Salvation: Evangelical Popular Science Publishing in Victorian Britain*. Chicago: University of Chicago Press.

———. 2005a. "Conscientious Workmen or Booksellers' Hacks? The Professional Identities of Science Writers in the Mid-Nineteenth Century." *Isis* 96: 192–223.

———. 2005b. "Expertise and Christianity: High Standards *Versus* the Free Market in Popular Publishing." In *Science and Beliefs: From Natural Philosophy to Natural Science, 1700–1900*, edited by David Knight and Matthew D. Eddy, 113–26. Aldershot, England and Burlington, VT: Ashgate.

Garwood, Christine. 2001. "Alfred Russel Wallace and the Flat Earth Controversy." *Endeavour* 25, no. 4: 139–43.

Gates, Barbara T. 1993. "Retelling the Story of Science." *Victorian Literature and Culture* 21: 289–306.

———. 1998. *Kindred Nature: Victorian and Edwardian Women Embrace the Living World*. Chicago: University of Chicago Press.

———. 2004a. "Buckley, Arabella Burton." In Lightman, *Dictionary of Nineteenth-Century British Scientists*, 1: 337–39.

———. 2004b. "Introduction." In *Wild Nature Won by Kindness* and *More about Wild Nature*. Vol. 7 of *Science Writing by Women*, edited by Bernard Lightman, v–x. Bristol: Thoemmes Continuum.

———, and Ann B. Shteir. 1997. "Introduction: Charting the Tradition." In *Natural Eloquence: Women Reinscribe Science*, edited by Barbara T. Gates and Ann B. Shteir, 3–24. Madison: University of Wisconsin Press.

Geduld, Harry M. 1987. "Introduction." In *The Definitive Time Machine: A Critical Edition of H. G. Wells's Scientific Romance*, edited by Harry M. Geduld, 1–27. Bloomington: Indiana University Press.

Gershenowitz, Harry. 1979. "George Henslow: True Darwinist." *India Journal of History of Science* 14: 25–30.

Gilbert, R. A. 2004a. "Proctor, Richard Anthony." In Lightman, *Dictionary of Nineteenth-Century British Scientists*, 3: 1641–43.

———. 2004b. "Wood, John George (1827–89)." In Lightman, *Dictionary of Nineteenth-Century British Scientists*, 4: 2193–96.

Gloag, John. 1970. *Mr. Loudon's England: The Life and Work of John Claudius Loudon, and His Influence on Architecture and Furniture Design*. Newcastle upon Tyne, England: Oriel Press.

Golden, Catherine. 1991. "Frederick Warne and Company." In Anderson and Rose, *British Literary Publishing Houses, 1820–1880*, 327–37.

Golinski, Jan. 1992. *Science as Public Culture: Chemistry and Enlightenment in Britain, 1760–1820*. Cambridge: Cambridge University Press.

Gooday, Graeme. 1990. "Precision Measurement and the Genesis of Physics Teaching Laboratories in Victorian Britain." *British Journal for the History of Science* 23: 25–51.

———. 1991. "'Nature' in the Laboratory: Domestication and Discipline with the Microscope in Victorian Life and Science." *British Journal for the History of Science* 24: 307–41.

Gould, Frederick James. 1929. *The Pioneers of Johnson's Court: A History of the Rationalist Press Association from 1899 Onwards*. London: Watts.

Gould, Paula. 1997. "Women and the Culture of University Physics in Late Nineteenth-Century Cambridge." *British Journal for the History of Science* 30: 127–49.

———. 1998. "Femininity and Physical Science in Britain, 1870–1914." PhD thesis, University of Cambridge.

Gould, Stephen Jay. 1991. *Bully for Brontosaurus*. New York: W. W. Norton.

Graham, Margaret. 1977. "A Life among the Flowers of Kent." *Country Life* 161: 1500–1501.

Grassie, William. 1998. "Science as Epic?" *Science and Spirit* 9, no. 1: 8–9, 11.

Gross, John. 1969. *The Rise and Fall of the Man of Letters: Aspects of English Literary Life since 1800*. London: Weidenfeld and Nicolson.

Hammond, John. 2001. *A Preface to H. G. Wells*. Harlow, England: Pearson Education.

"Harrison, William Jerome." 1988. *Who Was Who, 1897–1915*. London: Adam and Charles Black, 232.

Harry, Owen G. 1984a. "The Hon. Mrs. Ward (1827–1869) Artist, Naturalist, Astronomer and Ireland's First Lady of the Microscope." *The Irish Naturalists' Journal* 21: 193–200.

———. 1984b. "The Hon. Mrs. Ward and 'A Windfall for the Microscope,' of 1856 and 1864." *Annals of Science* 41: 471–82.

———. 1995. "Mary Ward at Castle Ward: The Making of a Naturalist." *Apollo* 141, no. 398 (April): 37–41.

Haught, John F. 1984. *The Cosmic Adventure: Science, Religion, and the Quest for Purpose*. Ramsey, NY: Paulist Press.

"Henslow, Rev. George." 1929. *Who Was Who, 1916–1928*. London: Adam and Charles Black, 488.

Henson, Louise, Geoffrey Cantor, Gowan Dawson, Richard Noakes, Sally Shuttleworth, and Jonathan R. Topham, eds. 2004. *Culture and Science in the Nineteenth-Century Media*. Aldershot, England and Burlington, VT: Ashgate.

Hepworth, T. C. 1978. *The Book of the Lantern*. New York: Arno Press.

Hilgartner, Stephen. 1990. "The Dominant View of Popularization: Conceptual Problems, Politics Uses." *Social Studies of Science* 20: 519–39.

Hinton, D. A. 1979. "Popular Science in England, 1830–1870." PhD thesis, University of Bath.

Hodgson, Amanda. 1999. "Defining the Species: Apes, Savages, and Humans in Scientific and Literary Writing of the 1860s." *Journal of Victorian Culture* 4: 228–51.

Holmes, Marion. 1912/13. *Lydia Becker: A Cameo Life-Sketch*, 2nd ed. London: Women's Freedom League.

Houghton, Walter E., ed. 1987. *The Wellesley Index to Victorian Periodicals, 1824–1900*, vol. 4. Toronto and Buffalo: University of Toronto Press.

Howard, Daniel F., ed. 1962. *The Correspondence of Samuel Butler with His Sister May*. Berkeley: University of California Press.

Howard, Jill. 2004. "'Physics and Fashion': John Tyndall and His Audiences in Mid-Victorian Britain." *Studies in History and Philosophy of Science* 35: 729–58.

Howsam, Leslie. 1991. "Kegan Paul, Trench, Trübner and Company Limited." In Anderson and Rose, *British Literary Publishing Houses, 1820–1880*, 238–45.

———. 2000. "An Experiment with Science for the Nineteenth-Century Book Trade: The International Scientific Series." *British Journal for the History of Science* 33: 187–207.

———. 2004. "Paul, (Charles) Kegan." *Oxford Dictionary of National Biography*. Oxford: Oxford University Press, 43: 136–38.

Hunt, Bruce. 1997. "Doing Science in a Global Empire: Cable Telegraphy and Electrical Physics in Victorian Britain." In *Victorian Science in Context*, edited by Bernard Lightman, 312–33. Chicago: University of Chicago Press.

Huyssen, Andreas. 1986. "Mass Culture as Woman: Modernism's Other." In *Studies in Entertainment: Critical Approaches to Mass Culture*, edited by Tania Modleski, 188–207. Bloomington: Indiana University Press.

"Jago, William." 1941. *Who Was Who, 1929–1940*. London: Adam and Charles Black, 702.

James, Frank A. J. L. 2002a. "Introduction." In *"The Common Purposes of Life": Science and Society at the Royal Institution of Great Britain*, edited by Frank A. J. L. James, 1–16. Aldershot, England: Ashgate.

———. 2002b. "Running the Royal Institution: Faraday as an Administrator." In *"The Common Purposes of Life": Science and Society at the Royal Institution of Great Britain*, edited by Frank A. J. L. James, 119–46. Aldershot, England: Ashgate.

Jensen, J. Vernon. 1970. "The X Club: Fraternity of Victorian Scientists." *British Journal for the History of Science* 5: 63–72.

———. 1991. *Thomas Henry Huxley: Communicating for Science*. Newark: University of Delaware Press; London and Toronto: Associated University Presses.

Jones, Greta. 2001. "Scientists against Home Rule." In *Defenders of the Union*, edited by D. George Bayes and Alan O'Day, 188–208. London and New York: Routledge.
Jones, Henry Festing. 1919. *Samuel Butler, Author of Erewhon (1835–1902): A Memoir*, 2 vols. London: Macmillan.
J. S. C. 1917. "Edwards, Amelia Ann Blanford." In *Dictionary of National Biography, Supplement*, edited by Sir Leslie Stephen and Sir Sidney Lee, 22: 601–3. London: Oxford University Press.
Katz, Wendy R. 1993. *The Emblems of Margaret Gatty: The Study of Allegory in Nineteenth-Century Children's Literature*. New York: AMS Press.
Kavanagh, Ita. 1997. "Mistress of the Microscope." In *Stars, Shells and Bluebells: Women Scientists and Pioneers*, edited by Jane Hanly, Patricia Deevy et al., 56–65. Dublin: Women in Technology and Science.
Keynes, Geoffrey, and Brian Hill, eds. 1935. *Letters between Samuel Butler and Miss E. M. A. Savage, 1871–1885*. London: Jonathan Cape.
King, Amy M. 2005. "Reorienting the Scientific Frontier: Victorian Tide Pools and Literary Realism." *Victorian Studies* 47: 153–63.
Kinraide, Rebecca. 2004. "Pinnock, William." In Lightman, *Dictionary of Nineteenth-Century British Scientists*, 3: 1602–3.
Kitteringham, Guy Stuart. 1981. "Studies in the Popularisation of Science in England, 1800–30." PhD thesis, University of Kent at Canterbury.
Knight, David. 1996. "Getting Science Across." *British Journal of the History of Science* 29: 129–38.
Kohn, David. 1997. "The Aesthetic Construction of Darwin's Theory." In *The Elusive Synthesis: Aesthetics and Science*, edited by Alfred I. Tauber, 13–48. Dordrecht, Boston, and London: Kluwer Academic Publishers.
Layton, David. 1973. *Science for the People*. London: Allen and Unwin.
———. 1977. "Founding Fathers of Science Education (4). A Victorian Showman of Science." *New Scientist* 75 (September 1): 538–39.
Lazell, David. 1972. "John G. Wood and His Wonderful Crystal Palace Lectures." *The Flower Patch* 3: 2–4, 24.
Le-May Sheffield, Suzanne. 2001. *Revealing New Worlds: Three Victorian Women Naturalists*. London and New York: Routledge.
Levin, Gerald. 1984. "Grant Allen's Scientific and Aesthetic Philosophy." *Victorians Institute Journal* 12: 77–89.
Lightman, Bernard. 1987. *The Origins of Agnosticism: Victorian Unbelief and the Limits of Knowledge*. Baltimore: Johns Hopkins University Press.
———. 1989. "Ideology, Evolution, and Late-Victorian Agnostic Popularizers." In *History, Humanity and Evolution*, edited by James R. Moore, 285–309. Cambridge: Cambridge University Press.
———. 1996. "Astronomy for the People: R. A. Proctor and the Popularization of the Victorian Universe." In *Facets of Faith and Science*, edited by Jitse M. van der Meer, 3: 31–34. Lanham, MD: The Pascal Centre for Advanced Studies in Faith and Science and University Press of America.
———. 1997a. "Constructing Victorian Heavens: Agnes Clerke and the 'New Astronomy.'" In *Natural Eloquence: Women Reinscribe Science*, edited by Barbara T. Gates and Ann B. Shteir, 61–75. Madison: University of Wisconsin Press.
———. 1997b. "'Fighting Even with Death': Balfour, Scientific Naturalism, and Thomas Henry Huxley's Final Battle." In *Thomas Henry Huxley's Place in Science and Letters: Centenary Essays*, edited by Alan Barr, 323–50. Athens: University of Georgia Press.
———. 1997c. "Introduction." In *Victorian Science in Context*, edited by Bernard Lightman, 1–12. Chicago: University of Chicago Press.

———. 1997d. "'The Voices of Nature': Popularizing Victorian Science." In *Victorian Science in Context*, edited by Bernard Lightman, 187–211. Chicago: University of Chicago Press.

———. 1999. "The Story of Nature: Victorian Popularizers and Scientific Narrative." *Victorian Review* 25, no. 2: 1–29.

———. 2000. "The Visual Theology of Victorian Popularizers of Science: From Reverent Eye to Chemical Retina." *Isis* 91: 651–80.

———. 2004a. "Brewer, Ebenezer Cobham." In Lightman, *Dictionary of Nineteenth-Century British Scientists*, 1: 266–67.

———. 2004b. "Clodd, Edward." In Lightman, *Dictionary of Nineteenth-Century British Scientists*, 1: 450–52.

———. 2004c. "Giberne, Agnes." In Lightman, *Dictionary of Nineteenth-Century British Scientists*, 2: 777–78.

———. 2004d. "Hutchinson, Henry Neville." In Lightman, *Dictionary of Nineteenth-Century British Scientists*, 2: 1040–41.

———. 2004e. "Johns, Charles Alexander." In Lightman, *Dictionary of Nineteenth-Century British Scientists*, 2: 1082–83.

———. 2004f. "Scientists as Materialists in the Periodical Press: Tyndall's Belfast Address." In *Science Serialized: Representations of the Sciences in Nineteenth-Century Periodicals*, edited by Geoffrey Cantor and Sally Shuttleworth, 199–237. Cambridge, MA: MIT Press.

———. 2006. "Depicting Nature, Defining Roles: The Gender Politics of Victorian Illustration." In *Figuring It Out: Science, Gender, and Visual Culture*, edited by Ann Shteir and Bernard Lightman. Hanover, NH and London: University Press of New England, 214–39.

———. 2007. "Lecturing in the Spatial Economy of Science." In *Science in the Marketplace: Nineteenth-Century Sites and Experiences*, edited by Aileen Fyfe and Bernard Lightman, 97–132. Chicago: University of Chicago Press.

———, ed. 2004. *Dictionary of Nineteenth-Century British Scientists*, 4 vols. Bristol: Thoemmes Continuum.

———, and Aileen Fyfe, eds. 2007. *Science in the Marketplace: Nineteenth-Century Sites and Experiences*. Chicago: University of Chicago Press.

Lindsay, Gillian. 1996. "Mary Roberts: A Neglected Naturalist." *Antiquarian Book Monthly* 23 (February): 20–22.

Linfield, Christine. 2004. "Loudon, Jane." In Lightman, *Dictionary of Nineteenth-Century British Scientists*, 3: 1263–66.

Livingstone, David N. 2003. *Putting Science in Its Place: Geographies of Scientific Knowledge*. Chicago: University of Chicago Press.

Lockyer, Mary T., and Winifred Lockyer. 1928. *Life and Work of Sir Norman Lockyer*. London: Macmillan.

Mackenzie, Norman, and Jeanne Mackenzie. 1973. *H. G. Wells: A Biography*. New York: Simon and Schuster.

MacLeod, Roy. 1968. "A Note on *Nature* and the Social Significance of Scientific Publishing, 1850–1914." *Victorian Periodicals Newsletter* 3 (November): 16–17.

———. 1969. "Science in Grub Street," "Macmillan and the Scientists," "Seeds of Competition," "Macmillan and the Young Guard," "The New Journal," "The First Issue," "Securing the Foundations," "Private Army of Contributors," "Faithful Mirror to a Profession," "Lockyer: Editor, Civil Servant and Man of Science," "Into the Twentieth Century." *Nature* 224 (November 1): 423–61.

———. 1970. "The X-Club: A Social Network of Science in Late-Victorian England." *Notes and Records of the Royal Society of London* 24: 305–22.

———. 1980. "Evolutionism, Internationalism, and Commercial Enterprise in Science: The International Scientific Series, 1871–1910." In *Development of Science Publishing in Europe*, edited by A. J. Meadows, 63–93. Amsterdam, New York, and Oxford: Elsevier Science Publishers.

———. 1996. *Public Science and Public Policy in Victorian England*. Aldershot, England: Variorum.
Mahalingam, Subbiah. 1987. "Popularizing Science: Thomas Henry Huxley's Style." PhD thesis, Oklahoma State University.
Marchant, James. 1916. *Alfred Russel Wallace: Letters and Reminiscences*. New York and London: Harper and Brothers.
Martin, Robert Bernard. 1959. *Dust of Combat: A Life of Charles Kingsley*. London: Faber and Faber.
Maxwell, Christabel. 1949. *Mrs. Gatty and Mrs. Ewing*. London: Constable Publishers.
McCabe, Joseph. 1932. *Edward Clodd: A Memoir*. London: John Lane/The Bodley Head.
McKenna-Lawlor, Susan. 1998. "The Hon. Mrs. Mary Ward (1827–1869): Astronomer, Microscopist, Artist, and Entrepreneur." In her *Whatever Shines Should Be Observed*, 29–55. Blackrock: Samton.
McLaughlin-Jenkins, Erin. 2001a. "Common Knowledge: Science and the Late Victorian Working Class Press." *History of Science* 34: 445–65.
———. 2001b. "Common Knowledge: The Victorian Working Class and the Low Road to Science, 1870–1900." PhD thesis, York University.
———. 2005. "Henry George and the Dragon: T. H. Huxley's Response to Progress and Poverty." In *Henry George's Legacy in Economic Thought.*, edited by John Laurent, 31–50. Cheltenham, UK; Northampton, MA: Edward Elgar.
McLean, Ruari, ed. 1967. *The Reminiscences of Edmund Evans*. Oxford: Clarendon Press.
McMillan, N. D., and J. Meehan. 1980. *John Tyndall: 'X'emplar of Scientific and Technological Education*. Dublin: ETA Publications.
Meadows, A. J. 1972. *Science and Controversy: A Biography of Sir Norman Lockyer*. Cambridge, MA: MIT Press.
———. 1980. "Access to the Results of Scientific Research: Developments in Victorian Britain." In *Development of Science Publishing in Europe*, edited by A. J. Meadows., 43–62. Amsterdam and New York: Elsevier Science Publishers.
Melchiori, Barbara Arnett. 2000. *Grant Allen: The Downward Path Which Leads to Fiction*. Rome: Bulzoni.
Mermin, Dorothy. 1993. *Godiva's Ride: Women of Letters in England, 1830–1880*. Bloomington: Indiana University Press.
Moore, James. 1979. *The Post-Darwinian Controversies*. Cambridge: Cambridge University Press.
———. 1986. "Geologists and Interpreters of Genesis in the Nineteenth Century." In *God and Nature: Historical Essays on the Encounter between Christianity and Science*, edited by David C. Lindberg and Ronald L. Numbers, 322–50. Berkeley: University of California Press.
———. 1987. "The Erotics of Evolution: Constance Naden and Hylo-Idealism." In *One Culture: Essays in Science and Literature*, edited by George Levine, 225–57. Madison: University of Wisconsin Press.
Morton, Peter. 2004. "Allen, Charles Grant Blairfindie." In Lightman, *Dictionary of Nineteenth-Century British Scientists*, 1: 36–39.
———. 2005. *"The Busiest Man in England": Grant Allen and the Writing Trade, 1875–1900*. New York and Houndmills, England: Palgrave Macmillan.
Morus, Iwan. 1998. *Frankenstein's Children: Electricity, Exhibition, and Experiment in Early-Nineteenth-Century London*. Princeton, NJ: Princeton University Press.
Mumby, F. A. 1934. *The House of Routledge, 1834–1934*. London: Routledge.
Mumm, S. D. 1990. "Writing for Their Lives: Women Applicants to the Royal Literary Fund, 1840–1880." *Publishing History* 27: 27–47.
———. 1991. "Jarrold and Sons." In Anderson and Rose, *British Literary Publishing Houses, 1820–1880*, 159–61.

Myers, Greg. 1989. "Science for Women and Children: The Dialogue of Popular Science in the Nineteenth Century." In *Nature Transfigured: Science and Literature, 1700–1900*, edited by John Christie and Sally Shuttleworth, 171–200. Manchester and New York: Manchester University Press.

———. 1990. *Writing Biology: Texts in the Social Construction of Scientific Knowledge*. Madison: University of Wisconsin Press.

"Naden, Constance Caroline Woodhill." 1917. *Dictionary of National Biography*, edited by Sir Leslie Stephen and Sir Sidney Lee, 14: 18–19. London: Oxford University Press.

Neeley, Kathryn A. 2001. *Mary Somerville: Science, Illumination, and the Female Mind*. Cambridge: Cambridge University Press.

Nelkin, Dorothy. 1987. *Selling Science: How the Press Covers Science and Technology*. New York: W. H. Freeman.

Noakes, Richard. 2004. "The *Boy's Own Paper* and Late-Victorian Juvenile Magazines." In *Science in the Nineteenth-Century Periodical: Reading the Magazine of Nature*, edited by Geoffrey Cantor, Gowan Dawson, Graeme Gooday, Richard Noakes, Sally Shuttleworth, and Jonathan R. Topham, 151–71. Cambridge: Cambridge University Press.

North, J. D. 1975. "Proctor, Richard Anthony." In *Dictionary of Scientific Biography*, edited by Charles Coulston Gillispie, 11: 162–63. New York: Charles Scribner's Sons.

Nottingham, Chris. 2005. "Grant Allen and the New Politics." In *Grant Allen: Literature and Cultural Politics at the* Fin de Siècle, edited by William Greenslade and Terence Rodgers, 95–110. Aldershot, England and Burlington, VT: Ashgate.

O'Connor, Ralph. 2002. "Hugh Miller and Geological Spectacle." In *Celebrating the Life and Times of Hugh Miller: Scotland in the Early 19th Century*, edited by Lester Borley, 237–58. Cromarty, UK: Cromarty Arts Trust.

———. 2003. "Thomas Hawkins and Geological Spectacle." *Proceedings of the Geologists' Association* 114: 227–41.

Ogilvie, Marilyn Bailey. 2000. "Obligatory Amateurs: Annie Maunder (1868–1947) and British Women Astronomers at the Dawn of Professional Astronomy." *British Journal for the History of Science* 33: 67–84.

Oldroyd, David R. 1996. "The Geologist from Cromarty." In *Hugh Miller and the Controversies of Victorian Science*, edited by Michael Shortland, 76–121. Oxford: Clarendon Press.

Opitz, Don. 2004a. "Aristocrats and Professionals: Country-House Science in Late-Victorian England." PhD thesis, University of Minnesota.

———. 2004b. "Introduction to *The Conchologist's Companion*." In *Science Writing by Women*, edited by Bernard Lightman, 7 vols., 3: v–ix. Bristol: Thoemmes Continuum.

———. 2004c. "Roberts, Mary." In Lightman, *Dictionary of Nineteenth-Century British Scientists*, 4: 1699–1700.

Osterbrock, Donald E. 1984. *James E. Keeler: Pioneer American Astrophysicist and the Early Development of American Astrophysics*. Cambridge: Cambridge University Press.

Otter, Sandra Den. 1996. *British Idealism and Social Explanation: A Study in Late Victorian Thought*. Oxford: Clarendon Press.

Owen, Alex. 2004. *The Place of Enchantment: British Occultism and the Culture of the Modern*. Chicago: University of Chicago Press.

Pandora, Katherine. 2001. "Knowledge Held in Common: Tales of Luther Burbank and Science in the American Vernacular." *Isis* 92, no. 3: 484–516.

Paradis, James G. 1981. "Darwin and Landscape." In *Victorian Science and Victorian Values: Literary Perspectives*, edited by James Paradis and Thomas Postlewait, 85–100. New York: New York Academy of Sciences.

———. 2004. "The Butler-Darwin Biographical Controversy in the Victorian Periodical Press." In *Science Serialized: Representations of the Sciences in Nineteenth-Century Periodicals*, edited by Geoffrey Cantor and Sally Shuttleworth, 307–29. Cambridge, MA: MIT Press.

Parker, Joan. 2001. "Lydia Becker's 'School for Science': A Challenge to Domesticity." *Women's History Review* 10, no. 4: 629–50.

Patterson, Elizabeth C. 1969. "Mary Somerville." *British Journal for the History of Science* 4: 311–39.

Paylor, Suzanne. 2004. "Scientific Authority and the Democratic Intellect: Popular Encounters with 'Darwinian' Ideas in Later Nineteenth-Century England with Special Reference to the Secularist Movement." PhD thesis, University of York.

Perkins, Maureen. 1996. *Visions of the Future: Almanacs, Time, and Cultural Change, 1775–1870*. Oxford: Clarendon Press.

Purdy, Richard Little, and Michael Millgate, eds. 1980. *The Collected Letters of Thomas Hardy*, vol. 2, *1893–1901*. Oxford: Clarendon Press.

Raby, Peter. 1997. *Bright Paradise: Victorian Scientific Travellers*. Princeton, NJ: Princeton University Press.

Rauch, Alan. 1994. "Editor's Introduction." In *The Mummy! A Tale of the Twenty-Second Century*, by Jane (Webb) Loudon, edited by Alan Rauch. Ann Arbor: University of Michigan Press, vol. 1.

———. 1997. "Parables and Parodies: Margaret Gatty's Audiences in the Parables from Nature." *Children's Literature* 25: 137–52.

———. 2001. *Useful Knowledge: The Victorians, Morality, and the March of Intellect*. Durham, NC: Duke University Press.

———. 2004. "Gatty, Margaret." In Lightman, *Dictionary of Nineteenth-Century British Scientists*, 2: 761–64.

Richards, Evelleen. 1983. "Darwin and the Descent of Woman." In *The Wider Domain of Evolutionary Thought*, edited by David Oldroyd and Ian Langham, 57–111. London: D. Reidel.

———. 1989. "Huxley and Woman's Place in Science." In *History, Humanity, and Evolution*, edited by James Moore, 253–84. Cambridge: Cambridge University Press.

———. 1997. "Redrawing the Boundaries: Darwinian Science and Victorian Women Intellectuals." In *Victorian Science in Context*, edited by Bernard Lightman, 119–42. Chicago: University of Chicago Press.

Richards, Grant. 1932. *Memories of Misspent Youth, 1872–1896*. London: William Heinemann.

Richmond, Marsha. 1997. "'A Lab of One's Own': The Balfour Biological Laboratory for Women at Cambridge University, 1884–1914." *Isis* 88: 422–55.

Riley, David. 2003. "The Manchester Science Lectures for the People, c. 1866–1879." *Bulletin of the John Rylands University Library of Manchester* 85, no. 1 (Spring): 127–45.

Ring, Katy. 1988. "The Popularisation of Elementary Science through Popular Science Books, c. 1870–c. 1939." PhD diss., University of Kent at Canterbury.

Robinson, Mark G. 2004. "Webb, Thomas William." In *Oxford Dictionary of National Biography*, edited by H. C. G. Matthew and Brian Harrison, 57: 858–59. New York: Oxford University Press.

———. 2006. "Man of the Cloth." In *The Stargazer of Hardwicke: The Life and Work of Thomas William Webb*, edited by Janet Robinson and Mark Robinson, 59–73. Leominster, England: Gracewing.

Roos, David Alan. 1981. "The 'Aims and Intentions' of *Nature*." In *Victorian Science and Victorian Values: Literary Perspectives*, edited by James Paradis and Thomas Postlewait, 159–80. New York: New York Academy of Sciences.

Roscoe, Sir Henry Enfield. 1906. *The Life and Experiences of Sir Henry Enfield Roscoe*. London and New York: Macmillan.

Ross, Robert H., ed. 1973. *In Memoriam*. Alfred, Lord Tennyson. New York: W. W. Norton.

Rozendal, Phyllis. 1988. "Grant Allen." In *British Mystery Writers, 1860–1919*, edited by Bernard Benstock and Thomas F. Staley, 3–13. Detroit: Gale Research.

Rupke, Nicolaas. 1994. *Richard Owen: Victorian Naturalist*. New Haven, CT: Yale University Press.

Russett, Cynthia Eagle. 1989. *Sexual Science: The Victorian Construction of Womanhood*. Cambridge, MA: Harvard University Press.

Sarum, Lewis O. 1999. "The Proctor Interlude in St. Joseph and in America: Astronomy, Romance, and Tragedy." *American Studies International* 37 (February): 34–54.

Savage, Gail L. 1988. "Gentleman." In *Victorian Britain: An Encyclopedia*, edited by Sally Mitchell, 325–26. New York and London: Garland.

Schaffer, Simon. 1988. "Astronomers Mark Time: Discipline and the Personal Equation." *Science in Context* 2, no. 1: 115–45.

———. 1998a. "The Leviathan of Parsonstown: Literary Technology and Scientific Representation." In *Inscribing Science: Scientific Text and the Materiality of Communication*, edited by Timothy Lenoir, 182–222. Stanford, CA: Stanford University Press.

———. 1998b. "On Astronomical Drawing." In *Picturing Science, Producing Art*, edited by Caroline A. Jones and Peter Galison, 441–74. New York: Routledge.

———. 1998c. "Physics Laboratories and the Victorian Country House." In *Making Space for Science: Territorial Themes in the Shaping of Knowledge*, edited by Crosbie Smith and Jon Agar, 149–80. New York: St. Martin's Press; Basingstoke, England: Macmillan.

Secord, Anne. 1994. "Science in the Pub: Artisan Botanists in Early Nineteenth-Century Lancashire." *History of Science* 32: 269–315.

———. 2002. "Botany on a Plate: Pleasure and the Power of Pictures in Promoting Early Nineteenth-Century Scientific Knowledge." *Isis* 93 (March): 28–57.

Secord, James A. 2000. *Victorian Sensation: The Extraordinary Publication, Deception, and Secret Authorship of* Vestiges of the Natural History of Creation. Chicago: University of Chicago Press.

———. 2002. "Quick and Magical Shaper of Science." *Science* 297 (September 6): 1648–49.

———. 2003a. "Introduction." John Henry Pepper. *The Boy's Playbook of Science*. Bristol: Thoemmes Press and Edition Synapse, v–x.

———. 2003b. "Introduction." [Samuel Clark]. *Peter Parley's Wonders of the Earth, Sea, and Sky*. Bristol: Thoemmes Press and Edition Synapse, v–x.

———. 2004a. "General Introduction." In *Collected Works of Mary Somerville*, edited by James A. Secord, 9 vols., 1: xv–xxxix. Bristol: Thoemmes Continuum.

———. 2004b. "Introduction." In *Collected Works of Mary Somerville*, edited by James A. Secord, 9 vols., 2: ix–xvi. Bristol: Thoemmes Continuum.

———. 2004c. "Introduction." In *Collected Works of Mary Somerville*, edited by James A Secord, 9 vols., 4: ix–xv. Bristol: Thoemmes Continuum.

———. 2004d. "Introduction." In *Science Writing by Women*, edited by Bernard Lightman, 7 vols., 4: v–xi. Bristol: Thoemmes Continuum.

———. 2004e. "Monsters at the Crystal Palace." In *Models: The Third Dimension of Science*, edited by Soraya de Chadarevian and Nick Hopwood, 138–69. Stanford, CA: Stanford University Press.

———. 2004f. "Page, David." In *Oxford Dictionary of National Biography*, edited by H. C. G. Matthew and Brian Harrison, 42: 322–23. Oxford: Oxford University Press.

Sheets-Pyenson, Susan. 1976. "Low Scientific Culture in London and Paris, 1820–1875." PhD thesis, University of Pennsylvania.

———. 1985. "Popular Science Periodicals in Paris and London: The Emergence of a Low Scientific Culture, 1820–1875." *Annals of Science* 42: 549–72.

Shiach, Morag. 1989. *Discourse on Popular Culture: Class, Gender, and History in Cultural Analysis, 1730 to the Present*. Cambridge: Polity Press.

Shteir, Ann B. 1996. *Cultivating Women, Cultivating Science: Flora's Daughters and Botany in England, 1760 to 1860*. Baltimore: Johns Hopkins University Press.

———. 1997a. "Elegant Recreations? Configuring Science Writing for Women." In *Victorian Science in Context*, edited by Bernard Lightman, 236–55. Chicago: University of Chicago Press.

———. 1997b. "Gender and 'Modern' Botany in Victorian England." *Osiris* 12: 29–38.

———. 2003. "Finding Phebe: A Literary History of Women's Science Writing." In *Women and Literary History: "For There She Was,"* edited by Katherine Binhammer and Jeanne Wood, 152–66. Newark: University of Delaware Press.

———. 2004a. "Lankester, Phebe." In Lightman, *Dictionary of Nineteenth-Century British Scientists*, 3: 1181–83.

———. 2004b. "'Let Us Examine the Flower': Botany in Women's Magazines, 1800–1830." In *Science Serialized: Representations of the Sciences in Nineteenth-Century Periodicals*, edited by Geoffrey Cantor and Sally Shuttleworth, 17–36. Cambridge, MA: MIT Press.

Simpson, J. A., and E. S. C. Weiner. 1989. *Oxford English Dictionary*, 2nd ed., vol. 12. Oxford: Clarendon Press.

"Slingo, Sir William." 1941. *Who Was Who, 1929–1940*. London: Adam and Charles Black, 1246–47.

Sloan, Phillip R. 2001. "'The Sense of Sublimity': Darwin on Nature and Divinity." *Osiris* 16: 251–69.

Small, Helen. 1996. "A Pulse of 124: Charles Dickens and a Pathology of the Mid-Victorian Reading Public." In *Practise and Representation of Reading in England*, edited by James Raven, Helen Small, and Naomi Tadmor, 263–90. New York: Cambridge University Press.

Smith, Crosbie. 1998. *The Science of Energy: A Cultural History of Energy Physics in Victorian Britain*. Chicago: University of Chicago Press.

Smith, David C. 1986. *H. G. Wells: Desperately Mortal*. New Haven, CT: Yale University Press.

Smith, Hobart M., Georgene E. Fawcett, James D. Fawcett, and Rogella B. Smith. 1970. "J. G. Wood and the Mexican Axolotl." *Journal of the Society for Bibliography of Natural History* 5, no. 5: 362–65.

Smith, Jonathan. 2001. "Philip Gosse and the Varieties of Natural Theology." In *Reinventing Christianity*, edited by Linda Woodhead, 251–62. Aldershot, England: Ashgate.

———. 2004. "Grant Allen, Physiological Aesthetics, and the Dissemination of Darwin's Botany." In *Science Serialized: Representations of the Sciences in Nineteenth-Century Periodicals*, edited by Geoffrey Cantor and Sally Shuttleworth, 285–305. Cambridge, MA: MIT Press.

———. 2006. *Charles Darwin and Victorian Visual Culture*. Cambridge: Cambridge University Press.

Smith, K. G. V. 2004. "Morris, Francis Orpen." In Lightman, *Dictionary of Nineteenth-Century British Scientists*, 1427–29.

Smith, Robert W. 2004. "The Story of the Heavens and Great Astronomers: Robert S. Ball and Popular Astronomy." British-North American Joint Meeting of the British Society for the History of Science, Canadian Society for the History and Philosophy of Science, and the History of Science Society, Kings College, Halifax, August.

St. Clair, William. 2004. *The Reading Nation in the Romantic Period*. Cambridge: Cambridge University Press.

Stoddart, D. R. 1975. "'That Victorian Science': Huxley's *Physiography* and Its Impact on Geography." *Transactions of the Institute of British Geographers* 66: 17–40.

Swimme, Brian, and Thomas Berry. 1992. *The Universe Story: From the Primordial Flaring Forth to the Ecozoic Era*. New York: HarperCollins.

Taylor, Geoffrey. 1951. *Some Nineteenth Century Gardeners*. London: Skeffington.

Thompson, Silvanus P. 1901. *Michael Faraday: His Life and Work*. London, Paris, New York, and Melbourne: Cassell and Company.

Thwaite, Ann. 1984. *Edmund Gosse: A Literary Landscape, 1849–1928*. London: Secker and Warburg.

———. 2002. *Glimpses of the Wonderful: The Life of Philip Henry Gosse, 1810–1888*. London: Faber and Faber.

Topham, Jonathan. 1998. "Beyond the 'Common Context': The Production and Reading of the Bridgewater Treatises." *Isis* 89: 233–62.

———. 2000. "Scientific Publishing and the Reading of Science in Nineteenth-Century Britain: A Historiographical Survey and Guide to Sources." *Studies in History and Philosophy of Science* 31: 559–612.

———. 2003. "Science, Natural Theology, and the Practice of Christian Piety in Early Nineteenth-Century Religious Magazines." In *Science Serialized: Representations of the Sciences in Nineteenth-Century Periodicals,* edited by Geoffrey Cantor and Sally Shuttleworth, 37–66. Cambridge, MA: MIT Press.

———. 2004. "A View from the Industrial Age." *Isis* 95: 431–42.

———. 2007. "Publishing 'Popular Science' in Early Nineteenth-Century Britain." In *Science in the Marketplace,* edited by Bernard Lightman and Aileen Fyfe, 135–68. Chicago: University of Chicago Press.

Tucker, Jennifer. 2005. *Nature Exposed: Photography as Eyewitness in Victorian Science*. Baltimore: Johns Hopkins University Press.

Turner, Frank. 1974. *Between Science and Religion: The Reaction to Scientific Naturalism in Late Victorian England*. New Haven, CT: Yale University Press.

———. 1993. *Contesting Cultural Authority: Essays in Victorian Intellectual Life*. Cambridge: Cambridge University Press.

Upton, John. [1910]. *Three Great Naturalists*. London: Pilgrim Press.

VanArsdel, Rosemary T. 1991. "Macmillan and Company." In Anderson and Rose, *British Literary Publishing Houses, 1820–1880,* 178–95.

Venn, J. A. 1947. "Hutchinson, Henry Neville." *Alumni Cantabrigienses, Part II from 1752 to 1900,* vol. 3. Cambridge: Cambridge University Press, 503.

Vincent, David. 1989. *Literacy and Popular Culture: England 1750–1914*. Cambridge: Cambridge University Press.

Walters, S. M., and E. A. Stow. 2001. *Darwin's Mentor: John Stevens Henslow, 1796–1861*. Cambridge: Cambridge University Press.

Wayman, Patrick A. 1986. "A Visit to Canada in 1884 by Sir Robert Ball." *Irish Astronomical Journal* 17: 185–96.

———. 1987. *Dunsink Observatory, 1785–1985: A Bicentennial History*. Dublin: Dublin Institute for Advanced Studies and Royal Dublin Society.

Weeden, Brenda. 2001. "The Rise and Fall of the Royal Polytechnic Institution." Royal Institution Centre for the History of Science and Technology, February 27.

Weedon, Alexis. 2003. *Victorian Publishing: The Economics of Book Production for a Mass Market, 1836–1916*. Aldershot, England and Burlington VT: Ashgate.

Wells, Ellen B. 1990. "J. G. Wood: Popular Natural Historian." *Book and Magazine Collector* 79 (October): 56–64.

White, Paul. 2003. *Thomas Huxley: Making the "Man of Science."* Cambridge: Cambridge University Press.

———. 2004. "Huxley, Thomas Henry." In Lightman, *Dictionary of Nineteenth-Century British Scientists,* 2: 1044–48.

Whitley, Richard. 1985. "Knowledge Producers and Knowledge Acquirers: Popularisation as a Relation between Scientific Fields and Their Publics." In *Expository Science: Forms and Functions of Popularisation,* edited by Terry Shinn and Richard Whitley, 3–28. Dordrecht: D. Reidel.

Williams, Raymond. 1984. *Keywords: A Vocabulary of Culture and Society*. London: Fontana Paperbacks.

"Williams, William Mattieu." 1921. In *Dictionary of National Biography,* edited by Sir Leslie Stephen and Sir Sidney Lee, 21: 468–69. London: Oxford University Press.

"Wilson, Andrew." 1988. *Who Was Who, 1897–1915*. London: Adam and Charles Black, 568.
Wilson, Edward O. 1978. *On Human Nature*. Cambridge, MA: Harvard University Press.
Winter, Alison. 1998. *Mesmerized: Powers of Mind in Victorian Britain*. Chicago: University of Chicago Press.
Yeo, Richard. 1984. "Science and Intellectual Authority in Mid-Nineteenth-Century Britain: Robert Chambers and *Vestiges of the Natural History of Creation*." *Victorian Studies* 28 (Autumn): 5–31.
Young, Robert. 1985. *Darwin's Metaphor: Nature's Place in Victorian Culture*. Cambridge: Cambridge University Press.

索 引

（页码为原文页码，即本书边码）

C

D

E

F

G

H

J

K

L

M

N

O

P

Q

R

S

T

W

X

Y

Z

图书在版编目（CIP）数据

维多利亚时代的科学传播：为新观众“设计”自然 /（加）伯纳德·莱特曼著；姜虹译. — 北京：中国工人出版社, 2022.5
书名原文：Victorian Popularizers of Science：Designing Nature for New Audiences
ISBN 978-7-5008-7856-8

Ⅰ.①维… Ⅱ.①伯… ②姜… Ⅲ.①科学普及—历史—世界—近代 Ⅳ.①N4-091

中国版本图书馆CIP数据核字（2022）第068400号

著作权合同登记号：图字01-2020-5219

Victorian Popularizers of Science: Designing Nature for New Audiences by Bernard Lightman
Licensed by The University of Chicago Press, Chicago, Illinois, U.S.A.
© 2007 by The University of Chicago. All rights reserved.

维多利亚时代的科学传播：为新观众“设计”自然

出 版 人　董　宽
责任编辑　邢　璐　董芳璐
责任校对　丁洋洋
责任印制　黄　丽
出版发行　中国工人出版社
地　　址　北京市东城区鼓楼外大街45号　邮编：100120
网　　址　http://www.wp-china.com
电　　话　（010）62005043（总编室）　（010）62005039（印制管理中心）
　　　　　（010）62001780（万川文化项目组）
发行热线　（010）82029051　62383056
经　　销　各地书店
印　　刷　北京盛通印刷股份有限公司
开　　本　880毫米×1230毫米　1/32
印　　张　20.25
字　　数　470千字
版　　次　2022年8月第1版　2022年8月第1次印刷
定　　价　128.00元

本书如有破损、缺页、装订错误，请与本社印制管理中心联系更换
版权所有　侵权必究